稻田面源污染原位控制

——水分与有机肥管理

梁新强 等 著

本书得到
国家自然科学优秀青年基金(41522108)
国家水体污染控制与治理科技重大专项(2014ZX07101-012) 资助
浙江省自然科学杰出青年基金(LR16B070001)
浙江大学高峰计划农业资源与环境学科建设

科学出版社
北京

内 容 简 介

水稻是我国主要的粮食作物之一，种植面积约占我国粮食种植面积的 40%，产量约占我国粮食总产量的 50%。然而，水稻产量的维持大多依赖高量化肥和灌溉用水的投入，对资源利用、氮磷污染的研究已经成为学术界的研究热点。本书从水肥耦合管理与有机肥归田两个方面探索了稻田生产系统面源污染的原位控制机理，提出了“AWD+SSNM”水肥管理新方法及有机肥替代化肥减排氮磷的新理论，为流域面源污染系统控制提供了支持。

本书内容丰富，研究角度多样，研究案例描述详尽、数据翔实，图文并茂，可读性强，可供环境、土壤、水文、生态、农业等领域的科研工作者和工程技术人员参考，特别是从事农业非点源污染防治的广大科技人员，对从事生态保护和农业可持续发展的相关部门人员也具有重要的参考价值。

图书在版编目（CIP）数据

稻田面源污染原位控制：水分与有机肥管理/梁新强等著.—北京：科学出版社，2017.9

ISBN 978-7-03-054614-2

Ⅰ.①稻… Ⅱ.①梁… Ⅲ.①稻田－面源污染－污染控制 Ⅳ.①X501

中国版本图书馆CIP数据核字（2017）第237824号

责任编辑：朱 丽 程雷星／责任校对：彭 涛
责任印制：张 伟／封面设计：耕者设计工作室

科学出版社 出版
北京东黄城根北街 16 号
邮政编码：100717
http://www.sciencep.com

北京九州迅驰传媒文化有限公司 印刷
科学出版社发行 各地新华书店经销
*
2017 年 9 月第 一 版 开本：720 × 1000 1/16
2018 年 6 月第二次印刷 印张：26 1/4
字数：520 000

定价：148.00 元

（如有印装质量问题，我社负责调换）

《稻田面源污染原位控制——水分与有机肥管理》编委会

主　编：梁新强

编　委：陈玲玲　叶玉适　王少先　吕旭东
　　　　李　亮　金　熠　纪元静　赵　越

前　言

稻田氮磷降雨径流流失是我国农业面源污染的主要原因之一，深入研究稻田氮磷转化流失机制和原位控制机理对流域水环境保护具有重要意义。本书基于田间试验、文献调研等方法，从水肥耦合管理与有机肥归田两个方面探索了稻田生产系统面源污染的原位控制机理。

全书共分为 6 章。

第 1 章，主要研究了两种灌溉模式(常规连续淹灌和干湿交替节水灌溉)和四种氮肥管理(不施氮、常规尿素、控释 BB 肥和树脂包膜尿素)下稻田田面水和渗漏水氮、磷的动态变化和流失特征，水稻生长、产量和水肥利用效率，水稻碳氮磷吸收、积累、分配和碳氮磷化学计量比，以及稻田土壤理化性状和微生物学特性，发现干湿交替节水灌溉与树脂包膜尿素施用相结合的水肥管理对稻田节水、水稻增产、水肥利用效率提高、土壤肥力改善及农业面源污染减排可发挥积极作用，能够作为流域内经济适用的水稻水肥管理方式加以大规模推广运用。

第 2 章，通过干湿交替灌溉(AWD)与实地养分管理(SSNM)实现氮磷原位控制。研究发现，AWD+SSNM 水肥管理能有效控制氮磷的暴雨径流流失。其中，AWD 可显著降低灌溉和暴雨径流的发生量与发生次数，以及暴雨径流中氮磷流失通量；AWD+SSNM 技术可降低施肥总量及施肥次数，SSNM 技术强化了对氮磷流失的削减作用；AWD 产量波动不大，而 AWD+SSNM 技术应用后其水稻产量增加了 4.9%。

第 3 章，基于两个野外长期定位稻田试验，对比分析了有机肥与尿素处理对稻田土壤有机碳(SOC)固定、剖面土壤全氮(STN)和土壤无机氮(SMN)变化、剖面土壤全磷(STP)和 Olsen-P 变化及剖面土壤脲酶和中性磷酸酶活性分布，以及稻田氮磷径流和淋溶流失潜能的影响规律。有机无机肥配施和施用有机肥能促进土壤固碳、保持耕层土壤氮、提高耕层土壤脲酶活性、中性磷酸酶活性，但施用有机肥能显著提高田面水氮磷含量。研究显示在正确管理措施下，如恰当施肥和零排水，稻田可以消纳有机肥，但不适当管理可能使稻田成为面源污染源。

第 4 章，收集了关于农田土壤硝态氮(NO_3^--N)累积与淋失的文献资料，分析了我国农田土壤 NO_3^--N 累积与淋失概况及各影响因素，对比了不同尿素和有机肥施用水平对水稻生长期内氮素在田面水、不同深度渗漏液中的浓度变化及作物收获后土壤无机氮残留的影响，并运用 ^{15}N 自然丰度法，探明了有机肥输入对稻田土壤剖面 $\delta_{^{15}N}$ 值分布特征的影响规律，以期利用土壤 $\delta_{^{15}N}$ 值评价土壤 NO_3^--N 流失来源。

第 5 章，针对长期施用有机肥造成的土壤磷库富集问题，开展稻田土壤遗存磷赋存形态、微生物多样性及磷酸单酯酶动力学和热力学对有机肥输入的响应研究。研究显示，适量有机肥的施用可以维持较高水稻产量、显著提高 20cm 以上土层各磷素组分含量，促进土壤微生物种群的多样性，有利于供试土壤酸性磷酸酶酶促反应的发生。同时，探讨了不同剂量的柠檬酸、草酸、乙酸、还原型谷胱甘肽、抗坏血酸 5 种磷素活化剂对湖松田、小粉田和黄斑田土壤磷素的活化效应。

第 6 章，系统研究了有机肥对农田土壤胶体磷赋存的影响，解析了土壤胶体磷的动态变化，探索了土壤胶体在磷素活化中的作用，明确了胶体磷与金属矿物及有机质的关系，磷在土壤胶体上的分布特点及影响因素等，有助于合理评估有机肥对胶体磷的环境风险。

本书是在梁新强教授指导下、在课题组研究生工作的基础上整理编写而成。聂泽宇(第 1 章)、叶玉适(第 2 章)、王少先(第 3 章)、纪元静(第 4 章)、李亮(第 5 章)、刘瑾(第 6 章)等研究生为本书提供了主要内容素材，陈玲玲为第 1~6 章文献汇编做了大量工作，在此对他们表示感谢。

特别感谢国家自然科学基金优秀青年科学基金“农业面源污染与养分管理”(41522108)、浙江省杰出青年科学基金“胶体磷在保护性耕作及多样化轮作稻田土壤中的储存与释放机制”(LR16B070001)、国家水体污染控制与治理科技重大专项子课题“种植业氮磷高效利用与系统阻控技术示范”(2014ZX07101-012-03)及浙江大学“高峰计划”农业资源与环境学科对本专著出版工作的支持。

由于作者学术水平有限，书中难免有疏漏或不妥之处，恳请各位读者批评指正。

作　者

2017 年 3 月

目　录

前言
第1章　AWD与缓控释肥耦合对稻田碳氮磷迁移转化的影响 ……1
1.1　引言 ……1
1.1.1　农田面源污染与水体富营养化 ……1
1.1.2　干湿交替节水灌溉研究进展 ……2
1.1.3　缓控释肥施用研究进展 ……10
1.2　水肥管理对稻田氮素径流和渗漏损失的影响 ……17
1.2.1　结果与分析 ……18
1.2.2　讨论 ……36
1.3　水肥管理对稻田磷素径流和渗漏损失的影响 ……40
1.3.1　结果与分析 ……41
1.3.2　讨论 ……51
1.4　水肥管理对水稻生长、产量和水肥利用率的影响 ……55
1.4.1　结果与分析 ……56
1.4.2　讨论 ……65
1.5　水肥管理对水稻碳氮磷吸收、积累、分配及碳氮磷化学计量比的影响 ……68
1.5.1　结果与分析 ……70
1.5.2　讨论 ……86
1.6　水肥管理对稻田土壤理化性状和微生物学特性的影响 ……93
1.6.1　结果与分析 ……94
1.6.2　讨论 ……106
1.7　小结 ……112
参考文献 ……114
第2章　AWD与SSNM耦合管理对氮磷径流流失的削减效应 ……126
2.1　引言 ……126
2.1.1　节水技术 ……127
2.1.2　肥料管理技术 ……129
2.2　研究区域概况 ……132
2.2.1　研究区域及实验设计 ……132
2.2.2　样品采集与分析方法 ……135

2.2.3 研究区域水肥管理现状 ······ 136
2.3 水肥管理对稻田氮磷流失削减规律研究 ······ 136
2.3.1 实验期间降雨量与田面水位动态变化过程 ······ 136
2.3.2 不同水分管理模式下灌排水量差异 ······ 137
2.3.3 不同水肥管理模式下氮磷流失特征 ······ 138
2.4 水肥管理对水稻产量及部分生理学参数影响规律研究 ······ 142
2.5 水肥管理存在的技术瓶颈与展望 ······ 143
2.6 小结 ······ 144
参考文献 ······ 144
第 3 章 有机肥归田对土壤碳氮磷转化及流失潜能的影响 ······ 147
3.1 引言 ······ 147
3.1.1 施肥对土壤有机碳密度的影响 ······ 148
3.1.2 施肥对土壤氮的影响 ······ 152
3.1.3 施肥对土壤磷的影响 ······ 155
3.1.4 施肥对土壤酶活性的影响 ······ 159
3.1.5 施肥对水体氮磷流失潜能的影响 ······ 162
3.2 肥料试验介绍 ······ 166
3.2.1 南昌试验点稻田肥料试验 ······ 166
3.2.2 嘉兴试验点稻田肥料试验 ······ 171
3.3 长期施肥 25 年后稻田土壤有机碳密度变化 ······ 174
3.3.1 南昌点耕层 SOC 含量 ······ 174
3.3.2 南昌点剖面 SOC ······ 175
3.3.3 南昌点 SOC 密度与肥料输入 C 相互关系 ······ 177
3.3.4 嘉兴点耕层 SOC 含量 ······ 178
3.3.5 嘉兴点剖面 SOC ······ 179
3.3.6 嘉兴点 SOC 密度与肥料输入 C 相互关系 ······ 182
3.4 施肥对稻田土壤氮变化的影响 ······ 183
3.4.1 南昌点土壤全氮变化 ······ 183
3.4.2 南昌点土壤无机氮变化 ······ 184
3.4.3 南昌点土壤氮之间的相互关系 ······ 185
3.4.4 嘉兴点土壤全氮变化 ······ 185
3.4.5 嘉兴点土壤无机氮变化 ······ 188
3.4.6 嘉兴点无机氮之间的相互关系 ······ 191
3.5 施肥对稻田土壤磷变化的影响 ······ 191
3.5.1 南昌点 STP 变化 ······ 191
3.5.2 南昌点土壤 Olsen-P 变化 ······ 192

3.5.3 嘉兴点 STP 变化 193
3.5.4 嘉兴点土壤 Olsen-P 变化 194
3.6 施肥对稻田土壤脲酶活性的影响 196
3.6.1 南昌点土壤脲酶活性变化 196
3.6.2 南昌点土壤脲酶活性与土壤氮相关性 197
3.6.3 嘉兴点土壤脲酶活性变化 197
3.6.4 嘉兴点土壤脲酶活性与土壤氮相关性 199
3.7 施肥对稻田土壤磷酸酶活性的影响 199
3.7.1 南昌点土壤磷酸酶活性变化 199
3.7.2 南昌点土壤磷酸酶活性与 STP 和 Olsen-P 相关性 200
3.7.3 嘉兴点土壤磷酸酶活性变化 201
3.7.4 嘉兴点土壤磷酸酶活性与 STP 和 Olsen-P 相关性 203
3.8 施肥对稻田氮磷流失潜能的影响 203
3.8.1 南昌点稻田水中氮流失潜能 203
3.8.2 南昌点稻田水中磷流失潜能 204
3.8.3 嘉兴点稻田水中氮流失潜能 205
3.8.4 嘉兴点稻田水中磷流失潜能 207
3.9 小结 208
参考文献 209
第 4 章 有机肥归田对稻田土壤硝态氮淋失的影响 221
4.1 引言 221
4.1.1 农田土壤硝态氮累积与淋失及其影响因素 222
4.1.2 ^{15}N 自然丰度法在氮素转化过程研究中的应用 231
4.2 农田土壤硝态氮累积与淋失及其影响因素分析 232
4.2.1 材料与方法 233
4.2.2 农田土壤硝态氮累积概况及影响因素分析 235
4.2.3 农田土壤硝态氮淋失概况及影响因素分析 239
4.3 有机肥施用对稻田土壤氮素淋失及无机氮残留的影响 241
4.3.1 材料与方法 242
4.3.2 不同施肥处理对水稻产量的影响 245
4.3.3 不同施肥处理下稻田田面水氮素浓度变化 245
4.3.4 不同施肥处理下稻田渗漏液氮素浓度变化 250
4.3.5 不同施肥处理对 0～100cm 土层无机氮累积与分布的影响 253
4.4 有机肥施用对稻田土壤剖面 ^{15}N 自然丰度的影响 259
4.4.1 材料与方法 260
4.4.2 有机肥施用对土壤剖面 ^{15}N 自然丰度的影响 260

4.5 小结 ……… 264
参考文献 ……… 265
第 5 章 有机肥归田对稻田土壤遗存磷的影响及活化研究 ……… 271
5.1 引言 ……… 271
5.1.1 土壤磷素赋存形态研究进展 ……… 271
5.1.2 土壤磷酸酶动力学、热力学研究进展 ……… 275
5.1.3 稻田磷素流失潜能研究进展 ……… 279
5.1.4 磷素活化剂研究进展 ……… 280
5.2 有机肥施用对稻田土壤遗存磷的影响 ……… 282
5.2.1 材料与方法 ……… 282
5.2.2 不同施肥处理对水稻产量的影响 ……… 287
5.2.3 不同施肥处理对土壤理化性质的影响 ……… 288
5.2.4 不同施肥处理对土壤遗存磷素组分的影响 ……… 293
5.2.5 相关性分析 ……… 300
5.3 有机肥施用对稻田土壤微生物及酶学特性的影响 ……… 302
5.3.1 材料与方法 ……… 302
5.3.2 不同施肥处理对土壤微生物群落结构的影响 ……… 306
5.3.3 不同施肥处理对土壤磷酸单酯酶活性的影响 ……… 309
5.3.4 不同施肥处理对土壤酸性磷酸酶动力学的影响 ……… 314
5.3.5 不同施肥处理对土壤酸性磷酸酶热力学的影响 ……… 318
5.3.6 土壤酶学特性与土壤理化性质的相关性分析 ……… 320
5.4 有机肥施用对稻田磷素流失潜能的影响 ……… 321
5.4.1 材料与方法 ……… 321
5.4.2 不同施肥处理对田面水磷素浓度和形态的影响 ……… 324
5.4.3 不同施肥处理对渗漏水磷素浓度和形态的影响 ……… 326
5.4.4 田面水、渗漏水 TP 和 DP 浓度随时间变化的回归分析 ……… 328
5.5 活化剂对水稻土磷酸单酯酶活性及磷素形态的影响 ……… 330
5.5.1 材料与方法 ……… 330
5.5.2 磷素活化剂对水稻土有效磷的影响 ……… 331
5.5.3 磷素活化剂对水稻土磷酸单酯酶活性的影响 ……… 335
5.5.4 磷素活化剂对水稻土磷素形态的影响 ……… 341
5.5.5 磷酸单酯酶酶活性及磷素组分与 Olsen-P 相关性分析 ……… 347
5.6 小结 ……… 349
参考文献 ……… 351
第 6 章 有机肥归田对稻田土壤胶体磷释放及运移规律的影响 ……… 364
6.1 引言 ……… 364

6.1.1 研究背景……364
6.1.2 长期施肥下土壤磷素的赋存及流失……365
6.1.3 土壤胶体磷的释放及影响因素……368
6.2 不同施肥下稻田田面水胶体磷的分布特征……374
6.2.1 材料与方法……375
6.2.2 气象水文因素……377
6.2.3 稻田田面水总磷浓度变化……378
6.2.4 稻田田面水胶体磷分布特征……379
6.2.5 稻田田面水无机磷与有机磷的分布变化……381
6.2.6 无机磷在不同粒级上的变化……383
6.2.7 各粒级磷浓度随施肥时间的回归分析……383
6.3 稻田径流排水中胶体磷的流失规律……384
6.3.1 材料与方法……385
6.3.2 稻田径流中磷素粒径组成……386
6.3.3 稻田径流中无机磷与有机磷的组成……387
6.3.4 稻田径流中胶体态元素的含量特征……388
6.3.5 稻田径流中各粒级磷的活性强度……389
6.4 磷肥输入对稻田土壤胶体磷的影响……390
6.4.1 材料与方法……391
6.4.2 施肥对水稻产量与磷素利用的影响……392
6.4.3 施肥对土壤全磷剖面分布的影响……392
6.4.4 施肥对土壤剖面胶体释放量的影响……394
6.4.5 土壤胶体形貌特征……395
6.4.6 施肥对土壤胶体磷剖面分布的影响……395
6.4.7 施肥影响下无机磷和有机磷在胶体及溶解相的分布……398
6.5 小结……400
参考文献……401

第1章 AWD与缓控释肥耦合对稻田碳氮磷迁移转化的影响

1.1 引　　言

1.1.1 农田面源污染与水体富营养化

农业生态系统生源要素碳、氮、磷等的迁移转化过程与归宿及其循环的净结果(即“源”或“汇”)密切影响着健康生态系统的维持及其生态功能的发挥。目前,人类活动引起的水体加速富营养化已成为21世纪全球生态环境的最主要问题之一。由富营养化引发的江河湖库水华和海洋赤潮会进一步加重水体污染，不仅损害水产养殖、破坏水域景观，还会导致生态系统失衡、危害人体健康。2009年*Science*系列报道指出农业生态系统面源氮、磷污染物的输出对水环境恶化有着十分显著的贡献，富营养化现象的发生与农田土壤氮磷养分流失有着紧密的联系(Conley et al., 2009；Vitousek et al., 2009；Schelske, 2009)。水体富营养化已成为当前中国水污染的核心问题。随着工业废水和城市生活污水等点源污染得到不断地控制，农业面源污染已经取代点源成为水环境氮、磷污染的最重要来源(Zuo et al., 2003；Ongley et al., 2010；陆宏鑫等，2013；吴雅丽等，2014)。2010年2月环境保护部、国家统计局和农业部联合发布的《第一次全国污染源普查公报》数据显示，我国农业污染源(不包括典型地区农村生活源)排放总氮270.5万t、总磷28.5万t,分别占全国氮、磷总排放量的57.2%和67.3%,其中种植业排放总氮159.8万t、总磷10.9万t，分别占农业源氮、磷总排放量的59.1%和38.2%。农业面源已成为中国水体的主要污染源，而农田氮磷流失又是农业面源污染的主要来源。目前，化肥的过量施用及不合理的水肥管理方式导致的水肥利用率不高是造成我国农田氮磷大量流失的主要原因(Ju et al., 2009；Zhao et al., 2012a；许晓光等，2013；赵宏伟和沙汉景，2014)。

水稻是我国的主要粮食作物。农业部公布的全国2003～2012年稻米生产数据显示，最近10年来我国水稻年均种植面积2900万hm^2，年均稻谷产量1.88亿t，水稻平均单产 6.45t/hm^2，水稻种植面积和总产量均居世界第一位(农业部信息中心，2014)。水稻又是我国灌溉用水量最大、化肥消费量最多的农作物(朱成立和张展羽，2003)。一方面，我国是个缺水大国，水资源紧缺，人均年占有水资源量只有2200m^3,仅为世界平均值的1/4,且水资源时空分布极不均匀、地区差异大(江云等，2007)，而占全国总用水量70%的农业(姜萍等，2013)，其农田灌溉用水浪费现象却相当严重，我国水分利用率仅为发达国家的一半左右(江云等，2007)。现代工业化和城市化进程的加快进一步加剧了农业用水的供应紧缺，农业水分供应量的不断减少将威胁农田生态系统的生产力，因而必须采取措施来节省稻田的用水量(Belder et al., 2004；Feng et al., 2007)。另一方面，肥料作为作物增产的主要因子，我国化肥产量及用量均居世界首位，并且化肥消费量还在逐年增长(朱兆良，2000；Peng et al., 2010；王森等，2013)。改革开放以来，我国化肥用量几乎呈指数上升，1977～2005年，我国氮肥施用量从707万t增加到2621万t，增幅271%，而同期粮食总产量只增加了71%，粮食产量增长速度远远低于化肥施用量的增加(Ju et al., 2009)。肥料(尤其是氮肥)的大量投入尽管一定程度提高了作物产量，但过量施肥、施肥方式不当及肥料施用与田间水分管理不协调等造成氮、磷的大量流失(Zhao et al., 2012a；赵宏伟和沙汉景，2014)，使得我国肥料利用率普遍不高，氮肥利用率仅为30%～40%，由于磷素极易被土壤所吸附，因而磷肥利用率比氮肥还低，仅为15%～25%(朱兆良，2000；Yan et al., 2008；张福锁等，2008)。化肥的大量输入伴随着极低的利用效率，造成了肥料浪费严重，而且多余的氮肥随水土侵蚀、氨挥发、反硝化、地表径流和地下淋溶等多种途径流失(谢云等，2013)，最终会导致土壤退化(尤其是土壤酸化)、水体富营养化、地下水污染、氨气及温室气体的排放加剧等问题，给环境带来了严重的污染和破坏(Guo et al., 2010；Peng et al., 2010；Spiertz, 2010)。对耗水和用肥量最大的水稻作物开展节水灌溉与优化施肥的水肥管理，对于提高稻田水分和肥料利用率，建立区域性高产、节水、省肥、减排的高效水稻种植模式，缓解不合理的灌溉与施肥造成的环境污染及节约资源和保护环境具有重要意义。

1.1.2 干湿交替节水灌溉研究进展

1. 水稻灌溉的发展

传统上水稻栽培多采用连续淹水灌溉(continuous flooding irrigation，CF)模式。水稻淹灌栽培具有抑制部分杂草发芽、淋洗盐分及其他有毒物质(重金属，农药)等优势(Dong, 2008；de Vries et al., 2010)，但稻田连续淹水也带来诸多的不利，包括:①田间暴雨径流产生量大、化肥和农药流失量较高，地下渗漏淋溶也较高，加重了地表水和地下水污染(Mao, 2001；赵宏伟和沙汉景，2014)；②田面长期淹水，其水分蒸发、蒸腾散失也加剧，水分利用效率低(茆智，2002)；③淹灌条件下田间灌溉次数多，需要投入大量的人力、能源和时间(Mahajan et al., 2012)；④淹灌模式下土壤通气条件差，过深的淹水会抑制水稻的根系发育和植株分蘖，往往难以获得高产(Jayakumar et al., 2005；Zhao et al., 2012b)。水稻淹灌栽培模式耗水量大，与我国日益紧缺的农业水资源供给相悖(Belder et al., 2004)。为保证我国粮食安全和农业可持续发展，必须采取有效的节水灌溉措施来减少田间灌溉用水，提高稻田水分利用效率(Feng et al., 2007；Yao et al., 2012)。自 20 世纪 80 年代以来，研究者开展了大量节水灌溉试验研究，一系列的稻田节水灌溉措施被不断测试、改进和推广应用，并逐渐总结出了浅湿晒灌溉、湿润灌溉、干湿交替灌溉、半旱栽培和覆膜旱作等多种节水增效的灌溉模式(茆智，2002；Zhang et al., 2008；姜萍等，2013)。其中，推广应用最为广泛的是干湿交替灌溉(alternate wetting and drying irrigation，AWD)(Belder et al., 2004；Tuong et al., 2005；Feng et al., 2007)。

2. 干湿交替灌溉概述

1)干湿交替灌溉技术简介

干湿交替节水灌溉属于稻田强化栽培体系中的一种水分管理实践(Bouman et al., 2007)。与常规连续淹灌(CF)相比，干湿交替灌溉(AWD)最大的特点在于允许稻田周期性的灌溉与落干(Tuong et al., 2005；Li H M and Li M X, 2010)。

典型 AWD 管理稻田田面水位变化见图 1.1(Bouman et al., 2007)。

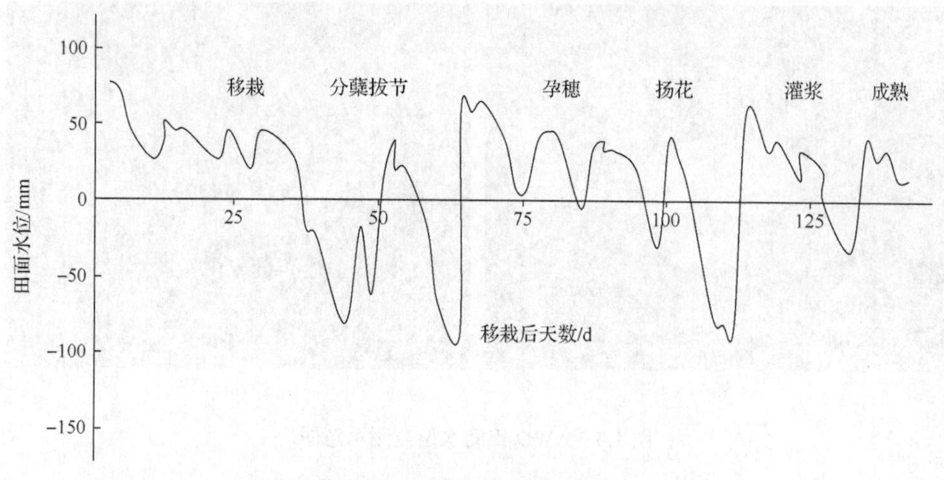

图 1.1 干湿交替灌溉稻田田面水位变化示意图

2)干湿交替灌溉操作方法

应用干湿交替灌溉进行水稻种植期田间的水分管理，需要密切关注田面水位。大田试验中，可在稻田中埋置透水的 AWD 管材作为水位观测装置。AWD 管材是一种圆柱形 PVC 空心管，直径 20cm、长 40cm，管壁半段 20cm 的柱形区域每隔 2cm 均匀钻有直径 5mm 的渗水孔(图 1.2)。

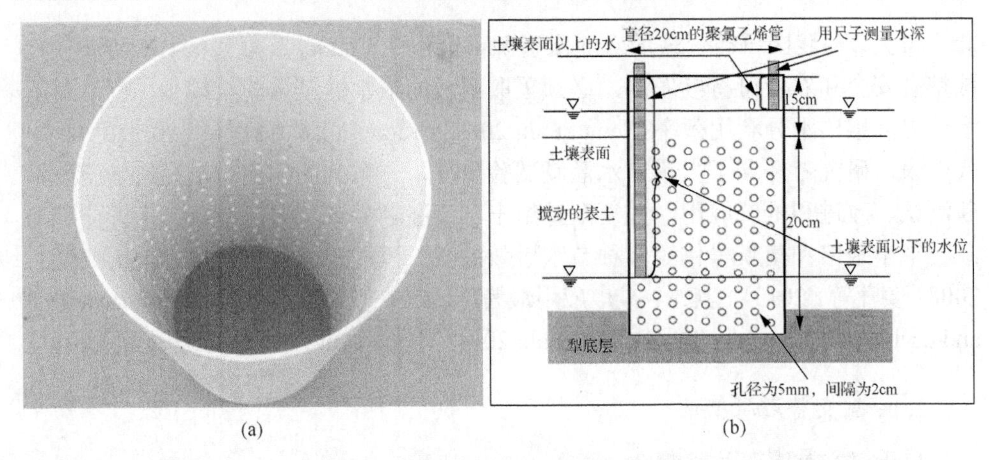

(a) (b)

图 1.2 AWD 管材(a)及其田间水分监测原理(b)(Bouman et al., 2007)

选取距离田埂 50～80cm(方便水位观测)且避开角落和低洼处的平整地块(水位有代表性)，将 AWD 管材竖直埋置，埋深为 25cm，至犁底层，然后将管材内的泥土刨空，便于随时观察田间的水位变化(连通器原理)(图 1.3)。

(a) (b)

图 1.3 AWD 田间水位监测示意图

AWD 管理具体操作步骤如下(Bouman et al., 2007; Li H M and Li M X, 2010)：①稻谷播种后，经过 2～3 周的育秧期，将秧苗移植于平整的大田，秧苗移栽后 10～14d 田间维持 10～40mm 的淹水层，保证水稻顺利存活和返青。②水稻返青进入分蘖后，根据雨情预报将稻田一次性灌溉至 40～60mm 水深，因水分蒸发、植株蒸腾和土壤渗漏，田面水位降至表土层以下(自然落干)。③稻田落干可达数天，至田面水降低至表土以下约 100mm，根据当地降雨情况、稻田土壤类型、抗旱能力及水稻生长状态，选择合适的时机，再次灌溉至初始水深，自然落干，完成一个连续灌溉-烤田的干湿交替过程。之后，干湿交替灌溉往复进行。④水稻孕穗和扬花期，保持田间淹水 30～50mm 约一周。⑤盛花期后，继续干湿交替灌溉直至水稻黄熟，不再灌水，收割。

3) 干湿交替灌溉优缺点

AWD 较 CF 有几点优势：首先，适度的干湿交替灌溉可以在符合水稻生理需水的情况下维持水稻生长以节省灌溉水用量，提高水分利用率(Wu, 1998；Cabangon et al., 2004；Liang et al., 2013)。其次，干湿交替灌溉条件下，稻田土壤的通气状况得以改善，可向土壤(水稻根区)提供足够的氧，有利于改善水稻的根系系统(Mao, 2001；Bouman et al., 2007；张静等，2014)。再次，节灌处理通过调整稻田水分和土壤生态环境改善了水稻的生育率，稻田微区场地环境改变，也有利于降低水稻的病虫害(Wu, 1998；茆智，2002)。最后，干湿交替节灌模式能够改善中国南方部分地区因过度淹没而导致还原性土壤环境农田的低产状况(Wu, 1998；Bouman et al., 2007)。

从目前的报道来看，干湿交替作为一种有效的水稻节水灌溉，对水稻生长和产量等的影响结论并不一致(Bouman and Tuong, 2001；Bouman et al., 2007；Cabangon et al., 2011；Sun et al., 2012)。这源于诸多外部因素(如降雨、太阳辐射、土壤质地等因素)、内部因素(水稻品种等)及各研究者操作的不确定性(干旱胁迫的程度、复水后的水层深度、干湿交替频率的设置等)(杨菲和谢小立，2010；张静等，2014)。此外，由于节灌增加了土壤通气好氧，田间硝化进程加速，N_2O 排放量会随之增加(李香兰等，2009；Johnson-Beebout et al., 2009)，可能会增加稻田温室效应，不过这还取决于节灌条件下削减的 CH_4 排放量(节灌处理稻田 CH_4 排放量下降)与增加的 N_2O 排放量的温室效应抵扣的结果(Hou et al., 2000)。

3. 干湿交替灌溉的生理基础及节水效应

水稻需水量是指满足水稻全生育期内正常生长发育所需要的总水量，包括植株蒸腾量、棵间蒸发量和田间渗漏量三部分。植株蒸腾量为水稻生理需水量(水稻生长发育、进行正常生命活动所需的水分)，棵间蒸发量和田间渗漏量则为水稻生态需水量(保证水稻正常发育，创造良好的生态环境所需的水分)(陈玉民等，1997；赵利梅，2009)。研究表明，水稻在系统发育过程中形成了对淹水的适应性和“半水生性”的特点，而且水稻很多水分消耗只是为了满足以水调温、以水调气、以水调肥、淋洗有毒物质、遏制稻田杂草等生态需要(陈玉民等，1997；Kato and Okami, 2010)，因而水稻的灌溉存在着一定的灵活性和可塑性。水稻孕穗期对土壤干旱最为敏感，对分蘖后期和拔节期受旱有特别强的恢复补偿能力(黄文江等，2003)，因此干旱时期对水稻产量形成的影响程度依次为：孕穗期>抽穗开花期>灌浆期>分蘖盛期>分蘖末期(赵利梅，2009)。可见，水稻在不同的生育时期对水的需求量不同，根据水稻生长发育和需水特性来进行合理灌溉，可以有效降低水稻生态需水量的供给，减少水资源的消耗，这是水稻实施节水灌溉的生理基础。通过合理地控制灌溉，干湿交替灌溉保证了水稻关键生育期的水分供应，在符合水稻生理需水的情况下降低灌溉量，减少稻田的水分负荷(Wu, 1998；茆智，2002)。同时，稻田处于“淹水—湿润—落干”的水分循环状态，土壤通透性提高、供氧充足(Mao, 2001；Tan et al., 2013)，有机质矿化加速、土壤肥效提高，土壤微生态环境随之改善，有利于水稻的生长和发育(Wu, 1998；Dong et al., 2012a)。另外，Sun 等(2012)对水稻生理生化指标研究表明，干湿交替节灌较连续淹灌能获得更高活性的谷氨酰胺合成酶、谷氨酸合成酶和谷氨酸脱氢酶，而这些氨同化关键酶是参与水稻氮素代谢和同化的主要生物酶。由此可见，干湿交替灌溉有利于水稻根系生长和发育，促进覆水后水稻养分的吸收，同时增强水稻氮素同化和光合作用，可为水稻形成高产群体创造有利条件。

已有较多的研究报道表明，AWD 较 CF 能够显著降低田间灌溉水量，节省水资源。中国(Cabangon et al., 2004；Feng et al., 2007；Sun et al., 2012)、印度(Bouman and Tuong, 2001；Mahajan et al., 2012)、菲律宾(Belder et al., 2007；Cabangon et al., 2011)及塞内加尔(de Vries et al., 2010)等国的相关研究表明，干湿交替灌溉节水潜力巨大。Belder 等(2004)在中国湖北省和菲律宾新怡诗夏省的田间试验显示，AWD 模式下，稻田灌溉用水量较 CF 节省了 15%～18%，而总用水量节省了 6%～14%。Feng 等(2007)在湖北漳河灌区的节水研究显示，AWD 处理水稻灌溉水量节省 36.6%，总用水量节省 22.0%。Yao 等(2012)在湖北武穴的研究表明，AWD 较 CF 节省 24%～38%的灌溉水量。Lu 等(2000)综合文献结果报道，采用间歇灌溉，在田面水层消失 1～5d 后再次灌溉可以节省 25%～50%的灌溉水量并获得与淹灌相当的产量。Belder 等(2007)和 Bouman 等(2007)对亚洲多国多农户的 AWD 试验研究指出，在保证水稻产量与常规淹灌相当的前提下，AWD 可节省 15%～30%的总用水量。此外，Rejesus 等(2011)的研究指出，在获得与 CF 处理相当的产量和效益的情况下，适度的 AWD 削减了 38%的灌溉劳动时间。与淹灌相比，节灌灌溉次数和灌溉水量显著降低，延长了灌溉周期，灌溉耗费的时间减少，不仅节约了水资源，而且降低了灌溉水泵能源消耗及灌溉劳动力成本。

4. 干湿交替灌溉对水稻产量的影响

稻田不同的水分管理可对水稻的产量产生重要影响。由于淹水条件下土壤氮素主要为 NH_4^+-N，而落干期通气好氧的土壤中会有更多的氮素以 NO_3^--N 的形式存在(Maheswari et al., 2007)，且水培条件下同时提供 NH_4^+-N 与 NO_3^--N 作氮源较

单独提供等量的 NH_4^+-N 或 NO_3^--N 作氮源的水稻增产 40%～70%（Kronzucker et al., 1999），因此采用 AWD 相对于 CF 对水稻生长会更为有利，因为节灌处理通气好氧条件将有利于土壤硝化作用，提高稻田土壤 NO_3^--N 含量。此外，淹灌处理较高的田面水层会导致土壤供氧不足，水稻根系氧化活性降低，甚至可能受还原性铁和硫化氢的毒害，导致水稻代谢和分蘖受到一定程度的抑制，引起水稻减产（Jayakumar et al., 2005；Zhao et al., 2012b）。

Tabbal 等（2002）、Belder 等（2004）和 Cabangon 等（2004）的相关实验表明，在总用水量减少 15%～30%的情况下 AWD 对水稻产量不会产生明显的影响。Feng 等（2007）在湖北漳河灌区的大田 AWD 试验中用相对低量的水分输入（节省 40%灌溉水量以上）而获得了几乎未减产的结果，该地区极浅的地下水层限制了水分的垂直运动可能是其稳产的主要原因。Zhang 等（2009）认为适度的 AWD 能增强水稻根系生长，促进光合储备的碳向稻穗中转移，强化籽粒灌浆，从而获得高产。然而，重度的 AWD 处理（严重干旱胁迫）往往以水稻产量降低为代价（Bouman and Tuong, 2001），这即使节省了更多的水资源和劳动力，但对农户而言仍十分不经济（Zhang et al., 2009；Cabangon et al., 2011）。重度 AWD 处理造成水稻减产可能与干旱胁迫下植物生理结构的变化直接相关，包括减小的细胞体积，降低的细胞分裂和细胞间隙，增厚的细胞壁等，而所有这些都会限制水稻生长和发育（Maheswari et al., 2007）。综合文献（Bouman and Tuong, 2001；Cabangon et al., 2004；Belder et al., 2007）分析，干湿交替节灌对稻谷产量影响有所差异的主要原因包括：①稻田干湿交替落干次数和落干期天数的不同，使得再次灌溉前稻田的土壤水势、土壤持水量不同；②不同研究区域外部环境（如气候、水文等）的显著差异；③稻田本身的差异（土壤质地、母质、地下水层深浅等）；④水稻品种的差别等。

5. 干湿交替灌溉对水肥利用效率的影响

1）对水分利用效率的影响

稻田水分利用率（water use efficiency，WUE）又称水分生产力，主要包括灌溉水分利用效率（irrigation water use efficiency，IWUE，kg/m^3）和总水分利用效率（total water use efficiency，TWUE，kg/m^3），是指一定用量（体积）的水所生产的谷物数量（Cabangon et al., 2011）。水分利用率反映着田间水分消耗与稻谷产量的关系。

由于稻田水分利用率与田间多种途径（田面蒸发、作物蒸腾、土壤下渗与侧渗及地表径流）的水分流失密切相关（Lu et al., 2000；Bouman et al., 2007），降低这些水分损失对于提高水稻水分利用率至关重要。报道显示：淹灌处理水稻生育期内稻田田面水位往往较节灌更高，会加剧稻田中的水分通过蒸发（Mao, 2001；Tuong et al., 2005；Belder et al., 2007）、下渗（Bouman et al., 2007；Tan et al., 2013）、侧渗

(Cabangon et al., 2004；Liang et al., 2008)及径流(Wang et al., 2010；Liang et al., 2013)等途径损失，田间水分利用效率降低。余金凤等(2011)对湖北省漳河灌区2007～2008年试验资料进行分析，报道与传统淹灌相比较，水稻间歇灌溉处理灌溉用水节省28.5%，排水量减少45.0%，渗漏量减少31.7%，蒸发量降低4.0%。Liang等(2013)研究表明，与CF相比AWD处理灌溉用水节省13.4%～27.5%，地表径流降低30.2%～36.7%。干湿交替节灌因能降低灌溉水量及田间多种途径的水分损失，以更少的水分投入产生相当的产量，从而有利于提高稻田水分利用率。

2)对氮肥利用效率的影响

氮肥利用率(nitrogen use efficiency，NUE)常用的定量指标有氮肥农学利用率(agronomic N use efficiency，AEN，kg/kg)、氮肥吸收利用率(fertilizer N recovery efficiency，REN，%)和氮肥偏生产力(partial factor productivity of N，PFPN，kg/kg)(Peng et al., 2010；赵宏伟和沙汉景，2014)，这些指标从不同的侧面描述了作物对氮素的利用率。氮肥农学利用率是指单位施氮量引起的水稻产量增加值；氮肥吸收利用率是指当季作物施氮后地上部氮素积累量的增加值占总施氮量的百分数；氮肥偏生产力是指单位施氮量下的稻谷产量(Zeng et al., 2012)。

不同灌溉方式会影响稻田氮素的迁移与转化，进而影响水稻的氮肥利用率(Cabangon et al., 2011；Sun et al., 2012)。为提高氮肥利用率、促进水稻增产增效并降低农田氮素环境输出，开展灌溉模式对肥料氮吸收利用的研究有重要意义。已有一些关于不同水分管理对肥料氮吸收利用的研究(Cabangon et al., 2011；Sun et al., 2012；Yao et al., 2012)。报道显示等氮条件下，不同程度的AWD处理可能提高(适度)、降低(重度)或不显著改变水稻氮素利用率(Cabangon et al., 2011；Sun et al., 2012)。这主要归因于不同程度的水分胁迫对水稻产量影响的变异性。Yao等(2012)报道节灌和淹灌处理氮肥农学利用率、吸收利用率和生理利用率未出现一致的显著性差异。但Sun等(2012)指出节水灌溉通过适度减少稻田的水分输入，促进了水稻氮素吸收，较淹灌获得了更高的氮肥农学利用率和氮肥吸收利用率。

6. 干湿交替灌溉对稻田面源污染的影响

大量的研究结果表明，水稻种植期间农田土壤氮、磷养分流失是造成农业面源污染的重要原因(Peng et al., 2011；Liang et al., 2013)。稻田水分管理会影响农田水分迁移进而影响氮磷面源污染物的迁移与流失。

氮肥施用到淹水稻田后，在土壤-水系统中通过水土侵蚀、氨挥发、硝化-反硝化、地表径流和地下渗漏等多种途径损失(de Datta and Buresh, 1989；谢云等，2013)。所有能降低这些途径氮素损失的措施对于水稻氮素获取和氮肥利用率的提高都有积极影响。稻田的水分管理对于氨挥发会产生影响。节灌条件下田间储水量较低，田面水 NH_4^+-N 浓度往往较淹灌要大(Peng et al., 2011；Liang et al., 2013)，有可能会增加稻田氨挥发损失(Dong, 2008)。不过也有研究报道淹灌和节灌处理稻田氨挥发的氮损失量分别占总施氮量的 21%和 13%，因为 CF 较 AWD 处理田面水 pH 更高，淹灌引起了更高的氨挥发损失(Dong et al., 2012a)。不同水分管理对稻田氮素硝化-反硝化的研究较少。Dong 等(2012a)报道尽管 AWD 较 CF 处理肥料氮的硝化-反硝化损失更大($0.22gN/m^2$ *vs.* $0.04gN/m^2$)，但考虑两种灌溉下土壤硝化-反硝化氮素损失均较低(占肥料氮总损失量不足 2.5%)，他认为这种数量上的差异微不足道，足以忽略不计。此外，由于中国大部分农田土壤酸化严重(Guo et al., 2010)，而反硝化最适 pH 为 8.5(Cabangon et al., 2011)，因而酸性土壤一定程度上也降低了农田土壤硝化-反硝化氮素损失的风险。土壤渗漏也是田间氮素流失的重要途径，而且是导致地下水氮超标的主要原因之一。Liang 等(2008)和 Wang 等(2010)指出田面水位过高会增大田间渗漏强度，进而加剧稻田氮素的渗漏淋失，因此节灌处理较低的田面水位有助于降低氮素的渗漏损失。Dong(2008)也认为，尽管节灌条件下稻田渗漏水中 NH_4^+-N 和 NO_3^--N 浓度较淹灌更高，但考虑节灌处理总渗漏水量显著低于淹灌，其氮素的渗漏损失仍较淹灌低。Peng 等(2011)在太湖流域的田间试验显示，水稻季 AWD 较 CF 处理稻田总氮的渗漏淋失降低了 40.3%～47.2%。关于节灌对稻田氮素径流流失的影响，Liang 等(2013)在浙江余杭和嘉兴的研究表明，与 CF 相比，AWD 处理稻田径流发生次数和发生量显著降低，氮和磷地表径流流失分别削减 23.3%～30.4%和 26.9%～31.7%。余金凤等(2011)在湖北省漳河灌区 2007～2008 年的实验结果表明，尽管间歇灌溉 TN 浓度约为传统淹灌的 1.3 倍，TP 浓度约为传统淹灌的 1.1 倍，但考虑节灌排水量为传统淹灌的 7/10，相对氮、磷素浓度的提高，排水量的减少占主导因素，因此，节灌处理氮、磷的径流流失量仍然少于淹灌。

与氮素相比，稻田中磷素损失途径要少得多，主要包括地表径流和地下渗漏。以往的研究认为 PO_4^{3-}活性高，且易于与土壤中 Fe^{3+}、Al^{3+}和 Ca^{2+}等阳离子结合(Rabeharisoa et al., 2012)并吸附于黏土和有机质上，迁移距离短、流失量低，但仍有一些研究指出对于高磷含量尤其是磷饱和土壤，磷的径流和渗漏损失较为严重(van der Molen et al., 1998)。连续淹灌能提高土壤溶液中磷素的浓度(王少先等，2012)，而土壤好氧条件下磷素往往被固定(Zhang et al., 2011)，因而可以推测干湿交替节灌因稻田落干，土壤通气好氧，土壤磷的固定量会增加，磷素的外源释放会降低。另外，节灌处理稻田的径流与排水量下降，磷的径流排水损失有可能会随之降低。Peng 等(2011)报道 AWD 处理稻田的渗漏水量及渗漏液磷素浓度均低于 CF 处理，表明节灌有可能会减少磷素的渗漏损失。综上，干湿交替灌溉通过节省稻田灌溉水量、降低田面水位和水分负荷，有利于削减多种途径的稻田氮、磷流失，对于农业面源污染减排可发挥积极作用。

1.1.3 缓控释肥施用研究进展

1. 水稻氮肥施用的发展

施肥对于维持水稻物质生产发挥着重要作用(Peng et al., 2010; Spiertz, 2010)，也直接影响着稻田土壤碳、氮、磷的迁移转化，进而影响水体和大气环境。目前，中国普遍存在着水稻氮肥过量施用的现象，如太湖流域集约化水稻种植体系单季稻施氮量已高达 300～400kg/hm^2 (Peng et al., 2011；Xu et al., 2012；赵宏伟和沙汉景，2014)。过量施用氮肥加上不合理的施肥方式使得农田氮肥利用率低，进而引发土地退化、水体富营养化、地下水污染及温室气体排放等诸多环境问题(Ju et al., 2009；Guo et al., 2010；Peng et al., 2010；Spiertz, 2010)。提高作物肥料利用率已成为现代农业生产系统养分管理的一个重要议题。许多肥料管理措施如实地养分管理(site-specific nutrient management，SSNM)、集成养分管理(integrated N management, INM)、氮平衡施肥(balanced N fertilization，BNF)、使用硝化抑制剂/尿酶抑制剂(nitrification/urease inhibitors)及施用缓控释肥料(slow/controlled-release fertilizers，SRFs/CRFs)等被开发出来(Spiertz, 2010；Jat et al., 2012)，以提高作物肥料利用率，降低肥料使用量，削减农田面源污染。

近年来，缓控释肥因具有养分缓慢释放或养分控制释放等特性，被广泛用来提高作物产量和养分利用率(Zebarth et al., 2009；Kiran et al., 2010；蒋曦龙等，2014)。其作用原理在于推迟施入土壤中肥料的初始养分释放速率或者延长肥料后期的养分释放来促进作物的养分吸收利用(Fujinuma et al., 2009；Zebarth et al., 2009)。已有的研究(Chien et al., 2009; Fujinuma et al., 2009; Blackshaw et al., 2011；丁维军等，2013)证实，缓控释肥具有挥发、淋溶与硝化-反硝化损失少等优点，可作为农业种植系统中提高肥料利用率、减轻环境污染的有效措施之一。

2. 缓控释肥概述

1) 缓控释肥的定义

美国作物营养协会(Association of American Plant Food Control officials, AAPFCO)将缓控释肥定义为：一种包含了植物养分并且较常规速效化肥(如尿素、磷酸铵及氯化钾等)能够显著延长其养分对植物的有效性的肥料(Trenkel, 2010)。上述定义比较抽象，我国华南理工大学长期从事肥料研究的樊小林等(2009)在综合国内外有关缓释与控释的概念和内涵基础上，将缓释肥料和控释肥料分别定义如下。

缓释肥料：采用物理、化学或生物化学方法制造的能使肥料养分在土壤中缓慢释放，养分有效性明显延长的肥料。

控释肥料：采用聚合物包膜，可定量控制肥料中养分释放期和释放量，使养分供应与作物各生育期需肥规律相吻合的包膜肥料。

欧洲标准化委员会(Comité Européen de Normalisation, CEN)按肥料在水中的溶出率，要求缓控释肥料在 25℃条件下应能同时达到以下三点(Trenkel, 2010；梁邦，2013)：①24h 内肥料养分释放量不超过总养分含量的 15%；②28d 内肥料养分释放量不超过总养分含量的 75%；③在额定释放期内肥料养分释放量不低于总养分含量的 75%。

2) 缓控释肥的类型

缓控释肥从形态上一般可分为以下四种类型。

(1) 合成微溶态缓释肥料：包括微水溶性合成有机肥料和微水溶性合成无机肥料。前者以脲醛缩合物(如脲甲醛，UF)、丁烯叉脲(CDU)、异丁叉二脲(IBDU)为主，后者包括部分酸化磷矿(PAPR)、二价金属磷酸铵钾盐等(如磷酸铵镁，$MgNH_4PO_4$ 等)(Trenkel, 2010；梁邦，2013)。

(2) 载体类缓控释肥料：采用适宜的高分子材料为载体或吸收肥料养分而形成的供肥体系，实际上是利用分子骨架包膜的缓控释肥料，如胶粘肥料等(杜昌文和周健民，2002；罗斌和束维正，2010)。

(3) 含转化抑制剂类缓释肥料：一般包含脲酶抑制剂和硝化抑制剂两类。脲酶抑制剂的产品有氢醌(HQ)、*N*-丁基硫代磷酰三胺(NBPT)、邻-苯基磷酰二胺(PPD)和硫代磷酰三胺(TPTA)等；硝化抑制剂主要产品有卤代苯酚、硝基苯胺、吡啶、硫脲、六氯乙烷、五氯酚钠、双氰胺(DCD)和 3, 4-二甲基吡唑磷酸盐(DMPP)等(王恩飞等，2011；Jat et al., 2012)。

(4) 包膜缓控释肥料：这类肥料以亲水聚合物包裹肥料颗粒，从而限制肥料的溶解性(翟军海等，2002)。典型包膜缓控释肥有硫包膜尿素和树脂包膜尿素等(罗斌和束维正，2010)。

3) 缓控释肥的养分释放机制

对于合成微溶态缓释肥料，其本身水中溶解度低，肥料养分在水、土壤和微生物的综合作用下缓慢分解，逐步释放，其养分释放速度受肥料颗粒大小、土壤水分、温度及微生物活性等因素综合影响(李卫华等，2008；罗斌和束维正，2010)。

对于载体类缓控释肥料，其利用有一定黏性和网状结构的聚合物，通过物理的或化学的机制来控制养分的释放，或者是利用载体疏水性、空间位阻或化学降解的速度来控制养分的释放(罗斌和束维正，2010)。

对于含转化抑制剂类缓释肥料，其利用生化抑制剂如脲酶抑制剂来减缓尿素水解或硝化抑制剂来降低氮素的硝化-反硝化作用，从而延缓肥料的养分释放（于立芝等，2006）。

对于包膜缓控释肥料，其养分释放机制普遍被认为包括下面两种。

（1）破裂机制：水蒸气形式的水分子穿过肥料膜层渗透进入肥料内部，在固体肥芯上凝聚并将其部分溶解，引起膜内压力累积，若内部压力超过膜壳的承受力，膜壳破裂，肥料颗粒养分迅速释放（谷佳林等，2007；李月和廖水姣，2010）。“破裂机制”适用于脆而无弹性的包膜肥料，如硫包膜尿素等（何刚等，2010）。

包膜缓控释肥“破裂机制”养分释放见图 1.4。

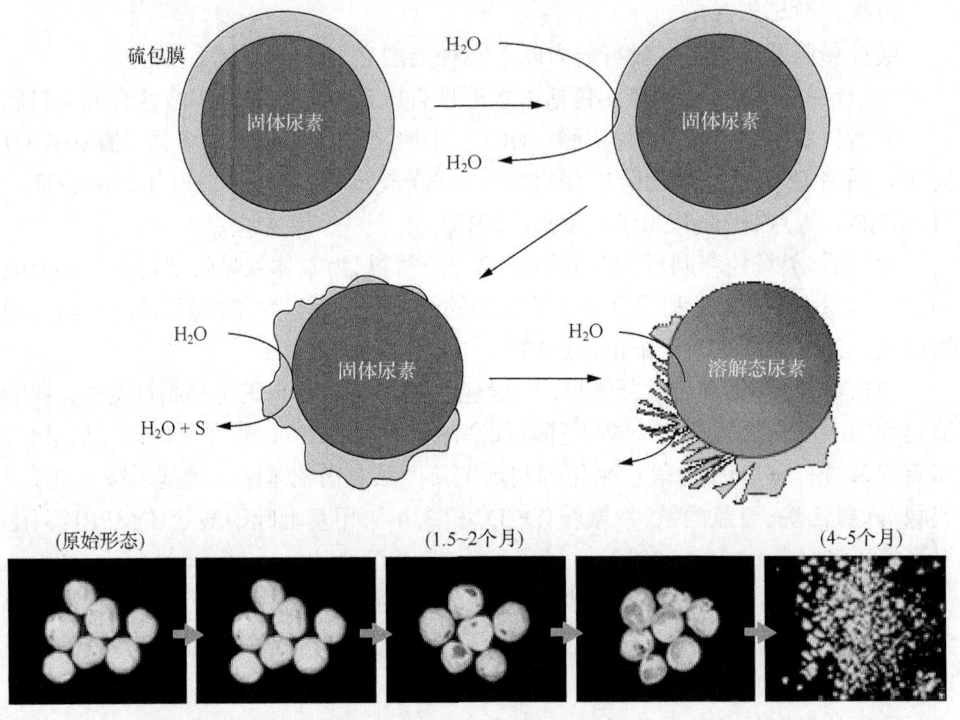

图 1.4　缓控释肥“破裂机制”养分释放示意图（以硫包膜尿素为例）（吕云峰，2006）

（2）扩散机制：当膜壳承受住内部压力后，养分就在膜壳内外的浓度梯度或压力梯度的驱动下穿过膜壳，逐步扩散释放出来（Shaviv, 2000；何刚等，2010；李月和廖水姣，2010）。“扩散机制”适用于聚合物包膜肥料，如聚氨酯膜和树脂包膜肥料等（杨同文等，2003）。

包膜缓控释肥“扩散机制”养分释放见图 1.5。

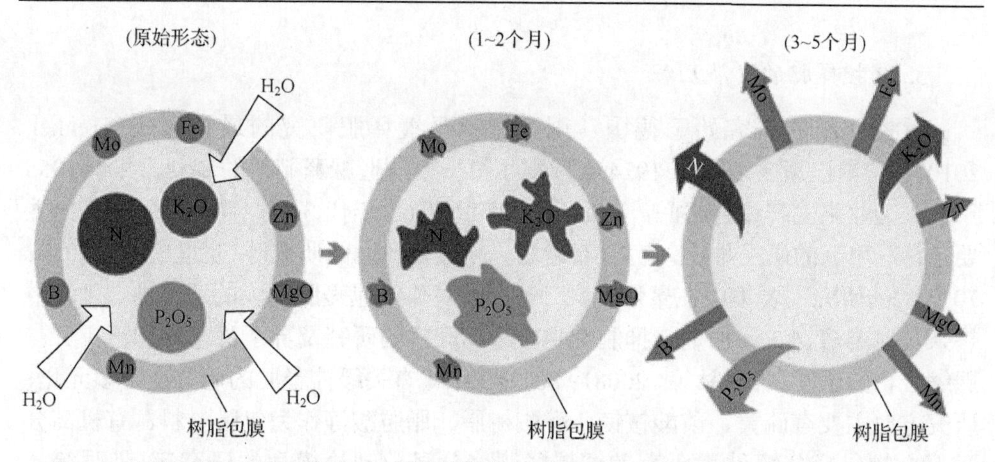

图 1.5　缓控释肥“扩散机制”养分释放示意图(以树脂包膜复合肥为例)(Trenkel, 2010)

4)缓控释肥的优缺点

国际肥料工业协会(International Fertilizer Industry Association, IFA)农业委员会副主席、德国科学家 Trenkel(2010)在他的缓控释肥料的专著 *Slow-and Controlled - Release and Stabilized Fertilizers :An Option for Enhancing Nurtient Use Efficiency in Agriculture* 中总结了缓控释肥的优缺点，分述如下。

(1)缓控释肥的优点：①等施肥量条件下，使用缓控释肥较常规化肥能提高作物产量和肥料利用率，而二者达到同等产量时，缓控释肥较常规化肥的使用量可以减量 20%～30%。②使用缓控释肥能够避免作物苗期因大量化肥施用而引起的“烧苗”现象，因为水溶性速效化肥大量施入田间，会增加水-土中的离子浓度，对植物细胞产生渗透压胁迫，对植株造成“烧苗”等特异性损害。③缓控释肥可以实现一次性施用满足作物全生育期的养分需求，降低了施肥次数，对于地膜覆盖种植农作物来说尤其有利。同时，一次性施肥也有利于节省施肥耗费的劳动力、时间和能源。④缓控释肥能够明显降低田间养分流失，尤其是氨挥发、硝态氮淋失和氧化亚氮排放，削减农业面源环境污染。

(2)缓控释肥的缺点：①缓控释肥的生产工艺更加复杂，而且需要额外的辅助材料(如包膜材料)，增加了生产成本，所以较常规化肥的售价更高。②施用缓控释肥可能会引起二次污染，如某些包膜缓控释肥所用的膜材料在土壤中降解速率很慢，部分甚至不降解，长期使用会导致土壤塑料残留物积累。③由于缓控释肥为一次性施肥，农户在不了解作物需肥量和缓控释肥实际应用效果时，基肥施用量不易掌控，如果基肥施用量过大，后续无法矫正。④目前，农民对缓控释肥认知不足，推广难度较大，需要更多的专业咨询和培训服务，对相关销售人员也提出了更高的要求。

3. 缓控释肥的发展历程

缓控释肥的研究始于德国。脲醛肥料是缓释肥研究的最初形式（Trenkel, 2010）。德国巴斯夫公司于1924年取得了第一个制造脲醛肥料的专利，并于1955年投入工业化生产（赵秉强等，2004）。20世纪60年代，缓控释肥的研究方向主要包括脲甲醛的研发推广，硫黄、石蜡等包膜缓控释肥的研究等（赵世民等，2003）；70年代的研究主要集中在聚烯类、三氮杂苯等作为包裹肥料膜的适用性、肥料中掺杂其他难溶物、添加剂、抑制剂生产缓释肥料的研究及异丁叉二脲和正丁叉二脲缩合物的研发（谷佳林等，2008）；80～90年代有关缓控释肥的研究变得多元化，研究方向主要有硫黄、磷酸铵镁、醇酸树脂、脂肪酸等作为包膜材料，有机高分子聚合物包膜分解过程研究及缓控释肥养分释放理论模型的研究等（陈强等，2000）。目前，缓控释肥的研究主要集中在包膜新材料的研发、缓释氮肥合成工艺的优化及缓控释肥长期施用对生态环境的影响等方面（谷佳林等，2008；Chien et al., 2009；Trenkel, 2010）。

美国、日本与欧洲在缓控释肥料的研究方面处于世界领先地位，而我国缓控释肥的研究起步较晚。1974年中国科学院南京土壤研究所以钙镁磷肥为包膜材料在国内率先研制出包膜长效碳酸氢铵，田间试验效果较好，但未形成规模生产（孙秀廷，1983）。20世纪80年代后我国在包膜缓控释肥方面的研究发展迅猛。1983年开始，郑州工学院等在国内系统地开展了利用营养材料研制包裹型控释肥料，先后研制出钙镁磷肥包裹尿素（1983年）、磷矿粉部分酸化包裹尿素（1991年）、二价金属磷酸盐包裹尿素（1995年）3类升级换代产品，养分控释期超过了95d，突破了国内外营养材料包膜养分释放控制难度大的关键技术（赵秉强等，2004）；1985年北京市园林科学研究所与化学工业研究院研制出酚醛树脂包膜颗粒复合肥料（谷佳林等，2008）；1992年北京市农林科学院植物营养与资源研究所研发出树脂包衣缓控释肥料生产设备，并研制出满足多类作物需要的缓控释肥系列产品（赵秉强等，2004；王恩飞等，2011）。经多年的研究与开发，山东农业大学完成了热塑性树脂、热固性树脂、硫包膜、硫黄加树脂双包膜等包膜缓控释肥的中试与示范（张民等，2005）。2001年科技部将环境友好型缓控释肥料的研制与产业化研究列为“十五”“863”计划之一（赵秉强等，2004）。2006年《国家中长期科学和技术发展规划纲要》（2006—2020年）将研发环保型肥料及缓释、控释肥料等列为优先发展的主题之一。随着缓控释肥相关领域研究水平的提升，目前已研发出具有我国特色的生产技术和产品种类，包括脲醛类缓释肥料、硫包膜缓控释肥料、树脂包膜缓控释肥料、稳定性肥料和载体类缓控释肥料等大宗缓释肥料等，并初步实现了产业化（罗斌和束维正，2010；梁邦，2013）。

目前，缓控释肥生产和使用最多的仍是发达国家，如美国、加拿大、日本和欧洲部分国家，而且大部分用于非农业市场，如草坪、花卉、景观园林等，蔬菜和果树种植中应用缓控释肥也逐渐在增多(Jat et al., 2012)。尽管缓控释肥的制造技术在不断进步，部分效果较好的缓控释肥已经开始商用，但与世界范围内大量的化肥消耗相比，缓控释肥的总消耗量仍然很少，在整个肥料中所占的比例也不高(Shaviv, 2000；Jat et al., 2012)，它们在农业领域的应用仍十分有限(Trenkel, 2010)。目前，限制缓控释肥大规模应用的一个主要原因是其成本较常规化肥更高(Jat et al., 2012)。

缓释肥能够减缓、延迟肥料养分的释放速率，而控释肥能使肥料养分按照设定的释放模式(释放速率与释放时间)匹配作物养分吸收规律来控制释放，因此，控释肥料是缓释肥料的高级形式。由于控释肥对作物增产效果较缓释肥更好，所以关于控释肥的研发、生产和应用在逐年增多。当前，研究较多的控释氮肥有硫包膜尿素(sulfur-coated urea，SCU)(Yasmin et al., 2007；Zebarth et al., 2009)、树脂包膜尿素(polymer-coated urea，PCU)(Golden et al., 2009；Blackshaw et al., 2011；张晴雯等，2011)和硫黄加树脂双包膜尿素(SPCU)(陈贤友等，2010；蒋曦龙等，2014)。另外，从应用效果来看单一控释肥料可能不足以满足不同作物各生育期的氮素需求，因此将不同养分释放速率的肥料配合施用，可能对作物养分供应更加有效(樊小林等，2009)。其中，以尿素为控释氮源，掺混普通氮、磷、钾等速效肥料而制成的控释 BB 肥(controlled-release bulk blending fertilizer，BBF)已成为适于大田作物的有效控释肥料(樊小林等，2009)。

4. 缓控释肥施用对水稻产量的影响

已有的研究表明，缓控释肥料对多种作物如水稻、小麦、玉米、高粱、大豆等具有增产作用(武志杰和陈利军，2003；于立芝等，2006；Kiran et al., 2010；张晴雯等，2011)。对于水稻作物，Fashola 等(2002)指出一次性施用控释氮肥就可以满足水稻生长的氮素需求并且获得较为满意的产量。宋付朋等(2005)的研究表明，普通氮肥和控释氮肥处理的水稻总生物量差异不显著，但是控释氮肥处理下籽粒产量比普通氮肥处理增加 10%～40%。邹应斌等(2005)报道，包膜复合肥比普通复合肥减少 20%和 40%的用量时，早稻产量较普通复合肥分别增加 12.8%和 5.0%；施用与普通复合肥等量和 75%用量的包膜复合肥，晚稻产量比普通复合肥分别增加 13.6%和 7.5%。Kiran 等(2010)通过两年的田间试验研究了施用控释肥对水稻产量的影响，发现与尿素处理相比，控释肥处理第一年和第二年水稻产量依次高出 $3.7t/hm^2$ 和 $2.2t/hm^2$。张晴雯等(2011)报道，树脂包膜控释尿素对南四湖流域水稻的产量有明显的促进作用，与施用普通尿素 $375kg/hm^2$ 相比，施用树脂包膜尿素 $375kg/hm^2$ 和 $337.5kg/hm^2$ 分别增产 8.4%和 11.1%。

5. 缓控释肥施用对氮肥利用率的影响

由于缓控释氮肥有利于延长肥料养分释放、促进作物氮素吸收(Jat et al., 2012；Xu et al., 2012)，所以稻田中施用缓控释氮肥(如包膜尿素、掺混控释氮肥)的氮肥利用率往往较施用常规氮肥(如尿素、碳酸氢铵等)更高(Fashola et al., 2002；Kiran et al., 2010；张晴雯等，2011)。Fashola等(2002)在温室模拟水稻栽培实验中报道，树脂包膜尿素较常规尿素降低了氮素的反硝化和渗漏流失，显著提高了氮肥农学利用率和氮肥偏生产力。纪雄辉等(2007a)研究报道，利用差减法测得的水稻控释氮肥氮素利用率(平均 76.3%)比普通尿素(平均 37.4%)高出38.9%，由 ^{15}N 同位素示踪法测得的水稻控释氮肥氮素利用率(平均 67.1%)比普通尿素(平均 31.2%)高出 35.9%。孙永红等(2007)研究表明，硫黄加树脂双包膜尿素的水稻氮素利用率为 37.8%～76.9%，显著高于普通尿素。陈贤友等(2010)研究报道等施氮量条件下，一次性基施硫黄加树脂双包膜尿素较分次施用普通尿素水稻氮肥利用率提高了 18.7%。

6. 缓控释肥施用对稻田面源污染的影响

农田氮素的氨挥发、径流与淋溶损失不仅造成肥料浪费，增加农业生产成本，还会导致地表水和地下水污染，诱发水体富营养化，严重影响生态环境的可持续发展(于立芝等，2006)。缓控释肥的养分释放量在前期(作物氮素吸收量低)不至过多，后期(作物氮素需求加快加大)不至缺乏，具有“削峰填谷”的效果(杜建军等，2007；Trenkel, 2010)，能较好地匹配肥料养分供给与作物养分需求(Lupwayi et al., 2010)，在保障作物正常生长和稳产增产的同时，能够有效降低氮素的挥发、径流和淋溶等损失，削减农田面源污染(Jat et al., 2012；Xu et al., 2012)，实现经济和环境效益的双赢。

郑圣先等(2004)的水稻田间试验报道，控释氮肥较常规尿素处理稻田的氨挥发量降低 54.0%，氮素淋失量降低 32.5%，氮的硝化-反硝化损失量减少 34.5%。徐培智等(2004)在广东省范围内对水稻缓控释肥进行了大面积试验，发现与常规施肥相比，缓控释肥能显著降低氮、磷肥施用量，减少氮素用量 26.5%、磷素用量 19.3%，进而有效削减了肥料养分流失。杜建军等(2007)报道，6 种缓控释肥料处理均不同程度降低了氨挥发量和氮素淋失量：与尿素相比，缓控释肥的氨挥发量减少 0.1%～37.8%，氮素淋失量减少 15.8%～68.9%。纪雄辉等(2007a)通过田间测定发现控释肥料能有效降低稻田氨挥发、氧化亚氮排放及氮素淋失量。高杨等(2010)模拟了降雨条件下施用树脂包膜控释尿素对土壤氮素流失的影响，结果表明，树脂包膜尿素较普通尿素处理土壤径流中硝态氮、铵态氮和总氮流失量分别降低了 23.9%～30.4%、20.6%～30.8%和 3.7%～7.9%。综上，缓控释肥的应用能明显降低农田土壤氮素流失，是削减农业面源污染的有效途径之一。

1.2　水肥管理对稻田氮素径流和渗漏损失的影响

水稻是我国的主要粮食作物，2012 年种植面积达 3014 万 hm^2(农业部信息中心，2014)，也是我国灌溉用水量最大、化肥消费量最多的农作物(朱成立和张展羽，2003)。据统计，全国农业用水量占总用水量 70%以上，而水稻用水量就占农业用水量 65%(姜萍等，2013)。水稻传统的淹灌栽培方式耗水量大，水分利用效率低，不仅与当前不断紧缺的农业用水资源相矛盾(茆智，2002；朱成立和张展羽，2003)，而且淹灌加重了稻田养分通过径流和渗漏损失，加剧了地表水和地下水环境污染(Tan et al., 2013)。为保障我国粮食安全，缓解水资源供需矛盾及降低水环境污染，发展节水灌溉成为农业可持续发展的必然选择(茆智，2005；Yang et al., 2013)。另外，施肥作为提高水稻产量的主要因子，我国稻田氮肥用量居世界首位(胡安永等，2014)。2007 年我国水稻氮肥用量达 550 万 t，占世界水稻氮肥总用量的 36%(赵宏伟和沙汉景，2014)。过量施肥及不合理的水肥管理方式等造成施入稻田的氮肥超过 50%流失到环境中(肖自添等，2007；胡安永等，2014)，引发了严重的农业面源污染和水体富营养化问题(Qiao et al., 2013；Yang et al., 2013)。

作为农田土壤氮素损失的重要途径，氮素的径流和渗漏流失日益受到关注(庞桂斌和彭世彰，2010；Peng et al., 2011；王森等，2013)。研究表明，水分和养分管理是影响农田氮素迁移的重要因素。稻田不同灌溉模式会改变田间的微气候(茆智，2002；杨菲和谢小立，2010；张静等，2014)，影响有机质矿化、氮素硝化-反硝化和水稻氮素吸收(Bouman et al., 2007)，还会改变田间径流量和渗漏量，从而影响土壤氮素的径流流失和渗漏淋失(姜萍等，2013；Tan et al., 2013)。近年来，控释肥因具有一次性施用满足作物全生育期对氮素的需求，增产潜力大，以及挥发、淋溶与硝化-反硝化损失少等优点而成为提高氮肥利用效率和减轻环境污染的有效肥料(左海军等，2008；Chien et al., 2009；Blackshaw et al., 2011；丁维军等，2013)。然而，国内以往的研究中多使用常规速效肥料为氮素供给源，施用控释肥对稻田氮素径流和渗漏影响的研究还少见报道，对控释肥施用后稻田氮素的径流和渗漏过程及其损失的定量研究仍是农田氮素循环研究中的薄弱环节。基于上述分析，本书在太湖流域集约化水稻种植区开展田间试验，考察干湿交替节水灌溉结合控释肥施用对稻田田面水和渗漏水氮素浓度与形态的动态变化及氮素径流和渗漏损失的影响，以期为太湖流域稻田制定合理的水肥管理方式、评估稻田氮素流失风险和控制农业面源污染提供理论依据。

1.2.1 结果与分析

1. 试验点气温与降雨量

2010 年和 2011 年水稻生育期(140d)内日气温和降雨量如图 1.6 所示。随晚季稻从夏季入秋季，日平均气温波动较大，整体均呈现相似的下降趋势。2010 年和 2011 年水稻生育期内日平均气温最高分别为 32.9℃(8 月 3 日，42DAT[①])和 32.7℃(7 月 4 日，4DAT)，日平均气温最低分别为 10.8℃(10 月 28 日，128DAT)和 11.6℃(11 月 11 日，134DAT)，140DAT 平均气温分别为 24.2℃和 23.7℃。降雨量方面，2010 年与 2011 年水稻全生育期总降雨量分别为 579.4mm 和 664.5mm。降雨量分配年际差异较大，2010 年较 2011 年降雨量分配更均匀。2010 年日降雨量最大为 38mm(9 月 1 日，71DAT)，而 2011 年日降雨量最大为 151.2mm(9 月 8 日，70DAT)。

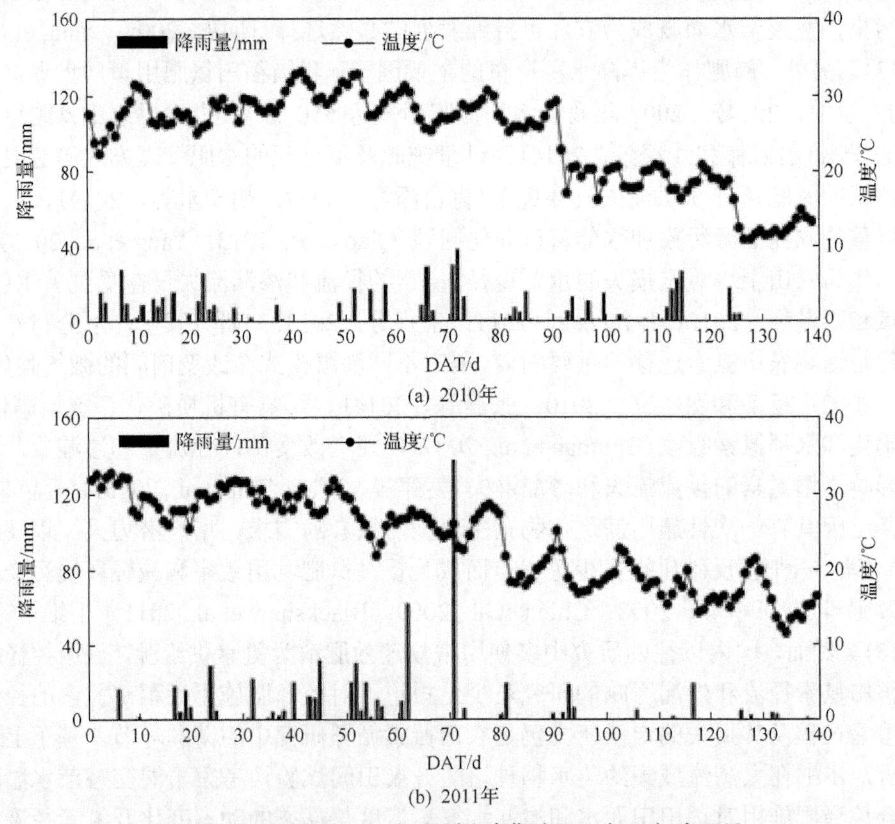

图 1.6 2010 年和 2011 年水稻生育期内逐日气温与降雨量

① DAT 为 days after transplanting 的缩写，表示移载后天数。

2. 稻田灌溉量、径流量及渗漏量

2010 年和 2011 年 CF 处理灌溉次数均为 9 次，灌溉水量分别为 443.6mm 和 414.3mm，总用水量分别为 1023.0mm 和 1078.8mm，AWD 处理灌溉次数分别为 4 次和 6 次，灌溉水量分别为 257.8mm 和 298.2mm，总用水量分别为 837.2mm 和 962.7mm(图 1.7)。与淹灌相比，节灌显著降低了稻田灌溉次数(3～5 次)、灌溉水量(28.0%～41.9%)和总用水量(10.8%～18.2%)，差异均达极显著水平($p<0.01$，下同)。

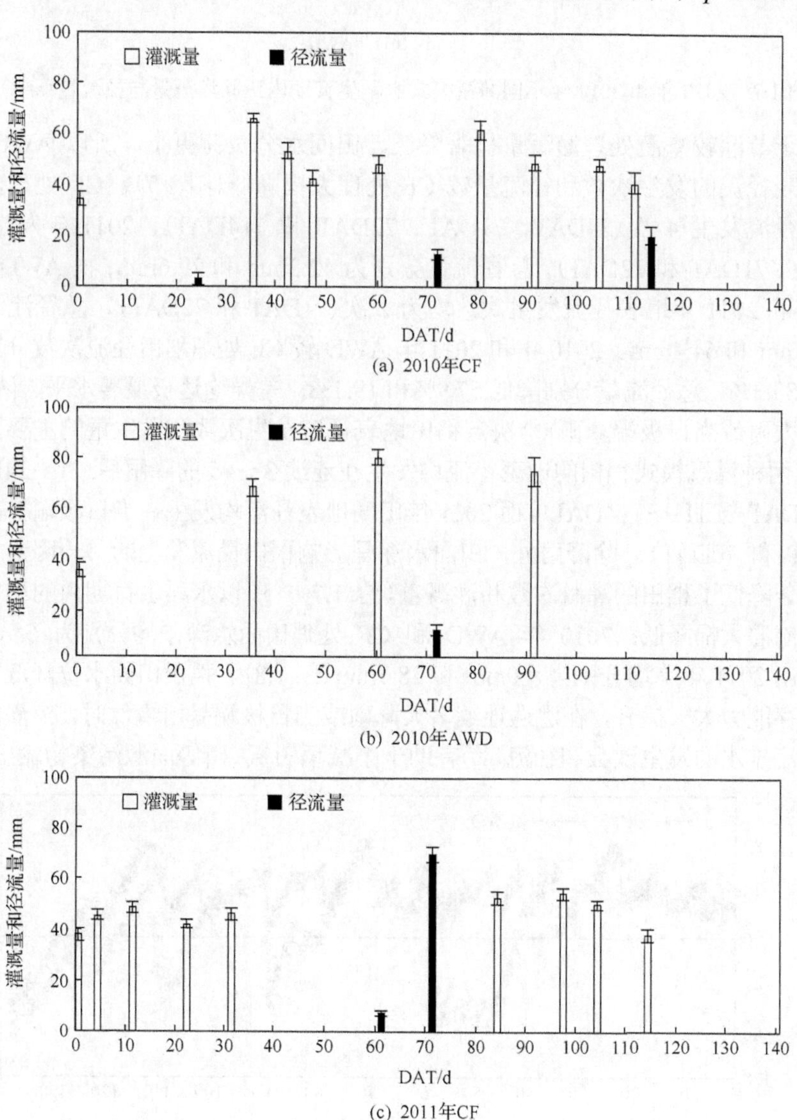

(c) 2011年CF

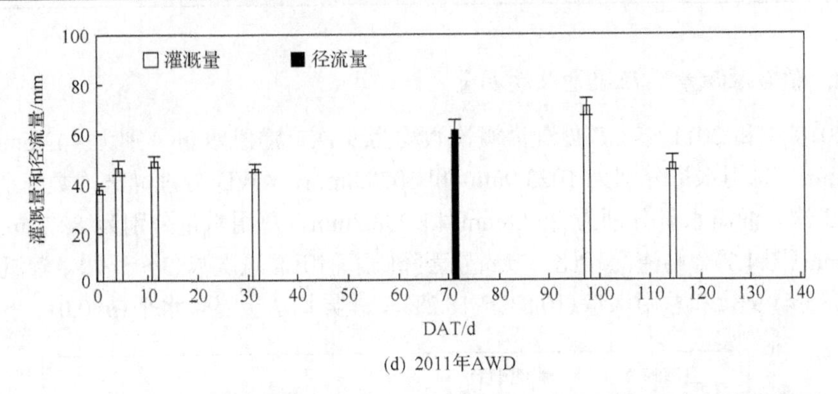

(d) 2011年AWD

图 1.7　2010 年和 2011 年不同灌溉模式水稻生育期内田间灌溉量与径流量(n=3)

由于节灌较淹灌处理灌溉量显著降低、田间水分负荷更小，所以 AWD 处理稻田地表径流的发生次数和径流量较 CF 处理大幅降低(图 1.7)。CF 处理，2010 年地表径流发生 4 次(24DAT、71DAT、72DAT 和 114DAT)，2011 年发生 3 次(62DAT、71DAT 和 72DAT)，总径流量分别为 42.3mm 和 79.6mm；而 AWD 处理，2010 年和 2011 年地表径流发生次数均为 2 次(71DAT 和 72DAT)，总径流量分别为 17.8mm 和 64.4mm。2010 年和 2011 年 AWD 较 CF 处理稻田径流次数分别减少 50%和 33.3%、总径流量分别降低 57.9%和 19.1%，差异均达极显著水平。降雨(连续多日大雨或当日极端暴雨)是决定稻田地表径流发生次数和发生量的主要因素。2010 年两种灌溉模式稻田的地表径流均发生在连续 3～4d 的降雨后(21～24DAT、70～72DAT 与 111～114DAT)，而 2011 年田间地表径流均发生在当日极端暴雨之后(61DAT 和 70DAT)。除降雨外，田面水深是影响稻田径流发生的另一因素。由于节灌显著降低了稻田的灌溉次数和灌溉量(图 1.7)，所以水稻生育期内的稻田田面水深较淹灌大幅降低：2010 年 AWD 和 CF 处理田面水深平均分别为 6.9mm 和 33.1mm，2011 年平均分别为 9.0mm 和 28.7mm(图 1.8)。稻田田面水位降低，田间雨水蓄存能力大大提升，在遭遇连续多天降雨或当日极端暴雨事件时，节灌能有效降低径流排水的发生次数和径流量，有助于削减稻田氮、磷等面源污染物输出负荷。

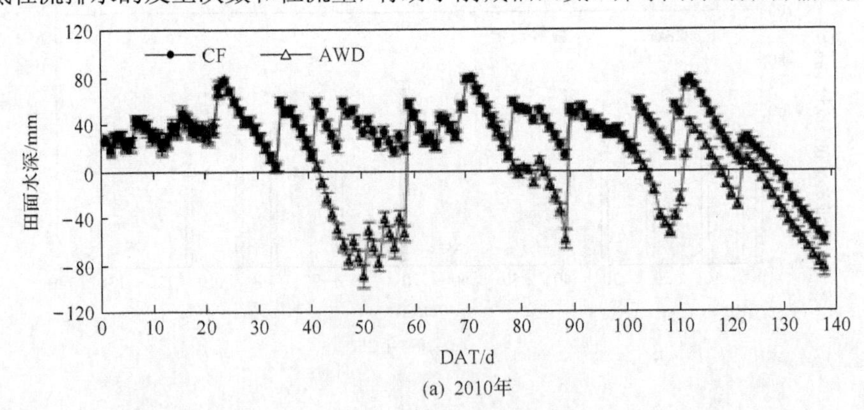

(a) 2010年

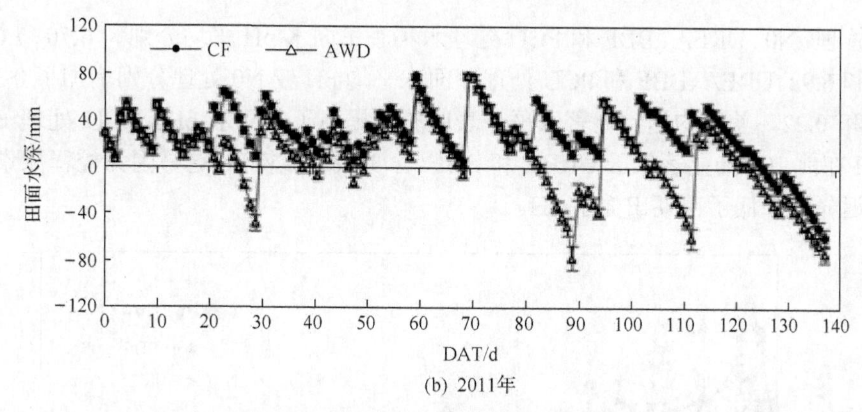

(b) 2011年

图 1.8　2010 年和 2011 年不同灌溉模式水稻生育期内逐日田面水深

经估算，2010 年 CF 和 AWD 处理水稻全生育期累计渗漏水量平均分别为 361.3mm 和 282.1mm；2011 年 CF 和 AWD 处理水稻全生育期累计渗漏水量平均分别为 375.5mm 和 322.0mm。节灌较淹灌处理稻田总渗漏量 2010 年降低 21.9%，2011 年降低 14.2%，差异均达显著水平($p<0.05$，下同)。

本书中各小区均不进行人工主动排水，两种水分管理条件下田间灌溉量、径流量和渗漏量见表 1.1。

表 1.1　2010 年和 2011 年水稻季不同灌溉模式田间灌溉量、径流量和渗漏量

年份	灌溉模式	降雨量/mm	灌溉量/mm	径流量/mm	渗漏量/mm
2010	CF	579.4	443.6	42.3	361.3
	AWD		257.8	17.8	282.1
2011	CF	664.5	414.3	79.6	375.5
	AWD		298.2	64.4	322.0

由于两年田面水和渗漏水的氮素浓度的动态变化趋势相似，因此本书以 2010 年数据论述稻田田面水氮素浓度及形态的动态变化及其径流流失特征，以 2011 年数据分析稻田渗漏水氮素浓度及形态的动态变化及其渗漏淋失规律。

3. 田面水和渗漏水 pH 的动态变化

1) 田面水 pH 动态变化

图 1.9 是 2010 年水稻移栽后不同水肥管理稻田田面水 pH 的动态变化。水稻生育期内，田面水 pH 介于 6.0～8.4，高于实验前稻田耕层土壤 pH(5.78)。施肥后田面水 pH 急剧上升，7d 后逐渐下降，至成熟期小幅回升。

水稻季两种灌溉模式田面水 pH 相当，差异不显著($p>0.05$，下同)。对于不同氮肥管理，N0、UREA、BBF 和 PCU 处理水稻季田面水 pH 平均分别为 6.70、7.07、7.09 和 6.92。UREA、BBF 和 PCU 处理田面水平均 pH 较 N0 处理分别增加了 0.37、0.39 和 0.22，差异均达到显著水平，表明施氮提高了田面水 pH。PCU 处理田面水 pH 在前 10d 均显著低于 UREA 和 BBF(含 30%速效氮)，这是因为控释尿素的氮延迟释放降低了苗期田面水 pH。

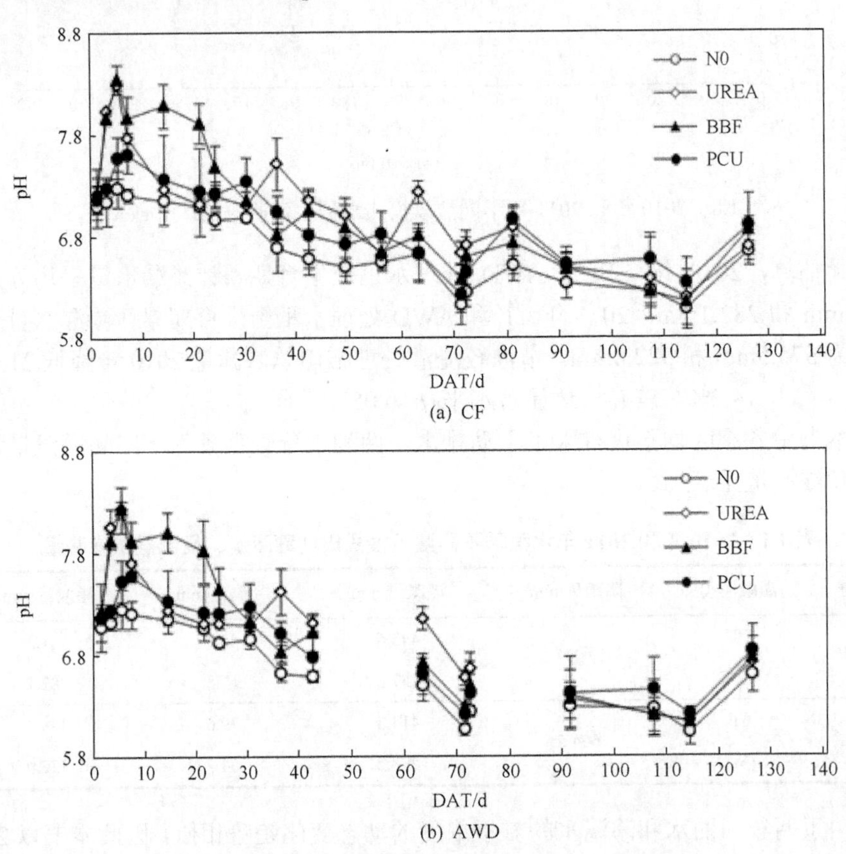

图 1.9　2010 年不同水肥管理田面水 pH 动态变化

2)渗漏水 pH 动态变化

图 1.10 是 2011 年水稻移栽后不同水肥管理稻田渗漏水 pH 的动态变化。水稻生育期内渗漏水 pH 平均介于 5.8～6.7，略高于实验前稻田耕层土壤 pH(5.78)。水稻生育前期(<40DAT)渗漏水 pH 在波动中上升，之后逐渐下降，72DAT 时降至最低值，90d 后回升并趋于平稳。各处理渗漏水 pH 均在 72DAT 时最低，可能与第 70d 时试验点遭遇的 151.2mm 暴雨有关，因为强降雨加剧了酸性土壤的淋溶。

与 CF 相比，AWD 处理渗漏水 pH 略有降低，但差异不显著。对于不同氮肥管理，N0、UREA、BBF 和 PCU 处理水稻全生育期渗漏水 pH 平均分别为 6.20、

6.39、6.35 和 6.38。UREA、BBF 和 PCU 处理渗漏水平均 pH 较 N0 处理分别增加了 0.19、0.15 和 0.18，差异均达到显著水平，表明施用氮肥也提高了渗漏水 pH。

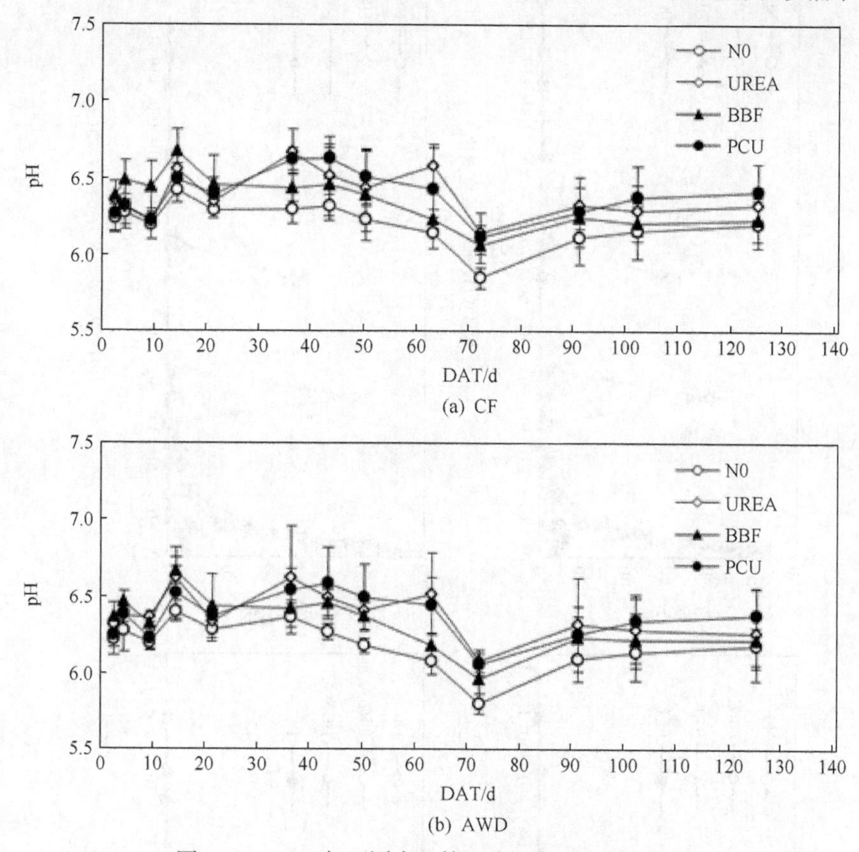

图 1.10　2011 年不同水肥管理渗漏水 pH 动态变化

4. 田面水氮素浓度和形态的动态变化

1) 田面水氮素浓度动态变化

图 1.11 是 2010 年水稻移栽后不同水肥管理稻田田面水氮素(TN、NH_4^+-N、NO_3^--N 和 NO_2^--N)浓度的动态变化。水稻生育期内各处理田面水 TN 浓度介于 0.47～103.41mg/L，平均 10.59mg/L；NH_4^+-N 浓度介于 0.23～72.01mg/L，平均 7.58mg/L；NO_3^--N 浓度介于 0.15～1.79mg/L，平均 0.53mg/L；NO_2^--N 浓度介于 0.01～0.24mg/L，平均 0.07mg/L。

CF 处理水稻生育期内田面水 TN、NH_4^+-N、NO_3^--N 和 NO_2^--N 浓度平均分别为 9.86mg/L、6.93mg/L、0.51mg/L 和 0.06mg/L。AWD 较 CF 处理田面水 TN 和 NH_4^+-N 平均浓度分别提高 15.0%和 16.6%，差异均达到显著水平，NO_3^--N 平均浓度提高

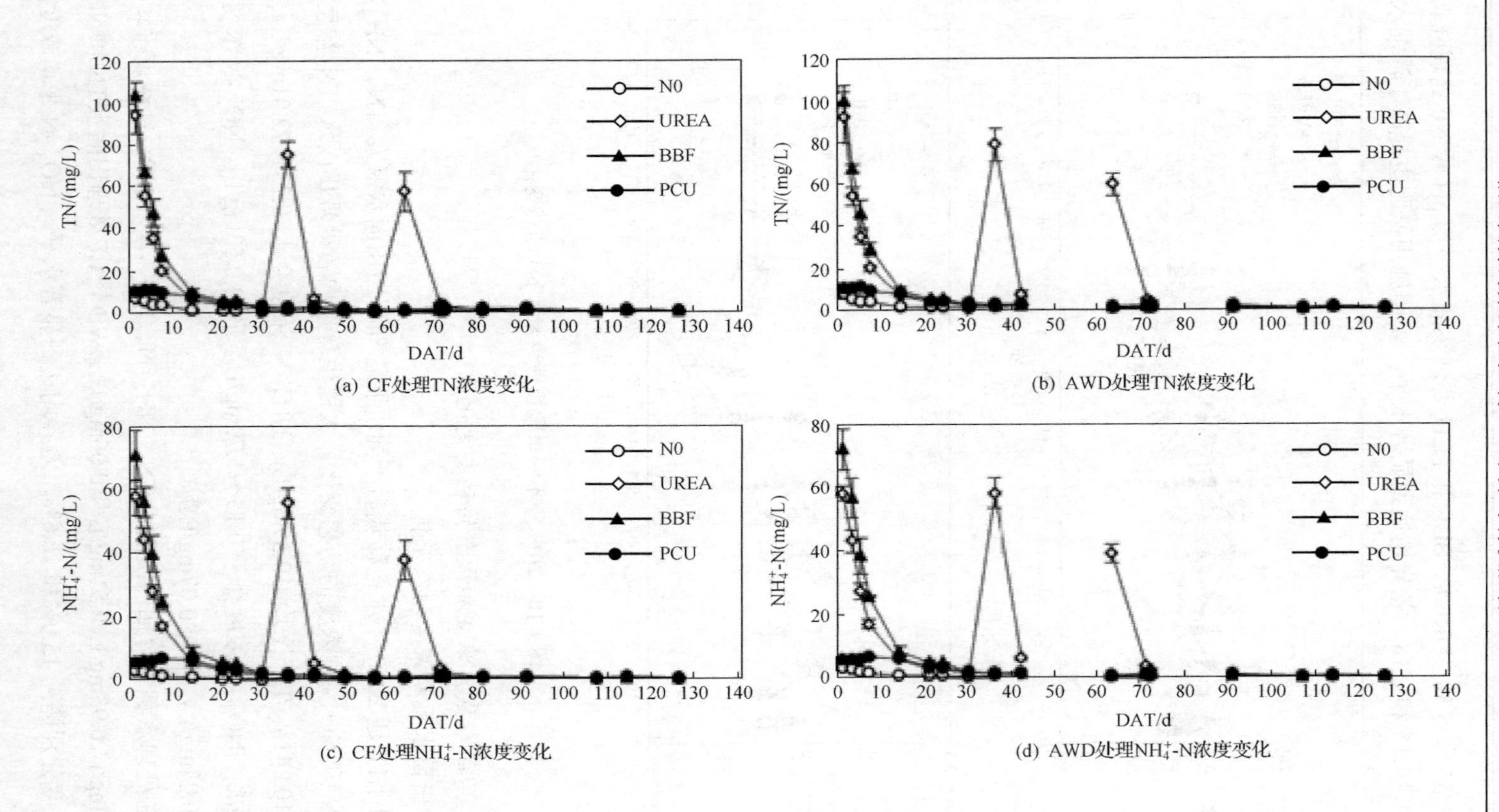

(a) CF处理TN浓度变化

(b) AWD处理TN浓度变化

(c) CF处理NH$_4^+$-N浓度变化

(d) AWD处理NH$_4^+$-N浓度变化

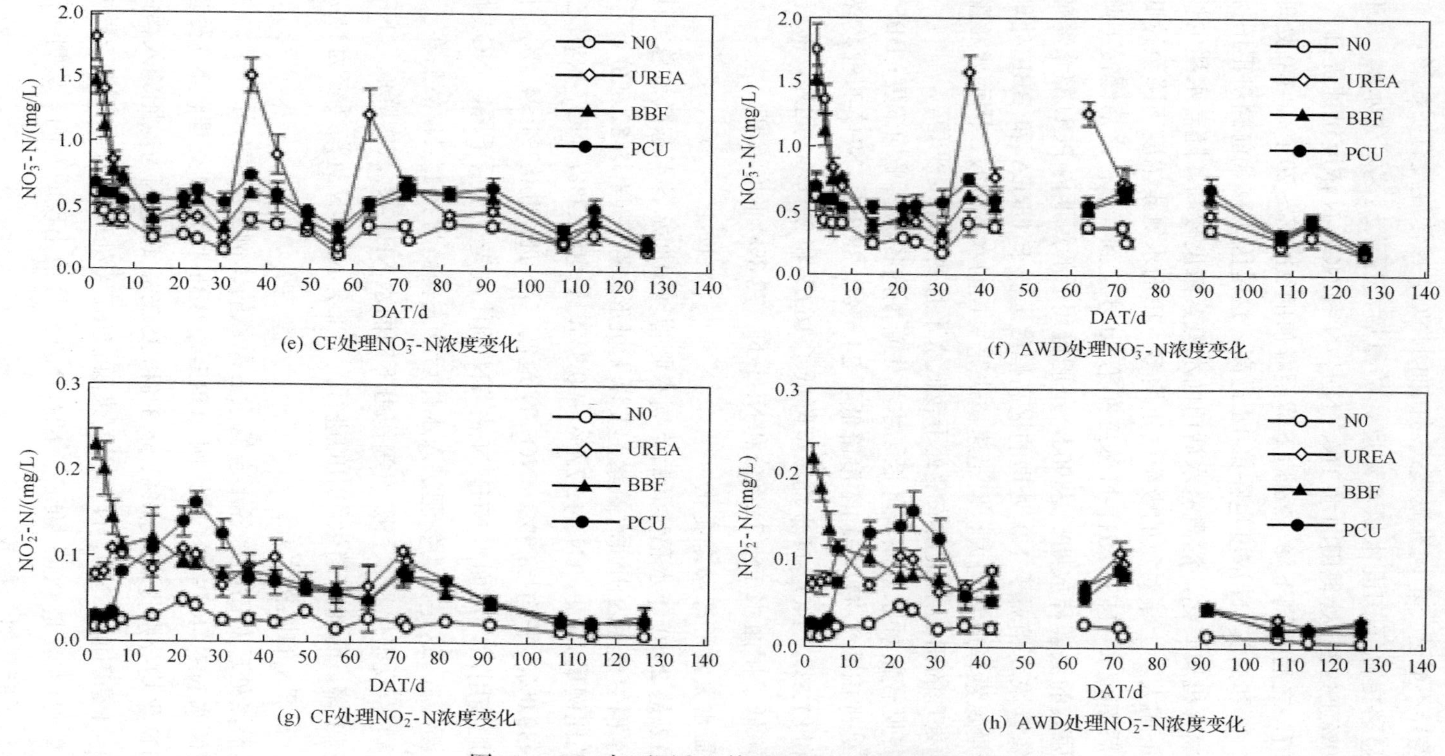

图1.11　2010年不同水肥管理田面水氮素浓度动态变化

6.1%，但差异不显著。不同灌溉模式对田面水 NO_2^--N 浓度没有明显影响。

施氮显著提高了田面水氮素浓度。施氮后，尿素迅速发生水解，UREA 和 BBF(含 30%速效氮)处理田面水 TN、NH_4^+-N 和 NO_3^--N 浓度迅速提高，在第 1d 即达到峰值，之后急剧下降，7d 后下降至峰值的 21.2%～29.1%。N0 处理田面水 TN、NH_4^+-N 和 NO_3^--N 浓度也在第 1d 最高，这是因为移栽前翻耕耙田扰动加速了耕层土壤有机质矿化，灌溉淹水后田面水氮素浓度较高。随着水稻生长，植株氮素吸收量加大及土壤对氮的吸附固定增多，田面水氮素浓度下降至较低水平。PCU 施用后田面水 TN 和 NH_4^+-N 浓度在第 5d 才达到峰值，之后缓慢下降。由于树脂包膜尿素的氮素释放期长达 90d，基肥施用后的短期内 PCU 氮素释放量低，其田面水氮素浓度相对于 N0 处理的提高幅度远低于 UREA 和 BBF 处理。虽然 PCU 中后期氮素释放量增大，但迅速被快速生长的水稻吸收，因而水稻整个生育期内 PCU 处理的田面水氮素浓度处于较低水平且变化相对平稳。

控释氮肥较常规尿素显著降低了水稻生育期内各氮素平均浓度：BBF 和 PCU 较 UREA 处理田面水 TN 平均浓度降低了 24.6%和 78.3%，NH_4^+-N 平均浓度降低了 17.5%和 81.6%，NO_3^--N 平均浓度降低了 16.6%和 22.7%。此外，PCU 较 BBF 处理显著降低了田面水 TN(71.2%) 和 NH_4^+-N (77.8%) 平均浓度。

2) 田面水氮素形态动态变化

图 1.12 是 2010 年水稻移栽后不同水肥管理田面水各形态氮占总氮比例的动态变化。水稻生育期内田面水氮素主要以无机形态存在(平均 82.6%)。无机氮中，NH_4^+-N 的比例最大，占 TN 的 37.4%～90.3%，平均 61.3%，NO_3^--N 次之，占 TN 的 1.5%～38.0%，平均 18.9%，NO_2^--N 最低，占 TN 的 0.2%～4.4%，平均仅为 2.2%。氮肥施用后，田面水 NH_4^+-N 占 TN 的比例先上升后下降，NO_3^--N 占 TN 的比例不断上升。这是因为氮肥进入水体后首先转化为 NH_4^+-N，然后在土壤吸附、氨挥发、硝化-反硝化和水稻吸收等作用下田面水 NH_4^+-N 浓度降低，NH_4^+-N 占 TN 的比例下降，而随着硝化作用的进行，一部分 NH_4^+-N 逐渐转变为 NO_3^--N，使得 NO_3^--N 占 TN 的比例上升。

不同灌溉处理对田面水各形态氮素占总氮的比例影响差异不显著。施氮显著提高了田面水 NH_4^+-N 占 TN 的比例：UREA、BBF 和 PCU 处理较 N0 处理田面水 NH_4^+-N/TN 平均分别提高 66.0%、55.3%和 35.2%，这是因为氮肥施入稻田水解生成的 NH_4^+-N 是田面水 NH_4^+-N 的主要来源。UREA 处理 NH_4^+-N/TN 一周内达到峰值，而控释肥(尤其是 PCU)推迟了 NH_4^+-N/TN 峰值出现的时间，从侧面也反映出控释肥推迟了肥料氮的释放。

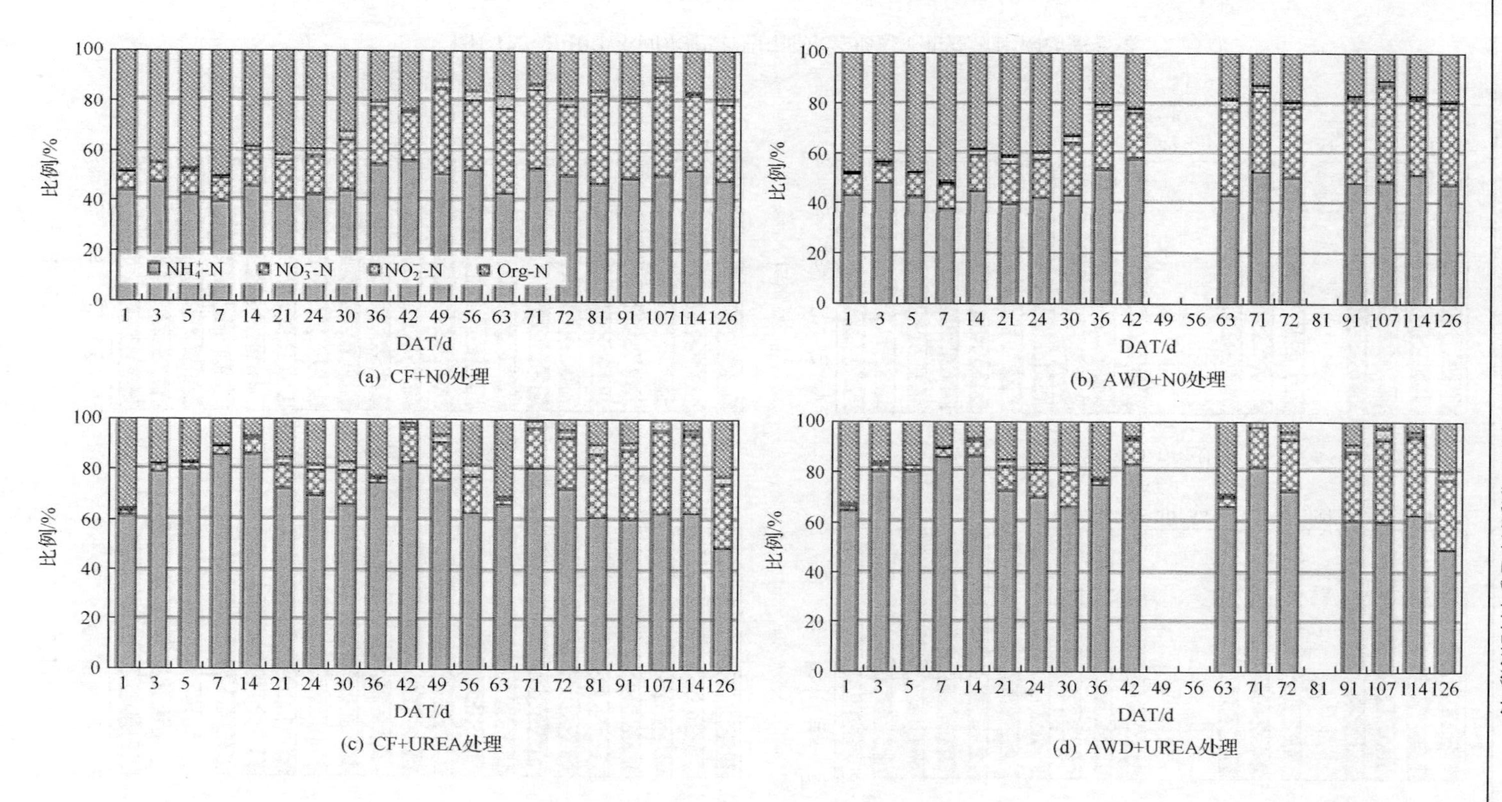

(a) CF+N0处理

(b) AWD+N0处理

(c) CF+UREA处理

(d) AWD+UREA处理

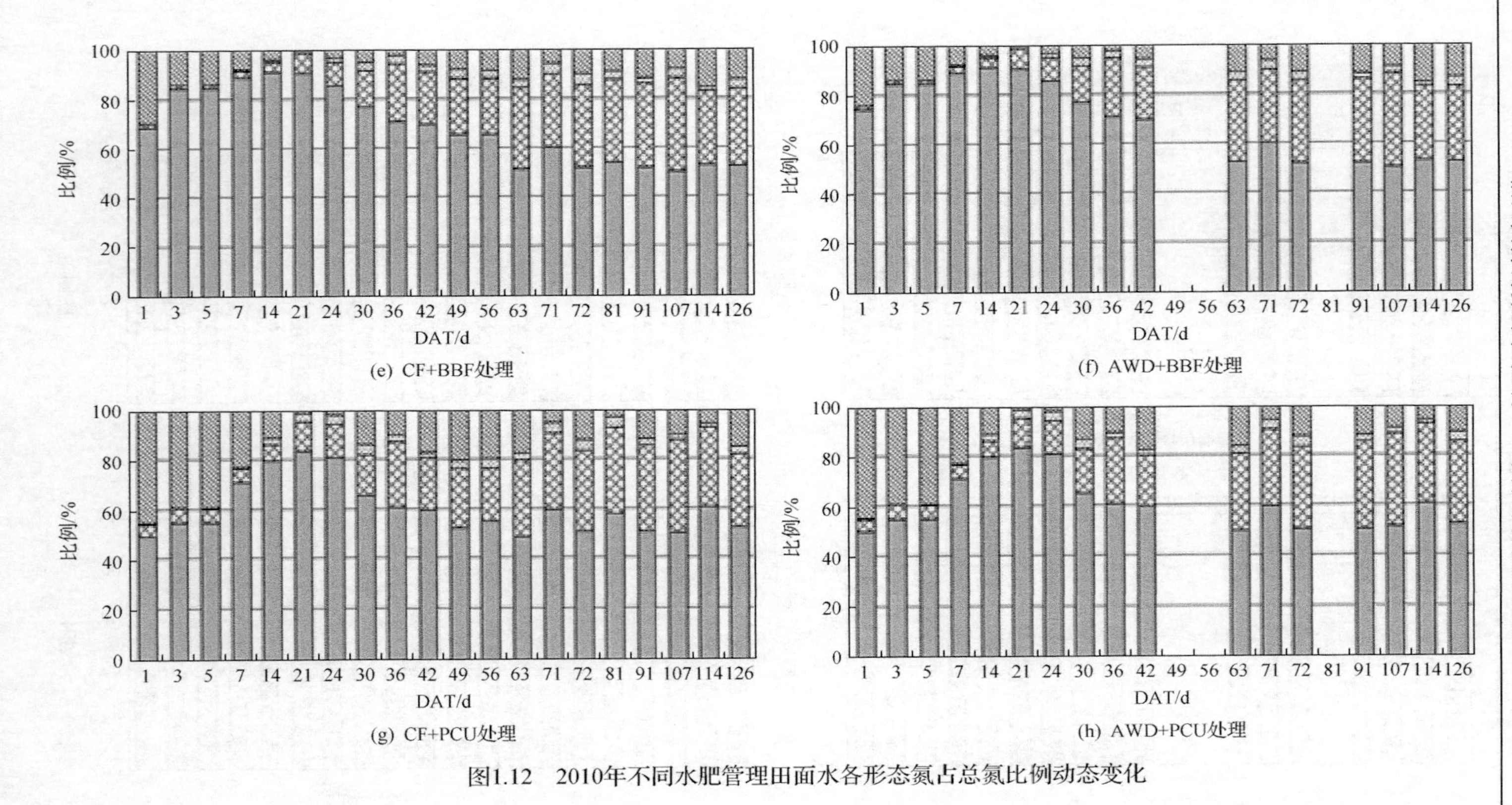

图1.12　2010年不同水肥管理田面水各形态氮占总氮比例动态变化

5. 渗漏水氮素浓度和形态的动态变化

1) 渗漏水氮素浓度动态变化

图1.13是2011年水稻移栽后不同水肥管理稻田渗漏水氮素(TN、NH_4^+-N、NO_3^--N和NO_2^--N)浓度的动态变化。水稻生育期内各处理渗漏水TN浓度介于0.45～19.07mg/L，平均4.01mg/L；NH_4^+-N浓度介于0.22～15.15mg/L，平均2.97mg/L；NO_3^--N浓度介于0.10～0.95mg/L，平均0.31mg/L；NO_2^--N浓度介于0.00～0.24mg/L，平均0.04mg/L。

节灌处理水稻生育期内渗漏水TN、NH_4^+-N和NO_3^--N浓度平均分别为4.08mg/L、3.04mg/L和0.31mg/L，较淹灌处理分别提高3.6%、4.8%和2.0%，但差异均未达到显著水平。与田面水类似，不同灌溉模式对渗漏水NO_2^--N浓度也没有明显影响。

各施氮处理渗漏水TN、NH_4^+-N、NO_3^--N(PCU处理除外)和NO_2^--N浓度均急剧上升，并在10DAT内达到峰值，之后随着时间推移不断下降。PCU处理NO_3^--N浓度的动态变化与其TN、NH_4^+-N和NO_2^--N浓度的动态变化稍有区别：PCU施用后渗漏水NO_3^--N持续增加至水稻生育中期(40～50DAT)。此外，与TN、NH_4^+-N和NO_2^--N不同，各处理NO_3^--N浓度在水稻生育末期均高于移栽期。

施氮显著提高了渗漏水氮素浓度：UREA、BBF和PCU处理较N0处理TN浓度平均分别提高256.4%、220.1%和102.0%，NH_4^+-N浓度平均分别提高337.6%、295.1%和150.2%，NO_3^--N浓度平均分别提高177.7%、133.6%和120.8%，NO_2^--N浓度平均分别提高352.9%、250.9%和233.2%，差异均达到极显著水平。施用控释肥有利于降低渗漏水氮素浓度：BBF和PCU较UREA处理水稻生育期内渗漏水TN平均浓度降低10.2%和43.3%，NH_4^+-N平均浓度降低9.7%和42.8%，NO_3^--N平均浓度降低15.9%和20.5%，NO_2^--N平均浓度降低22.5%和26.4%。与BBF相比，PCU处理显著降低了渗漏水TN(36.9%)和NH_4^+-N (36.7%)的平均浓度，小幅降低了NO_3^--N和NO_2^--N的平均浓度(差异不显著)。水稻生育期内，常规尿素因分三次(4∶4∶2)施用，其渗漏水各氮素均出现三次峰值。控释BB肥和树脂包膜尿素均为一次性基施，渗漏水各氮素峰值均只有一次。BBF处理稻田渗漏水各氮素初期的上升趋势及最大值出现时间与UREA处理(40%尿素基施)表现一致，这是因为控释BB肥中含30%速效氮源。

2) 渗漏水氮素形态动态变化

图1.14是2011年水稻移栽后不同水肥管理稻田渗漏水各形态氮素占总氮比例的动态变化。渗漏水中氮素主要以无机形态存在(平均84.4%)。无机氮中，NH_4^+-N

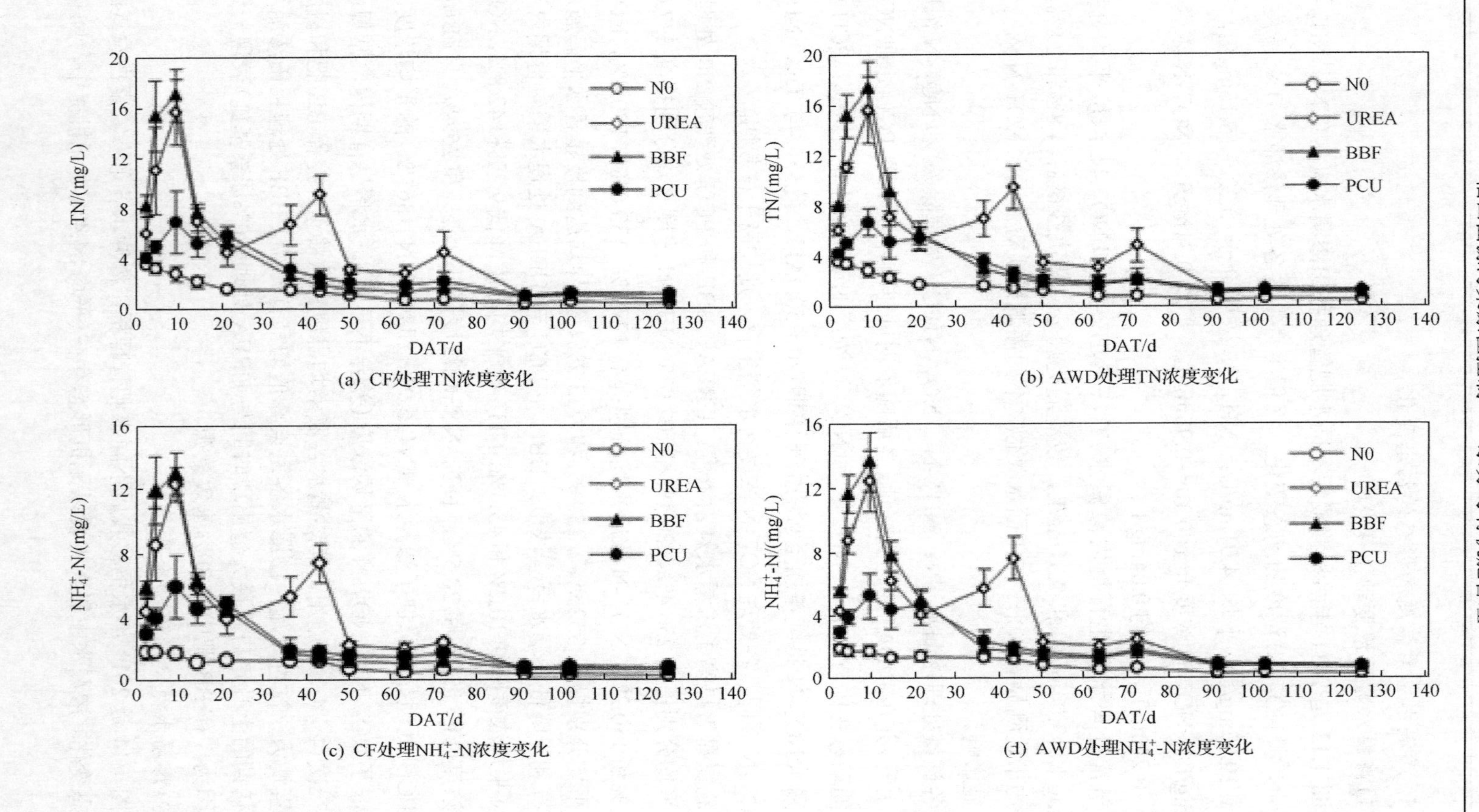

(a) CF处理TN浓度变化

(b) AWD处理TN浓度变化

(c) CF处理NH_4^+-N浓度变化

(d) AWD处理NH_4^+-N浓度变化

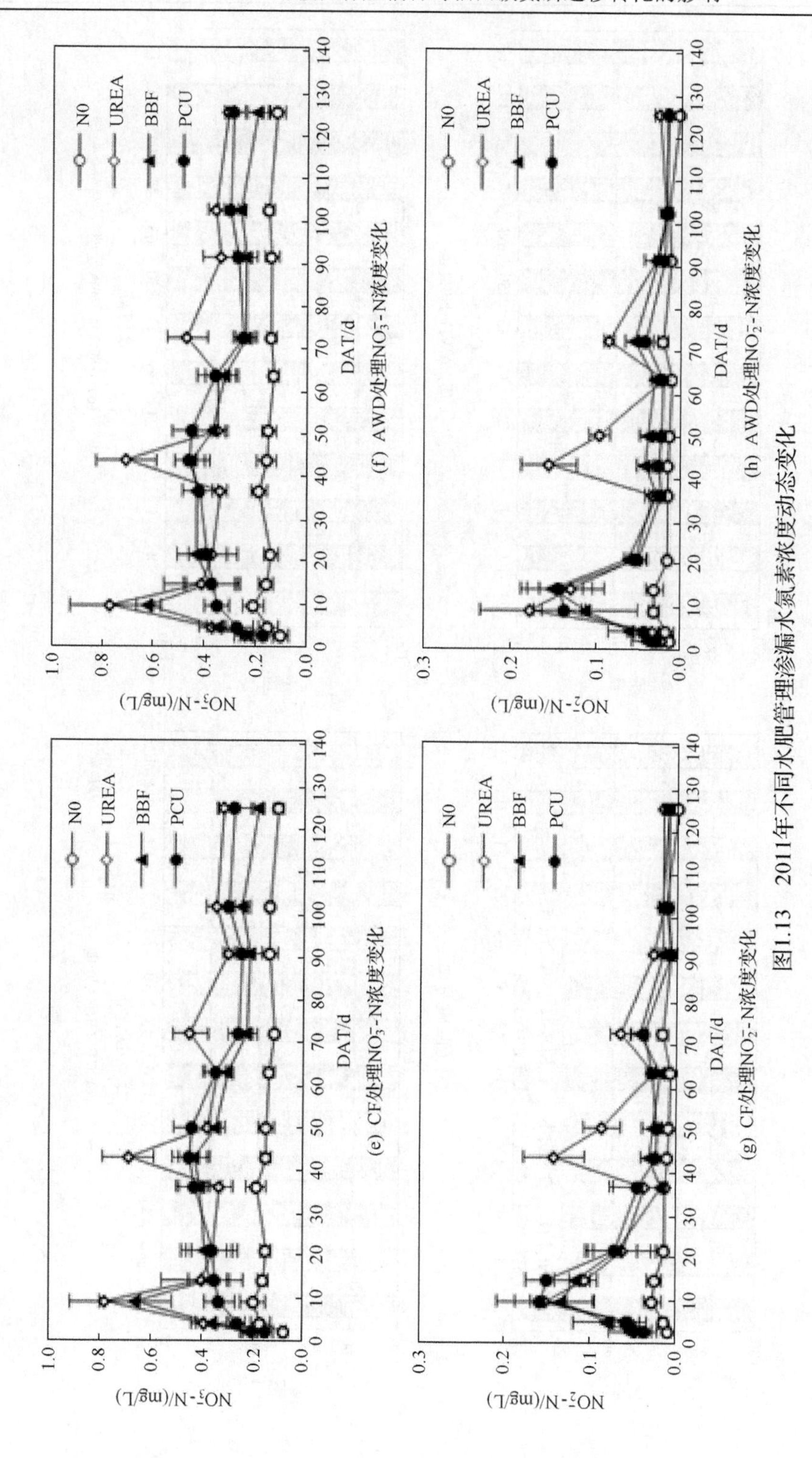

图1.13　2011年不同水肥管理渗漏水氮素浓度动态变化

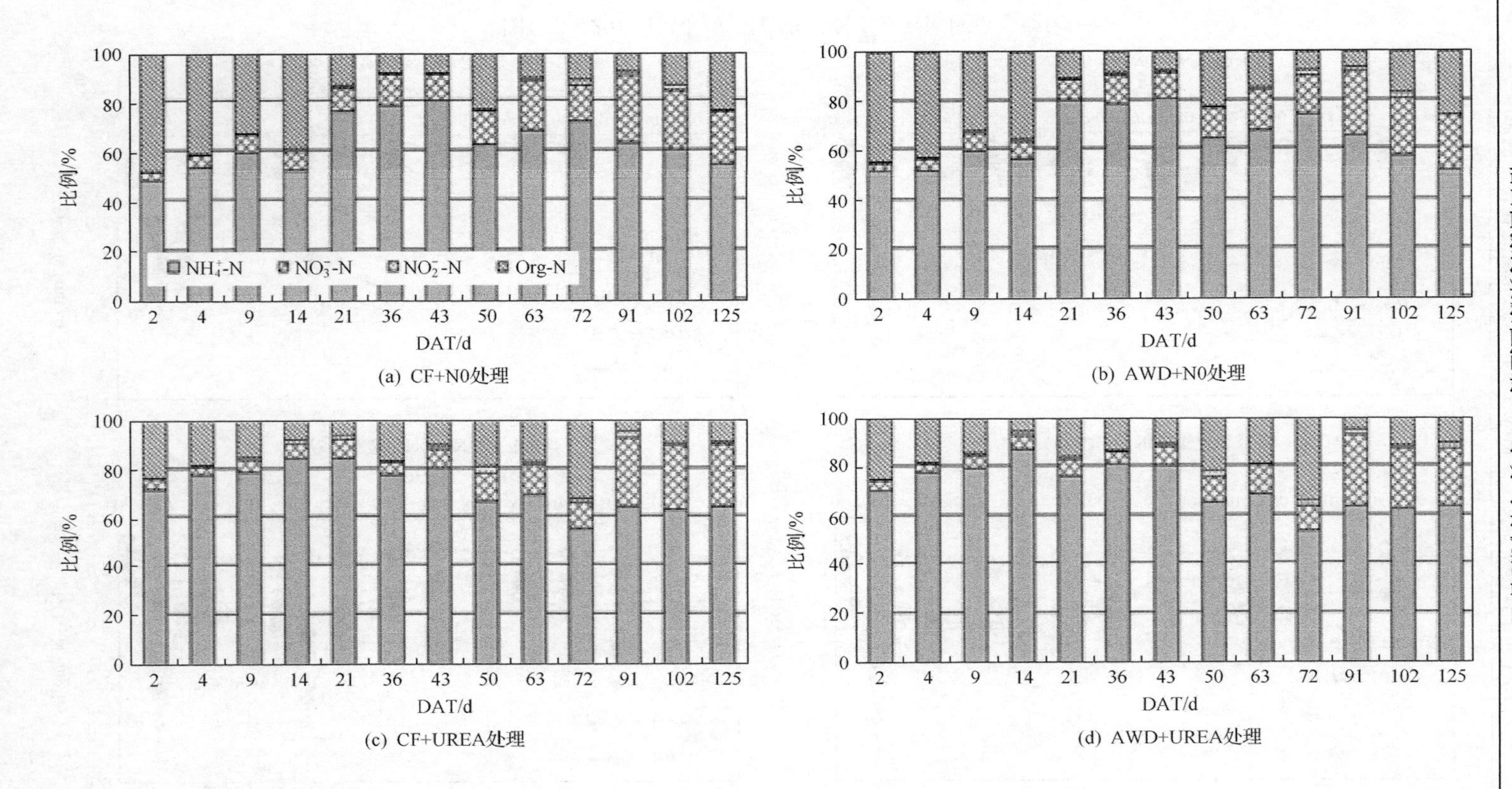

(a) CF+N0处理

(b) AWD+N0处理

(c) CF+UREA处理

(d) AWD+UREA处理

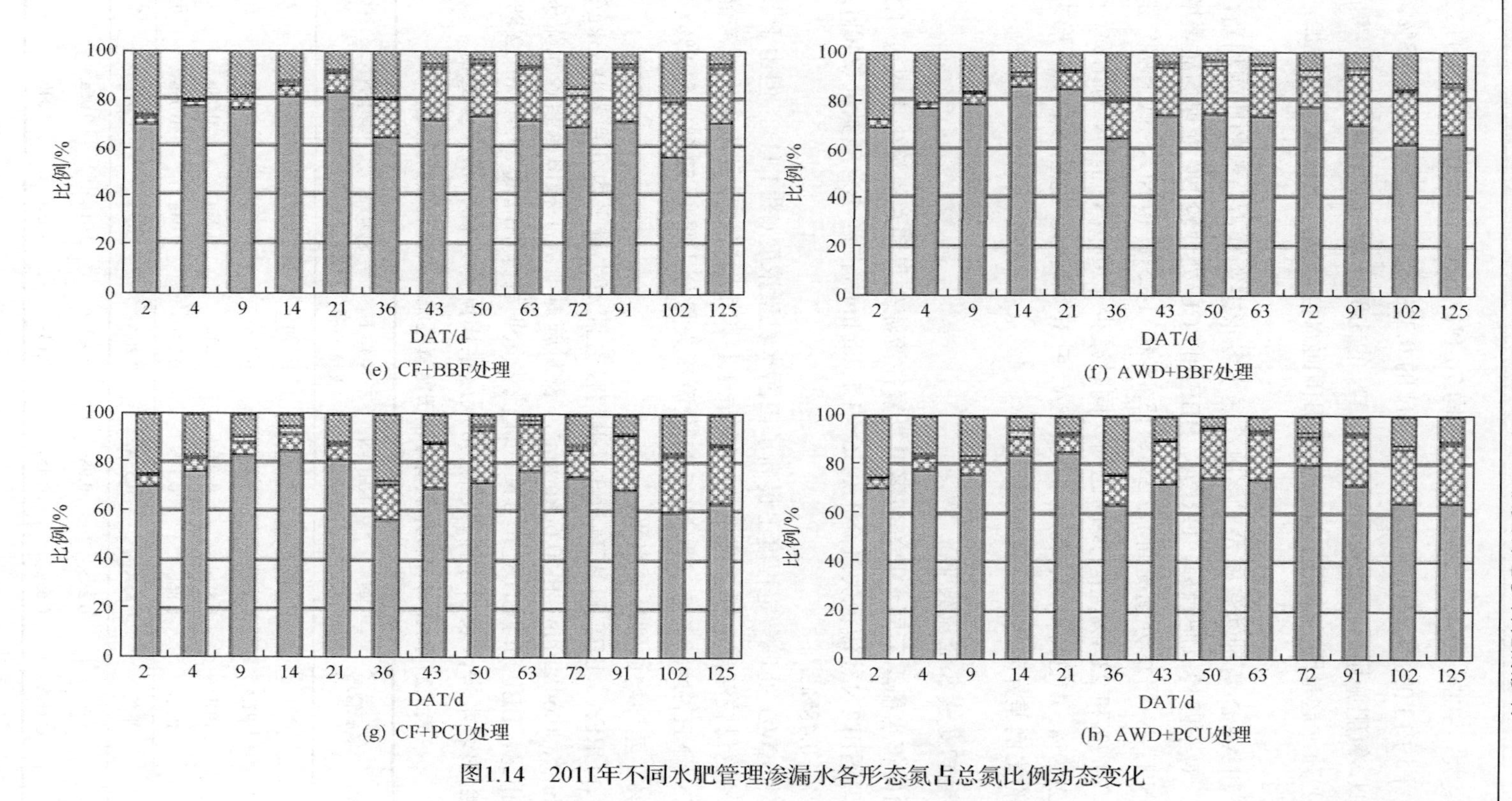

图1.14　2011年不同水肥管理渗漏水各形态氮占总氮比例动态变化

的比例最大，占 TN 的 47.7%～86.6%，平均 70.1%；NO_3^--N 次之，占 TN 的 2.3%～29.0%，平均 13.0%；NO_2^--N 最低，占 TN 的 0.3%～2.9%，平均仅为 1.3%。与田面水类似，氮肥施用后渗漏水 NH_4^+-N 占 TN 的比例先增加后下降，NO_3^--N 占 TN 的比例上升，这是因为水稻生育后期稻田田面水位降低，土壤通气性增加，硝化作用加强。

CF 和 AWD 两种灌溉模式下稻田渗漏水各形态氮素占总氮的比例相当，差异不显著。对于四种氮肥管理，UREA、BBF 和 PCU 处理较 N0 处理均显著增加了渗漏水 NH_4^+-N（平均分别提高 12.3%、13.4%和 14.5%）和 NO_2^--N（平均分别提高 23.6%、29.7%和 23.4%）占 TN 的比例，同时减少了 Org-N 占 TN 的比例（平均分别降低 29.9%、41.3%和 45.4%）。但 UREA、BBF 和 PCU 处理渗漏水各形态氮素占总氮的比例差异未达到显著水平。

6. 稻田氮素径流流失量

2010 年水稻季不同水肥管理稻田氮素径流流失量和总氮流失率见表 1.2。各施氮处理稻田 TN 径流流失量介于 0.36～1.15kg/hm^2，占当季总施氮量（240kg/hm^2）的 0.15%～0.48%。

虽然 AWD 处理一定程度上提高了田面水氮素浓度（图 1.11），但由于节灌处理稻田径流量较淹灌大幅下降了 57.9%（表 1.1），其稻田氮素径流流失较淹灌大幅降低：TN、NH_4^+-N、NO_3^--N 和 NO_2^--N 径流流失量分别降低 52.6%、51.8%、49.0%和 33.2%，差异均达到显著水平。

N0、UREA、BBF 和 PCU 处理稻田 TN 径流流失量平均分别为 0.33kg/hm^2、0.90kg/hm^2、0.64kg/hm^2 和 0.60kg/hm^2，表明施氮增大了稻田氮素径流流失。与 UREA 相比，BBF 和 PCU 处理 TN 径流流失量平均分别降低 29.4%和 32.8%，差异均达到显著水平，表明控释氮肥较常规尿素田间氮素径流损失量更低。

表 1.2 2010 年不同水肥管理稻田氮素径流流失量及总氮流失率

灌溉模式	氮肥管理	TN /(kg N/hm^2)	NH_4^+-N /(kg N/hm^2)	NO_3^--N /(kg N/hm^2)	NO_2^--N /(kg N/hm^2)	Org-N /(kg N/hm^2)	TN 流失率/%
CF	N0	0.45c	0.17c	0.12b	0.01b	0.15a	—
	UREA	1.15a	0.84a	0.22a	0.03a	0.06b	0.48a
	BBF	0.88b	0.56b	0.21a	0.03a	0.08b	0.37b
	PCU	0.85b	0.53b	0.23a	0.04a	0.05b	0.35b
	平均	0.83A	0.53A	0.20A	0.03A	0.08A	0.40A
AWD	N0	0.21c	0.08c	0.06b	0.01b	0.06a	—
	UREA	0.65a	0.45a	0.13a	0.03a	0.04b	0.27a

续表

灌溉模式	氮肥管理	TN /(kg N/hm^2)	NH_4^+-N /(kg N/hm^2)	NO_3^--N /(kg N/hm^2)	NO_2^--N /(kg N/hm^2)	Org-N /(kg N/hm^2)	TN 流失率/%
AWD	BBF	0.39b	0.22b	0.11a	0.02a	0.04b	0.16b
	PCU	0.36b	0.20b	0.11a	0.02a	0.03b	0.15b
	平均	0.40B	0.24B	0.10B	0.02B	0.04B	0.19B

注：TN 流失率=当季 TN 径流流失量/当季作物施 N 量×100%；同列数据后相同字母代表处理的平均值之间差异不显著(p>0.05)；小写字母和大写字母分别代表 4 种氮肥管理和 2 种灌溉模式间差异性比较。

7. 稻田氮素渗漏淋失量

2011 年水稻季不同水肥管理稻田氮素渗漏淋失量及总氮淋失率见表 1.3。各施氮处理稻田 TN 渗漏淋失量介于 9.19～17.06kg/hm^2，占当季总施氮量的 3.83%～7.11%。

表 1.3　2011 年不同水肥管理稻田氮素渗漏淋失量及总氮淋失率

灌溉模式	氮肥管理	TN /(kg N/hm^2)	NH_4^+-N /(kg N/hm^2)	NO_3^--N /(kg N/hm^2)	NO_2^--N /(kg N/hm^2)	Org-N /(kg N/hm^2)	TN 淋失率/%
CF	N0	4.48d	2.91d	0.55c	0.05c	0.97d	—
	UREA	17.06a	12.54a	1.48a	0.20a	2.83a	7.11a
	BBF	12.41b	9.17b	1.21b	0.15b	1.88b	5.17b
	PCU	10.42c	7.70c	1.25b	0.16b	1.31c	4.34c
	平均	11.10A	8.08A	1.12A	0.14A	1.75A	5.54A
AWD	N0	4.15d	2.73d	0.48c	0.04c	0.90d	—
	UREA	15.34a	11.32a	1.29a	0.17a	2.56a	6.39a
	BBF	11.53b	8.75b	1.03b	0.13b	1.60b	4.81b
	PCU	9.19c	6.89c	1.10b	0.12b	1.08c	3.83c
	平均	10.05B	7.42B	0.98B	0.12B	1.54B	5.01B

注：TN 淋失率=当季 TN 淋失量/当季作物施 N 量×100%；同列数据后相同字母代表处理的平均值之间差异不显著(p>0.05)；小写字母和大写字母分别代表 4 种氮肥管理和 2 种灌溉模式间差异性比较。

尽管 AWD 较 CF 处理稻田渗漏水氮素浓度有所提高(图 1.13)，但节灌较淹灌处理田间渗漏量降低了 14.2%(表 1.1)，稻田氮素淋失量显著下降：TN、NH_4^+-N、NO_3^--N 和 NO_2^--N 渗漏淋失量分别降低 9.4%、8.1%、13.1%和 15.8%，差异均达到显著水平。

N0、UREA、BBF 和 PCU 处理稻田 TN 渗漏淋失量平均分别为 4.32kg/hm^2、16.20kg/hm^2、11.97kg/hm^2 和 9.80kg/hm^2，表明施氮加剧了田间氮素的淋溶损失。与 UREA 相比，BBF 和 PCU 处理 TN 淋失量平均分别降低 26.1%和 39.5%，差异均达到极显著水平，表明控释氮肥较常规尿素有效削减了稻田氮素的渗漏淋失。

1.2.2 讨论

1. 不同水肥管理对田面水和渗漏水 pH 动态变化的影响

稻田田面水和渗漏水 pH 的变化是土壤与田面水、渗漏水酸碱性离子交换达到平衡的结果。水稻移栽短期内田面水和渗漏水的 pH 均呈上升趋势(图 1.9 和图 1.10)，这是因为土壤淹水后会发生一系列反应，包括铁锰还原、水解作用、交换作用、铁解作用等，O_2、Mn^{4+}、Fe^{3+}、NO_3^-与SO_4^{2-}等离子态或(氢)氧化物被还原，消耗介质中的 H^+，导致短期内土壤 pH 升高(纪雄辉等，2007b)，酸性土壤(pH5.0～6.5)中这种趋势尤为明显(黄昌勇，2000)。因此，CF 淹灌处理水稻生育期内田面水和渗漏水平均 pH 均略高于 AWD 节灌，但两者之间差异不显著，表明灌溉措施对田间水-土酸碱平衡影响较小。

施氮提高了田面水和渗漏水的 pH，这与先前的报道(纪雄辉等，2007b；Li et al., 2008)结果类似，原因在于氮肥施入稻田土壤后，被土壤脲酶水解释放出 OH^-，引起表层水和下渗水 pH 升高。Ji 等(2011)研究指出，施肥增加稻田渗漏水 TN 和 NH_4^+-N 浓度是引起渗漏水 pH 提高的重要原因，但渗漏水 pH 还取决于土壤本身的酸碱性。施肥后田面水和渗漏水 pH 均表现为先增加再下降，后期逐渐回升的趋势，但施肥后田面水 pH 是急剧上升，而渗漏水 pH 是在波动中缓慢上升，且后者 pH 峰值出现时间明显滞后于前者，上述差异是因为水分及其携带的盐基离子在垂直下渗的过程中受到土壤的吸附和过滤等阻隔作用。峰值后水样 pH 逐渐回落，这是因为氨挥发接受水中的 OH^-，提高了表层水 H^+的浓度(纪雄辉等，2007b)。

2010 年田面水 pH 在第 71d 和第 114d 处于低值，2011 年渗漏水在第 72d 最低，原因是 2010 年第 70～第 71d 和第 112～114d，以及 2011 年第 71d 试验点的降雨量较高。一方面本地区雨水偏酸性($pH<6.5$)，另一方面降雨加重了土壤的盐基离子淋溶下渗而被 H^+取代，使得土壤和表层水 pH 下降(汪吉东等，2011)。田面水和渗漏水 pH 在晚期的回升可归因于土壤强大的酸碱缓冲容量(黄昌勇，2000；汪吉东等，2011)。

以上结果表明，稻田田面水和渗漏水 pH 受施肥、降雨和土壤 pH 的综合影响。

2. 不同水肥管理对田面水和渗漏水氮素浓度及形态动态变化的影响

1) 不同水肥管理对田面水氮素浓度及形态动态变化的影响

各处理田面水 NH_4^+-N 浓度动态变化与 TN 的变化趋势相同(图 1.11)，且 NH_4^+-N 是田面水氮素的主要形态，这与以往的报道结果类似(赵冬等，2011；姜萍等，2013)。由于 NO_3^--N 主要是尿素水解产生的 NH_4^+-N 通过硝化作用转化而形成的，淹水稻田的土壤和田面水硝化作用都比较弱，田面水中 NO_3^--N 浓度(平均 0.53mg/L)及其占 TN 的比例(平均 18.9%)较 NH_4^+-N 浓度(平均 7.58mg/L)及其占 TN 的比例(平均 61.3%)均低很多。田面水 NO_2^--N 浓度(平均 0.07mg/L)及其占 TN 的比例(平均 2.3%)很低，表明 NO_2^--N 不是稻田氮素主要的赋存形态。

AWD 田面水氮素(NO_2^--N 除外)浓度高于 CF，与王莹等(2009)的研究结果相同。这是因为节灌条件下灌溉量和田面水深降低，田间储水量减少，基质浓度有所增大(Zhao et al., 2012a)。由于 NO_2^--N 是硝化-反硝化过程的中间产物、在田面水中含量极低而且极易转化为其他形态的氮，田面水 NO_2^--N 浓度几乎不受田间灌溉的影响。

施氮显著提高了田面水氮素浓度。尿素施用后 1d 内田面水 NH_4^+-N 和 TN 浓度即达到峰值(图 1.11)，这与太湖地区其他研究(赵冬等，2011；朱利群等，2012)结果相同。控释 BB 肥含 30%的速效氮源，其田面水 TN、NH_4^+-N 和 NO_3^--N 浓度变化规律与常规尿素相似，但由于 BBF 处理田面水氮素只出现一次峰值(基肥后)，其水稻生育期 TN 平均浓度仍显著低于常规尿素(24.6%)。PCU 处理田面水 TN 和 NH_4^+-N 浓度在施用后 5d 达到最大，且各氮素浓度较 BBF 和 UREA 处理大幅降低，表明树脂包膜尿素对氮素控释效果较好。PCU 的养分释放量在前期不致过多，而后期不致太少，具有“削峰填谷”的效果，有利于水稻氮素吸收(杜建军等，2007；樊小林等，2009；Trenkel, 2010)，从而降低田面水氮素浓度。

2)不同水肥管理对渗漏水氮素浓度及形态动态变化的影响

各处理渗漏水 NH_4^+-N 浓度变化趋势与 TN 相同：施肥后 10d 内各处理 NH_4^+-N 和 TN 浓度均显著增加，之后随时间推移不断降低(图 1.13)。这是因为施肥后田面水中高浓度的 NH_4^+-N 渗漏到下层使得渗漏水氮素浓度升高，同时，水稻苗期植株生物量小，根系不发达，氮素吸收慢且吸氮量低，所以高浓度氮素维持了数天，使得水稻移栽初期(<10d)成为氮素渗漏流失的主要阶段。返青期后，水稻生长加快，吸氮量增加，加上土壤固定、氨挥发、反硝化及径流和渗漏损失等，渗漏水氮素浓度逐渐下降。水稻生育末期渗漏水 NO_3^--N 浓度高于移栽期(图 1.13)是因为成熟期田面水位下降，土壤通气性改善，促进了土壤的硝化作用(Tian et al., 2007; Li et al., 2008)。本书中渗漏水 NO_2^--N 浓度很低(平均 0.04 mg/L)，对作物几乎无实际营养意义(黄昌勇，2000)。左海军等(2008)也指出亚硝态氮作为硝化-反硝化过程中间产物，由于其存在时间短，淋洗过程并不重要。

AWD 稻田渗漏水氮素浓度略高于 CF，但无显著差异(图 1.13)，与王莹等(2009)、尹海峰等(2013)的研究结果相同。这也是因为节灌条件下灌溉量和田面水深降低，渗漏水量减少，基质浓度有所增大(Zhao et al., 2012a)，同时浅层(< 40 cm)

渗漏水氮素浓度主要受施氮量的影响(Tan et al., 2013)，等氮条件下灌溉处理对渗漏水氮素浓度影响不大。施肥显著提高了渗漏水氮素浓度，这与以往的田间实验结果相同(Qiao et al., 2013；Tan et al., 2013)。与常规尿素相比，控释肥能显著降低渗漏水氮素浓度，且 PCU 较 BBF 更低(图 1.13)。这仍得益于控释肥养分释放量“削峰填谷”，促进了水稻氮素吸收，从而降低了土壤渗漏液氮素浓度(杜建军，2007；蒋曦龙等，2014)。控释 BB 肥含 30%速效氮，移栽期其渗漏水氮素浓度甚至高于常规尿素处理，较树脂包膜尿素也大幅提高。

稻田 30cm 处渗漏水 NO_3^--N 浓度平均为 0.31mg/L，占 TN 的 13.0%，远低于相应的 NH_4^+-N 平均浓度(2.97mg/L)及其占 TN 的比例(70.1%)(图 1.14)。Peng 等(2011)在太湖流域昆山的田间试验报道，稻田 60cm 处渗漏水中 NH_4^+-N 和 NO_3^--N 占总氮的比例分别为 42.2%～65.5%和 11.8%～14.7%。Ji 等(2011)在洞庭湖地区的渗漏池模拟实验及 Zhao 等(2012a)在太湖流域宜兴的田间试验均表明渗漏水中 NH_4^+-N 较 NO_3^--N 浓度高，NH_4^+-N 是氮素渗漏的主要形态。许晓光等(2013)在湖南的大田试验发现，水稻生长期间稻田 30cm 深土壤渗漏液氮素以 NH_4^+-N 为主，占 TN 的比例超过 60%，而水稻收割后闲田期渗漏液氮素以 NO_3^--N 为主，占 TN 的比例达 57%。上述结果是因为水稻生长期内稻田土壤基本处于水分饱和强还原状态，厌氧环境抑制了自养硝化细菌的活性，土壤硝化作用很弱，同时淹水土壤中氮的转化主要为氨化作用、反硝化作用和生物固氮，无机氮绝大多数以 NH_4^+-N 形式存在(Tian et al., 2007；胡玉婷等，2011)，使得渗漏水中 NO_3^--N 浓度相对 NH_4^+-N 浓度要低。

不同灌溉模式对稻田渗漏水氮素形态影响差异不显著，这与尹海峰等(2013)在太湖流域苏州的研究结果类似。三种施氮处理渗漏水各形态氮素占总氮的比例相当，表明与分次施用尿素相比，单次基施控释肥并未改变浅层土壤渗漏液氮素的形态分配比例，这是一次性施用控释肥能够维持水稻稳产的重要原因之一。

3. 不同水肥管理对稻田氮素径流流失的影响

由于不同的降雨量、土壤类型、作物生长条件和田间水肥管理等(Liang et al., 2013；Yang et al., 2013)，有关农田氮素流失量的报道差异很大，稻季氮素养分流失量在 0.5～54.3kg/hm^2(朱利群等，2012)。本书中，各施氮处理 TN 径流流失量为 0.36～1.15kg/hm^2(表 1.2)，处在已有研究结果的最低端，这主要是因为 2010 年稻季降雨分布较为均匀(图 1.6)，田间总径流量较低(<50mm)，且径流发生距施肥时间较长(>8d)，径流水的氮素浓度不高，稻田氮素径流流失量较小。Zhao 等(2012a)指出，如果径流发生在施氮一周以后，径流水中氮素浓度低，稻田氮素流失量少。此外，本实验稻田排水口高度设为田表土以上 8cm，高于太湖地区常规农事条件下的排水口高度(5～7cm)，这是本书所研究的稻田氮素径流损失较少的另一重要原因。

稻田水分管理能显著影响田间水分的输入与输出，进而影响稻田的氮素损失(Yang et al., 2013；姜萍等，2013)。尽管节灌条件下田面水氮素浓度高于淹灌，但节灌降低了田面水深，削减了田间径流排水量，稻田氮素径流损失仍低于淹灌处理。姜萍等(2013)通过测坑定位试验报道，节灌较淹灌处理稻田径流排水量降低 35.7%，TN 径流流失量减少 52.0%。Liang 等(2013)在杭州余杭的田间实验表明，AWD 较 CF 处理稻田径流量减少 30.2%～36.7%，TN 径流流失降低 23.3%～30.4%。本书中，节灌较淹灌处理 2010 年稻田灌溉量减少 41.9%，径流量下降 57.9%，TN 径流流失量降低 52.6%。

常规尿素需多次(2～4 次)施用才能满足水稻生育期的氮素需求(Trenkel, 2010)。分次施氮不仅增加了田面水氮素浓度峰值的次数，还会延长田面水高氮素浓度的持续时间(纪雄辉等，2007b)，稻田氮素氨挥发、径流及渗漏损失量随之增加，而且分次施氮的人力和物力资源消耗更高(如肥料多次运输中燃油消耗、交通成本等)，其施肥时机也过度依赖于天气状况和田间条件(如田间水分条件，田间无水时需补水再施肥)。随着社会经济发展，农村劳动力转移，分次施氮已逐渐被农民弃用，农作物一次性施肥的需求也越来越高。控释肥料因具有一次性施用满足作物全生育期对氮素的需求而成为解决这一问题的高新技术产品(杜建军等，2007)。水稻生产中应用控释肥料，不仅省工省时，还提高了水稻产量和氮素利用率，能有效降低稻田氮素损失(Chien et al., 2009；樊小林等，2009；庞桂斌和彭世彰，2010；丁维军等，2013)。纪雄辉等(2007b)在洞庭湖地区研究报道，与常规氮肥相比，等氮控释肥处理和 70%氮量控释肥处理稻田 TN 径流流失量较常规氮肥处理分别降低 24.5%和 27.2%。本书中，与施普通尿素相比，施用控释 BB 肥和树脂包膜尿素的稻田 TN 径流流失量分别降低 29.4%和 32.8%(表 1.2)，与上述结果相近。

4. 不同水肥管理对稻田氮素渗漏淋失的影响

土壤氮素的淋溶流失源于土壤水分的向下迁移。关于农田氮素的渗漏损失，不同研究者的结果相差较大。这一方面在于目前氮素淋失研究中渗漏量的准确获取仍是一个难点(汪华等，2006)，另一方面在于不同的气候条件、土壤特性、作物类型、耕作制度、灌溉方式和施肥管理(左海军等，2008；胡玉婷等，2011；Yang et al., 2013)，还有一个关键因素是渗漏水采样深度。已有的研究中，稻田渗漏水采样深度的范围较广，从浅层 15～40cm(汪华等，2006；许晓光等，2013；Qiao et al., 2013)到深层 60～90cm(黄明蔚等，2007；Ji et al., 2011；Yang et al., 2013)不等。Tian 等(2007)在太湖流域常熟的大田试验显示，稻田 90 cm 深土壤 TN 淋失量为 3.13～5.00kg/hm^2，仅占当季施氮量的 0.95%～1.73%。黄明蔚等(2007)在上海的田间试验报道稻田 60cm 处 TN 淋失量为 6.08kg/hm^2，占当季施氮量的 2.40%。Qiao 等(2013)在江苏宜兴的田间试验报道，稻田 40cm 处 TN 淋失量为 3.79～5.03kg/hm^2，占当季施氮量 1.86%～4.96%。本书中，施氮处理 2011 年稻田 30cm 深土壤 TN 淋失量为 9.19～17.06kg/hm^2，占当季施氮量为 3.83%～7.11%(表 1.3)，高于 Tian 等、黄明蔚等和 Qiao 等的研究结果，这是因为土壤氮素淋溶受土壤吸附阻隔作用较大，氮素淋失量与土层深度呈负相关，浅层土壤氮素淋失量高于深层土壤氮素淋失量(牛新湘和马兴旺，2011；Zhao et al., 2012a)。不过，本书结果仍处于 Li 等(2008)报道的国内稻田肥料氮当季淋失率介于 0.1%～15.0%的范围内。

朱成立和张展羽(2003)指出不同灌溉模式稻田各阶段水层和蓄水量不同，田间径流量和渗漏量差别显著，对稻田氮磷损失影响较大。王莹等(2009)和胡玉婷等(2011)认为节水灌溉处理稻田土壤渗漏水氮素浓度虽较淹灌高，但其总渗漏量显著减少，氮素淋失量仍较淹灌条件少。本书中，尽管节灌提高了稻田渗漏水氮素浓度，但大幅削减了田间渗漏水量(21.9%和 14.2%)(表 1.1)，从而显著降低了氮素的渗漏流失(TN、NH_4^+-N、NO_3^--N 和 NO_2^--N 渗漏淋失量分别降低 9.4%、8.1%、13.1%和 15.8%)。尹海峰等(2013)也发现，尽管 AWD 处理稻田 80cm 处渗漏水 NO_3^--N 浓度提高 31%，但因其渗漏量大幅减少，其 NO_3^--N 淋失量较淹灌处理仍降低了 16%～49%。Yang 等(2013)在太湖昆山的田间试验也报道，AWD 较 CF 处理田间渗漏水量平均降低 42.5%，TN 淋失量平均降低 53.7%。

目前农民多采用的是 70%氮肥基施、30%氮肥于 7～10d 后追施的施肥方式，而且一次性基施的情况也越来越多(纪雄辉等，2007b)。太湖地区农户习惯在水稻种植后的 10～14d 内就将超过总施肥量 60%以上的肥料施用于稻田(Liang et al., 2013)，而此阶段水稻苗小，需肥量低，容易引起大量的氮磷流失。缓控释肥的出现，解决了一次性施肥需求的问题。目前，关于控释肥施用对稻田氮素渗漏淋失影响的研究还不多。郑圣先等(2004)采用 ^{15}N 示踪技术对水稻包膜控释肥氮素损失影响进行了研究，并报道包膜控释氮肥田间氮素淋溶损失较普通尿素降低了 32.5%。Peng 等(2011)在太湖地区田间研究发现，硫包膜控释尿素较尿素稻田 TN 淋失量降低了 44.6%。本书中，与尿素相比，控释 BB 肥和树脂包膜尿素处理稻田 TN 淋失量分别降低 26.1%和 39.5%(表 1.3)，与上述结果相近。

1.3 水肥管理对稻田磷素径流和渗漏损失的影响

磷是植物生长所必需的大量元素，施磷能够提高农作物产量，是维持农业可持续生产和保障粮食安全的重要手段。2007 年我国磷肥消耗量已达 1224 万 t，占世界总消耗量的 30%，是 1980 年的 4.3 倍(王慎强等，2012)。尽管磷素在土壤中易被土壤颗粒和胶体吸附(Holden et al., 2004)，也易与土壤 Fe、Al、Ca 和 Mn 等金属离子形成沉淀(Rabeharisoa et al., 2012)，导致其扩散迁移能力较差，但是十多年来的研究已证实，磷是导致水体富营养化的关键因子(Xie et al., 2004；Schelske, 2009；王森等，2013)。Schindler 等(2008)的研究指出只降低水体氮含量，而不控制磷水平，反而会刺激固氮藻类的生长。

近些年来，在追求农作物稳产、高产过程中，太湖流域的农户持续大量地施用了磷肥，而施入土壤中的磷在水-土界面中不会挥发，未被作物吸收利用的磷大多数滞留在表层土壤中，导致本地区农田土壤磷素不断积累，已处于磷盈余状态(王慎强等，2012；颜晓等，2013)，大大增加了农田磷素流失的风险。水稻作为太湖地区主要的农作物，其栽培过程中通过径流排水和渗漏淋溶引起的磷素输出是导致太湖水体富营养化的重要原因(Zuo et al., 2003)。中国农业科学院土壤肥料研究所的调查结果显示，农田输出的磷对太湖入湖总磷的贡献率达 20%(张维理等，2004)。可见，控制农业生产体系中的磷进入水体是防治水体富营养化的关键措施之一。

目前，农田磷素面源污染的研究多集中于施用磷肥条件下田间磷素的动态变化及其径流或淋溶损失等(Hart et al., 2004；Zhang et al., 2005；李卫正等，2007；彭世彰等，2013)，关于施用氮肥尤其是新型控释氮肥对稻田磷素流失的影响鲜有报道。此外，稻田的水分管理会显著影响田间磷素流失(李津津等，2009；Peng et al., 2011)，而发展节水型农业、推广节水灌溉是我国的一项长期基本国策(茆智，2005)。因此，本书旨在考察太湖流域节水灌溉和控释肥施用下稻田田面水和渗漏水磷素动态特征及其径流和渗漏损失，以期了解优化水肥管理下磷素的行为特征，为该区控制和减少磷素流失，降低农田面源污染提供科学依据。

1.3.1　结果与分析

1. 田面水磷素浓度和形态的动态变化

图 1.15 是不同水肥管理稻田田面水总磷(TP)和溶解态磷(DP)浓度的动态变化。各处理田面水 TP 和 DP 浓度变化趋势相同，均在首次采样达到峰值(2010 年第 1d，TP 和 DP 浓度峰值分别为 2.25～3.67mg/L 和 0.44～0.86mg/L；2011 年第 2d，各处理 TP 和 DP 浓度峰值分别为 0.53～2.65mg/L 和 0.11～0.78mg/L)，之后急剧下降，7d 后下降至峰值 1/5 以下，14d 后降至 0.5mg/L 以下，90d 后磷浓度趋于稳定。

CF 和 AWD 处理田面水 TP 平均浓度 2010 年分别为 0.35mg/L 和 0.33mg/L，2011 年分别为 0.29mg/L 和 0.27mg/L，节灌较淹灌处理田面水 TP 平均浓度降低了 5.0%～5.3%，DP 平均浓度降低了 1.5%～6.1%，但差异均不显著(p>0.05，下同)。

N0、UREA、BBF 和 PCU 处理田面水 TP 平均浓度 2010 年分别为 0.23mg/L、0.32mg/L、0.56mg/L 和 0.27mg/L，2011 年分别为 0.15mg/L、0.24mg/L、0.53mg/L

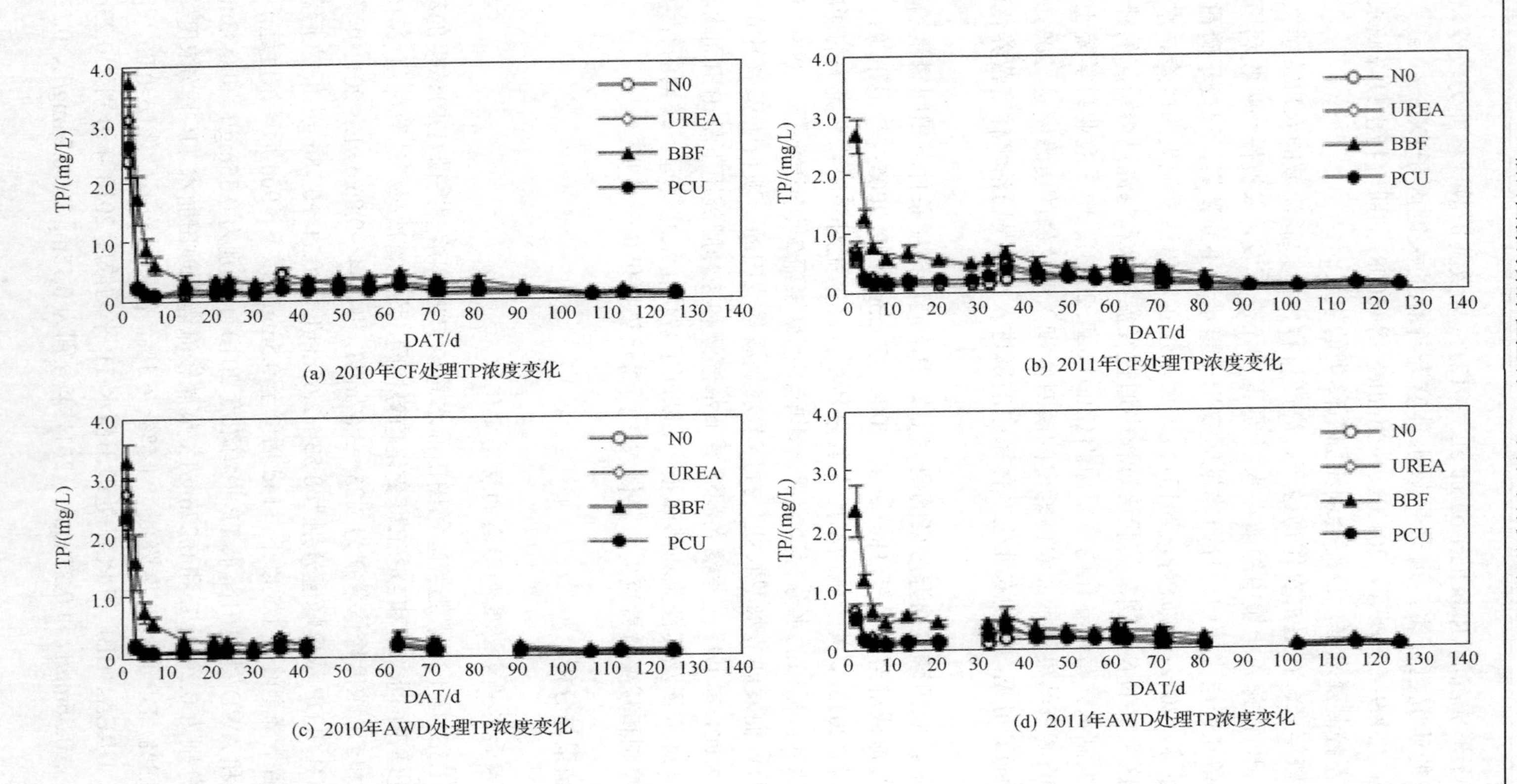

(a) 2010年CF处理TP浓度变化

(b) 2011年CF处理TP浓度变化

(c) 2010年AWD处理TP浓度变化

(d) 2011年AWD处理TP浓度变化

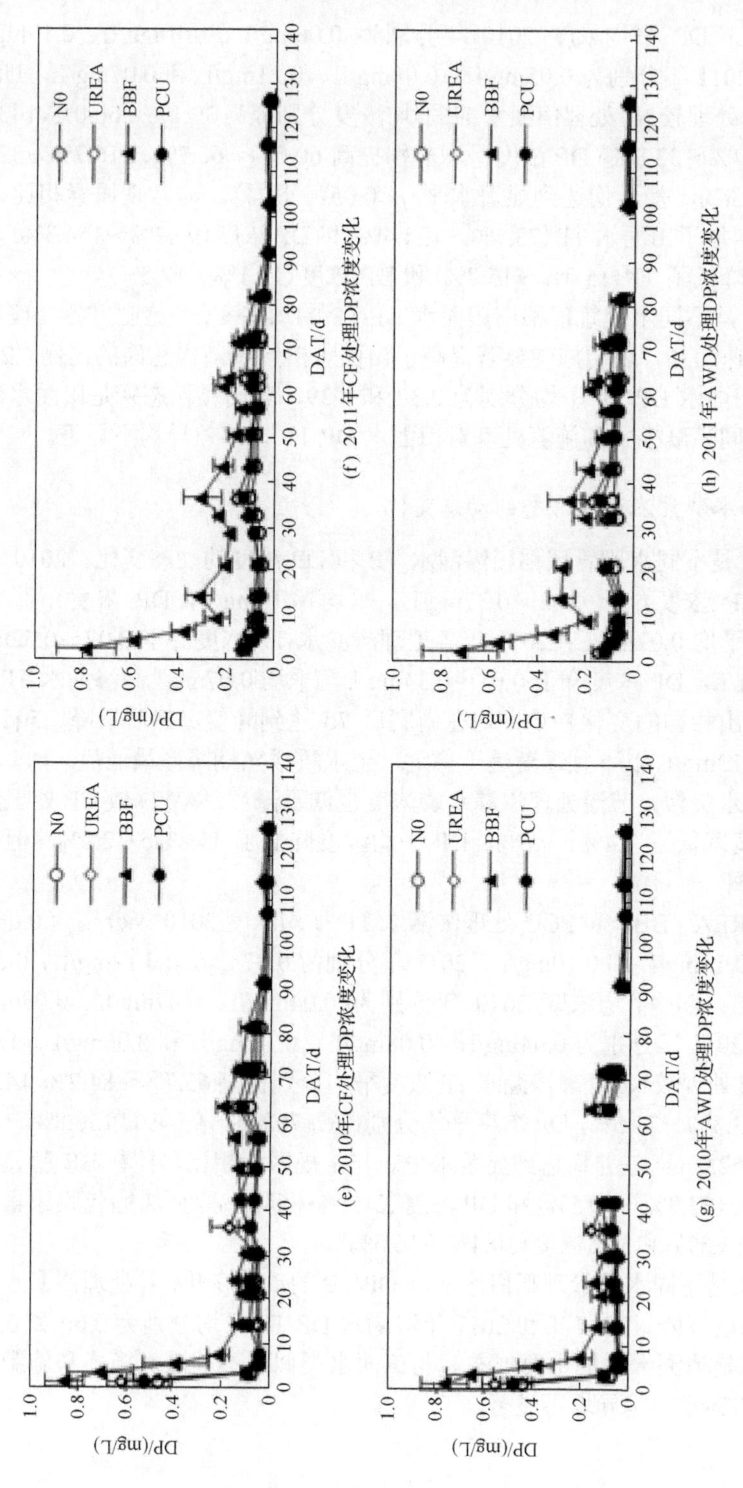

图1.15　2010年和2011年不同水肥管理田面水TP和DP浓度动态变化

和 0.20mg/L；DP 平均浓度 2010 年分别为 0.06mg/L、0.10mg/L、0.19mg/L 和 0.18mg/L，2011 年分别为 0.05mg/L、0.08mg/L、0.21mg/L 和 0.07mg/L。UREA、BBF 和 PCU 处理较 N0 处理田面水 TP 平均浓度分别提高 39.1%～60.0%、143.6%～253.3%、17.4%～33.3%，DP 浓度平均分别提高 60.0%～66.7%、216.7%～320.0%、40.0%～200.0%，差异均达到显著水平($p<0.05$，下同)。与常规尿素相比，控释 BB 肥显著增加了田面水 TP(73.7%～124.4%)和 DP 浓度(99.2%～154.3%)，而树脂包膜尿素降低了 TP(15.0%～15.7%)和 DP 浓度(17.1%～17.5%)。

图 1.16 是不同水肥管理稻田田面水 DP/TP 的动态变化。施肥后各处理田面水 DP/TP 均迅速增加，表明施磷显著提高了田面水溶解态磷占总磷的比例。2010 年和 2011 年田面水 DP/TP 平均分别为 0.37 和 0.39，表明颗粒态磷是田面水磷的主要形态。不同灌溉模式和施氮处理对田面水 DP/TP 影响差异均不显著。

2. 渗漏水磷素浓度和形态的动态变化

图 1.17 是不同水肥管理稻田渗漏水 TP 和 DP 浓度的动态变化。2010 年各处理渗漏水 TP 浓度介于 0.02～0.37mg/L，平均 0.10mg/L，DP 浓度介于 0.01～0.22mg/L，平均 0.07mg/L；2011 年各处理渗漏水 TP 浓度介于 0.02～0.52mg/L，平均 0.12mg/L，DP 浓度介于 0.01～0.34mg/L，平均 0.07mg/L。渗漏水 TP 和 DP 浓度也表现出相同的变化趋势，均在施肥后 7d 达到峰值，然后下降。50d 后 TP 浓度降至 0.12mg/L 以下且逐渐趋于稳定，至水稻成熟期降至最低值。

与田面水类似，节灌处理渗漏水磷浓度也低于淹灌。AWD 较 CF 处理渗漏水 TP 平均浓度降低了 7.4%～9.6%，DP 平均浓度降低了 11.3%～12.2%，但差异未达到显著水平。

N0、UREA、BBF 和 PCU 处理渗漏水 TP 平均浓度 2010 年分别为 0.06mg/L、0.11mg/L、0.14mg/L 和 0.10mg/L，2011 年分别为 0.07mg/L、0.12mg/L、0.20mg/L 和 0.10mg/L；DP 平均浓度 2010 年分别为 0.04mg/L、0.07mg/L、0.09mg/L 和 0.06mg/L，2011 年分别为 0.04mg/L、0.08mg/L、0.12mg/L 和 0.06mg/L。UREA、BBF 和 PCU 处理较 N0 处理渗漏水 TP 浓度平均分别提高 65.7%～84.2%、142.7%～197.5%和 43.3%～74.5%，DP 浓度平均分别提高 70.6%～95.4%、136.8%～180.4%和 52.8%～62.3%，差异均达到显著水平。与常规尿素相比，控释 BB 肥显著增加了渗漏水 TP(32.9%～79.5%)和 DP 浓度(21.2%～64.4%)，而树脂包膜尿素降低了 TP(6.9%～13.5%)和 DP 浓度(10.4%～16.5%)。

图 1.18 是不同水肥管理稻田渗漏水 DP/TP 的动态变化。各处理渗漏水 DP/TP 均为先增加后下降。2010 年和 2011 年渗漏水 DP/TP 平均分别为 0.60 和 0.58，表明溶解态磷是渗漏水磷的主要形态。与田面水类似，不同灌溉模式和施肥处理对渗漏水 DP/TP 影响差异均不显著。

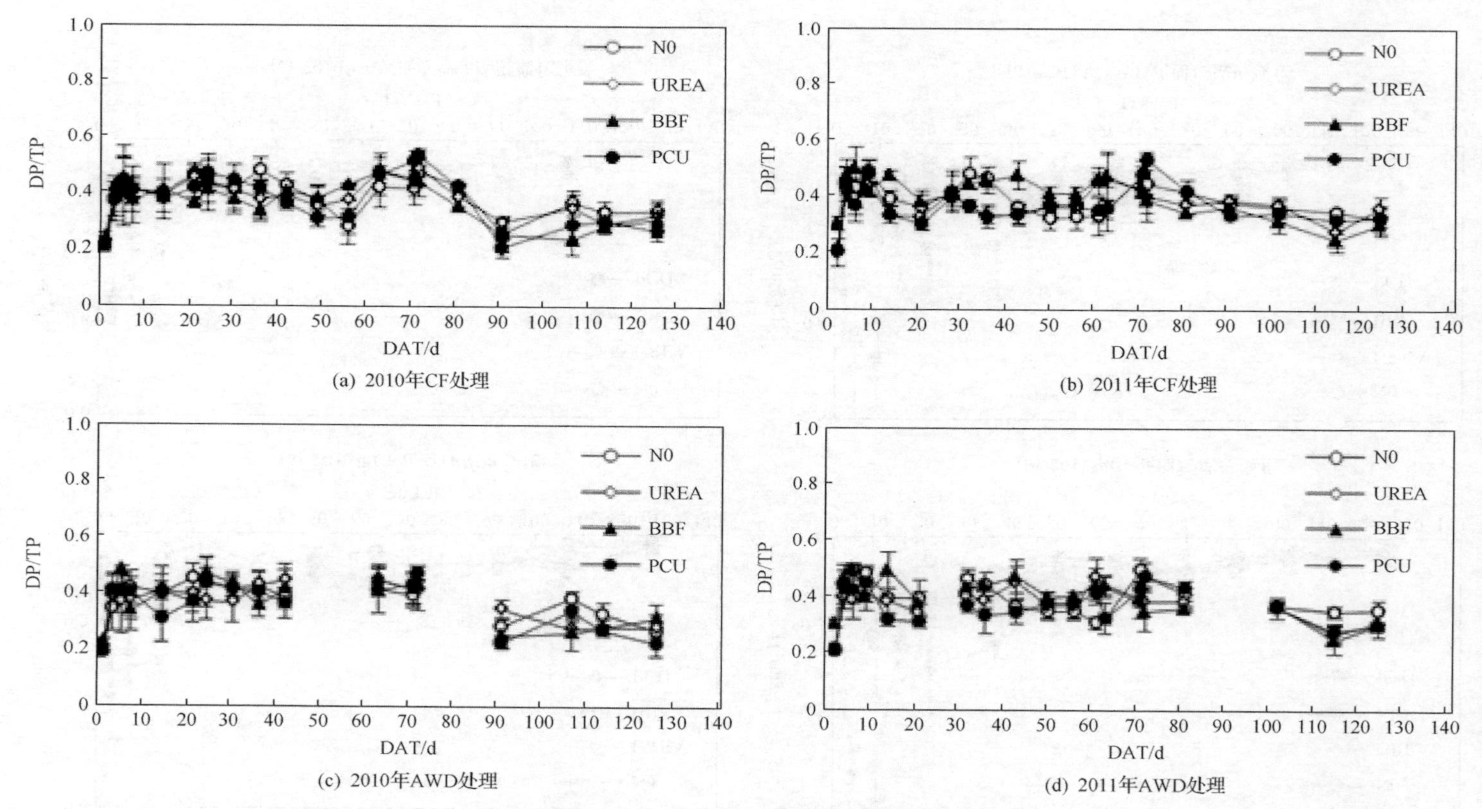

图1.16　2010年和2011年不同水肥管理田面水DP/TP动态变化

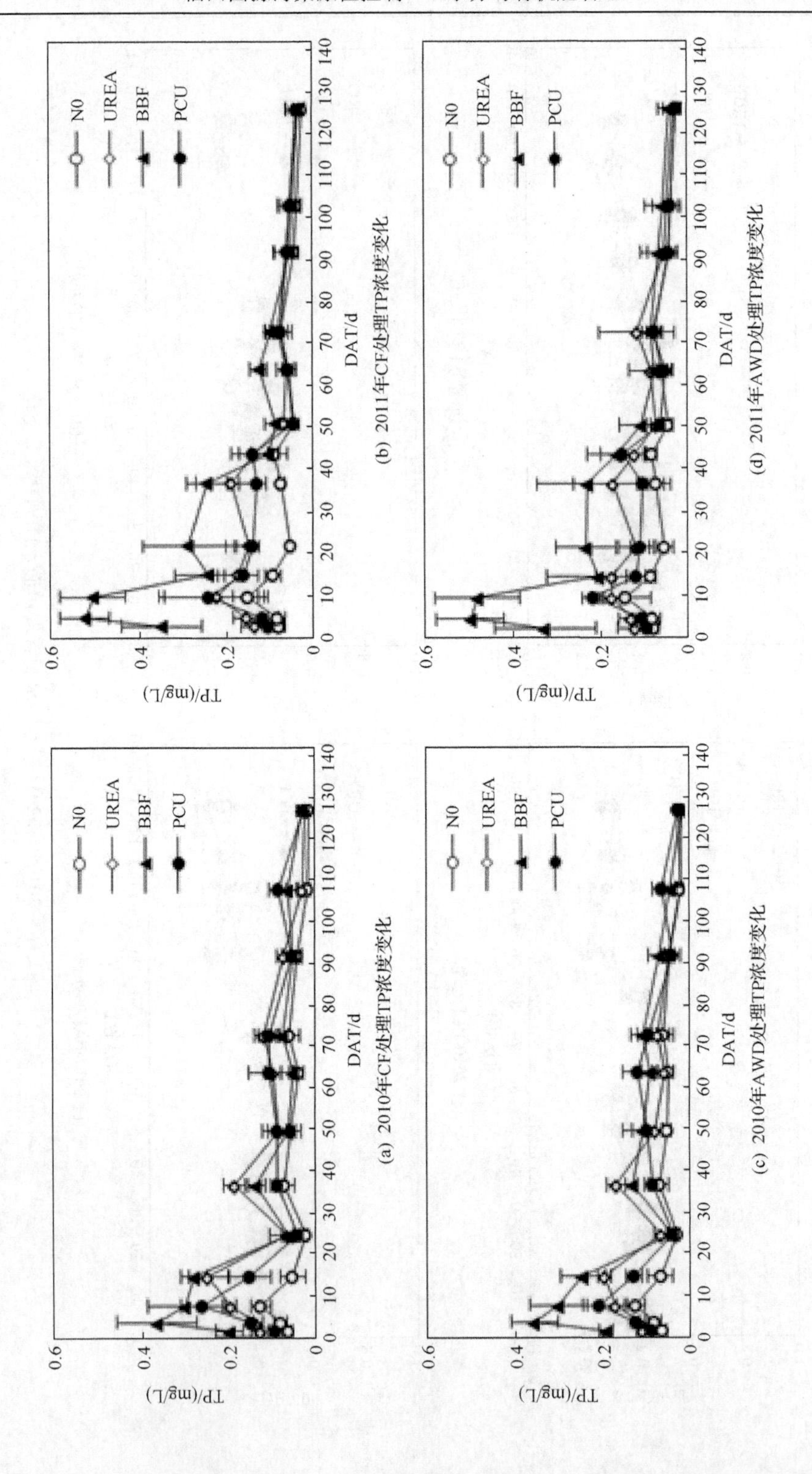

(a) 2010年CF处理TP浓度变化

(b) 2011年CF处理TP浓度变化

(c) 2010年AWD处理TP浓度变化

(d) 2011年AWD处理TP浓度变化

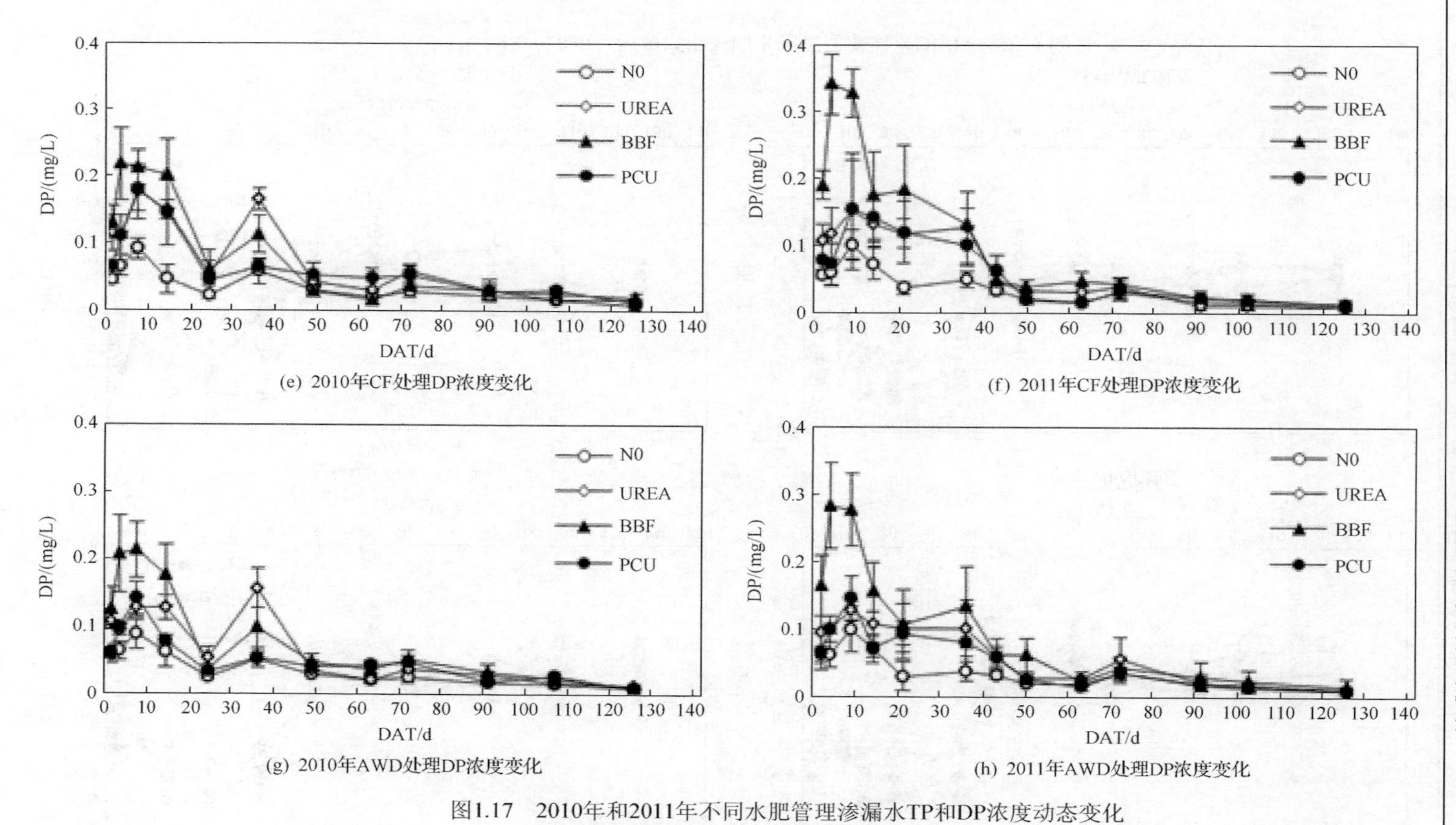

图1.17　2010年和2011年不同水肥管理渗漏水TP和DP浓度动态变化

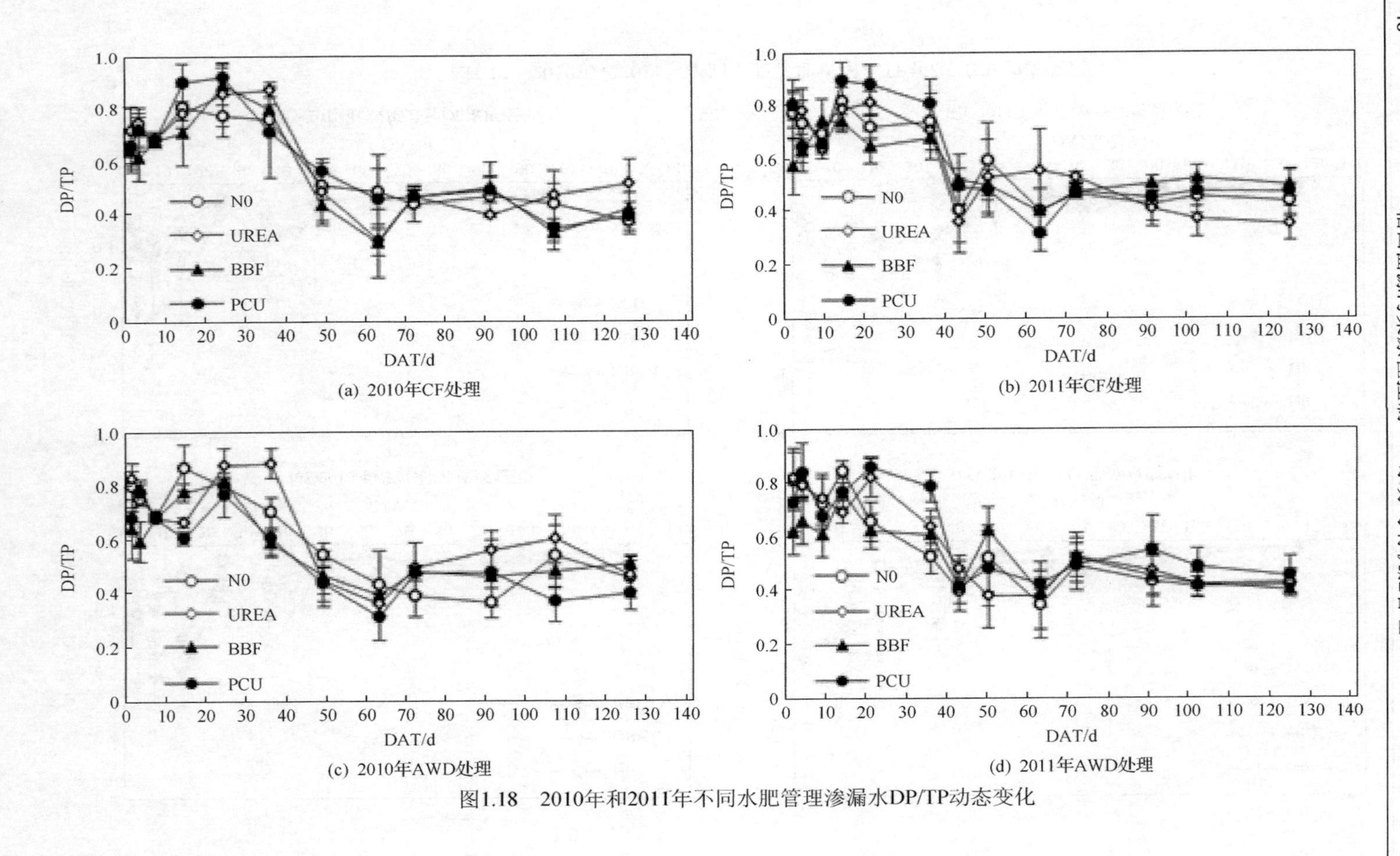

图1.18　2010年和2011年不同水肥管理渗漏水DP/TP动态变化

3. 稻田磷素径流流失量

不同水肥管理稻田磷素径流流失量及总磷流失率见表1.4。各处理TP径流流失量2010年介于0.02～0.10kg/hm^2(平均0.05kg/hm^2)，占当季施磷量的0.04%～0.20%(平均0.09%)；2011年介于0.07～0.31kg/hm^2(平均0.17kg/hm^2)，占当季施磷量的0.14%～0.59%(平均0.32%)。PP是TP径流流失的主要形态，占TP径流流失量2010年为54.1%～61.0%，2011年为55.1%～64.2%。

表1.4　2010年和2011年不同水肥管理稻田磷素径流流失量及总磷流失率

年份	灌溉模式	氮肥管理	TP/(kg/hm^2)	DP/(kg/hm^2)	PP/(kg/hm^2)	TP流失率/%
2010	CF	N0	0.04c	0.02c	0.03c	0.08c
		UREA	0.07b	0.03b	0.04b	0.12b
		BBF	0.10a	0.04a	0.06a	0.20a
		PCU	0.05bc	0.02b	0.03bc	0.10bc
		平均	0.07A	0.03A	0.04A	0.13A
	AWD	N0	0.02c	0.01b	0.01c	0.04c
		UREA	0.03b	0.01b	0.02b	0.06b
		BBF	0.05a	0.02a	0.03a	0.10a
		PCU	0.02bc	0.01b	0.01c	0.05bc
		平均	0.03B	0.01B	0.02B	0.06B
2011	CF	N0	0.10c	0.04d	0.06d	0.19c
		UREA	0.21b	0.09b	0.12b	0.39b
		BBF	0.31a	0.13a	0.18a	0.59a
		PCU	0.14c	0.07c	0.08c	0.27c
		平均	0.19A	0.08A	0.11A	0.36A
	AWD	N0	0.07c	0.03d	0.04d	0.14c
		UREA	0.17b	0.06b	0.11b	0.32b
		BBF	0.23a	0.08a	0.15a	0.43a
		PCU	0.10c	0.04c	0.06c	0.20c
		平均	0.14B	0.05B	0.09B	0.27B

注：TP流失率=当季TP径流流失量/当季作物施P量×100%；同列数据后相同字母代表处理的平均值之间差异不显著(p>0.05)；小写字母和大写字母分别代表4种氮肥管理和2种灌溉模式间差异性比较。

CF和AWD处理TP径流流失量2010年平均分别为0.07kg/hm^{2}和0.03kg/hm^2，2011年平均分别为0.19kg/hm^{2}和0.14kg/hm^2。节灌较淹灌处理TP径流流失量2010年降低57.1%，2011年降低26.3%，差异均达到显著水平。

N0、UREA、BBF和PCU处理稻田TP径流流失量2010年平均分别为0.03kg/hm^2、0.05kg/hm^2、0.08kg/hm^{2}和0.04kg/hm^2，2011年平均分别为0.08kg/hm^2、0.19kg/hm^2、0.27kg/hm^{2}和0.12kg/hm^2。施氮处理(UREA、BBF和PCU)较不施氮处理(N0)稻田TP径流流失量提高27.8%～215.7%。与常规尿素相比，控释BB肥提高了TP径流流失量(43.3%～62.3%)，而树脂包膜尿素降低了TP径流流失量(18.8%～33.9%)。

4. 稻田磷素渗漏淋失量

不同水肥管理稻田磷素渗漏淋失量及总磷淋失率见表 1.5。各处理 TP 渗漏淋失量 2010 年介于 0.15～0.37kg/hm^2(平均 0.27kg/hm^2)，占当季施磷量的 0.28%～0.71%(平均 0.52%)；2011 年介于 0.20～0.59kg/hm^2(平均 0.35kg/hm^2)，占当季施磷量的 0.38%～1.13%(平均 0.67%)。DP 是 TP 渗漏淋失的主要形态，占 TP 淋失量 2010 年为 55.9%～66.9%，2011 年为 53.4%～65.2%。

CF 和 AWD 处理 TP 渗漏淋失量 2010 年平均分别为 0.31kg/hm^2 和 0.23kg/hm^2，2011 年平均分别为 0.39kg/hm^2 和 0.31kg/hm^2。节灌较淹灌处理 TP 渗漏淋失量 2010 年降低 25.8%，2011 年降低 20.5%，差异均达到显著水平。

N0、UREA、BBF 和 PCU 处理稻田 TP 渗漏淋失量 2010 年平均分别为 0.16kg/hm^2、0.30kg/hm^2、0.34kg/hm^2 和 0.28kg/hm^2，2011 年平均分别为 0.22kg/hm^2、0.35kg/hm^2、0.53kg/hm^2 和 0.30kg/hm^2。施氮处理较不施氮处理稻田 TP 渗漏淋失量提高 40.9%～109.0%。与常规尿素相比，控释 BB 肥处理 TP 淋失量提高了 15.8%～51.9%，而树脂包膜尿素处理 TP 淋失量降低了 5.3%～12.4%。

表 1.5　2010 年和 2011 年不同水肥管理稻田磷素渗漏淋失量及总磷淋失率

年份	灌溉模式	氮肥管理	TP/(kg /hm^2)	DP/(kg /hm^2)	PP/(kg /hm^2)	TP 淋失率/%
2010	CF	N0	0.18c	0.10b	0.08b	0.34c
		UREA	0.36a	0.21a	0.15a	0.70a
		BBF	0.37a	0.23a	0.14a	0.71a
		PCU	0.33b	0.20a	0.13a	0.64b
		平均	0.31A	0.19A	0.13A	0.60A
	AWD	N0	0.15c	0.09c	0.06b	0.28c
		UREA	0.24b	0.15ab	0.08ab	0.44b
		BBF	0.31a	0.19a	0.12a	0.60a
		PCU	0.23b	0.13b	0.11a	0.46b
		平均	0.23B	0.14B	0.09B	0.45B
2011	CF	N0	0.23c	0.13c	0.10c	0.44c
		UREA	0.38b	0.22b	0.16b	0.72b
		BBF	0.59a	0.34a	0.25a	1.13a
		PCU	0.35b	0.22b	0.13bc	0.67b
		平均	0.39A	0.23A	0.16A	0.74A
	AWD	N0	0.20c	0.11c	0.09c	0.38c
		UREA	0.31b	0.18b	0.13b	0.60b
		BBF	0.46a	0.25a	0.22a	0.88a
		PCU	0.25b	0.15b	0.10bc	0.48b
		平均	0.31B	0.17B	0.14A	0.59B

注：TP 淋失率=当季 TP 淋失量/当季作物施 P 量×100%；同列数据后相同字母代表处理的平均值之间差异不显著(p>0.05)；小写字母和大写字母分别代表 4 种氮肥管理和 2 种灌溉模式间差异性比较。

1.3.2 讨论

1. 不同水肥管理对田面水磷素浓度动态变化的影响

稻田田面水 DP 浓度变化与 TP 浓度变化趋势一致，基肥施用后第 1d，田面水 TP 和 DP 浓度即出现最大值，之后迅速下降(图 1.15)，这与先前的研究结果(金洁等，2005；吴俊等，2013)相同。磷肥施入稻田后快速水解释放出有效磷使得田面水磷浓度急剧升高，之后由于土壤对磷的吸附固定，田面水磷浓度迅速下降，这种下降趋势可用指数模型($Y=C_0\times e^{-kt}$)来模拟(田玉华等，2006)。田面水 TP 浓度在 14d 后降至 0.5mg/L 以下(图 1.15)，表明施磷 2 周内田面水磷素都很高，属于磷素径流流失的高风险期。水稻生长后期(>90d)田面水磷素浓度稳定在 0.05～0.20mg/L，但仍然高于能够诱发水体富营养化的磷浓度阈值 0.02mg/L(Zhang et al., 2005)，有一定的流失风险。分蘖期后田面水 TP 和 DP 浓度的小幅波动可能归因于降雨和灌溉对稻田表土的扰动及水分输入对田面水磷浓度的稀释作用。

不同灌溉管理会影响磷在稻田水-土中的迁移转化进而影响田面水磷浓度。本书中，淹灌处理田面水 TP 和 DP 的平均浓度均高于节灌(图 1.15)，与李津津等(2009)和 Zhang 等(2011)的研究结果相同。一方面，淹水条件下的嫌气环境可以降低稻田土壤对磷的固定(淹水后磷酸盐由磷固定的相反方向即 Fe-P→Al-P→Ca-P 转化)，提高磷的溶解活性(释放土壤闭蓄态磷)，促进田面水磷浓度增加(王少先等，2012；王慎强等，2012)。另一方面，灌水过程会诱发表层土壤磷再悬浮和再释放，淹灌处理稻田灌溉次数多，土壤表层颗粒受到的扰动大，也会刺激田面水磷浓度提高(李津津等，2009)。此外，CF 处理稻田田面水 pH 往往较 AWD 处理更高(Dong et al., 2012a)，而高 pH 条件下土壤磷的溶解性也会提高(Rabeharisoa et al., 2012)。这些因素使得淹灌处理田面水磷浓度相对更高。

等量施磷条件下，施氮处理(UREA、BBF 和 PCU)的田面水 TP 和 DP 的平均浓度明显高于不施氮处理(N0)。金洁等(2005)报道等量施磷下，不同施氮处理对田面水磷浓度的影响不同，施氮量越高，田面水磷浓度越大。田玉华等(2006)研究发现，等施磷水平，高氮处理田面水中磷浓度显著高于低氮处理。吴俊等(2013)也报道，追施氮肥会引起田面水中磷浓度升高。以上结果表明，田面水磷浓度受氮磷施用的正向交互作用影响，施氮会提高田面水磷浓度。这种现象从物理化学角度分析，可能与土壤磷吸附点位被掩蔽有关，因为多施的氮占据了土壤胶体或铁、铝氧化物表面的吸附点位后，土壤对磷的吸持能力下降，磷素即溶解释放到水体中(“吸附点位掩蔽”理论)。从生物学角度分析，可能与水-土界面的微生物和藻类活动有关，因为施氮会激发土壤微生物和藻类活动，提高磷素转化相关酶活性，从而加速土壤磷的溶解和生物周转(“生物激发”理论)。

2. 不同水肥管理对渗漏水磷素浓度动态变化的影响

稻田渗漏水 DP 浓度变化也与 TP 浓度变化趋势相同，施肥后 7d 内渗漏水 TP 和 DP 浓度达到最大值，之后随时间逐渐降低(图 1.17)。与田面水磷浓度峰值均出现在第 1d 相比，渗漏水磷浓度峰值发生了明显的推迟，而且渗漏水磷的峰值浓度不及田面水磷峰值浓度的 20%，表明磷素向下迁移过程中明显受到了土壤黏粒的吸附和过滤阻隔。水稻移栽前，稻田翻耕耙田会导致田间土质疏松，产生较大土壤孔隙，灌溉水或雨水易沿这些孔隙(优先流)迅速向土壤下层淋溶(颜晓等，2013)，而移栽初期的秧苗植株小、根系弱，吸磷量低，表施的磷肥和耕层土壤的 DP 同时随优先流向下迁移，导致 20d 内渗漏水 TP 浓度都很高(图 1.17)，这一时期也成为磷素渗漏淋失的主要阶段。随着土壤对磷的固定及水稻对磷的吸收能力增强，施肥 50d 时各处理渗漏水磷的浓度已大大降低(<0.12mg/L)，此后稻田磷素淋失的潜能和负荷也随时间不断减小。若以诱发水体富营养化的磷素阈值浓度 0.02mg/L 为参照，水稻生长期内所有施肥处理均会产生不同程度的磷素淋溶，淋失的磷均可达到诱发水体富营养化的水平。

水分是磷素淋溶的介质，稻田土壤磷素淋失与田间水分管理有密切的关联。与田面水类似，淹灌处理渗漏水 TP 和 DP 的平均浓度也高于节灌，且提高幅度较田面水的要大一些。一方面，渗漏水中部分的磷直接来源于田面水磷的向下迁移，与田面水磷浓度呈正相关；另一方面，土壤本底磷也是磷素渗漏淋失的重要来源(李学平等，2008)，淹灌处理渗漏强度大，从土壤中淋洗出的磷更多。此外，CF 处理稻田土壤溶液的 pH 较 AWD 处理更高(Dong et al., 2012a)，高量的 OH^-与 Fe^{3+}、Al^{3+}和 Ca^{2+}等形成沉淀后，与这些金属离子结合的磷即被释放出来，也会增加淹灌稻田渗漏水的磷浓度。

与田面水类似，等施磷水平下，施氮处理稻田渗漏水 TP 和 DP 的平均浓度也明显高于不施氮处理，这是因为浅层(<40cm)渗漏水磷浓度受田面水磷浓度的直接影响。同时，这种现象仍可以用前述的“吸附点位掩蔽”和“生物激发”理论来阐释。

3. 不同水肥管理对田面水和渗漏水形态动态变化的影响

施入稻田的磷大多数被土壤、植物、藻类及微生物吸收固定(田玉华等，2006)，少量溶于水体之中。磷在稻田水体和土壤之间的转化形态主要为溶解态和颗粒态，因此，DP/TP 能反映磷素在农田水-土间的形态转化和相对流失潜能(吴俊等，2013)。

水稻生育期内除个别峰值期外田面水 DP/TP 基本都保持在 0.5 以下，平均为

0.37～0.39(图 1.16)，表明吸附在无机黏土矿物或有机胶体等土壤颗粒上的悬浮颗粒态磷是田面水磷的主要形态，也是磷素径流的主要形态。Xie 等(2004)在太湖常熟和宜兴用 ^{32}P 同位素标记磷肥的田间试验表明，磷施入土壤 1 个月后仍有约 50%固定在 0～5cm 的表土层，当降雨径流或人工排水发生时，吸附于土壤颗粒的磷也随之流失。梁新强等(2005)在太湖嘉兴对天然降雨条件下稻田磷素流失特征的研究中发现颗粒态磷在径流流失中占较大比例，可达 76%～79%。这是因为降雨或灌溉会冲击土壤表层，使土壤磷颗粒大量析出而随径流流失。此外，太湖地区稻田排水口多设在表土上部 5～7cm(Zhao et al., 2012a)，较浅的田面水会增加因降雨或灌溉等物理冲刷作用引起的颗粒态磷的流失。

与田面水相反，水稻生育期内渗漏水 DP 占 TP 的平均比例达 58%～60%，表明溶解态磷是渗漏水磷的主要形态。彭世彰等(2013)在太湖昆山的田间试验也报道，DP 是稻田土壤磷素渗漏的主要形态，其淋失量占 TP 淋失量达 59.1%～71.9%。太湖地区稻田土壤肥沃，土壤的黏粒和有机质含量一般都比较高，对渗漏水中的颗粒态磷有较强的吸附过滤作用，使得溶解态磷成为磷素渗漏的主要形态。

田面水和渗漏水 DP/TP 在施基肥后总体均呈上升趋势，表明施磷能够提高田面水和渗漏水的 DP/TP，这是因为施入稻田的磷会立即水解释放出大量的无机磷酸盐，使得施磷后短期内以溶解态为主的磷素流失潜能不断增加。分蘖期后，随着磷酸盐不断地被植物吸收或被土壤颗粒吸附转为颗粒态磷，田面水和渗漏水 DP/TP 显著降低，磷素流失潜能转化为以颗粒态磷为主。由于各处理施磷量相同，不同灌溉模式和施氮处理对稻田田面水和渗漏水 DP/TP 影响不显著。

4. 不同水肥管理对稻田磷素径流和渗漏损失的影响

稻田磷素流失受土壤性质、降雨条件、灌排方式、磷肥用量及耕作制度等因素综合影响(Zuo et al., 2003；刘展鹏和陈慧梅，2013)。由于土壤对磷的吸附能力强，地表径流一度被认为是农田磷素流失的主要途径(Hart et al., 2004)。Zhang 等(2005)报道，太湖地区爽水型和囊水型水稻土稻季 TP 径流流失量分别为 0.22～0.44kg/hm^2 和 0.14～0.17kg/hm^2，TP 流失率分别为 0.73%～1.46%和 0.47%～0.55%。曹志洪等(2005)总结太湖流域 5 种水稻土类型的田间试验报道，水稻季稻田 TP 径流流失量为 0.02～0.51kg/hm^2，占当季施磷量的 0.07%～1.70%。本书中，TP 径流流失量为 0.02～0.31kg/hm^2，占当季施磷量的 0.04%～0.59%(表 1.4)，稻田 TP 径流流失量不高是因为田间径流量较低且径流发生时距施肥时间较长(>20d)(图 1.18)。曹志洪等(2005)指出稻田径流为“机会径流”，只有特大暴雨或足够大的雨量使田面水溢出田塍时才会产生径流，所以田间径流发生次数少，强度不大，输出的磷数量少。

传统的研究认为稻田土壤磷素淋溶损失的可能性比较小(曹志洪等，2005；王少先等，2012；刘展鹏等，2013)。例如，李学平等(2008)报道西南地区紫色水稻土稻季 TP 淋失量最大为 0.26kg P/hm^2，仅占施磷量的 0.33%。这一方面是因为稻田土壤对磷有强大的吸附固持能力(Xie et al., 2004)；另一方面是因为稻田土壤在长期水耕过程中，黏粒下移和淀积，形成了结构紧实的犁底层，一般没有大空隙产生优势流，渗漏量也不大(曹志洪等，2005；王少先等，2012)。但施磷超过一定的数量，使得土壤(尤其是质地轻、固磷能力低的砂性土)磷达到饱和后，磷素淋失量随着土壤有效磷的水平提高而急剧增加(李卫正等，2007)。van der Molen 等(1998)指出磷饱和土壤会导致大量的磷素淋失，其淋失量与施磷量、土壤磷饱和度及地下水深度密切相关。李卫正等(2007)报道，太湖地区爽水型和囊水型水稻土水稻季田间 30cm 深 TP 渗漏淋失量分别为 0.38kg/hm^2 和 0.47kg/hm^2，占当季施磷量分别为 1.26%和 1.57%。Peng 等(2011)在太湖昆山的田间试验报道，稻田 60cm 深 TP 渗漏淋失量介于 0.28～0.94kg/hm^2，占当季施磷量的 1.14%～3.82%。本书中稻田 30cm 深 TP 渗漏淋失量介于 0.15～0.59kg/hm^2，占当季施磷量的 0.28%～1.13%(表 1.5)。

不同灌溉模式会显著影响稻田磷素径流流失。淹灌处理稻田灌溉量大，淹水时间长，田面水位深，田间 TP 负荷高，田间径流量大(表 1.1，图 1.17 和图 1.18)，所以淹灌引起的田面水 TP 径流流失量高于节灌。本书中，节灌较淹灌处理稻田灌溉量减少 28.0%～41.9%，径流量下降 19.1%～57.9%(表 1.1)，TP 径流流失量降低 24.7%～57.4%(表 1.4)。不同灌溉处理也会改变稻田磷素渗漏淋失。节灌处理田面水位低，水-土界面的空气交换量大，会增加土壤对磷的固定(如 Fe^{2+}被氧化为 Fe^{3+}后易与 PO_4^{3-}结合，形成难溶的 $FePO_4$) (Zhang et al., 2011；刘展鹏和陈慧梅，2013)。相反，连续淹灌条件下，土壤 Fe、Al 氧化物溶解，同时土壤中可溶性有机质含量提高，易与 Fe、Al 等形成三元络合物(DOM-Fe-PO_4 和 DOM-Al-PO_4)，会减少土壤对磷的固定(Rabeharisoa et al., 2012)；灌溉还会增大土壤含水量，降低土壤黏粒和有机质对磷的吸附(Holden et al., 2004)，土壤中难溶性磷(Ca_{10}-P)会向活性磷(Ca_2-P 和 Ca_8-P)转化，土壤有效磷提高(程传敏和曹翠玉，1997)，磷素渗漏淋失风险增大。此外，淹灌处理田面水位高，水分下渗驱动力大，随渗漏水向下迁移的磷更多，渗漏水磷浓度及淋失量也更高(彭世彰等，2013)。本书中，节灌较淹灌处理稻田渗漏量减少 14.2%～21.9%，TP 淋失量降低 21.0%～25.3%。

如前所述，田面水和渗漏水磷浓度均受氮磷施用的交互效应影响，施氮会提高田面水和渗漏水的磷浓度，进而增加磷素径流和渗漏损失。等施磷条件下，施氮处理较不施氮处理稻田 TP 径流流失量增加 27.8%～215.7%(表 1.4)，TP 渗漏淋失量增加 40.9%～109.0%(表 1.5)。增施氮肥能够引起多余的磷流失，这对于氮磷施用过量并且已经富磷的太湖地区稻田的磷素流失控制有重要指导意义。

目前，关于控释氮肥施用对稻田磷素流失的研究极少。Peng 等(2011)报道，等施磷条件下，硫包膜控释尿素较常规化肥处理稻田 TP 淋失量降低了 53.6%。本书中，等施磷水平下，树脂包膜尿素较常规尿素处理稻田 TP 淋失量降低了 5.3%～12.4%。这个削减比例较 Peng 等的结果要小得多，主要是因为本书中 PCU 和 UREA 处理的施氮量相同(240kg/hm^2)，而 Peng 等的研究中常规化肥处理施氮量(403kg/hm^2)大大高于硫包膜尿素处理(180kg/hm^2)，高施氮量增加了稻田的磷素渗漏淋失。此外，等施磷量时，BBF 处理比其他三个施过磷酸钙处理(N0、UREA 和 PCU)的田面水和渗漏水磷浓度更高(图 1.15)，稻田磷素的径流和渗漏损失更大(表 1.4 和表 1.5)，这是因为控释 BB 肥中掺混的磷源是磷酸铵，其磷素有效性比过磷酸钙高得多。

1.4　水肥管理对水稻生长、产量和水肥利用率的影响

水和肥是作物生长、发育和产量的主要限制因子(Gonzalez-Dugo et al., 2010)。水是土壤养分运转及作物对养分吸收的必备条件；肥是作物生长所需的矿质元素的重要来源之一。在水分不足的情况下，补充水分能增加作物的产量，而对于肥力低的农田土壤，施肥无疑对作物有增产效果。早在 20 世纪 60 年代，美国 Brown 和 Olson 就已经开始作物的水肥利用研究(Haefele et al., 2006)，在 Amon(1975)正式提出旱地植物营养的基本问题是如何在水分受限制的条件下合理施用肥料、提高水分利用效率之后，水肥之间的交互作用逐渐引起重视，国内外水肥高效利用的研究逐渐发展。开展不同灌溉和施肥对水稻生长发育、产量效益、水分和氮肥利用率等方面影响的研究是将灌溉与施肥有机地结合起来，根据不同生育期的水稻水肥需求规律，寻求优化的水肥管理模式，充分发挥水肥耦合效应，增加水稻产量，提高水分和肥料的利用效率，降低农业面源污染，从而建立区域性节水、高产和优质的高效水稻栽培模式，防止不合理的灌溉与施肥造成的水土污染，对节约资源、保障粮食安全、促进农业可持续发展和保护生态环境具有重要意义(龚少红等，2005；Yan et al., 2008；Gonzalez-Dugo et al., 2010；Peng et al., 2011)。

在农田水肥管理中，提高作物的产量和水肥资源利用率是农户重点关心的问题，也是兼顾农业粮食生产和生态环境保护的基本出发点。目前，已有一些单独应用干湿交替节灌(Belder et al., 2004；Cabangon et al., 2004；Zhang et al., 2009)或施用控释肥(Fashola et al., 2002；Golden et al., 2009；Kiran et al., 2010；张晴雯等，2011)对水稻生长、产量及水肥利用效率影响的研究，但将干湿交替灌溉结合不同控释氮施用的研究尚不多见。而且，不同的灌溉管理与不同种的控释氮肥施用相结合的水肥管理是否能充分利用水肥的交互效应、促进水稻增产和水肥利用

效率提高，尚需进一步研究和验证(Sun et al., 2012)。此外，对于新的施肥方式(一次性施用控释氮肥)也需要开发出与之相匹配的节水灌溉措施(Dong, 2008)。因此，本书将通过田间试验进一步研究水肥管理对水稻生长、产量及水分和氮肥利用率的影响，研究结果将为新型水肥管理的农业应用提供理论参考。

1.4.1 结果与分析

1. 水稻株高的动态变化

2010 年和 2011 年不同水肥管理水稻不同生育期株高动态变化见图 1.19。秧苗(平均 16.4cm)移栽后随水稻生长植株株高迅速增大，苗期到分蘖期这一阶段株高增长速度最快，灌浆期后株高增长较少，成熟期达到最大(平均 93.0cm)。

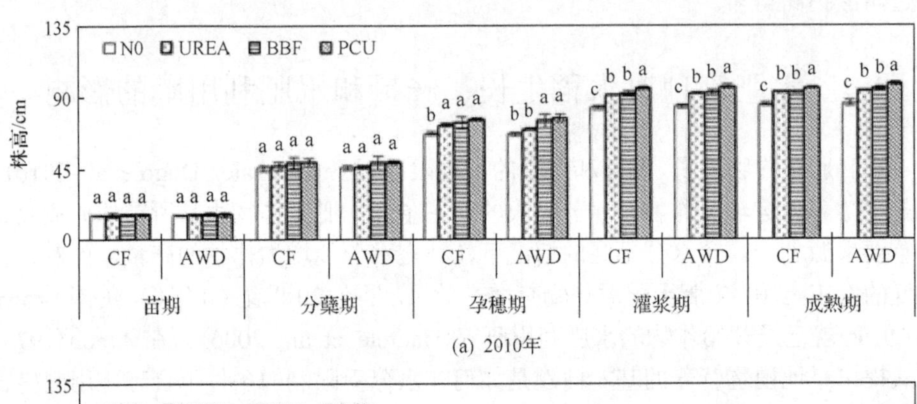

(a) 2010年

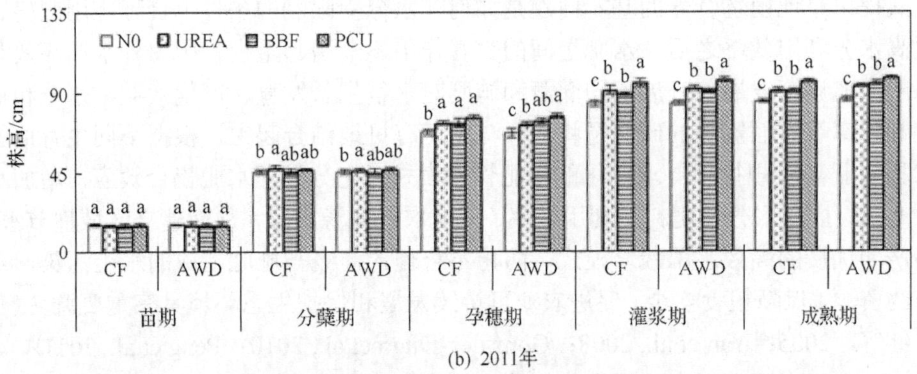

(b) 2011年

图 1.19　2010 年和 2011 年不同水肥管理水稻不同生育期株高动态变化

不同小写字母表示不同水肥管理间差异显著(p<0.05)

灌浆期前两种灌溉模式的水稻株高差异不显著(p>0.05，下同)。成熟期 CF 和 AWD 处理水稻平均株高 2010 年分别为 92.2cm 和 94.0cm，2011 年分别为 91.8cm 和 94.1cm。节灌较淹灌处理水稻平均株高提高了 2.0%～2.6%，差异达到显著水平(p<0.05，下同)。

施氮能显著提高水稻株高，各施氮处理较不施氮处理水稻株高均显著提高。水稻黄熟(110～130d)前 3 种施氮处理的株高差异不显著，成熟期时 PCU 处理的水稻株高显著高于 UREA 和 BBF 处理，分别提高 3.9%～5.2%和 2.9%～4.3%。另外，主效应检验表明，不同施肥处理对水稻株高影响大于不同灌溉处理。

2. 水稻干物质积累量和分配比例的动态变化

水稻产量的形成实质是水稻干物质积累、运转、分配的结果，水稻干物质量的积累决定了水稻的生物产量，而干物质量向穗部的分配决定了其经济产量。水稻营养生长阶段的干物质积累越高且在生殖生长阶段干物质量向穗部转运分配的比例越高，后期稻谷产量就越高。对 2010 年和 2011 年两年数据进行交互效应检验，发现年际效应(Y)、年际与水分(Y×W)及年际与氮素(Y×N)的交互效应对水稻生育期内根、茎叶、穗、地上部和全植株干物质积累量和分配比例的影响均不显著。因此，本书将 2010 年和 2011 年水稻各生育期植株干物质积累和分配比例的数据取平均值。

两年数据合并后，进一步分析表明水稻生育期内水分和氮素的交互效应(W×N)对植株(根、茎叶、穗、地上部和全植株)的干物质积累量及根、茎叶和穗的干物质量分配比例的影响差异均不显著(表 S1)。

表 S1　不同水肥管理对水稻不同生育期干物质积累量和分配比例的主效应及水肥交互效应

(2010 年和 2011 年两年数据)

生育期	变异来源	积累量					分配比例		
		根	茎叶	穗	地上部	全植株	根	茎叶	穗
苗期	Water (W)	0.00^{ns}	0.26^{ns}	—	0.26^{ns}	0.22^{ns}	0.75^{ns}	0.75^{ns}	—
	Nitrogen (N)	1.98^{ns}	0.48^{ns}	—	0.48^{ns}	1.10^{ns}	0.92^{ns}	0.92^{ns}	—
	W×N	0.10^{ns}	0.31^{ns}	—	0.31^{ns}	0.17^{ns}	0.24^{ns}	0.24^{ns}	—
分蘖期	Water(W)	1.55^{ns}	1.82^{ns}	—	1.82^{ns}	2.39^{ns}	0.81^{ns}	0.81^{ns}	—
	Nitrogen(N)	4.68^{**}	3.70^{*}	—	3.70^{*}	4.45^{*}	8.76^{**}	8.76^{**}	—
	W×N	2.35^{ns}	0.42^{ns}	—	0.42^{ns}	1.79^{ns}	1.73^{ns}	1.73^{ns}	—
孕穗期	Water(W)	0.53^{ns}	2.72^{ns}	—	2.72^{ns}	1.95^{ns}	5.18^{**}	5.18^{**}	—
	Nitrogen(N)	20.46^{**}	10.75^{**}	—	10.75^{**}	15.82^{**}	7.23^{**}	7.23^{**}	—
	W×N	2.21^{ns}	0.12^{ns}	—	0.12^{ns}	0.23^{ns}	0.57^{ns}	0.57^{ns}	—
灌浆期	Water(W)	10.74^{**}	4.29^{*}	0.68^{ns}	3.32^{ns}	1.79^{ns}	8.93^{**}	6.15^{*}	2.97^{ns}
	Nitrogen(N)	96.21^{**}	75.74^{**}	27.42^{**}	75.73^{**}	93.85^{**}	2.29^{ns}	30.71^{**}	49.57^{**}
	W×N	1.22^{ns}	0.42^{ns}	0.17^{ns}	0.42^{ns}	0.25^{ns}	0.17^{ns}	0.29^{ns}	0.47^{ns}
成熟期	Water(W)	38.64^{**}	6.88^{*}	50.42^{**}	30.46^{**}	38.77^{**}	4.89^{*}	7.35^{*}	13.35^{**}
	Nitrogen(N)	379.33^{**}	277.09^{**}	823.36^{**}	723.36^{**}	827.58^{**}	26.84^{**}	41.75^{**}	95.23^{**}
	W×N	1.45^{ns}	0.34^{ns}	2.45^{ns}	1.70^{ns}	1.91^{ns}	1.59^{ns}	0.79^{ns}	1.21^{ns}

注：*表示 $p<0.05$；**表示 $p<0.01$；ns 表示不显著，下同。

1) 水稻干物质积累量动态变化

不同水肥管理水稻不同生育期各组织(根、茎叶和穗)的干物质积累量与分配比例动态变化见表 1.6。水稻抽穗前 CF 与 AWD 处理根干物质量差异不大，而在灌浆期和成熟期，节灌较淹灌处理根干物质量分别提高了 4.9%和 7.0%。施氮显著提高了移栽后水稻根的干物质量：与 N0 处理相比，UREA、BBF 和 PCU 处理的根干物质量在分蘖期分别提高了 18.7%、13.8%和 9.2%，在孕穗期分别提高了 24.9%、15.9%和 17.1%，在灌浆期分别提高了 41.1%、28.8%和 35.4%，在成熟期分别提高了 55.5%、59.8%和 67.1%。水稻移栽后，N0 处理根干物质量仅上升到孕穗期(此阶段为水稻营养生长转向生殖生长的过渡阶段)，而各施氮处理根干物质量持续增加至灌浆期，此后不论施氮与否，根干物质量均显著下降。成熟期时，PCU 较 UREA 处理根干物质量提高 8.2%，差异达到显著水平。

表 1.6 不同水肥管理水稻不同生育期干物质积累量与分配比例动态变化
(2010 年与 2011 年均值)

生育期	灌溉模式	氮肥管理	干物质积累量/(g/株)					干物质量分配/%		
			根	茎叶	穗	地上部	全植株	根	茎叶	穗
苗期	CF	N0	0.1a	0.1a	—	0.1a	0.2a	44.0a	56.0a	—
		UREA	0.1a	0.1a	—	0.1a	0.2a	43.1a	56.9a	—
		BBF	0.1a	0.1a	—	0.1a	0.2a	42.2a	57.8a	—
		PCU	0.1a	0.1a	—	0.1a	0.2a	44.9a	55.1a	—
		平均	0.1A	0.1A	—	0.1A	0.2A	43.5A	56.5A	—
	AWD	N0	0.1a	0.1a	—	0.1a	0.2a	43.6a	56.4a	—
		UREA	0.1a	0.1a	—	0.1a	0.2a	43.2a	56.8a	—
		BBF	0.1a	0.1a	—	0.1a	0.2a	44.0a	56.0a	—
		PCU	0.1a	0.1a	—	0.1a	0.2a	44.8a	55.2a	—
		平均	0.1A	0.1A	—	0.1A	0.2A	43.9A	56.1A	—
分蘖期	CF	N0	3.7b	4.9b	—	4.9b	8.6b	42.7a	57.3a	—
		UREA	4.3a	5.4a	—	5.4a	9.7a	44.4a	55.6a	—
		BBF	4.0ab	5.5a	—	5.5a	9.5a	41.8a	58.2a	—
		PCU	3.8b	5.1ab	—	5.1ab	9.0ab	42.5a	57.5a	—
		平均	3.9A	5.2A	—	5.2A	9.2A	42.9A	57.1A	—
	AWD	N0	3.3b	4.7b	—	4.7b	7.9c	41.3a	58.7a	—
		UREA	4.0a	5.3a	—	5.3a	9.3a	43.0a	57.0a	—
		BBF	3.9a	5.4a	—	5.4a	9.4a	41.9a	58.1a	—
		PCU	3.8a	5.0ab	—	5.0ab	8.8b	42.8a	57.2a	—
		平均	3.7A	5.1A	—	5.1A	8.8A	42.2A	57.8A	—

续表

生育期	灌溉模式	氮肥管理	干物质积累量/(g/株)					干物质量分配/%		
			根	茎叶	穗	地上部	全植株	根	茎叶	穗
孕穗期	CF	N0	6.5c	19.3b	—	19.3b	25.8b	25.2a	74.8a	—
		UREA	8.1a	23.8a	—	23.8a	31.8a	25.4a	74.6a	—
		BBF	7.1b	23.9a	—	23.9a	31.0a	22.9a	77.1a	—
		PCU	7.2b	23.0a	—	23.0a	30.3a	23.9a	76.1a	—
		平均	7.2A	22.5A	—	22.5A	29.7A	24.3A	75.7A	—
	AWD	N0	6.3b	18.3b	—	18.3b	24.6b	25.6a	74.4a	—
		UREA	7.9a	22.9a	—	22.9a	30.6a	25.5a	74.5a	—
		BBF	7.7a	22.4a	—	22.4a	30.1a	25.9a	74.1a	—
		PCU	7.7a	22.2a	—	22.2a	29.9a	25.7a	74.3a	—
		平均	7.4A	21.4A	—	21.4A	28.8A	25.7A	74.3A	—
灌浆期	CF	N0	6.0c	19.1c	11.8b	30.8b	36.8b	16.3a	51.8a	31.9a
		UREA	8.5a	27.2b	18.0a	45.2a	53.7a	15.8ab	50.7a	33.6a
		BBF	7.5b	26.3b	16.7a	43.0a	50.5a	14.9ab	52.0a	33.1a
		PCU	7.9b	30.1a	18.1a	48.2a	56.1a	14.1b	53.7a	32.2a
		平均	7.5A	26.1A	16.1A	41.8A	49.3A	15.3A	52.0A	32.7A
	AWD	N0	6.1b	18.5c	11.6b	30.1b	36.2b	16.9a	51.0a	32.1ab
		UREA	8.6a	25.7b	18.0a	44.3a	53.0a	16.3a	49.8a	33.9a
		BBF	8.1a	25.5b	16.2a	41.6a	49.7a	16.2a	51.3a	32.5ab
		PCU	8.5a	28.1a	17.0a	45.1a	53.6a	15.9a	52.3a	31.7b
		平均	7.8A	24.6A	15.7A	40.3A	48.1A	16.3A	51.1A	32.6A
成熟期	CF	N0	4.4b	18.8b	19.6c	38.4c	42.8c	10.2a	44.0a	45.9a
		UREA	6.8a	31.8a	30.1b	61.9b	68.7b	9.9a	46.3a	43.8b
		BBF	7.0a	29.8a	29.9b	59.7b	66.7b	10.5a	44.7a	44.8ab
		PCU	7.3a	31.7a	34.0a	65.6a	72.9a	10.0a	43.4a	46.6a
		平均	6.3A	28.0A	28.4A	56.4A	62.7A	10.1A	44.6A	45.3A
	AWD	N0	4.6c	19.4b	20.0c	39.4c	44.0c	10.5a	44.2a	45.3ab
		UREA	7.2b	32.6a	31.6b	64.2b	71.4b	10.1a	45.7a	44.2b
		BBF	7.4b	31.4a	32.0b	63.4b	70.8b	10.4a	44.3a	45.2ab
		PCU	7.8a	32.7a	36.4a	69.1a	76.9a	10.2a	42.5a	47.3a
		平均	6.8A	29.0A	30.0A	59.0A	65.8A	10.3A	44.1A	45.6A

注：同列同一生育期内，不同小写字母表示 4 种氮肥管理间差异显著(p<0.05)，不同大写字母表示 2 种灌溉模式间差异显著(p<0.05)，下同。

各处理茎叶干物质量均随着水稻生长而持续增加至成熟期(表 1.6)。不同灌溉模式(CF 与 AWD)和不同施氮处理(UREA、BBF 与 PCU)对水稻茎叶干物质量影响差异不大，但各施氮处理较不施氮处理显著提高了茎叶的干物质量。与 N0 相比，UREA、BBF 和 PCU 处理的茎叶干物质量在分蘖期分别提高 10.9%、14.5%

和 6.3%，在孕穗期分别提高 23.9%、22.6%和 20.7%，在灌浆期分别提高 42.6%、37.7%和 55.0%，在成熟期分别提高 66.0%、57.8%和 65.9%。

灌浆期不同灌溉模式下穗的干物质量差别不大，成熟期 AWD 较 CF 处理穗干物质量提高 5.6%，但差异未达到显著水平(表 1.6)。抽穗期后各施氮处理较不施氮处理显著提高了穗的干物质量：与 N0 相比，UREA、BBF 和 PCU 处理的穗干物质量在灌浆期分别提高 54.0%、40.8%和 50.2%，在成熟期分别提高 55.4%、56.0%和 77.2%。灌浆期 UREA 和 PCU 处理穗干物质量相当，均高于 BBF 处理，但三个施氮处理间差异未达到显著水平。成熟期 PCU 较 BBF 和 UREA 处理穗干物质量分别提高 13.7%和 14.1%，差异均达到显著水平。

水稻地上部和全植株干物质量均随着水稻生长而增加，至成熟期最大(表 1.6)。黄熟期前，水稻地上部和全植株干物质量表现为节灌略低于淹灌，而收获期时，AWD 较 CF 处理分别提高 4.6%和 4.9%，尽管差异未达到显著水平，但也表明水稻生育晚期，节灌处理水稻地上部和全植株生物量增幅更高。施氮极大地提高了移栽后水稻地上部和全植株干物质量。水稻生育期内 BBF 与 UREA 处理地上部和全植株干物质量差异不大，而 PCU 在抽穗期前较 BBF 和 UREA 处理低，抽穗期后则显著提高。成熟期时，PCU 较 BBF 和 UREA 处理地上部干物质量提高 9.4%和 6.9%、全植株干物质量提高 8.9%和 6.9%，差异均达到显著水平。

2) 水稻干物质量分配比例动态变化

根的干物质量分配比例在苗期和分蘖期平均分别为 43.7%和 42.6%，之后急剧下降，至成熟期仅为 10.2%；穗的干物质量分配比例从灌浆期的 32.6%持续增加成熟期的 45.5%；茎叶的干物质量分配比例在营养生长阶段显著上升(从苗期的 56.3%升高至孕穗期的 75.0%)，而生殖生长阶段不断下降(从孕穗期降至成熟期的 44.3%)(表 1.6)。

节灌处理根的干物质量分配比例较淹灌处理有所提高，在孕穗期、灌浆期和成熟期分别提高了 5.5%、7.1%和 2.1%，但差异并未达到显著水平。两种水分管理对茎叶和穗的干物质量分配比例影响差异不大。水稻生育期内四种氮肥处理水稻的根和茎叶的干物质量分配比例差异不显著，但在成熟期时 PCU 较 UREA 处理穗的干物质量分配比例提高了 6.7%，差异达到显著水平。

3. 水稻产量和产量构成因子

水稻产量是众多产量构成因子综合作用的体现。不同处理水稻收获期产量及产量构成因子见表 1.7。2010 年和 2011 年不同处理水稻产量分别介于 4645.1～8885.6kg/hm^2 和 4408.2～9078.3kg/hm^2。灌溉模式(W)、氮肥管理(N)及年际(Y)与氮肥管理(N)的交互效应(Y×N)显著地影响水稻产量，但是年际与水分的交互效应(Y×W)及水分和氮素的交互效应(W×N)对水稻产量影响不显著。此外，不同氮肥管理较不同灌溉模式对水稻产量的影响效应更大。

与淹灌相比，节灌处理增加了水稻单位面积有效穗、穗粒数和收获指数，使得 2010 年水稻增产 5.7%，2011 年水稻增产 6.6%，不过差异未达到显著水平。

表 1.7　2010 年和 2011 年不同水肥管理水稻产量及产量构成因子

年份	灌溉模式	氮肥管理	单位面积有效穗/(穗/m²)	穗粒数	单位面积穗粒数/(千粒/m²)	结实率/%	千粒重/g	收获指数/%	产量/(kg/hm²)
2010	CF	N0	178.9c	101.5c	18.2c	90.0a	28.0a	47.5b	4645.1c
		UREA	271.1b	118.0b	32.0b	83.8c	28.4a	49.5ab	7521.1b
		BBF	259.5b	117.1b	30.4b	85.3b	28.3a	49.0ab	7282.8b
		PCU	290.0a	123.6a	35.8a	83.0c	28.5a	51.4a	8371.7a
		平均	249.9A	115.1A	29.1A	85.5A	28.3A	49.3A	6955.2A
	AWD	N0	189.6c	103.6c	19.6d	91.7a	27.8a	48.8b	4898.6c
		UREA	282.5b	120.8b	34.2b	85.6c	27.9a	50.0ab	7961.5b
		BBF	270.6b	119.8b	32.4c	87.0b	27.9a	48.4b	7653.9b
		PCU	305.6a	125.7a	38.4a	85.3c	28.0a	52.0a	8885.6a
		平均	262.1A	117.5A	31.2A	87.4A	27.9B	49.8A	7349.9A
2011	CF	N0	172.7b	99.3b	17.1c	91.0a	27.9a	46.9b	4408.2c
		UREA	275.0a	115.2a	31.6b	86.3b	28.1a	48.1ab	7562.2b
		BBF	261.7a	116.0a	30.3b	87.5b	28.1a	49.1ab	7351.7b
		PCU	282.7a	122.1a	34.5a	87.0b	28.1a	50.7a	8386.1a
		平均	248.0A	113.2A	28.4A	88.1A	28.0A	48.7A	6927.1A
	AWD	N0	181.6c	100.7c	18.3c	93.7a	27.6a	48.2b	4645.6c
		UREA	285.8b	118.8b	33.9b	89.3b	27.6a	49.7ab	8035.6b
		BBF	276.1b	118.7b	32.8b	89.0b	27.5a	49.1ab	7794.4b
		PCU	302.8a	126.0a	38.1a	88.1b	27.7a	52.2a	9078.3a
		平均	261.6A	116.1A	30.8A	90.0A	27.6B	49.8A	7388.5A
F 值	年际(Y)		0.19^{ns}	3.77^{ns}	3.45^{ns}	108.78^{**}	3.80^{ns}	0.38^{ns}	0.04^{ns}
	灌溉模式(W)		21.68^{**}	9.56^{**}	58.94^{**}	81.28^{**}	10.77^{**}	2.62^{ns}	82.03^{**}
	氮肥管理(N)		342.59^{**}	131.87^{**}	768.17^{**}	235.70^{**}	0.40^{ns}	10.65^{**}	1338.04^{**}
	Y×W		0.06^{ns}	0.07^{ns}	0.32^{ns}	0.03^{ns}	0.02^{ns}	0.41^{ns}	0.62^{ns}
	Y×N		1.08^{ns}	0.31^{ns}	1.07^{ns}	4.53^{*}	0.15^{ns}	0.31^{ns}	3.23^{*}
	W×N		0.40^{ns}	0.14^{ns}	1.65^{ns}	1.87^{ns}	0.42^{ns}	0.60^{ns}	2.61^{ns}
	Y×W×N		0.07^{ns}	0.10^{ns}	0.25^{ns}	1.12^{ns}	0.09^{ns}	0.06^{ns}	0.26^{ns}

注：*表示 $p<0.05$；**表示 $p<0.01$；ns 表示不显著。

UREA、BBF 和 PCU 处理较 N0 处理的水稻产量 2010 年分别提高 62.2%、56.5%和 80.8%，2011 年分别提高 72.3%、67.3%和 92.8%。表明施氮显著提高了水稻产量，这归因于施氮显著提高了水稻的单位面积有效穗和穗粒数。PCU 较 UREA 和 BBF 处理 2010 年分别增产 11.5%和 15.5%，2011 年分别增产 12.0%和 15.3%，表明树脂包膜尿素在各施氮处理中水稻增产效果最好。2010 年和 2011 年 4 种氮肥管理千粒重差异不大，而节灌较淹灌处理显著降低了千粒重。不论采用何种灌溉模式，施氮显著降低了水稻的结实率。N0、UREA 和 BBF 处理收获指数差异不大，均低于 50%，而 PCU 处理水稻收获指数最高，介于 50.7%～52.2%。

4. 水稻水分和氮肥利用率

年际(Y)、灌溉模式(W)、氮肥管理(N)及年际与氮素(Y×N)、水分与氮素(W×N)均对水稻的水分利用率(WUE)产生了显著影响(表 1.8)。与淹灌相比，节灌处理显著提高了水稻的灌溉水分利用效率(IWUE)和总水分利用效率(TWUE)：2010 年分别提高 81.5%和 29.4%，2011 年分别提高 48.5%和 20.3%。各施氮处理较不施氮处理均显著提高了水稻水分利用效率。BBF 和 UREA 处理水稻水分利用率差别不大，且都显著低于 PCU 处理。

灌溉模式(W)和氮肥管理(N)均显著地影响了水稻氮肥农学利用率(AEN)、吸收利用率(REN)和氮肥偏生产力(PFPN)，同时，年际(Y)对 AEN 和 REN 也有显著的影响，但年际与水分(Y×W)、年际与氮素(Y×N)及水分与氮素(W×N)之间的交互效应对氮肥利用率的影响均不显著(表 1.8)。此外，不同氮肥管理较不同灌溉模式对水稻氮肥利用率的影响更大。与淹灌相比，节灌显著提高了水稻氮肥利用率：水稻 AEN、REN 和 PFPN2010 年分别提高 6.2%、5.0%和 5.6%，2011 年分别提高 8.9%、6.1%和 6.9%。对于各施氮处理，BBF 和 UREA 处理水稻的氮肥利用率差别不大，且均显著低于 PCU 处理。PCU 处理的水稻 AEN、REN 和 PFPN 较 UREA 处理 2010 年分别提高 29.9%、7.6%和 11.5%，2011 年分别提高了 28.5%、7.3%和 12.0%；较 BBF 处理 2010 年分别提高 43.0%、7.7%和 15.5%，2011 年分别提高 38.1%、10.6%和 15.3%，差异均达到显著水平。

干湿交替灌溉和树脂包膜尿素相结合的水肥管理水稻水分和氮肥利用率最高，这一方面归因于节灌显著降低了田间灌溉量；另一方面归因于树脂包膜尿素处理大幅提高了水稻产量。

表 1.8　2010 年和 2011 年不同水肥管理水稻水分利用效率和氮肥利用效率

年份	灌溉模式	氮肥管理	IWUE/(kg/m³)	TWUE/(kg/m³)	AEN/(kg/kg)	REN/%	PFPN/(kg/kg)
2010	CF	N0	1.05c	0.45c	—	—	—
		UREA	1.70b	0.74b	12.0b	42.7b	31.3b
		BBF	1.63b	0.71b	11.0b	42.6b	30.3b
		PCU	1.89a	0.82a	15.5a	45.7a	34.9a
		平均	1.57B	0.68B	12.8B	43.7B	32.2B
	AWD	N0	1.88c	0.58c	—	—	—
		UREA	3.11b	0.95b	12.8b	44.6b	33.2b
		BBF	2.97b	0.91b	11.5b	44.7b	31.9b
		PCU	3.45a	1.06a	16.6a	48.4a	37.0a
		平均	2.85A	0.88A	13.6A	45.9A	34.0A
2011	CF	N0	1.06c	0.41c	—	—	—
		UREA	1.82b	0.70b	13.1b	47.1ab	31.5b
		BBF	1.78b	0.68b	12.3b	45.2b	30.6b
		PCU	2.02a	0.78a	16.6a	50.3a	34.9a
		平均	1.67B	0.64B	14.0B	47.5B	32.4B
	AWD	N0	1.56d	0.48d	—	—	—
		UREA	2.71b	0.84b	14.1b	49.5b	33.5b
		BBF	2.63c	0.81c	13.1b	48.5b	32.5b
		PCU	3.03a	0.94a	18.5a	53.4a	37.8a
		平均	2.48A	0.77A	15.3A	50.7A	34.6A
F 值	年际(Y)		70.67**	231.16**	38.12**	26.96**	2.76ns
	灌溉模式(W)		4399.51**	1035.08**	21.73**	9.15**	79.64**
	氮肥管理(N)		1102.38**	1404.53**	168.54**	20.35**	163.58**
	Y×W		221.68**	57.79**	1.21ns	0.29ns	0.87ns
	Y×N		0.64ns	0.52ns	0.10ns	0.48ns	0.14ns
	W×N		72.35**	20.65**	1.38ns	0.02ns	1.36ns
	Y×W×N		2.11ns	0.36ns	0.21ns	0.03ns	0.30ns

注：IWUE 表示灌溉水分利用效率；TWUE 表示总水分利用效率；AEN 表示氮肥农学利用率；REN 表示氮肥吸收利用率；PFPN 表示氮肥偏生产力。*表示 $p<0.05$；**表示 $p<0.01$；ns 表示不显著。

5. 相关性分析

收获期水稻根、茎叶、穗、地上部和全植株的干物质积累量两两之间均呈显著正相关(表 1.9)，表明各组织干物质量高度耦合相关。同时，植株各部干物质量均与水稻产量呈显著正相关，表明干物质量能够作为衡量水稻产量的指标。

水稻产量与水稻单位面积有效穗、穗粒数和收获指数均呈显著正相关，而与结实率呈显著负相关(表 1.9)，这是因为施氮提高了水稻分蘖数，进而增加了单位面积有效穗、穗粒数和收获指数，使得总产量提高。另外，水稻单位面积的穗粒数越多，由于“摊薄效应”，单颗谷粒平均获得的水分和养分供给就越少，籽粒灌浆相对变差，总穗粒数增加的同时瘪谷数量也相应增加，结实率随之降低，这也印证了前述的施氮显著降低了水稻的结实率(表 1.7)。

表 1.9 收获期水稻干物质量与水稻产量和产量构成因子之间的 Spearman 矩阵相关性分析
(2010 年与 2011 年两年数据，n=48)

变量	RDM	SLDM	PDM	SDM	TDM	EP	SPP	GFP	TGW	HI	GY
RDM	1										
SLDM	0.710^{**}	1									
PDM	0.875^{**}	0.719^{*}	1								
SDM	0.862^{**}	0.861^{**}	0.951^{**}	1							
TDM	0.878^{**}	0.853^{**}	0.956^{**}	0.998^{**}	1						
EP	0.798^{**}	0.807^{**}	0.897^{**}	0.933^{**}	0.926^{**}	1					
SPP	0.774^{**}	0.695^{**}	0.878^{**}	0.853^{**}	0.857^{**}	0.780^{**}	1				
GFP	-0.380^{**}	-0.489^{**}	-0.514^{**}	-0.498^{**}	-0.493^{**}	-0.527^{**}	-0.658^{**}	1			
TGW	-0.157^{ns}	-0.062^{ns}	-0.061^{ns}	-0.070^{ns}	-0.074^{ns}	-0.073^{ns}	-0.061^{ns}	-0.457^{**}	1		
HI	0.461^{**}	0.175^{ns}	0.580^{**}	0.472^{**}	0.475^{**}	0.577^{**}	0.595^{**}	-0.341^{*}	0.133^{ns}	1	
GY	0.840^{**}	0.769^{**}	0.960^{**}	0.956^{**}	0.957^{**}	0.940^{**}	0.897^{**}	-0.541^{**}	0.054^{ns}	0.674^{**}	1

注：RDM、SLDM、PDM、SDM 和 TDM 分别表示水稻根、茎叶、穗、地上部和全植株干物质积累量；EP 表示单位面积有效穗；SPP 表示穗粒数；GFP 表示结实率；TGW 表示千粒重；HI 表示收获指数；GY 表示水稻产量。*表示 $p<0.05$；**表示 $p<0.01$；ns 表示不显著。

收获期水稻产量与水稻的水分利用效率[灌溉水分利用率(IWUE)；总水分利用率(TWUE)]和氮肥利用效率[农学利用率(AEN)；吸收利用率(REN)；氮肥偏生产力(PFPN)]之间均呈显著正相关(表 1.10)。同时，各水分利用效率(IWUE 与 TWUE)之间、氮肥利用率(AEN、REN 与 PFPN)之间及水分利用率和氮肥利用率也呈显著正相关。

表 1.10 收获期水稻产量与水分利用效率和氮肥利用效率之间的 Spearman 矩阵相关性分析
(2010 年与 2011 年两年数据，不含 N0 处理，n=36)

变量	IWUE	TWUE	AEN	REN	PFPN	GY
IWUE	1					
TWUE	0.935^{**}	1				
AEN	0.520^{**}	0.509^{**}	1			
REN	0.469^{**}	0.377^{*}	0.746^{**}	1		
PFPN	0.710^{**}	0.744^{**}	0.933^{**}	0.699^{**}	1	
GY	0.708^{**}	0.739^{**}	0.936^{**}	0.703^{**}	0.999^{**}	1

注：IWUE 表示灌溉水分利用率；TWUE 表示总水分利用率；AEN 表示氮肥农学利用率；REN 表示氮肥吸收利用率；PFPN 表示氮肥偏生产力；GY 表示水稻产量。*表示 $p<0.05$；**表示 $p<0.01$。

1.4.2　讨论

1. 不同水肥管理对水稻株高的影响

株高是水稻生长状态的指示指标之一，也是影响水稻生物学产量的重要因素。水稻植株过高，在高肥水条件下容易倒伏，使收获期产量下降；植株过矮，冠层叶片相互拥挤，中下部通风和透光变差，籽粒灌浆受限，也会降低产量(许学等，2008)。唐甫林等(2000)研究指出水稻株高在 95～105cm 可获得较高产量。本书中，收获期施氮处理水稻平均株高 2010 年为 95.2cm，2011 年为 95.4cm，达到了高产水稻的株高要求。但不施氮处理 2010 年和 2011 年水稻平均株高分别仅为 86.0cm 和 86.2cm，未达到高产水稻的株高要求(图 1.19)。

不同灌溉方式会改变田间的水肥条件进而影响水稻的株高。刘晗和吕国安(2009)及杨生龙等(2010)认为节灌在一定程度上会抑制水稻株高，但本书中，成熟期节灌较淹灌处理水稻株高增加了 2.0%～2.6%(图 1.19)。这可能是因为上述研究中重度的节水处理制约了水稻生长。此外，上述研究均是基于常规化肥施用的结果，由于化肥氮的速效性，其田间施用后水分和养分协调较差，稻田落干对于水稻养分的补给不利，使得植株生长受限从而株高降低。本书中控释肥养分控释期长达 90d，协调了肥料的养分释放与水稻养分吸收，水稻几乎未受短期落干的影响，反而在水稻非大量需水阶段因田间干湿交替处理、土壤通气性改善促进了水稻的生长，成熟期株高更大。

施氮促进了水稻生长，显著提高了水稻株高，这与刘晗和吕国安(2009)的研究结果相同。还发现，PCU 处理水稻株高较 UREA 和 BBF 处理分别显著提高了 3.9%～5.2%和 2.9%～4.3%(图 1.19)，表明树脂包膜尿素较普通尿素和控释 BB 肥改善了水稻作物的营养状态，水稻生长更好。

2. 不同水肥管理对水稻干物质积累量和分配比例的影响

水稻产量与其干物质量的积累与分配紧密相关。水稻根系干物质量越大、根系活力越高就越有利于水稻水分和养分的吸收从而获得更高的产量(Jayakumar et al., 2005；Zhang et al., 2009；Kato and Okami, 2010)。本书中，抽穗期后 AWD 处理根部干物质量积累和分配比例较 CF 处理更高(表 1.6)，表明适度的间歇灌溉促进了水稻根系的生长，这与先前的研究结果相吻合(Zhang et al., 2009；Dong et al., 2012a)。不过旱作的情况下，Kato 和 Okami(2010)报道水稻根系的生物量和分配比例均有所降低，主要是因为水稻的不定根大幅减少。发现根系干物质量随水稻生长呈先增加后下降的趋势(表 1.6)，这与 Zhang 等(2009)的报道结果类似，表明在水稻中后期生殖生长阶段，根系出现了衰老和退化。还发现施用氮肥延缓了水稻根系衰老，且控释氮肥较常规尿素效果更好(表 1.6)，这主要是因为控释氮肥有 90d 氮素控释期，延长了土壤中肥料氮的有效性，而常规尿素处理小区在最后一次追肥(63d)后就不再有后续的肥料氮投入。

不同灌溉模式下水稻生育期内茎叶干物质量差异不显著。Dong 等(2012a)的研究也表明水稻地上部生物量受间歇灌溉与连续淹灌影响不大。UREA、BBF 和 PCU 处理较 N0 处理显著提高了茎叶干物质量，但各施氮处理之间差异不显著(表 1.6)。水稻茎叶的干物质量分配比例在营养生长阶段显著上升而在生殖生长阶段急剧下降，表明茎叶是根与穗之间干物质量的转运和传输枢纽。

成熟期穗的干物质量与水稻产量相关性极高(r=0.960，p<0.01)(表 1.9)，表明可以用穗的生物量来估算籽粒产量。节水灌溉和氮肥施用均显著提高了收获期穗部的干物质量，且 PCU 处理较 BBF 和 UREA 处理效果更好(表 1.6)。

AWD 处理水稻地上部和全植株干物质量在黄熟期前(尤其在孕穗期和灌浆期)略低于 CF 处理，在收获期则高于 CF 处理。龚少红等(2005)研究也表明，水稻生育前期淹灌处理水稻干物质量一般高于 AWD，特别在分蘖期及抽穗开花期，而水稻生育后期 AWD 处理水稻生物量会超过淹灌处理。PCU 较 UREA 处理显著提高了灌浆期和成熟期水稻的干物质积累量。张晴雯等(2011)研究结果也表明，树脂包膜尿素较普通尿素显著提高了抽穗期后水稻根、地上部和全植株的生物量。

AWD 与 PCU 结合的水肥管理模式下水稻植株干物质量最高，这可能归因于该水肥条件下水稻有更快的细胞增殖(Mahajan et al., 2012)、更多的幼穗分化(表 1.7)及更有效的光合物质生产(Yao et al., 2012)。

3. 不同水肥管理对水稻产量和产量构成因子的影响

水稻在适宜的阶段经历适度的水分亏缺，如采用中度的干湿交替灌溉，既能促进农田节水，也能保障水稻稳产(Mao, 2001；Zhang et al., 2009；de Vries et al., 2010)。Bouman 等(2007)研究指出，AWD 灌溉模式下稻田落干期间的田面水位下降至表土层以下 150mm 时仍能保证水稻根系吸收饱和土壤和根区滞留的水分，并认为 150mm 是避免水稻潜在减产的安全阈值，称之为“安全 AWD 限值”(Safe AWD)。本书中，2010 年和 2011 年 AWD 处理稻田落干期内田面水位下降至表土以下分别为 90.6mm 和 76.7mm(图 1.8)，均处于“安全 AWD 限值”之内，因此稻田落干并未对水稻产量造成不利的影响。节灌处理的稻田小区在相对较长的落干期内田面水位均维持在安全 AWD 限值之内，落干期间稻田土壤维持着水分相对饱和且较为湿润的状态，这归因于研究区：①低而平坦的地势；②较高的地下水位；③由湖沼相沉积物发育而成的黏壤土质(Zhao et al., 2012b)。由于干湿交替灌溉改善了稻田土壤微气候条件，根区通气性增强，有机质矿化加速，土壤肥效增加，所以水稻产量提高(与淹灌相比，节灌处理水稻产量 2010 年和 2011 年分别提高了5.7%和6.6%，尽管差异不显著）。

与常规尿素相比，不同控释肥处理对水稻产量的影响有所差异。PCU较UREA处理水稻产量显著提高，其原因在于树脂包膜尿素提高了水稻分蘖数和结籽率，使得单位面积有效穗和穗粒数大幅增加（表1.7）。这与前人的研究结果一致：Fashola等（2002）报道PCU较UREA处理显著提高了水稻的每穗粒数；张晴雯等（2011）报道PCU较UREA处理提高了水稻的分蘖数。控释BB肥没有获得与树脂包膜尿素相当的产量（表1.7），未能实现最初的期望，可能的原因在于：①BBF的控释氮组分更低，仅为70%；②与PCU相比，BBF氮源控释效果相对较差。

水分和氮素是维持水稻物质生产和产量的两个最重要的因子（Cabangon et al., 2011；Sun et al., 2012）。但是，本书中水分和氮素对水稻产量的交互效应未达到显著水平（F=2.61，p=0.063>0.05）（表1.7），这与Cabangon等（2011）和Yao等（2012）的结果相同，但与Sun等（2012）的结果不同。这些研究结果的不一致，可能归因于：①不同的干湿交替灌溉（水分胁迫）程度；②不同的氮肥施用管理措施；③田间试验不同的气候环境、土壤类型、水文特性与水稻品种等。

在众多产量构成因子中，AWD处理显著降低了千粒重（表1.7）。可能是因为灌浆期节灌稻田水分有效性降低及每穗粒数增加降低了单颗谷粒的养分供给。此外，施氮降低了水稻的结实率（表1.7），这与Sun等（2012）在四川温江及Yao等（2012）等在湖北武穴的研究结果类似。这是因为不施氮区，水稻每穗的穗粒数虽少，但谷粒颗颗饱满，结实率高；而施氮肥区，水稻分蘖增加，单位面积总穗数和每穗粒数大幅增加，但是干瘪的谷粒也随之增加，从而导致结实率下降。

4. 不同水肥管理对水稻水分利用率的影响

目前已有一些研究表明，AWD较CF处理能提高稻田水分利用率。Belder等（2004）报道，AWD处理田间总水分利用效率比CF处理提高了11.3%。Cabangon等（2004）报道，AWD相对于CF处理分别提高了11.0%的灌溉水分利用效率和5.6%的总水分利用效率。Yao等（2012）指出，AWD稻田总水分利用率与CF淹灌相比提高了6.2%～25.3%。本书中，AWD较CF处理田间灌溉水分利用效率和总水分利用效率2010年分别提高81.5%和29.4%，2011年分别提高48.5%和20.3%。干湿交替节灌较常规连续淹灌能够有效提高水分利用率的原因是：①节灌减少了田间灌溉次数和灌溉水量（图1.7），水稻季平均田面水深较淹灌大幅降低（图1.8），田间渗漏强度和渗漏量降低（Liang et al., 2008；Tan et al., 2013）；②节灌水稻全生育期田间有水层时间较淹灌少（图1.8），其水分蒸发和蒸腾损失较淹灌低（Mao, 2001；Belder et al., 2007）；③节灌田面水位低，田间雨水蓄积能力大，径流产生量低（表1.1），雨水利用率提高（Wang et al., 2010；Tan et al., 2013）；④节灌处理水稻产量与常规淹灌相当或增加（Zhang et al., 2009；de Vries et al., 2010；Yao et al.,

2012)。此外，本书研究还表明，施用氮肥尤其是树脂包膜尿素能够显著提高水稻产量(表 1.7)，进而提高稻田水分利用率(表 1.8)。

5. 不同水肥管理对水稻氮肥利用率的影响

研究表明，在等氮条件下，不同程度(轻度、中度或重度)的干湿交替灌溉可能会提高(Sun et al., 2012)、不改变(Yao et al., 2012)或降低(Cabangon et al., 2011)水稻的氮肥利用率。Yao 等(2012)报道，AWD 和 CF 处理水稻的氮肥农学利用率、吸收利用率和生理利用率没有表现出一致的显著性差异。但 Sun 等(2012)指出 AWD 处理通过适度减少稻田的水分输入促进了水稻氮素吸收，获得了更高的氮肥农学利用率和吸收利用率。本书中，AWD 较 CF 处理水稻氮肥农学利用率、氮肥吸收利用率和氮肥偏生产力分别显著提高了 6.1%～8.9%、5.0%～6.1%和 5.6%～6.9%，表明适度的干湿交替灌溉提高了氮肥利用率。

关于施用控释肥提高作物氮素利用率的报道已有不少。Golden 等(2009)指出树脂包膜尿素能够促进水稻的氮素吸收，提高水稻氮肥利用率。张晴雯等(2011)在南四湖流域大田实验中报道，水稻施用树脂包膜控释尿素较常规尿素氮肥农学利用率、吸收利用率和偏生产力分别提高了 7.3%、30.0%和 8.4%。树脂包膜尿素提高水稻氮肥利用率的效果最好，较常规尿素氮肥农学利用率、吸收利用率和偏生产力 2010 年分别提高了 29.9%、7.7%和 11.5%，2011 年分别提高了 28.5%、7.3%和 12.0%，与张晴雯等的研究结果类似。

施用缓控释肥可以降低农田氮素损失，提高肥料利用率，仅需更少的肥料施用量就能达到预期的目标产量，因而有可能降低水稻肥料用量成本(Kiran et al., 2010)。同时，缓控释肥仅需一次性施肥，较分次施用常规速效化肥也有利于节省肥料运输的能源消耗及降低施肥的劳动力投入。尽管缓控释氮肥较普通尿素价格偏高一些，考虑其能削减水稻氮肥施用总量、节约施肥时间及施肥过程中的劳动力和能源消耗成本，同时能提高肥料利用率和水稻产量，水稻种植中施用缓控释肥对农户而言仍不失为一种可行且经济适用的选择。

1.5　水肥管理对水稻碳氮磷吸收、积累、分配及碳氮磷化学计量比的影响

氮是植物最重要的矿质元素之一，氮能够显著提高作物叶面积指数(Mahajan et al., 2012)，加速光合作用(Ning et al., 2013)，促进养分高效吸收(Dordas, 2009)及延缓根系的衰老(Ye et al., 2013)，从而促进作物增产(Yang et al., 2007a；Kiran et al., 2010)。磷是植物的另一必需矿质元素，磷能够促进植物细胞的生长和增殖，进而增强植物光合同化及物质生产(Marschner, 2012)。因此，氮和磷均是农业生

态系统生产力的限制性元素(Reich and Oleksyn, 2004；Conley et al., 2009；Ågren et al., 2012)。水稻是我国主要的粮食作物，当前大量的化肥被用于水稻种植系统以期能收获更多的稻谷来增加粮食供给(Ju et al., 2009)。超量施用化肥加上不合理的水肥管理导致了较低的水分和养分利用效率，对生态环境乃至人类健康产生极大的危害(Conley et al., 2009；Ju et al., 2009)。研究水稻生育期内氮、磷在水稻不同组织部位的吸收、积累和分配规律将有助于优化田间水肥管理，实现水稻的可持续生产(Ye et al., 2014)。

碳是植物结构的基础，占植物干物质量近 50%，也可被视为植物生长的限制性元素(Ågren, 2008；Ågren et al., 2012)。通过光合作用固定碳(汇)或者残茬分解及根呼吸释放碳(源)，水稻作物可能对陆地生态系统的碳储存和循环过程产生重要的影响(Pampolino et al., 2008；冯蕾等，2011；Sardans and Peñuelas, 2012)。农艺管理措施如灌溉和施肥会影响作物的生理生态活动(Mahajan et al., 2012)，改变农田的碳固定和释放，进而影响全球变暖和粮食安全(Lal, 2004)。尽管水分和养分的供给是水稻生长的主要限制因子(Mahajan et al., 2012)，但先前的研究多集中于 CO_2 浓度的提高(elevated CO_2 或 free-air CO_2 enrichment)对水稻干物质量(即碳)的积累和分配的影响(Yang et al., 2007a, 2007b；Kim et al., 2011；Seneweera et al., 2011)，关于不同水肥管理对水稻碳的吸收、积累和分配影响的研究仍不多见。

由于碳、氮、磷的生化功能密切耦合相关(Güsewell, 2004；Ågren, 2004, 2008)，且三者的平衡将影响作物产量及其养分循环(Elser et al., 2000)，碳、氮、磷化学计量关系(C∶N∶P stoichiometry)成为生态相互作用(ecological interactions)和进化过程(evolutionary processes)中的研究热点。当前，C∶N∶P 化学计量关系被广泛地应用于多样化的生态学进程，已成功融入从分子、细胞、个体、种群和群落到整个生态系统的多层次生物学的研究(Sterner and Elser, 2002；Reich and Oleksyn, 2004；Elser et al., 2010；Ågren and Weih, 2012)。已有一些关于不同区域尺度和不同营养水平下土壤、植物及凋落物中 C∶N∶P 化学计量关系时空变异、生物调节和生态应用的研究(Sterner and Elser, 2002；Ågren, 2004, 2008；Ågren and Weih, 2012；Sardans et al., 2012)。弄清植物生长过程中 C∶N∶P 化学计量关系的变化规律将有助于植物生长机理模型的校正和陆地生物地球化学模型的研发(Sadras, 2006；Greenwood et al., 2008)。然而，目前关于水稻 C∶N∶P 化学计量关系的变化趋势及量化特征的研究较少，其对不同水肥管理及水肥交互效应的响应更鲜有报道(Ye et al., 2014)。

前一节已经分析了 2 种灌溉模式(CF 和 AWD)与 4 种氮肥管理(N0、UREA、BBF 和 PCU)对单季晚稻的株高、干物质量积累与分配、水稻产量及水肥利用效率的影响。但水稻不同生育期各组织碳氮磷浓度、积累量、分配比例和化学计量关系的变化规律、量化特征及它们与产量之间的内在联系尚不明确。本节主要解决以下三个问题：①确定水稻生育期内各组织碳氮磷的吸收、积累、分配与化学计量比的动态变化特征；②揭示水稻各组织碳氮磷比的内在联系及不同组织碳氮磷浓度、积累量和化学计量比与水稻产量之间的相互关系；③通过碳氮磷化学计量特征评估区域水稻生态系统的氮磷限制状态。

1.5.1 结果与分析

水肥管理对水稻生育期内不同组织的碳氮磷浓度、积累量和分配比例产生了不同的影响效应，但在各生育期水肥交互效应均不显著(表 S2、表 S3)。此外，不同氮肥管理较不同灌溉模式对水稻各组织碳氮磷浓度、积累量和分配比例的影响更大。通过影响水稻不同组织碳氮磷的吸收、积累和分配，水肥管理显著改变了水稻的碳氮磷化学计量关系，尤其是在水稻生育晚期。然而，水肥交互效应对水稻各生育期植株 C∶N 和 C∶P 影响均不显著，仅对分蘖期根(F=3.08，p<0.05)和茎叶(F=3.02，p<0.05)的 N∶P 表现出显著的影响(表 S4)。

表 S2　不同水肥管理对水稻生育期不同组织(根、茎叶和穗)碳(C)、氮(N)和磷(P)浓度的主效应及水肥交互效应(2010 年和 2011 年两年数据)

元素	组织部	变异来源	生育期				
			苗期	分蘖期	孕穗期	灌浆期	成熟期
C	根	Water(W)	0.43^{ns}	9.17^{**}	1.64^{ns}	0.04^{ns}	0.50^{ns}
		Nitrogen(N)	0.79^{ns}	1.71^{ns}	1.96^{ns}	9.87^{**}	28.90^{**}
		W×N	1.46^{ns}	1.36^{ns}	2.16^{ns}	1.11^{ns}	0.19^{ns}
	茎叶	Water(W)	0.24^{ns}	4.33^{*}	5.32^{*}	1.29^{ns}	8.90^{**}
		Nitrogen(N)	0.53^{ns}	3.02^{*}	3.03^{*}	2.29^{ns}	1.17^{ns}
		W×N	0.34^{ns}	0.05^{ns}	0.32^{ns}	0.45^{ns}	0.43^{ns}
	穗	Water(W)	—	—	—	0.13^{ns}	0.09^{ns}
		Nitrogen(N)	—	—	—	8.24^{**}	1.29^{ns}
		W×N	—	—	—	1.10^{ns}	0.67^{ns}
N	根	Water(W)	0.24^{ns}	2.76^{ns}	0.60^{ns}	0.03^{ns}	14.15^{**}
		Nitrogen(N)	0.07^{ns}	78.11^{**}	51.29^{**}	142.58^{**}	289.34^{**}
		W×N	0.59^{ns}	2.34^{ns}	0.30^{ns}	0.21^{ns}	1.68^{ns}
	茎叶	Water(W)	0.04^{ns}	0.32^{ns}	0.78^{ns}	0.03^{ns}	1.54^{ns}
		Nitrogen(N)	0.67^{ns}	117.21^{**}	127.97^{**}	96.84^{**}	210.37^{**}
		W×N	0.32^{ns}	0.87^{ns}	0.51^{ns}	1.27^{ns}	0.36^{ns}
	穗	Water(W)	—	—	—	12.97^{**}	2.01
		Nitrogen(N)	—	—	—	54.75^{**}	60.31^{**}
		W×N	—	—	—	2.02^{ns}	0.38^{ns}

续表

元素	组织部	变异来源	生育期				
			苗期	分蘖期	孕穗期	灌浆期	成熟期
P	根	Water(W)	0.06^{ns}	0.03^{ns}	2.97^{ns}	14.04^{**}	40.24^{**}
		Nitrogen(N)	0.15^{ns}	7.68^{**}	3.65^{*}	41.48^{**}	58.84^{**}
		W×N	0.23^{ns}	0.97^{ns}	0.04^{ns}	0.77^{ns}	2.60^{ns}
	茎叶	Water(W)	0.60^{ns}	4.50^{*}	14.93^{**}	20.21^{**}	56.13^{**}
		Nitrogen(N)	0.61^{ns}	7.07^{**}	2.92^{*}	17.32^{**}	17.14^{**}
		W×N	0.23^{ns}	0.36^{ns}	0.08^{ns}	0.88^{ns}	1.57^{ns}
	穗	Water(W)	—	—	—	9.79^{**}	47.42^{**}
		Nitrogen(N)	—	—	—	13.63^{**}	8.77^{**}
		W×N	—	—	—	1.81^{ns}	0.59^{ns}

注：*表示 $p<0.05$;**表示 $p<0.01$；ns 表示不显著，下同。

表 S3　不同水肥管理对水稻生育期不同组织(根、茎叶和穗)碳(C)、氮(N)和磷(P)积累量和分配比例的主效应及水肥交互效应(2010 年和 2011 年两年数据)

元素	生育期	变异来源	积累量			分配比例		
			根	茎叶	穗	根	茎叶	穗
C	苗期	Water(W)	0.00^{ns}	0.21^{ns}	—	0.21^{ns}	0.21^{ns}	—
		Nitrogen(N)	1.94^{ns}	0.60^{ns}	—	1.08^{ns}	1.08^{ns}	—
		W×N	0.09^{ns}	0.45^{ns}	—	0.45^{ns}	0.45^{ns}	—
	分蘖期	Water(W)	1.33^{ns}	2.86^{ns}	—	0.14^{ns}	0.14^{ns}	—
		Nitrogen(N)	8.97^{**}	7.94^{**}	—	1.01^{ns}	1.01^{ns}	—
		W×N	0.59^{ns}	0.13^{ns}	—	0.26^{ns}	0.26^{ns}	—
	孕穗期	Water(W)	4.75^{*}	5.29^{*}	—	8.96^{**}	8.96^{**}	—
		Nitrogen(N)	32.25^{**}	15.67^{**}	—	0.99^{ns}	0.99^{ns}	—
		W×N	2.34^{ns}	0.09^{ns}	—	0.82^{ns}	0.82^{ns}	—
	灌浆期	Water(W)	10.09^{**}	7.67^{**}	0.85^{ns}	17.67^{**}	2.42^{ns}	0.02^{ns}
		Nitrogen(N)	107.63^{**}	84.22^{**}	33.57^{**}	7.28^{**}	3.42^{*}	1.53^{ns}
		W×N	0.88^{ns}	0.43^{ns}	0.17^{ns}	0.75^{ns}	0.10^{ns}	0.10^{ns}
	成熟期	Water(W)	19.57^{**}	3.94^{ns}	58.37^{**}	2.85^{ns}	9.06^{**}	7.95^{**}
		Nitrogen(N)	250.00^{**}	473.35^{**}	997.28^{**}	15.07^{**}	16.64^{**}	38.29^{**}
		W×N	0.54^{ns}	0.17^{ns}	2.41^{ns}	0.62^{ns}	0.57^{ns}	1.18^{ns}

续表

元素	生育期	变异来源	积累量			分配比例		
			根	茎叶	穗	根	茎叶	穗
N	苗期	Water(W)	0.01^{ns}	0.41^{ns}	—	0.45^{ns}	0.45^{ns}	—
		Nitrogen(N)	2.01^{ns}	1.13^{ns}	—	0.82^{ns}	0.82^{ns}	—
		W×N	0.19^{ns}	0.12^{ns}	—	0.36^{ns}	0.36^{ns}	—
	分蘖期	Water(W)	0.67^{ns}	2.09^{ns}	—	0.11^{ns}	0.11^{ns}	—
		Nitrogen(N)	53.96^{**}	84.10^{**}	—	9.96^{**}	9.96^{**}	—
		W×N	0.83^{ns}	0.32^{ns}	—	1.49^{ns}	1.49^{ns}	—
	孕穗期	Water(W)	5.81^{*}	6.38^{*}	—	12.28^{**}	12.28^{**}	—
		Nitrogen(N)	107.98^{**}	104.87^{**}	—	6.07^{**}	6.07^{**}	—
		W×N	2.76^{ns}	0.20^{ns}	—	0.68^{ns}	0.68^{ns}	—
	灌浆期	Water(W)	6.42^{*}	4.88^{*}	0.94^{ns}	8.36^{**}	6.95^{*}	2.82^{ns}
		Nitrogen(N)	231.33^{**}	177.45^{**}	89.28^{**}	2.13^{ns}	340.21^{**}	1.42^{ns}
		W×N	0.72^{ns}	0.72^{ns}	0.19^{ns}	0.07^{ns}	0.20^{ns}	0.20^{ns}
	成熟期	Water(W)	0.85^{ns}	1.81^{ns}	35.39^{**}	3.58^{ns}	7.04^{*}	12.04^{**}
		Nitrogen(N)	522.11^{**}	1002.97^{**}	514.70^{**}	29.84^{**}	91.95^{**}	145.14^{**}
		W×N	0.87^{ns}	0.28^{ns}	1.73^{ns}	1.38^{ns}	0.74^{ns}	1.47^{ns}
P	苗期	Water(W)	0.09^{ns}	0.08^{ns}	—	0.62^{ns}	0.62^{ns}	—
		Nitrogen(N)	1.60^{ns}	0.50^{ns}	—	1.29^{ns}	1.29^{ns}	—
		W×N	0.09^{ns}	0.50^{ns}	—	0.62^{ns}	0.62^{ns}	—
	分蘖期	Water(W)	2.71^{ns}	6.73^{*}	—	0.04^{ns}	0.04^{ns}	—
		Nitrogen(N)	9.33^{**}	13.67^{**}	—	0.41^{ns}	0.41^{ns}	—
		W×N	1.67^{ns}	0.48^{ns}	—	0.63^{ns}	0.63^{ns}	—
	孕穗期	Water(W)	0.28^{ns}	17.85^{**}	—	4.73^{*}	4.73^{*}	—
		Nitrogen(N)	19.77^{**}	18.52^{**}	—	1.33^{ns}	1.33^{ns}	—
		W×N	0.92^{ns}	0.08^{ns}	—	0.67^{ns}	0.67^{ns}	—
	灌浆期	Water(W)	2.46^{ns}	28.04^{**}	5.78^{*}	2.33^{ns}	1.27^{ns}	0.11^{ns}
		Nitrogen(N)	65.67^{**}	110.01^{**}	37.36^{**}	7.52^{**}	4.54^{*}	1.01^{ns}
		W×N	0.33^{ns}	0.38^{ns}	0.45^{ns}	0.31^{ns}	0.14^{ns}	0.26^{ns}
	成熟期	Water(W)	4.57^{*}	35.13^{**}	3.01^{*}	0.43^{ns}	10.80^{**}	9.60^{**}
		Nitrogen(N)	163.19^{**}	273.58^{**}	234.30^{**}	25.72^{**}	8.74^{**}	12.44^{**}
		W×N	2.27^{ns}	1.60^{ns}	0.10^{ns}	1.14^{ns}	0.41^{ns}	0.81^{ns}

表 S4　不同水肥管理对水稻生育期不同组织(根、茎叶和穗)的 C：N：P 化学计量比的主效应及水肥交互效应(2010 年和 2011 年两年数据)

比率	组织	变异来源	生育期				
			苗期	分蘖期	孕穗期	灌浆期	成熟期
C：N	根	Water(W)	0.61ns	0.03ns	0.07ns	0.04ns	6.33*
		Nitrogen(N)	0.24ns	85.71**	54.03**	152.02**	353.31**
		W×N	0.97ns	1.69ns	0.56ns	0.72ns	0.45ns
	茎叶	Water(W)	0.06ns	0.14ns	0.00ns	0.12ns	4.01*
		Nitrogen(N)	0.74ns	171.80**	169.96**	129.32**	294.14**
		W×N	0.35ns	1.16ns	0.46ns	0.60ns	0.25ns
	穗	Water(W)	—	—	—	1.78ns	14.83**
		Nitrogen(N)	—	—	—	79.59**	50.97**
		W×N	—	—	—	1.57ns	0.18ns
N：P	根	Water(W)	0.02ns	1.78ns	4.09*	14.62**	8.71**
		Nitrogen(N)	0.26ns	33.90**	17.44**	28.45**	104.79**
		W×N	0.39ns	3.08*	0.27ns	0.36ns	1.24ns
	茎叶	Water(W)	0.23ns	2.43ns	7.89**	14.40**	99.15**
		Nitrogen(N)	1.79ns	284.04**	101.64**	65.76**	205.48**
		W×N	0.63ns	3.02*	0.59ns	0.94ns	2.33ns
	穗	Water(W)	—	—	—	55.96**	34.32**
		Nitrogen(N)	—	—	—	41.24**	12.24**
		W×N	—	—	—	1.85ns	0.53ns
C：P	根	Water(W)	0.18ns	2.11ns	4.83*	15.82**	44.87**
		Nitrogen(N)	0.32ns	4.60*	2.74ns	37.64**	33.11**
		W×N	0.44ns	1.62ns	0.33ns	0.75ns	2.02ns
	茎叶	Water(W)	0.68ns	2.91ns	9.83**	19.13**	53.49**
		Nitrogen(N)	0.58ns	6.93**	2.81ns	16.77**	19.96**
		W×N	0.31ns	0.54ns	0.09ns	0.86ns	1.34ns
	穗	Water(W)	—	—	—	9.83**	40.81**
		Nitrogen(N)	—	—	—	12.62**	6.27**
		W×N	—	—	—	1.44ns	0.26ns

1. 水稻不同组织碳氮磷浓度的动态变化

不同水肥管理水稻生育期内组织碳浓度分别为：根 295.3～343.2g/kg，茎叶 374.1～403.7g/kg 和穗 401.9～414.2g/kg(图 1.20)。碳浓度在各生育期均表现为茎叶>根，在灌浆期和成熟期为穗>茎叶>根。根、茎叶和穗的碳浓度变化趋势不同。根的碳浓度从苗期(299.0g/kg)到灌浆期(325.5g/kg)大幅增加，之后逐渐下降至成熟期(312.2g/kg)。茎叶的碳浓度从苗期(384.8g/kg)增加至分蘖期(398.3g/kg)，之后下降至成熟期(378.0g/kg)。穗的碳浓度从灌浆期(411.5g/kg)到成熟期(403.9g/kg)

略微下降。水稻生育期内不同灌溉模式对植株碳浓度的影响差异不显著($p>0.05$，下同)，且 UREA、BBF 和 PCU 处理植株碳浓度并非始终高于 N0 处理，说明水稻植株碳浓度受不同水肥管理影响较小。

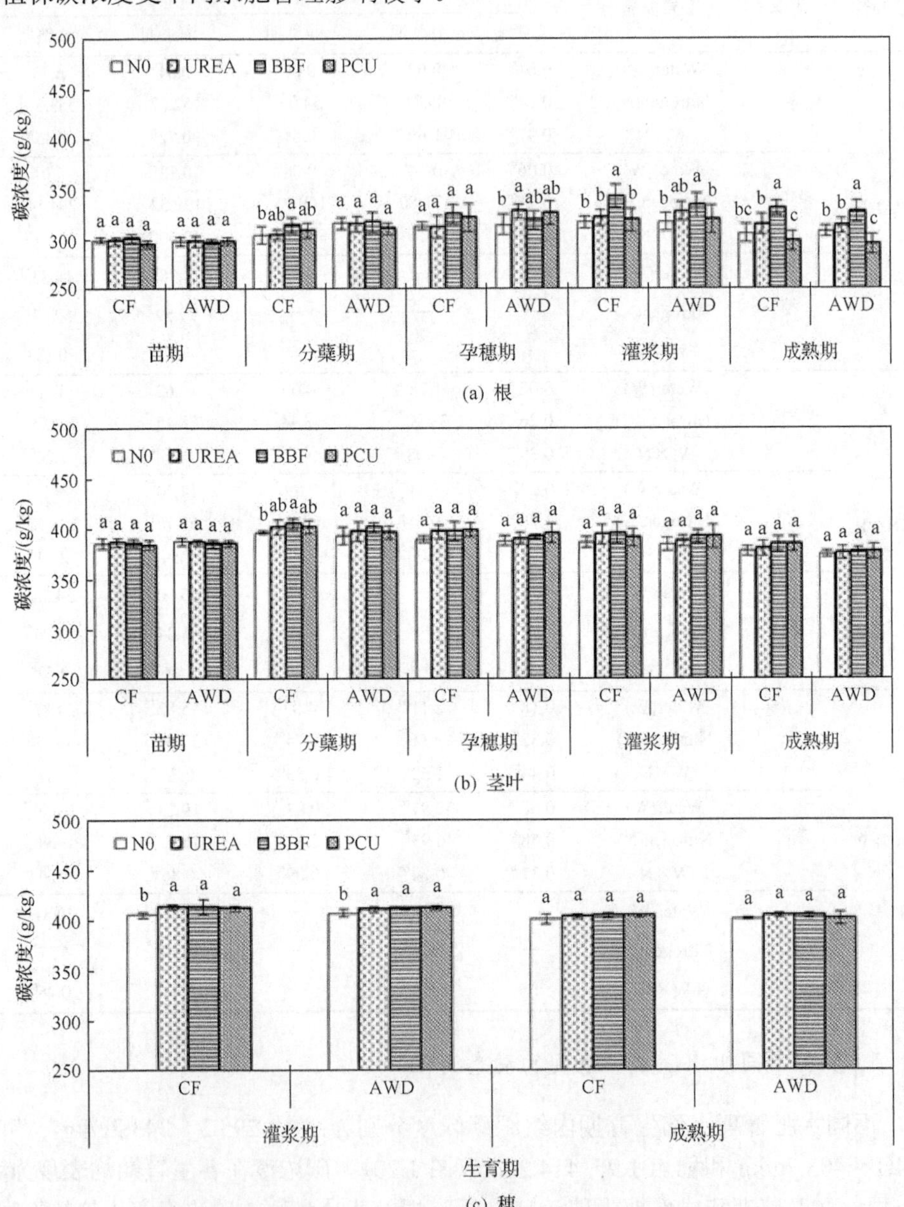

图 1.20　不同水肥管理水稻不同生育期根、茎叶和穗碳浓度动态变化

(2010 年与 2011 年均值，n=6)

不同小写字母表示不同水肥管理间差异显著($p<0.05$)

不同水肥管理水稻生育期内组织氮浓度分别为：根 6.6～16.3g/kg，茎叶 7.1～27.4g/kg 和穗 11.7～19.5g/kg(图 1.21)。与碳浓度类似，氮浓度在各生育期也表现为茎叶>根，在灌浆期和成熟期为穗>茎叶>根。不施氮处理水稻根和茎叶的氮浓度从苗期(12.9g/kg 和 18.6g/kg)到成熟期(6.7g/kg 和 7.2g/kg)呈直线下降，而施氮处理根和茎叶的氮浓度先从苗期(12.9g/kg 和 18.8g/kg)增加到分蘖期(15.6g/kg 和 25.5g/kg)，之后下降至成熟期(10.8g/kg 和 11.7g/kg)。穗的氮浓度从灌浆期(17.0g/kg)显著下降至成熟期(13.4g/kg)。在水稻生育期内，不同灌溉模式对各组织氮浓度的影响差异不显著。施氮能显著地提高苗期后植株的氮浓度。成熟期时，UREA、BBF 和 PCU 处理较 N0 处理根的氮浓度分别提高 64.7%、61.2%和 59.0%，茎叶的氮浓度分别提高 62.6%、63.9%和 65.7%，穗的氮浓度分别提高 20.4%、22.2%和 11.9%，不过水稻生育期内上述 3 种施氮处理的各组织氮浓度没能表现出一致的显著性差异。

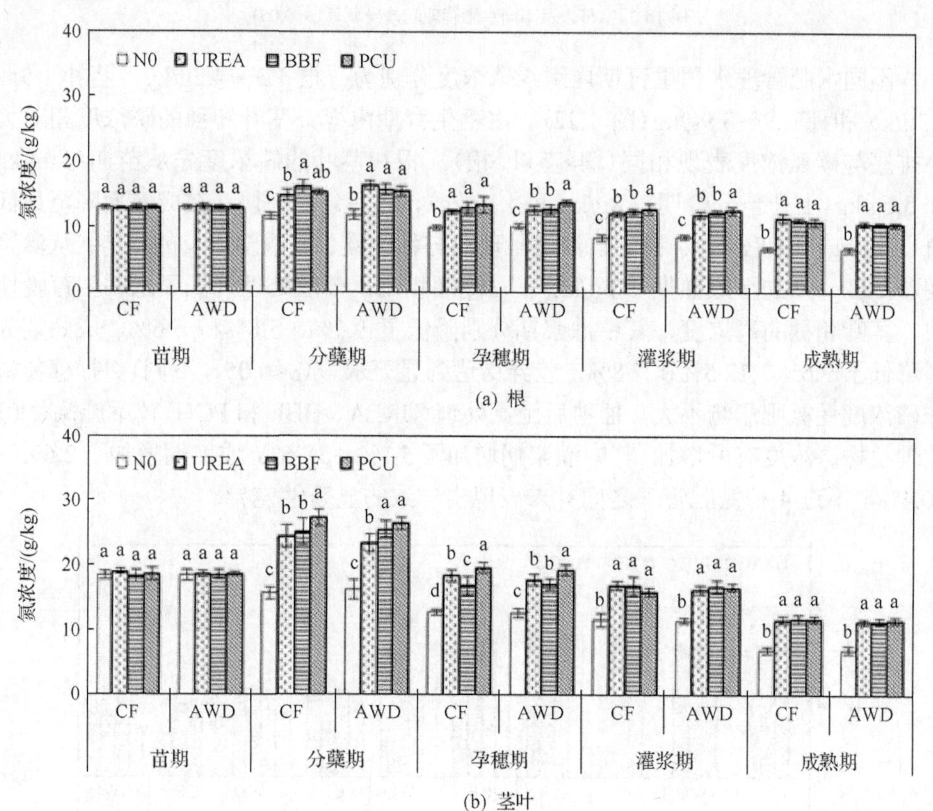

(a) 根

(b) 茎叶

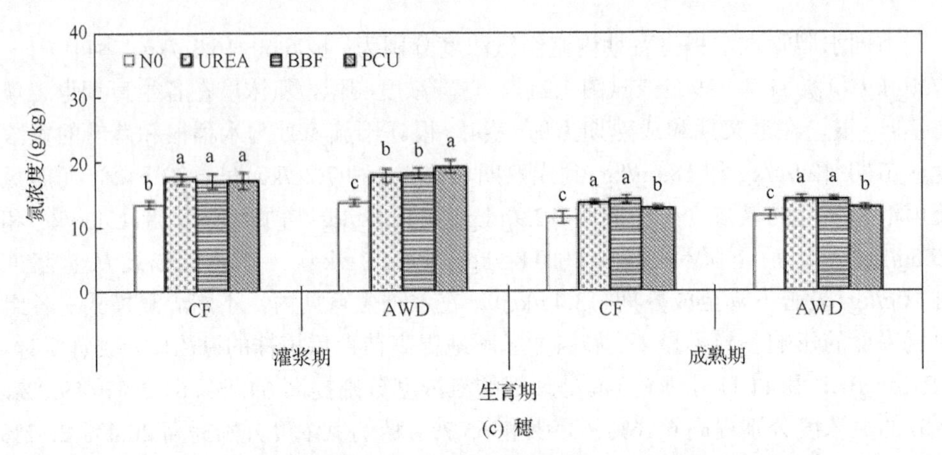

(c) 穗

图 1.21 不同水肥管理水稻不同生育期根、茎叶和穗氮浓度动态变化
(2010 年与 2011 年均值，n=6)
不同小写字母表示不同水肥管理间差异显著(p<0.05)

不同水肥管理水稻生育期内组织磷浓度分别为：根 1.3～4.2g/kg，茎叶 1.5～4.3g/kg 和穗 2.9～3.9g/kg(图 1.22)。水稻生育期内根、茎叶和穗的磷浓度相对大小排序与碳氮浓度表现相同(穗>茎叶>根)。根和茎叶的磷浓度先从苗期(3.4g/kg 和 3.6g/kg)上升至分蘖期(3.8g/kg 和 4.1g/kg)，之后急剧下降，在成熟期降至最低值(1.5g/kg 和 1.8g/kg)。穗的磷浓度呈现出与穗的碳、氮浓度相反的趋势：从灌浆期(3.2g/kg)增加至成熟期(3.6g/kg)。与淹灌相比，节灌处理降低了水稻生育晚期根、茎叶和穗的磷浓度，其中灌浆期分别降低了 9.1%、5.8%和 5.6%，成熟期分别降低了 9.6%、12.5%和 7.8%，差异均达到显著水平(p<0.05，下同)。抽穗前植株磷浓度受氮肥影响不大，抽穗后施氮处理(UREA、BBF 和 PCU)较不施氮(N0)处理植株磷浓度有所增加，其中灌浆期增加了 5.7%～38.6%，成熟期增加了 2.6%～30.4%，不过 4 种氮肥管理之间并未表现出一致的显著性差异。

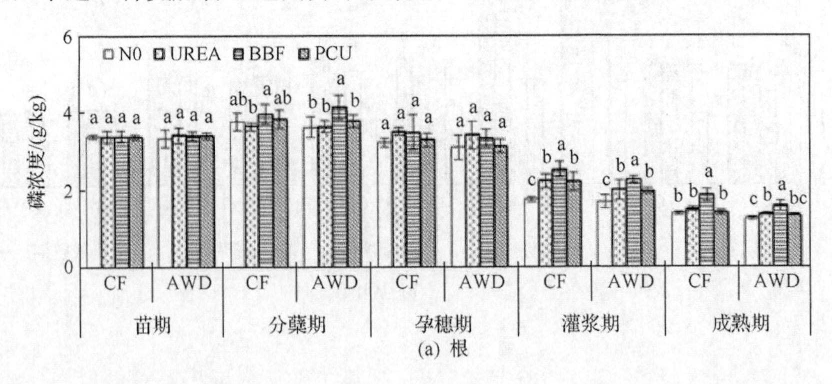

(a) 根

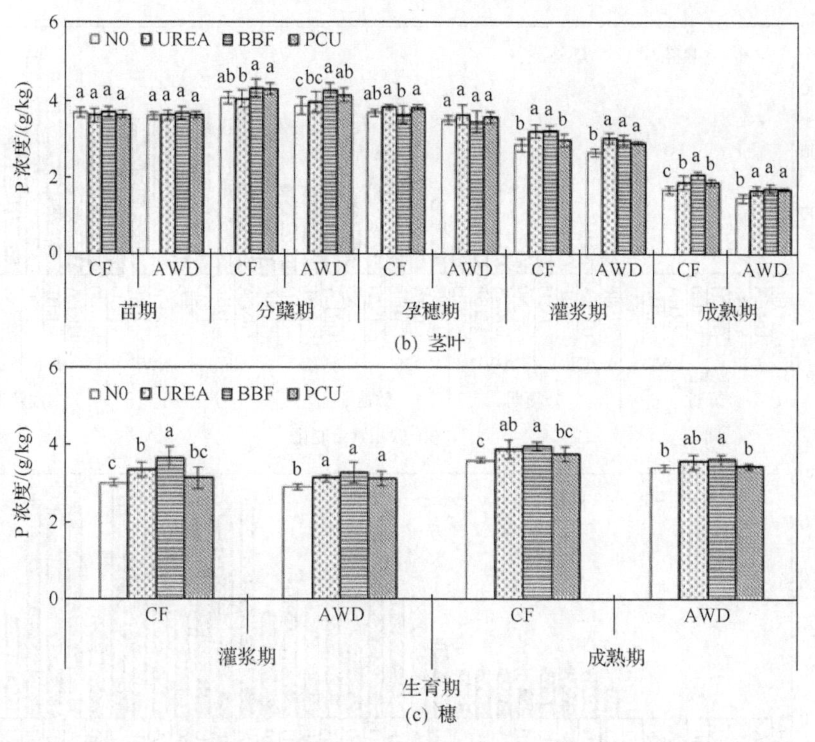

(b) 茎叶

(c) 穗

图 1.22　不同水肥管理水稻不同生育期根、茎叶和穗磷浓度动态变化(2010 年与 2011 年均值，n=6)

不同小写字母表示不同水肥管理间差异显著(p<0.05)

2. 水稻不同组织碳氮磷积累量与分配比例的动态变化

1) 水稻不同组织碳氮磷积累量的动态变化

水稻移栽后，N0 处理根和茎叶的碳积累量仅增加至孕穗期(505.7kg/hm^2 和 1823.5kg/hm^2)，而 UREA、BBF 和 PCU 处理根的碳积累量增长至灌浆期(694.9kg/hm^2、660.0kg/hm^2 和 656.4kg/hm^2)，茎叶的碳积累量持续增加至成熟期(3034.6kg/hm^2、2903.6kg/hm^2 和 3052.2kg/hm^2)(图 1.23)。各处理水稻穗、地上部及全植株的碳积累量均在成熟期达到最大值(2949.2kg/hm^2、5644.5kg/hm^2 和 6156.4kg/hm^2)。根和茎叶的最大碳积累速率出现在孕穗期，分别为 13.75kg/(hm^2·d)和 78.13kg/(hm^2·d)，而穗的最大碳积累速率出现在灌浆期，为 46.79kg/(hm^2·d)。不同灌溉模式(CF 和 AWD)和施氮处理(UREA、BBF 和 PCU)对水稻生育期内植株碳积累量影响差异不显著，但施氮处理较 N0 处理碳积累量显著增加，表明施用氮肥能促进水稻物质生产和固碳。

水稻移栽后，N0 处理根和茎叶的最大氮积累量出现在孕穗期(根，16.1kg/hm^2；茎叶，60.2kg/hm^2)，而 UREA、BBF 和 PCU 处理根和茎叶的最大氮积累量出现

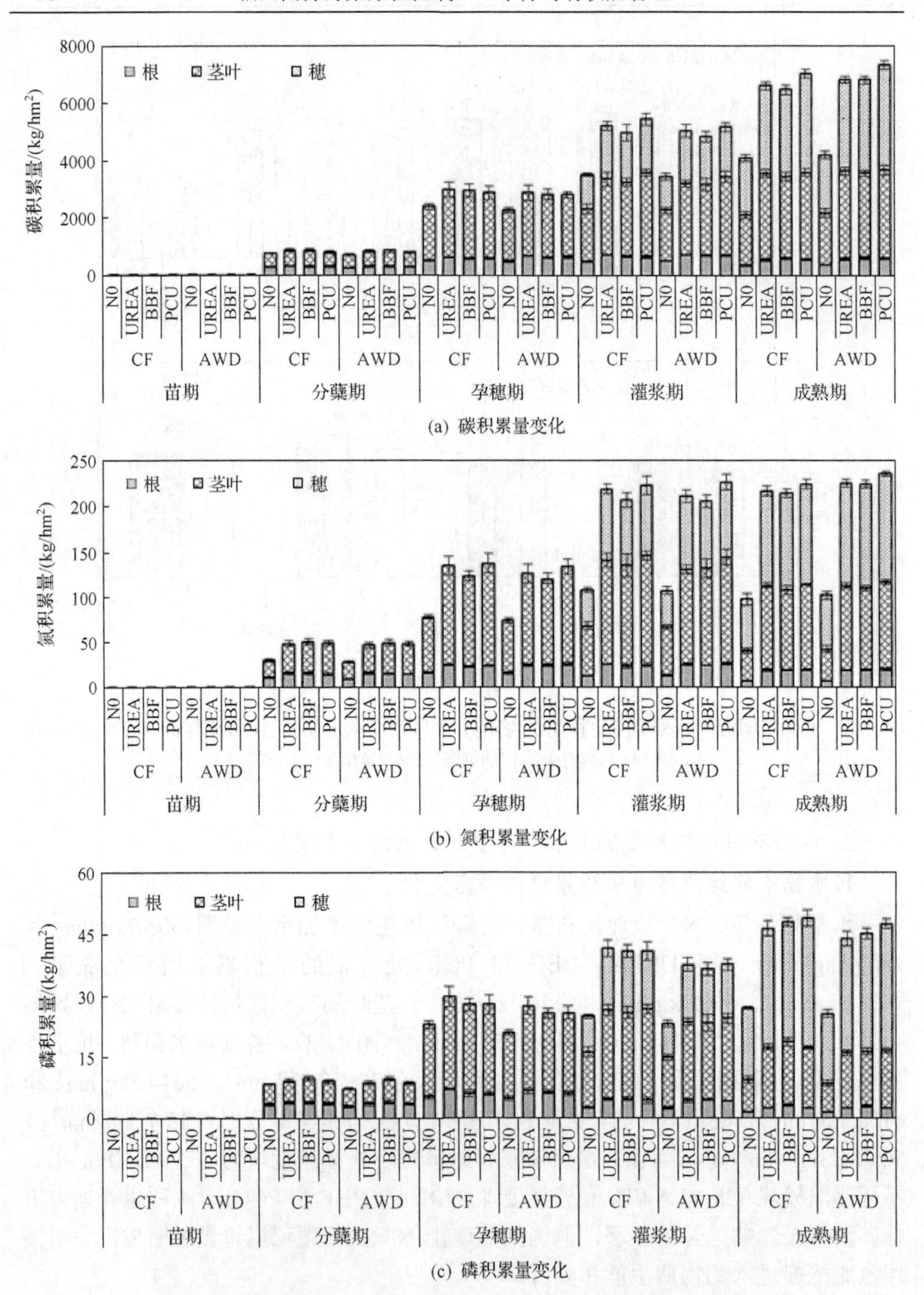

(a) 碳积累量变化

(b) 氮积累量变化

(c) 磷积累量变化

图 1.23　不同水肥管理水稻不同生育期根、茎叶和穗碳氮磷积累量动态变化（2010 年与 2011 年均值，n=6）

在灌浆期（根，25.5kg/hm^2、24.0kg/hm^2 和 26.0kg/hm^2；茎叶，109.6kg/hm^2、109.5kg/hm^{2}和118.9kg/hm^2）（图1.23）。各处理穗的氮积累量从灌浆期（68.7kg/hm^2）增加至成熟期（98.9kg/hm^2）。根、茎叶和穗的最大氮积累速率分别出现在分蘖期、孕穗期和灌浆期，依次为 0.39kg/（hm^2·d）、3.03kg/（hm^2·d）和 1.96kg/（hm^2·d）。水稻生育期内，2 种灌溉处理水稻各组织的氮积累量无显著差异。施氮显著提高了苗期后各组织的氮积累量，且随着水稻生长增幅在扩大。成熟期时，UREA、BBF 和 PCU 处理较 N0 处理根的氮积累量分别提高 155.8%、157.5%和 167.4%，茎叶的氮积累量分别提高 170.4%、162.8%和 179.1%，穗的氮积累量分别提高 109.4%、111.5%和 116.0%。此外，分蘖期后 PCU 比 BBF 和 UREA 处理的氮积累量更大，表明在水稻生长过程中，树脂包膜尿素较控释 BB 肥和常规尿素能更有效地促进氮素从土壤向植株体迁移。

根和茎叶的磷积累量从苗期持续增加至孕穗期或灌浆期，而穗、地上部和全植株的磷积累量均在成熟期达到最大值（图 1.23）。根和茎叶的最大磷积累速率出现在孕穗期，分别为 0.12kg/（hm^2·d）和 0.70kg/（hm^2·d），穗的最大磷积累速率出现在灌浆期，为 0.36kg/（hm^2·d）。AWD 较 CF 处理降低了苗期后水稻各组织的磷积累量，尤其是在孕穗期和灌浆期，2 种灌溉模式的植株磷浓度差异达到显著水平。施氮能有效促进水稻磷吸收，且随着水稻生长其提升作用显著。成熟期时，UREA、BBF 和 PCU 处理较 N0 处理根的磷积累量分别提高 67.9%、108.3%和75.6%，茎叶的磷积累量分别提高 89.2%、91.7%和 90.5%，穗的磷积累量分别提高 64.9%、68.3%和 81.6%。不过，水稻生育期内 3 种施氮处理各组织的磷积累量差异不显著。

2）水稻不同组织碳氮磷分配比例的动态变化

水稻生育期内根、茎叶和穗的碳氮磷分配比例见表 1.11。根的碳分配比例从苗期（37.6%）急剧下降至成熟期（8.3%）。茎叶的碳分配比例从苗期（62.4%）先增加至孕穗期（78.5%），之后下降至成熟期（43.8%）。穗的碳分配比例从灌浆期（34.8%）显著增加到成熟期（47.9%）。在苗期、分蘖期和成熟期，2 种灌溉处理水稻各组织碳分配比例差异不大，在孕穗期和灌浆期，AWD 较 CF 处理根碳分配比例分别增加 7.7%和 8.6%，茎叶碳分配比例分别降低 2.0%和 2.3%，差异均达显著水平。水稻黄熟前，4 种氮肥管理植株碳分配比例差异不大，成熟期时，BBF、UREA 和 PCU 处理分别有最大的根、茎叶和穗碳分配比例，依次为 8.9%、45.3%和49.5%。

水稻生育期内各组织氮分配比例的季节性变化与碳分配比例规律类似（表 1.11）。在苗期、分蘖期和成熟期，2 种灌溉处理水稻各组织氮分配比例差异也不大，在孕穗期和灌浆期，AWD 较 CF 处理根的氮分配比例分别增加 8.0%和 5.3%，

表 1.11　不同水肥管理水稻不同生育期根、茎叶和穗碳氮磷分配比例动态变化（2010 年与 2011 年均值）

生育期	灌溉模式	氮肥管理	碳分配比例/%			氮分配比例/%			磷分配比例/%		
			根	茎叶	穗	根	茎叶	穗	根	茎叶	穗
苗期	CF	N0	38.0a	62.0a	—	35.2a	64.8a	—	42.2a	57.8a	—
		UREA	37.1a	62.9a	—	33.6a	66.4a	—	42.0a	58.0a	—
		BBF	36.3a	63.7a	—	33.7a	66.3a	—	40.1a	59.9a	—
		PCU	38.5a	61.5a	—	35.7a	64.3a	—	43.0a	57.0a	—
		平均	37.5A	62.5A	—	34.6A	65.4A	—	41.7A	58.3A	—
	AWD	N0	37.3a	62.7a	—	34.8a	65.2a	—	41.8a	58.2a	—
		UREA	37.2a	62.8a	—	34.7a	65.3a	—	42.0a	58.0a	—
		BBF	37.9a	62.1a	—	35.1a	64.9a	—	42.2a	57.8a	—
		PCU	38.7a	61.3a	—	35.6a	64.4a	—	43.3a	56.7a	—
		平均	37.8A	62.2A	—	35.1A	64.9A	—	42.3A	57.7A	—
分蘖期	CF	N0	36.4a	63.6a	—	35.5a	64.5c	—	40.9a	59.1a	—
		UREA	37.9a	62.1a	—	32.5b	67.5b	—	42.0a	58.0a	—
		BBF	35.9a	64.1a	—	31.3bc	68.7ab	—	39.9a	60.1a	—
		PCU	36.4a	63.6a	—	29.1c	70.9a	—	39.8a	60.2a	—
		平均	36.6A	63.4A	—	32.1A	67.9A	—	40.7A	59.3A	—
	AWD	N0	36.3a	63.7a	—	33.8a	66.2b	—	39.9a	60.1a	—
		UREA	37.5a	62.5a	—	34.4a	65.6b	—	41.1a	58.9a	—
		BBF	36.4a	63.6a	—	30.5b	69.5a	—	41.3a	58.7a	—
		PCU	37.4a	62.6a	—	30.5b	69.5a	—	41.1a	58.9a	—
		平均	36.9A	63.1A	—	32.3A	67.7A	—	40.8A	59.2A	—
孕穗期	CF	N0	21.6a	78.4a	—	20.8a	79.2b	—	23.1a	76.9a	—
		UREA	21.4a	78.6a	—	18.6b	81.4a	—	24.0a	76.0a	—
		BBF	19.6a	80.4a	—	18.3b	81.7a	—	22.3a	77.7a	—
		PCU	20.3a	79.7a	—	17.5b	82.5a	—	21.5a	78.5a	—
		平均	20.7B	79.3A	—	18.8B	81.2A	—	22.7B	77.3A	—
	AWD	N0	21.8a	78.2a	—	21.4a	78.6a	—	23.4a	76.6a	—
		UREA	22.9a	77.1a	—	19.8a	80.2a	—	24.9a	75.1a	—
		BBF	22.1a	77.9a	—	20.4a	79.6a	—	25.2a	74.8a	—
		PCU	22.4a	77.6a	—	19.7a	80.3a	—	23.5a	76.5a	—
		平均	22.3A	77.7B	—	20.3A	79.7B	—	24.3A	75.7B	—

续表

生育期	灌溉模式	氮肥管理	碳分配比例/%			氮分配比例/%			磷分配比例/%		
			根	茎叶	穗	根	茎叶	穗	根	茎叶	穗
灌浆期	CF	N0	13.6a	52.3a	34.1a	11.6a	51.3a	37.1a	10.6b	54.3a	35.1a
		UREA	13.1a	51.1a	35.8a	11.6a	52.8a	35.6a	11.5a	52.3ab	36.2a
		BBF	13.2a	52.3a	34.7a	11.2a	53.7a	35.1a	11.7a	51.6b	36.7a
		PCU	11.6b	54.1a	34.3a	11.2a	53.9a	34.9a	10.8b	54.9a	34.3a
		平均	12.8B	52.5A	34.7A	11.4B	52.9A	35.7A	11.1A	53.2A	35.7A
	AWD	N0	14.2a	51.4ab	34.4a	12.1a	50.3a	37.6a	11.2b	52.8a	36.0a
		UREA	14.1a	49.4b	36.5a	12.2a	49.6a	38.2a	11.6b	51.5a	36.9a
		BBF	14.0a	51.5ab	34.5a	11.9a	52.1a	36.0a	12.6a	51.5a	35.9a
		PCU	13.2a	52.9a	33.9a	11.8a	51.7a	36.5a	11.2b	53.9a	34.9a
		平均	13.9A	51.3B	34.8A	12.0A	50.9B	37.1A	11.6A	52.5A	35.9A
成熟期	CF	N0	8.2b	43.4b	48.4a	7.4b	34.2c	58.4a	5.6b	29.4b	65.0a
		UREA	8.1b	45.7a	46.2b	8.9a	42.9a	48.2b	5.4b	32.2a	62.4b
		BBF	9.0a	44.2b	46.8b	8.9a	41.1b	50.0b	6.7a	32.2a	61.1b
		PCU	7.7b	43.3b	49.0a	8.7a	41.9ab	49.4b	5.3b	30.3ab	64.4a
		平均	8.3A	44.1A	47.6A	8.5A	40.0A	51.5A	5.8A	31.0A	63.2B
	AWD	N0	8.5b	43.2b	48.3b	7.5b	34.0b	58.5a	5.7b	27.9b	66.4a
		UREA	8.3b	44.8a	46.9c	8.4a	41.3a	50.3b	5.6b	31.0a	63.4b
		BBF	8.9a	43.4b	47.7bc	8.6a	40.2a	51.2b	6.5a	29.9a	63.6b
		PCU	7.9c	42.1c	50.0a	8.6a	40.5a	50.9b	5.5b	29.3ab	65.2ab
		平均	8.4A	43.4A	48.2A	8.3A	39.0A	52.7A	5.8A	29.6B	64.6A

注：同列同一生育期内，不同小写字母表示 4 种氮肥管理间差异显著(p<0.05)，不同大写字母表示 2 种灌溉模式间差异显著(p<0.05)。

茎叶的氮分配比例分别降低 1.9%和 3.8%，差异均达显著水平。水稻黄熟前，4 种氮肥管理植株氮分配比例差异不显著，成熟期时，N0 处理的根和茎叶的氮分配比例最低，分别为 7.5%和 34.1%，而穗的氮分配比例最高，平均达到 58.4%。

水稻生育期内各组织磷分配比例的季节性变化与碳氮的分配比例规律相似(表 1.11)。在苗期、分蘖期和灌浆期，2 种灌溉模式水稻根、茎叶和穗的磷分配比例差异不显著。与淹灌相比，节灌处理根的磷分配比例在孕穗期提高 7.0%，穗的磷分配比例在成熟期提高 2.2%，相应的节灌处理茎叶的磷分配比例在孕穗期和成熟期分别降低 2.0%和 5%，差异均达到显著水平。水稻生育期 4 种氮肥管理对不同组织磷分配比例有一定的影响，但差异并未全都达到显著水平。

3. 水稻不同组织碳氮磷化学计量比的动态变化

1) 水稻不同组织 C∶N 的动态变化

水稻移栽后各组织 C∶N 均随水稻生长而提高，并在成熟期达到最大值(图 1.24)。不同水肥管理水稻生育期内组织 C∶N 的范围分别为：根 19.4～46.6，茎叶 14.6～52.1 和穗 21.3～34.6。尽管水稻各生育期茎叶的碳、氮浓度比根的大得多(图 1.20 和图 1.21)，但是水稻生育期内根与茎叶的 C∶N 相差不大。

不同灌溉模式(CF 与 AWD)和施氮处理(UREA、BBF 和 PCU)对水稻各组织 C∶N 影响差异不显著，但施氮处理较不施氮处理显著降低了植株 C∶N。在分蘖期、孕穗期、灌浆期和成熟期各施氮处理较 N0 处理植株 C∶N 分别降低了 23.4%～40.1%、17.8%～33.3%、21.0%～32.9%和 10.6%～39.3%。

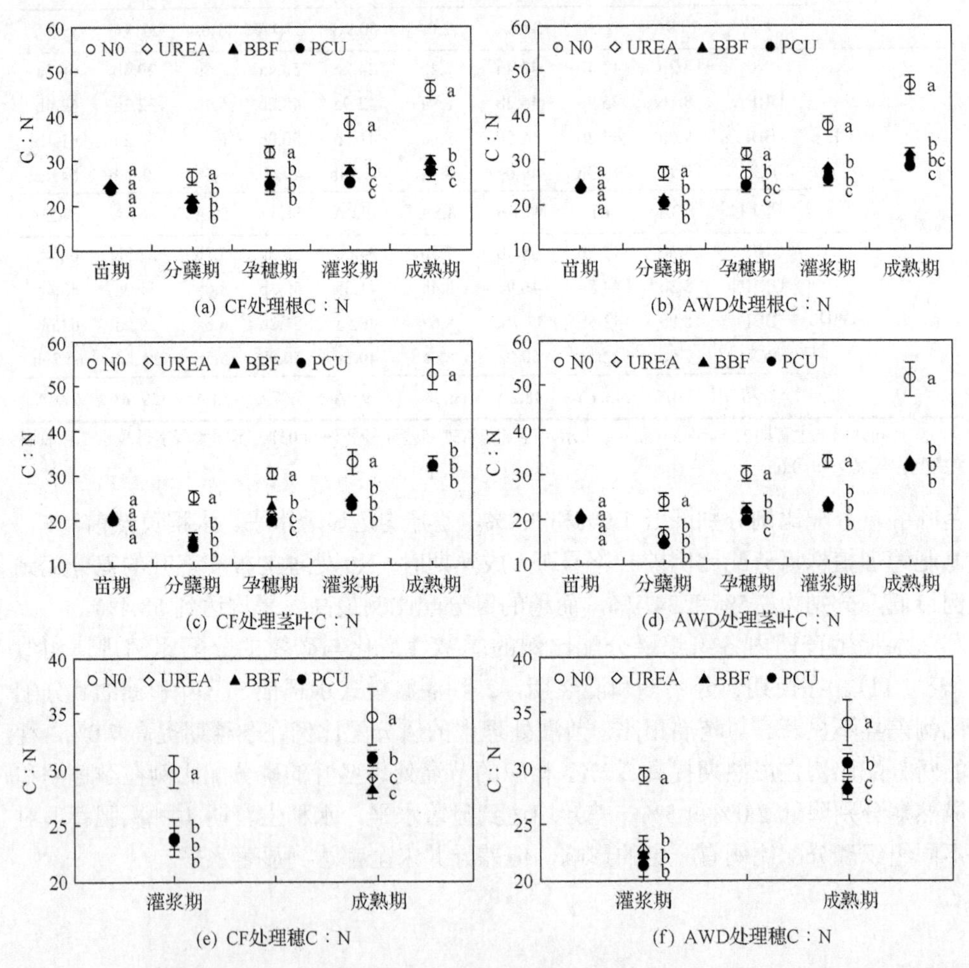

图 1.24 不同水肥管理水稻不同生育期根、茎叶和穗 C∶N 动态变化(2010 年与 2011 年均值)

2) 水稻不同组织 N∶P 的动态变化

不同水肥管理水稻生育期内组织 N∶P 的范围分别为：根 3.1～7.8，茎叶 3.5～6.9 和穗 3.3～6.3（图 1.25）。根的 N∶P 从苗期（3.8）到分蘖期（3.7）几乎不变，此后急剧上升至成熟期（6.7）。茎叶的 N∶P 变化不大，苗期、分蘖期、孕穗期、灌浆期和成熟期平均分别为 5.1、5.6、4.7、5.2 和 6.0。穗的 N∶P 从灌浆期（5.4）下降至成熟期（3.7）。尽管成熟期穗的氮、磷浓度较根和茎叶的大得多，但收获时穗的 N∶P 较根和茎叶的 N∶P 分别降低了 81.0%和 62.1%。

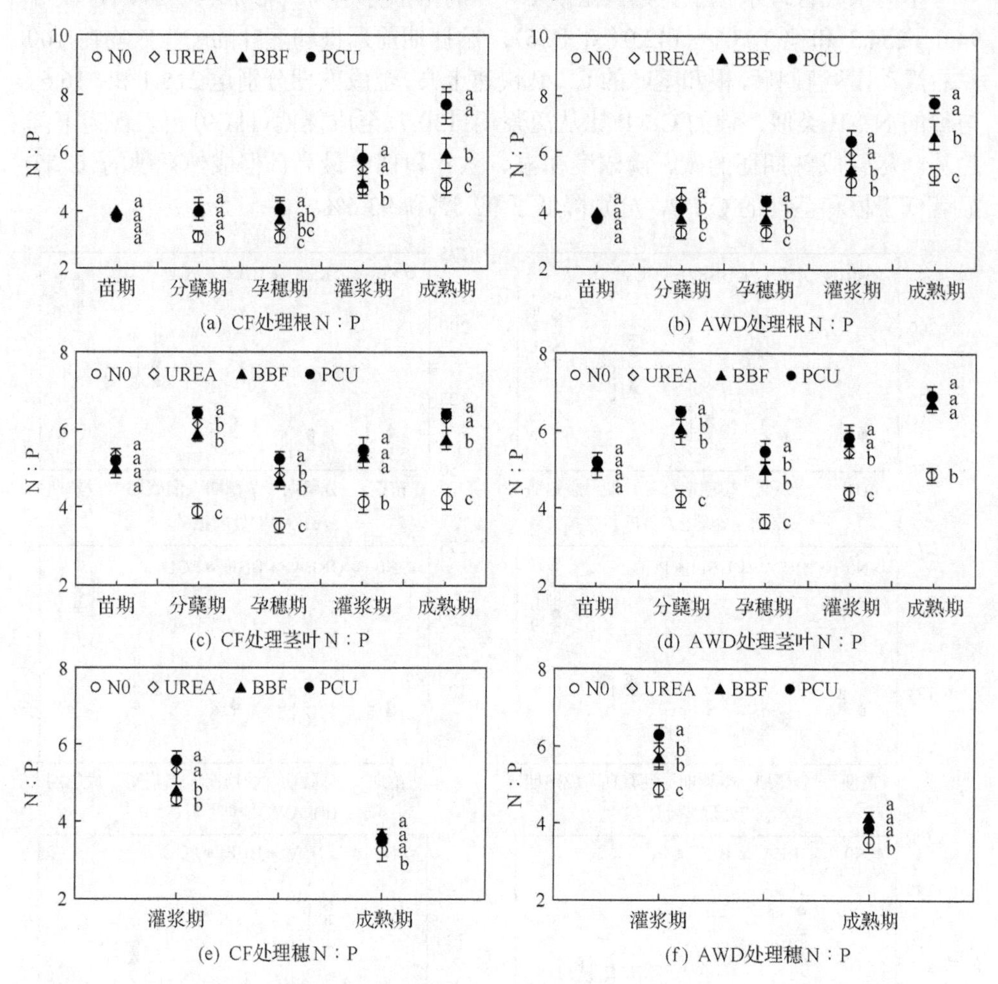

图 1.25　不同水肥管理水稻不同生育期根、茎叶和穗 N∶P 动态变化（2010 年与 2011 年均值）

抽穗前植株 N∶P 几乎不受灌溉处理的影响，而在灌浆期和成熟期，AWD 较 CF 处理组织 N∶P 显著提高，根 N∶P 分别提高 9.5%和 4.9%，茎叶 N∶P 分别提高 5.8%和 12.1%，穗 N∶P 分别提高 12.1%和 10.2%。

施氮显著提高了移栽后植株的 N∶P。成熟期时，UREA、BBF 和 PCU 处理较 N0 处理水稻根 N∶P 分别提高 52.2%、24.6%和 52.5%，茎叶 N∶P 分别提高 44.6%、37.3%和 46.0%，穗 N∶P 分别提高 13.7%、13.2%和 9.2%。3 个施氮处理之间茎叶和穗的 N∶P 差异并不总是达到显著水平，成熟期时 UREA 和 PCU 处理较 BBF 处理根的 N∶P 分别显著提高了 22.2%和 22.4%。

3)水稻不同组织 C∶P 的动态变化

不同水肥管理水稻生育期内组织 C∶P 的范围分别为：根 79.4～244.1，茎叶 94.0～254.3 和穗 103.1～142.0(图 1.26)。孕穗期前，根和茎叶的 C∶P 均在 100 左右浮动，孕穗期后，根和茎叶的 C∶P 快速上升，至成熟期分别达 215.4 和 216.6。与穗的 N∶P 类似，穗的 C∶P 比从灌浆期(130.7)至成熟期(111.9)也表现为下降趋势。尽管成熟期穗的碳、磷浓度在根、茎叶和穗中最高，但成熟期穗的 C∶P 显著低于根和茎叶的 C∶P，分别降低了 92.5%和 93.6%。

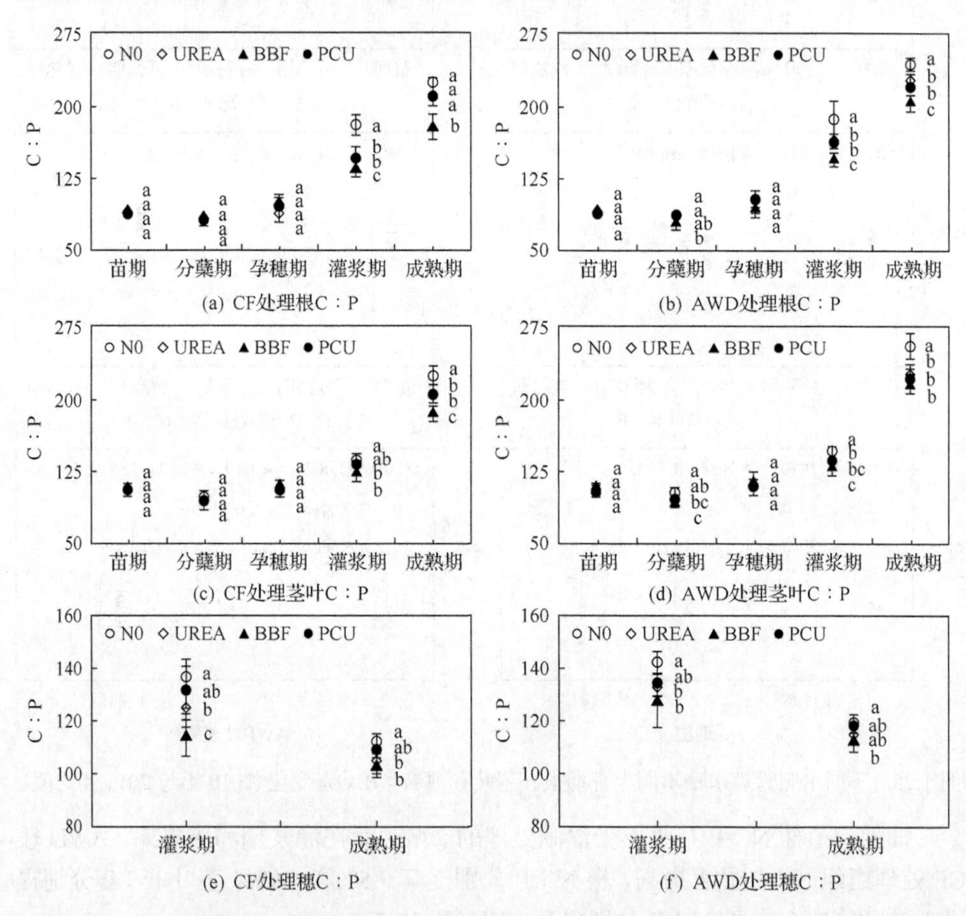

(a) CF处理根C∶P (b) AWD处理根C∶P

(c) CF处理茎叶C∶P (d) AWD处理茎叶C∶P

(e) CF处理穗C∶P (f) AWD处理穗C∶P

图 1.26 不同水肥管理水稻不同生育期根、茎叶和穗 C∶P 动态变化(2010 年与 2011 年均值)

抽穗期前，植株的 C∶P 几乎不受灌溉处理的影响，抽穗期后，AWD 较 CF 处理各组织 C∶P 在灌浆期提高了 5.3%～9.4%，在成熟期提高了 8.4%～12.6%，差异均达到显著水平。抽穗期前，4 种氮肥管理植株的 C∶P 差异不显著，抽穗期后，施氮处理较不施氮处理各组织 C∶P 在灌浆期降低了 3.8%～28.6%，在成熟期降低了 2.0%～17.1%，不过差异并不总是达到显著水平。

4. 相关性分析

水稻各组织(根、茎叶和穗)的 C∶N 与其 C∶P 均呈显著正相关，与其 N∶P 均呈显著负相关(表 1.12)。同时，不同组织的 C∶N、N∶P 和 C∶P 两两之间均呈显著正相关。这些结果表明，水稻组织内部及组织之间的碳氮磷化学计量具有高度的相关性。

表 1.12　收获期水稻根、茎叶和穗 C∶N∶P 化学计量比之间的斯皮尔曼矩阵相关性分析

(2010 年与 2011 年两年数据，n=48)

变量	$C:N_R$	$C:N_{SL}$	$C:N_P$	$N:P_R$	$N:P_{SL}$	$N:P_P$	$C:P_R$	$C:P_{SL}$	$C:P_P$
$C:N_R$	1								
$C:N_{SL}$	0.648^{**}	1							
$C:N_P$	0.336^{*}	0.509^{**}	1						
$N:P_R$	-0.870^{**}	-0.618^{**}	-0.390^{**}	1					
$N:P_{SL}$	-0517^{**}	-0.559^{**}	-0.532^{**}	0.667^{**}	1				
$N:P_P$	-0.315^{*}	-0.332^{*}	-0.661^{**}	0.385^{*}	0.677^{**}	1			
$C:P_R$	0.327^{*}	0.365^{*}	0.366^{*}	0.031^{ns}	-0.073^{ns}	-0.010^{ns}	1		
$C:P_{SL}$	0.494^{**}	0.605^{**}	0.374^{**}	-0.281^{ns}	0.076^{ns}	0.072^{ns}	0.637^{**}	1	
$C:P_P$	0.306^{*}	0.302^{*}	0.307^{*}	-0.114^{ns}	0.163^{ns}	0.437^{**}	0.504^{**}	0.651^{**}	1

注：$C:N_i$、$N:P_i$ 和 $C:P_i$ 表示水稻不同组织的 C∶N、N∶P 和 C∶P，i 取 R 时指代根，取 SL 时指代茎叶，取 P 时指代穗。*表示 $p<0.05$；**表示 $p<0.01$；ns 表示不显著。

对于植株碳氮磷三元素，只有氮浓度与植株碳、氮、磷的积累量及水稻产量均呈显著正相关(表 1.13)，表明氮较之于碳和磷对水稻碳固定、养分吸收和作物产量起着更高的决定作用。这也使得各组织的 C∶N 与植株碳、氮、磷的积累量及水稻产量均呈显著负相关。各组织 N∶P 与植株碳、氮的积累量及水稻产量均呈显著正相关。各组织 C∶P 与植株磷积累量均呈显著负相关，与水稻产量不相关。这些结果表明，C∶N 和 N∶P 较 C∶P 在反映水稻植株元素的相对生理利用和表征碳氮磷生态化学计量关系方面具有更重要的应用价值。

表 1.13　收获期水稻根、茎叶和穗碳氮磷的浓度、积累量、C∶N∶P 化学计量比与水稻产量之间的 Spearman 矩阵相关性分析(2010 年与 2011 年两年数据，n=48)

变量	CA_R	CA_{SL}	CA_P	NA_R	NA_{SL}	NA_P	PA_R	PA_{SL}	PA_P	GY
C_R	0.535^{**}	-0.030^{ns}	-0.143^{ns}	0.152^{ns}	-0.062^{ns}	0.104^{ns}	0.492^{**}	0.233^{ns}	0.014^{ns}	-0.200^{ns}
C_{SL}	0.011^{ns}	0.030^{ns}	0.037^{ns}	0.121^{ns}	0.209^{ns}	-0.017^{ns}	0.261^{ns}	0.409^{**}	0.169^{ns}	0.043^{ns}
C_P	0.343^{*}	0.486^{**}	0.284^{ns}	0.296^{*}	0.308^{*}	0.210^{ns}	0.252^{ns}	0.116^{ns}	0.126^{ns}	0.296^{*}
N_R	0.485^{**}	0.476^{**}	0.398^{**}	0.731^{**}	0.550^{**}	0.431^{**}	0.651^{**}	0.781^{**}	0.690^{**}	0.419^{**}
N_{SL}	0.507^{**}	0.423^{**}	0.564^{**}	0.590^{**}	0.765^{**}	0.523^{**}	0.597^{**}	0.753^{**}	0.658^{**}	0.588^{**}
N_P	0.729^{**}	0.448^{**}	0.320^{*}	0.511^{**}	0.435^{**}	0.590^{**}	0.667^{**}	0.531^{**}	0.351^{*}	0.314^{*}
P_R	0.209^{ns}	-0.080^{ns}	-0.190^{ns}	0.061^{ns}	-0.090^{ns}	-0.143^{ns}	0.729^{**}	0.455^{**}	0.306^{*}	-0.268^{ns}
P_{SL}	0.231^{ns}	0.153^{ns}	0.158^{ns}	0.219^{ns}	0.408^{**}	0.133^{ns}	0.600^{**}	0.867^{**}	0.457^{**}	0.156^{ns}
P_P	0.166^{ns}	0.078^{ns}	-0.076^{ns}	0.250^{ns}	0.132^{ns}	-0.047^{ns}	0.544^{**}	0.605^{**}	0.458^{**}	0.081^{ns}
$C:N_R$	-0.302^{*}	-0.653^{**}	-0.643^{**}	-0.740^{**}	-0.746^{**}	-0.532^{**}	-0.449^{**}	-0.736^{**}	-0.782^{**}	-0.699^{**}
$C:N_{SL}$	-0.547^{**}	-0.467^{**}	-0.607^{**}	-0.608^{**}	-0.825^{**}	-0.590^{**}	-0.544^{**}	-0.685^{**}	-0.665^{**}	-0.633^{**}
$C:N_P$	-0.726^{**}	-0.410^{**}	-0.311^{*}	-0.492^{**}	-0.407^{**}	-0.594^{**}	-0.659^{**}	-0.498^{**}	-0.337^{*}	-0.302^{*}
$N:P_R$	0.502^{**}	0.736^{**}	0.786^{**}	0.713^{**}	0.760^{**}	0.743^{**}	0.174^{ns}	0.445^{**}	0.642^{**}	0.852^{**}
$N:P_{SL}$	0.732^{**}	0.735^{**}	0.830^{**}	0.666^{**}	0.667^{**}	0.851^{**}	0.386^{**}	0.188^{ns}	0.576^{**}	0.832^{**}
$N:P_P$	0.605^{**}	0.426^{**}	0.473^{**}	0.368^{**}	0.366^{*}	0.680^{**}	0.247^{ns}	0.105^{ns}	0.068^{ns}	0.458^{**}
$C:P_R$	-0.040^{ns}	0.103^{ns}	0.122^{ns}	-0.056^{ns}	0.079^{ns}	0.163^{ns}	-0.674^{**}	-0.442^{**}	-0.372^{**}	0.200^{ns}
$C:P_{SL}$	-0.240^{ns}	-0.164^{ns}	-0.163^{ns}	-0.345^{*}	-0.411^{**}	-0.132^{ns}	-0.610^{**}	-0.877^{**}	-0.475^{**}	-0.158^{ns}
$C:P_P$	-0.131^{ns}	-0.025^{ns}	0.093^{ns}	-0.226^{ns}	-0.114^{ns}	0.065^{ns}	-0.511^{**}	-0.568^{**}	-0.470^{**}	0.094^{ns}

注：C_i、N_i 和 P_i，CA_i、NA_i 和 PA_i 及 C∶N_i、N∶P_i 和 C∶P_i 表示水稻不同组织的 C、N 和 P 浓度，C、N 和 P 积累量及 C∶N、N∶P 和 C∶P，i 取 R 时指代根，取 SL 时指代茎叶，取 P 时指代穗。GY 表示水稻产量。*表示 $p<0.05$；**表示 $p<0.01$；ns 表示不显著。

1.5.2　讨论

不同灌溉模式和氮肥管理对水稻碳氮磷的吸收、积累、分配和化学计量比有较大的影响，但水稻生育期内，水肥交互效应对植株各组织部的碳氮磷浓度、积累量、分配比例和化学计量比的影响几乎未达到显著水平(表 S2～表 S4)，表明在当前的实验条件下灌溉模式和氮肥管理的水肥交互效应明显弱于单独的灌溉模式或氮肥处理的主效应。这与前一节的研究中灌溉模式和氮肥管理对水稻干物质积累、分配、水稻产量和氮肥利用效率均未能产生显著的交互效应的结果类似。

1. 水肥管理对水稻生育期植株碳氮磷浓度的影响

通常植株养分含量越高其生长速率相对就越快(Yu et al., 2012)，充足的氮磷水平对于维持作物高的光合速率和产量也至关重要(Marschner, 2012；Ning et al., 2013)。Koerselman 和 Meuleman(1996)研究发现湿地植物氮和磷浓度的临界值分别为 10g/kg 和 1.1g/kg，氮磷浓度低于上述临界值时植物生长将受到抑制。Fageria 和 Barbosa Filho (2007) 认为水稻营养生殖阶段植株氮浓度为 26～42g/kg 属于充足水平，而成熟期植株磷浓度为 1.6g/kg 属于充足水平。Bélanger 等 (2012) 报道主要谷类作物如玉米、小麦和大麦籽粒的临界磷浓度介于 1.3～3.9g/kg。本书中，各施氮处理水稻根、茎叶和穗的氮磷浓度 (图 1.21 和图 1.22) 大体上处于上述报道范围之内，可认为本书中施氮处理的晚季稻氮磷的供应处于相对充足的水平。不过，N0 处理在灌浆期后植株氮素含量较低 (图 1.21 和图 1.22)，氮肥供应不足。值得注意的是，养分浓度超过合理值时 (即过度吸收) 并不会促使作物生长速率继续提高 (Yu et al., 2012)。此外，本书发现水稻植株碳氮磷浓度均表现为穗>茎叶>根 (图 1.20～图 1.22)，表明水稻各组织中，以单位干重计，籽粒需要的碳氮磷元素最多，这种现象不仅在水稻中被发现 (Kim et al., 2011)，而且在其他粮食作物 (小麦、大麦、玉米、高粱和大豆) 中也得到证实 (Dordas, 2009)。

水稻不同生育期各组织碳氮磷的浓度呈现出不一致的变化趋势。根和茎叶的氮磷浓度从苗期到分蘖期持续增加，表明水稻初期根系在土壤中快速延伸，并从土壤中吸收了大量的养分。在施氮肥情况下根的氮磷浓度仅增加至分蘖期，而碳浓度持续增加至灌浆期 (图 1.20)，表明根的碳浓度与其氮磷浓度相比更不易受水稻生育晚期根系老化的影响。水稻茎叶的碳氮磷浓度从分蘖期到成熟期均呈下降趋势 (图 1.20～图 1.22)。Yang 等 (2007a, 2007b) 也发现水稻地上部氮磷的浓度从分蘖期到成熟期持续下降。营养器官的氮磷浓度随植株生长而下降的规律不仅存在于水稻中，也存在于其他农作物 (如玉米、小麦、大麦和大豆) 中 (Ziadi et al., 2007；Dordas, 2009)。这种现象是由植物生物量积累、植株体积增大所产生的稀释效应而引起的 (Elser et al., 2010；Kim et al., 2011；Zhang et al., 2013)。从灌浆期到成熟期，与穗的碳氮浓度显著下降相反 (图 1.20 和图 1.21)，穗的磷浓度持续上升 (图 1.22)，这可能归因于快速生长的籽粒需要相对更多的富磷的核糖体 RNA (RNA 磷约占细胞质量的 9%) 以维持高速率的蛋白质合成 (Matzek and Vitousek, 2009；Yu et al., 2012)。

水稻不同生育期、不同组织碳氮磷浓度对两种灌溉处理的响应不同，表明水分供应在水稻作物碳氮磷状态调节方面起着重要作用。灌溉模式对植株磷浓度的影响与其对碳、氮浓度的影响不同。两种灌溉处理水稻生育期内植株碳、氮浓度相当 (图 1.20 和图 1.21)，但节灌处理显著降低了孕穗期后植株的磷浓度 (图 1.22)。吕国安等 (2000) 的田间实验结果也表明，节水灌溉能显著降低水稻植株磷含量。这是因为节灌增加了土壤和大气之间的空气交换，土壤通气性增加 (Mao, 2001；张静等，2014)，磷素被固定 (Zhang et al., 2011；刘展鹏和陈慧梅，2013)，土壤磷有效性降低。上述结果表明，植株磷浓度与其碳氮浓度的形成过程不同，这是因为植物的碳氮元素有多样化自然来源 (CO_2 吸收同化、有机碳矿化、大气氮沉降和生物固氮等)，而植物磷元素的自然来源相对单一，主要来源于土壤养分矿化。因此，田间水分条件对植物磷的影响较其对碳、氮的影响更大。

施氮对水稻各组织的碳氮磷浓度影响不同。植株碳浓度受氮肥施用的影响较小(图 1.20)，这与先前的研究结果一致(Elser et al., 2010；Yang et al., 2011)，主要是因为植物具有稳定的碳组成和结构基础(Ågren, 2008)。施氮处理较不施氮处理水稻各组织的氮磷浓度显著提高(图 1.21 和图 1.22)。Bélanger 等(2012)也报道氮肥施用提高了作物氮浓度，同时引起了磷浓度的增加。这种现象一方面是因为施氮促进了根系的氮磷养分吸收(Ziadi et al., 2007)，另一方面可能是施氮增大了胞外磷酸酶活性(Ågren et al., 2012；Lü et al., 2012)及丛枝菌根真菌数量，促进了磷素的吸收(Gifford et al., 2000；Zheng et al., 2012)。

2. 不同水肥管理对水稻生育期植株碳氮磷积累量的影响

水稻根、茎叶和穗对碳氮磷的吸收、利用和分配不同，生育期内各组织碳氮磷的积累量呈现出不同步的变化规律。各组织碳氮磷积累量的峰值出现在不同的生育期：根和茎叶的氮磷积累量在灌浆期甚至孕穗期即达到最大值，而穗、地上部和全植株的碳氮磷积累量均在成熟期达到最大值(图 1.23)。这说明分蘖期后光合作用所产生的碳水化合物及生殖生长阶段养分再活化所释放的氮磷逐渐由衰老的营养器官转移至新生成的谷物(Dordas, 2009)。植株碳氮磷积累量变化规律的不同也表明植物体元素组成的可塑性高，而这种高的可塑性来源于植物对不同元素的吸收和储存之间的协调(Abbas et al., 2013)。

由于间歇灌溉能够改变田间土壤微生态环境(Mao, 2001；Mahajan et al., 2012)，干湿交替灌溉可能会影响水稻的碳固定和养分吸收。不过，节灌对植株磷积累量的影响与其对植株碳氮积累量的影响不一致。与淹灌相比，节灌并未显著改变水稻生育期内植株的碳氮积累量，但降低了孕穗期和灌浆期植株的磷积累量(图 1.23)，这是因为节灌土壤通气性增加，土壤磷被固定，土壤有效磷含量降低。

施氮能增加水稻的生物量(表 1.6)和植株碳氮磷浓度(图 1.20～图 1.22)，因而显著提高了水稻各组织碳氮磷的积累量(图 1.23)。同时，氮肥施用推迟了根和茎叶碳氮最大积累量的出现时间(图 1.23)，这是因为施氮(尤其是控释氮肥)增加并延长了土壤氮的有效性。收获期各施氮处理水稻地上部氮积累量为 196.1～216.5kg/hm^2，而各处理水稻地上部磷积累量为 24.1～46.5kg/hm^2(图 1.23)，均低于水稻当季氮磷施用量(240kg N/hm^2 和 52.4kg P/hm^2)。肥料施用量超出作物养分吸收量是导致中国集约化农业系统中土壤养分大量积累和流失的直接原因，加剧了受纳水体富营养化风险(Ju et al., 2009)。上述结果从另一方面也说明单季晚稻氮磷吸收量很高，水稻收割秸秆移除将带走大量的氮磷养分，即便是在太湖高肥力农田，施肥对于维持水稻连续种植的养分供应仍十分重要和必要。

本书还发现植株碳氮磷的最大积累速率通常出现在孕穗期(50～75d)，这是因为此阶段水稻迅速生长，需要更多的元素来维持细胞的快速增殖。为了能充分利用水稻生育中期高的氮素吸收率，促进生育后期植株氮积累，土壤中肥料氮供给需适当延迟推后，控释氮肥恰好能实现这种氮的延迟释放(Yang et al., 2007a)。实际上，与常规尿素相比，等氮条件下树脂包膜控释尿素不仅能显著提高水稻穗、地上部及全植株的氮积累量，还提高了植株碳、磷的积累量(图 1.23)。作为掺混控释氮肥，控释 BB 肥在提高水稻碳氮磷积累方面未能表现出与树脂包膜尿素相当的效果，这一方面归因于控释 BB 肥的控释氮比例(70%)较树脂包膜尿素低，另一方面归因于控释 BB 肥的氮素控释效果较树脂包膜尿素差。

3. 不同水肥管理对水稻生育期植株碳氮磷分配比例的影响

深入认识元素在植物各组织中的分配规律对于阐释植物功能多样性的演变有重要意义(Kerkhoff et al., 2006)。对于水稻而言，根的碳氮磷分配比例持续下降而穗的碳氮磷分配比例持续上升，茎叶的碳氮磷分配比例在营养生长阶段显著上升而在生殖生长阶段逐渐下降，其在根与穗之间承担着物质传输作用(表 1.11)。水稻植株碳氮磷分配比例的季节性变化有以下三个方面原因：①水稻不同组织干物质量分配比例的季节性变化(表 1.6)；②抽穗期前，碳氮磷从作物地下部向地上部的转移，抽穗期后，碳氮磷从茎叶再活化并转移至穗部；③植株养分吸收和土壤养分有效性供给的平衡作用(Yang et al., 2007a；Lü et al., 2012)。

水稻穗的碳、氮、磷分配比例从灌浆期(34.8%、36.4%、35.8%)持续增加至成熟期(47.9%、52.1%、63.9%)(表 1.11)，表明籽粒是水稻碳、氮、磷主要的汇。Yang 等(2007a, 2007b)的研究也发现水稻抽穗期后，穗的氮和磷分配比例急剧增加，从抽穗期的 10%和 7%增加至收获期的 61%和 56%。冯蕾等(2011)报道收获期水稻碳、氮大部分积累于籽粒中，籽粒的碳和氮积累量分别占全植株碳和氮积累量的 44%～48%和 54%～68%。其他研究者在小麦(Dordas, 2009)和玉米(Ning et al., 2013)中也发现类似的元素分配规律，证实作物同化的碳氮磷主要汇集于籽粒而非茎叶中。另外，成熟期各处理穗的氮和磷的分配比例分别为 48.2%～58.5%和 61.1%～66.4%，明显高于碳的分配比例(46.2%～50.0%)(表 1.11)，表明水稻在生殖生长阶段较之于碳需要更多的氮和磷。

灌溉模式对分蘖期后水稻植株的碳氮磷分配有较大影响(表 1.11)：节灌降低了茎叶碳氮磷的分配比例，而提高了根和穗碳氮磷的分配比例(尽管不总是达到显著水平)，尤其在施氮条件下这种现象更为明显。这可能是水稻各组织功能特性的转变及生物量和养分的分配与平衡对节水灌溉响应的结果。施氮对水稻植株碳、磷分配比例影响较小，但显著改变了各组织的氮分配比例。成熟期时，4 种氮肥管理中，N0 处理根和茎叶的氮分配比例最低(7.5%和 34.1%)，而穗的氮分配比例最高(58.4%)(表 1.11)，表明水稻内部已经形成某种氮素调节和输送机制(Rentsch et al., 2007)，在土壤氮素供应缺乏的时候，能够优先将吸收和同化的氮转移分配至籽粒。

4. 不同水肥管理对水稻生育期植株碳氮磷化学计量比的影响

水稻移栽后茎叶 C∶N 持续上升至成熟期(图 1.24)，与阮新民等(2011)报道的水稻叶片 C∶N 从抽穗期(20.8)上升至孕穗期(30.6)再升高至成熟期(32.0)的研究结果类似。水稻生育期内茎叶 C∶P 也表现出与 C∶N 类似的上升趋势，这是因为叶片在衰老过程中氮磷的分配比例持续降低。水稻穗的代谢最为活跃，因而穗的碳氮磷浓度较根和茎叶的均有不同幅度的提高，且其氮、磷浓度的提高幅度大于碳浓度，磷浓度的提高幅度大于氮浓度，使得成熟期穗的 C∶N、C∶P 和 N∶P 较根和茎叶的更低(图 1.23～图 1.25)。Gan 等(2011)在油籽和豆类作物中也发现籽粒的 C∶N(6～17)显著低于秸秆(14～55)和根(17～75)的 C∶N。Bélanger 等(2012)关于玉米的研究报道：籽粒的 N∶P(2.6～7.4)比地上部(3.6～12.9)和领叶(6.8～16.6)的 N∶P 更低。这表明作物的生殖组织(种子、籽粒等)的 C∶N∶P 化学计量比低于其营养组织(茎秆、叶片等)。

随水稻的生长，根和茎叶(营养器官，代谢活性相对低)的 N∶P 和 C∶P 逐渐增加，而穗(生殖器官，代谢活性更高)的 N∶P 和 C∶P 持续下降(图 1.25 和图 1.26)。这与生长速率假说(growth rate hypothesis)相符合，该假说认为养分含量高、生长快速的机体呈现出低的 N∶P 和 C∶P，因为植物代谢和生理活动的增强会加大磷的需求和分配以合成更多的富含磷 rRNA(Matzek and Vitousek, 2009；Elser et al., 2010；Sardans et al., 2012)。Elser 等(2010)报道：尽管植物叶片的氮、磷浓度(分别记作 N_L、P_L)高度相关，但根据经验公式 $N_L=aP_L^{b}$ $(2/3<b<3/4)$ 可知，随作物生长衰老，植株氮浓度较磷浓度下降速度更慢，因此，叶片 N∶P 随着氮磷浓度的降低而升高($N_L/P_L=aP_L^{b-1}$)。实验数据(图 1.20～图 1.24)也印证了上述经验公式，因为本书中茎叶的氮磷浓度从孕穗期到成熟期不断下降而茎叶的 N∶P 却持续上升。Kerkhoff 等(2006)曾报道全球 152 类种子植物中的 1287 种植物的根、茎、叶和籽粒中氮磷浓度高度相关。通过相关性分析(表 1.12)，发现水稻各组织内部和组织之间的 C∶N∶P 化学计量比高度相关。

水分的有效性会影响植物叶片光合速率，改变植物营养状况和生长，进而影响植物的化学计量关系(Lü et al., 2012)。本书中，CF 和 AWD 处理植株碳氮浓度差异不显著(图 1.20 和图 1.21)，因而 2 种灌溉处理植株的 C∶N 相当(图 1.24)。灌浆期和成熟期，AWD 较 CF 处理降低了土壤有效磷进而降低了植株磷的浓度(图 1.22)，因此节灌处理植株 N∶P 和 C∶P 较淹灌处理更高(图 1.25 和图 1.26)。Sardans 和 Peñuelas(2012)也报道在水分不足时植物叶片和凋落物的 C∶P 比较高。

综上，水分管理对植株 C∶N 的影响小于其对植株 N∶P 和 C∶P 的影响。

氮素有效性的变化被认为是驱动植物体和土壤化学计量关系转变的主要因素(Yang et al., 2011)。陆地植物的 C∶N 和 N∶P 会随着土壤氮的有效性改变而改变(Sardans et al., 2012)。施用氮肥和大气氮沉降引起的土壤有效氮增加会提高植物 N∶P 并降低其 C∶N(阮新民等, 2011；Bélanger et al., 2012；Lü et al., 2012)。本书研究也证明施氮显著提高水稻植株的 N∶P 同时降低了其 C∶N，这是因为施氮显著提高了植株氮浓度、小幅提高了植株磷浓度，但对植株碳浓度影响不大。虽然，施氮对植物 C∶N 和 N∶P 的影响已被广泛研究，但施氮对植物 C∶P 的影响还鲜有报道。本书中，施氮降低了水稻中后期植株的 C∶P(图 1.26)，表明相对于碳的吸收和同化，施氮更有利于促进磷的吸收和积累。

5. 应用碳氮磷化学计量比评估水稻生态系统的氮磷限制格局

植物 C∶N∶P 化学计量关系受生物因素(如物种、种群、个体、生长阶段、组织部、大小和年龄等)和非生物因素(如温度、光照、CO_2 浓度、土壤水分和养分、土壤利用、植被类型和农业耕种措施等)的综合影响(Reich and Oleksyn, 2004；Ågren, 2008；Yu et al., 2012；Zhang et al., 2013)。因此，植物组织内部和组织之间的 C∶N∶P 化学计量比存在较大的变异性(Güsewell, 2004；Ågren, 2008；Elser et al., 2010)。本书中，不同的水肥管理水稻全植株的 C∶N∶P 质量比介于 89.1∶3.5∶1～154.9∶5.0∶1，这明显偏离于在海洋水生生物(浮游生物等)中发现的经典的 Redfield 比率(C∶N∶P=41.1∶7.2∶1)(Redfield, 1958)，同时也不同于 Elser 等(2000)总结的陆生生物(375.4∶12.7∶1)和水生植物(119.0∶13.6∶1)的 C∶N∶P 比率，这些差异主要源于多样化的环境和基因型(Ågren and Weih, 2012)。

植物的 C∶N∶P 化学计量比能决定植物的元素资源分配、营养动态和养分限制状况(Sterner and Elser, 2002；Sardans et al., 2012；Zheng et al., 2012)。在 C∶N∶P 化学计量关系中，有关 N∶P 的研究最多，应用也最广泛，这是因为 N∶P 反映着植物组织中富含氮的蛋白质和富含磷的 RNA(用来合成蛋白质)二者的相对生化制约关系(Sterner and Elser, 2002；Ågren, 2004)。尽管单个个体的 N∶P 变化范围较大(1～100)(Güsewell, 2004)，N∶P 仍具有很高的养分限制诊断价值，它提供了一个评估从植物个体到陆地生态系统的氮磷养分限制格局的简单适用的方法(Sterner and Elser, 2002；Tessier and Raynal, 2003；Ågren et al., 2012)。基于理论推导和实验结果，Liebig 最小因子定律(Liebig's law of the minimum)揭示了植物体中存在着一个关键 N∶P(又称理想或最佳 N∶P)，低于该数值时植物生长相对受氮限制，高于该数值时植物生长相对受磷限制，介于数值范围内则是氮磷同时受限(Koerselman and Meuleman, 1996；Güsewell, 2004；Knecht and Göransson, 2004)。Koerselman 和 Meuleman(1996)综述 40 个施肥实验研究，报道了湿地植物的理想 N∶P 为 14～16。

Güsewell(2004)通过短期的施肥实验研究，提出陆生植物的最佳 N∶P 在 10～20。Knecht 和 Göransson(2004)从已发表的文献中归纳总结出野外自然状态下陆生植物的最佳 N∶P 为 10.0。Sadras 等(2006)报道油类作物(n=81)的关键 N∶P 为 4.5，谷类作物(n=134)的关键 N∶P 为 5.6，豆类作物(n=52)的关键 N∶P 为 8.7，并指出超过40%的谷类和油类作物在获得最大产量时N∶P介于4～6。Aulakh 和 Malhi(2005)总结报道了主要谷类作物(如水稻、小麦、玉米)的籽粒和秸秆的关键 N∶P 为 4.2～6.7。对于水稻，Witt 等(1999)通过模拟养分平衡吸收推算出每获得 1000kg 稻谷需吸收 14.7kg N 和 2.6kg P，以此计算得到水稻的理想 N∶P 为 5.7。

本书中，施氮处理(UREA、BBF 和 PCU)的水稻生育期内地上部 N∶P 为 4.4～6.4，此数值虽低于上述多个其他植物的最佳 N∶P(10～20)，但仍处于谷类作物的正常范围(4.2～6.7)之内，表明本地区常规施肥条件下的水稻生长受氮磷的共同限制。对各施氮处理水稻植株地上部的氮磷含量与植株地上部生物量和水稻产量进行 log-log 相关性分析(图 1.27)发现，常规氮磷施用水平下水稻植株地上部氮和磷的含量对于水稻地上部生物量及产量的影响作用效应相当，这进一步证实了本地区典型单季晚稻的物质生产和产量受氮磷的同时限制。

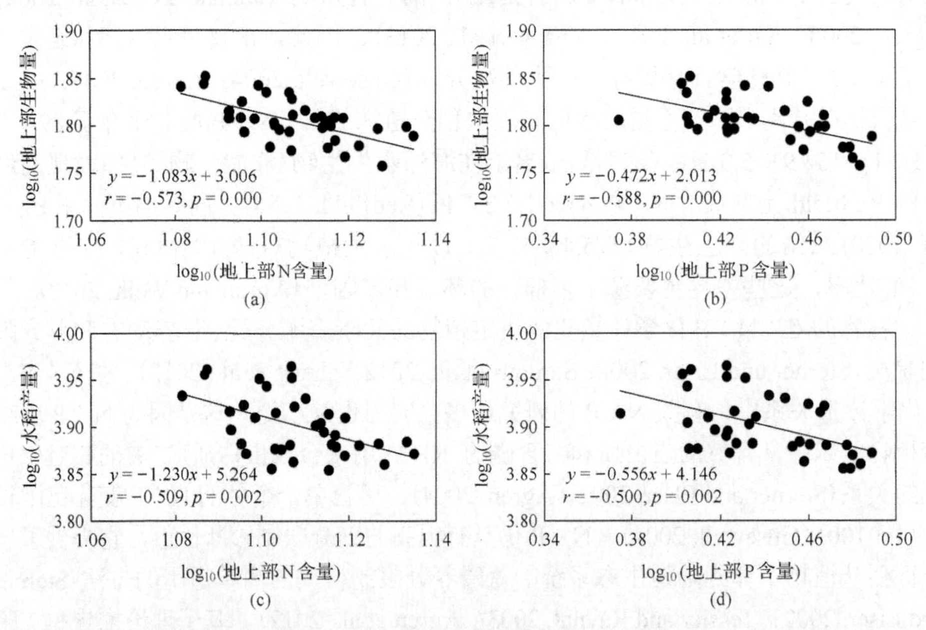

图 1.27　水稻植株地上部氮、磷含量与地上部生物量和水稻产量的 log-log 相关关系(2010 年与 2011 年两年数据，不含 N0 处理，n=36)

以上这些结果拓展了人们关于水稻碳氮磷的迁移转化及其对不同水肥管理的响应的认知，揭示了太湖地区典型单季晚稻种植系统在常规施肥条件下受氮磷共同限制的状态。

1.6　水肥管理对稻田土壤理化性状和微生物学特性的影响

农业生态系统的长期可持续性发展已成为一个全球关注的重大问题(Singh and Ghoshal, 2010)，而土壤的质量与健康状况是农业生态系统稳定性和可持续性发展的基础(Chorover et al., 2007)。土壤理化性质和养分状况(如 pH、有机碳、氮、磷含量等)是土壤质量的重要决定因子。土壤 pH(酸碱度)是土壤许多化学性质的综合反映，土壤中几乎所有的反应和过程都涉及 H^+的传递和转换(王志刚等，2008)。土壤有机碳及氮磷含量直接表征了土壤肥力，决定了土壤的生产力(Schloter et al., 2003；Zhu et al., 2012)。总之，土壤理化性状是耕地土壤质量的核心因素，对耕地系统生产力和粮食生产有着直接的影响，关系粮食安全、人类健康和生态环境等多方面问题，关于农田土壤理化性质和养分状况的研究具有重要的现实意义。

土壤质量不仅取决于土壤的理化性状，而且与土壤的生物学特性密切相关。土壤酶活性和微生物生物量等微生物学特性比土壤有机质、氮磷含量等其他理化性状能更敏感地对土壤质量的变化做出响应(Doran et al., 1996；刘益仁等，2012)。土壤酶是土壤植物系统中大量生理生化反应的生物催化剂，是土壤物质循环和能量流动的重要参与者(Salazar et al., 2011)，土壤酶活性的高低能反映土壤生物活性和生化反应的强度，是衡量土壤肥力高低的一个重要参考指标(Tabatabai et al., 2010；Salazar et al., 2011)。土壤微生物量是指土壤中体积小于 $5\times10^3\mu m^3$ 的微生物体(包括细菌、真菌、藻类和原生动物等)的总和，是活的土壤有机质部分(Singh and Ghoshal, 2010)。尽管微生物量占土壤总有机碳通常不到 2.5%(Fierer et al., 2009；Kallenbach and Grandy, 2011)，但它能促进和调节土壤养分循环，而且其代谢物也是植物的营养成分，因此土壤微生物不仅是土壤有机物质转化的执行者，还是植物营养元素的活性库(Fierer et al., 2009; Liu et al., 2010; Lopes et al., 2011)，因其周转时间很短，而且对外部的环境因子变化及扰动有很高的敏感性，可作为土壤质量改善或恶化早期有效的预警(Hargreaves et al., 2003；Kallenbach and Grandy, 2011)。因此，将土壤酶活性和微生物量作为土壤质量和土壤肥力水平的生物学指标来指导土壤生态系统管理已成为近年来土壤学研究的热点(赵利梅，2009；刘益仁等，2012；肖新等，2013)。

水稻土是一种人工水成土。水稻土因其在水稻生长期间保持淹水状态而在非耕种期处于排水落干状态而被认为是一个独特的农业生态系统(Lopes et al., 2011)。除自然因素外，灌溉、施肥和耕作等农业措施对水稻土的形成和发展都起到很大作用(杨长明等，2004)，这些措施会引起土壤一系列物理、化学和生物学特性的变化，进而对水稻土质量产生深刻的影响(Yang et al., 2005)。水稻干湿交替节灌与控释肥施用较常规水肥管理有显著的差异，节灌能改善水稻根际土壤的通气性和田间微气候环境(茆智，2002；Bouman et al., 2007；张静等，2014)，同时缓控释肥施用较之于常规化肥能更有效地降低土壤养分流失(郑圣先等，2004；纪雄辉等，2007b；Peng et al., 2011)，必然对稻田土壤生态环境产生较大影响。但至今人们对干湿交替节灌与控释肥施用结合条件下稻田的土壤养分状况和微生物学性状的变化情况仍然知之甚少。本书以常规水肥农艺措施为对照，对干湿交替节灌与控释肥施用的水肥管理对土壤理化性状(pH、有机碳、氮、磷含量)、土壤酶活性(脲酶、磷酸酶)及微生物量碳氮磷(MBC、MBN 和 MBP)的影响进行了研究，以期为太湖地区水稻节水高产高效栽培和水肥管理推广应用提供理论依据。

1.6.1 结果与分析

1. 土壤 pH 的动态变化

土壤 pH 对土壤养分、微生物生命活动和植物生长有很大影响，是土壤理化性质的重要指标。2010 年和 2011 年水稻移栽后不同水肥管理稻田土壤 pH 的动态变化见图 1.28。水稻生育期内，土壤 pH2010 年介于 5.46～6.05，2011 年介于 5.38～5.94。施肥后 7d 内土壤 pH 显著上升，之后逐渐下降，至成熟期小幅回升。

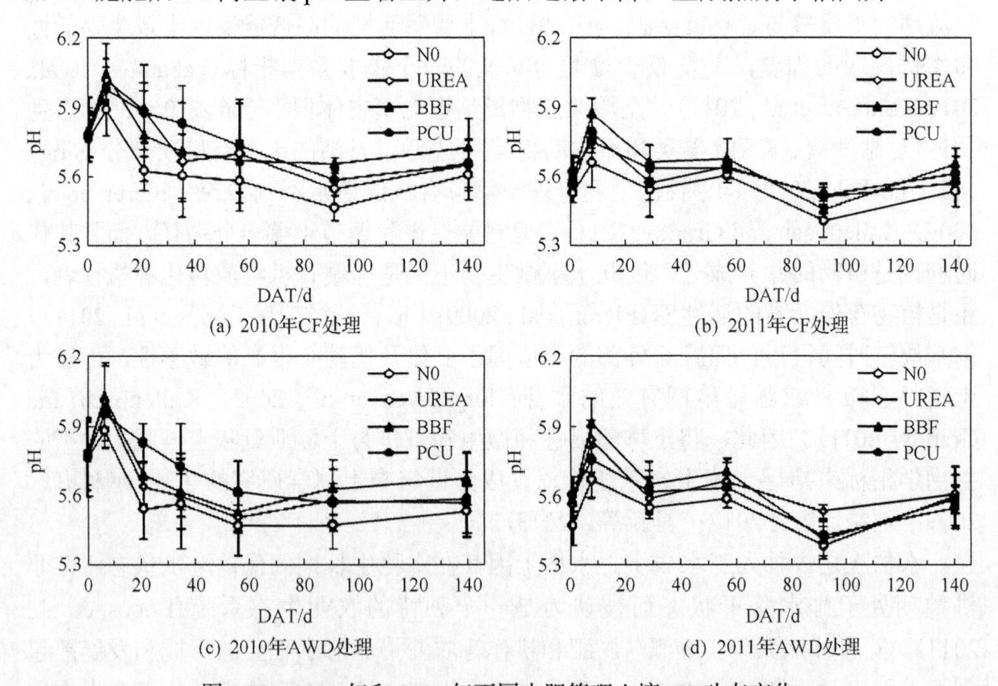

图 1.28 2010 年和 2011 年不同水肥管理土壤 pH 动态变化

与淹灌相比，节灌处理土壤 pH 略有降低，差异不显著($p>0.05$，下同)。对于不同氮肥管理，N0、UREA、BBF 和 PCU 处理水稻生育期内土壤 pH 2010 年平均分别为 5.62、5.71、5.74 和 5.75，2011 年分别为 5.56、5.64、5.67 和 5.63，UREA、BBF 和 PCU 处理较 N0 处理土壤 pH 2010 年分别提高了 0.09、0.12 和 0.13，2011 年分别提高了 0.08、0.11 和 0.07，差异均达到显著水平($p<0.05$，下同)，但 UREA、BBF 和 PCU 处理对土壤 pH 的影响差异不显著。

2. 土壤有机碳、总氮和总磷含量的动态变化

1) 土壤有机碳含量的动态变化

农田土壤有机碳的含量不仅反映了土壤有机质含量水平，还与农田的可持续利用密切相关。2010 年和 2011 年水稻移栽后不同水肥管理稻田 SOC 含量的动态变化见图 1.29。水稻生育期内各处理 SOC 2010 年介于 21.51～22.60g/kg，平均 21.95g/kg；2011 年介于 21.52～23.28g/kg，平均 22.28g/kg。水稻生育期内，SOC 呈先下降后上升之后再次下降的“S”形动态变化，各处理收获期 SOC 含量均较移栽时更高。2011 年收获期 SOC 含量(22.31～23.17g/kg)较 2010 年基肥施用前(21.75g/kg)提高了 2.6%～6.5%，表明土壤有机质呈积累的趋势。

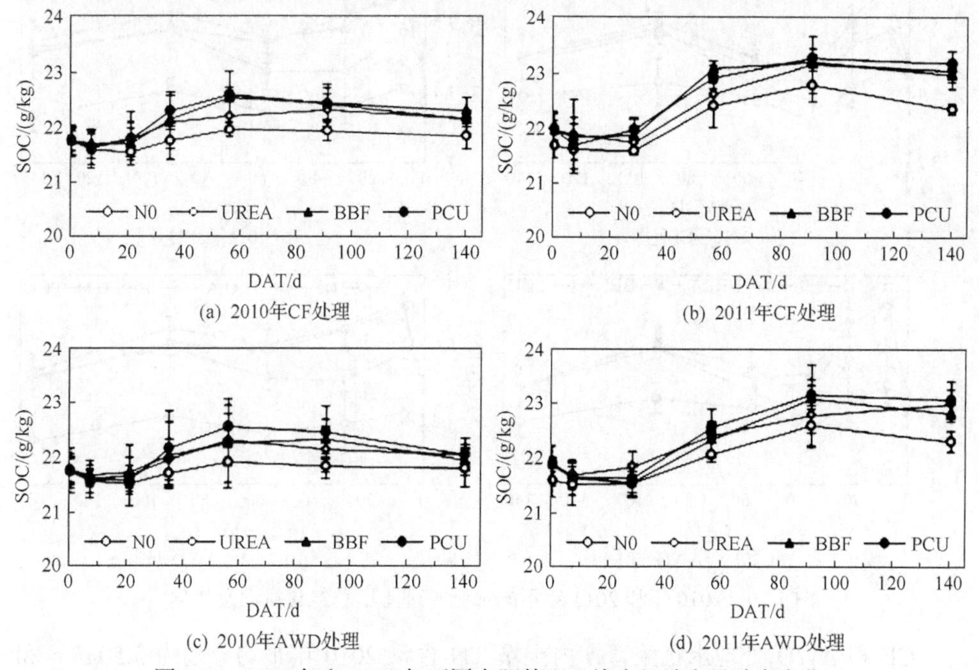

图 1.29　2010 年和 2011 年不同水肥管理土壤有机碳含量动态变化

稻田的水肥管理会直接影响土壤有机碳的分解与转化，从而引起土壤有机碳含量的改变。CF 和 AWD 处理水稻生育期内 SOC 含量 2010 年平均分别为 21.98g/kg

和 21.91g/kg，2011 年平均分别为 22.36g/kg 和 22.19g/kg。节灌较淹灌处理 SOC 略有降低，差异不显著。

N0、UREA、BBF 和 PCU 处理水稻生育期内 SOC 含量 2010 年平均分别为 21.74g/kg、21.96g/kg、22.02g/kg 和 22.06g/kg，2011 年平均分别为 22.00g/kg、22.32g/kg、22.35g/kg 和 22.42g/kg。各施氮处理较不施氮处理 SOC 含量 2010 年提高 1.0%～1.5%，2011 年提高 1.5%～1.9%，差异均达显著水平，表明施氮肥提高了土壤有机碳含量。不过 UREA、BBF 和 PCU 处理的 SOC 含量相差不大。

2）土壤总氮含量的动态变化

2010 年和 2011 年水稻移栽后不同水肥管理稻田土壤 TN 含量的动态变化见图 1.30。水稻生育期内各处理土壤 TN 含量 2010 年介于 3.32～3.72g/kg，平均 3.51g/kg；2011 年介于 3.33～3.74g/kg，平均 3.52g/kg。水稻移栽后各处理土壤 TN 含量均呈上升趋势，并在 7d 时达到峰值，之后在波动中下降。由于 BBF 和 PCU 均作基肥一次性全量施入稻田，而 UREA 处理首次仅施入了全部氮量的 40%，因而移栽初期时 BBF 和 PCU 处理的土壤总氮峰值较 UREA 的要高。

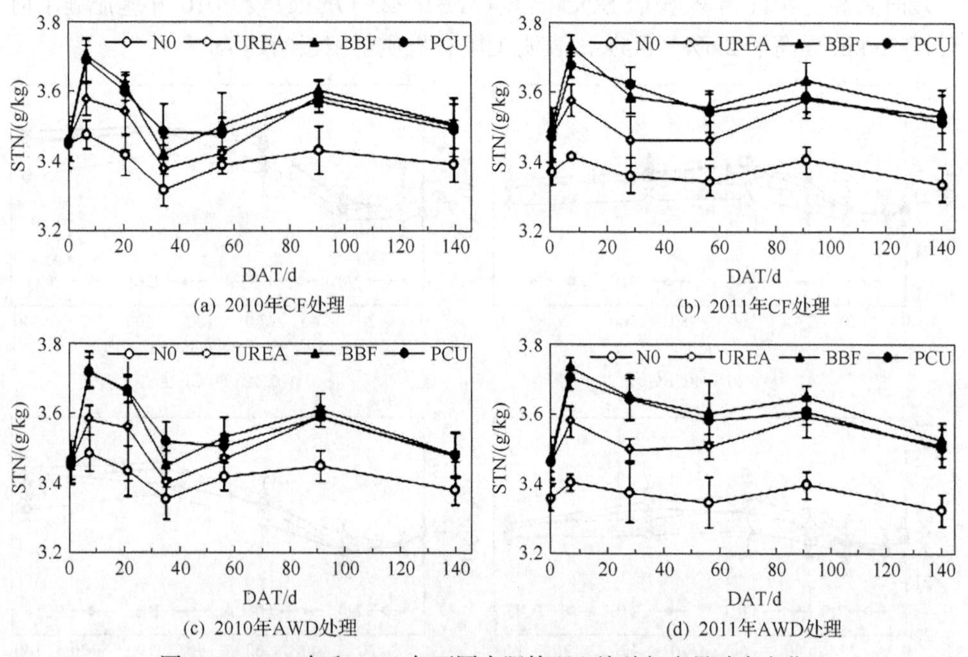

图 1.30　2010 年和 2011 年不同水肥管理土壤总氮含量动态变化

CF 和 AWD 处理水稻生育期内土壤 TN 含量 2010 年平均分别为 3.50g/kg 和 3.51g/kg，2011 年平均分别为 3.51g/kg 和 3.52g/kg，差异均未达到显著水平。

N0、UREA、BBF 和 PCU 处理水稻生育期内土壤 TN 含量 2010 年平均分别为 3.42g/kg、3.50g/kg、3.56g/kg 和 3.55g/kg，2011 年平均分别为 3.37g/kg、3.52g/kg、

3.60g/kg 和 3.58g/kg。施氮处理较不施氮处理水稻生育期土壤 TN 平均含量 2010 年提高 2.4%～3.9%，2011 年提高 4.4%～6.8%，差异均达到显著水平，表明施氮显著提高了土壤总氮的含量。此外，BBF 和 PCU 较 UREA 处理土壤 TN 含量略高(提高 1.5%～2.3%)，但差异未达到显著水平。

3)土壤总磷含量的动态变化

图 1.31 是 2010 年和 2011 年水稻移栽后不同水肥管理稻田土壤 TP 含量的动态变化。水稻生育期内各处理土壤 TP 含量 2010 年介于 0.32～0.38g/kg，平均 0.35g/kg；2011 年介于 0.32～0.40g/kg，平均 0.36g/kg。基肥施用后，各处理土壤 TP 含量均急剧增加，在 7d 时出现峰值，之后在波动中下降。与 SOC 类似，收获期各处理土壤 TP 含量也均高于实验前：2011 年收获期土壤 TP 含量(0.33～0.36g/kg)较 2010 年基肥施用前(0.32g/kg)提高了 3.6%～11.6%，表现出磷积累的趋势。

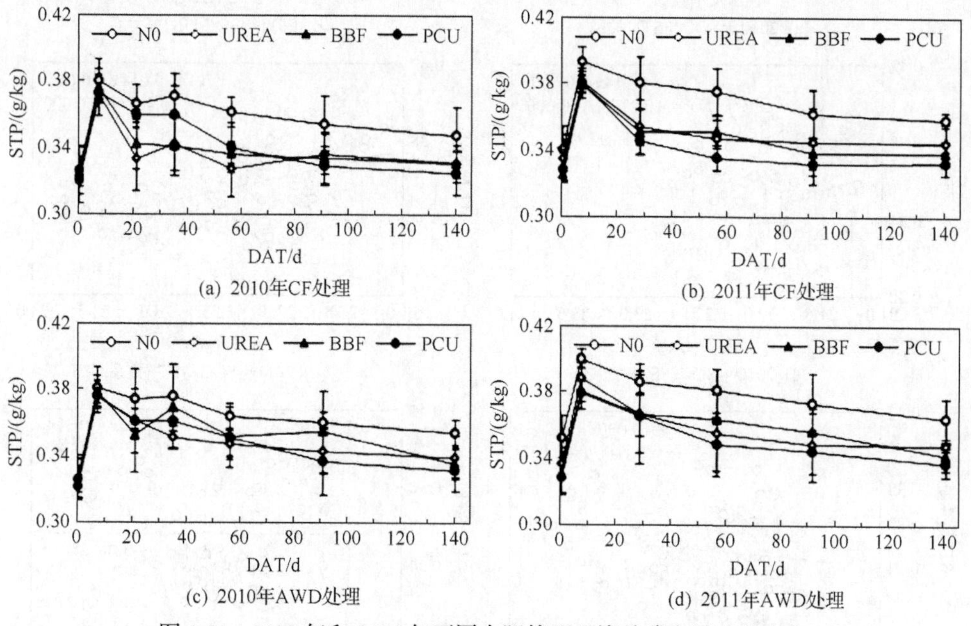

图 1.31　2010 年和 2011 年不同水肥管理土壤总磷含量动态变化

CF 和 AWD 处理水稻生育期内土壤 TP 含量 2010 年平均分别为 0.34g/kg 和 0.35g/kg，2011 年平均分别为 0.35g/kg 和 0.36g/kg，节灌较淹灌处理 2010 年和 2011 年分别提高了 2.9%和 2.9%，差异均达到显著水平。

N0、UREA、BBF 和 PCU 处理水稻生育期内土壤 TP 含量 2010 年平均分别为 0.36g/kg、0.34g/kg、0.35g/kg 和 0.35g/kg，2011 年平均分别为 0.37g/kg、0.35g/kg、0.35g/kg 和 0.35g/kg。施氮较不施氮处理水稻季土壤 TP 平均含量 2010 年下降 2.8%～5.6%，2011 年下降 5.4%，差异均达到显著水平。但 UREA、BBF 和 PCU 处理的土壤 TP 含量相差不大。

4) 土壤有机碳、总氮和总磷含量的相关关系

2010 年和 2011 年水稻生育期内不同水肥管理稻田土壤有机碳、总氮和总磷含量的线性拟合关系见图 1.32。可以看出，土壤有机碳与土壤总氮含量呈显著正相关，与土壤总磷含量呈极显著负相关，土壤总氮和土壤总磷含量呈显著正相关。

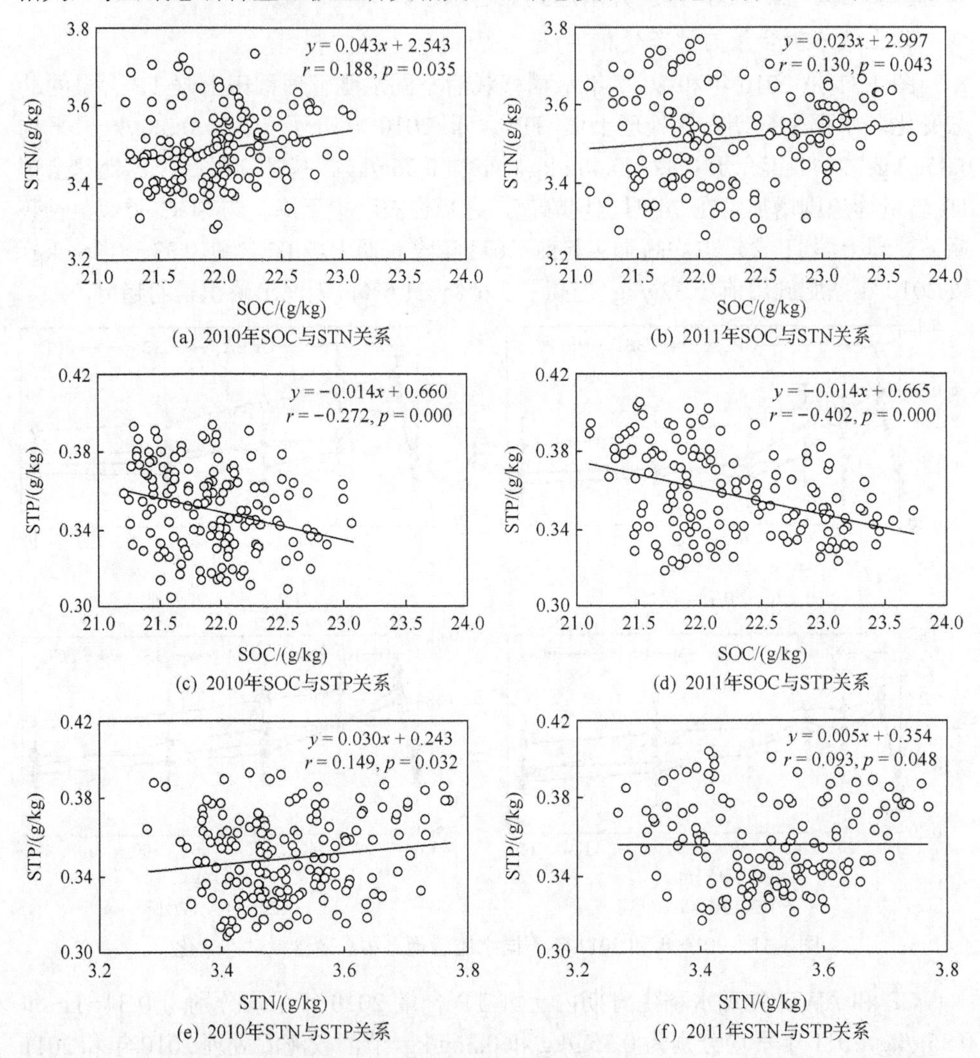

(a) 2010年SOC与STN关系　(b) 2011年SOC与STN关系

(c) 2010年SOC与STP关系　(d) 2011年SOC与STP关系

(e) 2010年STN与STP关系　(f) 2011年STN与STP关系

图 1.32　2010 年和 2011 年水稻生育期内不同水肥管理 SOC、STN 和 STP 含量的相关关系

3. 土壤无机氮含量及形态的动态变化

1) 土壤铵态氮含量的动态变化

2010 年和 2011 年水稻移栽后不同水肥管理稻田土壤 NH_4^+-N 含量的动态变化见图 1.33。水稻生育期内各处理土壤 NH_4^+-N 含量 2010 年介于 14.45～74.82mg/kg，

平均 38.45mg/kg；2011 年介于 12.31～82.39mg/kg，平均 34.46mg/kg。

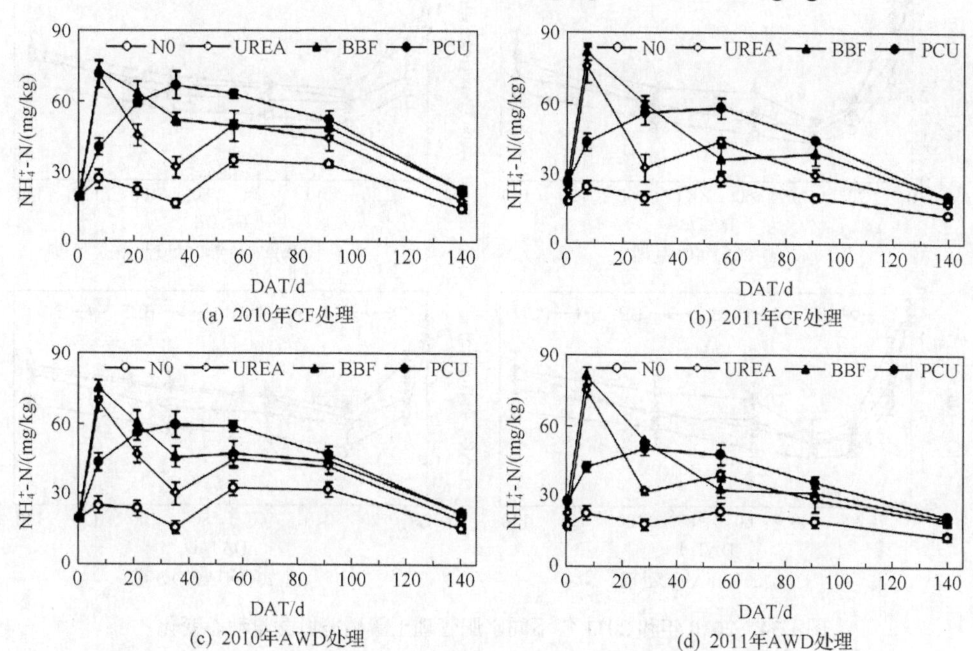

图 1.33　2010 年和 2011 年不同水肥管理土壤铵态氮含量动态变化

CF 和 AWD 处理水稻季土壤 NH_4^+-N 含量 2010 年平均分别为 39.35mg/kg 和 37.58mg/kg，2011 年平均分别为 35.75mg/kg 和 33.17mg/kg。节灌较淹灌处理土壤 NH_4^+-N 平均含量 2010 年降低 4.5%，2011 年降低 7.2%，但差异均未达到显著水平。

施氮显著提高了土壤 NH_4^+-N 的含量，与 N0 相比，各施氮处理土壤 NH_4^+-N 含量 2010 年提高 66.8%～94.6%，2011 年提高 87.2%～119.7%，差异均达极显著水平($p<0.01$，下同)。施肥后土壤 NH_4^+-N 含量迅速上升，UREA 和 BBF(含 30%速效氮)处理土壤 NH_4^+-N 含量呈相似的变化趋势，均在施肥 7d 时达到最高值，之后在波动中下降，而 PCU 处理的 NH_4^+-N 含量变化趋势与 UREA 和 BBF 处理的明显不同，呈倒开口抛物线型变化。

2) 土壤硝态氮含量的动态变化

图 1.34 是 2010 年和 2011 年水稻移栽后不同水肥管理稻田土壤 NO_3^--N 含量的动态变化。水稻生育期内各处理土壤 NO_3^--N 含量 2010 年介于 0.90～4.62mg/kg，平均 2.46mg/kg；2011 年介于 1.33～4.33mg/kg，平均 2.63mg/kg。土壤 NO_3^--N 含量在水稻苗期最高，淹水后迅速下降，至分蘖拔节期降至最低，之后逐渐回升直至水稻成熟收割。

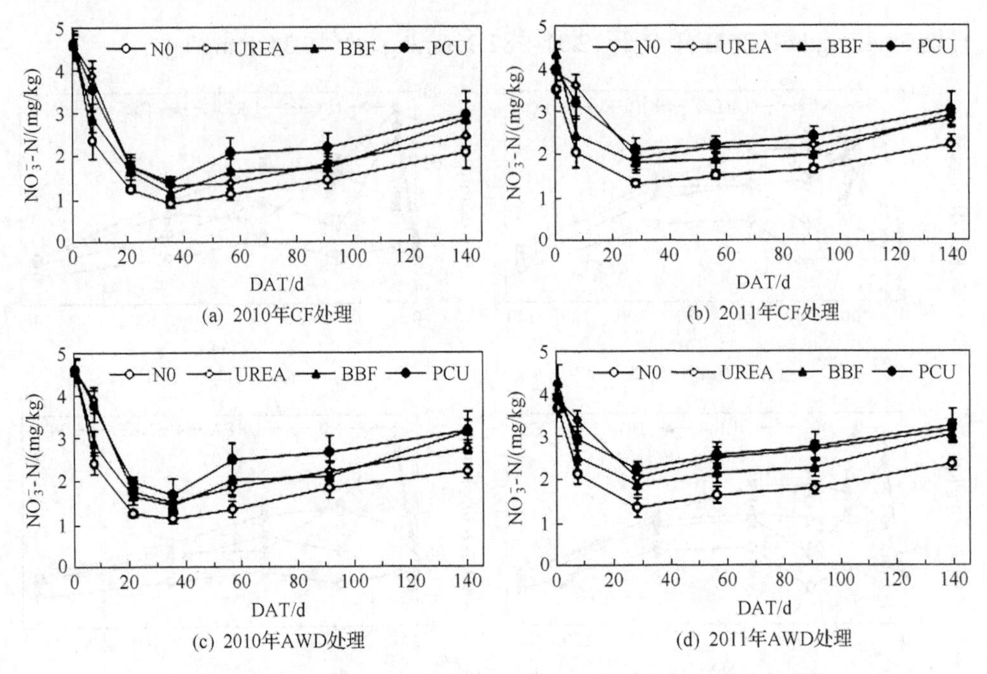

图 1.34　2010 年和 2011 年不同水肥管理土壤硝态氮含量动态变化

CF和AWD处理水稻生育期内土壤NO_3^--N含量2010年平均分别为2.36mg/kg和2.56mg/kg，2011年平均分别为2.55mg/kg和2.69mg/kg。节灌较淹灌处理土壤NO_3^--N的平均含量2010年提高8.5%，2011年提高5.5%，差异均达到显著水平。

N0、UREA、BBF和PCU处理水稻生育期内土壤NO_3^--N含量2010年平均分别为2.04mg/kg、2.56mg/kg、2.47mg/kg和2.78mg/kg，2011年平均分别为2.11mg/kg、2.85mg/kg、2.64mg/kg和2.90mg/kg。施氮处理较N0处理土壤NO_3^--N含量2010年提高21.1%～36.3%，2011年提高25.1%～37.4%，差异均达显著水平，表明氮肥提高了土壤硝态氮含量。与UREA相比，PCU提高了土壤NO_3^--N含量(1.8%～8.6%)，而BBF降低了土壤NO_3^--N含量(3.5%～7.4%)，但差异都不显著。

3)土壤亚硝态氮含量的动态变化

2010年和2011年水稻生育期不同水肥管理稻田土壤NO_2^--N含量见图1.35。土壤NO_2^--N的变化趋势与NO_3^--N相反，为先增加后下降。土壤NO_2^--N含量不大，2010年介于0.02～0.09mg/kg，2011年介于0.02～0.11mg/kg，平均都为0.05mg/kg。

不同灌溉模式对土壤NO_2^--N含量影响差异不大。各施氮处理较不施氮处理显著提高了水稻生育期土壤NO_2^--N的平均含量，2010年提高31.2%～36.1%，2011年提高33.6%～40.2%。但3种施氮处理对土壤NO_2^--N含量的影响差异不显著。

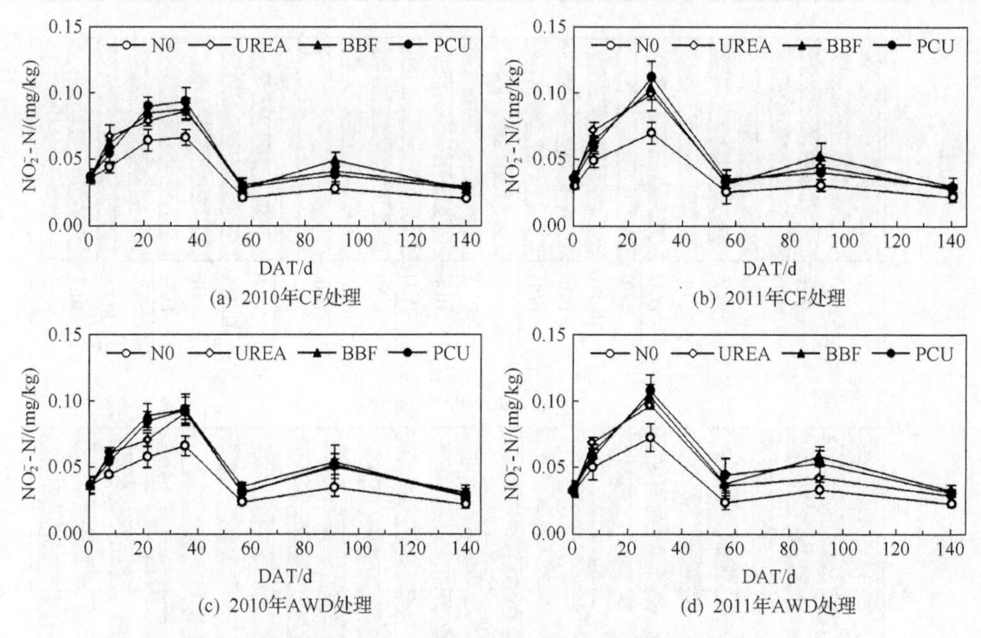

图 1.35　2010 年和 2011 年不同水肥管理土壤亚硝态氮含量动态变化

4) 土壤无机氮形态的动态变化

土壤氮素以有机氮为主，土壤无机氮占总氮的比例很低，2010 年为 0.49%～2.12%，2011 年为 0.44%～2.27%。无机氮中，主要以 NH_4^+-N 为主，占无机氮比例 2010 年为 80.6%～97.8%(92.2%)，2011 年为 81.8%～96.9%(91.3%)；NO_3^--N 占无机氮比例 2010 年为 2.1%～19.3%(7.6%)，2011 年为 2.9%～18.0%(8.6%)；NO_2^--N 占无机氮比例 2010 年为 0.04%～0.40%(0.14%)，2011 年为 0.07%～0.38%(0.15%)(图 1.36)。不同灌溉模式对各形态氮占无机氮比例影响差异不大。施氮提高了铵态氮占无机氮的比例而降低了硝态氮占无机氮的比例，但差异均不显著。

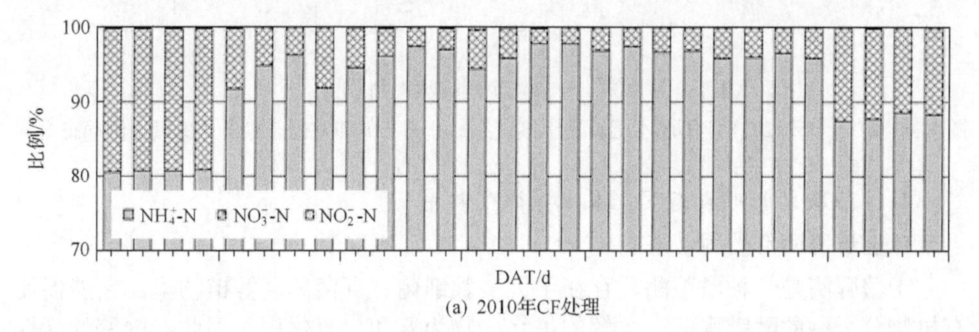

(a) 2010年CF处理

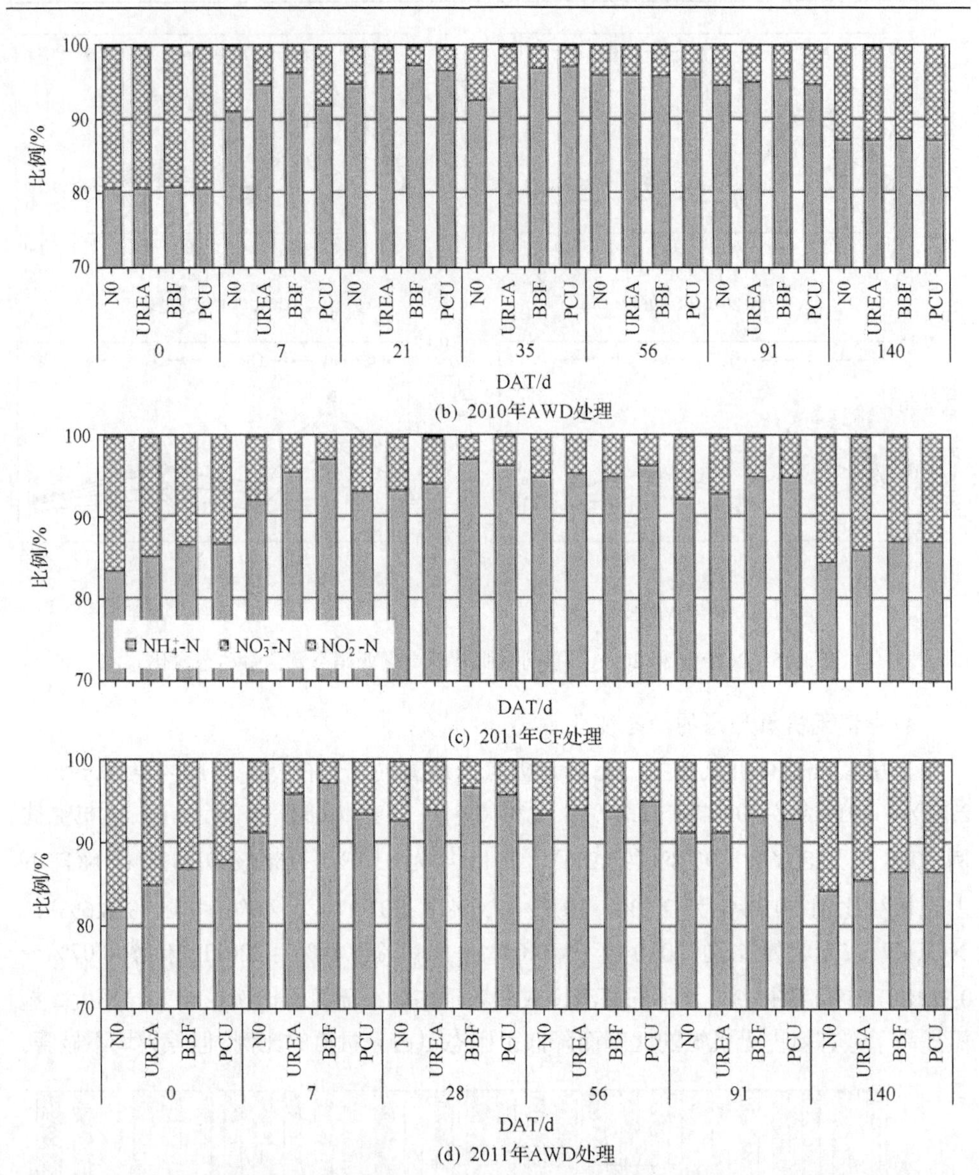

(b) 2010年AWD处理

(c) 2011年CF处理

(d) 2011年AWD处理

图 1.36　2010 年和 2011 年不同水肥管理土壤铵态氮、硝态氮和亚硝态氮占无机氮比例动态变化

4. 土壤酶活性的动态变化及土壤微生物量

1) 土壤脲酶活性的动态变化

土壤脲酶是一种酰胺酶，存在于大多数细菌、真菌和高等植物里。它能促使有机物分子中的酞键水解，水解的最终产物为氨和二氧化碳。因此，脲酶的活性可反映土壤有机氮向有效态氮的转化能力和土壤无机氮的供应能力。2010 年和 2011 年水稻移栽后不同水肥管理稻田土壤脲酶活性的动态变化见图 1.37。水稻生

育期内，脲酶活性总体表现为先增加后下降的趋势。各处理土壤脲酶活性 2010 年介于 0.12～0.32mg NH_4^+-N/(g · 24h)，平均 0.19mg NH_4^+-N/(g · 24h)；2011 年介于 0.11～0.33mg NH_4^+-N/(g · 24h)，平均 0.18mg NH_4^+-N/(g · 24h)。

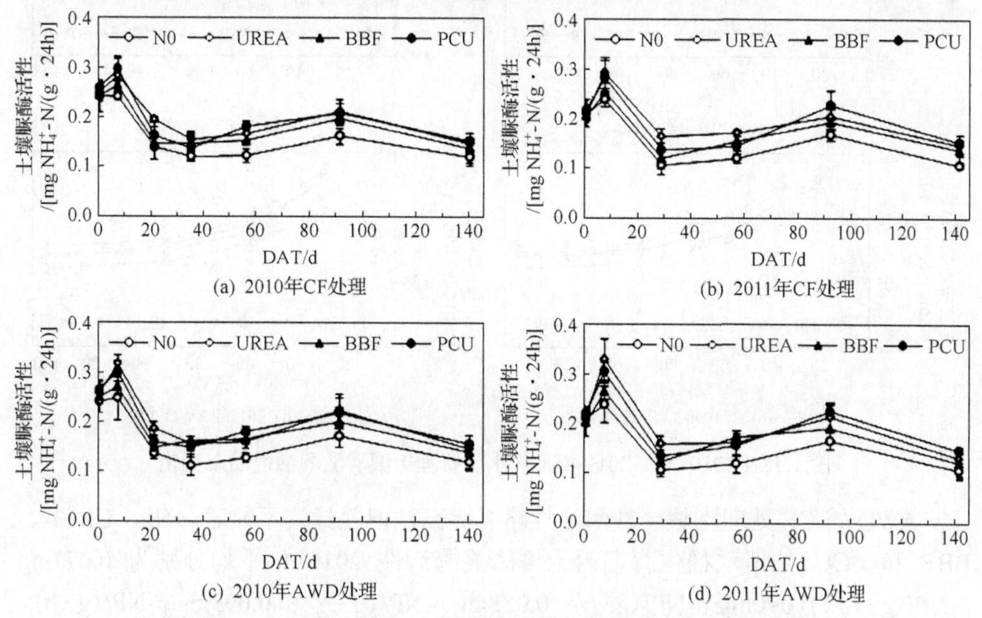

图 1.37　2010 年和 2011 年不同水肥管理土壤脲酶活性动态变化

AWD 较 CF 处理土壤脲酶活性 2010 年和 2011 年平均分别提高 3.0%和 2.4%，但差异均不显著。N0、UREA、BBF 和 PCU 处理水稻季内土壤脲酶活性 2010 年平均分别为 0.16mg NH_4^+-N/(g · 24h)、0.20mg NH_4^+-N/(g · 24h)、0.19mg NH_4^+-N/(g · 24h)和 0.20mg NH_4^+-N/(g · 24h)，2011 年平均分别为 0.16mg NH_4^+-N/(g · 24h)、0.20mg NH_4^+-N/(g · 24h)、0.18mg NH_4^+-N/(g · 24h)和 0.20mg NH_4^+-N/(g · 24h)。施氮较不施氮处理土壤脲酶活性 2010 年提高 19%～25.0%，2011 年提高 12.5%～25.0%，差异均达显著水平，表明施氮肥提高了土壤脲酶活性。不过，2 种控释肥较尿素处理土壤脲酶活性相差不大。

2）土壤磷酸酶活性的动态变化

土壤磷酸酶是催化土壤有机磷矿化水解的酶，其活性的高低直接影响着土壤中有机磷的分解转化和磷的生物有效性。2010 年和 2011 年水稻移栽后不同水肥管理稻田土壤磷酸酶活性的动态变化见图 1.38。水稻生育期内，磷酸酶活性总体也表现为先增加后下降的趋势。各处理土壤磷酸酶活性 2010 年介于 0.049～0.133mg p-NP/(g · h)，平均 0.087mg p-NP/(g · h)；2011 年介于 0.045～0.136mg p-NP/(g · h)，平均 0.084mg p-NP/(g · h)。

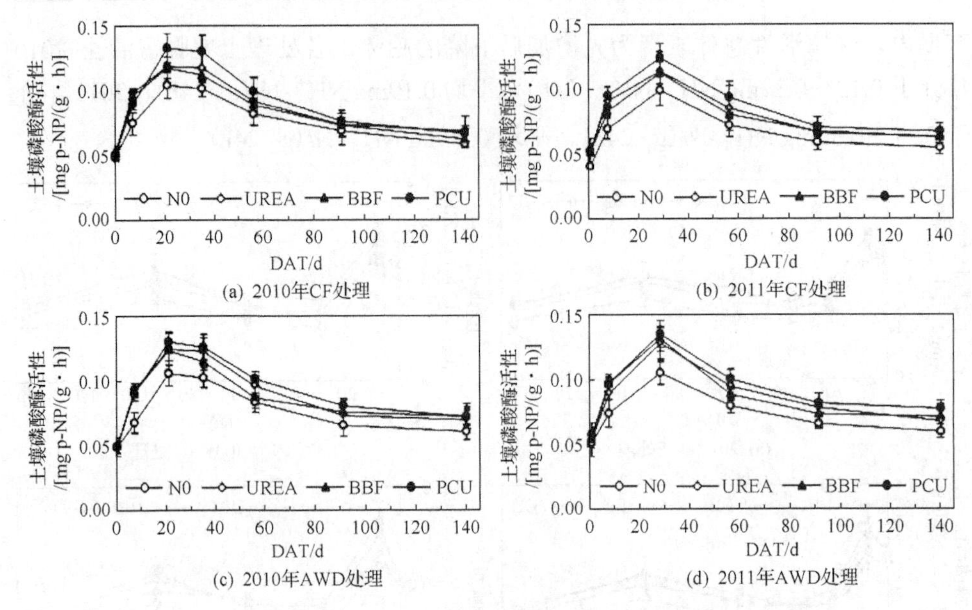

图 1.38　2010 年和 2011 年不同水肥管理土壤磷酸酶活性动态变化

AWD 较 CF 处理土壤磷酸酶活性略有提高，但差异均不显著。N0、UREA、BBF 和 PCU 处理水稻生育期内土壤磷酸酶活性 2010 年平均分别为 0.077mg p-NP/(g · h)、0.090mg p-NP/(g · h)、0.088mg p-NP/(g · h)和 0.093mg p-NP/(g · h)，2011 年平均分别为 0.073mg p-NP/(g · h)、0.086mg p-NP/(g · h)、0.085mg p-NP/(g · h)和 0.092mg p-NP/(g · h)。施氮较不施氮处理土壤磷酸酶活性 2010 年和 2011 年分别提高 14.3%～20.8%和 16.4%～26.0%，差异均达到显著水平，表明施用氮肥提高了土壤磷酸酶活性。此外，PCU 较 BBF 和 UREA 处理土壤磷酸酶活性有所提高，但差异未达到显著水平。

3) 收获期土壤微生物量碳氮磷

土壤微生物量是土壤生物化学过程的指示剂及活性养分库，也是反映土壤肥力的有效生物学指标。2010 年和 2011 年水稻收获期不同水肥管理稻田土壤微生物量碳(MBC)、微生物量氮(MBN)和微生物量磷(MBP)含量见图 1.39。

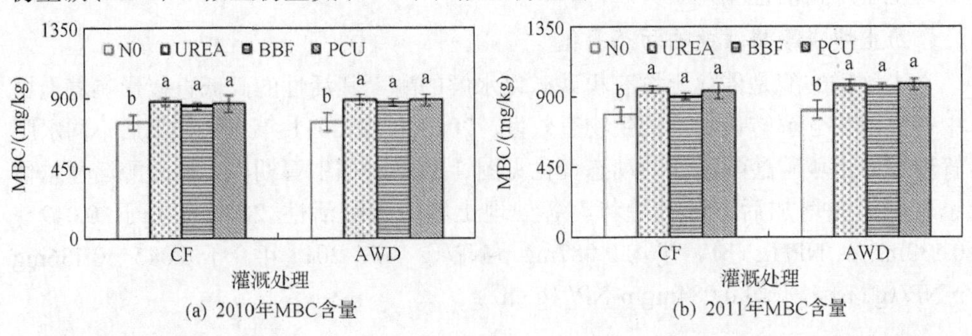

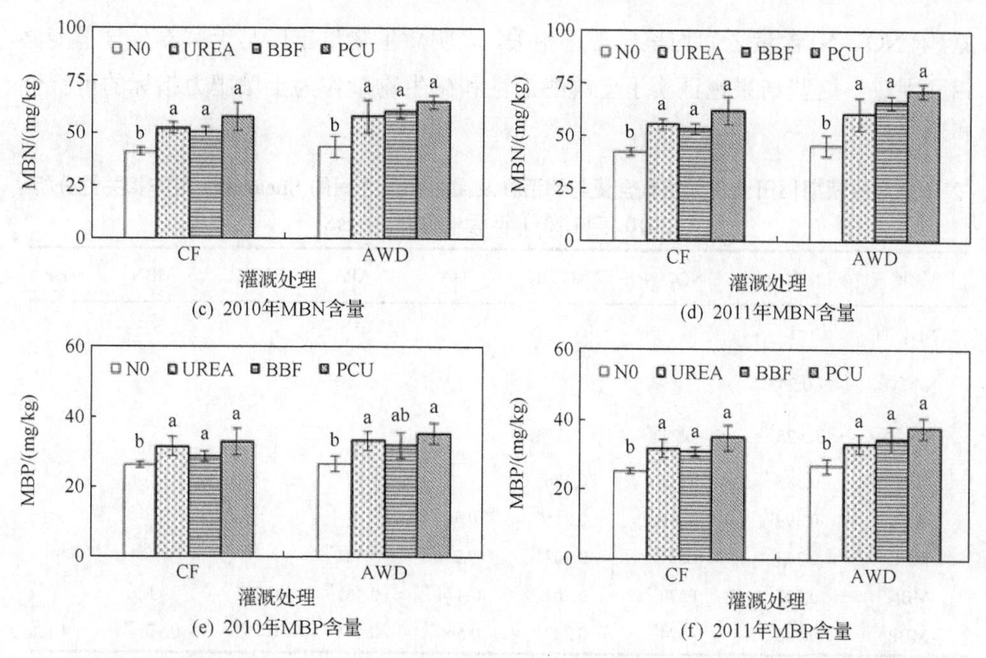

(c) 2010年MBN含量

(d) 2011年MBN含量

(e) 2010年MBP含量

(f) 2011年MBP含量

图 1.39　2010 年和 2011 年收获期不同水肥管理土壤 MBC、MBN 和 MBP 含量

AWD 较 CF 处理收获期土壤 MBC、MBN 和 MBP 含量 2010 年分别提高 2.9%、12.0%和 6.9%，2011 年分别提高 4.4%、14.2%和 7.5%。灌溉处理对 MBN 和 MBP 含量影响差异达到显著水平，但对 MBC 含量影响差异不显著。2010 年和 2011 年 UREA、BBF 和 PCU 处理较 N0 处理土壤 MBC 含量分别提高 18.5%～19.8%、15.6%～16.1%和 17.4%～19.5%，土壤 MBN 含量分别提高 30.5%～32.8%、31.0%～36.5%和 44.9%～52.8%，土壤 MBP 含量分别提高 22.4%～24.3%、14.7%～22.9%和 29.1%～38.7%，差异均达到显著水平，表明施氮能显著提高土壤微生物生物量。此外，3 种施氮处理对土壤 MBC 含量影响差异不显著，但是 PCU 较 BBF 和 UREA 处理显著提高了土壤 MBN 和 MBP 含量。

5. 相关性分析

收获期稻田土壤脲酶、磷酸酶活性及土壤微生物量碳氮磷与土壤无机氮含量的相关性分析见表 1.14。土壤脲酶和磷酸酶活性呈显著正相关，土壤 MBC、MBN 和 MBP 两两之间呈极显著正相关，微生物量与酶活性之间也呈显著正相关，表明土壤各微生物学性状并非相互孤立，而是土壤中密切联系的集合体。土壤脲酶活性与土壤 NH_4^+-N 和 NO_3^--N 含量均呈显著正相关，而土壤磷酸酶活性与土壤 NH_4^+-N 含量呈极显著正相关与 NO_3^--N 含量呈极显著负相关，这是因为脲酶活性直接影响土壤氮素转化和无机氮的含量。土壤 MBC、MBN 和 MBP 含量与无机氮(除NO_2^--N)含量之间均呈显著正相关，表明微生物量丰度与土壤养分含量能够相互促进。这些结果也证实了土壤酶活性和微生物量作为土壤肥力指标的可行性和适用性。

表 1.14 收获期稻田土壤无机氮含量与酶活性及微生物量之间的 Spearman 矩阵相关性分析
(2010 年与 2011 年两年数据，n=48)

变量	NH_4^+-N	NO_3^--N	NO_2^--N	UA	APA	MBC	MBN	MBP
NH_4^+-N	1							
NO_3^--N	–0.243*	1						
NO_2^--N	0.425**	–0.247*	1					
UA	0.385**	0.308*	0.186ns	1				
APA	0.399**	–0.404**	0.215ns	0.307*	1			
MBC	0.363**	0.631**	0.202ns	0.290*	0.321**	1		
MBN	0.628**	0.570**	0.261ns	0.474**	0.467**	0.815**	1	
MBP	0.538**	0.524**	0.239ns	0.566**	0.464**	0.773**	0.901**	1

注：UA、APA、MBC、MBN 和 MBP 分别代表土壤脲酶、磷酸酶、微生物量碳、微生物量氮和微生物量磷。*表示 p<0.05；**表示 p<0.01；ns 表示不显著。

1.6.2 讨论

1. 不同水肥管理对土壤 pH 动态变化的影响

土壤 pH 会影响土壤化学反应(Dong et al., 2012b)进而影响土壤养分的有效性和土壤肥力。水稻移栽后 7d 内各处理土壤 pH 均呈上升趋势(图 1.9)，这与田面水和渗漏水 pH 短期内上升情况(图 1.9 和图 1.10)类似。土壤淹水后会发生一系列反应，包括铁锰还原、水解作用、交换作用、铁解作用等，O_2、Mn^{4+}、Fe^{3+}、NO_3^-与SO_4^{2-}等离子态或(氢)氧化物被还原，消耗介质中的H^+，导致短期内土壤 pH 升高(纪雄辉等，2007b)，酸性土壤(pH5.0～6.5)中这种趋势尤为明显(黄昌勇，2000)。由此，CF 淹灌处理水稻生育期内土壤平均 pH 略高于 AWD 节灌，但两者之间差异不显著，表明节水灌溉对田间水-土酸碱平衡影响较小。随时间增长，土壤 pH 逐渐回落(图 1.28)，这与先前的研究结果(甲卡拉铁等，2009)类似。土壤 pH 后期回升，也归因于土壤本身强大的酸碱缓冲容量(黄昌勇，2000；汪吉东等，2011)。

施氮较不施氮提高了稻田土壤的 pH，与 Dong 等(2012b)的结果类似。这是因为尿素施入稻田后，以分子形态存在，淹水后处于氧化层的尿素在土壤微生物及脲酶的作用下发生水解生成碳酸铵、碳酸氢铵和氢氧化铵，这些生成物的弱碱性使其水溶液呈碱性，pH 为 7.0～7.2，导致土壤 pH 上升(甲卡拉铁等，2009)。

$$CO(NH_2)_2 2H_2O \longrightarrow (NH_4)_2CO_3$$

$$(NH_4)_2CO_3 + H_2O \longrightarrow NH_4HCO_3 + NH_4OH$$

UREA、BBF 和 PCU 处理对水稻生育期内稻田土壤 pH 影响差异不显著，这可能是因为这 3 种施肥处理氮、磷、钾施用量相同，向土壤中提供的盐基离子数量相当，各处理田面水、渗漏水和土壤间的酸碱离子交换后达到的平衡状态相近。

2. 不同水肥管理对土壤碳氮磷含量动态变化的影响

1)不同水肥管理对土壤有机碳含量动态变化的影响

农田土壤有机碳含量是决定土壤肥力的关键因子，也是不可或缺的土壤肥力指标(Schloter et al., 2003；Yang et al., 2005；Li et al., 2010)，还与全球碳循环密切相关。通过增加土壤有机碳储量以加大对大气 CO_2 的固持能够有效缓解大气 CO_2 浓度升高，从而达到生产和环境的双赢(邹焱等，2006；Li et al., 2010)。水稻移栽后，各处理 SOC 含量均明显降低(图 1.29)，这是因为移栽前翻耕耙田扰动加速了耕层土壤有机质矿化分解。随着水稻生长，植株生物量增加(表 1.6)，进入耕作层土壤的植株凋落物、衰老根系及根系的基质分泌物不断增加(Yang and Crowley, 2000)，土壤有机质逐渐增大。成熟期所有处理的 SOC 含量较灌浆期均有所降低(图 1.29)，这是因为收割前田间落干，通气性增加，部分有机质发生了矿化。各处理收获期 SOC 含量较移栽前期均有所增加，2011 年水稻季末不同处理 SOC 含量(22.31～23.17g/kg)较 2010 年实验前(21.75g/kg)提高了 2.6%～6.5%，表明土壤有机质呈积累趋势，稻田正在成为大气 CO_2 的“汇”。罗璐等(2013)指出我国南方稻田土壤由于特殊的生态环境和淹水状态，普遍被认为有机质含量较高、固碳趋势明显、固碳潜力较大，已成为一个最重要的“汇”而被广泛关注。

本书中，节灌较淹灌处理 SOC 略有降低，但差异不显著(图 1.29)。一方面，节灌处理稻田土壤的活性养分高(图 1.39)，植株生物量大(表 1.6)，通过根茬和根系分泌物返还给土壤的有机养分也会提高(骆坤等，2013)，使得节灌处理 SOC 含量增加。另一方面，稻田淹水条件下土壤有机质分解慢，而在节灌条件下，土壤通气状况和土壤温湿条件的改变，土壤微生物活性增强，有机质分解转化加快(邹焱等，2006；Chen et al., 2012)，使得节灌处理 SOC 含量降低。节灌和淹灌处理 SOC 的含量差异不大是植物残茬和基质分泌物等有机质的输入与土壤微生物分解矿化等有机质输出之间平衡的结果(任军等，2009；骆坤等，2013)。

施入土壤的肥料能直接或间接地调控土壤有机质的输入，一定程度上影响着土壤有机碳的积累和矿化(Sanjay et al., 2009)。已有研究指出，连续的肥料投入能够提高稻田耕层土壤有机碳、全氮及其他养分的含量(Dong et al., 2012b)。这是因为稻田本身的根茬还田对其有机碳含量的影响较大(申小冉等，2011)，施用氮磷钾化肥，能够促进作物生长，增加地下部分的生物量，即增加根茬有机物料的输入和碳的归还量，从而提高土壤有机质含量(Mandal et al., 2007；Dong et al., 2012b)。本书中，各施氮处理较不施氮处理 SOC 提高了 1.0%～1.9%($p<0.05$)。尽管水稻收割后的休耕期间会有部分土壤有机质矿化耗损，使得最终 SOC 提高幅度有所下降，但考虑农田土壤有机碳库小幅的提高即可捕集较为可观的大气 CO_2(任军等，2009)，因此通过合理施肥来提高农田土壤有机碳储量使农田作为“碳汇”成为一种可能。本书中，PCU 较 BBF 和 UREA 处理获得了更高的 SOC，这可能得益于施用树脂包膜尿素后水稻的生物量最高(表 1.6)，根茬还田量最大。

2)不同水肥管理对土壤总氮含量动态变化的影响

土壤氮循环也是农田生态系统基本的生态过程之一，对农田生态系统的稳定性、生产力及其环境效应具有关键性的影响。土壤中的总氮含量不仅与土壤本身性质有关，还与灌溉、施肥、耕作等密切相关(骆坤等，2013)。土壤氮含量越高，土壤的供氮能力越强。

如前所述，不同灌溉会改变稻田土壤氮素的迁移、流失(朱成立和张展羽，2003)及水稻氮素吸收量(Sun et al., 2012)，进而引起土壤氮素含量的改变。对 2010 年和 2011 年稻田土壤 TN 含量的监测表明，成熟期前节灌处理土壤 TN 含量略高于淹灌(2010 年提高 0.35%～1.01%，2011 年提高 0.06%～0.88%)，而收获期节灌处理土壤TN含量较淹灌略有下降(2010年降低0.51%，2011年降低0.53%)(图1.30)。这是因为：①节灌水稻苗期到孕穗期田间土壤氮素径流和渗漏损失量(表 1.2 和表 1.3)及水稻总氮积累量(图 1.23)均较淹灌要低一些，因此这一阶段其土壤氮残留量稍高于淹灌；②灌浆期至成熟期，节灌为水稻生长创造了更好的水-土环境，使得节灌处理稻田水稻吸氮量大幅增加，超过淹灌处理；③灌浆期—成熟期处于秋季，气温较苗期—孕穗期所处的夏季大幅降低，其田面水氮素浓度也处于较低水平(图 1.11)，使得这一阶段田间的氨挥发氮素损失量不高，最终收获时节灌处理稻田土壤 TN 残留量低于淹灌。不过水稻生育期内节灌处理稻田 TN 平均含量仍高于淹灌，但差异未达到显著水平。

施氮会直接影响土壤氮素含量。杜建军等(1998)认为，施用氮肥能够明显提高土壤 0～60cm 的 TN 含量。骆坤等(2013)报道，施氮显著影响了东北黑土表层(0～20cm)土壤 TN 含量，但对亚表层(20～40cm)TN 含量无显著影响。申小冉等(2011)对 34 个国家级耕地质量监测点 1986～2006 年 20 年连续监测数据进行统计分析发现，常规施肥下我国稻田耕层土壤 TN 含量显著增加，后 10 年比前 10 年增加了 13%～20%。本书也发现，各施氮处理(UREA、BBF 和 PCU)较 N0 处理显著提高了水稻生育期土壤 TN 平均含量(2010 年提高 2.4%～3.9%，2011 年提高

4.4%～6.8%)。3 种施氮处理中，以 BBF 处理土壤 TN 含量最大，这可能是因为等氮条件下，BBF 处理收获期水稻植株总氮积累量较 UREA 和 PCU 稍低一些(图 1.23)，使得 BBF 处理土壤残留氮素更高。此外，与 2010 年实验前土壤 TN 含量(3.46g/kg)相比，2011 年水稻季末各施氮处理土壤 TN 含量(3.50～3.55g/kg)均有所提高，增幅为 1.2%～2.5%，表明当前施氮水平下土壤氮素出现了积累，而 2011 年季末不施氮处理土壤 TN 含量(3.33g/kg)较实验前明显降低，降幅为 3.4%，表明不施氮处理土壤总氮已发生明显的耗损。

3)不同水肥管理对土壤总磷含量动态变化的影响

土壤是农业生态系统中磷最大的储存库，我国土壤 TP 含量一般在 0.2～1.1g/kg，易被植物利用的磷(有效磷)只占很小的一部分(黄昌勇，2000)。据估算，我国有 1/3～1/2 的土壤缺磷(杨佳佳等，2009)，不过在部分集约化作物种植区如太湖地区，连续大量的磷肥施用已经造成了区域性农田的磷盈余(王慎强等，2012；颜晓等，2013)，富磷土壤的磷素流失已经成为湖库水体富营养化的重要污染源(Zuo et al., 2003)。

田间不同水分管理会影响稻田土壤磷素的迁移、流失(朱成立和张展羽，2003；牛新湘和马兴旺，2011)及水稻磷素的吸收(吕国安等，2000；Rabeharisoa et al., 2012)，从而影响土壤磷素的转化和积累。与氮不同，磷在自然界中几乎不以气态形式存在，在水-土界面中不会挥发，所以施入土壤的磷除少部分随地表径流和地下渗漏流失外，大部分被水稻吸收，未被水稻吸收的磷则残留于土壤中，使得土壤全磷含量增加。本书中，2010 年和 2011 年 AWD 较 CF 处理土壤 TP 平均含量分别提高了 2.3%和 2.4%，差异均达到显著水平。淹灌处理稻田总磷径流和渗漏流失量较节灌更高(表 1.4 和表 1.5)，同时淹灌处理水稻植株吸磷量也明显高于节灌(图 1.23)，这使得淹灌处理稻田磷素的输出量更大，因而淹灌处理土壤 TP 含量低于节灌。

磷肥施入土壤后容易被土壤 Fe、Al、Ca 和 Mn 等金属离子(黄昌勇，2000；Rabeharisoa et al., 2012)和土壤胶体颗粒(Holden et al., 2004)结合固定，转变成难以被植物利用的形态，使得磷的当季利用率很低。为了维持农业高产，势必要向农田中投入大量的磷肥，导致土壤磷大量的积累和盈余(张福锁等，2008；宋春和韩晓增，2009)。本书中各处理收获期土壤 TP 含量较实验前均有所增加，2011 年水稻收获期各处理土壤 TP 含量(0.33～0.36g/kg)较 2010 年施肥前(0.32g/kg)提高了 3.6%～11.6%。这是因为收获期各处理水稻地上部当季吸磷量为 24.1～46.5kg/hm^2(图 1.23)，显著低于水稻当季总施磷量(52.4kg P/hm^2)。N0 处理的水稻磷积累量不到总施磷量的一半，使其土壤磷残留量显著高于 UREA、BBF 和 PCU 处理。相反，PCU 处理的水稻植株吸磷量最高(图 1.23)，使得收获期 PCU 处理土壤 TP 含量最低(图 1.31)。

3. 不同水肥管理对土壤无机氮含量及形态动态变化的影响

氮素在土壤中的迁移和转化是一个较为复杂的物理-化学-生物综合作用的过程，不同形态的氮素在迁移转化过程是相互影响、相互关联的(贾亚斌，2014)。土壤中的氮以有机和无机两种形态存在，土壤有机氮占总氮的比例往往超过90%(Trenkel, 2010)。无机氮主要以 NH_4^+-N 和 NO_3^--N 存在，且 NH_4^+-N 和 NO_3^--N 可直接被植物吸收利用(孙志高和刘景双，2008)。土壤 NO_2^--N 在土壤无机氮中所占比例很低，一般研究的不多。稻田土壤氮素的迁移转化是田间氮素生物地球化学过程的重要环节(黄昌勇，2000)。研究稻田土壤中铵态氮、硝态氮和亚硝态氮的动态变化及其对水肥管理的响应，对于了解稻田生态系统的生产力和氮素养分循环具有重要的意义。

稻田水分管理会影响微生物区系和活力，进而影响土壤硝化-反硝化过程，改变土壤无机氮含量(Chen et al., 2012)。本书中，不同灌溉模式对稻田土壤 NH_4^+-N、NO_3^--N 和 NO_2^--N 含量的影响不同。AWD 较 CF 处理处理土壤 NH_4^+-N 含量有所降低(2010 年降低 4.5%，2011 年降低 7.2%)(图 1.33)，土壤 NO_3^--N 含量显著增加(2010 年提高 8.5%，2011 年提高 5.5%)(图 1.34)，土壤 NO_2^--N 含量稍有增加(2010 年提高 2.0%，2011 年提高 1.5%)(图 1.35)。这是因为淹灌稻田的田面水层降低了水-土界面的空气交换，抑制了需氧的硝化作用(Zhu et al., 2012)，同时淹水土壤处于强还原状态，无机氮绝大多数以 NH_4^+-N 形式存在(Tian et al., 2007; 胡玉婷等，2011)，所以淹灌处理土壤 NH_4^+-N 含量较节灌更高；相反，干湿交替节灌提高了表层土壤的含氧量(Zhu et al., 2012；张静等，2014)，硝化作用强，土壤 NO_3^--N 含量较淹灌处理大幅增加。土壤 NO_2^--N 在土壤中的周转速率快，且本身含量很低(不足总无机氮的 0.5%，图 1.36)，因此受土壤水分管理影响较小。

施肥能显著增加土壤无机氮含量，引起无机氮在土壤中大量累积，增加氮素淋失的潜在风险(张春等，2013)。本书中，施氮显著提高了土壤各形态无机氮含量，其中土壤 NH_4^+-N 含量提高 66.8%～119.7%(图 1.33)，NO_3^--N 含量提高 21.1%～37.4%(图 1.34)，NO_2^--N 含量提高 31.2%～40.2%(图 1.35)。土壤 NH_4^+-N 含量提高幅度最大，使得土壤铵态氮占无机氮的比例也随施氮而提高(图 1.36)。PCU 处理土壤 NH_4^+-N 含量的变化趋势明显有别于 BBF 和 UREA(图 1.33)，呈倒开口抛物线型变化，这证实了树脂包膜尿素对氮素的控释效果好，养分前期释放低，中后期释放量高。控释 BB 肥因含有 30%的速效氮源，其一次性施用后田间土壤 NH_4^+-N 含量变化与分三次施用的普通尿素处理相当，这是其产量与常规尿素处理相近(表 1.7)的重要原因。进一步的分析表明，收获期时，BBF 和 PCU 较 UREA

处理土壤总无机氮含量显著提高(2010 年分别提高 20.1%和 19.4%，2011 年分别提高 8.4%和 13.7%)，主要是因为施用控释肥后土壤 NH_4^+-N 含量(占无机氮 80%以上)有较大幅度的提高。控释 BB 肥和树脂包膜尿素较常规尿素能够提高收获期稻田土壤铵态氮含量，增加的铵态氮残留将有利于下一茬水稻的生长。

4. 不同水肥管理对土壤酶活性及微生物量的影响

土壤酶活性和土壤微生物量作为反映土壤肥力的有效生物学指标，是土壤生态系统中最活跃的组分，对土壤环境因子的变化极为敏感，极易受气候条件、土地利用方式、作物类型、种植方式、水分管理与施肥措施等影响(杨长明等，2004；Bhattacharyya et al., 2005；刘恩科等，2008)。

干湿交替节水灌溉能形成土壤水分轻度亏缺，在不影响微生物生命需水的情况下有效地改善了土壤通气状况，促进了土壤有机质矿化，有利于微生物的生长繁殖(Chen et al., 2012)。相反，连续淹灌降低了土壤的透气性，限制了土壤腐殖质的分解和微生物的繁殖(肖新等，2013)。因此，与淹灌相比，节灌能提高土壤酶活性和微生物量(杨长明等，2004；Yang et al., 2005；肖新等，2013)。此外，采用干湿交替灌溉，水稻植株有较大的根系生物量和根系活力，根系分泌物增多(Yang and Crowley, 2000)也可能是土壤酶活性和微生物量增加的重要原因。本书结论也表明，干湿交替节灌较常规淹灌提高了稻田土壤脲酶活性(图 1.37)、磷酸酶活性(图 1.38)及微生物量碳氮磷(图 1.39)，尽管有些指标未达到显著水平。

施肥能改变土壤物理、化学和生物学特性，从而影响土壤酶活性及微生物量(Nayak et al., 2007；刘益仁等，2012)。本书中，施氮处理较不施氮处理显著提高了土壤脲酶和酸性磷酸酶的活性(图 1.37 和图 1.38)，与前人的研究结果相同(Nayak et al., 2007；刘恩科等，2008；肖新等，2013)。这是因为增施氮肥为土壤脲酶的酶促反应提供了大量的基质，增强了土壤脲酶活性，同时施氮改善了土壤微生物的氮素营养，促进其繁殖并向土壤中分泌更多的脲酶(肖新等，2013)。增施氮肥也提高了土壤磷酸酶活性(图 1.38)，这可能是施氮提高了植物磷素吸收(图 1.23)，造成土壤溶液中有效磷浓度降低，从而刺激了土壤磷酸酶活性的提高。

各施氮处理较 N0 处理均显著提高了土壤 MBC、MBN 和 MBP 含量(图 1.39)。施肥增加了水稻生物产量，因而作物残留在田间的根茬量及根系基质分泌物也相应增加(Lupwayi et al., 2010)，能够为土壤微生物提供更多的栖息场所和有机质养分(申小冉等，2011)，促进微生物活性增强和生物量提高(Bhattacharyya et al., 2005；Zhong and Cai, 2007)。与 BBF 和 UREA 处理相比，PCU 处理水稻收获期植株生物量均最高，因此成熟期时树脂包膜尿素处理的土壤脲酶和磷酸酶活性(图 1.37 和图 1.38)及土壤 MBC、MBN 和 MBP 含量(图 1.39)在 3 种施氮处理中最大。

Lupwayi 等(2010)在旱地作物中也报道，各处理的土壤 MBC 含量排序为树脂包膜尿素>常规尿素>不施氮处理。

1.7 小　结

1)水肥管理对稻田氮素径流和渗漏损失的影响

(1)田面水和渗漏水 pH 平均分别介于 6.0～8.4 和 5.8～6.7，均受施肥、降雨和土壤 pH 的综合影响。常规尿素与含 30%速效氮源的控释 BB 肥在施肥后第 1d 田面水 TN、NH_4^+-N 和 NO_3^--N 浓度即达到峰值，而树脂包膜尿素施用后第 5d 田面水 TN 和 NH_4^+-N 浓度才达到峰值。各处理渗漏水 TN、NH_4^+-N、NO_3^--N (PCU 处理除外)和 NO_2^--N 浓度均在施肥后 10d 内达到峰值。田面水和渗漏水氮素以无机形态存在，NH_4^+-N 是水样氮素的主要形态，占 TN60%～70%，NO_3^--N 占 TN13%～19%，NO_2^--N 占 TN1.3%～2.2%。

(2)与淹灌相比，节灌田面水和渗漏水氮素浓度略有提高，但其田间灌溉量减少 28.0%～41.9%，径流量下降 19.1%～57.9%，渗漏量降低 14.2%～21.9%，稻田 TN 径流流失量和渗漏淋失量分别显著降低 51.6%(2010 年)和 9.4%(2011 年)。

(3)施氮显著提高了田面水和渗漏水氮素浓度及 TN 径流和渗漏损失量。控释 BB 肥和树脂包膜尿素较常规尿素显著降低了田面水和渗漏水的氮素浓度及 TN 径流和渗漏损失量。

(4)干湿交替节灌结合控释肥(尤其是树脂包膜尿素)施用较常规水肥管理能节省水资源、降低稻田氮素径流和渗漏损失。

2)水肥管理对稻田磷素径流和渗漏损失的影响

(1)田面水 TP 和 DP 浓度变化趋势相同，均在施肥后 1d 达到峰值，之后急剧下降；渗漏水 TP 和 DP 浓度变化趋势也相同，均在施肥后 7d 达到峰值，然后逐渐下降。PP 是田面水磷素的主要形态，DP 是渗漏水磷素的主要形态。

(2)与淹灌相比，节灌处理小幅降低了田面水和渗漏水磷素浓度，但对水样 DP 占 TP 的比例影响不大。同时，节灌处理稻田 TP 径流流失量降低 24.7%～57.4%，渗漏淋失量降低 21.0%～25.8%。

(3)等施磷量下，施氮显著增大了田面水和渗漏水磷浓度及稻田 TP 径流和渗漏损失量。与常规尿素相比，控释 BB 肥提高了而树脂包膜尿素降低了田面水和渗漏水磷素浓度及 TP 径流和渗漏损失量。

(4)干湿交替节灌结合树脂包膜尿素施用较常规水肥管理能有效降低稻田磷素径流和渗漏损失。

3) 水肥管理对水稻生长、产量和水肥利用率的影响

(1) 节灌较淹灌处理、施氮较不施氮处理均显著提高了水稻干物质积累量、产量和水肥利用效率。控释 BB 肥与常规尿素处理水稻上述指标差异不大，均显著低于树脂包膜尿素处理。水肥交互效应对水稻干物质量、产量和氮肥利用率影响不显著，但对水分利用率影响显著。

(2) 干湿交替节灌结合树脂包膜尿素施用较常规水肥管理能有效降低田间水分输入，显著提高水稻产量，从而大幅提高水稻水分和氮肥利用率。

4) 水肥管理对水稻碳氮磷吸收、积累、分配及碳氮磷化学计量比的影响

(1) 水稻植株碳氮磷浓度、积累量、分配比例和化学计量比均随组织部和生育期的不同而变化。不同灌溉模式和氮肥管理对水稻植株碳氮磷吸收、积累、分配和化学计量关系有较大影响，但水肥交互效应几乎均未达到显著水平。

(2) 2 种灌溉处理植株碳、氮的浓度和积累量相差不大，植株 C∶N 相当，但节灌显著降低了水稻末期植株磷的浓度和积累量，植株 N∶P 和 C∶P 显著提高。施氮显著提高了植株氮浓度、小幅提高了植株磷浓度，但对植株碳浓度影响不大，进而显著提高了植株 N∶P，降低了植株 C∶N 和 C∶P。

(3) 水稻各组织内部和组织之间的 C∶N∶P 化学计量比高度相关，且 C∶N 和 N∶P 较 C∶P 在评估水稻元素相对生理利用和化学计量关系方面更有指导意义。

(4) 应用 N∶P 解析了太湖地区常规施肥水平下水稻生长受氮磷共同限制。

5) 水肥管理对稻田土壤理化性状和微生物学特性的影响

(1) 水稻移栽后稻田土壤 pH、TN、TP、NH_4^+-N 和 NO_2^--N 含量及土壤脲酶和磷酸酶活性均为先增加后下降；NO_3^--N 含量为先下降后上升；SOC 含量为先下降后上升之后再下降。2011 年收获期各处理的 SOC 和 TP 含量及施氮处理的 TN 含量较 2010 年实验前均有不同幅度的提高，呈积累趋势，而不施氮处理土壤 TN 含量显著降低，出现了耗损。稻田土壤无机氮仅占全氮 0.44%～2.27%。NH_4^+-N 占无机氮 80.6%～97.8%，NO_3^--N 占无机氮 2.1%～19.3%，NO_2^--N 占无机氮不足 0.5%，可忽略不计。

(2) 与淹灌相比，节灌降低了土壤 pH、SOC 和 NH_4^+-N 含量，但提高了 TN、TP、NO_3^--N 和 NO_2^--N 含量，增大了土壤脲酶和磷酸酶活性及微生物量碳氮磷。其中，对土壤 TP 和 NO_3^--N 含量及土壤 MBN 和 MBP 的影响差异达到显著水平。

(3) 施氮显著降低了土壤 TP 含量，但显著提高了土壤其他理化(pH、SOC、TN、NH_4^+-N、NO_3^--N 和 NO_2^--N) 和生物学指标(脲酶和磷酸酶活性及微生物量碳氮磷)。树脂包膜尿素较控释 BB 肥和常规尿素处理土壤养分含量更高，微生物学性状更优。

(4)干湿交替节灌结合树脂包膜尿素的水肥管理改善了土壤的各项理化和微生物学性状，提高了土壤肥力，有利于维持土壤质量和增加稻田系统生产力。

综上，干湿交替节灌与树脂包膜尿素施用相结合的水肥管理对稻田节水、水稻增产、水肥利用效率提高、土壤肥力改善及农业面源污染减排发挥了积极作用，能够作为流域内经济适用的水稻水肥管理方式加以大规模推广运用。

参考文献

鲍士旦. 2000. 土壤与农业化学分析(第三版). 北京: 中国农业出版社: 268-270.

曹志洪, 林先贵, 杨林章, 等. 2005. 论“稻田圈”在保护城乡生态环境中的功能Ⅰ. 稻田土壤磷素径流迁移流失的特征. 土壤学报, 42(5): 799-803.

陈强, 崔斌, 张逢星. 2000. 缓释肥料的研究与进展. 宝鸡文理学院学报(自然科学版), 20(3): 189-200.

陈贤友, 吴良欢, 韩科峰, 等. 2010. 包膜尿素和普通尿素不同掺混比例对水稻产量与氮肥利用率的影响. 植物营养与肥料学报, 16(4): 918-923.

陈星, 李亚娟, 刘丽, 等. 2012. 灌溉模式和供氮水平对水稻氮素利用效率的影响. 植物营养与肥料学报, 18(2): 283-290.

陈玉民, 孙景生, 肖俊夫. 1997. 节水灌溉的土壤水分控制标准问题研究. 灌溉排水, 16(1): 24-28.

程传敏, 曹翠玉. 1997. 干湿交替过程中石灰性土壤无机磷的转化及有效性. 土壤学报, 34(4): 382-391.

丁维军, 陶林海, 吴林, 等. 2013. 新型缓释尿素对削减温室气体、NH_3排放和淋溶作用的研究. 环境科学学报, 33(10): 2840-2847.

杜昌文, 周健民. 2002. 控释肥料的研制及其进展. 土壤, (3): 127-133.

杜建军, 李生秀, 李世清, 等. 1998. 不同肥水条件对旱地土壤供氮能力的影响. 西北农业大学学报, 26(6): 1-5.

杜建军, 毋永龙, 田吉林, 等. 2007. 控/缓释肥料减少氨挥发和氮淋溶的效果研究. 水土保持学报, 21(2): 49-52.

樊小林, 刘芳, 廖照源, 等. 2009. 我国控释肥料研究的现状和展望. 植物营养与肥料学报, 15(2): 463-473.

冯蕾, 童成立, 石辉, 等. 2011. 不同氮磷钾施肥方式对水稻碳、氮累积与分配的影响. 应用生态学报, 22(10): 2615-2621.

高杨, 王霞, 宋付朋, 等. 2010. 模拟降雨条件下树脂包膜控释尿素对土壤氮素流失的控制效应. 水土保持学报, 24(3): 9-12.

龚少红, 崔远来, 黄介生, 等. 2005. 不同水肥处理条件下水稻生理指标及产量变化规律. 节水灌溉, (2): 1-4.

谷佳林, 徐秋明, 曹兵, 等. 2007. 缓控释肥料的研究现状与展望. 安徽农业科学, 35(32): 10369-10372.

谷佳林, 曹兵, 李亚星, 等. 2008. 缓控释氮素肥料的研究现状与展望. 土壤通报, 39(2): 431-434.

关松荫. 1986. 土壤酶及其研究方法. 北京: 农业出版社: 294-297.

何刚, 张崇玉, 王玺, 等. 2010. 包膜缓释肥料的研究进展及发展前景. 贵州农业科学, 38(6): 141-145.

胡安永, 刘勤, 孙星, 等. 2014. 太湖地区不同轮作模式下的稻田氮素平衡研究. 中国生态农业学报, 22(5): 509-515.

胡玉婷, 廖千家骅, 王书伟, 等. 2011. 中国农田氮淋失相关因素分析及总氮淋失量估算. 土壤, 43(1): 19-25.

黄昌勇. 2000. 土壤学. 北京: 中国农业出版社: 171-218.

黄明蔚, 刘敏, 陆敏, 等. 2007. 稻麦轮作农田系统中氮素渗漏流失的研究. 环境科学学报, 27(4): 629-636.

黄文江, 黄义德, 王纪华, 等. 2003. 水稻旱作对其生长量和经济产量的影响. 干旱地区农业研究, 21(4): 15-19.

纪雄辉, 郑圣先, 聂军, 等. 2007a. 稻田土壤上控释氮肥的氮素利用率与硝态氮的淋溶损失. 土壤通报, 38(3): 467-471.
纪雄辉, 郑圣先, 鲁艳红, 等. 2007b. 控释氮肥对洞庭湖区双季稻田表面水氮素动态及其径流损失的影响. 应用生态学报, 18(7): 1432-1440.
甲卡拉铁, 喻华, 冯文强, 等. 2009. 淹水条件下不同氮磷钾肥对土壤 pH 和镉有效性的影响研究. 环境科学, 30(11): 3414-3421.
贾亚斌. 2014. 再生水灌溉下农田氮素转移规律研究. 广东农业科学, (4): 93-95.
江云, 马友华, 陈伟, 等. 2007. 作物水分利用率的影响因素及其提高途径探讨. 中国农学通报, 23(9): 269-273.
姜萍, 袁永坤, 朱日恒, 等. 2013. 节水灌溉条件下稻田氮素径流与渗漏流失特征研究. 农业环境科学学报, 32(8): 1592-1596.
蒋曦龙, 陈宝成, 张民, 等. 2014. 控释肥氮素释放与水稻氮素吸收相关性研究. 水土保持学报, 28(1): 215-220.
金洁, 杨京平, 施洪鑫, 等. 2005. 水稻田面水中氮磷素的动态特征研究. 农业环境科学学报, 24(2): 357-361.
李津津, 姚菊祥, 郑洪福, 等. 2009. 南太湖区域水浆管理技术与稻田磷素流失控制的研究. 环境科学学报, 29(2): 389-396.
李静, 闵庆文, 李文华, 等. 2014. 太湖流域平原河网区农业污染研究——以常州市和宜兴市为例. 生态与农村环境学报, 30(2): 167-173.
李卫正, 王改萍, 张焕朝, 等. 2007. 两种水稻土磷素渗漏流失及其与 Olsen 磷的关系. 南京林业大学学报(自然科学版), 31(3): 52-56.
李卫华, 陈超, 黄东风, 等. 2008. 缓/控释肥的最新研究动态及其展望. 水土保持研究, 15(6): 263-266.
李香兰, 徐华, 蔡祖聪. 2009. 水分管理影响稻田氧化亚氮排放研究进展. 土壤, 41(1): 1-7.
李学平, 孙燕, 石孝均. 2008. 紫色土稻田磷素淋失特征及其对地下水的影响. 环境科学学报, 28(9): 1832-1838.
李月, 廖水姣. 2010. 聚合物包膜肥料养分控释研究进展. 胶体与聚合物, 28(2): 85-88.
梁邦. 2013. 缓/控释肥料的研究现状和发展趋势. 农村经济与科技, 24(5): 77-80.
梁新强, 田光明, 李华, 等. 2005. 天然降雨条件下水稻田氮磷径流流失特征研究. 水土保持学报, 19(1): 59-63.
刘恩科, 赵秉强, 李秀英, 等. 2008. 长期施肥对土壤微生物量及土壤酶活性的影响. 植物生态学报, 32(1): 176-182.
刘晗, 吕国安. 2009. 不同水肥处理对水稻产量构成因素及产量的影响. 安徽农学通报, 15(3): 100-101.
刘益仁, 郁洁, 李想, 等. 2012. 有机无机肥配施对麦-稻轮作系统土壤微生物学特性的影响. 农业环境科学学报, 31(5): 989-994.
刘展鹏, 陈慧梅. 2013. 稻田磷素流失及其环境效应分析. 黑龙江水利科技, 41(10): 1-4.
鲁如坤. 2000. 土壤农业化学分析方法. 北京: 中国农业科技出版社: 248-255.
陆桂华, 张建华. 2014. 太湖水环境综合治理的现状、问题及对策. 水资源保护, 30(2): 67-69.
陆宏鑫, 吕伟娅, 严成银, 等. 2013. 太湖流域农业面源污染防治研究现状与展望. 西南给排水, 35(3): 42-47.
吕国安, 李远华, 沙宗尧, 等. 2000. 节水灌溉对水稻磷素营养的影响. 灌溉排水, 19(4): 10-12.
吕云峰. 2006. SCU缓释氮肥. 中国化工学会化肥专业委员会. 全国第11届磷复(混)肥生产技术交流会论会资料集: 6.
罗斌, 束维正. 2010. 我国缓控释肥料的研究现状与展望. 化肥设计, 48(6): 58-60.
罗璐, 周萍, 童成立, 等. 2013. 长期施肥措施下稻田土壤有机质稳定性研究. 环境科学, 34 (2): 692-697.
骆坤, 胡荣桂, 张文菊, 等. 2013. 黑土有机碳、氮及其活性对长期施肥的响应. 环境科学, 34(2): 676-684.
茆智. 2002. 水稻节水灌溉及其对环境的影响. 中国工程科学, 4(7): 8-16.
茆智. 2005. 节水潜力分析要考虑尺度效应. 中国水利, (15): 14-15.

牛新湘, 马兴旺. 2011. 农田土壤养分淋溶的研究进展. 中国农学通报, 27(3): 451-456.
农业部信息中心. 2014. 全国历年稻米成本收益情况. 中国农业信息网.http:// www. agri. gov. cn/ V20/ cxl/ sjfw/ tjsj/dm_1/[2016-07-18].
庞桂斌, 彭世彰. 2010. 中国稻田施氮技术研究进展. 土壤, 42(3): 329-335.
彭世彰, 黄万勇, 杨士红, 等. 2013. 田间渗漏强度对稻田磷素淋溶损失的影响. 节水灌溉, (9): 36-39.
任军, 郭金瑞, 边秀芝, 等. 2009. 土壤有机碳研究进展. 中国土壤与肥料, (6): 1-7.
阮新民, 施伏芝, 罗志祥. 2011. 施氮对高产杂交水稻生育后期叶碳氮比与氮素吸收利用的影响. 中国土壤与肥料, (2): 35-38.
申小冉, 吕家珑, 张文菊, 等. 2011. 我国三种种植制度下农田土壤有机碳、氮关系的演变特征. 干旱地区农业研究, 29(4): 121-126.
宋春, 韩晓增. 2009. 长期施肥条件下土壤磷素的研究进展. 土壤, 41(1): 21-26.
宋付朋, 张民, 史衍玺, 等. 2005. 控释氮肥的氮素释放特征及其对水稻的增产效应. 土壤学报, 42(4): 619-627.
孙秀廷. 1983. 国内外长效肥研究概况. 中国土壤学会农业化学专业会议论文选集. 北京: 农业出版社.
孙永红, 范晓晖, 高豫汝, 等. 2007. 包膜尿素对水稻的增产效应及提高氮素利用率的研究. 土壤, 39 (4): 594-598.
孙永健, 孙园园, 李旭毅, 等. 2010. 水氮互作对水稻氮磷钾吸收、转运及分配的影响. 作物学报, 36(4): 655-664.
孙永健, 孙园园, 徐徽, 等. 2013. 水氮管理模式与磷钾肥配施对杂交水稻冈优725养分吸收的影响. 中国农业科学, 46(7): 1335-1346.
孙志高, 刘景双. 2008. 湿地土壤的硝化-反硝化作用及影响因素. 土壤通报, 39(6): 1462-1267.
唐甫林, 胡石海, 侯秀芳, 等. 2000. 水稻株高对经济系数及产量影响的初探. 上海农业科技, (5): 9.
田玉华, 贺发云, 斌尹, 等. 2006. 不同氮磷配合下稻田田面水的氮磷动态变化研究. 土壤, 38(6): 727-733.
汪华, 杨京平, 金洁, 等. 2006. 不同氮素用量对高肥力稻田水稻-土壤-水体氮素变化及环境影响分析. 水土保持学报, 20(1): 50-54.
汪吉东, 陈丹艳, 张永春, 等. 2011. 降雨及施氮对水耕铁渗人为土土壤酸碱缓冲体系的影响. 水土保持学报, 25(2): 104-107.
王恩飞, 崔智多, 何璐, 等. 2011. 我国缓/控释肥研究现状和发展趋势. 安徽农业科学, 39(21): 12762-12764.
王森, 朱昌雄, 耿兵. 2013. 土壤氮磷流失途径的研究进展. 中国农学通报, 29(33): 22-25.
王少先, 刘光荣, 罗奇祥, 等. 2012. 稻田土壤磷素累积及其流失潜能研究进展. 江西农业学报, 24(12): 98-103.
王慎强, 赵旭, 邢光熹, 等. 2012. 太湖流域典型地区水稻土磷库现状及科学施磷初探. 土壤, 44 (1): 158-162.
王莹, 彭世彰, 焦健, 等. 2009. 不同水肥条件下水稻全生育期稻田氮素浓度变化规律. 节水灌溉, (9): 12-16.
王志刚, 赵永存, 廖启林, 等. 2008. 近20年来江苏省土壤pH值时空变化及其驱动力. 生态学报, 28(2): 720-727.
吴俊, 樊剑波, 何园球, 等. 2013. 苕溪流域不同施肥条件下稻田田面水氮磷动态特征及产量研究. 土壤, 45(2): 207-213.
吴雅丽, 许海, 杨桂军, 等. 2014. 太湖水体氮素污染状况研究进展. 湖泊科学, 26(1): 19-28.
武志杰, 陈利军. 2003. 缓释/控释肥料: 原理与应用. 北京: 科学出版社: 109-122.
肖新, 朱伟, 肖靓, 等. 2013. 适宜的水氮处理提高稻基农田土壤酶活性和土壤微生物量碳氮. 农业工程学报, 29(21): 91-98.
肖自添, 蒋卫杰, 余宏军. 2007. 作物水肥耦合效应研究进展. 作物杂志, (6): 18-22.
谢云, 王延华, 杨浩. 2013. 土壤氮素迁移转化研究进展. 安徽农业科学, 41(8): 3442-3444.
徐培智, 郑惠典, 张育灿, 等. 2004. 水稻缓释控释肥的增产效应与环保效应. 生态环境, 13(2): 227-229.
徐振剑, 华珞, 蔡典雄, 等. 2007. 农田水肥关系研究现状. 首都师范大学学报(自然科学版), 28(1): 83-88.

许晓光，李裕元，孟岑，等. 2013. 亚热带区稻田土壤氮磷淋失特征试验研究. 农业环境科学学报, 32(5): 991-999.

许学，刘斌美，章忠贵，等. 2008. 水稻植株高矮突变系材料的株高性状与产量等相关性分析. 原子核物理评论, 25(2): 171-175.

颜晓，王德建，张刚，等. 2013. 长期施磷稻田土壤磷素累积及其潜在环境风险. 中国生态农业学报, 21(4): 393-400.

杨长明，杨林章，颜廷梅，等. 2004. 不同养分和水分管理模式对水稻土质量的影响及其综合评价. 生态学报, 24(1): 63-70.

杨菲，谢小立. 2010. 稻田干湿交替过程生理生态效应研究综述. 杂交水稻, 25(5): 1-4.

杨佳佳，李兆君，梁永超，等. 2009. 温度和水分对不同肥料条件下黑土磷形态转化的影响及机制. 植物营养与肥料学报, 15(6): 1295-1302.

杨生龙，王兴盛，强爱玲，等. 2010. 不同灌溉方式对水稻产量及产量构成因子的影响. 中国稻米, 16(1): 49-51.

杨同文，尹飞，杨志丹，等. 2003. 包膜肥料研究现状与进展. 河南农业大学学报, 37(2): 141-144.

尹海峰，焦加国，震孙，等. 2013. 不同水肥管理模式对太湖地区稻田土壤氮素渗漏淋溶的影响. 土壤, 45(2): 199-206.

于立芝，李东坡，俞守能，等. 2006. 缓/控释肥料研究进展. 生态学杂志, 25(12): 1559-1563.

余金凤，洪林，江洪珊. 2011. 南方典型灌区节水灌溉的减污效应. 节水灌溉, (8): 1-4.

翟晶，曹凑贵，潘圣刚. 2008. 水肥耦合对水稻生长性状及产量的影响. 安徽农业科学, 36(29): 12632-12635.

翟军海，高亚军，周建斌. 2002. 控释/缓释肥料研究概述. 干旱地区农业研究, 20(1): 45-48.

张春，王少先，孙火喜，等. 2013. 土壤无机氮残留的施氮影响及调控研究进展. 安徽农业科学, 41(24): 9978-9980.

张凤翔，周明耀，周春林，等. 2006. 水肥耦合对水稻根系形态与活力的影响. 农业工程学报, 22(5): 197-200.

张福锁，王激清，张卫峰，等. 2008. 中国主要粮食作物肥料利用率现状与提高途径. 土壤学报, 45(5): 915-924.

张静，刘娟，陈浩，等. 2014. 干湿交替条件下稻田土壤氧气和水分变化规律研究. 中国生态农业学报, 22(4): 408-413.

张民，杨越超，宋付朋，等. 2005. 包膜控释肥料研究与产业化开发. 化肥工业, 32(2): 7-13.

张晴雯，杜春祥，李晓伟，等. 2011. 控释肥条件下沿南四湖农田水稻吸氮特征. 环境科学, 32(7): 1908-1915.

张维理，武淑霞，冀宏杰，等. 2004. 中国农业面源污染形势估计及控制对策 I. 21 世纪初期中国农业面源污染的形势估计. 中国农业科学, 37(7): 1008-1017.

赵秉强，张福锁，廖宗文，等. 2004. 我国新型肥料发展战略研究. 植物营养与肥料学报, l0(5): 536-545.

赵冬，颜廷梅，乔俊，等. 2011. 稻季田面水不同形态氮素变化及氮肥减量研究. 生态环境学报, 20(4): 743-749.

赵宏伟，沙汉景. 2014. 我国稻田氮肥利用率的研究进展. 东北农业大学学报, 45(2): 116-122.

赵利梅. 2009. 水稻强化栽培农艺性状及其生态环境效应的研究. 杭州: 浙江大学博士学位论文.

赵世民，唐辉，王亚明，等. 2003. 包膜型缓释/控释肥料的研究现状和发展前景. 化工科技, 11(5): 50- 54.

郑圣先，刘德林，聂军，等. 2004. 控释氮肥在淹水稻田土壤上的去向及利用率. 植物营养与肥料学报, 10(2): 137-142.

朱成立，张展羽. 2003. 灌溉模式对稻田氮磷损失及环境影响研究展望. 水资源保护, (6): 56-58.

朱利群，夏小江，胡清宇，等. 2012. 不同耕作方式与秸秆还田对稻田氮磷养分径流流失的影响. 水土保持学报, 26(6): 6-10.

朱兆良. 2000. 农田中氮肥的损失与对策. 土壤与环境, 9(1): 1-6.

邹焱，苏以荣，路鹏，等. 2006. 洞庭湖区不同耕种方式下水稻土壤有机碳、总氮和总磷含量状况. 土壤通报, 37(4): 671-674.

邹应斌, 贺帆, 黄见良, 等. 2005. 包膜复合肥对水稻生长及营养特性的影响. 植物营养与肥料学报, 11(1): 57-63.

左海军, 张奇, 徐力刚. 2008. 农田氮素淋溶损失影响因素及防治对策研究. 环境污染与防治, 30(12): 83-89.

Abbas M, Ebeling A, Oelmann Y, et al. 2013. Biodiversity effects on plant stoichiometry. Plos One, 8: e58179.

Ågren G I. 2004. The C:N:P stoichiometry of autotrophs-theory and observations. Ecology Letters, 7: 185-191.

Ågren G I. 2008. Stoichiometry and nutrition of plant growth in natural communities. Annual Reviews, 39: 153-170.

Ågren G I, Weih M. 2012. Plant stoichiometry at different scales: element concentration patterns reflect environment more than genotype. New Phytol, 194: 944-952.

Ågren G I, Wetterstedt J A M, Billberger M F K. 2012. Nutrient limitation on terrestrial plant growth-modeling the interaction between nitrogen and phosphorus. New Phytol, 194: 953-960.

Amon I. 1975. Physiological principles of dry land crop production // Gupta U S. Physiological aspects of dry land farming. New Delhi: Oxford and IBH Press: 3-145.

Aulakh M S, Malhi S S. 2005. Interactions of nitrogen with other nutrients and water: effect on crop yield and quality, nutrient use efficiency, carbon sequestration, and environmental pollution. Adv Agron, 86: 341-409.

Bélanger G, Claessens A, Ziadi N. 2012. Grain N and P relationships in maize. Field Crop Res, 126: 1-7.

Belder P, Bouman B A M, Cabangon R J, et al. 2004. Effect of water-saving irrigation on rice yield and water use in typical lowland conditions in Asia. Agr Water Manage, 65: 193-210.

Belder P, Bouman B A M, Spiertz J H J. 2007. Exploring options for water savings in lowland rice using a modelling approach. Agr Syst, 92: 91-114.

Bhattacharyya P, Chakrabarti K, Chakraborty A. 2005. Microbial biomass and enzyme activities in submerged rice soil amended with solid waste compost and decomposed cow manure. Chemosphere, 60: 310-318.

Bhattacharyya R, Prakash V, Kundu S, et al. 2010. Long term effects of fertilization on carbon and nitrogen sequestration and aggregate associated carbon and nitrogen in the Indian sub-Himalayas. Nutr Cycl A, 86: 1-16.

Blackshaw R E, Hao X, Hårker K N, et al. 2011. Barley productivity response to polymer-coated urea in a no-till production system. Agron J, 103: 1100-1105.

Bouman B A M, Tuong T P. 2001. Field water management to save water and increase its productivity in irrigated lowland rice. Agric Water Manag, 49: 11-30.

Bouman B A M, Lampayan R M, Tuong T P. 2007. Water management in irrigated rice-coping with water scarcity. Los Baños: International Rice Research Institute Press: 19-46.

Cabangon R J, Tuong T P, Castillo E G, et al. 2004. Effect of irrigation method and N-fertilizer management on rice yield, water productivity and nutrient-use efficiencies in typical lowland rice conditions in China. Paddy and Water Environm, 2: 195-206.

Cabangon R J, Castillo E G, Tuong T P. 2011. Chlorophyll meter-based nitrogen management of rice grown under alternate wetting and drying irrigation. Field Crop Res, 121: 136-146.

Chen Q H, Feng Y, Zhang Y P, et al. 2012. Short-term responses of nitrogen mineralization and microbial community to moisture regimes in greenhouse vegetable soils. Pedosphere, 22: 263-272.

Chien S H, Prochnow L I, Cantarella H. 2009. Recent developments of fertilizer production and use to improve nutrient efficiency and minimize environmental impacts. Adv Agron, 102: 267-322.

Chorover J, Kretzschmar R, Garcia-Pichel F, et al. 2007. Soil biogeochemical processes within the critical zone. Elements, 3: 321-326.

Conley D J, Paerl H W, Howarth R W, et al. 2009. Controlling eutrophication: nitrogen and phosphorus. Science, 323: 1014-1015.

de Datta S K, Buresh R J. 1989. Integrated nitrogen management in irrigated rice. Soil Sci, 10: 143-169.

de Vries M E, Rodenburg J, Bado B V, et al. 2010. Rice production with less irrigation water is possible in a Sahelian environment. Field Crop Res, 116: 154-164.

Dong B. 2008. Study on environmental implication of water saving irrigation in Zhanghe Irrigation System. The project report submitted to Regional Office for Asia and the Pacific, FAO.

Dong N M, Brandt K K, Sørensen J, et al. 2012a. Effects of alternating wetting and drying versus continuous flooding on fertilizer nitrogen fate in rice fields in the Mekong delta, Vietnam. Soil Biol B, 47: 166-174.

Dong W, Zhang X, Wang H, et al. 2012b. Effect of different fertilizer application on the soil fertility of paddy soils in red soil region of southern China. Plos One, 7: e44504.

Doran J W, Sarrantonio M, Liebig M A. 1996. Soil health and sustainability. Adv Agron, 56:1-54.

Dordas C. 2009. Dry matter, nitrogen and phosphorus accumulation, partitioning and remobilization as affected by N and P fertilization and source-sink relations. Eur J Agron, 30: 129-139.

Elser J J, Fagan W F, Denno R F, et al. 2000. Nutritional constraints in terrestrial and freshwater food webs. Nature, 408: 578-580.

Elser J J, Fagan W F, Kerkhoff A J, et al. 2010. Biological stoichiometry of plant production: metabolism, scaling and ecological response to global change. New Phytol, 186: 593-608.

Fageria N K, Barbosa Filho M P. 2007. Dry-matter and grain yield, nutrient uptake, and phosphorus use-efficiency of lowland rice as influenced by phosphorus fertilization. Comm Soil S, 38: 1289-1297.

Fashola O O, Hayashi K, Wakatsuki T. 2002. Effect of water management and polyolefin-coated urea on growth and nitrogen uptake of indica rice. J Plant Nut, 25: 2173-2190.

Feng L, Bouman B A M, Tuong T P, et al. 2007. Exploring options to grow rice using less water in northern China using a modelling approach: I. Field experiments and model evaluation. Agr Water Manage, 88: 1-13.

Fierer N, Strickland M S, Liptzin D, et al. 2009. Global patterns in belowground communities. Ecol Lett, 12: 1238-1249.

Fujinuma R, Balster N J, Norman J M. 2009. An improved model of nitrogen release for surface-applied controlled-release fertilizer. Soil Sci So, 73: 2043-2050.

Gan Y T, Liang B C, Liu L P, et al. 2011. C：N ratios and carbon distribution profile across rooting zones in oilseed and pulse crops. Crop and Pasture Sci, 62: 496-503.

Gifford R M, Barrett D J, Lutze J L. 2000. The effects of elevated [CO_2] on the C：N and C：P mass ratios of plant tissues. Plant Soil, 224: 1-14.

Golden B R, Slaton N A, Norman R J, et al. 2009. Evaluation of polymer-coated urea for direct-seeded, delayed-flood rice production. Soil Sci So, 73: 375-383.

Gonzalez-Dugo V, Durand J L, Gastal F. 2010. Water deficit and nitrogen nutrition of crops. A review. Agron Sustain Dev, 30: 529-544.

Greenwood D J, Karpinets T V, Zhang K, et al. 2008. A unifying concept for the dependence of whole-crop N：P ratio on biomass: theory and experiment. Ann Botany, 102: 967-977.

Guo J H, Liu X J, Zhang Y, et al. 2010. Significant acidification in major Chinese croplands. Science, 327: 1008-1010.

Güsewell S. 2004. N：P ratios in terrestrial plants: variation and functional significance. New Phytol, 164: 243-266.

Haefele S M, Naklang K, Harnpichitvitaya D, et al. 2006. Factors affecting rice yield and fertilizer response in rainfed lowlands of northeast Thailand. Field Crops Res, 98: 39-5l.

Hargreaves P R, Brookes P C, Ross G J S, et al. 2003. Evaluating soil microbial biomass carbon as an indicator of long-term environmental change. Soil Biol B, 35: 401-407.

Hart M R, Quin B F, Nguyen M L. 2004. Phosphorus runoff from agricultural land and direct fertilizer effects: a review. J Envir Q, 33: 1954-1972.

Holden N M, Fitzgerald D, Ryan D, et al. 2004. Rainfall climate limitation to slurry spreading in Ireland. Agr For Met, 122: 207-214.

Hou A X, Chen G X, Wang Z P, et al. 2000. Methane and nitrous oxide emissions from a rice field in relation to soil redox and microbiological processes. Soil Sci Sol, 64: 2180-2186.

Jat R A, Wani S P, Sahrawat K L, et al. 2012. Recent approaches in nitrogen management for sustainable agricultural production and eco-safety. Arch Agron Soil Sci, 58: 1033-1060.

Jayakumar B, Subathra C, Velu V, et al. 2005. Effect of integrated crop management practices on rice (*Oryza sativa* L.) volume and rhizosphere redox potential. J Agron, 40: 311-314.

Ji X H, Zheng S X, Shi L H, et al. 2011. Systematic studies of nitrogen loss from paddy soils through leaching in the Dongting Lake area of China. Pedosphere, 21: 753-762.

Joergensen R G, Mueller T. 1996. The fumigation-extraction method to estimate soil microbial biomass: calibration of the k_{EN} value. Soil Biol B, 28: 33-37.

Johnson-Beebout S E, Angeles O R, Alberto M C R, et al. 2009. Simultaneous minimization of nitrous oxide and methane emission from rice paddy soils is improbable due to redox potential changes with depth in a greenhouse experiment without plants. Geoderma, 149: 45-53.

Ju X T, Xing G X, Chen X P, et al. 2009. Reducing environmental risk by improving N management in intensive Chinese agricultural systems. P Natl Acad Sci USA, 106: 3041-3046.

Kallenbach C, Grandy A S. 2011. Controls over soil microbial biomass responses to carbon amendments in agricultural systems: a meta-analysis. Agric Ecosyst Environ, 144: 241-252.

Kato Y, Okami M. 2010. Root growth dynamics and stomatal behaviour of rice (*Oryza sativa* L.) grown under aerobic and flooded conditions. Field Crop Res, 117: 9-17.

Kerkhoff A J, Fagan W F, Elser J J, et al. 2006. Phylogenetic and growth form variation in the scaling of nitrogen and phosphorus in the seed plants. Am Natural, 168: 103-122.

Kim H Y, Lim S S, Kwak J H, et al. 2011. Dry matter and nitrogen accumulation and partitioning in rice (*Oryza sativa* L.) exposed to experimental warming with elevated CO_2. Plant Soil, 342: 59-71.

Kiran J K, Khanif Y M, Amminuddin H, et al. 2010. Effects of controlled release urea on the yield and nitrogen nutrition of flooded rice. Comm Soil S, 41: 811-819.

Knecht M R, Göransson A. 2004. Terrestrial plants require nutrients in similar proportions. Tree Phys, 24: 447-460.

Koerselman W, Meuleman A F M. 1996. The vegetation N：P ratio: a new tool to detect the nature of nutrient limitation. J Appl Ecol, 33: 1441-1450.

Kronzucker H J, Siddqui M Y, Glass A D M, et al. 1999. Nitrate-ammonium synergism in rice: a subcellular flux analysis. Plant Phys, 119: 1041-1045.

Lal R. 2004. Soil carbon sequestration impacts on global climate change and food security. Science, 304: 1623-1627.

Li C F, Cao C G, Wang J P, et al. 2008. Nitrogen losses from integrated rice-duck and rice-fish ecosystems in southern China. Plant Soil, 307: 207-217.

Li H M, Li M X. 2010. Sub-group formation and the adoption of the alternate wetting and drying irrigation method for rice in China. Agr Water M, 97: 700-706.

Li S, Li H, Liang X Q, et al. 2009. Phosphorus removal of rural wastewater by the paddy-rice-wetland system in Tai Lake Basin. J Hazard M, 171: 301-308.

Li Z P, Liu M, Wu X C, et al. 2010. Effects of long-term chemical fertilization and organic amendments on dynamics of soil organic C and total N in paddy soil derived from barren land in subtropical China. Soil Till R, 106: 268-274.

Liang X Q, Li H, Chen Y X, et al. 2008. Nitrogen loss through lateral seepage in near-trench paddy fields. J Environ Qual, 37: 712-717.

Liang X Q, Chen Y X, Nie Z Y, et al. 2013. Mitigation of nutrient losses via surface runoff from rice cropping systems with alternate wetting and drying irrigation and site-specific nutrient management practices. Environ Sci Pollut R, 20: 6980-6991.

Liu E K, Zhao B Q, Mei X R, et al. 2010. Effects of no-tillage management on soil biochemical characteristics in northern China. J Agr Sci, 148: 217-223.

Lopes A R, Faria C, Prieto-Fernández Á, et al. 2011. Comparative study of the microbial diversity of bulk paddy soil of two rice fields subjected to organic and conventional farming. Soil Biol Biochem, 43: 115-125.

Lu J, Ookawa T, Hirasawa T. 2000. The effects of irrigation regimes on the water use, dry matter production and physiological responses of paddy rice. Plant Soil, 223: 207-216.

Lü X T, Kong D L, Pan Q M, et al. 2012. Nitrogen and water availability interact to affect leaf stoichiometry in a semi-arid grassland. Oecologia, 168: 301-310.

Lupwayi N Z, Grant C A, Soon Y K, et al. 2010. Soil microbial community response to controlled-release urea fertilizer under zero tillage and conventional tillage. Appl Soil Ecol, 45: 254-261.

Mahajan G, Chauhan B S, Timsina J, et al. 2012. Crop performance and water- and nitrogen-use efficiencies in dry-seeded rice in response to irrigation and fertilizer amounts in northwest India. Field Crops Res, 134: 59-70.

Maheswari J, Margatham N, Martin G J. 2007. Relatively simple irrigation scheduling and N application enhances the productivity of aerobic rice（*Oryza sativa* L.）. Amer J Plant Physiol, 2: 261-268.

Mandal A, Patra A K, Singh D, et al. 2007. Effect of long-term application of manure and fertilizer on biological and biochemical activities in soil during crop development stages. Biores Tech, 98: 3585-3592.

Mao Z. 2001. Water efficient irrigation and environmentally sustainable irrigated rice production in China. International Commission on Irrigation and Drainage, http://icid.org/wat_mao.pdf [2015-10-25].

Marschner P. 2012. Marschner's mineral nutrition of higher plants 3rd. London: Academic Press.

Matzek V, Vitousek P M. 2009. N：P stoichiometry and protein: RNA ratios in vascular plants: an evaluation of the growth-rate hypothesis. Ecol Lett, 12: 765-771.

Nayak D R, Jagadeesh-Babu Y, Adhya T K. 2007. Long-term application of compost influences microbial biomass and enzyme activities in a tropical Aeric Endoaquept planted to rice under flooded condition. Soil Biol B, 39: 1897-1906.

Ning P, Li S, Yu P, et al. 2013. Post-silking accumulation and partitioning of dry matter, nitrogen, phosphorus and potassium in maize varieties differing in leaf longevity. Field Crop Res, 144: 19-27.

Ongley E D, Zhang X L, Yu T. 2010. Current status of agricultural and rural non-point source pollution assessment in China. Envir Pollu, 158: 1159-1168.

Pampolino M F, Laureles E V, Gines H C, et al. 2008. Soil carbon and nitrogen changes in long-term continuous lowland rice cropping. Soil Sci So, 72: 798-807.

Peng S B, Buresh R J, Huang J L, et al. 2010. Improving nitrogen fertilization in rice by site-specific N management. A review. Agron Sustain Dev, 30: 649-656.

Peng S Z, Yang S H, Xu J Z, et al. 2011. Nitrogen and phosphorus leaching losses from paddy fields with different water and nitrogen managements. Paddy Water Environ, 9: 333-342.

Qiao J, Yang L Z, Yan T M, et al. 2013. Rice dry matter and nitrogen accumulation, soil mineral N around root and N leaching, with increasing application rates of fertilizer. Eur J Agron, 49: 93-103.

Rabeharisoa L, Razanakoto O R, Razafimanantsoa M P, et al. 2012. Larger bioavailability of soil phosphorus for irrigated rice compared with rainfed rice in Madagascar: results from a soil and plant survey. Soil Use Manage, 28: 448-456.

Redfield A C. 1958. The biological control of chemical factors in the environment. Am Scient, 46: 205-221.

Reich P B, Oleksyn J. 2004. Global patterns of plant leaf N and P in relation to temperature and latitude. P Natl Acad Sci USA, 101: 11001-11006.

Rejesus R M, Palis F G, Rodriguez D G P, et al. 2011. Impact of the alternate wetting and drying (AWD) water-saving irrigation technique: evidence from rice producers in the Philippines. Food Policy, 36: 280-288.

Rentsch D, Schmidt S, Tegeder M. 2007. Transporters for uptake and allocation of organic nitrogen compounds in plants. FEBS Lett, 581: 2281-2289.

Sadras V O. 2006. The N:P stoichiometry of cereal, grain legume and oilseed crops. Field Crop Res, 95: 13-29.

Salazar S, Sánchez L E, Alvarez J, et al. 2011. Correlation among soil enzyme activities under different forest system management practices. Ecol Eng, 37: 1123 - 1131.

Sanjay K G, Julie G L, John M D, 2009. Soil organic carbon and nitrogen stocks in Nepal long-term soil fertility experiments. Soil Till Res, 106: 95-103.

Sardans J, Peñuelas J. 2012. The role of plants in the effects of global change on nutrient availability and stoichiometry in the plant-soil system. Plant Physiol, 160: 1741-1761.

Sardans J, Rivas-Ubach A, Peñuelas J. 2012. The C∶N∶P stoichiometry of organisms and ecosystems in a changing world: a review and perspectives. Perspect Plant Ecol, Evolution and Systematics, 14: 33-47.

Schelske C L. 2009. Eutrophication: focus on phosphorus. Science, 324: 721-722.

Schindler D W, Hecky R, Findlay D, et al. 2008. Eutrophication of lakes cannot be controlled by reducing nitrogen input: results of a 37-year whole-ecosystem experiment. P Natl Acad Sci U S A, 105: 11254-11258.

Schloter M, Dilly O, Munch J C. 2003. Indicators for evaluating soil quality. Agric Ecosyst Environ, 98: 255-262.

Seneweera S. 2011. Effects of elevated CO_2 on plant growth and nutrient partitioning of rice (*Oryza sativa* L.) at rapid tillering and physiological maturity. J Plant Interact, 6: 35-42.

Shang Q Y, Yang X X, Gao C M, et al. 2011. Net annual global warming potential and greenhouse gas intensity in Chinese double rice-cropping systems: a 3-year field measurement in long-term fertilizer experiments. Global Change Biol, 17: 2196-2210.

Shaviv A. 2000. Advances in controlled release of fertilizers. Adv Agron, 71: 1-49.

Singh P, Ghoshal N. 2010. Variation in total biological productivity and soil microbial biomass in rainfed agroecosystems: impact of application of herbicide and soil amendments. Agric Ecosyst Environ, 137: 241-250.

Spiertz J H J. 2010. Nitrogen, sustainable agriculture and food security. A review. Agron Sustain Dev, 30(1): 43-55.

Sterner R W, Elser J J. 2002. Ecological stoichiometry: the biology of elements from molecules to the biosphere. Princeton: Princeton University Press.

Sun Y J, Ma J, Sun Y Y, et al. 2012. The effects of different water and nitrogen managements on yield and nitrogen use efficiency in hybrid rice of China. Field Crop Res, 127: 85-98.

Tabatabai M A, Ekenler M, Senwo Z N. 2010. Significance of enzyme activities in soil nitrogen mineralization. Commun Soil Sci Plan, 41: 595-605.

Tabbal D F, Bouman B, Bhuiyan S I, et al. 2002. On-farm strategies for reducing water input in irrigated rice; case studies in the Philippines. Agr Water M, 56: 93-112.

Tan X, Shao D, Liu H, et al. 2013. Effects of alternate wetting and drying irrigation on percolation and nitrogen leaching in paddy fields. Paddy Water Environ, 11: 381-395.

Tessier J T, Raynal D J. 2003. Use of nitrogen to phosphorus ratios in plant tissue as an indicator of nutrient limitation and nitrogen saturation. J Appl Ecol, 40: 523-534.

Tian Y H, Yin B, Yang L Z, et al. 2007. Nitrogen runoff and leaching losses during rice-wheat rotations in Taihu Lake region, China. Pedosphere, 17: 445-456.

Trenkel M E. 2010. Slow- and controlled-release and stabilized fertilizers: an option for enhancing nutrient use efficiency in agriculture. Paris: International Fertilizer Industry Association Press.

Tuong T P, Bouman B A M, Mortimer M. 2005. More rice, less water-integrated approaches for increasing water productivity in irrigated rice-based systems in Asia. Plant Prod Sci, 8: 231-241.

van der Molen D T, Breeuwsma A, Boers P C M. 1998. Agricultural nutrient losses to surface water in the Netherlands: impact, strategies, and perspectives. J Environ Qual, 27: 4-11.

Vance ED, Brookes P C, Jenkinson D S. 1987. An extraction method for measuring soil microbial biomass C. Soil Biol Biochem, 19: 703-707.

Vitousek P M , Naylor R, Crews T, et al. 2009. Nutrient imbalances in agricultural development. Science, 324: 1519-1520.

Wang H, Ju X, Wei Y, et al. 2010. Simulation of bromide and nitrate leaching under heavy rainfall and high-intensity irrigation rates in north China Plain. Agr Water M, 97: 1646-1654.

Wang X T, Suo Y Y, Feng Y, et al. 2011. Recovery of ^{15}N-labeled urea and soil nitrogen dynamics as affected by irrigation management and nitrogen application rate in a double rice cropping system. Plant Soil, 343: 195-208.

Witt C, Dobermann A, Abdulrachman S, et al. 1999. Internal nutrient efficiencies of irrigated lowland rice in tropical and subtropical Asia. Field Crop Res, 63: 113-138.

Wu J, Jogensen R G, Pommerening B, et al. 1990. Measurement of soil microbial biomass C by fumigation: an automated procedure. Soil Biol Biochemi, 22: 1167-1169.

Wu J, He Z L, Wei W X, et al. 2000. Quantifying microbial biomass phosphorus in acid soils. Biol Fert Soils, 32: 500-507.

Wu X. 1998. Development of water saving irrigation technique on large paddy rice area in guangxi region of China. International Commission on Irrigation and Drainage. http://.icid.org/wat_xijin.pdf.

Xie X J, Ran W, Shen Q R, et al. 2004. Field studies on ^{32}P movement and P leaching from flooded paddy soils in the region of Taihu Lake, China. Environ Geochem Hlth, 26: 237-243.

Xu J, Peng S, Yang S, et al. 2012. Ammonia volatilization losses from a rice paddy with different irrigation and nitrogen managements. Agr Water M, 104: 184-192.

Yan X, Jin J Y, He P, et al. 2008. Recent advances on the technologies to increase fertilizer use efficiency. Agr Sci China, 7: 469-479.

Yang C H, Crowley D E. 2000. Rhizosphere microbial community structure in relation to root location and plant iron nutritional status. Appl Environ Microb, 66: 345-351.

Yang C M, Yang L Z, Zhu O Y. 2005. Organic carbon and its fractions in paddy soil as affected by different nutrient and water regimes. Geoderma, 124: 133-142.

Yang L X, Huang H Y, Yang H J, et al. 2007a. Seasonal changes in the effects of free-air CO_2 enrichment (FACE) on nitrogen (N) uptake and utilization of rice at three levels of N fertilization. Field Crop Res, 100: 189-199.

Yang L X, Wang Y L, Huang J Y, et al. 2007b. Seasonal changes in the effects of free-air CO_2 enrichment (FACE) on phosphorus uptake and utilization of rice at three levels of nitrogen fertilization. Field Crop Res, 102: 141-150.

Yang S H, Peng S Z, Xu J Z, et al. 2013. Nitrogen loss from paddy field with different water and nitrogen managements in Taihu Lake region of China. Commun Soil Sci Plan, 44: 2393-2407.

Yang Y H, Luo Y Q, Lu M, et al. 2011. Terrestrial C:N stoichiometry in response to elevated CO_2 and N addition: a synthesis of two meta-analyses. Plant Soil, 343: 393-400.

Yao F X, Huang J L, Cui K H, et al. 2012. Agronomic performance of high-yielding rice variety grown under alternate wetting and drying irrigation. Field Crop Res, 126: 16-22.

Yasmin N, Blair G, Till R. 2007. Effect of elemental sulfur, gypsum, and elemental sulfur coated fertilizers, on the availability of sulfur to rice. J Plant Nutr, 30: 79-91.

Ye Y S, Liang X Q, Chen Y X, et al. 2013. Alternate wetting and drying irrigation and controlled-release nitrogen fertilizer in late-season rice. Effects on dry matter accumulation, yield, water and nitrogen use. Field Crop Res, 144: 212-224.

Ye Y S, Liang X Q, Chen Y X, et al. 2014. Carbon, nitrogen and phosphorus accumulation and partitioning, and C:N:P stoichiometry in late-season rice under different water and nitrogen managements. Plos One, 9: e101776.

Yu Q, Wu H H, He N P, et al. 2012. Testing the growth rate hypothesis in vascular plants with above- and below-ground biomass. Plos One, 7: e32162.

Zebarth B J, Drury C F, Tremblay N, et al. 2009. Opportunities for improved fertilizer nitrogen management in production of arable crops in eastern Canada: a review. Can J Soil Sci, 89: 113-132.

Zeng X, Han B, Xu F, et al. 2012. Effects of modified fertilization technology on the grain yield and nitrogen use efficiency of midseason rice. Field Crop Res, 137: 203-212.

Zhang H C, Cao F L, Fang S Z, et al. 2005. Effects of agricultural production on phosphorus losses from paddy soils: a case study in the Taihu Lake region of China. Wetlands Ecol Manag, 13: 25-33.

Zhang H Y, Wu H H, Yu Q, et al. 2013. Sampling date, leaf age and root size: implications for the study of plant C：N：P stoichiometry. Plos One, 8: e60360.

Zhang H, Xue Y, Wang Z, et al. 2009. An alternate wetting and moderate soil drying regime improves root and shoot growth in rice. Crop Sci, 49: 2246-2260.

Zhang Z J, Yao J X, Wang Z D, et al. 2011. Improving water management practices to reduce nutrient export from rice paddy fields. Environm Technol, 32: 197-209.

Zhang Z, Zhang S, Yang J, et al. 2008. Yield, grain quality and water use efficiency of rice under non-flooded mulching cultivation. Field Crop Res, 108: 71-81.

Zhao X, Zhou Y, Min J, et al. 2012a. Nitrogen runoff dominates water nitrogen pollution from rice-wheat rotation in the Taihu Lake region of China. Agric Ecosyst Environm, 156: 1-11.

Zhao X, Zhou Y, Wang S, et al. 2012b. Nitrogen balance in a highly fertilized rice-wheat double-cropping system in southern China. Soil Sci Soc Am J, 76: 1068-1078.

Zheng S X, Ren H Y, Li W H, et al. 2012. Scale-dependent effects of grazing on plant C：N：P stoichiometry and linkages to ecosystem functioning in the Inner Mongolia grassland. Plos One, 7: e51750.

Zhong W H, Cai Z C, 2007. Long-term effects of inorganic fertilizers on microbial biomass and community functional diversity in a paddy soil derived from quaternary red clay. Appl Soil Ecol, 36: 84-91.

Zhu H X, Chen X M, Zhang Y, 2012. Temporal and spatial variability of nitrogen in rice-wheat rotation in field scale. Environm Earth Sci, 68: 585-590.

Ziadi N, Bélanger G, Cambouris A N, et al. 2007. Relationship between P and N concentrations in corn. Agron J, 99: 833-841.

Zuo Q, Lu C A, Zhang W L, 2003. Preliminary study of phosphorus runoff and drainage from a paddy field in the Taihu basin. Chemosphere, 50: 689-694.

第 2 章　AWD 与 SSNM 耦合管理对氮磷径流流失的削减效应

2.1　引　　言

稻田水肥管理在农业面源污染治理中占据着重要的作用，对提高水肥利用效率，促进粮食增收，降低水体氮、磷流失等意义重大，当今国内农户缺乏最佳的水肥管理实践经验，传统的耕作方式将造成化肥大量投入从而引发氮、磷大量流失及资金的浪费。①Bouman 等(2007)的研究认为，稻田不需连续灌溉，其水位下降至土壤表层以下 15cm 仍可保证水稻根系正常吸收水分，并依此提出安全灌溉阈值，而国内水稻生长期灌溉水量大大超出国际公认的水稻灌溉水用量 800m^3，田面水通过降雨被迫排水、生长季节性排水及下渗等途径大量流失。②对肯尼亚西部、中国东北部及美国中西部三处典型农田生态系统的营养物收支平衡关系评估结果表明，肯尼亚西部地区农田化肥投入量低，当地居民温饱问题尚未解决，氮磷衡算为负值，需提高施肥量；中国东北部地区农田化肥投入量过高，氮磷过剩，可降低施肥量；而美国中西部地区农田化肥投入较为合理(Vitousek et al.，2009)。化肥使用量过高是否合理？答案是否定的。学者对太湖流域 26 处稻田耕作系统的统计结果表明，农户实际施氮水平为 300kg/hm^2，该地区最佳施氮水平为 200kg/hm^2，尽管肥料投入较多，其产量却低于按照最佳施肥水平耕作的稻田，氮素流失量也为后者的 1.7 倍。而当年均施氮水平增至 550～600kg/hm^2 时粮食产量增产幅度不明显，反而造成氮素损失量提高 2 倍的不良影响(Ju et al.，2009)。

为在减少农田肥料流失、合理资源利用的同时保证水稻稳产，可以通过先进技术帮助农户改变不合理耕作模式，在节约用水、肥料减施的基础上降低稻田高氮磷废水的排放，为农业面源污染防治提供技术支持。国际上通用且最新的研究成果包括两方面：①在水分管理上推行节水灌溉技术以减少灌水量，从而降低田面水流失风险，最终减少养分流失量，如择时干湿交替节水灌溉技术即 AWD 技术。该技术力求在充分利用土壤种类、作物特点及气象预报(如降雨补充田面水)等方面上寻找合适的灌水安全阈值，从而在不降低粮食产量的基础上节水 15%～30%。②在肥料管理上推行合理施肥技术以降低施肥量，在保证高产的前提下减少养分流失，如适时适地养分管理即 SSNM(site specific nutrient management)技术，该技术可协助农户识别作物需肥情况进行施肥，从而大大提高肥料利用效率。

此两项技术的功能涵盖节水及减肥两个方面，节水技术可降低田面水深，从而降低暴雨径流及下渗、侧渗和蒸发所带走的氮磷总量，而减肥技术可促进合理施肥，同时降低田面水中氮磷流失风险。通常这两种技术可结合实地情况结合利用，通过消化引进创新，将此新型技术充分利用到稻田农业耕作水体污染控制治理之中，有望在不降低产量的基础上达到节水、减肥及稳产的效果。

2.1.1 节水技术

1. 节水技术简介

图 2.1 显示当灌溉水资源丰富时，水稻产量可因农户的合理灌水达到最大产量，当灌溉水资源不足时，粮食产量较低。从右至左，缺水现象逐渐严重，产量逐次下降。因此，节水灌溉的水分管理策略可以归纳为三个层次。

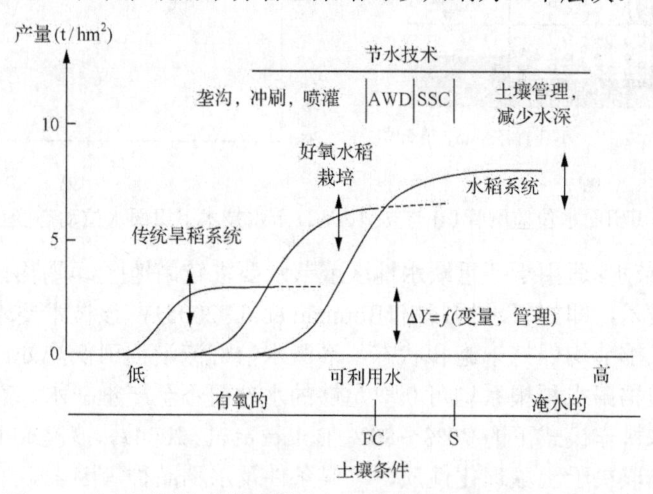

图 2.1　水稻不同水分管理模式与谷物产量之间响应关系示意图

(1) 轻度节水：适用于轻度缺水地区，节水可从水稻种植初期入手，农户可采纳统一育苗、统一移栽或将育苗工作交由商业机构完成的模式，若稻田土壤前期起始含水量充足且土壤保水能力较强即可停止灌水并直接播种，不需泡种，从而节省部分灌溉水资源。

(2) 适度节水：整个生长季均需进行水分田间管理，常规耕种方式是在生长季节内将田面水深控制在 5～10cm。而节水模式可将田面水深维持在 3cm 左右，降低田面水静水压力从而降低侧渗及下渗量。常见的 SSC (saturated soil culture) 灌水方式是将田面淹水深度降低至 0～1cm，但在水稻开花期前后一周需保持 5cm 深的淹水深度以保证水稻水分供给充足从而消除减产的风险，该方法需少量频繁灌溉 (约 2d 一次)，灌水要求较为严格。而 AWD 方式可在保证粮食稳产的前提下节省灌溉用水，国际水稻研究所 (International Rice Research Institute，IRRI) 提出仅在田面水位降至表层以下 15～20cm 时才补充灌溉，同时水稻开花期需保持田面水深为 5cm 左右，如图 2.2 所示。AWD 和 SSC 技术的节水量均取决于地下水位的高低及稻田土壤类型，地下水位较浅（一般为 10～40cm）的黏质土壤因其水分损失较少故其需水量较少，而地下水位较深的壤土及砂质土壤则需要更多的水分补给，且其粮食产量下降的风险也较高。若需进一步节水，可埋设地下灌水管路或者多户共用节水控制灌溉系统、灌溉设备及小型储水设施，如在农田中修建储水池等。

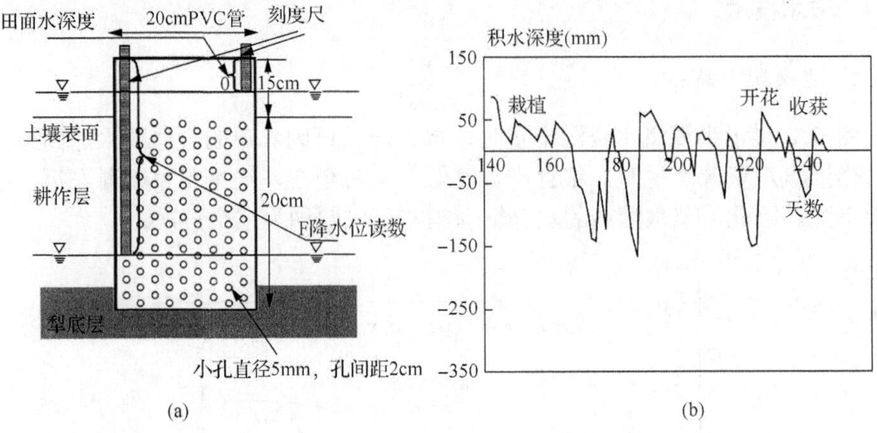

图 2.2　稻田田面水位监测管（a）与典型 AWD 节水技术下田面水位动态变化过程（b）

（3）深度节水：适用于严重缺水地区或节水要求较高地区，可采纳 ARS（aerobic rice system）技术，即好氧水稻栽培（Bouman et al., 2005），该技术要求稻田土壤水分在整个生长季节均保持未饱和状态，灌溉水恰好淹没稻田低洼处，使土壤不至全部淹没，但稻田水稻根系均可获取足够的水分而不至严重缺水，有结论发现其产量约为淹水耕作模式下的 70%～80%（Belder et al., 2004），该模式下水稻生产节水量的大小也取决于土壤理化性质、气候条件及水稻品种等因素。

2. 节水技术环境与农学效应

研究发现，该技术的大力推广将产生一系列环境效应，水稻将以耐旱型品种为主，同时传统的水稻生态景观体系因此而改变，具体体现在：①淹水时间的缩短可导致杂草生长量及种类的增加（Mortimer and Hill，1999），除草剂使用量及残留量增加；②影响稻田中小型动物种类和数量，稻田食物链受到影响其生态效应不得而知；③稻田土壤含氧量增加将导致硝态氮的渗漏量增加；④稻田甲烷产量降低，氮氧化物排放量提高（Bronson et al., 1997）；⑤旱作及免淹水耕作易导致盐碱化现象。

可以推测，以 AWD 技术为典型的节水技术可直接降低氮磷营养物质通过稻田水分流失而损失，但其对水稻产量的影响规律值得深入探讨。国内外研究结论因地区差异显著，Stoop 等（2002）指出，AWD 技术可显著提高水稻产量，该技术强化了土壤内部排水并提高了土壤和空气的物质交换，有助于土壤水分携带有毒物质排出(Ramasamy et al., 1997)，中国与菲律宾等地田间实验表明，地下水位较浅(一般为 10～40cm)的黏性土壤稻田在灌水量下降 15%～30%后产量未显著下降，Matsuo 等(2009)研究发现，AWD 处理田在节省 20%的灌水量后产量仍趋于增加，水稻根系可获取水分，根毛区域可在短期内蓄水。但是，Bouman 等(2006)及 Tuong 等(2005)共计 31 处田间实验表明，92%的 AWD 处理实验田产量下降了 0～70%，热带地区由于土壤水分饱和势(soil water potential，SWP)在非淹水状态下达到−10～−40kPa，水稻产量不升反降，印度砂性土质的稻田由于地下水位较深，节水 50%后产量下降比例高达 20%(Singh et al., 2009)。品种差异对水稻产量的影响也较为显著，Matsuo 和 Mochizuki(2009)研究发现，ARS(aerobic rice system)节水灌溉模式下 A15 处理田(水稻田面以下 15cm 处 SWP 降至−15kPa 后补充灌水，整个生长季均维持湿润状态)的耐旱品种产量均得到提高，但淹水品种产量降低，对于 A30 处理田(水稻田面以下 15cm 处 SWP 降至−30kPa 后补充灌水)，仅部分耐旱品种如 *Sensho*、*Beodien* 等产量达到正常水平，可知传统耐旱水稻品种较淹水品种较易实现节水保产的目标。因此，综合水稻育种技术与节水灌溉技术方面的研究亟需深入。

2.1.2　肥料管理技术

1. 肥料管理技术原理

本技术以适时适地养分管理(SSNM)为基础，根据农田土壤养分状况、作物产量和流失通量，确定肥料用量与配比，同时根据水稻生理需肥量，在分析各分次施肥期与生育期水稻植株大小、叶片叶绿素含量、根系与地上部氮磷浓度及氮磷流失通量的基础上，确定最佳分次施肥时间与施肥量，见图 2.3。其环境意义体现在避免了肥料的不合理使用，实现了稻田氮磷零排放与肥料减量化的目标。

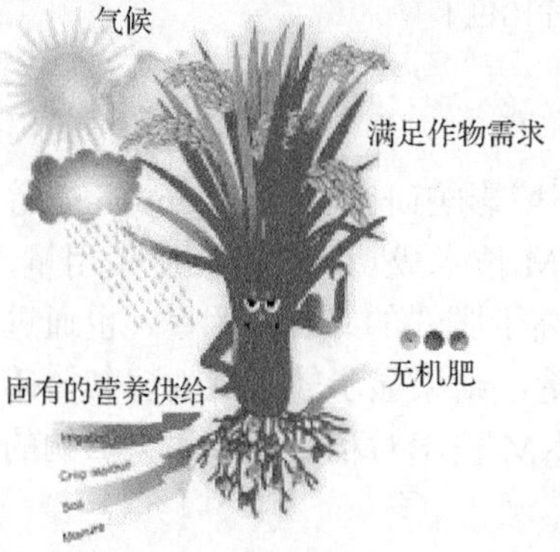

读取叶面比色卡(施氮前立即读取)	尿素的施用量			
	产量目标 $=5t/hm^2$	产量目标 $=6t/hm^2$	产量目标 $=7t/hm^2$	产量目标 $=8t/hm^2$
LCC≤3	75	100	125	150
LCC=3.5	50	75	100	125
LCC≥4	0	0~50	50	50

图 2.3　基于叶面比色卡比对分析预期产量下的施肥量

SSNM 技术综合考虑了土壤固有养分供应能力(INuS)、当地特定的气候条件、季别、品种、合理的目标产量和养分需求量、养分平衡及养分利用效率，以及社会经济效益等诸多重要因素，目的是通过这些因素的综合考虑和分析，最终提出一种适合当地具体情况的水稻优化施肥方案。

SSNM 推荐施肥主要包括下列五个步骤(Witt et al., 2007)：①定目标产量。基于当地特定气候条件下特定品种的潜在产量(y)，确定合理的目标产量，目标产量一般设为 y_{max} 的 70%～80％。②估算作物养分需求量。养分需求量由修正的 QuEFTS 模型来计算。③测定土壤固有养分供应能力(INuS)。INuS 定义为在其他养分元素供应充足的情况下，作物生育期间土壤向作物所能提供某种指定养分的总量，可采用设立缺肥区的方法在田间直接测定。④计算施肥量。基于目标产量下作物对养分的需要量、INuS 及肥料吸收利用率(REN)来计算。例如，氮肥施用量=(UN–INuS)/REN，其中，UN 为作物对 N 的吸收总量。⑤动态调整 N 肥施用期。按照需 N 总量确定基肥和分蘖肥的施用量(一般基肥占 25%，分蘖肥占 30%)，后期氮肥的施用量则由叶片 N 素状况而定，即依据叶绿素仪或叶片比色卡(leaf color chart，LCC)的读数来确定，见图 2.4。

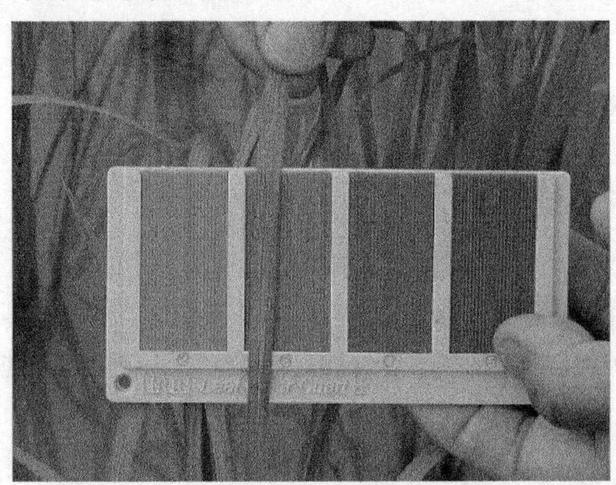

图 2.4　水稻氮肥管理标准叶片比色卡

2. *肥料管理技术环境与农学效应*

国内外关于 SSNM 技术对稻田生态系统的环境影响研究较少，Pampolino 等(2007)在菲律宾及越南进行的实验结果表明，SSNM 技术成功降低了化肥使用量，在保证产量提升的同时降低了 N_2O 的排放量，提高了肥料的综合利用率，也通过模型模拟了稻田通过渗漏等作用流失的氮、磷通量，结果显示较常规处理其氮磷流失量也大大降低。由于实际研究甚少，涉及 SSNM 技术对稻田氮磷流失影响的实际研究工作亟待开展。

本章所述 AWD 与 SSNM 水肥管理技术均引自国际水稻研究所(IRRI)的最新

科研成果，已在东南亚多个国家推广应用并取得较好结果，然而国内外对其在稻田氮磷流失方面的影响规律研究较浅。Goswami 和 Banerjee(1978) 研究发现，AWD 在落干期内能为土壤创造通气好氧条件，稻田磷素往往较易被固定，而连续灌水将提高土壤溶液中磷素浓度，易导致磷素流失。特别是在夏季连续暴雨条件下，AWD 节水灌溉稻田较常规灌溉稻田更能缓解暴雨冲击，田面水位不至于迅速提升后溢流并导致氮磷径流流失，但未见报道研究其田面水氮磷浓度变化特征及氮磷流失通量的。大量田间实验证实，合理应用 AWD 技术可有效促进水稻产量提升(Tabbal et al., 2002; Belder et al., 2004; Cabangon et al., 2004)，同时灌溉水量削减 20%左右，水利用效率(WUE, Water use efficiency)增加 36%～55%(Matsuo and Mochizuki, 2009; Zhang et al., 2009)。值得注意的是，AWD 节水灌溉田水稻产量将主要取决于品种、土壤性质、地下水位、气候条件及节水灌溉的执行程度，其使用方法应因地制宜，否则将导致相反的结论。Yang 等(2009)进一步指出，较常规灌溉模式，AWD 适度节水可使水稻产量增产 9.3%～12%，但 AWD 深度节水则导致了 7.5%～7.8%的产量损失，归其原因可知，AWD 适度节水增大了水稻根系氧化能力、叶片光合速率、根及芽中生长因子含量，谷物关键酶特别是蔗糖-淀粉转化酶的活性，从而促进水稻产量的提升及稻米品质的改善，如碾磨性、外观特征及烹饪效果(Yang et al., 2009; Zhang et al., 2008; Zhang et al., 2009)。

关于适地养分管理技术在降低氮磷流失方面的研究较少，大多数研究表明其在不减产甚至增产的前提下可减少肥料用量，提高氮肥利用效率，从而降低稻田氮磷养分流失并降低农业面源污染(王光火等，2003)。稻田实际施肥需求及不同季节的施肥差异取决于土壤本底营养状况、特定气候条件、水稻品种类型、季节差异、合理目标产量及水稻生长相应营养需求、氮磷营养平衡、养分利用效率及社会经济学因素[①]IRRI, 2010(Wang et al., 2003)。中国、印度及孟加拉国等地区的田间实验表明，相对传统施肥方式，SSNM 技术可使水稻平均产量、平均经济效益及氮素利用效率分别提升 7%～25%、11%和 12%(Wang et al., 2003; Singh et al., 2009; Alam et al., 2005)。同时，付庆林等(2003)认为优化施肥(180kg/hm^2)可显著增加有效穗数及谷物饱和度以保持水稻稳产，但氮肥的过量施用反而导致稻谷千粒重及饱和度下降，从而降低产量。

水肥管理对氮磷减排及水稻生产意义重大，研究表明上述技术对粮食生产的影响不大，但其中也有争议，目前对于 AWD 节水灌溉及 SSNM 养分管理的环境意义研究不够深入，尤其是对农田田面水中氮磷等营养物质的迁移转化影响研究不多，所以其科研价值较高。

① International Rice Research In stitute (IRII).2010. Site-specific nutrient management.

2.2　研究区域概况

2.2.1　研究区域及实验设计

野外实验田位于浙江省杭州市余杭区径山镇前溪村(30°21′N，119°53′E)(图 2.5)，实验区块位于当地 3000 亩(1 亩≈666.67m^2)水稻核心生产区中心位置，可较好地排除其他因素干扰。实验时间为 2009 年 6 月底～10 月初，历时 105d 左右。实验区域耕作制度 50 年不变，周边水网密集，水量充沛，从自然地理特征及农事管理上来说该实验区在整个苕溪流域均具有较好的代表性，其具体特征描述如下。

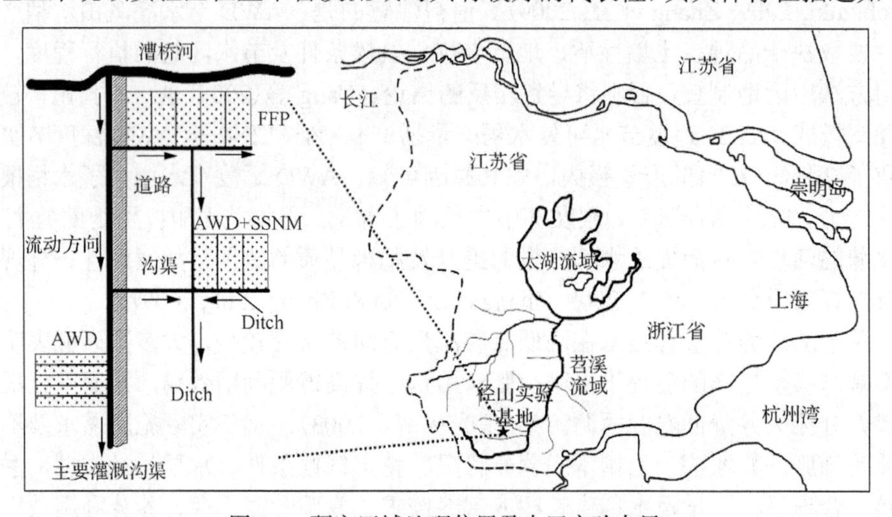

图 2.5　研究区域地理位置及大田实验布局

(1)气候条件：典型亚热带季风性气候，多年年均气温 15～16℃，年均降水量为 1050～1185mm，且集中在 3～9 月，占全年总降水量的 76%左右，全年共分为 3 个集中降雨期：①3～5 月的春雨，特点是雨日多；②6～7 月的梅雨，梅雨雨量与变化较大；③8～9 月的秋雨，也被称为台风雨，降水强度较大。雨季分配呈现梅雨型(6 月峰值)和台风型(9 月峰值)的双峰型降水特征。实验期间总降雨量为 496.4mm，7 月为 186.6mm，8 月为 161.8mm，9 月为 77.4mm(图 2.6)，平均气温为 28℃，波动范围为 18.9～40.23℃，最大雨强为 40.21mm，降水集中于 7 月下旬～8 月上旬，为台风降雨天气，湿度波动范围为 41.7%～99.7%。

(2)地势及土壤特征：实验田海拔较低，地势平坦且总体北高南低，田地成块分布，冬季地下水位为 43cm。稻田土为泥质土壤，耕层质地为壤土。地表砾石度(1mm 以上比例)为 2%，耕层厚度为 19cm。采集稻田表层以下 20cm 的混合样品，风干并过 2mm 筛网后于实验室测定其理化性质，结果如下：容重为 1.42g/cm^3， pH 为 5.73，有机质为 28.63g/kg，阳离子交换量(cation exchange capacity，CEC)为 8.60cmol/kg，全氮为 1100mg/kg，有效磷为 14.3mg/kg，速效钾为 97.33mg/kg。

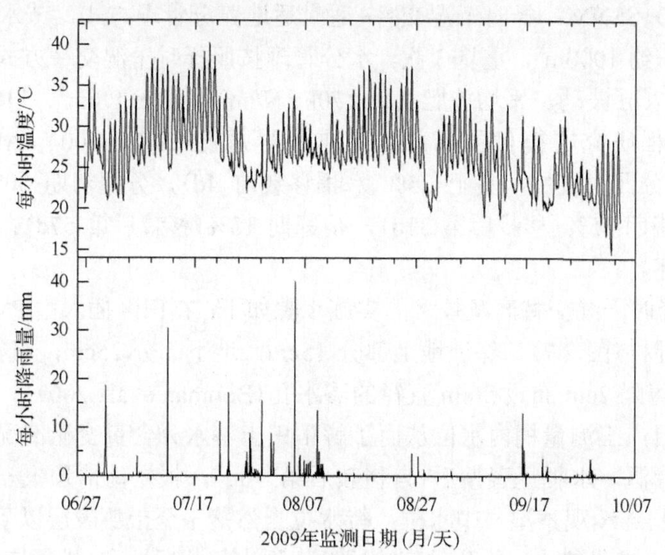

图 2.6　水稻生长期间浙江省径山镇降雨量、温度监测结果

本书选取当地常用水稻品种秀水 63 作为实验材料，单季种植。各实验区块均设置独立的进排水口或进排两用口，其灌溉水全部取自北部漕桥溪流域。水稻秧苗经 2～3 周育苗后移栽，机插密度为 30cm×15cm，并以水稻移栽当日作为生长周期计时首日，移栽前稻田泡水 2d，返青期(约 12d)内所有稻田田块田面水深均维持在 5～30mm，收割前一周停止灌水。按照实验设计方案，期间水分管理分别采用常规灌水方式或择时干湿交替灌溉技术进行，肥料管理分别采用常规施肥方式或 SSNM 适地养分管理技术进行，同时农药施用及除草工作等均遵循当地耕作习惯，本书设置的三组水肥管理实验设计方案详述如下，实验区随机布置并分别设置 3～5 个重复。

(1) FCP：连续灌水+常规施肥方式，对照实验区，总面积约 1000m^2，重复 5 次。水分管理按照当地常规灌水方式进行，田面水深保持在 1～7cm。平均施肥量为 240kg N/hm^2、55kg P/hm^2、115kg K/hm^2。氮肥分三次施加，分蘖初期 35%(移栽后第 13d)，分蘖盛期 25%(移栽后第 31d)，孕穗期 40%(移栽后第 57d)。磷肥于分蘖盛期(移栽后第 31d)一次性施用。钾肥于分蘖盛期施用 44%(移栽后第 31d)，其余 56%在后期酌情施用。

(2) AWD：择时干湿交替+常规施肥方式，节水实验区，总面积约 1200m^2，重复 5 次。水分管理按照择时干湿交替方式进行，田面水深在–12～7cm 波动。平均施肥量为 240kg N/hm^2、55kg P/hm^2，115kg K/hm^2。肥料施用量、施用方式及时间均同于对照区。

(3) AWD+SSNM：择时干湿交替+适时适地养分管理方式，节水减肥耦合实验区，总面积约 1000m^2，重复 3 次。水分管理按照择时干湿交替方式进行，田面水深在–12～7cm 波动。平均施肥量为 170kg N/hm^2、45kg P/hm^2、110kg K/hm^2，参照国际水稻研究所提供的标准比色卡指导施肥(IRRI, 2004; Alamet et al., 2005)。氮肥分四次施加，基肥 25%(水稻移栽前 4d)，分蘖初期 30%(移栽后第 13d)，分蘖盛期 35%(移栽后第 31d)，孕穗期 10%(移栽后第 57d)；磷肥及钾肥施用同上所述。

其中，择时干湿交替灌溉技术的实施步骤如下：在田区插入由 PVC 管制作而成的 AWD 湿材(图 2.7)，保证地上部分 15cm，地下部分 25cm，直径 20cm，长 40cm，管壁每隔 2cm 布设 5mm 直径的渗水孔(Bouman et al., 2007)，根据连通器原理，可逐日人工测量桶内水位从而了解稻田土壤水分含量变化情况，也可指导农户的合理灌溉。水稻返青期后(自移栽后第 10d)，根据雨情预报一次性灌溉至 5～8cm，每日连续观察湿材中水位，待水位自然落干至土壤表层以下 10cm 左右(由土壤类型、抗旱能力、养分供应状况及水稻生长状况决定)进行连续灌溉-烤田的干湿交替过程，如此反复至水稻成熟收割。值得注意的是，在水稻抽穗开花期需保持田面水深在 5cm 以上。水位计量装置田间相对位置可能受外界因素影响，为保证测量准确度，每隔一月校准 AWD 湿材的相对位置。

图 2.7　田间水深的监测实景(IRRI, 2005)

SSNM 适地养分管理技术的实施步骤如下：动态调整 N 肥施用期，按照需 N 总量确定基肥和分蘖肥的施用量(一般基肥占 25%，分蘖肥占 30%)，后期氮肥的施用量则由叶片 N 素供应状况而定，并结合国际水稻研究所提供的叶片比色卡施肥技术将叶片颜色与比色卡对照，从而确定最佳追肥量与施肥时间，见图 2.8。

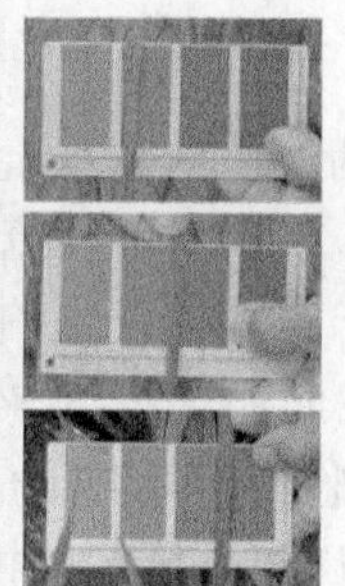

图 2.8　标准叶片比色卡及其氮肥施用指南(IRRI, 2005)

2.2.2　样品采集与分析方法

实验期间于实验田附近建设小型自动气象站，整套系统由数据采集器、传感器、安装支架、软件等部件组成，可实时监测当地气温、降雨量、露点、大气压、湿度等指标，仪器整点采样。

水稻生长期内，每周定时监测各处理田面水和明显暴雨径流的氮磷浓度，相同处理实验田使用 50mL 医用注射器按对角线(不扰动土层)采集等体积比例混合水样，注入 500mL 塑料瓶并加入 1～2 滴浓硫酸固定后保存于 4℃冰箱，24h 内完成测试。测试指标包括 NH_4^+、NO_3^-、TN、PO_4^{3-} 和 TP，均参考国家标准方法进行(国家环境保护部，2002)，其中氨氮采用纳式试剂法，硝氮采用紫外分光光度法，总氮采用碱性过硫酸钾消解+紫外分光光度法，溶解性磷酸盐采用钼酸盐比色法，总磷采用过硫酸钾消解+紫外分光光度法，上述指标测定均借助紫外分光光度计完成(UV-4802, Shanghai, UNICO Instrument Co., Ltd.)。水稻成熟后于各实验区块随机采集 6～10 茬水稻植株以测定其平均株高，各实验区水稻收割后晒干扬净以测定产量。

灌水量以灌水前后田面水位差值表示，其地下部分按 0.25 的折算系数折算，计算过程如式(2.1)和式(2.2)所示，而水稻生长期内暴雨径流量可通过如下稻田水分平衡方程计算得知，计算过程如式(2.3)与式(2.4)所示，所有物理量均以 mm 单位表征：

$$I = \sum_{i=1}^{a} I_i \tag{2.1}$$

$$I_i=[h_i-h_{i-1}+\mathrm{ET}+\mathrm{SP}]-r_i=[h_i-h_{i-1}+4.5+8.0]-r_i \tag{2.2}$$

$$R = \sum_{i=1}^{b} R_i \tag{2.3}$$

$$R_i=h_i+r_i-H \tag{2.4}$$

其中，I 为总灌水量；I_i 为第 i 次灌水量；a 为灌水次数；R 为总暴雨径流量；R_i 为第 i 次暴雨径流产生量；b 为暴雨径流发生次数；h_i 为暴雨径流事件发生前田面水起始深度，田面水深 $h_i=W-N$(每日上午 08 时通过 AWD 湿材人工记录桶顶至桶内水位距离 N 及桶顶至田面泥层距离 W)；r_i 为日降雨量；ET 为日蒸腾量，均取经验值 4.5mm，可参考实验田附近城市金华同期蒸腾量，且在水分饱和的情况下，常规灌溉田与 AWD 实验田蒸腾量大体相当(Cabangon et al.，2004)；SP 为日渗漏量，本书取值 8.0mm(Shi et al., 2006)。当已经干涸的田面灌水后，根据 Philip 渗吸速度公式，在入渗初期，渗吸速度很大，但是随着时间的增长，渗吸速度逐渐减小，最终达到稳定渗吸速度，由于暴雨径流常发生在连续降雨季节，稻田土壤处于水饱和状态，其饱和导水率为定值(Philip，1957)；H 为排水口高度，H=80mm；本书忽略土壤毛细渗透作用的影响。

各处理氮磷流失量以暴雨径流量与暴雨径流氮磷浓度的乘积表示，氮磷浓度可采用测试值，对于部分未采集到的暴雨径流，可采用内插法确定。

2.2.3 研究区域水肥管理现状

据实地调查，浙江省径山镇降雨充足，短期内连续集中降雨现象较为普遍，浙江省统计局资料(2009)显示，2008 年 6～10 月水稻生长期间，台风降雨天气频发，期间降雨量占全年降雨量的 51.5%，极易引起氮磷径流损失，危及周边水环境，当地农户往往易忽视合理灌溉的重要性。同时，按施肥习惯可将当地农户分为两类：①多数农户拥有的稻田面积较小且较分散，每户约 $0.2hm^2$，常以传统模式耕种，其平均施氮量高达 240～300kg N/hm^2，显著高出 Ju 等(2009)所提最佳施肥量的 30%～60%；②少数水稻种植专业户通过与散户签订合同获取大片农田的经营承包权，进行集约化耕作，每户约 $6.7hm^2$，该类农户一般经过农技站培训，往往较多关注化肥成本问题，在水稻稳产的前提下其化肥施用水平降为 170～200kg N/hm^2。援引王光火等(2003)的研究发现，浙江省氮肥氮素利用率普遍较低，氮素回收率(REN)往往低于 20%，氮肥农学利用效率(AEN)低于 10kg/kg。此外，该区域农业机械化普及率较高，秸秆还田较少，水稻营养供给主要靠化肥提供，有机肥使用比例较低(Wang，2007)。

2.3 水肥管理对稻田氮磷流失削减规律研究

2.3.1 实验期间降雨量与田面水位动态变化过程

水稻生长过程可划分为 5 个不同的生育期：返青期(seedling recovery stage，SR，10d)、分蘖初期(early tillering stage，ET，15d)、分蘖盛期(peak tillering stage，

PT，15d）、幼穗分化期（young panicle differentiation stage，YPD，35d）、开花大胎期（flowering and grain filling stages，FGF，30d）。统计结果显示，水稻生育期内降雨量累积达 496mm，与灌水量几乎持平（表 2.1）。可以发现，常规灌溉（FCP）与 AWD 节水灌溉（包括 AWD 及 AWD+SSNM）模式下田面水深差异明显。除返青期及水稻生长末期，AWD 节水灌溉模式下其田面水自然落干，田面水深在 –120～80mm 波动，而常规连续灌溉模式下，当田面水下降至一定高度后即刻补充灌溉，其田面水深保持在 5～30mm。

两种灌溉模式下田面水深按其特征可归纳成三类：①返青期及生长末期，由于秧苗生长初期必须保证足够的水分，而生长末期由于收割的需求，稻田田面水深差异较小。②生长中期（秧苗移栽后第35～60d），主要为水稻分蘖期及幼穗分化前期，受7月底～8月初台风天气影响，连续降雨极易导致田面水溢流，并伴随严重的氮磷营养物质流失，此阶段水稻水分需求旺盛，田面水深差异较小，但流失量差异较大，见后节详述。③其余各期田面水深也表现出显著性差异，干湿交替过程得以充分展示，在此期间AWD择时干湿交替灌溉模式较常规连续灌溉模式在抵御强降雨而导致的暴雨径流氮磷流失方面表现出显著的优势，见图2.9。

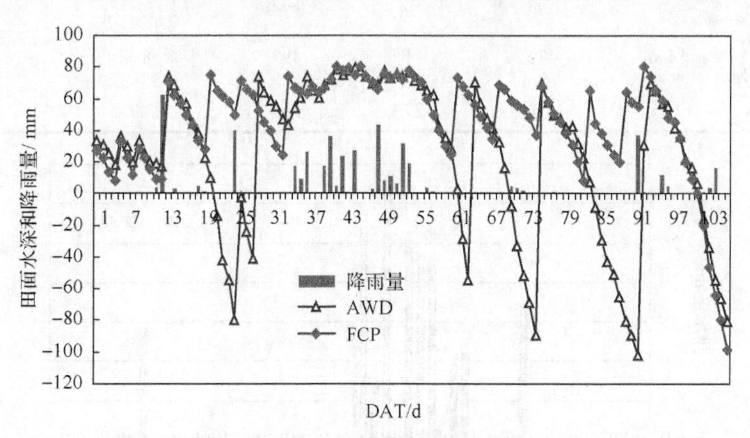

图 2.9　水稻生长期内不同灌溉模式下的降雨量与田面水深变化过程

2.3.2　不同水分管理模式下灌排水量差异

从表 2.1 及图 2.10 得知，尽管连续强降雨不可避免地造成了田面水溢流，但 AWD 节水灌溉较常规连续灌溉可显著降低暴雨径流发生量与发生次数，同时降低灌水量及灌水次数，根据水分平衡方程推算出的具体结果如下。

（1）灌溉水需求差异：AWD 处理田灌水量及灌水次数显著低于 FCP 处理田（$p<0.05$），灌水量从 576mm 下降到 499mm，削减比例为 13.4%，同时灌水次数从 11 次减为 8 次，降低了 27.3%。Wang 等（2003）的研究也证明，应用 AWD 技术

后可减少灌溉用水及灌水次数，节省劳动力。整个生长季节降雨充足，灌水量的削减在一定程度上具有合理性。

⑵暴雨径流差异：类似于灌水需求差异，各处理田在整个生长季节均无人为排水。AWD 处理其暴雨径流发生量与发生次数均显著低于 FCP 处理，暴雨径流发生量从 207mm 下降至 131mm，削减比例为 36.7%，暴雨径流次数从 12 次降为 8 次，削减率 33.3%。经计算得知，AWD 节水灌溉及常规连续灌溉技术应用后其暴雨径流占相应灌溉水量的比例分别为 26.3%和 35.9%，AWD 节水灌溉模式下以暴雨径流形式流失的比重低于常规连续灌溉模式。结合图 2.9 及图 2.10 得知，2 种耕作模式在减少稻田暴雨径流产生方面具备不同的特征：①AWD 处理在单场强降雨时，如第 23d、第 33d、第 90d 可显著减少暴雨径流量，影响较大；②AWD 技术在遭遇连续降雨天气后，将失去减少暴雨径流量的优势，其暴雨径流产生量与 FCP 处理差异不大。

表 2.1　不同水分管理模式下灌溉水量、暴雨径流量统计结果

处理	降水量/mm	灌水高度/mm	灌水次数/次	灌水量/mm	暴雨径流次数/次	暴雨径流量/mm
FCP		70	11	576	12	207
AWD AWD+SSNM	496	70	8	499	8	131
削减率/%		0	27.3	13.4	33.3	36.7

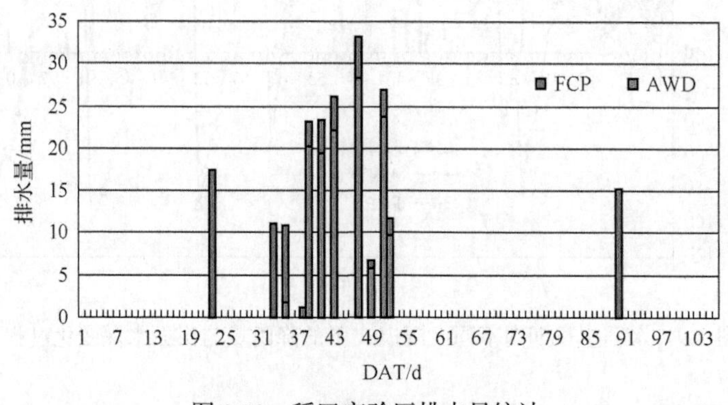

图 2.10　稻田实验区排水量统计

2.3.3　不同水肥管理模式下氮磷流失特征

从表 2.2 得知，FCP 处理与 AWD 处理肥料投入相同，其施肥量及施肥方式均一致，符合当地常规施肥模式，而 AWD+SSNM 技术降低了施肥总量及施肥次数，其纯氮削减比例达 29.2%(70kg/hm^2)，纯磷削减比例达 18.2%(10kg/hm^2)，纯钾削减比例为 4.3%(5kg/hm^2)，削减比例类似于 Wang 等(2003)在浙江省内进行的稻田 SSNM 肥料减施技术应用研究结论。

(1) 从图2.11可知，稻田耕作过程中，AWD节水灌溉技术应用后对稻田水氮素浓度影响较大，总体而言，AWD技术应用田的暴雨径流氨氮及总氮浓度均高于FCP处理，这归因于节水灌溉后，稻田田面水位往往低于常规处理。而AWD+SSNM耦合技术田中氨氮及总氮浓度大部分时间均低于FCP处理，可以推测，SSNM技术的应用，即肥料减施后，可以降低暴雨径流中氮素浓度大小。氮素流失通量计算结果表明(表2.2)，FCP处理田氮素流失量(以氨氮或总氮计)显著大于AWD处理田及AWD+SSNM处理田，AWD处理田氨氮和总氮分别从11.0kg/hm^{2}下降到7.7kg/hm^2、16.8kg/hm^{2}下降到11.7kg/hm^2，削减率分别为30%、30.4%，与暴雨径流发生量及发生次数规律一致，说明水分管理对氮素流失通量的影响显著。同时，AWD+SSNM处理田氨氮和总氮分别从11.0kg/hm^{2}下降到5.0kg/hm^2、16.8kg/hm^{2}下降到8.8kg/hm^2，削减率分别提升至54.5%、47.6%，结果说明，水分管理及AWD技术应用后，可以通过降低暴雨径流产生量从而有效降低氮素流失通量，而在AWD技术应用基础上追加肥料减施措施即SSNM技术后，则强化了对氮素流失的削减作用。

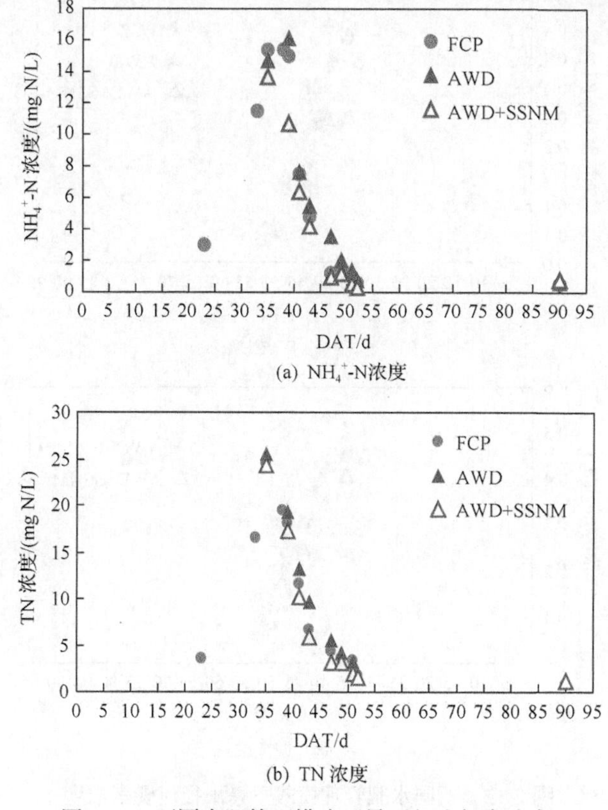

(a) NH_4^+-N浓度

(b) TN 浓度

图 2.11　不同水肥管理模式下暴雨径流氮素浓度

⑵从图 2.12 可知，稻田耕作过程中，AWD 节水灌溉技术应用后对稻田水磷素浓度影响较大，总体而言，AWD 技术应用田的暴雨径流溶解性磷酸盐及总磷浓度均高于 FCP 处理，这归因于节水灌溉后，稻田田面水位往往低于常规处理。而 AWD+SSNM 耦合技术田中磷素浓度大部分时间均低于 FCP 处理，可以推测，SSNM 技术的应用，即肥料减施后，可以降低暴雨径流中磷素浓度大小。磷素流失通量计算结果表明(表 2.2)，FCP 处理田磷素流失量(以溶解性磷酸盐或总磷计)显著大于 AWD 处理田及 AWD+SSNM 处理田，AWD 处理田溶解性磷酸盐和总磷分别从 0.36kg/hm^2 下降到 0.25kg/hm^2、0.52kg/hm^2 下降到 0.38kg/hm^2，削减率分别为 30.5%、26.9%，与暴雨径流发生量及发生次数规律一致，说明水分管理对磷素流失通量的影响显著。同时，AWD+SSNM 处理田溶解性磷酸盐和总磷分别从 0.36kg/hm^2 下降到 0.20kg/hm^2、0.52kg/hm^2 下降到 0.28kg/hm^2，削减率分别提升至 44.4%、46.1%，结果说明，水分管理能有效降低磷素流失通量，而肥料减施即应用 SSNM 技术后强化了对磷素流失的削减作用。

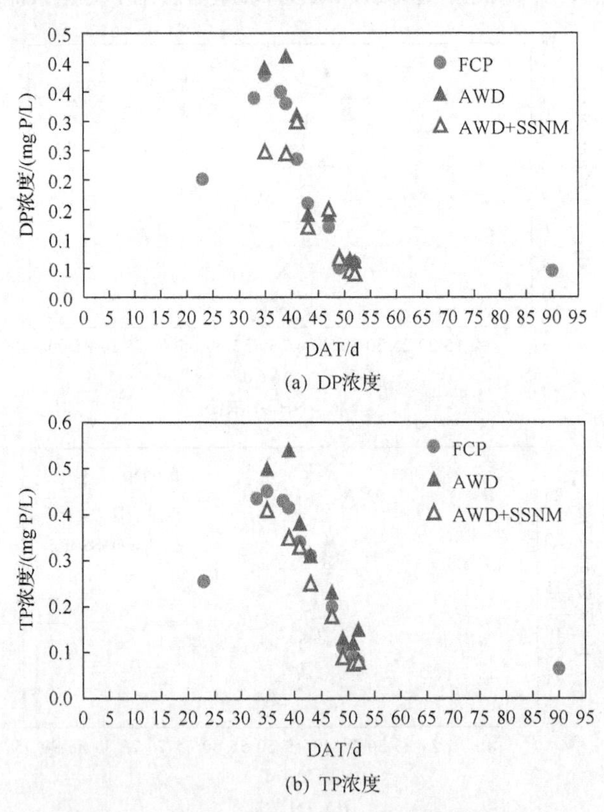

图 2.12 不同水肥管理模式下暴雨径流磷素浓度

表 2.2　3 种水肥管理模式下肥料投入、氮磷流失强度衡算结果

<table>
<tr><th rowspan="2">处理</th><th colspan="3">肥料投入量/(kg/hm²)</th><th colspan="4">氮磷流失量/(kg/hm²)</th></tr>
<tr><th>N</th><th>P</th><th>K</th><th>NH_4^+</th><th>TN</th><th>DP</th><th>TP</th></tr>
<tr><td>FCP</td><td rowspan="2">240</td><td rowspan="2">55</td><td rowspan="2">115</td><td>11.0</td><td>16.8</td><td>0.36</td><td>0.52</td></tr>
<tr><td>AWD</td><td>7.7</td><td>11.7</td><td>0.25</td><td>0.38</td></tr>
<tr><td>AWD+SSNM</td><td>170</td><td>45</td><td>110</td><td>5.0</td><td>8.8</td><td>0.20</td><td>0.28</td></tr>
<tr><td rowspan="2">削减率/%</td><td rowspan="2">29.2</td><td rowspan="2">18.2</td><td rowspan="2">4.3</td><td>42.9</td><td>30.4</td><td>30.5</td><td>26.9</td></tr>
<tr><td>54.5</td><td>47.6</td><td>44.4</td><td>46.1</td></tr>
</table>

注：TN 表示总氮；DP 表示溶解性磷酸盐；TP 表示总磷。

研究表明，暴雨径流导致的氮磷营养盐流失强度主要受施肥、降雨、水稻不同生长期水分需求变化及排水堰(或田埂)高度影响，而暴雨径流量及其氮磷浓度决定了暴雨径流中氮磷营养盐的流失强度，本书由于实验条件限制，忽略了水稻不同生长期水分需求变化情况的影响，田埂高度也保持一定，所以施肥与降雨情况在一定程度上决定了暴雨径流中氮磷营养盐的流失负荷，详述如下。

(1)FCP 常规灌溉与 AWD 节水灌溉其肥料投入相同，但氮磷流失衡算结果表明，后者较前者流失率更低，这归因于节水灌溉显著降低了暴雨径流发生次数及发生量(图 2.10)，一方面是由于 AWD 处理田田面水深较低，另一方面是 AWD 技术应用后极大地减少了稻田的淹水时间，AWD 处理田及常规处理田淹水时间分别为 81d 和 101d，分别占水稻生长全过程的 73.6%和 91.8%(图 2.9)。稻田田面水的上述特征均有助于缓解连续强降雨天气所带来的大量雨水冲击压力，降低暴雨径流发生量，同时如果农户能综合雨情并加强水分管理，降雨不仅可被充分利用为灌溉水资源，还可为水稻生长提供养分，水稻生长期内现场采集的雨水样本氮磷测试结果表明，当地大气湿沉降中氮磷平均浓度较高，氮素沉降通量初步估算达 16.4kg/(hm²·a)，是较好的养分资源。

(2) 水分管理与肥料管理在氮磷流失量的削减上起着协同作用。从 AWD+SSNM 技术田较 AWD 技术田其氮磷流失量均下降这一结果(表 2.2)可以推测，水分管理在一定程度上降低了氮磷流失量，应用肥料管理技术如 SSNM 技术后可进一步提升氮磷流失削减比例，SSNM 技术应用后可使稻田营养物质的供给与水稻生长需肥量相匹配，避免了过量施肥。该技术指导下施肥量及施肥时间在氮磷减排上的积极作用表现在如下几个方面：①农户往往忽视稻田土壤残留氮磷的补充作用而导致过量施肥，SSNM 技术通过降低肥料投入从而降低田面水中氮磷浓度，在一定程度上降低暴雨径流氮磷流失量。②浙江省内稻田常规耕作模式的调查结论显示，85%～100%的化肥均施用于分蘖初期前 10～20d，而水稻利用效率在返青期较低，并随时间而逐步提高，所以早期可减少肥料投入量，同时应该结合雨情以选择合适的施肥时间，在施肥时避开连续降雨天气从而有效降低连续强降雨导致的大量氮磷营养物质随暴雨径流而流失的风险。

(3) 暴雨径流中氨氮与溶解性磷酸盐分别是氮磷营养盐输出的主要形式（表2.2），其中，FCP、AWD 及 AWD+SSNM 3 种模式下氨氮流失量占总氮的比例分别为 65.4%、65.8%及 56.8%，而溶解性磷酸盐流失量占总磷的比例分别为 69.2%、65.8%与 71.48%。梁新强（2009）指出，稻田产流方式与旱地差异较大，属于蓄满产流，较深水层可以防止强降雨直接冲击稻田土壤，因此外溢水中悬浮颗粒少，氮磷主要以溶解态形式流失。

(4) FCP、AWD 及 AWD+SSNM3 种模式下氮素流失比例（总氮流失量占纯氮投入总量比例）分别为 7.0%、4.9%及 5.2%，梁新强（2009）指出，180kg/hm^2 纯氮投入下稻田以地表径流形式流失的氮素比例将达 8.9%，约 16kg/hm^2，而浙江省农业农村污染调查表明氮素流失率为 23%左右，忽略其余因素影响，以径流形式流失的氮素比例将达 2.0%，与本书结论较为类似，反硝化作用可能是稻田氮素流失的主要输出形式，占纯氮输入量的 36%～44.1%（Qiu, 2009; Yan et al., 1999）。而磷素流失比例（总磷流失量占纯磷投入总量比例）分别为 0.95%、0.69%与 0.51%。Sharpley（1995）研究发现稻田磷素主要以田埂溢流形式流失，而稻田地表径流磷素损失比例达到 0.5%时，则足以引起河流湖泊发生富营养化现象，所以得知水肥耦合实验可有效控制磷素污染状态。

值得注意的是，田埂老化及人为破坏作用将对氮磷流失量产生巨大的影响，任何缺口均可导致溢流现象的发生，所以对田埂的全方位维护显得非常重要，结合上述研究结果可以推测，不同处理模式下水、肥料的流失量估算结果将偏低于实际情况。

2.4 水肥管理对水稻产量及部分生理学参数影响规律研究

(1) 从表 2.3 得知，相对于常规耕作模式下 7125kg/hm^2 的水稻产量，AWD+SSNM 技术应用后其水稻产量增加了 4.9%（353kg/hm^2），而 AWD 节水灌溉处理则降低了 47kg/hm^2，但差异不明显。Wang 等（2009）调查发现，浙江省单季稻理论产量为 6000～8500kg/hm^2，本书中所有处理产量均为 7000kg/hm^2 左右，水肥管理策略的应用尽管降低了水肥的投入，但一定程度上促进了水稻产量增产。大量田间实验表明，节水灌溉模式下当稻田表面以下 15cm 处的 SWP 值高于–10kPa 时，水稻产量将不会受此影响而稳产，甚至取得小幅度的增产（Matsuo and Mochizuki, 2009; Yang et al., 2009），本书实验区所在地降雨充足，土壤保水性能良好，AWD 节水灌溉模式下保证了足够的淹水时间，所以在水稻生长季节，即使水位下降到田面以下 12cm 后再灌水至初始高度，水稻根区仍可保持湿润，植株体内酶活变化不大，从而避免水分供应不足造成的不良影响(Cabangon et al., 2004)。尽管水肥管理技术降低了水分和养分的投入，但其应用显著提高了氮肥生产效率(yield per N supply)，相对于 FCP 处理，AWD+SSNM 模式下氮肥生产效率明显增大至 43.9%，化肥投入量的大幅提升，并不能显著提高水稻产量，有研究发现水稻产量与化肥投入量不呈线性关系，过量施肥可导致大量养分转移到水稻茎叶等营养器官中，分蘖数增加(Wang et al., 2009)，多年稻田田间实验表明，当化肥使用量降低 30%后仍可保证水稻产量的稳产甚至增产。

表 2.3　不同水肥管理模式对水稻产量及株高的影响

处理	产量/(kg/hm^2)	氮肥生产效率/(kg/kg)	株高/cm
FCP(N=5)	7125	29.7	68.43±8.13
AWD(N=5)	7078	29.5	79.12±9.80
AWD+SSNM(N=3)	7478	43.9	79.92±6.87

(2) ANOVA 方差分析和 Student-Newman-Keuls 分析表明，AWD 处理及 AWD+SSNM 处理下水稻植株高度无显著性差异(p<0.05)，均显著高于常规灌溉方式(图 2.13)。以上结果表明，AWD 与 SSNM 耦合技术有易于水稻的拔节过程，而对于连续灌溉处理，过量的淹水反而不利于水稻根系呼吸作用，影响其生长。

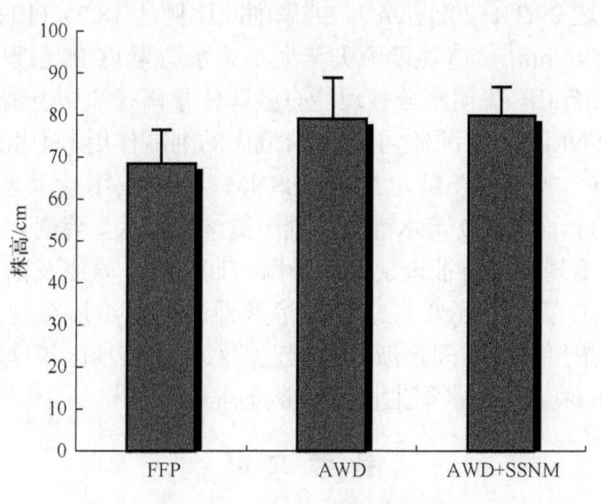

图 2.13　成熟水稻株高情况

2.5　水肥管理存在的技术瓶颈与展望

(1) 灌水间隔时间与地下水位及不同时期水稻需水量与气候条件关系密切，地下水位越浅，灌水间隔时间越长，尤其是暴雨前避免施肥将大大降低氮素流失风险(梁新强，2009)，灌水量及灌溉次数的降低在一定程度上节省了劳动力，但大大提高了对农民水分管理能力的要求。

(2)大部分水稻种植户关心水稻产量而容易忽视水肥管理的重要性(Ju et al., 2009)，往往不了解水稻面源污染问题。Albiac(2009)指出，水肥管理技术的有效推广，取决于政府如何合理引导农民自愿合作意识的提高，而水肥管理的培训推广工作、政府补贴制度的确立(Bouman et al., 2007)有待进一步深入研究。

(3)其余如农村生活污水回用、生态截留、缓控释肥和大气湿沉降等均有助于更好地完善农业面源污染控制体系，因此可加强此方面的研究工作。

2.6 小　结

通过AWD节水灌溉与SSNM肥料管理实验体现氮磷源头控制策略，该实验对稻田田面水氮素、磷素动态、径流(排水)流失规律和控制对策进行跟踪研究，研究发现，AWD+SSNM技术能有效控制氮磷通过暴雨径流形式而流失：①尽管连续强降雨不可避免地造成了田面水溢流，但AWD节水灌溉较常规连续灌溉可显著降低暴雨径流发生量与发生次数，同时降低灌水量及灌水次数。②FCP处理与AWD处理肥料管理方式相同，AWD+SSNM技术降低了施肥总量及施肥次数，其纯氮削减比例达29.2%(70kg/hm^2)，纯磷削减比例达18.2%(10kg/hm^2)，纯钾削减比例为4.3%(5kg/hm^2)。③氮磷流失量大小关系均为FCP处理田>AWD处理田>AWD+SSNM处理田，说明水分管理能有效降低暴雨径流中氮磷流失通量，而肥料减施即应用SSNM技术后强化了对氮磷流失的削减作用。④相对于常规耕作模式下7125kg/hm^{2}的水稻产量，AWD+SSNM技术应用后其水稻产量增加了4.9%(353kg/hm^2)，而AWD节水灌溉处理产量波动不大，降低47kg/hm^2。⑤采集的四次典型降雨氮磷浓度特征表现为：降雨初期总氮、氨氮及硝氮浓度分别高达6.0mg/L、3.7mg/L及2.3mg/L，总磷及溶解性磷酸盐浓度分别为0.10mg/L和0.03mg/L，氮磷浓度均随时间逐渐降低至正常水平。该地区年度氮素湿沉降通量估测为16.4kg/(hm^2·a)，对水稻生长起到养分补充的作用。

参 考 文 献

国家环境保护部. 2002. 水和废水监测分析方法(第四版). 北京: 科学出版社: 243-285.

梁新强. 2009. 平原区稻田水旱轮作体系中氮素平衡及流失特征. 杭州: 浙江大学博士学位论文.

王光火, 张奇春, 黄昌勇. 2003. 提高水稻氮肥利用率、控制氮肥污染的新途径-SSNM. 浙江大学学报(农业与生命科学版), 29(1): 67-70.

许文年, 王铁桥. 2002. 水泥边坡植被混凝土绿化技术: 中国, CN 1383712A.

Alam M M, Ladha J K, Khan S R, et al. 2005. Leaf color chart for managing nitrogen fertilizer in lowland rice in Bangladesh. Agron J, 97: 949-959.

Albiac J.2009. Nutrient imbalances: pollution remains. Science, 326: 665b.

Belder P, Bouman B A M, Cabangon R, et al. 2004. Effect of water-saving irrigation on rice yield and water use in typical lowland conditions in Asia. Agr Water Manage, 65: 193-210.

Bouman B A M, Castañeda A. 2002. Nitrate and pesticide contamination of groundwater under rice-based cropping systems: evidence from the Philippines. Agric Ecosyst Environ, 92: 185-199.

Bouman B A M, Peng S, Castaneda A R. 2005. Yield and water use of irrigated tropical aerobic rice systems. Agric Water Manage, 74: 87-105.

Bouman B A M, Humphreys E, Tuong T P et al. 2006. Rice and water. Adv Agron, 92: 187-237.

Bouman B A M, Lampayan R M, Tuong T P. 2007. Water management in irrigated rice: coping with water scarcity. Laguna: IRRI, Los Baños.

Bronson K F, Neue H U, Singh U, et al. 1997. Automated chamber measurement of methane and nitrous oxide flux in flooded rice soil for residue, nitrogen, and water management. Soil Sci Soc Am, 61: 981-987.

Cabangon R J, Tuong T P, Castillo E G, et al. 2004. Effect of irrigation method and n-fertilizer management on rice yield, water productivity and nutrient-use efficiencies in typical lowland rice conditions in china. Paddy and Water Environ, 2: 195-206.

Dai R, Liu H, Qu J, et al. 2008. Cyanobacteria and their toxins in guanting reservoir of beijing, china. J Hazard Mater, 153: 470-477.

Goswami N N, Banerjee M K. 1978. Phosphorus, potassium and other macroelements in soils and rice. International Rice Research Institute. Los Baños, Philippines: 561-580.

Jin J Y, Wu R G., Liu R L. 2002. Rice production and fertilization in china. Better Crops International, 16: 26-29.

Ju X T, Xing G X, Chen X P, et al. 2009. Reducing environmental risk by improving N management in intensive Chinese agricultural systems. Pnas, 106: 3041-3046.

Matsuo N, Mochizuki T. 2009. Growth and yield of six rice cultivars under three water-saving cultivations. Plant Prod Sci, 12: 514-525.

Mortimer A M, Hill J E. 1999. Weed species shifts in response to broad spectrum herbicides in sub-tropical and tropical crops. Brighton Crop Protection Conference, 2: 425-437.

Pampolino M F, Manguiat I J, Ramanathan S, et al. 2007. Environmental impact and economic benefits of site-specific nutrient management（SSNM）in irrigated rice systems. Agric Syst, 93: 1-24.

Philip J. 1957. The theory of infiltration. Soil Sci, 84: 163-366.

Qiu J. 2009. Nitrogen fertilizer warning for China. http: //www. nature. com/news/2009/ 090216/full/ news. 2009. 105. html.

Ramasamy S, Berge H F M, Purushothaman S. 1997. Yield formation in rice in response to drainage and nitrogen application. Field Crops Res, 51: 65-82.

Sharpley A N. 1995. Dependence of runoff phosphorus on extractable soil phosphorus. J Environ Qual, 24: 920-926.

Shi H B, Tian J C, Liu Q H. 2006. Irrigation and drainage engineering（In Chinese）. Beijing: China Water Conservancy and Hydropower Press.

Singh R B. 2000. Environmental consequences of agricultural development: a case study from the green revolution state of Haryana, India. Agric Ecosyst Environ, 82: 97-103.

Singh V K, Tiwari R, Sharma S K , et al. 2009. Economic viability of rice-rice cropping as influenced by site-specific nutrient management. Better Crops, 93: 6-9.

Stoop W, Uphoff N, Kassam A. 2002. A review of agricultural research issues raised by the system of rice intensification (SRI) from Madagascar: opportunities for improving farming systems for resource-poor farmers. Agric Sys, 71: 249-274.

Tabbal D F, Bouman B A M, Bhuiyan S I, et al. 2002. On-farm strategies for reducing water input in irrigated rice; case studies in the philippines. Agr Water Manage, 56: 93-112.

Tuong T P, Bouman B A M, Mortimer M. 2005. More rice, less water-integrated approaches for increasing water productivity in irrigated rice-based systems in Asia. Plant Prod Sci, 8: 231-241.

van Driel P W, Robertson W D. 2006. Denitrification of agricultural drainage using wood-based reactors. Transactions of the Asabe, 49 (2) : 565-573.

Vitousek P M R, Naylor T, Crews M B, et al. 2009. Nutrient imbalances in agricultural development. Science, 324: 1519-1520.

Wang G H, Zhang Q C, Huang C Y. 2003. SSNM-A new approach to increasing fertilizer N use efficiency and reducing N loss from rice fields. (In Chinese) Jouran of Zhejiang University (Agric & Life Sci), 29: 67-70.

Wang G H, Zhang Q C, Witt C, et al. 2007. Opportunities for yield increases and environmental benefits through site-specific nutrient management in rice systems of zhejiang province, China. Agric Syst, 94: 801-806.

Wang M, Yang J P, Xu W, et al. 2009. Influence of nitrogen rates with split application on N use efficiency and its eco-economic suitable amount analysis in rice. (In Chinese) Journal of Zhejiang University (Agric & Life Sci), 35: 71-76.

Witt C, Buresh R J, Peng S, et al. 2007. Nutrient management// Fairhust TH, Witt C,Buresh R, et al. Rice. Apractica lauide to nutrient management (seconded) LusBahos (philippines) and singapore.IRRI, IPNI: 1-45.

Yan W, Yin C, Zhang S. 1999. Nutrient budgets and biogeochemistry in an experimental agricultural watershed in southeastern china. Biogeochemistry, 45: 1-19.

Yang J C, Huang D F, Duan H, et al. 2009. Alternate wetting and moderate soil drying increases grain yield and reduces cadmium accumulation in rice grains. J Sci Food Agr, 89: 1728-1736.

Zhang H, Zhang S, Yang J, et al. 2008. Postanthesis moderate wetting drying improves both quality and quantity of rice yield. Agron J, 100: 726-734.

Zhang H, Xue Y, Wang Z, et al. 2009. An alternate wetting and moderate soil drying regime improves root and shoot growth in rice. Crop Sci, 49: 2246-2260.

Zhang M K. 2005. Best management practice for nitrogen and phosphorus in agricultural system. Beijing:China Agricultural Press.

Zhang W L, Wu S X, Ji H J, et al. 2004. Estimation of agricultural non-point source pollution in China and the alleviating strategies I: Estimation of agricultural non-point source pollution in China in early 21 century (In Chinese). Sci Agric Sin, 37: 1008-1017.

第3章 有机肥归田对土壤碳氮磷转化及流失潜能的影响

3.1 引　　言

施肥影响周围环境。稻田土壤碳氮磷迁移转化受施肥影响，进而影响周围水体和大气等环境。施肥影响土壤碳固定，因此可能影响全球气候变化和粮食安全(Lal, 2004; Bhattacharyya et al., 2010; Li et al., 2010)。氮肥利用率低，30%～40%(Ju et al., 2009)，施入的氮多数转移到大气和水体，或残留在土壤中。磷肥利用率只有10%～20%(Shen et al., 2004)，大部分残留在土壤中对周围水体造成威胁。施肥对环境的影响与日俱增(Xavier et al., 2009)。

为获得高产，稻田常施过量肥料(徐明岗等，2006；Ge et al., 2009)。近年来，化肥正逐步取代有机肥的优势地位，化肥施用量上升，有机肥施用量下降(Ju et al., 2009)。有机肥料的农业利用受到轻视，由重要养分资源转变为重要污染源(朱兆良，2008)。未被利用的有机肥料，特别是猪粪直接排入地表水的氮磷量远大于农田中化肥通过径流进入地表水的氮磷量，成为当今地表水中氮磷主要来源(朱兆良，1998)。地表水体中 85%以上是 NH_4^+-N，主要来源于有机肥如猪粪，不是源于当季施入的无机氮肥(曹志洪，2003a)。有机肥如猪粪乱堆滥放常因氮磷径流和淋溶引起地表水和地下水污染，威胁周围水体环境，如增加太湖富营养化和鄱阳湖中度富营养化风险。

氮素化肥利用率低，未被利用的氮素进入水体和大气环境，引发一系列如水体富营养化、大气温室效应等环境问题。研究表明，苏南太湖区农田施用氮肥中有10%的氮素流入水体(马立珊和汪祖强，1997)。氮素化肥还会耗竭土壤氮素(Mulvaney et al., 2009)，导致土壤性质变劣(Li and Zhang, 2007)，可能降低土壤有机质，不利于土壤碳氮固定(Manna et al., 2006；Khan et al., 2007)。另外，生产、运输和施用氮素化肥等需耗碳 0.50～1.74Mg C/Mg N(West and Marland, 2002；Franzluebbers, 2005)。农田中磷损失主要通过径流进入环境，在一般情况下其量少，施用磷肥目前还不至于对环境造成明显影响(朱兆良，2003)，但是磷矿资源有限。施用化肥对土壤酶活性刺激不大(袁玲等，1997；薛冬等，2005；孙瑞莲等，2008；颜慧等，2008)。

有机肥富含碳氮磷等各种营养成分(朱兆良，1998)。施用有机肥可提高土壤碳氮磷肥力，同时为酶促反应提供较多基质酶源，增加土壤微生物数量，并为土壤中原有微生物提供能源，而土壤酶绝大部分来自微生物和植物根系分泌作用，因而促进了土壤酶活性(颜慧等，2008；薛冬等，2005)。但有机肥如猪粪具有臭、脏、带病菌寄生虫、施用不便、养分含量低、养分释放缓慢等缺点，逐渐受到漠视，乱排滥放成为面源污染源。

有机无机肥配施缓急相济，优势互补(刘经荣等，1994)，并固碳保氮增磷促酶活。有机肥如猪粪替代化肥，化污染源为资源，减少化肥用量，节本增效，保护环境资源，是"环境友好型，资源节约型"节能减排的低碳措施。

稻田是可持续的湿地生态系统(龚子同，1985；李松，2009)，其中的作物、微生物和土壤具有吸收、转化和吸附养分的作用，可处理消纳有机肥(Li et al., 2009a；2009b；Hua et al., 2009；Demira et al., 2010)。稻田有田埂围栏，产生的只是机会径流，控制得当可做到零径流甚至负径流，将不会产生氮磷流失。长期耕作后稻田形成紧密犁底层，阻止水分、养分等下移，将不会导致氮磷淋失。但不适当管理可能使稻田成为面源污染源。

水稻生产在中国非常重要，是中国可持续发展的农业选择(凌启鸿，2004)。稻田施肥后土壤碳氮磷迁移转化影响着周围水体、大气和土壤环境。利用野外稻田长期定位试验，研究 0～100cm 剖面土壤碳氮磷库变化、酶活反应及氮磷流失潜能，提出最佳施肥措施，对节省资源和保护环境有重要意义。

3.1.1 施肥对土壤有机碳密度的影响

全球土壤有机碳(soil organic carbon, SOC)库以土层 100cm 计，为 1500～1600Pg ($1Pg=10^{15}g$) C (Lal, 1999)，大于植物库(约 550Pg C)和大气库(约 750Pg C)的总和(Jobbágy and Jackson, 2000)。王绍强和周成虎(1999)估算中国陆地生态系统 SOC 总量为 100Pg。SOC 较小变化可能引起大气 CO_2 浓度显著改变，从而影响全球气候(Fang et al., 2005；Luo et al., 2010)。SOC 固定不但影响全球气候，还影响粮食安全(Lal, 2004；Li and Zhang, 2007；Pan et al., 2009；Bhattacharyya et al., 2010；Li et al., 2010)。科学界和国际社会普遍认为耕地土壤碳固定是环境和经济双赢战略，是在气候控制努力上唯一没有遗憾的技术。

稻田固碳可起到减排、高产稳产和提高生态系统服务功能的共赢作用(Lal, 2004)，是中国土地利用对陆地碳循环及应对气候变化的特殊贡献。水稻生产是中国可持续发展的农业选择(凌启鸿，2004)。由于淹水时间长，稻田 SOC 分解较慢而累积较多(李庆逵，1992)，其平均 SOC 含量是旱地的 137%(全国土壤普查办公室，1998)。同样条件下，水稻土固碳能力高于旱地。水稻土即使耕种上千年仍具有碳汇效应，旱地土壤则没有(曹志洪，2008)。研究稻田 SOC 固定及实现其固定途径和手段具有重要意义。

1. SOC含量及密度

SOC密度是指某一土壤深度的总SOC。总SOC是SOC含量与土壤重量的乘积。土壤重量为土壤容重与体积的乘积。通常以100cm土体计算稻田SOC密度。全球100cm土体SOC密度平均为121Mg C/hm^2(Batjes, 1996)。王绍强和周成虎(1999)估算中国陆地生态系统平均SOC密度为108Mg C/hm^2,说明中国平均SOC密度较低。普遍认为中国稻田100cm土体SOC密度为70～100Mg C/hm^2(李恋卿等,2000;潘根兴,2008)。重庆市巴南区稻田100cm土体SOC密度介于51～140Mg C/hm^2,平均SOC密度为83Mg C/hm^2(唐晓红等,2009)。SOC密度变化从＜0至＞8Mg C/(hm^2·a),平均0.3Mg C/(hm^2·a)(Franzluebbers,2005;West and Six,2007;López-Bellido et al., 2010)。

中国稻田0～25cm土层SOC密度平均为44Mg C/hm^2(Pan et al., 2004),其中,耕层(0～15cm)为28Mg C/hm^2,犁底层(10～25cm)为16Mg C/hm^2。Pan等(2006)研究得出,太湖区水稻土表层(0～30cm)SOC密度在62Mg C/hm^{2}以下。张琪等(2004)研究表明,宜兴市主要水稻土表层(0～15cm)SOC平均密度为33Mg C/hm^2。许信旺和潘根兴(2005)研究表明,安徽省水稻土耕层(0～15cm)SOC密度为28Mg C/hm^2,犁底层(15～25cm)为14Mg C/hm^2。重庆市巴南区稻田0～20cm土层SOC密度介于17～37Mg C/hm^2,占0～100cm土层碳储量的27.50%,碳储量主要富集在表层土壤(唐晓红等,2009)。

SOC含量受施肥影响大,但研究结果各异。有些研究认为化肥尤其是氮肥提高了SOC含量(孙瑞莲等,2003;Majumder et al., 2007;Reid, 2008;Tong et al., 2009;Batlle-Bayer et al., 2010),有些认为没有影响(López-Bellido et al., 2010; Luo et al. 2010),有些则认为降低了SOC含量(Manna et al., 2006; Khan et al., 2007; Li and Zhang, 2007)。氮素化肥提高作物残茬生物量,进而提高SOC含量。但是,氮素化肥也会促进作物残茬和土壤碳分解,从而抵消了由其提高作物残茬生物量而可能增加土壤碳的效应(Nayak et al., 2009)。因此,氮素化肥或降低或不改变SOC含量。大量研究表明,有机肥有利于提高SOC含量,其本身就含有碳(Sainju et al., 2008)。Bhattacharyya等(2010)得出,大约19%的输入碳转化成SOC。SOC达到平衡时,几乎不再有SOC累积。但Cai和Qin(2006)却认为单施有机肥(堆肥)不利于提高SOC含量。这是由于施入的有机肥不足以补给SOC的快速分解。SOC含量是提高还是降低与其起始值有关(程先富等,2007;Bolinder et al., 2010)。范业成等(1996)研究得出,SOC年均下降率及提高率,一般与本底SOC含量呈负相关。潘根兴等(2000)也发现SOC升高幅度因原有SOC含量的提高而降低。有机无机肥配施提高了SOC含量。有机无机肥配施是SOC固定和保障粮食安全的有效可持续措施(Cai and Qin, 2006;Hao et al., 2008;Pan et al., 2009;Zhang et al., 2009)。

施用适量氮磷钾化肥，SOC 略有提高(曹志洪等，1995；乔艳等，2007)或基本稳定(李新爱等，2006；刘畅等，2008)。王立刚等(2004)对长期试验(100 年)模拟结果表明，对照、单施氮肥和单施磷肥 SOC 含量下降；氮肥与磷肥配施 SOC 含量升高，每年 270kg N/hm^2 氮肥配施 135kg P_2O_5/hm^2 磷肥，SOC 含量与初始值相比增加了 31%。化肥投入首先促进了作物生长发育及产量增加，并通过作物根系分泌，以及根茬还田使得有机物分解在土壤中，从而促进了 SOC 储量增加(曹志洪等，1995)。就农业大国来说，N、P、K 肥在中国施用量增加对于增加和保持 SOC 储量具有重要意义(吴乐知和蔡祖聪，2007)。

施用有机肥有利于土壤固碳(范业成等，1996；陈义等，2005；周卫军等，2006)。有机肥可使 SOC 持续增长，增长幅度随其用量增加而增加。湖南红壤稻田土壤长期试验表明，有机肥显著提高了 SOC 含量(周卫军等，2006)。除水稻产量显著提高导致有机物质归还量增加外，水田施用农家肥也是造成水田 SOC 含量增加的原因(李忠佩和吴大付，2006)。与对照相比，低量有机肥和高量有机肥处理 SOC 含量分别提高 54%和 89%(李新爱等，2006；刘畅等，2008)。乔艳等(2007)通过对湖北省黄棕壤性水稻土 20 年长期定位试验研究也得出类似结果。陈义等(2005)通过数学模拟，估算每年施入鲜猪厩肥 16.5～49.5Mg/hm^2 则相应固定 CO_2 1.885～3.463Mg/(hm^2·a)。长期施用有机肥对削弱大气 CO_2 浓度升高可行。

有机无机肥配施明显提高了 SOC 含量，湖南省稻田生态系统长期定位(1986～2003 年)监测研究结果证实了这一点(李新爱等，2006；刘畅等，2008)。曹志洪等(1995)在中国科学院常熟农业生态试验站进行的稻麦两制下土壤养分平衡与培肥长期试验结果也表明，在施适量氮磷钾化肥基础上再施适量有机肥的土壤 SOC 含量明显提高，土壤肥力不断改善。范业成等(1996)综合江西省 8 个 10 年以上定位试验得出，与本底比较，有机无机肥配施处理增加 SOC 含量 14～38g/kg，年均增加 SOC 含量 0.127～0.345g/kg。袁玲等(1997)也研究得出，有机无机肥配施提高 SOC 含量效果大于单施化肥。

有机肥提高 SOC 密度最多，配施次之，化肥最少(Hao et al., 2003；Zhang et al., 2006；Rasool et al., 2007；Sainju et al., 2008；Pan et al., 2009；Bhattacharyya et al., 2010)。化肥提高的 SOC 或许为其生产、运输和施用等过程耗碳(West and Marland, 2002；Franzluebbers, 2005)所抵消。配施有机肥处理显著高于单施化肥处理，施肥处理固碳速率介于 0.1～0.4Mg/(hm^2·a)(潘根兴等，2006)。在太湖区长期试验稻田的试验结果显示，施肥显著提高了耕层 SOC 密度，而对全土碳密度没有显著影响(潘根兴等，2006)。与耕层土壤相比，每处理全土 SOC 密度变异较大。不同施肥处理下耕层 SOC 密度占全土的比例均低于 40%，不足以对全土造成显著影响(潘根兴等，2006)。由于紧实犁底层阻隔及水稻根系浅，土壤下层 SOC 累积少(Pan et al., 2008)。Knops 和 Bradley(2009)得出，只在上层 0～10cm 和 10～20cm SOC

累积明显，因为根系集中在 0～20cm。0～20cm SOC 储量占 0～100cm 碳储量的比例远大于 20%，有的在 30%以上(Wang et al., 2004)，说明碳储量主要富集在表层土壤(唐晓红等，2009)。

大体上，SOC 含量高则土壤容重低(Xie et al., 2007)。与前面讨论 SOC 变化一样，施肥或提高或不改变或降低了土壤容重。传统测定容重方法耗时费力，相对于 SOC 含量其数据较少。很多研究证实，有机无机肥配施降低了土壤容重(Hati et al., 2008)。降低的效果表层大于亚表层(Rasool et al., 2007; Sainju et al., 2008; Bhattacharyya et al., 2010)。在更低层，施肥很难影响土壤紧实度，也就对容重影响甚微(Sainju et al., 2008)。较低土壤容重伴随着较高的 SOC 含量，土壤更通气、微生物活性更强、矿化更快，更多的氮磷钾及其他营养供应，表明具有更高的土壤肥力。范业成等(1996)研究得出，施肥处理比不施肥处理土壤容重降低 0.095～0.222Mg/m^3，极大改善了土壤通透性。

2. SOC 饱和

随着利用年限延长，水稻土熟化程度不断提高，最终达到高肥力水平。当稻田有机物质进入量和 SOC 分解量相等时，SOC 聚集达到饱和(曹志洪，2008)。初始 SOC 含量越低于饱和水平，碳累积速率则越快。而随着 SOC 含量增长，土壤对碳的保持将变得越困难(孙文娟等，2008)。

王绪奎等(2007)在研究近 20 年江苏省环太湖稻田 SOC 动态特征后提出，该区 SOC 已经饱和。该区在 1995 年之前作物生产力显著提高，所以 1995 年之前 SOC 含量明显递增，之后 SOC 含量缓慢增长并逐步稳定。该区 SOC 变异系数递减显著并逐步稳定在 20%左右，说明区域间 SOC 含量已基本稳定，SOC 表现饱和平衡。湖南稻田土壤中，常规施肥(现状)方式下稻田表层 SOC 饱和固碳量为 39.75～64.90Mg/hm^2。稻田土壤饱和固碳量可通过人为措施进行调控，增加有机物质投入量是提高稻田土壤固碳能力的有效途径(刘守龙等，2006)。在较高生产水平条件下，红壤水稻土 SOC 平衡值为 18～20g/kg，平均为 19.0g/kg(李忠佩和吴大付，2006)。陈义等(2004)以浙江嘉兴和衢州两个 10 年定位试验资料为基础，推算出稻田若每年施入 45Mg/hm^2 厩肥，60 年之后 SOC 含量将趋至平衡，将分别达到 50.4g/kg 和 49.2g/kg。潮土 NPK、1/2OM 和 OM 施肥处理的 SOC 平衡值分别为 7.19g/kg、7.75g/kg 和 9.37g/kg(尹云锋和蔡祖聪，2006)。在施肥模式不变情况下，与试验初年份比，达到平衡时 CK 处理潮土将损失碳 1478kg/hm^2，而 NPK、1/2 OM 和 OM 处理潮土则会分别增加碳 7376kg/hm^2、7790kg/hm^2 和 12066kg/hm^2(尹云锋和蔡祖聪，2006)。模拟结果表明，湖南稻田土壤中，每年投入 lMg/hm^2 新鲜有机碳可最终形成 SOC 饱和固碳量约 12Mg/hm^2(刘守龙等，2006)。

3. SOC 深度变化

SOC 含量随土壤深度增加而降低。周萍等(2006)研究发现，不同施肥处理 SOC 含量都随深度增加而降低。太湖地区稻田土壤耕层和犁底层为 SOC 显著积累层，SOC 含量变幅为 7～16g/kg；30cm 以下 SOC 含量深度变化基本稳定，变幅为 4～6g/kg。SOC 含量随深度下降(Haefele et al., 2004)，符合一级动力学方程(Pan et al., 2008)。

陈庆强等(2005)提出，SOC 深度分布特征与土壤剖面发育过程相关。表层土壤存在大量植物细根，有机质来源丰富，成土时间较短，有机质分解量低于有机质进入量，所以 SOC 含量较高。随深度增大，土层被埋藏时间增加，有机质来源不断减少，而成土时间增加，因分解导致 SOC 含量降低幅度增大，SOC 含量不断减少。水稻土表层 SOC 趋于一定生态环境的最大容量以后，亚表层、心土层中 SOC 含量也逐渐提高，在深达 100cm 土壤剖面中 SOC 含量随着水稻种植年限不断延长，下部土层(约 60cm 以下)中有机碳 ^{13}C 值不断下降，土层间有机碳 ^{13}C 值差异也不断减小，因种植水稻(C3 作物)而带入年轻 ^{13}C 值较低的有机碳不断向下层迁移和固定(曹志洪，2008)。

3.1.2 施肥对土壤氮的影响

氮是稻田湿地生态系统中限制性营养元素。氮肥在稻田中常过量施用(徐明岗等，2006)。氮肥利用率低，为 30%～40%(Ju et al., 2009)。施入的氮多数转移到大气和周围水体，或残留在土壤中。土壤全氮(soil total nitrogen, STN)增加表明，土壤氮肥力提高，土壤无机氮(soil mineral nitrogen, SMN)也随之提高，但同时增大了氮径流和淋溶流失风险(Galloway et al., 2008)。

1. 土壤碳氮关系

STN 含量主要取决于 SOC 含量(于群英，2001)。稻田土壤碳、氮具有较好的耦合关系(刘畅等，2008)，两者极显著相关(许信旺等，2005；吴晓晨等，2008)。土壤 C/N 为 8.5～12.9，多数为 10 左右。唐国勇等(2007)通过对湘北典型红壤丘岗 254 个稻田耕层样(0～18cm)进行分析，发现土壤 C/N 差异不显著。许信旺等(2005)研究表明，安徽省水稻土表层 SOC(g/kg)与 STN(g/kg)的关系是 SOC=10.49TN+3.97。

试验中氮肥区土壤含氮量常高于无氮区，其主要原因可能是施用氮肥后作物根茬等生物量增加，除其本身所含氮素外，较高的 C/N 还可能促进生物固氮，而不是化肥氮残留的直接累积结果(朱兆良，2008)。

2. 土壤全氮

不施肥耗竭 STN。不施肥与本底比较，STN 值下降(曹志洪等，1995；范业成等，1996；李新爱等，2006；乔艳等，2007；刘畅等，2008；彭娜和王开峰，2009)。作物携出氮素，使土壤氮素平衡为负。大气干湿沉降氮、弱的生物固氮和根茬残留氮等输入不足以补偿作物移出、氨挥发及反硝化等氮素输出，土壤氮素不断耗竭。

施肥增加 STN(范业成等，1996)。化肥和有机肥效果不同。关于氮素化肥的效果争议较大。多数结果说明，氮素化肥提高了 STN(曹志洪等，1995；范业成等，1996；李祖章等，2006；乔艳等，2007；Powlson et al., 2010)。氮素是限制植物生长主要营养元素之一，施用氮素化肥促进作物生长，根茬残留氮增多，可使土壤氮素提高。增施化肥对土壤微生物固氮也有一定的促进作用(唐玉霞等，2004)。

我国土壤普遍缺氮，氮素化肥增产效果好，STN 提高的报道较多。但有些结果说明，氮素化肥对 STN 影响不大(Haefele et al., 2004)。徐明岗等(2006)提出，化肥氮在土壤中难以保存积累。氮素化肥处理 STN 含量基本保持稳定(李新爱等，2006；乔艳等，2007；刘畅等，2008；彭娜和王开峰，2009)。氮素化肥施用使土壤氮素基本平衡。也有结果说明，氮素化肥降低了 STN。Mulvaney 等(2009)认为化学氮肥耗竭土壤氮。仅施化肥导致土壤性质变劣，不利于土壤氮素累积(Li and Zhang, 2007；Sainju et al., 2008；Li et al., 2010)。与自然生态系统一样，农田生态系统中氮素途径很多，加上固氮限制，土壤氮累积缓慢。氮素化肥促进作物生长，使作物携出氮素增多，可能是氮耗竭的主要原因之一(Whitbread et al., 2003)。还有，氮素化肥也会促进土壤微生物生长，使根茬残留氮和土壤氮分解量大于根茬残留氮量，土壤氮素平衡为负。

有机肥增加 STN。有机肥料氮释放缓慢，损失较少，易在土壤中累积(范业成等，1996；袁玲等，1997；李祖章等，2006)。有机肥料所含有机碳促进生物固持作用，具有一定保氮作用(刘经荣等，1994；吴建富等，2001b)。有机肥料营养丰富全面，还会促进生物固氮(Ladha et al., 1989)，尤其在稻田淹水条件下(曹志洪等，2005b)。加上根茬氮增多等因素，有机氮肥施用使土壤氮素平衡为正。

有机无机肥配施明显增加 STN(范业成等，1996；袁玲等，1997；吴建富等，2001b；孙瑞莲等，2003；Tong et al., 2009；Zhang et al., 2009)。随着有机肥比例提高，STN 随之提高(李新爱等，2006；乔艳等，2007；刘畅等，2008；彭娜和王开峰，2009)。有机无机肥配施缓急相济，优势互补(刘经荣等，1994)。有机肥料与化学氮肥配合施用可协调化学氮肥供肥过程，减少氮素损失，提高氮肥利用率(曹志洪等，1995)。张夫道(1994)采用 ^{15}N 示踪法研究结果显示，有机无机氮肥配施不仅提高了无机氮利用率，还提高了有机氮利用率。有机无机氮配施时，提高有机氮比例，可增加其在土壤中的残留率，减小氮素损失率。

3. 土壤无机氮

土壤无机氮(SMN)与STN密切相关，虽然只占STN约5%以下(Haefele et al.，2004)，却是作物吸收和稻田流失的主要形态。SMN包括铵态氮(NH_4^+-N)及硝态氮(NO_3^--N)，前茬作物收获后耕层SMN和施入土壤的氮肥一样，可继续对下茬作物有效。耕层SMN与作物产量密切相关。

淹水稻田土壤以强烈还原状态为主，硝化作用弱，所以稻田土壤N形态绝大部分是NH_4^+-N(George et al., 1992)。基肥与表土混施，表层土壤中含有大量NH_4^+-N(罗良国等，2000)。水稻根系可分泌氧气使根系周围微域环境处于氧化状态，加上稻田干湿水浆管理措施，都有利于稻田土壤中硝化过程发生。因此，淹水稻田土壤中也有少量NO_3^--N存在。由于硝化作用弱而反硝化作用强，目前施肥水平下尤其在水稻生长发育期间，土壤很少有大量NO_3^--N。稻田土壤淋洗液中NO_3^--N浓度低于1mg/L，NO_3^--N浓度基本不受施肥影响，而与土壤氧化还原条件有关(罗良国等，2000)。泡田淹水还原条件，土壤NO_3^--N较少；烤田排水氧化状态，土壤NO_3^--N较多。

水田土壤中累积无机氮较少，这是由于水田土壤长期淹水，通透性不及旱田，不充分的含氧条件有利于反硝化作用，矿化的无机氮最终以N_2O形式损失掉(陈欣等，2004)。随着水稻种植年限延长，水稻土硝化功能下降。利用年代越久远的稻田释放氮氧化物能力越低。这也是稻田生态系统可持续利用，对生态环境具有保护作用的优点之一(曹志洪，2008)。

施用化肥对稻田SMN影响小(Haefele et al., 2004)。水稻会很快吸收矿化的SMN。低剂量氮素化肥刺激作物和土壤微生物对无机氮吸收，使SMN比对照低(Raun and Johnson, 1995；李志宏等，2001；颜明娟等，2007)。氨挥发和反硝化等使氮素化肥利用率低(Cassman et al., 1998；Shibu et al., 2006)。进入大气的活性氮多数以干湿沉降形式返回地面(de Datta, 1995)。Zhu(1997)报道，20世纪80～90年代，太湖区大气氮沉降从15kg N/hm^{2}增至33kg N/hm^2、灌溉水氮从15kg N/hm^{2}提高到56kg N/hm^2。对照处理获得相当数量氮素。氮素的环境输入(Franzaring et al., 2010)也是对照处理SMN大于化肥氮素处理的原因之一。但长期施用量高于作物需要的适宜量，必然会引起土壤氮库增加。氮肥施用过量会在土壤中累积(曹志洪，2003a)。

施用有机肥和有机无机肥配施提高了SMN(陈欣等，2004)。有机肥提高SOC利于保持SMN。

4. 土壤氮下移

稻田 STN 随深度增加而降低(Haefele et al., 2004)。由于犁底层阻隔，稻田土壤氮一般不下移。吴建富等(2001b)根据 20 年定位试验资料研究结果提出，有机无机肥配施处理 STN 在整个剖面比单施化肥处理均有增加，但增加量主要集中在耕层。但也有报道，土壤氮有下移趋势(李良勇等，2006)。

由于 NH_4^+-N 带正电荷，容易被土壤胶体吸附而难以向下移动，因此在合理施氮水平下，氮肥深施没给水体带来威胁(罗良国等，2000)。土壤中 NH_4^+-N 含量主要与土壤黏土矿物类型和黏粒含量多少有关，而与施肥关系不大(陈欣等，2004；赵俊晔等，2006)。土壤中 NH_4^+-N 含量在 20cm 土体以下已趋于平稳，且低至 4mg/kg 以下(陈欣等，2004)。NO_3^--N 带负电荷，难以被土壤胶体吸附而易向下移动。土壤 NO_3^--N 在 60cm 以下土层才趋于稳定，这表明了 NO_3^--N 强烈向下迁移(陈欣等，2004)。但南方土壤含有少量正电荷，硝酸根离子也会少量被土壤吸附。在犁底层发育、结构紧实的水田，一般不会有 NO_3^--N 淋洗问题，也不可能污染地下水(曹志洪，2003b)。

3.1.3　施肥对土壤磷的影响

磷也是稻田湿地生态系统中限制性营养元素(Ramaekers et al., 2010)。磷肥在稻田中被大量施用(徐明岗等，2006；Ge et al., 2009)。磷肥使用率很低，只有 10%～20%(Shen et al., 2004)。施用的磷或留在土壤或转移到周围水体，其环境威胁日增(Xavier et al., 2009)。

沈善敏(1998)提出通过施用磷肥以大幅提高我国农田土壤磷库的建议。土壤磷素累积有其有利的一面，即增加土壤磷供应能力，为作物高产优质提供物质基础。但累积超过一定限度就会对水体环境产生危害。最近太湖的一项测定表明，入湖总磷中，非点源磷占 59%(鲁如坤，2003)。

土壤全磷(soil total phosphorus, STP)含量提高，土壤 Olsen-P 随之提高。Heckrath 等(1995)报道，当 Olsen-P 超过临界值如 60mg/kg 时，土壤排水中磷浓度陡增。土壤磷有可能下移(Eghball et al., 1996；Zhang and He, 2004；Xavier et al., 2009)，增加了施用磷肥的环境忧虑。

1. 土壤全磷

不施磷肥，作物不断从土壤中携出磷素，土壤磷素处于耗竭状态，STP 含量趋于稳定下降(周卫军和王凯荣，1997；黄庆海等，2000；熊俊芬等，2000；陈安磊等，2007)。在长期单施 NK 肥条件下，耕作 STP 含量呈显著下降趋势，下降幅度在 13.6%～44.9%，大于不施肥处理的下降幅度(黄庆海等，2000；曲均峰等，2008)。在施化学 N 肥或 NK 肥情况下，由于水稻产量提高，增加了农田系统中磷素向外输出通量，使土壤磷亏损加剧，与不施肥处理比较，磷亏损量增加了 16%～18%(周卫军和王凯荣，1997)。

磷肥施用与否决定了 STP 含量大小，长期施用磷肥对 STP 含量有明显提高作用(孙瑞莲等，2003)。施用化学磷肥、有机磷肥或有机无机磷肥配施，会提高 STP(黄庆海等，2000；单艳红等，2005)。磷肥当季利用率一般为 15%～20%。长期不平衡或大量施磷，磷累积表观利用率低于 15%，而平衡施肥，可达 40%以上(杨学云等，2007)。土壤磷素几乎没有气态输入和输出，施入磷肥除作物吸收外残留在土壤中，目前施磷水平使每公顷残留约 12kg 磷。耕层 STP 增加量与土壤磷素盈亏呈极显著直线正相关(杨学云等，2007)。黄庆海等(2000)据长期红壤稻田试验研究说明，在年施 90kg P_2O_5/hm^2 及以上时，土壤磷素处于累积状态，累积量似与磷肥单施或 NPK 配合施用关系不大，与施入磷肥量关系密切，NPK 化肥加有机肥处理的磷素累积速度和数量明显比 P 和 NPK 处理大，STP 含量增加 1.1 倍，年平均递增速度为 4.01%。

有机无机磷肥配施提高 STP 效果较好(熊俊芬等，2000；谢林花等，2004；吴晓晨等，2008)，有机肥比例越高效果越好。彭娜和王开峰(2009)通过湖南省 7 个县市土壤肥力与肥效监测长期定位试验研究发现，长期有机无机肥配施提高了 STP 含量，效果为高量有机肥配施＞中量有机肥配施＞单施化肥。周卫军和王凯荣(1997)据 7 年稻田试验研究发现，施用化学磷肥($39.3kg/hm^2$)或低量磷肥配合部分有机肥，可保持农田系统磷素收支基本平衡，并提出施用化学磷肥和有机无机肥配施的农业施肥制可保持农业系统磷素平衡，促进土壤磷素累积的观点。曹志洪(2008)发现史前水稻土 STP 远高于现代水稻土，推测古代先民在农田中曾使用过大量动物残留物肥田。但吴晓晨等(2008)红壤稻田长期定位施肥 15 年后结果表明，化学磷肥提高水稻土耕层 STP 含量效果好于有机肥(猪粪)。熊俊芬等(2000)经过 6 年田间定位试验研究也发现，单施猪粪土壤磷亏缺，得出单施猪粪不能维持土壤磷素平衡的结论。

2. 土壤 Olsen-P

土壤 Olsen-P 是对植物最有效的磷素形态(陈安磊等，2007)。土壤 Olsen-P 含量与 STP 含量呈极显著线性相关(曲均峰等，2008)。张风华等(2008)研究得出，0～20cm 土层土壤 O1sen-P 占土壤磷累积量的 16.6%～28.9%。周全来等(2006)对稻田土壤研究发现，Olsen-P 与施磷量呈正相关(y=0.086x+21.49)，施入磷 8.6%贡献于 Olsen-P。国际上，一般认为大约有 10%的纯累积磷贡献于 Olsen-P，英国洛桑试验场的结果为 10%或 13%(鲁如坤，2003)。

磷肥施在固磷力强的土壤上很快被固定为植物难利用形态，当季利用率仅为10%～25%(孟娜等，2006)。施入稻田土壤中磷有75%～90%累积在土壤中(陈安磊等，2007)。杨邦俊和向世群(1990)采用长期定位和盆栽试验，研究结果表明，后几年虽未施磷肥，水稻产量仍接近或超过化肥处理。

不施磷肥，耕层土壤Olsen-P含量下降(范业成等，1996；周卫军和王凯荣，1997；熊俊芬等，2000；曲均峰等，2008)。在长期单施NK肥条件下，耕层土壤Olsen-P含量显著下降，下降速率比STP高几倍，下降幅度大于不施肥处理(曲均峰等，2008)。Olsen-P下降有一定阈值，曲均峰等(2008)综合国内多点长期定位试验结果发现这一阈值大约为5mg/kg。产生阈值的一个重要原因是到达这一范围时，土壤缺磷已成为植物生长限制因素，植物生长不良，生物量很小，携取的磷极小，因而对Olsen-P再下降影响也就不大。增施化学N肥或NK肥后加剧了土壤Olsen-P含量下降。

施用化学磷肥、有机磷肥或有机无机磷肥配施，提高了土壤Olsen-P含量(王永和等，1993；范业成等，1996；孙瑞莲等，2003；单艳红等，2005；孟娜等，2006；曹志洪，2008；颜慧等，2008；谢坚等，2009)。土壤耕层Olsen-P及其增加量与土壤磷素盈亏呈极显著线性正相关(杨学云等，2007)。有机无机磷肥配施提高土壤Olsen-P效果较好(杨邦俊和向世群，1990；熊俊芬等2000；吴建富等，2001a；谢林花等，2004；吴晓晨等，2008；颜慧等，2008；谢坚等，2009)，有机肥比例越高效果越好。彭娜和王开峰(2009)通过湖南省7个县市土壤肥力与肥效监测长期定位试验研究发现，长期有机无机肥配施提高了土壤Olsen-P含量，效果为高量有机肥配施＞中量有机肥配施＞单施化肥。有机无机肥配施的施肥制在维持和提高土壤Olsen-P含量方面有着明显优越性。

有机肥对土壤磷具有活化、减缓吸附和减弱固定的作用(周卫军和王凯荣，1997；Gichangi et al., 2009; Azeez and van Averbeke, 2010)。章永松等(1996)研究发现，猪粪和牛粪均能明显降低两种水稻土对磷的吸附，增加磷解吸。有机肥施用导致土壤氧化还原电位下降，有利于提高土壤磷有效性(吴建富等，2001a)。有机肥提高土壤Olsen-P有几种解释：第一，有机肥在分解过程中能形成一定量腐殖质和各种低分子有机酸，这些物质占据一部分铁、铝氧化物表面吸附位点，从而提高了土壤磷素溶解活性。同时，有机阴离子对土壤铁、铝等金属离子或固磷物质有一定螯合作用，降低了Fe、Al的化学活性，也就降低了土壤对磷的吸附位点和亲和力，使磷吸附量减少，间接达到提高土壤磷素溶解能力(Xavier et al., 2009)的作用。植物残体在分解过程中其碳水化合物可被蒙脱石和高岭石有效吸附，对黏土矿物表面磷吸附位点起掩蔽作用而降低磷吸附。有机肥对土壤吸附-解吸的直接影响，其中降解产物和可溶性有机物起着主要作用。第二，有机肥含有碳源，为土壤微生物提供了基质和能量，相当数量微生物能将难溶性磷转化为植物可利用磷（Marinari et al., 2000；陈安磊等，2007）。第三，有些有机肥如猪粪，本身就含磷酸酶（袁玲等，1997；孙瑞莲等，2008）。磷酸酶活性提高，加速了土壤有机磷脱磷速度，提高了土壤 Olsen-P。

与不施磷肥处理相比，施用磷肥能显著提高土壤 Olsen-P 占 STP 的比例，后者所占比例平均为 3.77%，远高于前者（平均 1.21%）。有机肥更能提高 Olsen-P 占 STP 比例，达 4.28%（陈安磊等，2007）。土壤 Olsen-P 含量和 STP 含量达极显著正相关，相关方程为 Y=39.558X–16.025（r=0.746**）［X 表示 STP（g/kg）；Y 表示 Olsen-P（mg/kg）］，根据这个方程可以粗略预测其 Olsen-P 含量约为 STP 的 4%。

3. 土壤磷下移

由于土壤对磷的吸附，施入的磷肥一般不下移。稻田土壤在长期水耕过程中，黏粒下移和淀积，形成了一个结构紧实的犁底层，阻拦或减缓了土壤磷素上下移动及水稻根系向下生长。吴建富等（2001a）根据 20 年定位试验资料研究发现，有机无机肥配施处理 Olsen-P 只在耕层比单施化肥处理有明显增加。黄庆海等（2000）据红壤稻田长期试验研究得出，施肥对耕层以下 STP 含量影响很平缓，施磷处理在 17～26cm 土层磷素含量稍有提高，但 30cm 以下层次基本稳定不变。不施磷处理，土壤磷素耗竭还未影响 17cm 以下层次。谢林花等（2004）研究发现，与无肥处理相比，23 年不同施肥处理土壤磷素增量在 0～100cm 土壤剖面中分布特点为：耕层（0～20cm）为显著累积层，20～60cm 土层为微增-亏损层，60～100cm 土层为轻度累积层。Olsen-P 增量剖面分布趋势与 STP 增量分布趋势基本相同。

随肥料施入土壤的磷主要累积在土壤耕层（0～20cm），施肥过高，特别是有机无机肥配施会引起磷向土壤剖面下层淋移（杨学云等，2007）。20～100cm 土层土壤 Olsen-P 增加量随着施磷时间延长而逐渐增加（张风华等，2008）。单艳红等（2005）研究发现，与无肥处理相比，施磷处理和有机肥处理耕层增加的 STP 表现出向下迁移迹象，有机肥配施 NPK 化肥处理土壤磷迁移可达 30cm 深度，其余施磷处理均至 25cm。据此可以推断磷素淋失主要是通过大孔隙优势流，干湿交替易形成大孔隙，在灌溉和降雨时更易造成磷素淋失。

无机磷进入土壤后，很容易发生化学或吸附固定，在土壤中移动性较差。比较而言，土壤有机磷移动性要高。土壤质地较轻、上部土层磷素含量高、SOC 含量高、水量大等都可以促进磷素在土体中的垂直移动。土壤磷素主要分布于 0～20cm 耕作层中，其含量一般为 0～80cm 土体磷素总量的 50%。与起源土壤相比，耕种土壤中下部土层也有磷素累积现象，耕种时间越长，其累积量越多，特别是有机磷在土壤中有较明显淋溶特征（张永兰和于群英，2008）。

Elrashidi 等（2001）在美国佛罗里达州 3 处多年试验表明，长期施肥引起土壤表层磷富集，在较大降水量条件下（平均 1400mm/a），加上土壤质地为砂质土，土壤表层富集磷可迁移到地下水层 210～240cm。Eghball 等(1996)在美国内布拉斯加州砂壤土连续 40 年施肥试验中发现，在施磷量相同情况下，有机肥中磷比化肥磷在土壤剖面迁移得更深，并且能穿透高吸磷量的碳酸钙层，证明有机肥中磷迁移和土壤最大磷吸附量无关。施有机肥的土壤 Olsen-P 在土体中迁移更深，可达 150～180cm 土层，施化肥的 110cm 以下土层已看不出和不施磷处理的差别。但 Schwab 和 Kulvingyong(1989)研究粉质黏土连续 40 年表层撒施磷化肥(施磷量为 40kg/hm^2)发现，0～45cm 土层速效磷高于不施磷处理，说明无机磷淋洗在磷迁移中也起着重要作用。

3.1.4　施肥对土壤酶活性的影响

土壤酶来自微生物、植物和动物活体或残体，是一种具催化特定化学反应性质的蛋白质分子，在土壤生化反应中发挥重要作用(Kiss et al., 1975)。土壤酶活性是土壤生物活性和土壤肥力的重要指标(陈恩凤，1979；张焱华等，2007；孙瑞莲等，2008)。其中，土壤脲酶和磷酸酶是水解酶，其活性对评价土壤氮磷肥力水平有重要意义(孙瑞莲等，2003；2008)。薛冬等(2005)和颜慧等(2008)将土壤酶活性与肥力因素进行逐步回归分析发现，土壤脲酶和磷酸酶活性均可作为衡量土壤肥力水平的指标。脲酶和磷酸酶活性与 SOC、STN、STP、Olsen-P 含量均呈极显著或显著正相关(袁玲等，1997；孙瑞莲等，2008)。

肥料可通过改善土壤水热状况和微生物区系而影响土壤酶活性。增施有机肥料有利于改善土壤理化性质，提高土壤脲酶和磷酸酶活性(唐艳等，1999；Crecchio et al., 2001；Bhattacharyya et al., 2005；李粉茹等，2009)。当然，施肥也可能引起部分酶活性降低(孙瑞莲等，2008)。

稻作淹水期间，土壤中有机物质大量积累，与腐殖质复合的土壤酶总是处于物理性被保护状态(Marx et al., 2005)，团聚体免受蛋白水解酶分解，使土壤酶能在较长时间保持活性，所以不同肥料配比对稻季土壤酶活没有显著影响(张咏梅等，2004)。林天等(2005)及 Wang 和 Lu(2006a)提出，经过多年长期定位培肥，稻季土壤具有稳定物质循环和丰富营养物质，已经形成较为稳定的肥力体系。土壤中营养元素供应充足、养分含量和容量大、缓冲性能力强、土壤酶以酶-腐殖质或酶-矿物黏粒等复合形态广泛聚集其中，且已达“饱和”水平(Albrecht et al., 2010)。此时许多土壤肥力因子已不是生物学活性影响和限制性因子，其增加或减少不会对土壤生物学活性产生实质性影响(李东坡等，2004)。因此，外界再施入肥料，也不会对稻季土壤酶活产生明显影响。但 Wang 和 Lu(2006b)对太湖区稻田风干土壤进行无植物淹水培养试验发现，淹水抑制了土壤酶活性。

施肥影响土壤脲酶和磷酸酶活性。土壤脲酶和磷酸酶活性影响稻田土壤氮磷迁移转化，进而可能影响稻田水氮磷流失潜能(李华等，2006；解开治等，2010)。

分析肥料施入稻田后土壤脲酶和磷酸酶活性变化，对土壤氮磷迁移转化、提高化肥利用率(杨丽娟等，2005)、控制农业面源污染(李华等，2006)具有深远意义。

1. 土壤脲酶活性

脲酶能水解尿素，生成 NH_3、CO_2 和 H_2O(李华等，2006)。张焱华等(2007)认为，脲酶还可以加速土壤中潜在养分有效化，能分解有机物质，促其水解生成 NH_3 和 CO_2。

尿素为土壤脲酶的酶促反应提供了基质，刺激了表层土壤脲酶活性，使其活性增强(李华等，2006)。同时，氮素营养改善促进了土壤微生物繁殖，使其向土壤中分泌更多脲酶(周卫等，1990)。施肥处理脲酶活性大于对照；尿素用量增加，脲酶活性增大。说明土壤脲酶活性受到底物刺激(袁玲等，1997)。但土壤脲酶活性过高，容易引起氮素损失，大量施用尿素不利于提高氮素利用率(袁玲等，1997)。也有报道称，尿素处理脲酶活性显著低于对照，可能是由于不施氮处理中土壤氮素较为缺乏，土壤脲酶活性因局部根系分泌物刺激作用而增强(李华等，2006)。单施化肥不利于土壤脲酶活性提高(薛冬等, 2005；颜慧等, 2008)。高量尿素甚至对土壤脲酶活性有一定抑制作用(杨丽娟等, 2005；杨朝辉等, 2007)。酶促产物 NH_3 会抑制脲酶活性及其合成(杨丽娟等, 2005)。

孙瑞莲等(2003)报道，施 N 处理脲酶活性最低，而且 N、NP、NK 处理脲酶含量均低于缺 N(PK、CK)处理，但 NPK 要高于施 N(N、NP、NK)及 CK 处理，说明长期施 N 对脲酶活性有抑制作用，而合理施用 NPK 则可增强脲酶活性。从 N 的配施比例来看，尿素施用量增加，脲酶活性增大，表明在脲酶活性达到平衡之前，土壤脲酶活性随尿素用量增加而增加。杨丽娟等(2005)研究报道，施用氮肥，不同程度地降低了脲酶活性，而增施磷、钾肥却不同程度地提高了脲酶活性。

土壤脲酶活性在有机肥处理中最高，其与 SOC、STN 均呈显著正相关。有机无机肥配施明显增强了土壤脲酶活性。范业成等(1991，1996)报道，与单施化肥比较，有机肥单施和有机无机肥配施处理，土壤脲酶活性增长了 12%～44%。周卫等(1990)也报道，有机无机肥配施对脲酶促进效应明显大于化肥单施。而仅早稻配施有机肥，不如早晚稻两季配施有机肥效应明显。其主要原因是土壤脲酶绝大部分来自微生物和植物根系分泌作用，而施用有机肥为酶促反应提供了较多基质，增加了土壤微生物数量，并为土壤中原有微生物提供了能源，使其在种群数量上发生较大改变(颜慧等，2008；薛冬等，2005)。有机肥保护脲酶使其处于活性状态(Saha et al., 2008)。

长期施用 NPK 配施有机肥能明显提高脲酶活性，特别是增施 C/N 适中、富含新鲜养分的猪厩肥(孙瑞莲等，2008)。从配施比例来看，有机肥比例越大，脲酶活性越高。有机物料与化肥配合施用不但可以提供丰富有机碳，而且化肥中无机氮调节了土壤 C/N，为微生物活动和酶活提高创造了良好条件，同时合理施用 NPK 也可增强脲酶活性。袁玲等(1997)报道，化肥配施猪粪比单施化肥处理土壤脲酶活性高，原因可能是猪粪中有较高脲酶和底物。有机肥料本身具有较强脲酶活性(关松荫，1989)。

随土层深度增加，土壤脲酶活性递减(唐艳等, 1999；王成秋等, 1999；Sardans and Peñuelas, 2005；杨丽娟等, 2005；张焱华等, 2007；李粉茹等, 2009)。土壤酶活性在土体中分布与 SOC 和土壤养分含量分布相一致(Sahoo et al., 2010；李粉茹等, 2009)。

2. 土壤磷酸酶活性

土壤磷酸酶是一类催化土壤有机磷化合物矿化的酶，其活性高低直接影响着土壤中有机磷分解转化及其生物有效性。土壤有机磷是一种重要土壤磷素资源，其含量一般占土壤磷素总量的 20%～50%，大部分是迟效性磷。磷酸酶可加速有机磷脱磷速度，对土壤磷素有效性具有重要作用(Oberson et al., 1996; Amador et al., 1997；孙瑞莲等, 2003, 2008)。磷酸酶活性与 SOC、STN、STP、NH_4^+-N、NO_3^--N 及微生物量碳、氮、磷等呈极显著正相关(李东坡等，2004)。中性磷酸酶活性也与土壤中部分养分如土壤 Olsen-P 存在一定相关性(杨朝辉等，2007)。

磷酸酶是适应性酶，微生物和植物对磷酸酶分泌与正磷酸盐缺乏强度呈正相关。土壤严重缺磷，土壤供磷能力远不能满足作物生长需要，因此土壤微生物等分泌较多磷酸酶，以促进土壤中有机磷水解，生成可被植物所利用的无机态磷，这是作物适应营养环境的一种机制。对照磷酸酶活性略低或接近化肥处理，究其原因可能是其土壤供磷能力远不能满足作物生长需要，因此土壤微生物等分泌较多磷酸酶(袁玲等，1997；孙瑞莲等，2008)。这种现象在其他胁迫环境中也非常普遍(袁玲等，1997)。杨朝辉等(2007)也指出磷酸酶为适应性酶，在土壤 Olsen-P 含量低时磷酸酶活性增强。同时，无论是新磷酸酶合成或是土壤中已有磷酸酶活性均受无机磷酸盐抑制。施用化肥处理磷酸酶活性低于对照，说明施用化肥对土壤磷酸酶活性有抑制作用。

杨丽娟等(2005)研究指出，施肥影响土壤磷酸酶活性，进而影响土壤有效态磷，土壤有效态磷也反馈影响磷酸酶活性。化肥并不能明显增加土壤磷酸酶活性(袁玲等，1997；孙瑞莲等，2008)。大量磷化肥可能抑制磷酸酶合成(杨丽娟等，2005)。有报道认为，施用磷钾肥料，可能减弱磷酸酶活性(赵之重，1998)。但 Yang 等(2008)在黄瓜地的试验表明，施用磷钾肥料提高了磷酸酶活性，并解释可能是因为菜园土与农田土壤不同。长期施用 N 肥可显著地增加磷酸酶活性(赵之重，1998)。孙瑞莲等(2003)研究报道，合理施用 NPK 可以提高磷酸酶活性，而增量的 N 配施 PK 则可抑制磷酸酶活性，推测是因为向土壤中施加氮，增强了核酸酶活性，而核酸酶降解产物中有无机磷，土壤中无机磷增加是磷酸酶减弱的一个原因。

有机肥可提高磷酸酶活性(Martens et al.，1992；袁玲等，1997；杨丽娟等，2005；孟娜等，2006)。有机肥保护磷酸酶使其处于活性状态(Saha et al.，2008)。猪厩肥对于提高磷酸酶活性作用更明显，这可能是由于猪厩肥中磷酸酶含量较高(关松荫，1989；杨邦俊和向世群，1990；袁玲等，1997；孙瑞莲等，2008)。稻季猪粪配施氮磷钾进入淹水土壤中，发生一系列物理、化学及生化反应改变了土壤环境状况，如土壤 pH、氧化还原电位等，从而活化了土壤 P 素供应，导致土壤酸性磷酸酶活性增强(张咏梅等，2004；林天等，2005；Wang and Lu，2006a；唐玉姝等，2008)。杨邦俊和向世群(1990)在四川红棕紫泥、红砂泥及灰棕紫泥等三种水稻土上，研究了施肥对土壤磷酸酶活性的作用。施用有机肥可显著增加土壤磷酸酶活性。土壤磷酸酶活性动态变化与 Olsen-P 变化相一致。在灰棕紫泥中施用有机肥，对土壤有机磷生物转化率较施化肥处理高，对矿物磷转化率较低。可用磷酸酶活性测定作为有机肥对紫色土培肥指标及合理施用磷肥的参考。土壤磷酸酶活性与土壤 Olsen-P 含量呈显著正相关，一方面，土壤 Olsen-P 能通过诱导作用提高土壤磷酸酶活性；另一方面，土壤 Olsen-P 受土壤磷酸酶活性影响(颜慧等，2008；薛冬等，2005)。而周卫等(1990)研究结果表明，磷酸酶活性与 STP、Olsen-P 含量呈负相关。磷酸酶活性与土壤细菌及微生物总量呈显著或极显著正相关，还与自生固氮菌呈显著正相关。周卫等(1990)认为，磷酸酶活性与肥力因子虽存在一定相关性，但不同时期差异较大，不能稳定地反映土壤肥力状况，不宜用作肥力指标。

有机无机肥配施提高了土壤酸性磷酸酶活性(周卫等，1990)。磷酸酶活性高低顺序为高量有机肥＞低量有机肥＞化肥＞不施肥(李东坡等，2004)。孙瑞莲等(2003，2008)研究得出，NPK 与猪厩肥配施可明显提高磷酸酶活性，其效应为：NPK 配施猪厩肥＞NPK＞CK＞未平衡施肥处理(N、NK、PK、NP)。

随土层深度增加，土壤磷酸酶活性递减(Aon et al., 2001；Taylor et al., 2002；Zaman et al., 2002；Chen，2003；张焱华等，2007)。随着土壤剖面深度增加，SOC 含量降低，土壤磷酸酶活性也随之降低。土壤磷酸酶活性与 SOC 含量，达到极显著相关(Sahoo et al., 2010；于群英，2001)。

3.1.5 施肥对水体氮磷流失潜能的影响

土壤中过度累积的氮磷养分似“定时炸弹”，随时可能流失而影响水体环境(曹志洪，2003a)，是湖泊和河流富营养化的重要原因之一。太湖、滇池和巢湖面源污染物对总氮贡献率分别为 59%、33%和 63%，对总磷贡献率分别为 30%、41%和 73%(李贵宝等，2000)。

1. 稻田水氮流失潜能

稻田以地表排水径流和地下淋溶污染地表水和地下水。排水径流中氮素输出形态以NH_4^+-N为主，NO_3^--N次之(焦少俊等，2007)。氮素淋溶主要是NO_3^--N(邱卫国等，2005)。

施氮后各处理田面水NH_4^+-N、NO_3^--N和总氮(water total nitrogen, WTN)浓度差异显著。高氮处理NH_4^+-N、NO_3^--N和WTN浓度显著高于低氮处理，不施肥处理NH_4^+-N、NO_3^--N和WTN浓度最低(潘圣刚等，2010)。张刚等(2008)研究也得出，田面水氮浓度与施肥量呈正相关。焦少俊等(2007)研究发现，不施肥处理中稻田氮流失是常规施肥处理的47%。田面水NH_4^+-N浓度显著高于NO_3^--N浓度(潘圣刚等，2010)。刘勤等(2008)通过田间试验研究结果表明，田面水NH_4^+-N和NO_3^--N浓度随鸡粪施用量增加而提高。

施肥能引起淋溶水氮素增加(黄明蔚等，2007)。罗良国等(2000)研究表明，不同模式水稻田生态系统中，淋失氮素养分以NO_3^--N为主，NH_4^+-N淋失仅占很小部分，并且随着深度增加，NO_3^--N淋失逐渐增大，而NH_4^+-N淋失则逐渐减小。邱卫国等(2005)研究表明，稻田氮素淋溶流失以NO_3^--N为主，淋溶水中NO_3^--N浓度一般为0.19～2.83mg/L。收获后土壤中NO_3^--N的累积量和土壤溶液中NO_3^--N含量呈正相关(Hofma, 1999)。NO_3^--N随田间渗透水向下淋洗移动，在2.5m上的观察井中，NO_3^--N随井深增加而增加，最高可达10mgN/L以上。地下水中以NO_3^--N为主(90%以上的总N)(曹志洪，2003b)。从长远看，长期大量施用氮肥所引起NO_3^--N向地下水迁移和富集可能会导致农村饮用井水中NO_3^--N含量增加和超标。目前，部分地区农村近村饮用井水中硝酸盐含量超标，可能还与生活污水排放有关(朱兆良，1998)。地下水中NO_3^--N超标，有机肥多了一样是“祸害”，并不只是无机N肥“惹的祸”(陈子明等，1996)。

刘勤等(2008)的田间试验研究稻田长期施用鸡粪对氮养分淋洗特征及其潜在环境效应，结果表明，NH_4^+-N在30cm、60cm、90cm淋溶液中不同层次之间浓度没有明显差别；同一层次NH_4^+-N浓度随鸡粪用量增加而增加。淋溶液NO_3^--N浓度与NH_4^+-N浓度值相比，含量略高，沿土壤剖面呈上低下高趋势；施用大量鸡粪能明显增加土壤淋溶液中NO_3^--N含量。长期施用鸡粪稻田土壤氮具有较高环境风险。

2. 稻田水磷流失潜能

稻田排水径流中的磷污染地表水。磷素淋溶目前尚无定论。

径流水中磷浓度直接与施磷量及表层土壤含磷量相关(Elrashidi et al., 2001)。地表径流主要与土壤 0～5cm 表层发生作用(张慧敏和章明奎，2008)。施肥量对土壤磷素径流流失有显著影响(张焕朝等，2004)。农田施用磷肥中有 5%的磷素进入水体(张大弟等，1997)。不施肥处理中稻田磷流失是常规施肥处理的 60%(焦少俊等，2007)。

施用磷肥显著提高了稻田田面水总磷(water total phosphorus, WTP)浓度(通乐嘎等，2010)。在等量施磷条件下，与单施无机磷肥比较，有机无机磷肥配施能显著地提高田面水磷素水平(张志剑等，2000)。田面水磷浓度在施用磷肥达到稳定后仍保持在 0.04～0.10mg/L(通乐嘎等，2010)，超过了水体富营养化临界值 0.02mg/L。张刚等(2008)观测到田面水中磷浓度整个稻季均高于 0.02mg/L。张红爱等(2008)研究得出，施磷处理显著影响地表径流中磷浓度。高磷处理每次径流 WTP 浓度，均明显高于低磷处理。表明在太湖地区长期施用磷肥，会导致磷在土壤中富集，从而增加径流磷浓度，增大水体富营养化风险。

鲁如坤(2003)指出，质地较轻的红壤性水稻土在 Olsen-P 达到 20mg P/kg、质地较重的达到 40mg P/kg 时出现水溶磷。因而认为，南方不同质地水稻土，在目前土壤 Olsen-P(＜20mg P/kg)条件下，对水体环境也不存在威胁。南方高产区特别是高产田块，凡是土壤 Olsen-P＞20mg P/kg(质地轻的水稻土)或＞40mg P/kg(质地较重水稻土)对水体环境已构成威胁。

土壤 Olsen-P 水平与对应田面水 WTP 含量也存在显著线性相关，说明土壤 Olsen-P 水平可以一定程度上评估田面水磷素水平和流失潜能(张志剑等，2001)。土壤水溶性磷浓度随着 Olsen-P 水平提高而增加，当 Olsen-P 水平较低时，水溶性磷提高幅度较小；当 Olsen-P 浓度增至一定水平时，水溶性磷提高幅度明显加大，其变化并非一条直线关系，而是两条斜率明显不同的直线，两条直线之间有一个明显突变点，该点被认为是土壤磷素淋失临界值。Heckrath 等(1995)研究的土壤 Olsen-P 临界值为 60mg/kg。姜波等(2008)研究得出该值 Olsen-P 为 76.19mg/kg。周全来等(2006)预测为 82.7mg/kg(即施磷量为 712kg/hm^2)。张焕朝等(2004)研究推断，爽水型水稻土和囊水型水稻土土壤磷素径流流失各存在一个突变点，分别为 32mg/kg 和 26mg/kg。曹志洪等(2003a)研究得出，太湖流域水稻土磷素向水体排放的临界值 Olsen-P 为 25～30mg/kg，目前该地区水稻土 Olsen-P 水平平均为 12～15mg/kg；认为常规条件下，未来 5～10 年内稻田不会产生严重磷素面源污染威胁。

但潘根兴等(2003)研究发现，有机无机肥配施处理尽管土壤树脂磷和水溶性磷绝对含量较高，但流失磷反而较少，反映出有机肥处理下保护了土壤而减缓了雨水对土壤的冲击洗刷效应。有机肥抑制土壤磷素移动的机制可能有，分子结构较大的有机质可以通过其功能团(如羟基、羧基等)与磷素发生螯合作用，降低磷素在土壤溶液中的迁移能力。施入土壤的有机肥在其矿化过程中，可以使土壤氧化还原电位下降幅度更大，当 Fe^{3+} 还原为 Fe^{2+} 后，可能形成比表面更大的无定型含铁固磷介质从而增加磷素固定。因此，对于防止或减少水田土壤农业非面源污染来说，有机无机肥配施不但没有发生磷素活化而促进流失，而且有利于土壤磷相对保持(邵宗臣和赵美芝，2002)，提出单施化肥是导致明显磷面源污染的主要原因(邵宗臣和赵美芝，2002；潘根兴等，2003)。

表层土壤磷素富集，使磷素发生垂向迁移的可能性增大(Elrashidi 等, 2001)。施用磷肥显著提高了稻田淋溶水各形态磷浓度(通乐嘎等，2010)。太湖地区长期施用磷肥，将导致淋溶水中磷浓度的增加，增大水体富营养化的风险(李卫正等，2007)。

土壤溶液磷质量浓度随土壤 Olsen-P 水平增加而增加，在一定条件下二者存在线性关系，可用土壤 Olsen-P 水平来预测土壤中磷淋失潜力(张慧敏和章明奎，2008)。张慧敏和章明奎(2008)以模拟条件下测定稻田土壤溶液中磷浓度来代表淋溶液中磷浓度。土壤溶液磷质量浓度与土壤 Olsen-P 水平关系发生变化的临界值，黏土、壤黏土和壤土分别为 84mg/kg、65mg/kg 和 53mg/kg。而砂土无明显磷淋失潜力临界值，这可能与砂土对磷固定较弱、缓冲能力低、累积磷较易释放有关。李卫正等(2007)田间试验表明，在每季度 $30kg/hm^2$ 常规施磷处理水平下，爽水型水稻土和囊水型水稻土土壤淋溶水磷平均浓度均远超过了水体富营养化阈值(0.02mg/L)。李卫正等(2007)研究显示，当爽水型水稻土和囊水型水稻土土壤(0～10cm)中 Olsen-P 浓度分别大于 33.0mg/kg 和 26.3mg/kg 时(突变点)，土壤 30cm 深度淋溶水磷浓度将随着 Olsen-P 浓度增加迅速增大。两种水稻土突变点的差异可能与它们的有机质和黏粒含量不同有关。

3. 稻田湿地消纳氮磷

稻田是人工湿地，可有效处理消纳有机肥如畜禽废弃物(刘勤等，2008；黄卉等，2009)，而畜禽废弃物是当今水体富营养化的主要污染源之一。水稻可吸收消纳有机肥中氮磷等养分。土壤能够分解、吸附有机肥中养分。不同于其他旱作农田，稻田田面平整，并在围垄保护下形成封闭径流体系，只有在特殊情况如暴雨发生时，田面水才会溢出形成机会径流(曹志洪等，2003a，2005a)。植稻时间久远的稻田其犁底层结实，阻止养分下移，一般不发生淋溶风险。

适宜氮磷肥用量对地表水和地下水氮素流失风险小。水田地表径流水氮磷流失量小，纵向迁移氮磷更小且危害不大(梁涛等，2002，2003)。杭嘉湖水稻田总氮累积流失负荷为 0.23～0.80kg/hm^2，总磷累积流失负荷为 0.07～0.15kg/hm^2，两者流失系数均小于当季施肥量的 1%，因此降雨径流造成的水稻田氮磷流失并非氮磷流失的主要途径(梁新强等，2005)。太湖流域不同类型稻田在水循环中可吸纳氮素 2～20kg N/hm^2，是氮素的汇。稻田氮素向下淋失迁移量低于麦田；太湖地区井水中 NO_3^--N 超标率自 20 世纪 80 年代中期至今未变化，说明该区井水中 NO_3^--N 含量高低与农业上氮肥用量无直接联系。总体上看，稻田向环境输出氮少，而固定、汇集氮多，“稻田圈”是保护环境的重要生态单元(曹志洪等，2005b)。

张志剑等(2000)研究发现，灌溉水 WTP 浓度为(0.165±0.012)mg/L，比中后期不施磷田面水 WTP 浓度高，说明附近水域已有明显富营养化，也说明稻田可吸纳灌溉水磷素。张刚等(2008)研究也发现，淋溶液磷浓度不高，且不同处理间浓度变化不明显，与施肥量无明显相关性。淋溶液中磷浓度低于灌溉水，表明稻田对灌溉水中磷起到净化作用。在城镇郊区、桑园和蔬菜基地周边建立“稻田圈”是防治磷素面源污染的有效生态措施(曹志洪等，2005a)。

但稻田湿地处理有机肥如畜禽废弃物的同时，管理不善同样可能对水体产生磷素污染(刘勤等，2008)。

3.2 肥料试验介绍

稻田肥料长期定位试验分别位于江西省南昌市和浙江省嘉兴市(图 3.1)。江西省南昌市试验点田间实景见图 3.2，浙江省嘉兴市试验点田间实景见图 3.3。

3.2.1 南昌试验点稻田肥料试验

1. 南昌试验点介绍

稻田肥料试验点位于江西省南昌市农业科学院试验农场内(26°34'N，113°34'E)。亚热带季风气候，年均温度 18.4℃，年均降水量 1632mm。

试验从 1984 年开始，目前还在延续。稻-稻-闲制。早稻季 4～7 月，晚稻季 7～10 月，休闲季 10 月～次年 4 月。土壤为红壤性水稻土，潴育性，发育于第四纪亚红黏土。耕层(0～20cm)基础土样(1984 年 2 月采样)基本性质：pH, 6.5；SOC, 14.8g/kg；全氮, 1.36g/kg；碱解氮, 172.3mg/kg；全磷, 0.49g/kg；Olsen-P, 20.8mg/kg；有效钾，35.0mg/kg；CEC, 7.54 cmol/kg(李祖章等，2006)。

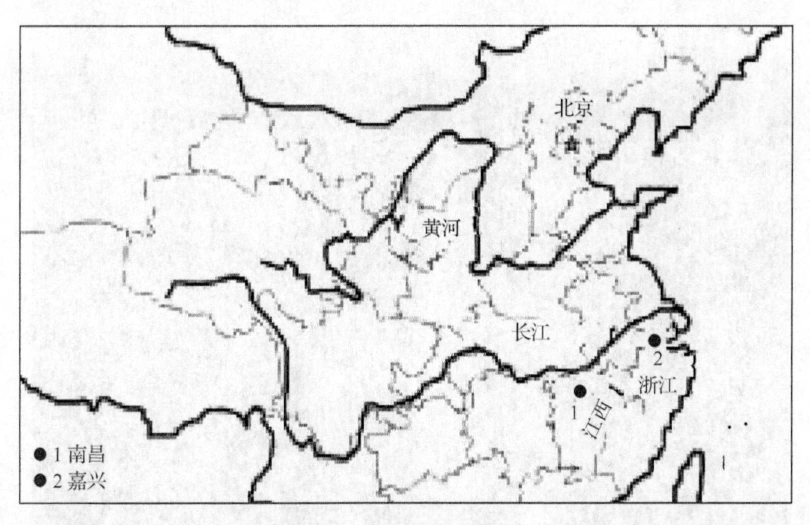

图 3.1　试验点示意图

图 3.2　江西省南昌市试验点田间实景图

图 3.3 浙江省嘉兴市试验点田间实景图

2. 南昌试验点施肥与管理

设 8 个处理：①不施肥(CK)；②PK(P、K 化肥)；③NP(N、P 化肥)；④NK(N、K 化肥)；⑤NPK(N、P、K 化肥)；⑥7F∶3M(即处理⑤等氮养分化肥 70%+有机氮肥 30%)；⑦5F∶5M(即处理⑤等氮养分化肥 50%+有机氮肥 50%)；⑧3F∶7M(即处理⑤等氮养分化肥 30%+有机氮肥 70%)(表 3.1)。

CF：化肥 chemical fertilizers。氮化肥用尿素、磷化肥用过磷酸钙及钾化肥用氯化钾。GM：绿肥(紫云英)green manure(*Astragalus*)。早稻施用绿肥作有机肥，含 33.0g N/kg、8.0g P_2O_5/kg 和 22.9g K_2O/kg(以干基计)。PM：猪粪 pig manure。晚稻施用猪粪作有机肥，含 30.0g N/kg、12.7g P_2O_5/kg 和 40g K_2O/kg(以干基计)。

早稻施 N 150kg/hm^2，晚稻施 N 180kg/hm^2；早晚稻各施 P_2O_5 60kg/hm^2；早晚稻各施 K_2O 150kg/hm^2。氮化肥用尿素，磷化肥用过磷酸钙，钾化肥用氯化钾。尿素分 3 次施用，基施∶第一次追施∶第二次追施之比为 3∶1∶1。氯化钾按 1∶1 分两次追施。过磷酸钙和有机肥基施。早稻有机肥为绿肥，晚稻有机肥为猪粪。绿肥为紫云英，从试验田块外割取。紫云英(干基)含 N 33g/kg，含 P_2O_5 8.0g/kg，含 K_2O 23g/kg；猪粪(干基)含 N 30g/kg，含 P_2O_5 12.7g/kg，含 K_2O 40g/kg。以干物重(kg/hm^2)计，CK、PK、NP、NK、NPK、7F∶3M、5F∶5M 和 3F∶7M 绿肥年施 0、0、0、0、0、1364kg/hm^2、2273kg/hm^2 和 3182kg/hm^2，猪粪年施 0、0、0、0、0、1800kg/hm^2、3000kg/hm^2 和 4200kg/hm^2(李祖章等，2006；Bi et al., 2009)。

表 3.1　南昌试验点处理与施肥量　（单位：kg/hm^2）

处理	水稻	尿素	过磷酸钙	氯化钾	早稻紫云英 晚稻猪粪
CK（不施肥）	早稻	0	0	0	0
	晚稻	0	0	0	0
PK	早稻	0	500.0	250.0	0
	晚稻	0	500.0	250.0	0
NP	早稻	325.5	500.0	0	0
	晚稻	390.6	500.0	0	0
NK	早稻	325.5	0	250.0	0
	晚稻	390.6	0	250.0	0
NPK	早稻	325.5	500.0	250.0	0
	晚稻	390.6	500.0	250.0	0
7F：3M	早稻	227.9	409.1	200.4	1364
	晚稻	273.4	310.0	130.2	1800
5F：5M	早稻	162.3	348.5	163.2	2273
	晚稻	195.3	183.0	50.1	3000
3F：7M	早稻	97.7	287.9	128.1	3182
	晚稻	117.2	57.0	0	4200

24 个小区排成 3 行，每区面积为 $33.3m^2$。田埂由水泥浇成，50cm 宽，25cm 高，20cm 深。小区外设保护行。每处理重复 3 次，随机区组排列。水稻株行距 20cm×20cm。品种选用当地优势品种。田面平整、翻耕、耘耙、灌溉和除草等农业措施与当地农事相同。水稻成熟前，田面水保持 5～8cm。

每季计算不同处理 3 次重复平均产量，产量以年均水稻总产计，施肥增加了水稻产量(图 3.4)。

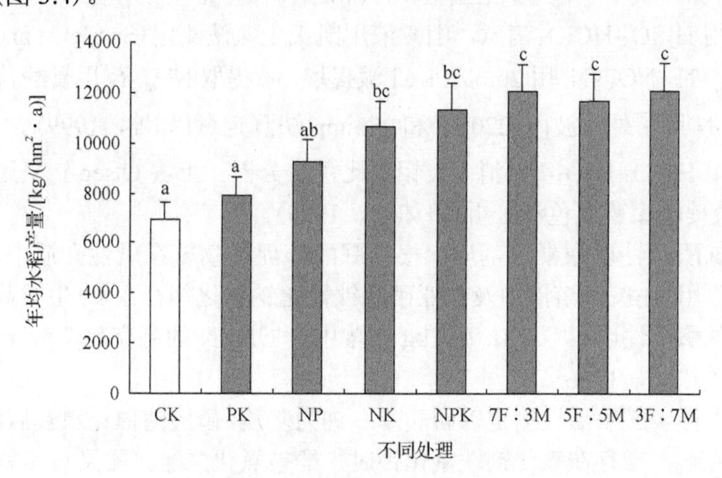

图 3.4　南昌试验点水稻年均总产量

不同小写字母代表数据存在显著性差异，下同

3. 南昌试验点取样

2010年休闲后（4月）和早稻收获后（7月），每小区随机取5点耕层土样（0～5和5～20cm）。每区5点土样混合成一个样品。晚稻收获后（10月），用3 cm 内径土钻在每小区随机取8点剖面土样（0～5cm、5～20cm、20～40cm、40～70cm和70～100cm）。每区3点土样混合成一个样品用来测定土壤容重。另外，5点土样混合成一个样品用来测定C、N、P及酶活性等。土样拣去可见根系后，风干，过1mm筛。其中部分过0.15mm筛后用于土壤全量分析。考虑土壤C、N、P、酶活性等变化与取样深度密切相关，稻田氮磷流失潜能与土壤0～5cm土层更加相关，因此将耕层分成两层：最表层0～5cm和亚表层5～20cm。

采集稻田水样，先在每个采集瓶中注入0.25mL 4.0mol/L HCl，以使样品pH为2.0。10月，水稻成熟后期最后一次排水前，使用吸管随机抽取每区6～8处田面水，组成一个混合水样，约150mL。100cm地下水采样在晚稻收获土壤剖面采样2～3h后，等钻孔下层充满水，用长于100cm吸管吸取地下水。每区5处组成一个混合水样，约150mL。水样–6℃低温保存，分析前融化。

水稻籽粒产量以每区计产。早稻和晚稻成熟后收获前，每区随机取5株水稻，样品分成籽粒和秸秆两部分，洗净。105℃杀青后，在60℃烘干。样品磨碎过0.25mm筛后用于分析。

4. 南昌试验点样品分析

SOC用浓H_2SO_4-$K_2Cr_2O_7$外加热容量法测定（鲁如坤，1999）。测定土壤容重的土样在105℃烘干至恒重，恒重除以其相应体积即得土壤容重。

STN用H_2SO_4-$HClO_4$消煮，消煮液用凯氏定氮法测定（Sparks et al.，1996）。SMN（NH_4^+-N+ NO_3^--N）用2mol/L KCl液提取，液提取NH_4^+-N用靛酚蓝比色法分析，NO_3^--N用紫外双波段（220nm和275nm）法测定（鲁如坤，1999）。

STP用H_2SO_4-H_2O_2-HF消煮钒钼黄比色法分析。土壤Olsen-P采用0.5mol/L $NaHCO_3$液提取钼蓝比色法分析（鲁如坤，1999）。

土壤脲酶活性以尿素为基质，根据脲酶酶促产物氨在碱性介质中，与苯酚-次氯酸钠作用（在碱性溶液中及在亚硝基铁氰化钠催化剂存在下）生成蓝色的靛酚来分析。脲酶活性以（37℃）1h后1kg土壤中含NH_3-N的毫克数表示[mg NH_3-N/(kg·h)]（关松荫，1986）。

土壤中性磷酸酶活性测定以磷酸苯二钠为基质，磷酸酶催化水解后的产物酚，在碱性条件下，当存在氧化剂铁氰化钾时，酚被氧化成醌，醌又与4-氨基比林络合成玫瑰色，颜色深度与酚量相关。本书所试土壤pH接近中性，所以取中性pH7.0柠檬酸缓冲液。酶活性单位用酚mg phenol/(kg·h)（37℃）表示（关松荫，1986）。

本书除特殊指出外，土壤磷酸酶是指土壤中性磷酸酶。

水样分析用 $K_2S_2O_8$ 消煮后，消煮液 WTN 用凯氏定氮法测定，消煮液 WTP 用连续流动自动分析仪（AA3，Bran+Luebbe，Norderstedt，德国产）在 700nm 处比色。水样 NH_4^+-N 用靛酚蓝比色法分析（Murphy and Riley, 1962），NO_3^--N 用紫外双波段（220nm 和 275nm）法测定（APHA, 1995；国家环境保护总局，2002）。

植株样品采用浓 H_2SO_4 和 H_2O_2 消煮，植株全氮用凯氏定氮法测定，植株全磷用钒钼黄法分析（鲁如坤，1999）。

5. 南昌试验点数据分析

数据为三次重复的平均数，运用 EXCEL 和 SPSS 处理数据，使用 ANOVA 分析处理间效应。处理间显著差异在 0.05 或 0.01 水平 LSD 比较。运用线性回归方程拟合变量间相关关系。

某一土层 SOC 密度由方程（3.1）计算，同 Pan 等（2006）提供的方法：

$$D_{SOC}=SOC\times\rho\times H\times 10^{-1} \tag{3.1}$$

式中，D_{SOC}为SOC密度（Mg/hm^2）；SOC为土壤有机碳含量（g/kg）；ρ为土壤容重（Mg/m^3）；H为某一土层深度（cm）。

100cm剖面土体的SOC密度为0～100cm各土层SOC密度之和。

南昌试验点有机肥输入碳由式（3.2）估算：

$$T_m=Q_{gm}\times C_{gm}\times 27+Q_{pm}\times C_{pm}\times 27 \tag{3.2}$$

式中，T_m 为总的有机肥输入碳（Mg/hm^2）；Q_{gm} 为绿肥施用量［$Mg/(hm^2\cdot a)$］，C_{gm} 为绿肥含碳量（300g/kg）；Q_{pm} 为猪粪施用量［（$Mg/(hm^2\cdot a)$］；C_{pm} 为猪粪含碳量（370g/kg）（何念祖和倪吾钟，1996；Pan et al., 2006），27 为 1984～2010 年的试验年限。

3.2.2　嘉兴试验点稻田肥料试验

1. 嘉兴试验点介绍

稻田肥料试验点位于浙江省嘉兴市王江泾镇双桥农场（30°50'N，120°40'E）。亚热带季风气候，年均温度 15.7℃，年均降水量 1200mm。

试验从 2005 年开始，目前还在延续。水稻-油菜轮作。水稻季为 6～11 月，油菜季为 11 月～次年 5 月。土壤为青紫泥，潜育性水稻土，发育于河湖海相沉积物。耕层（0～15cm）基础土样（2005 年 5 月采集）基本性质：pH，6.8；SOC，19.2g/kg；全氮, 1.93g/kg；全磷, 1.53g/kg；CEC, 8.10cmol/kg。

2. 嘉兴试验点施肥与管理

设尿素、过磷酸钙和猪粪 3 组试验，每组试验各设 4 个水平(表 3.2)。

表 3.2 嘉兴试验点处理与施肥量 (单位：kg/hm^2)

处理	尿素	过磷酸钙	猪粪
N0	0	500.0	0
N1	195.3	500.0	0
N2	390.6	500.0	0
N3	585.9	500.0	0
P0	390.6	0	0
P1	390.6	333.3	0
P2	390.6	500.0	0
P3	390.6	666.7	0
PM0	0	0	0
PM1	39.1	0	1930.0
PM2	78.1	0	3860.0
PM3	117.2	0	5790.0

(1)尿素处理组：设尿素 0、90kg N/hm^2、180kg N/hm^2 和 270kg N/hm^2 4 个水平，处理分别以 N0、N1、N2 和 N3 表示。尿素基肥 60%，两次追肥各 20%。磷用量相同，为 60kg P_2O_5/hm^2，以过磷酸钙(含 12% P_2O_5)一次性基施。

(2)过磷酸钙处理组：设过磷酸钙 0、40kg P_2O_5/hm^2、60kg P_2O_5/hm^2 和 80kg P_2O_5/hm^2 4 个水平，处理分别以 P0、P1、P2 和 P3 表示。以过磷酸钙(含 12%P_2O_5)一次性基施。尿素用量相同，为 180kg N/hm^2，基肥 60%，两次追肥各 20%。

(3)猪粪处理组：设猪粪 0、1930kg/hm^2、3860kg/hm^2 和 5790kg/hm^2 4 个水平，处理分别以 PM0、PM1、PM2 和 PM3 表示。猪粪含 N37.3g/kg，含 P_2O_5 29.0g/kg。各处理分别按照 0、90kg N/hm^2、180kg N/hm^2 和 270kg N/hm^2 用量的 80%为猪粪用量计算，一次性基施。相应的，猪粪中的磷肥用量为 0、56kg P_2O_5/hm^2、112kg P_2O_5/hm^2 和 168kg P_2O_5/hm^2。其余 N 肥用量的 20%，以尿素形式两次追肥各 10%。

小区面积 20m^2，24 个小区排成 2 行，重复 3 次，随机区组排列。靠外围的一侧设有保护行，小区田埂用塑料薄膜包被以防串流和侧渗(Liang et al.，2007)，小区田埂筑高 20cm。水稻株行距 15cm×15cm，油菜株行距 40cm×50cm。品种选用当地优势品种。田面平整、翻耕、耘耙、灌溉和除草等农业措施与当地农事相同。水稻季在水稻成熟前，田面水保持 5～8cm。油菜季排水，耕层土壤水含量保持在 60%左右。

每季计算不同处理 3 次重复平均产量，产量以水稻和油菜年均总产计，施肥增加了水稻和油菜籽粒产量(图 3.5～图 3.7)。

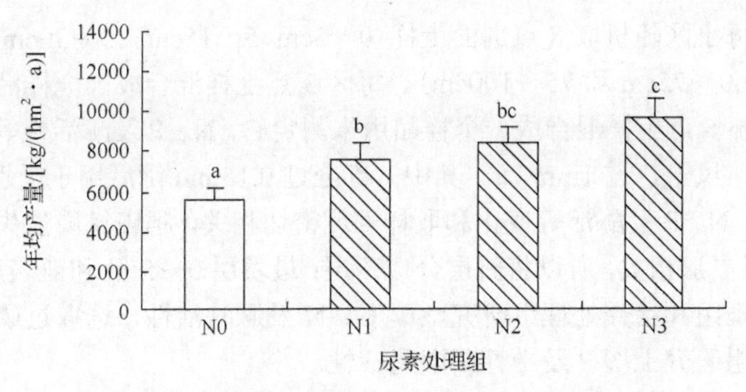

图 3.5　嘉兴试验点尿素处理组水稻和油菜年均产量

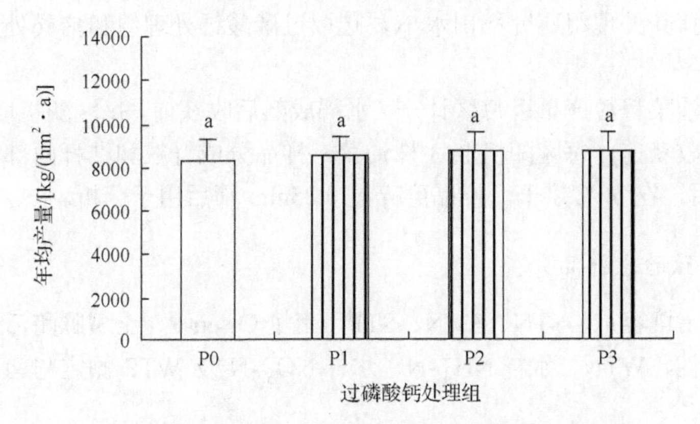

图 3.6　嘉兴试验点过磷酸钙处理组水稻和油菜年均产量

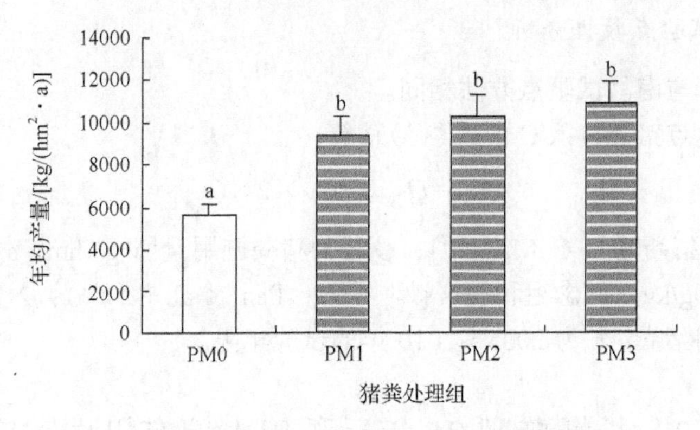

图 3.7　嘉兴试验点猪粪处理组水稻和油菜年均产量

3. 嘉兴试验点取样

2010 年油菜收获后(5 月)和水稻收获后(11 月)，每小区随机取 5 点耕层土样(0～5 和 5～15cm)。每区 5 点土样混合成一个样品。水稻收获后(11 月)，用 3cm

内径土钻在每小区随机取 8 点剖面土样(0～5cm、5～15cm、15～30cm、30～45cm、45～60cm、60～75cm 和 75～100cm)。每区 3 点土样混合成一个样品用来测定土壤容重。另外 5 点土样混合成一个样品用来测定 C、N、P 及酶活性等。土样拣去可见根系后，风干，过 1mm 筛。其中，部分过 0.15mm 筛后用于土壤全量分析。考虑土壤 C、N、P 及酶活等变化和取样深度密切相关，稻田氮磷流失潜能与土壤 0～5cm 土层更加相关，所以将耕层分成两层：最表层 0～5cm 和亚表层 5～15cm。选取尿素处理组和猪粪处理组研究土壤 C、N 及脲酶活性，选取过磷酸钙处理组和猪粪处理组研究土壤 P 及中性磷酸酶活性。

11 月采集稻田水样，方法与南昌试验点采集水样相同(见 3.2.1 节)。选取尿素处理组和猪粪处理组研究稻田水 N，选取过磷酸钙处理组和猪粪处理组研究稻田水 P。

水稻和油菜籽粒产量以每区计产。水稻成熟后收获前，每区随机取 5 株水稻。油菜成熟后收获前，每区随机取 3 株油菜。样品分成籽粒和秸秆两部分，洗净。105℃杀青后，在 60℃烘干。样品磨碎过 0.25mm 筛后用于分析。

4. *嘉兴试验点样品分析*

SOC、土壤容重、STN、SMN、STP、土壤 Olsen-P、土壤脲酶活性、土壤中性磷酸酶活性、WTN、水样 NH_4^+-N、水样 NO_3^--N 及 WTP 测定与南昌试验点分析方法相同。

5. *嘉兴试验点数据分析*

数据分析与南昌试验点方法相同。

嘉兴试验点猪粪输入 C 由式(3.3)估算：

$$T_{PM}=Q_{PM}\times C_{PM}\times 2\times 6 \tag{3.3}$$

式中，T_{PM} 为猪粪输入 C(Mg/hm^2)；Q_{PM} 为猪粪施用量[Mg/(hm$^2\cdot$a)]；C_{PM} 为猪粪含碳量(370g/kg)(何念祖和倪吾钟，1996；Pan et al.，2006)；2 为油菜和水稻每年两季施用猪粪；6 为 2005～2010 年的试验年限。

3.3 长期施肥 25 年后稻田土壤有机碳密度变化

3.3.1 南昌点耕层 SOC 含量

长期施肥影响稻田耕层 SOC 含量变化。有机无机肥配施处理 SOC 含量显著高于对照和仅施化肥处理。施肥未影响 40～100cm 土层 SOC 含量。耕层 SOC 含量在春季较高。

在耕层，4 月取样分析发现(图 3.8)，最表层(0～5cm)SOC 含量从 CK 的 21.8g/kg 至 5F∶5M 的 30.3g/kg，亚表层(5～20cm)SOC 含量从 CK 的 11.2g/kg 至 3F∶7M 的 18.7g/kg。7 月取样分析发现，0～5cm 土层 SOC 含量从 CK 的 21.0g/kg 至 5F∶5M 的 30.2g/kg，5～20cm 土层 SOC 含量从 CK 的 10.9g/kg 至 3F∶7M 的 18.5g/kg。

与CK比较，施肥提高了2010年休闲后和早稻收获后耕层(0～5和5～20cm)SOC含量(图3.8)。有机无机肥配施提高效果大于单施化肥。除0～5cm土层PK处理和5～20cm土层NPK处理外，单施化肥与对照SOC含量没有显著差异。配施处理(7F∶3M、5F∶5M和3F∶7M)SOC含量显著高于对照。

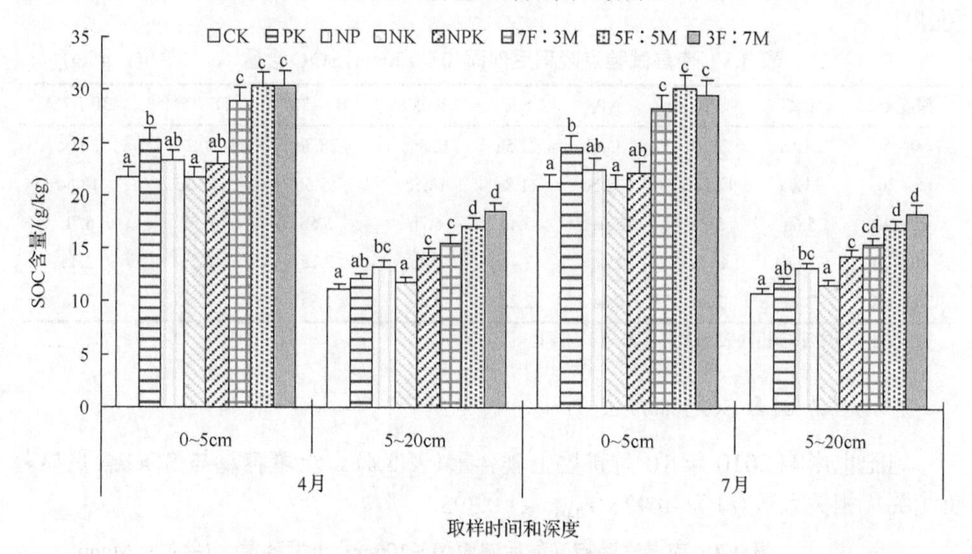

图 3.8 2010 年南昌点休闲后和早稻后耕层 SOC 含量

施肥提高根茬输入量，增加了 SOC 含量(Reid, 2008；Tong et al., 2009)。但有研究表明，氮化肥会促进根茬和土壤碳分解(Nayak et al., 2009)，所以施有氮化肥的处理提高 SOC 含量很少。与对照比较，配施有机肥处理显著提高了 SOC 含量，因有机肥本身含碳(Zhang et al., 2009；Bhattacharyya et al., 2010)。0～5cm 土层 SOC 含量高于 5～20cm 土层，与多数研究结果一致(如 Pan et al., 2006)。

3.3.2 南昌点剖面 SOC

1. 南昌点剖面 SOC 含量

施肥影响晚稻收获后耕层(0～5 和 5～20cm)SOC 含量。10 月取样分析发现，0～5cm 土层 SOC 含量从 CK 的 21.5g/kg 至 5F∶5M 的 30.2g/kg，5～20cm 土层 SOC 含量从 CK 的 11.0g/kg 至 3F∶7M 的 18.6g/kg(表 3.3)。SOC 变化趋势与休闲

后和早稻后一致。SOC 含量春季(4 月)最高，秋季(10 月)次之，夏季(7 月)最低。这是由于温度不同，土壤有机质矿化和累积速率不同(Tsuji et al., 2006)。

20～40cm 土层 SOC 含量从 NK 的 5.4g/kg 至 3F∶7M 的 6.7g/kg(表 3.3)。与对照 CK 和不平衡施肥(PK、NP 和 NK)处理比较，有机无机肥配施(7F∶3M、5F∶5M 和 3F∶7M)和平衡施肥(NPK)显著提高了 20～40cm 土层 SOC 含量。SOC 向下层迁移并固定起来(曹志洪，2008)。在 40～70cm 和 70～100cm 土层，SOC 含量处理间无显著差异，说明施肥未能影响到 40～100cm SOC 含量。SOC 含量随土壤深度而降低，与前人研究结果一致(Haefele et al., 2004；周萍等，2006；Pan et al., 2008)。

表 3.3　南昌试验点晚稻后剖面(0～100cm)SOC 含量　(单位：g/kg)

深度/cm	CK	PK	NP	NK	NPK	7F∶3M	5F∶5M	3F∶7M
0 ~ 5	21.5a	25.1b	23.1ab	21.5a	22.8ab	28.8c	30.2c	30.0c
5 ~ 20	11.0a	12.0ab	13.3bc	11.8a	14.5c	15.5c	17.2d	18.6d
20 ~ 40	5.6a	5.8a	5.6a	5.4a	6.7b	6.6b	6.5b	6.7b
40 ~ 70	2.6a	2.7a	2.4a	2.4a	2.4a	2.2a	2.2a	2.4a
70 ~ 100	2.2a	2.0a	2.4a	2.2a	2.2a	1.8a	2.7a	2.5a

注：同一行中字母相同表示差异不显著，下同。

2. 南昌点剖面 SOC 密度变化

施肥也影响 2010 年 10 月耕层土壤容重(表 3.4)。土壤容重与 SOC 含量显著负相关，相关系数(r)为–0.926($r_{0.01,\ 38}$=0.393)。

表 3.4　南昌试验点晚稻后剖面(0～100cm)土壤容重　(单位：Mg/m^3)

深度/cm	CK	PK	NP	NK	NPK	7F∶3M	5F∶5M	3F∶7M
0～5	0.89b	0.96c	1.01c	0.88b	1.01c	0.97c	0.73a	0.78a
5～20	1.40b	1.41b	1.37b	1.38b	1.40b	1.31ab	1.25a	1.26a
20～40	1.63a	1.70a	1.69a	1.65a	1.65a	1.69a	1.65a	1.62a
40～70	1.49a	1.50a	1.50a	1.52a	1.46a	1.54a	1.48a	1.52a
70～100	1.62a	1.65a	1.68a	1.57ca	1.61a	1.69a	1.76a	1.51a

给定深度下，SOC 密度由 SOC 含量和土壤容重决定。100 cm 土体 SOC 密度由 CK 的 73.1Mg C/hm^2 提高到 3F∶7M 的 91.4Mg C/hm^2(图 3.9)。与 Pan 等(2006)报道的稻田 100cm 土体 SOC 密度 89～97Mg C/hm^2 结果相近。所有施肥处理 SOC 密度都大于对照 CK，有机无机肥配施处理 SOC 密度大于单施化肥处理，与年均水稻总产结果一致(图 3.9)。这与大多数研究结果一致(Hao et al., 2003 ; Rasool et al., 2007 ; Sainju et al., 2008 ; Pan et al., 2009 ; Bhattacharyya et al., 2010)。

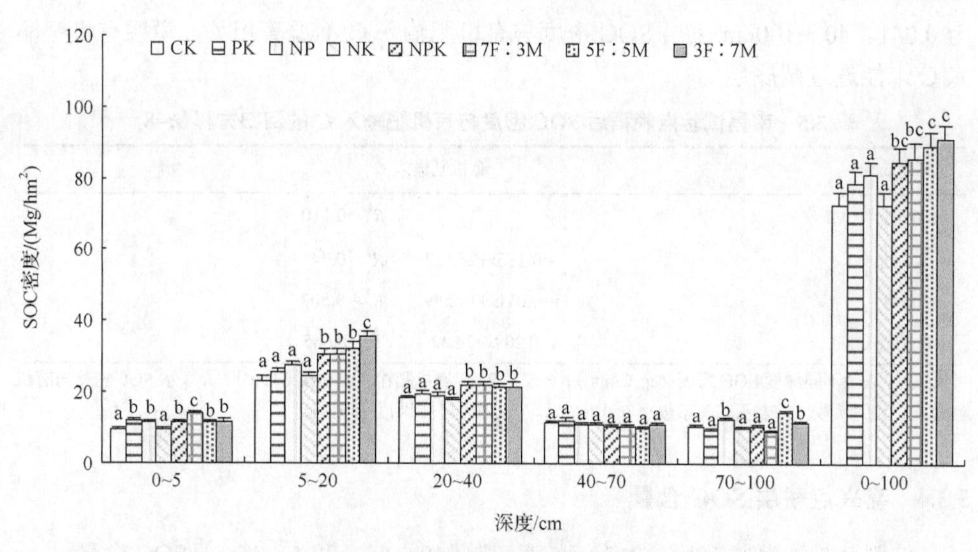

图 3.9　南昌试验点晚稻后 SOC 密度

1984～2010 年，24 块小区除施肥不同外都处于相同的条件。因没有原始基础土样 SOC 密度数据，施肥对 SOC 密度的影响通过与对照相比来评价。与对照相比，PK、NP、NK、NPK、7F∶3M、5F∶5M 和 3F∶7M 处理分别固定 SOC 5.9Mg C/hm^2、8.2Mg C/hm^2、–0.3Mg C/hm^2、11.7Mg C/hm^2、13.0Mg C/hm^2、16.2Mg C/hm^2 和 18.2Mg C/hm^2，平均固碳率 0.2Mg C/(hm^2·a)、0.3 Mg C/(hm^2·a)、–0.01Mg C/(hm^2·a)、0.4Mg C/(hm^2·a)、0.5Mg C/(hm^2·a)、0.6Mg C/(hm^2·a) 和 0.7Mg C/(hm^2·a)。在 0～8Mg C/(hm^2·a)之内，接近于多数平均结果 0.33Mg C/(hm^2·a) (López-Bellido et al., 2010)。

3.3.3　南昌点 SOC 密度与肥料输入 C 相互关系

有机肥是本试验田土壤输入 C 主要来源。27 年(1984～2010 年)来自有机肥的输入 C，处理 CK、PK、NP、NK、NPK、7F∶3M、5F∶5M 和 3F∶7M 分别为 0、0、0、0、0、29.2Mg C/hm^2、48.6Mg C/hm^2 和 68.0Mg C/hm^2。处理 CK、PK、NP、NK 和 NPK 因为没有有机肥施入，输入 C 记为 0Mg C/hm^2。

全剖面 SOC 密度与有机肥输入 C 达 0.05 水平($r_{0.05,6}$=0.707)(表 3.5)，线性拟合斜率为 0.209，说明 21%的有机肥输入 C 转化成 SOC。与 Bhattacharyya 等(2010)报道的 19%的转化率相近。0～5cm 土层 SOC 密度与有机肥输入 C 不相关，可能因为最表层界面活跃，碳变化快(Franzluebbers，2002；Li et al., 2010)。5～20cm 土层 SOC 密度与有机肥输入 C 达 0.01 水平($r_{0.01,6}$=0.834)，线性拟合斜率为 0.135。20～40cm 土层 SOC 密度与有机肥输入 C 显著相关，达 0.05 水平，线性拟合斜率为 0.041。40～100cm 土层 SOC 密度与有机肥输入 C 不显著相关，说明有机肥输入 C 未能透过犁底层。

表 3.5 南昌试验点晚稻后 SOC 密度与有机肥输入 C 的回归方程(n=8)

深度/cm	有机肥输入 C	
0～5	—[a]	$R^2=0.110$
5～20	y=0.135x+26.152	$R^2=0.741$
20～40	y=0.041x+19.549	$R^2=0.507$
0～100	y=0.209x+78.42	$R^2=0.665$

注：y 表示不同深度 SOC 密度(Mg C/hm^2)；x 表示 27 年有机肥输入 C(Mg C/hm^2)；R 表示 SOC 密度与有机肥输入 C 相关系数。—表示相关系数小于 0.707($r_{0.05,\ 6}$=0.707)，回归方程无效。

3.3.4 嘉兴点耕层 SOC 含量

施肥影响油菜收获后(2010 年 5 月)耕层(0～5cm 和 5～15cm)SOC 含量。

在尿素处理组，5 月取样分析发现，最表层(0～5cm)SOC 含量从 N1 的 19.4g/kg 至 N3 的 20.9g/kg，亚表层(5～15cm)SOC 含量从 N1 的 16.7g/kg 至 N3 的 18.0g/kg(图 3.10)。

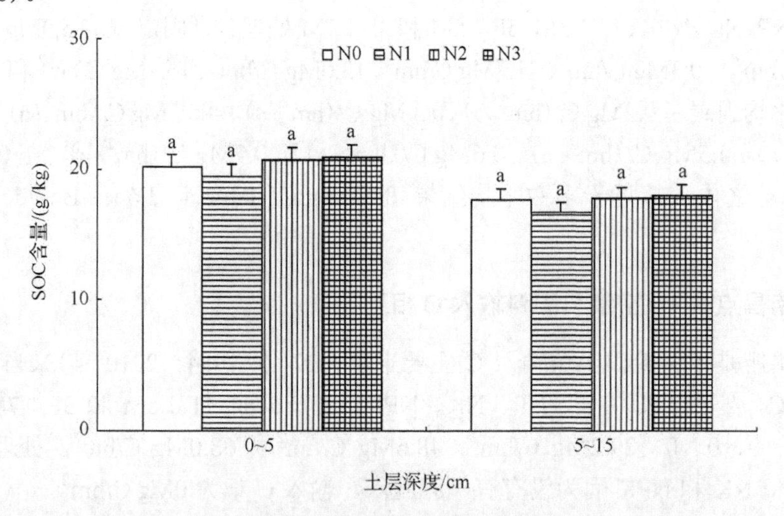

图 3.10 嘉兴试验点油菜收获后尿素处理组耕层 SOC 含量

耕层 SOC 含量变异小，处理间无显著差异。N2 和 N3 处理的 SOC 含量高于 N0。尿素提高作物残茬生物量，进而提高了 SOC 含量(乔艳等，2007；Batlle-Bayer et al., 2010)。油菜和水稻 6 年平均年产(以 kg/hm^2 计)N0 为 5648，N1 为 7616, N2 为 8427，N3 为 9707(图 3.5)。而 N1 处理的 SOC 含量低于 N0。有研究表明，尿素会促进根茬和土壤碳分解(Khan et al., 2007)。几乎所有的尿素氮不转化成土壤氮或转化很少(Sainju et al., 2008；Li et al., 2010)。Li 和 Zhang(2007)也认为，单施尿素会使土壤性质变劣，不利于氮在土壤中累积。Mulvaney 等(2009)研究得出，尿素消耗土壤氮素。作物携走氮素是土壤氮平衡为负的主要原因之一(Whitbread et al., 2003)。土壤 C/N 相对稳定(该土壤为 9.8 左右)。所以，低量尿素可能消耗 SOC。

在猪粪处理组，5 月取样分析发现，最表层(0～5cm)SOC 含量从 PM0 的 18.1g/kg 至 PM3 的 28.6g/kg，亚表层(5～15cm)SOC 含量从 PM0 的 16.0g/kg 至 PM3 的 22.8g/kg(图 3.11)。

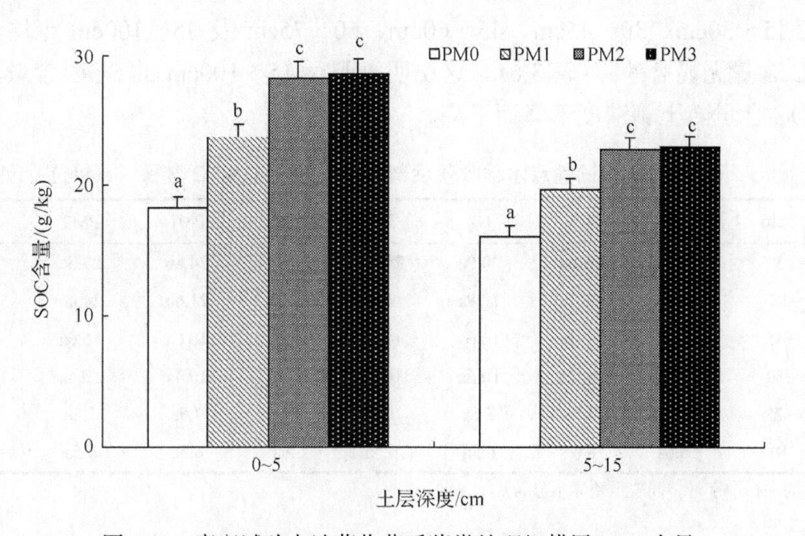

图 3.11　嘉兴试验点油菜收获后猪粪处理组耕层 SOC 含量

耕层 SOC 含量处理间呈显著差异。与 PM0 比较，施用猪粪显著提高了 SOC 含量，并随猪粪用量增加而增加。猪粪本身所含碳能转化成 SOC (陈义等, 2005；Sainju et al., 2008)。以有机形式施入的氮在土壤中残留较多并转化成土壤氮，这有利于 SOC 固定。而且，猪粪刺激作物生长，提高作物残茬生物量，进而提高 SOC 含量。油菜和水稻 6 年平均年产(以 kg/hm^2 计)PM0 为 5639，PM1 为 9354，PM2 为 10320，PM3 为 10950(图 3.7)。PM2 和 PM3 的 SOC 含量相近，说明 SOC 含量可能达到饱和。

0～5cm 土层 SOC 含量高于 5～15cm 土层，与多数研究结果一致，如周萍等(2006)。

3.3.5　嘉兴点剖面 SOC

施肥影响水稻收获后(2010 年 11 月)耕层(0～5cm 和 5～15cm)SOC 含量。在尿素处理组，最表层(0～5cm)SOC 含量从 N1 的 19.6g/kg 至 N3 的 20.9g/kg，亚

表层(5～15cm)SOC 含量从 N1 的 16.7g/kg 至 N3 的 18.1g/kg(表 3.6)。在猪粪处理组，最表层(0～5cm)SOC 含量从 PM0 的 20.2g/kg 至 PM3 的 29.5g/kg，亚表层(5～15cm)SOC 含量从 PM0 的 17.7g/kg 至 PM3 的 24.5g/kg(表 3.6)。

SOC 含量变化趋势与油菜收获后(2010 年 5 月)结果相同。SOC 含量在冬季(11 月)高于夏季(5 月)。SOC 矿化和累积与温度密切相关(Tsuji et al., 2006)。水稻季淹水厌氧条件与油菜季排水通气条件比较，SOC 矿化慢，更有利于 SOC 累积(Pan et al., 2010)。

在 15～30cm、30～45cm、45～60cm、60～75cm 及 75～100cm 土层，处理间 SOC 含量无显著差异(表 3.6)。这说明氮肥对 15～100cm 的 SOC 含量没有影响。SOC 含量随土壤深度下降而下降。

表 3.6　嘉兴试验点水稻收获后剖面(0～100cm)SOC 含量　(单位：g/kg)

深度/cm	N0	N1	N2	N3	PM0	PM1	PM2	PM3
0～5	20.3a	19.6a	20.9a	20.9a	20.2a	24.8b	29.3c	29.5c
5～15	17.7a	16.7a	17.8a	18.1a	17.7a	21.6b	24.4c	24.5c
15～45	16.4a	16.3a	16.6a	16.7a	16.6a	16.6a	16.6a	16.6a
45～60	10.2a	10.2a	10.6a	10.4a	10.4a	10.4a	10.4a	10.4a
60～75	7.5a	7.6a	7.5a	7.6a	7.5a	7.5a	7.3a	7.4a
75～100	6.6a	6.6a	6.5a	6.5a	6.6a	6.5a	6.5a	6.6a

注：同一行中字母相同表示差异不显著。

施肥还影响水稻收获后(2010 年 11 月)耕层(0～5cm 和 5～15cm)土壤容重(表 3.7)。土壤容重与 SOC 含量相关系数为−0.713，达极显著水平($r_{0.01,54}$=0.354)。

表 3.7　嘉兴试验点年水稻收获后剖面(0～100cm)土壤容重　(单位：Mg/m^3)

深度/cm	N0	N1	N2	N3	PM0	PM1	PM2	PM3
0～5	0.81	0.82	0.81	0.81	0.81	0.80	0.79	0.79
5～15	1.03	1.05	1.04	1.03	1.03	0.99	0.98	0.98
15～30	1.26	1.27	1.27	1.27	1.26	1.26	1.26	1.26
30～45	1.16	1.14	1.12	1.13	1.14	1.14	1.14	1.13
45～60	1.17	1.17	1.16	1.16	1.17	1.17	1.17	1.17
60～75	1.18	1.18	1.17	1.17	1.18	1.17	1.18	1.17
75～100	1.19	1.19	1.19	1.19	1.19	1.19	1.19	1.19

水稻收获后(2010 年 11 月)，尿素处理组 100cm 土体 SOC 密度变幅从 N1 的 124.0Mg C/hm^2 到 N3 的 125.1Mg C/hm^2(图 3.12)，猪粪处理组 100cm 土体 SOC 密度变幅从 PM0 的 121.7Mg C/hm^2 到 PM3 的 133.0Mg C/hm^2(图 3.13)。这与太湖地区 100cm SOC 密度 90～140Mg C/hm^2 结果相近(Pan et al., 2004)。

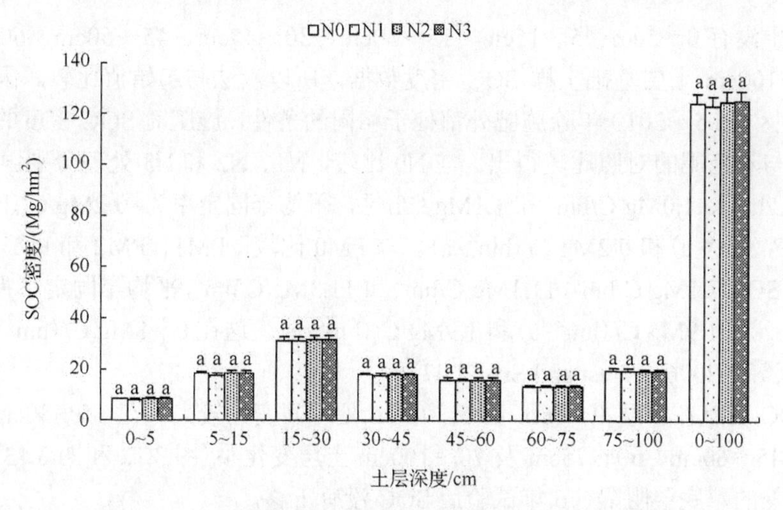

图 3.12　嘉兴试验点水稻收获后尿素处理组 SOC 密度

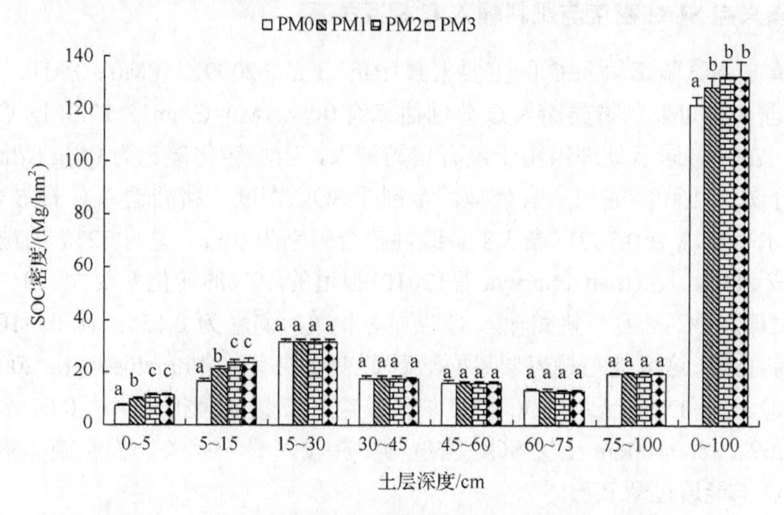

图 3.13　嘉兴试验点水稻收获后猪粪处理组 SOC 密度

在尿素处理组，处理间 SOC 密度无显著差异(图 3.12)。N2 和 N3 处理的 SOC 密度高于 N0，而 N1 处理的 SOC 密度却低于 N0。这与耕层 SOC 含量变化趋势一致。尿素不利于 SOC 固定(Khan et al., 2007)。由尿素提高的 SOC 或许为其生产、运输和施用等耗碳(West and Marland, 2002；Franzluebbers, 2005)抵消。

在猪粪处理组，与 PM0 比较，施用猪粪显著提高了 SOC 密度(图 3.13)，并随猪粪用量增加而增加，变化趋势与耕层 SOC 含量相同。这与多数研究结果一致(李忠佩和吴大付，2006；周卫军等，2006；刘畅等，2008)。PM2 和 PM3 的 SOC 密度相近，说明 SOC 密度在这种田间条件下可能达到饱和值 133.0Mg C/hm^2。

由于没有 0～5cm、5～15cm、15～30cm、30～45cm、45～60cm、60～75cm 和 75～100cm 土层基础土样 SOC 密度数据，所以没法与起始值比较。因为田间 24 块小区 2005～2010 年除施肥外都处于相同的条件，施肥对 SOC 密度的影响效应通过与不施肥的对照比较得出。与 N0 比较，N1、N2 和 N3 处理分别固定 SOC 0.9Mg C/hm^2、1.0Mg C/hm^2 和 1.1Mg C/hm^2，平均年固定率为–0.2Mg C/(hm^2·a)、0.2Mg C/(hm^2·a) 和 0.2Mg C/(hm^2·a)。与 PM0 比较，PM1、PM2 和 PM3 处理分别固定 SOC 7.1Mg C/hm^2、11.1Mg C/hm^2 和 11.3Mg C/hm^2，平均年固定率为 1.2Mg C/(hm^2·a)、1.9Mg C/(hm^2·a) 和 1.9Mg C/(hm^2·a)。这在 0～8Mg C/(hm^2·a) 之内(潘根兴等，2006；West and Six, 2007)。

SOC 密度在耕层 0～5cm 和 5～15cm 处理间变化较大，在 15～30cm、30～45cm、45～60cm、60～75cm 及 70～100cm 土层变化小(图 3.12 和图 3.13)。由于发育成熟的犁底层阻隔，6 年试验后 SOC 没有下移。

3.3.6 嘉兴点 SOC 密度与肥料输入 C 相互关系

猪粪是本试验田输入 C 的主要来源(Pan et al., 2009)。PM0、PM1、PM2 和 PM3 处理 6 年间来自猪粪输入 C 分别估算为 0、8.7Mg C/hm^2、17.3Mg C/hm^2 和 26.0Mg C/hm^2。尿素处理组由于没有猪粪施入，土壤转化碳记为 0Mg C/hm^2。

对于尿素组和猪粪组所有处理，全剖面 SOC 密度与猪粪输入 C 极显著相关，达 0.01 水平($r_{0.01, 6}$=0.707)(表 3.8)。线性拟合斜率为 0.32，说明 32% 的施入猪粪 C 转化成 SOC。比 Bhattacharyya 等(2010)报道的 19%的转化率要大。0～5cm 土层所有处理 SOC 密度与猪粪输入 C 也显著相关，斜率为 0.154，比 0～100cm 土层的斜率低些。这可能与最表层界面活跃 C 变化快有关(Franzluebbers, 2002；Li et al., 2010)。5～15cm 土层 SOC 密度与猪粪输入 C 极显著相关，达 0.01 水平，斜率为 0.269。15～100cm 土层 SOC 密度与猪粪输入 C 不相关，说明施加猪粪的土壤转化 C 未能透过犁底层。

表 3.8 嘉兴试验点晚稻后 SOC 密度与猪粪输入 C 的回归方程(n=8)

深度/cm	猪粪输入 C	
0～5	y=0.154x+8.212	R^2=0.899
5～15	y=0.269x+18.105	R^2=0.890
0～100	y=0.320x+123.69	R^2=0.890

注：y 表示不同深度 SOC 密度(Mg C/hm^2)；x 表示 6 年猪粪输入 C(Mg C/hm^2)；R^2 表示 SOC 密度与猪粪输入 C 的相关系数。

3.4　施肥对稻田土壤氮变化的影响

3.4.1　南昌点土壤全氮变化

长期施肥影响稻田耕层 STN 变化。有机无机肥配施处理 STN 显著高于对照和仅施化肥处理。施肥未影响耕层以下 STN。耕层 STN 在春季较高。

在耕层，4 月取样分析发现（图 3.14），最表层（0～5cm）STN 从 CK 的 2.29g/kg 至 3F：7M 的 3.20g/kg，亚表层（5～20cm）STN 从 CK 的 1.17g/kg 至 3F：7M 的 1.96g/kg。7 月取样分析发现，0～5cm 土层 STN 从 CK 的 2.21g/kg 至 5F：5M 的 3.18g/kg，5～20cm 土层 STN 从 CK 的 1.14g/kg 至 3F：7M 的 1.95g/kg。10 月取样分析发现，0～5cm 土层 STN 从 CK 的 2.26g/kg 至 5F：5M 的 3.24g/kg，5～20cm 土层 STN 从 CK 的 1.16g/kg 至 3F：7M 的 1.98g/kg。

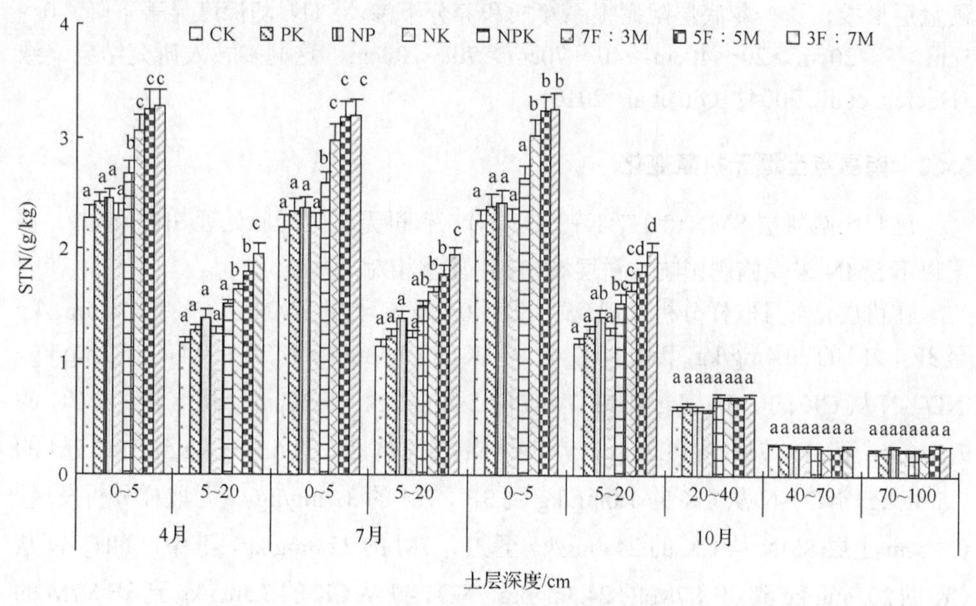

图 3.14　南昌试验点土壤 STN 变化

与对照相比，施肥提高了耕层 STN，有机无机肥配施的提高效果显著大于仅施化肥。与对照比较，所有施肥处理都提高了水稻年均产量（图 3.4），因此施肥也提高了根茬生物量进而提高了 STN（朱兆良，2008）。有机肥显著提高了 SOC（数据见图 3.8 和表 3.3），也就提高了 STN，这是因为土壤 C/N 相对稳定（该土壤为 9.5 左右）。Sainju 等（2008）、Gami 等（2009）、Tong 等（2009）和 Zhang 等（2009）报道，长期有机无机肥配施提高了 STN。随着有机肥比例提高，STN 随之提高（刘畅等，2008；彭娜和王开峰，2009）。有机肥还提高土壤生物固氮(Ladha et al., 1989)，尤其在稻田厌气条件下。而几乎所有的化肥氮不转化成土壤氮或转化很少(Sainju et al., 2008；Li et al., 2010)。Li 和 Zhang(2007)也认为，单施化学氮肥会使土壤性质变劣，不利于氮在土壤中累积。Mulvaney 等(2009)研究得出，化学氮肥耗竭土壤氮素。稻田湿地同自然生态系统一样，氮容易快速通过多种途径流失，加上生物固氮的限制，氮累积很慢(McLauchlan, 2006)。所以，仅施化肥处理 STN 并不显著高于对照。STN 春季(4 月)相对高于夏季(7 月)和秋季(10 月)，这是由于春季相对低温和较多降水。

耕层以下，10 月取样分析发现(图 3.14)，20～40cm 土层 STN 从 0.56g/kg 至 0.70g/kg，40～70cm 土层从 0.23g/kg 至 0.28g/kg，70～100cm 土层从 0.19g/kg 至 0.28g/kg。同一土层 STN 处理间无显著差异。这表明，由于犁底层阻隔，27 年试验后 STN 没有下移。长期在同一深度犁耕、反复耘耙多年、水耕和灌溉导致低层硬盘层形成，这一犁底层阻碍根系穿插和养分下渗。STN 随深度显著下降，0～5cm＞5～20cm＞20～40cm＞40～70cm＞70～100cm，这同多数人研究结果一致(Haefele et al., 2004；Qiu et al., 2010)。

3.4.2 南昌点土壤无机氮变化

施肥影响耕层 SMN(NH_4^+-N+ NO_3^--N)，有机无机肥配施处理 SMN 高些。耕层以下 SMN 未受施肥影响。耕层 SMN 在夏季相对高些。

在耕层，4 月取样分析发现(表 3.9)，0～5cm 土层 SMN 从 CK 的 11.5mg/kg 至 3F∶7M 的 20.4mg/kg，其中 NH_4^+-N 从 CK 的 10.5mg/kg 到 3F∶7M 的 15.2mg/kg，NO_3^--N 从 CK 的 1.0mg/kg 到 3F∶7M 的 5.2mg/kg。5～20cm 土层 SMN 从 CK 的 7.5mg/kg 至 3F∶7M 的 13.2mg/kg，其中 NH_4^+-N 从 CK 的 6.5mg/kg 到 3F∶7M 的 9.5mg/kg，NO_3^--N 从 CK 的 1.0mg/kg 到 3F∶7M 的 3.7mg/kg。7 月取样分析发现，0～5cm 土层 SMN 从 CK 的 24.4mg/kg 至 3F∶7M 的 32.8mg/kg，其中，NH_4^+-N 从 CK 的 20.9mg/kg 到 3F∶7M 的 24.3mg/kg，NO_3^--N 从 CK 的 3.5mg/kg 到 3F∶7M 的 8.5mg/kg。5～20cm 土层 SMN 从 CK 的 18.9mg/kg 至 3F∶7M 的 27.6mg/kg，其中 NH_4^+-N 从 CK 的 15.7mg/kg 到 3F∶7M 的 16.7mg/kg，NO_3^--N 从 CK 的 3.2mg/kg 到 3F∶7M 的 10.9mg/kg。10 月取样分析发现，0～5cm 土层 SMN 从 CK 的 16.9mg/kg 至 3F∶7M 的 27.4mg/kg，其中，NH_4^+-N 从 CK 的 14.3mg/kg 到 3F∶7M 的 21.5mg/kg，NO_3^--N 从 CK 的 2.6mg/kg 到 3F∶7M 的 5.9mg/kg。5～20cm 土层 SMN 从 CK 的 9.4mg/kg 至 3F∶7M 的 13.7mg/kg，其中，NH_4^+-N 从 CK 的 7.8mg/kg 到 3F∶7M 的 9.8mg/kg，NO_3^--N 从 CK 的 1.6mg/kg 到 3F∶7M 的 3.9mg/kg。

有机无机肥配施处理 SMN 高于对照和不平衡化肥处理。结果与 STN 趋势类似。SMN 值在夏季高，夏季高温导致土壤氮矿化率高(Tsuji et al., 2006)。NH_4^+-N 和 NO_3^--N 变化趋势通常与 SMN 类似。厌气条件下，NH_4^+-N 而非 NO_3^--N 是 SMN 的主要成分(George et al., 1992)。NO_3^--N 随有机肥施用量增加而提高，可能因为有机肥刺激微生物活性而提高硝化作用。

耕层以下，10 月取样分析发现(表 3.9)，处理间 SMN 无显著差异。20～40cm 的 SMN 从 8.0mg/kg 至 8.8mg/kg，其中，NH_4^+-N 从 6.7mg/kg 至 7.5mg/kg，NO_3^--N 从 1.0mg/kg 至 1.4mg/kg。40～70cm 的 SMN 从 7.2mg/kg 至 7.9mg/kg，其中，NH_4^+-N 从 6.4mg/kg 至 7.0mg/kg，NO_3^--N 从 0.8mg/kg 至 0.9mg/kg。70～100cm 的 SMN 从 6.0mg/kg 至 6.5mg/kg，其中，NH_4^+-N 从 5.5mg/kg 至 5.9mg/kg，NO_3^--N 从 0.5mg/kg 至 0.6mg/kg。NH_4^+-N 小于 8mg/kg。NO_3^--N 小于 1.5mg/kg。27 年试验后，SMN 由于犁底层的阻隔没有下移。

3.4.3　南昌点土壤氮之间的相互关系

对所有有关数据分析表明，STN 与 SMN、NH_4^+-N 及 NO_3^--N 之间的相关系数分别为 0.779、0.751 及 0.728，呈极显著正相关($r_{0.01,\ 70} = 0.302$)($p<0.01$)。SMN 与 NH_4^+-N 及 NO_3^--N 之间的相关系数分别为 0.982 及 0.895，呈极显著正相关($p<0.01$)。SMN 是 NH_4^+-N 与 NO_3^--N 之和。NH_4^+-N 与 NO_3^--N 相关系数为 0.793，极显著正相关($p<0.01$)。NH_4^+-N 是 NO_3^--N 的基质，尽管它们都有多种输入输出途径。

3.4.4　嘉兴点土壤全氮变化

施用尿素未增加耕层(0～5cm 和 5～15cm)STN，低量尿素损耗土壤氮素。施用猪粪提高了耕层 STN，STN 提高存在一阈值。施用氮肥未能影响耕层以下(15～75cm)STN。

不同用量尿素处理耕层 STN 变化很小(图 3.15)，油菜收获后与水稻收获后响应相同。油菜收获后表层(0～5cm)STN 从 N1 的 1.99g/kg 到 N3 的 2.14g/kg；亚表层(5～15cm)STN 从 N1 的 1.70g/kg 到 N3 的 1.82g/kg，处理间差异未达显著水平。水稻收获后 0～5cm 土层 STN 从 N1 的 2.00g/kg 到 N3 的 2.15g/kg；5～15cm 土层 STN 从 N1 的 1.71g/kg 到 N3 的 1.83g/kg，处理间差异也未达显著水平。

表 3.9 南昌试验点土壤无机氮 （单位：mg/kg）

时间	深度/cm	无机氮 SMN	处理							
			CK	PK	NP	NK	NPK	7F：3M	5F：5M	3F：7M
4月	0～5	NH_4^+-N	10.5a	11.4ab	12.2b	10.8a	13.3bc	14.0cd	14.1d	15.2d
		NO_3^--N	1.0a	1.0a	1.7b	1.8b	1.8b	2.0b	2.9c	5.2d
		SMN	11.5a	12.4ab	13.9bc	12.6ab	15.1cd	16.0d	17.0d	20.4e
	5～20	NH_4^+-N	6.5a	7.3ab	7.4b	7.1ab	7.7b	8.6c	8.7c	9.5c
		NO_3^--N	1.0a	1.1a	1.1a	1.1a	1.4a	1.8b	2.2b	3.7c
		SMN	7.5a	8.4a	8.5a	8.2a	9.0b	10.4c	10.9c	13.2d
7月	0～5	NH_4^+-N	20.9a	21.5a	21.6a	21.0a	24.2b	24.2b	24.3b	24.3b
		NO_3^--N	3.5a	4.1b	4.1b	3.6ab	5.1c	7.4c	7.5c	8.5d
		SMN	24.4a	25.6a	25.7a	24.6a	29.3b	31.6bc	31.8bc	32.8c
	5～20	NH_4^+-N	15.7b	16.2b	16.4b	14.2a	16.6b	16.6b	16.6b	16.7b
		NO_3^--N	3.2a	4.1b	4.7b	4.1b	4.9b	7.6c	8.0c	10.9d
		SMN	18.9a	20.3b	21.1c	18.3a	21.5c	24.2d	24.6d	27.6e
10月	0～5	NH_4^+-N	14.3a	15.1b	16.5b	14.3a	16.9b	17.4b	21.4c	21.5c
		NO_3^--N	2.6a	3.3b	4.8c	3.2b	4.9c	5.3d	5.6d	5.9d
		SMN	16.9a	18.4a	21.3b	17.5b	21.8b	22.7b	27.0c	27.4c
	5～20	NH_4^+-N	7.8a	8.0a	8.1a	7.8a	8.3a	9.3b	9.6b	9.8b
		NO_3^--N	1.6a	1.7a	2.3b	1.6b	2.5b	3.7c	3.8c	3.9c
		SMN	9.4a	9.7a	10.4a	9.4a	10.8a	13.0b	13.47b	13.7b
	20～40	NH_4^+-N	7.4a	6.7a	7.5a	7.1a	7.3a	7.4a	6.9a	7.4a
		NO_3^--N	1.2a	1.4a	1.3a	1.2a	1.2a	1.0a	1.1a	1.3a
		SMN	8.6a	8.1a	8.8a	8.3a	8.5a	8.4a	8.0a	8.7a
	40～70	NH_4^+-N	6.9a	6.5a	7.0a	6.4a	6.7a	6.5a	6.8a	6.6a
		NO_3^--N	0.9a	0.8a	0.9a	0.8a	0.9a	0.9a	0.9a	0.9a
		SMN	7.8a	7.3a	7.9a	7.2a	7.6a	7.4a	7.7a	7.5a
	70～100	NH_4^+-N	5.6a	5.5a	5.7a	5.6a	5.6a	5.5a	5.9a	5.7a
		NO_3^--N	0.5a	0.5a	0.6a	0.5a	0.5a	0.5a	0.6a	0.6a
		SMN	6.1a	6.0a	6.3a	6.1a	6.1a	6.0a	6.5a	6.3a

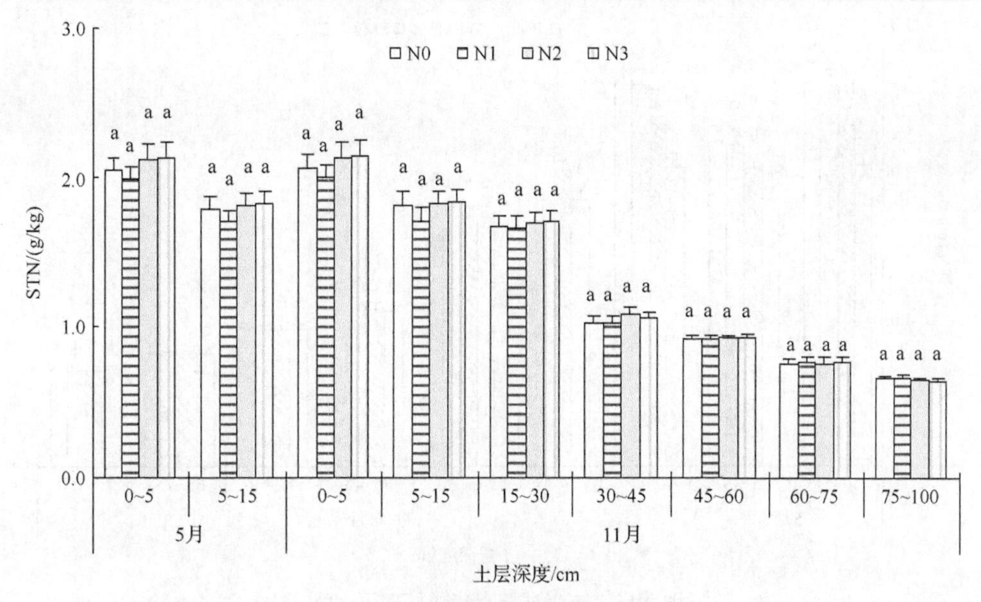

图 3.15　嘉兴试验点尿素处理下 STN

氮素是稻田生态系统生产力限制性营养因子，施用尿素明显提高了作物产量(图 3.4)，也提高了作物吸氮量。增加氮素用量会提高作物氮的移出，最后使土壤氮平衡为负(Whitbread et al., 2003)。作物吸氮量随化肥氮施用量增加是土壤氮耗竭机制之一。尿素耗竭土壤氮素(Mulvaney et al., 2009)。单施尿素会使土壤性质变劣，不利于氮在土壤中累积(Li et al., 2010；Li and Zhang, 2007)。

猪粪提高耕层 STN，油菜收获后与水稻收获后响应基本相同(图 3.16)。油菜收获后，0～5cm 土层 STN 从 PM0 的 2.05g/kg 到 PM3 的 2.61g/kg；5～15cm 土层 STN 从 PM0 的 1.81g/kg 到 PM3 的 2.21g/kg，施有猪粪处理与对照差异达显著水平。水稻收获后，0～5cm 土层 STN 从 PM0 的 2.04g/kg 到 PM3 的 2.62g/kg；5～15cm 土层 STN 从 PM0 的 1.81g/kg 到 PM3 的 2.22g/kg，施有猪粪处理与对照差异也达显著水平。中用量的猪粪 PM2 处理与高用量的 PM3 的 STN 相近，说明一定区域 STN 在一定耕作等措施下存在一最大值(Lu et al., 2007)。水稻收获后同一深度 STN 高于油菜收获后。稻季淹水比油菜季排水更利于保持土壤氮。

施用猪粪显著提高了 SOC(图 3.10、图 3.11 和表 3.6)，该土壤 C/N 相对稳定在 9.8 左右，所以也就提高了 STN。猪粪氮释放缓慢，损失较少，易在土壤中累积(李祖章等，2006；范业成等，1996；袁玲等, 1997)。猪粪所含有机碳促进了生物固持作用，具有一定保氮作用(吴建富等，2001b；刘经荣等，1994)。猪粪营养丰富全面，还会促进生物固氮(Ladha et al., 1989)，尤其在稻田淹水条件下(曹志洪等, 2005b)。尽管猪粪施用增加了作物氮的吸收，猪粪施用使土壤氮素平衡为正。

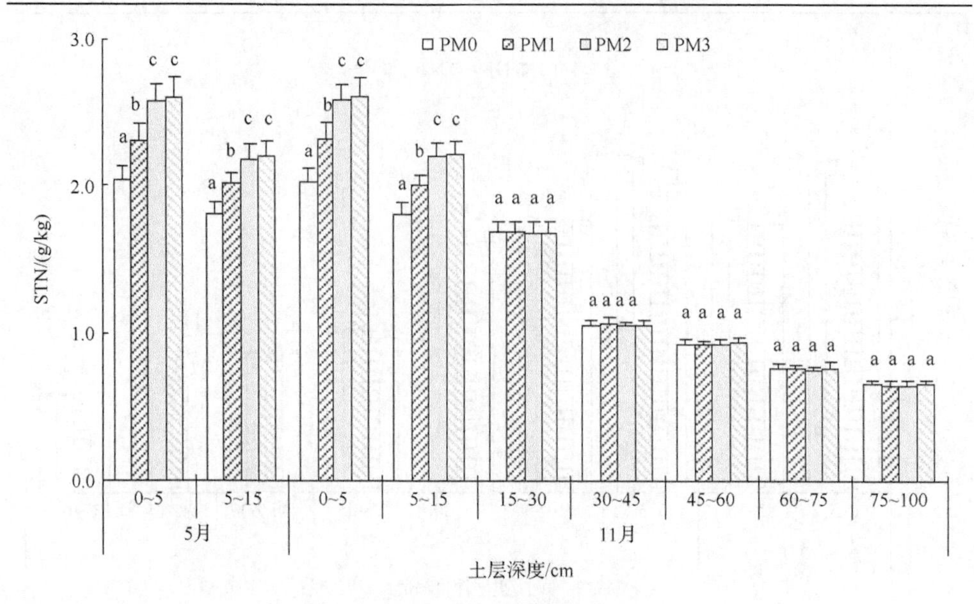

图 3.16 嘉兴试验点猪粪处理下 STN

氮肥施用没有影响耕层以下(15～75cm)STN(图 3.15 和图 3.16)。总体上，施用氮肥处理耕层以下(15～75cm)STN 并不显著高于不施氮肥处理。长期在同一深度犁耕、耘耙、水耕和灌溉导致低层硬盘层形成，这犁底层阻碍根系穿插和养分下移。STN 随深度显著下降(吴建富等，2001b)。

3.4.5 嘉兴点土壤无机氮变化

氮肥影响耕层 SMN(NH_4^+-N+ NO_3^--N)含量。耕层 SMN 随着尿素用量增加先降低后升高。猪粪施用提高了耕层 SMN。SMN 没有向耕层以下移动。

尿素处理组耕层 SMN 同 NH_4^+-N 和 NO_3^--N 一样，随着尿素用量增加先降低后升高(图 3.17)。对照 N0 耕层 SMN 并不最低。施有尿素的 3 个处理耕层 SMN 随着用量增加而升高。油菜收获后，尿素处理 0～5cm 土层 SMN 从 N1 的 25.6mg/kg 到 N3 的 37.0mg/kg，其中 NH_4^+-N 从 N1 的 14.9mg/kg 到 N3 的 17.8mg/kg，NO_3^--N 从 N1 的 10.6mg/kg 至 N3 的 19.2mg/kg。5～15cm 土层 SMN 从 N1 的 19.1mg/kg 到 N3 的 25.5mg/kg，其中 NH_4^+-N 从 N1 的 11.1mg/kg 到 N3 的 13.5mg/kg，NO_3^--N 从 N1 的 8.0mg/kg 到 N3 的 12.0mg/kg。水稻收获后，0～5cm 土层 SMN 从 N1 的 13.3mg/kg 到 N3 的 20.8mg/kg，其中 NH_4^+-N 从 N1 的 10.2mg/kg 到 N3 的 12.3mg/kg，NO_3^--N 从 N1 的 3.1mg/kg 至 N3 的 8.5mg/kg。5～15cm 土层 SMN 从 N1 的 11.9mg/kg 到 N3 的 16.1mg/kg，其中 NH_4^+-N 从 N1 的 8.9mg/kg 到 N3 的 11.0mg/kg，NO_3^--N 从 N1 的 3.0mg/kg 至 N3 的 5.1mg/kg。

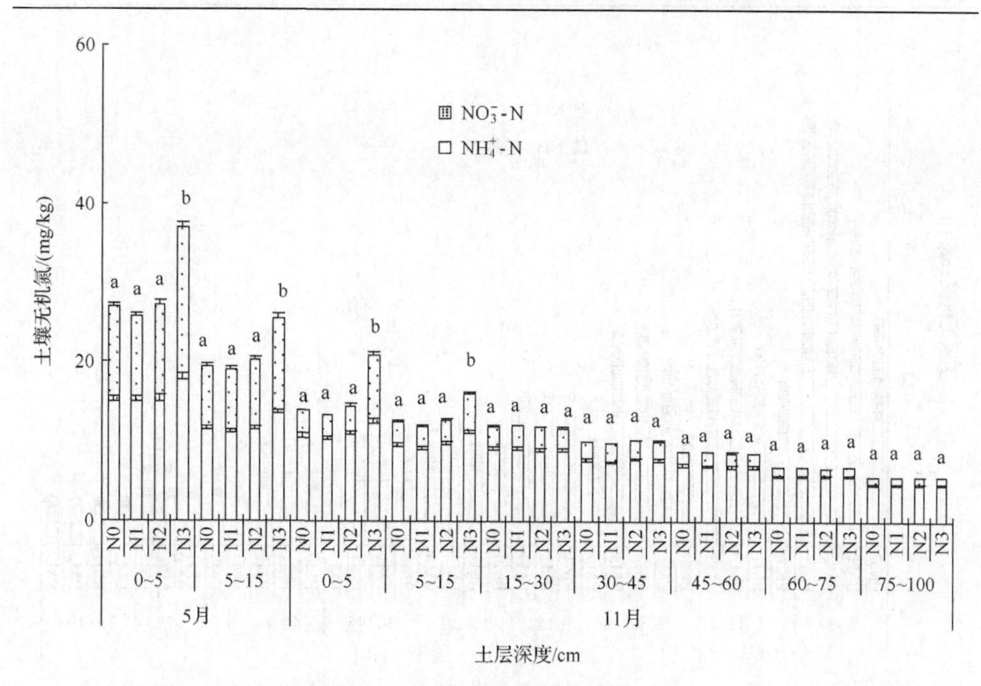

图 3.17　嘉兴试验点尿素处理下 SMN

低剂量尿素促进植物生长和微生物活性，使 SMN 比对照低(Raun and Johnson, 1995；李志宏等, 2001；颜明娟等，2007)。但过量尿素(270kg N/hm^2)会导致无机氮短时间内存留在土壤中。施入的氮除作物吸收外，会通过氨挥发、反硝化、径流流失和下渗淋溶等损失(Shibu et al., 2006；Cassman et al., 1998)。经过 6 年试验后，每年的无机氮增加甚少，有的还降低了。氨挥发、反硝化和流失等使氮肥利用率低，也使大气和水体等环境活性氮素丰富。Zhu(1997)报道，20 世纪 80～90 年代，太湖区大气氮沉降从 15kg N/hm^2 提高到 33kg N/hm^2、灌溉水氮从 15kg N/hm^2 增至 56kg N/hm^2。另外，还有生物固氮(Cassman et al., 1998)和土壤有机氮矿化，所以 N0(对照)处理获得相当数量氮素。氮素环境输入也是 N0(对照)处理无机氮不是最低的原因之一。还有，N0 产量低，作物含氮量低，从土壤中移走的无机氮也少。

施有猪粪处理耕层 SMN 同 NH_4^+-N 和 NO_3^--N 一样，随着猪粪用量增加而升高(图 3.18)。油菜收获后 0～5cm 土层 SMN 从 PM0 的 29.5mg/kg 到 PM3 的 51.6mg/kg，其中 NH_4^+-N 从 PM0 的 17.7mg/kg 到 PM3 的 20.7mg/kg，NO_3^--N 从 PM0 的 11.8mg/kg 至 PM3 的 30.9mg/kg。5～15cm 土层 SMN 从 PM0 的 19.2mg/kg 到 PM3 的 27.8mg/kg，其中 NH_4^+-N 从 PM0 的 11.2mg/kg 到 PM3 的 14.4mg/kg，NO_3^--N 从 PM0 的 8.0mg/kg 至 PM3 的 13.4mg/kg。水稻收获后，0～5cm 土层 SMN 从

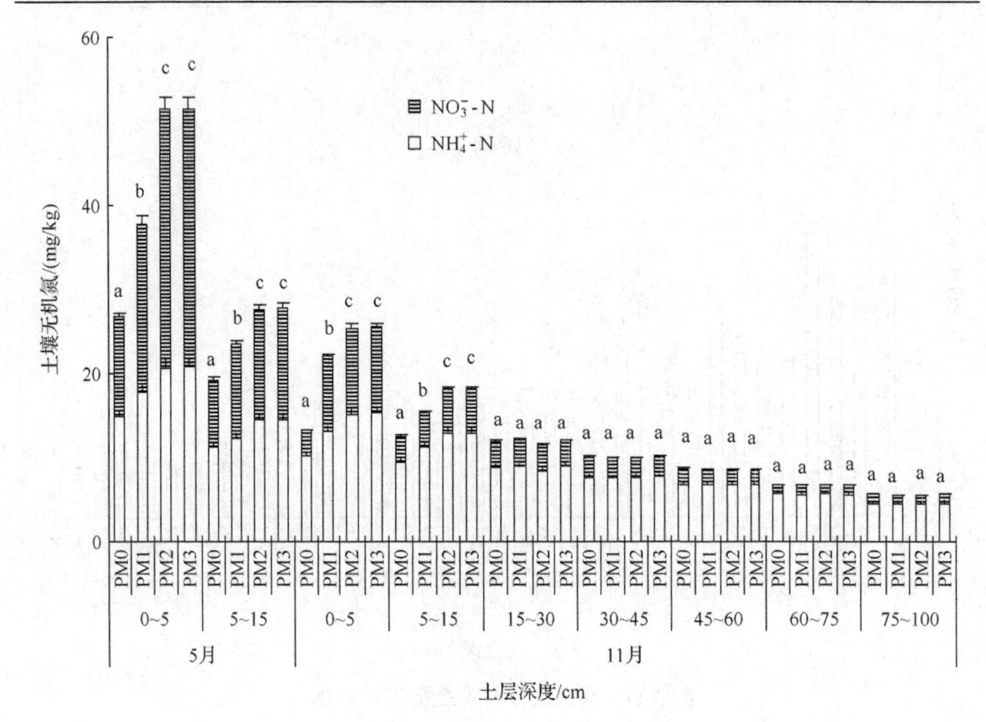

图 3.18 嘉兴试验点猪粪处理下 SMN

PM0 的 13.2mg/kg 到 PM3 的 25.5mg/kg，其中 NH_4^+-N 从 PM0 的 10.1mg/kg 到 PM3 的 15.2mg/kg，NO_3^--N 从 PM0 的 3.1mg/kg 至 PM3 的 10.3mg/kg。淹水条件下施入猪粪可保持SMN。5～15cm 土层 SMN 从 PM0 的 12.4mg/kg 到 PM3 为 18.2mg/kg，其中 NH_4^+-N 从 PM0 的 9.4mg/kg 到 PM3 的 12.9mg/kg，NO_3^--N 从 PM0 的 3.0mg/kg 至 PM3 的 5.3mg/kg。稻田淹水，猪粪释放氮素慢，氮素流失少，从而增加了土壤氮素（Ladha et al., 1989）。有机肥利于农田系统土壤增氮（Tong et al., 2009; Zhang et al., 2009）。

尿素和猪粪处理的最表层 SMN 在油菜收获后比在水稻收获后高，且硝态氮占 SMN 的比例高。油菜季排水，通气改善，氧化还原电位升高，有机氮矿化作用增强，也利于硝化作用（Timsina and Connor, 2001）。水稻季淹水，有机氮矿化作用减弱，利于反硝化作用（Buresh and de Datta, 1991）。频繁干湿交替也利于反硝化和淋溶（Timsina and Connor, 2001）。George 等（1992）研究水稻-旱作体系中氮素时，也发现旱作季累积的 SMN 并不能被下季水稻有效利用，在水稻季稻田淹水的时候，旱作季累积的硝态氮将很快被淋洗或反硝化掉。

耕层以下（＞15cm），SMN 含量低，说明经过 6 年不同肥料用量试验后 SMN 并未下移出犁底层，这是因为犁底层的阻隔。耕层以下土壤 NH_4^+-N 小于 10mg/kg，

尿素处理的土壤 NO_3^--N 小于 10mg/kg，猪粪处理的土壤 NO_3^--N 小于 3mg/kg。这说明硝态氮向下移的速度很慢，在淋溶前由于猪粪提供电子已被反硝化，或者说猪粪促进了作物生长从而提高了硝态氮的吸收效率。

3.4.6　嘉兴点无机氮之间的相互关系

对所有有关数据分析表明，STN 与 SMN、NH_4^+-N 和 NO_3^--N 之间的相关系数 r 分别为 0.506、0.547 和 0.446，呈极显著正相关（$r_{0.01,\ 62}$=0.325）。SMN 与 NH_4^+-N、NO_3^--N 之间的相关系数 r 分别为 0.891、0.975，呈极显著正相关（$r_{0.01,\ 62}$=0.325）。土壤 NH_4^+-N 与 NO_3^--N 之间相关系数 r 为 0.767，呈极显著正相关（$r_{0.01,\ 62}$=0.325）。

3.5　施肥对稻田土壤磷变化的影响

3.5.1　南昌点 STP 变化

施用磷肥提高了耕层 STP。27 年试验后，施用磷肥对耕层以下 STP 没有影响。

10 月晚稻收获后，0～5cm 土层 STP 从 NK 的 0.28g/kg 到 3F∶7M 的 0.90g/kg，5～20cm 土层 STP 从 NK 的 0.27g/kg 到 3F∶7M 的 0.85g/kg（表 3.10）。不施磷肥处理耕层 STP 都小于起始值 0.49g/kg，土壤磷素不断耗竭，NK 处理比对照降低更多（周卫军和王凯荣，1997；黄庆海等，2000；曲均峰等，2008）。施有磷肥处理耕层 STP 都大于起始值，土壤磷素不断累积，有机无机肥配施处理累积更多。处理 CK、PK、NP、NK、NPK、7F∶3M、5F∶5M 和 3F∶7M 的水稻年均吸磷量（以 kg P_2O_5/hm^2 计）分别为 38.2、57.7、65.4、90.0、96.4、96.5、98.4 和 102.4（李祖章等，2006）。除 CK 和 NK 处理不施磷导致土壤磷素平衡为负值外，其他处理每年施磷 120kg P_2O_5/hm^2 使土壤磷素平衡为正值。有机无机肥配施更利于土壤磷素保存（熊俊芬等，2000；谢林花等，2004；吴晓晨等，2008；彭娜和王开峰，2009）。

10 月晚稻收获后，20～100cm 土层 STP 处理间无显著差异，27 年长期施肥后未能影响耕层以下 STP，这与吴建富等（2001a）和黄庆海等（2000）结果一致。

表 3.10　南昌试验点剖面土壤全磷　（单位：g/kg）

深度/cm	CK	PK	NP	NK	NPK	7F∶3M	5F∶5M	3F∶7M
0～5	0.33a	0.71b	0.66b	0.28a	0.67b	0.74c	0.81d	0.90e
5～20	0.32a	0.70c	0.63b	0.27a	0.64b	0.69bc	0.78d	0.85e
20～40	0.37a	0.37a	0.36a	0.36a	0.36a	0.36a	0.37a	0.36a
40～70	0.33a	0.32a	0.33a	0.33a	0.33a	0.33a	0.34a	0.33a
70～100	0.28a	0.28a	0.27a	0.28a	0.28a	0.29a	0.28a	0.28a

注：不同小写字母代表数据存在显著性差异。

3.5.2　南昌点土壤 Olsen-P 变化

施用磷肥特别是配施有机肥提高耕层(0～20cm)土壤 Olsen-P。由于犁底层阻隔，磷肥未能影响耕层以下(20～100cm)土壤 Olsen-P。

4 月休闲后,表层(0～5cm)Olsen-P 由 NK 的 2.7mg/kg 提高至 3F∶7M 的 42.5mg/kg(图 3.19)。亚表层(5～20cm)Olsen-P 由 NK 的 1.9mg/kg 提高至 3F∶7M 的 32.6mg/kg，变化趋势与 0～5cm 相同。7 月早稻收获后,0～5cm 土层 Olsen-P 由 NK 的 6.4mg/kg 提高至 3F∶7M 的 81.4mg/kg,5～20cm 土层由 NK 的 4.4mg/kg 提高至 3F∶7M 的 69.5mg/kg，变化趋势与休闲后相同。10 月晚稻收获后，0～5cm 土层 Olsen-P 由 NK 的 5.2mg/kg 提高至 3F∶7M 的 69.5mg/kg。5～20cm 土层 Olsen-P 由 NK 的 4.0mg/kg 提高至 3F∶7M 的 61.8mg/kg。夏季(7 月)土壤 Olsen-P 比春季(4 月)和秋季(10 月)要高，这是由于温度不同土壤有机质矿化速率也不同(Tsuji et al., 2006)。

长期施肥后,土壤 Olsen-P 分成三个水平:①有机无机肥配施处理(即 3F∶7M、5F∶5M 和 7F∶3M)；②施用磷化肥处理(即 PK、NP 和 NPK)；③无磷处理(即 CK 和 NK)。这与 Xiao 等(2009)及 Mallarino 和 Wittry(2010)的结果类似。土壤磷通过大气输入输出很少(鲁如坤，2003)。在没有强的侵蚀条件下，磷素一般难被农作物耗竭。但是，没有外界输入，磷素也累积非常少，因为土壤风化是其最终来源(McLauchlan, 2006)。当然，没有任何添加，土壤将最终用完磷素(Ramaekers et al., 2010)。NK 的 Olsen-P 最低,其次是对照,这是磷持续耗竭的结果。年施用磷肥 120kg P_2O_5/hm^2，

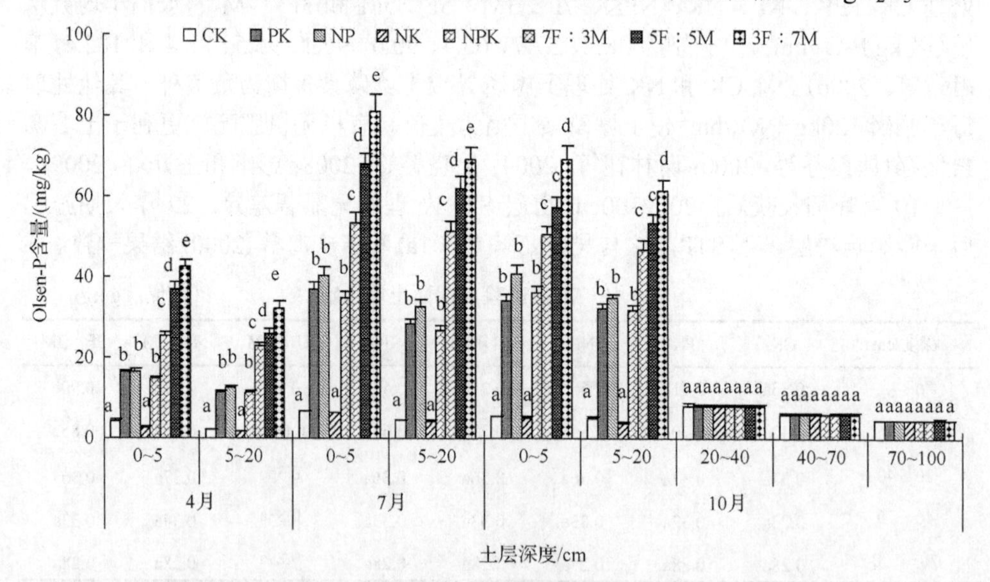

图 3.19　南昌试验点土壤剖面 Olsen-P 含量

尤其是有机无机肥配施，提高了土壤 Olsen-P。这与 Reddy 等(2009)和 Kaiser 等(2010)等的结果一致。施入的大多数磷素残留在土壤中，其中残留 STP 的 6%～10%可转化成 Olsen-P(鲁如坤，2003)。

有机肥比化肥对土壤 Olsen-P 贡献更大。Azeez 和 van Averbeke (2010) 及 Gichangi 等(2009)认为施用有机肥减弱了土壤对磷的吸附能力。章永松等(1996)研究得出，猪粪对 Olsen-P 有活化作用。有机肥提高土壤 Olsen-P 有几种解释：第一种，有机肥在腐质过程中能形成一定量的腐殖质和各种低分子有机酸，这些有机物质占据一部分铁、铝氧化物表面吸附位点，从而提高了土壤磷素溶解活性。同时，有机阴离子对土壤中铁、铝等金属离子或固磷物质有一定螯合化学作用，降低了铁、铝化学活性，也就降低了土壤对磷吸附位点和亲和力，使磷吸附量减少，间接提高了土壤磷素溶解能力(Xavier et al., 2009)。有研究表明，植物残体在分解过程中其碳水化含物可被蒙脱石和高岭石有效吸附，对黏土矿物表面磷吸附位点可起掩蔽作用而降低磷吸附。有机肥对土壤吸附-解吸的直接影响，其中的降解产物和可溶性有机物起着主要作用。第二种，有机肥如猪粪施入，刺激了土壤微生物生长，加快了磷的周转(Marinari et al., 2000)。第三种，有些有机肥如猪粪，本身就含磷酸酶(关松荫，1989)，磷酸酶转化有机磷成无机磷(Harrison, 1983；Chabot et al., 1996)。

10 月，耕层以下(＞20cm)，20～40cm 土层 Olsen-P 由 8.2mg/kg 至 8.3mg/kg，40～70cm 土层 Olsen-P 由 5.9mg/kg 至 6.0mg/kg，70～100cm 土层 Olsen-P 由 4.5mg/kg 至 4.6mg/kg，处理间无显著差异。耕层以下 Olsen-P 低，变化小，与耕层 Olsen-P 和施肥量变化不一致。说明 27 年试验后，由于犁底层的阻隔，Olsen-P 没有下移。再者，磷肥特别是有机磷肥施用都在表层 20cm，所以磷肥只影响耕层而不影响耕层以下 Olsen-P(吴建富等，2001a)。Olsen-P 降低顺序为：0～5cm＞5～20cm＞20～40cm＞40～70cm＞70～100cm。

3.5.3　嘉兴点 STP 变化

与对照相比，施用磷肥提高了耕层(0～15cm)STP 含量。在过磷酸钙处理组，11 月水稻收获后 0～5cm 土层 STP 从 P0 的 1.43g/kg 到 P3 的 1.64g/kg；5～15cm 土层 STP 从 P0 的 1.41g/kg 到 P3 的 1.61g/kg。猪粪处理组，11 月水稻收获后 0～5cm 土层 STP 从 PM0 的 1.44g/kg 提高到 PM3 的 1.75g/kg；5～15cm 土层 STP 从 PM0 的 1.41g/kg 到 PM3 的 1.72g/kg(表 3.11)。

表 3.11 嘉兴试验点剖面土壤全磷 (单位：g/kg)

深度/cm	P0	P1	P2	P3	PM0	PM1	PM2	PM3
0～5	1.43a	1.54b	1.58bc	1.64c	1.44a	1.59b	1.68c	1.75d
5～15	1.41a	1.51b	1.55bc	1.61c	1.41a	1.56b	1.65c	1.72d
15～45	1.11a	1.08a	1.12a	1.14a	1.10a	1.09a	1.13a	1.10a
45～60	0.91a	0.93a	0.94a	0.96a	0.95a	0.89a	0.94a	0.90a
60～75	0.72a	0.73a	0.71a	0.72a	0.77a	0.74a	0.72a	0.76a
75～100	0.47a	0.48a	0.45a	0.44a	0.46a	0.48a	0.46a	0.49a

施用磷肥提高了 STP 含量(黄庆海等，2000；孙瑞莲等，2003；单艳红等，2005)。施有的磷肥量大于作物携出量(以 kg $P_2O_5/(hm^2 \cdot a)$计，P2:120＞86.1，P3:160＞88.3，PM1:112＞86.8，PM2:224＞109.5，PM3:336＞130.6，但 P1:80＜83.1 除外)。未施磷肥处理耗竭土壤磷(以 kg $P_2O_5/(hm^2 \cdot a)$计，P0:–75.2，PM0:–51.5)。耕层 STP 增加量与土壤磷素盈亏相关(杨学云等，2007)。除 10%～20%为作物吸收外，施入磷素的大部分残留在土壤中。

3.5.4 嘉兴点土壤 Olsen-P 变化

施用磷肥提高了耕层(0～15cm)土壤 Olsen-P 含量，尤其是 0～5cm 土层。在过磷酸钙处理组，5 月油菜收获后土壤表层(0～5cm)Olsen-P 从 P0 的 18.9mg/kg 提高到 P3 的 28.9mg/kg；亚表层(5～15cm)从 P0 的 17.9mg/kg 提高到 P3 的 27.9mg/kg。11 月水稻收获后 0～5cm 土层 Olsen-P 从 P0 的 18.8mg/kg 提高到 P3 的 28.9mg/kg；5～15cm 土层 Olsen-P 从 P0 的 17.7mg/kg 提高到 P3 的 27.8mg/kg (图 3.20)。

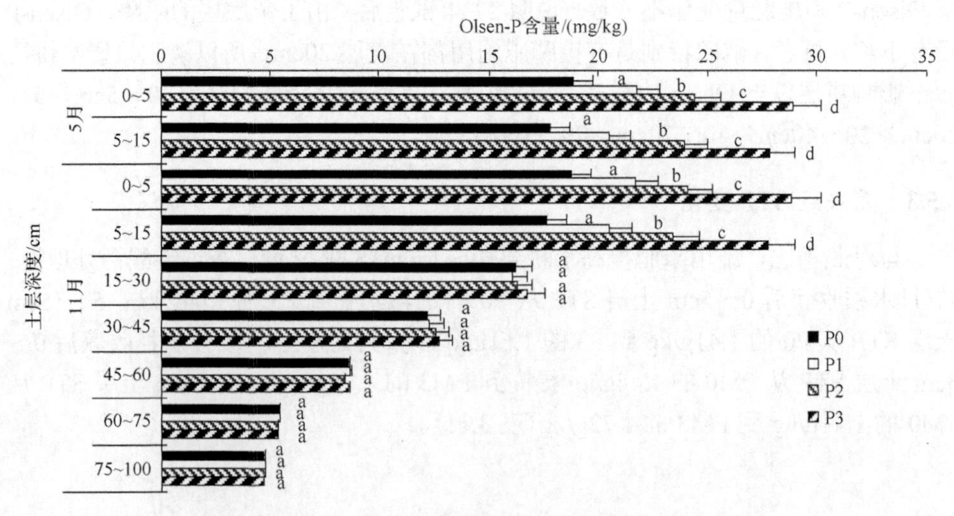

图 3.20 嘉兴试验点过磷酸钙处理下土壤 Olsen-P 含量

猪粪处理组，5 月油菜收获后 0～5cm 土层 Olsen-P 从 PM0 的 18.8mg/kg 提高到 PM3 的 108.9mg/kg；5～15cm 土层 Olsen-P 从 PM0 的 17.6mg/kg 提高到 PM3 的 74.5mg/kg。11 月水稻收获后 0～5cm 土层 Olsen-P 从 PM0 的 17.5mg/kg 提高到 PM3 的 107.0mg/kg；5～15cm 土层 Olsen-P 从 PM0 的 17.5mg/kg 提高到 PM3 的 73.8mg/kg（图 3.21）。

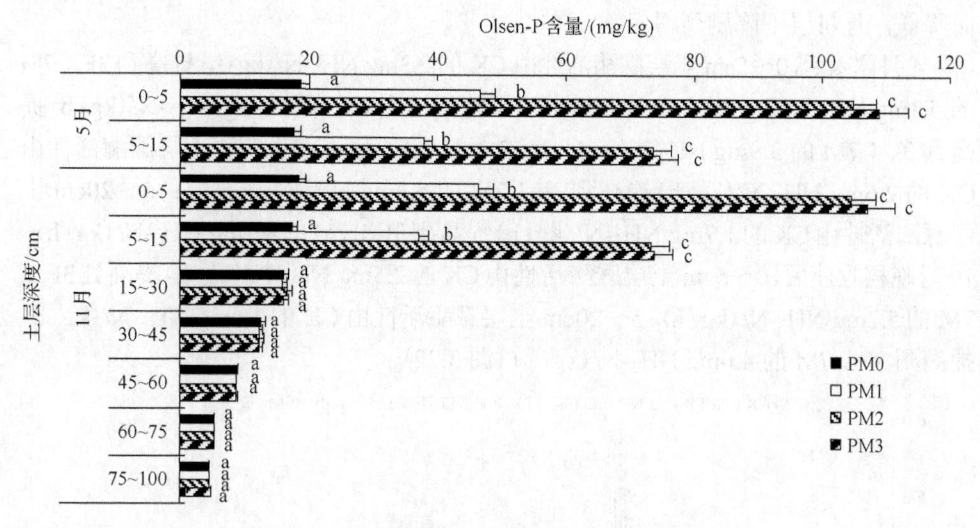

图 3.21　嘉兴试验点猪粪处理下土壤 Olsen-P 含量

土壤 Olsen-P 在未施和施有磷肥处理间有显著差异（曹志洪，2008；颜慧等，2008；谢坚等，2009）。Garg 和 Bahl（2008）也报道磷肥提高了土壤 Olsen-P。施入磷素的 80%～90%残留在土壤中，残留在土壤中的磷素 16.6%～28.9%可转化成 Olsen-P（张风华等，2008）。Olsen-P 随磷肥用量增加直线上升（杨学云等，2007）。夏季（5 月）土壤 Olsen-P 比冬季（11 月）要高，这是由于温度不同，土壤有机质矿化速率不同（Tsuji et al., 2006）。

0～5cm 土层高量猪粪处理 PM3 的土壤 Olsen-P 含量最高，达 108mg/kg，即使在 5～15cm 土层处理 PM3 的 Olsen-P 含量也超过 60mg/kg（图 3.21）。根据 Heckrath 等（1995）的研究结果，高量施用猪粪后磷素流失风险高。

11 月水稻收获后，耕层以下（＞15cm）土壤 Olsen-P 低，变化小，与耕层 Olsen-P 和施肥量不一致（图 3.20 和图 3.21）。＞30cm 土壤 Olsen-P 小于 10mg/kg。耕层以下 Olsen-P 与施肥量不显著相关。表明 4 年试验后，由于犁底层阻隔，Olsen-P 没有下移。磷肥特别是有机磷肥施用都在表层 15cm，所以磷肥只影响耕层而不影响耕层以下 Olsen-P。Olsen-P 随土壤深度增加而降低。

3.6 施肥对稻田土壤脲酶活性的影响

3.6.1 南昌点土壤脲酶活性变化

施肥能刺激耕层土壤脲酶活性，对耕层以下没有影响。土壤脲酶活性随深度而降低，且耕层下降剧烈得多。

4 月休闲后，0～5cm 土层脲酶活性由 CK 的 2.3mg NH_3-N/(kg·h)提高到 3F∶7M 的 5.1mg NH_3-N/(kg·h)；5～20cm 土层脲酶活性由 CK 的 1.5mg NH_3-N/(kg·h)提高到 3F∶7M 的 3.9mg NH_3-N/(kg·h)。7 月早稻收获后，0～5cm 土层脲酶活性由 CK 的 2.6mg NH_3-N/(kg·h)提高到 3F∶7M 的 5.3mg NH_3-N/(kg·h)；5～20cm 土层脲酶活性由 CK 的 1.7mg NH_3-N/(kg·h)提高到 3F∶7M 的 4.1mg NH_3-N/(kg·h)。10 月晚稻收获后，0～5cm 土层脲酶活性由 CK 的 2.5mg NH_3-N/(kg·h)提高到 3F∶7M 的 5.2mg NH_3-N/(kg·h)；5～20cm 土层脲酶活性由 CK 的 1.6mg NH_3-N/(kg·h)提高到 3F∶7M 的 4.0mg NH_3-N/(kg·h)（图 3.22）。

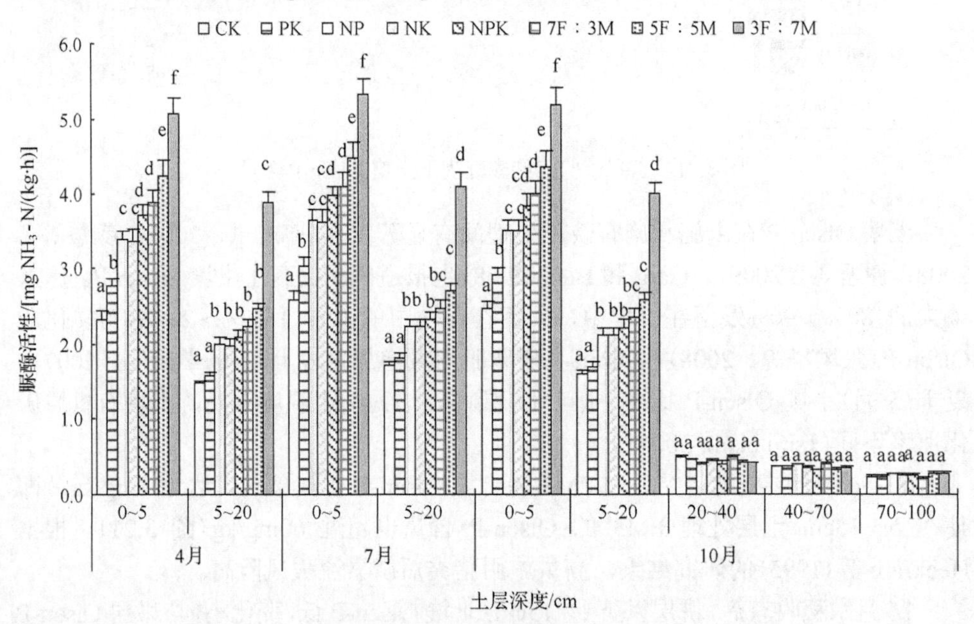

图 3.22 南昌点土壤脲酶活性变化

长期施肥后，耕层土壤脲酶活性分成 3 个水平，处理 3F∶7M、5F∶5M 和 7F∶3M 最高，处理 NPK、NP、NK 和 PK 次之，CK 最低。下降顺序为：3F∶7M ＞5F∶5M＞7F∶3M＞NPK＞NP＞NK＞PK＞CK。0～5cm 土层脲酶活性大于 5～20cm 土层。有机无机肥配施提高土壤脲酶活性效果优于仅施化肥（周卫等，1990；

范业成等，1996；孙瑞莲等，2008）。有机肥供给有效能量，加速了微生物生长，促进了泌酶细胞增殖，改善了酶活环境，提高了土壤微生物活性及酶的合成(薛冬等，2005；颜慧等，2008；Huang et al., 2010）。有机肥还含有脲酶(关松荫，1989）。

耕层以下，20～40cm 土层脲酶活性从 0.4mg NH_3-N/(kg·h) 至 0.5mg NH_3-N/(kg·h)，40～70cm 土层从 0.3mg NH_3-N/(kg·h) 至 0.4mg NH_3-N/(kg·h)，70～100cm 从 0.2mg NH_3-N/(kg·h) 至 0.3mg NH_3-N/(kg·h)。同一深度处理间无显著差异，说明没有检测出土壤脲酶下移。土壤脲酶活性随土壤深度增加而降低(图 3.22)，耕层降低剧烈而耕层以下平缓。这是由于土壤有机质和氧气多寡的差异，同大多数研究结果一致(Sardans and Peñuelas, 2005；Nayak et al., 2007；李粉茹等，2009)。

3.6.2　南昌点土壤脲酶活性与土壤氮相关性

长期施肥下，对所有数据分析表明，土壤脲酶、STN、SMN、NH_4^+-N 和 NO_3^--N 之间显著正相关($p<0.01$)。土壤脲酶与 STN、SMN、NH_4^+-N 及 NO_3^--N 之间的相关系数分别为 0.971、0.908、0.870 和 0.908，极显著正相关($r_{0.01,\ 38}=0.393$)($p<0.01$)。说明脲酶在土壤氮循环中起着重要作用。脲酶活性与土壤 NH_4^+-N 相对低些的相关系数可能由酶促产物 NH_3 的抑制作用引起(杨丽娟等，2005)。

3.6.3　嘉兴点土壤脲酶活性变化

施用氮肥提高了耕层土壤脲酶活性，且猪粪效应大于尿素。施用氮肥对耕层以下土壤脲酶活性没有显著影响。土壤脲酶活性随深度增加而降低且耕层下降剧烈得多。

施用尿素促进了耕层土壤脲酶活性。5 月油菜收获后，0～5cm 土层脲酶活性由 N0 的 2.6mg NH_3-N/(kg·h) 提高到 N2 的 5.2mg NH_3-N/(kg·h)；5～15cm 土层脲酶活性由 N0 的 2.4mg NH_3-N/(kg·h) 提高到 N2 的 2.8mg NH_3-N/(kg·h)。11 月水稻收获后，0～5cm 土层脲酶活性由 N0 的 2.6mg NH_3-N/(kg·h) 提高到 N2 的 5.1mg NH_3-N/(kg·h)；5～15cm 土层脲酶活性由 N0 的 2.4mg NH_3-N/(kg·h) 提高到 N2 的 2.7mg NH_3-N/(kg·h) (图 3.23)。

耕层土壤脲酶活性最强的是 N2 处理而不是 N3 处理。尿素作为土壤脲酶的酶促反应基质，刺激了耕层土壤脲酶活性(袁玲等，1997)。同时，氮素营养改善促进了作物生长(图 3.4)，也促进了土壤微生物繁殖，从而使其向土壤分泌更多脲酶，但尿素过量会抑制其活性(杨朝辉等，2007)。酶促反应产物(NH_3)会抑制脲酶合成(杨丽娟等，2005)。

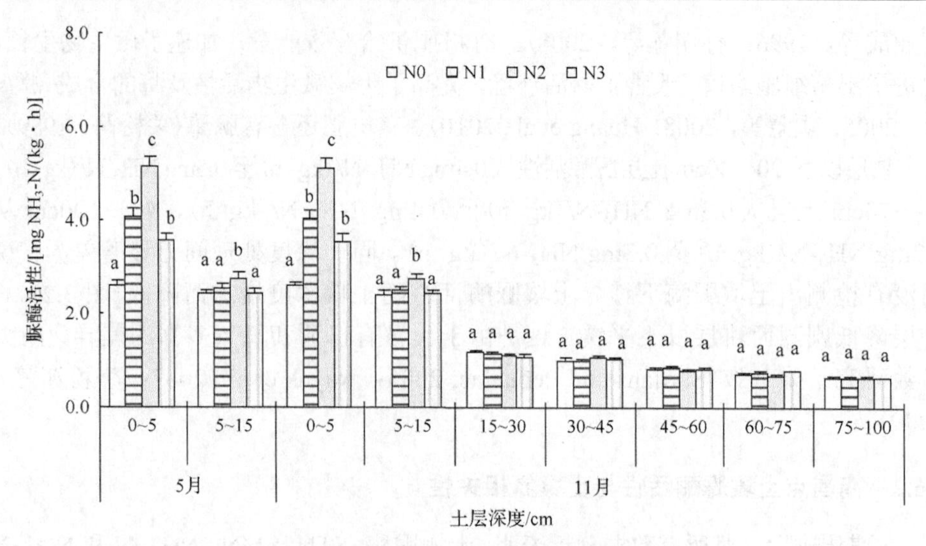

图 3.23　嘉兴试验点尿素处理下土壤脲酶活性变化

施用猪粪促进了耕层土壤脲酶活性。5 月油菜收获后，0～5cm 土层脲酶活性由 PM0 的 2.6mg NH_3-N/(kg·h)提高到 PM3 的 7.3mg NH_3-N/(kg·h)；5～15cm 土层脲酶活性由 PM0 的 2.4mg NH_3-N/(kg·h)提高到 PM3 的 4.6mg NH_3-N/(kg·h)。11 月水稻收获后，0～5cm 土层脲酶活性由 PM0 的 2.6mg NH_3-N/(kg·h)提高到 PM3 的 7.3mg NH_3-N/(kg·h)；5～15cm 土层脲酶活性由 PM0 的 2.4mg NH_3-N/(kg·h)提高到 PM3 的 4.6mg NH_3-N/(kg·h)(图 3.24)。

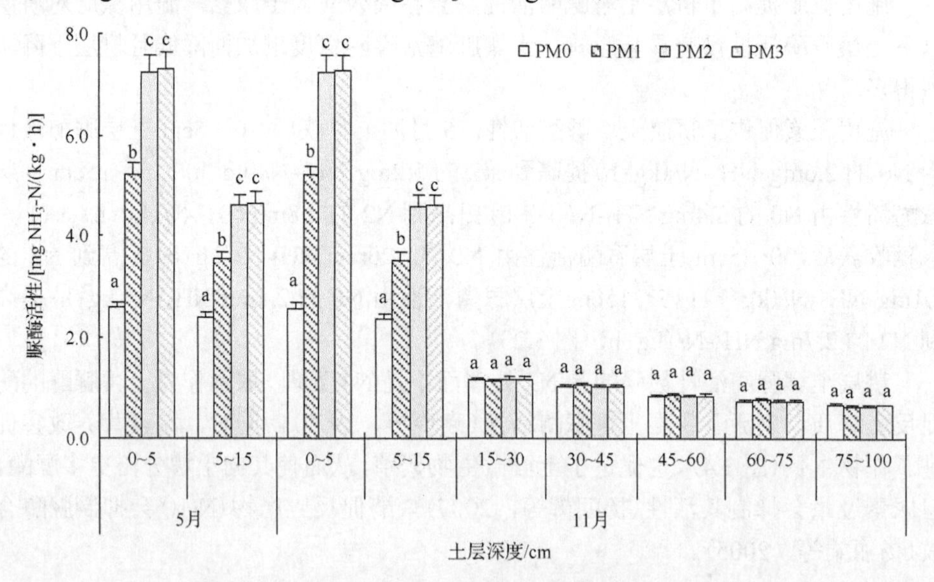

图 3.24　嘉兴试验点猪粪处理下土壤脲酶活性变化

土壤最表层脲酶活性随着猪粪用量增加直线上升(图 3.24)，差异达显著水平。相同氮肥用量下，猪粪对脲酶活性的提高效应大于尿素。猪粪刺激作物(图 3.4)和微生物生长(Ge et al.，2009；Nayak et al.，2007)，其本身也含有较高脲酶(袁玲等，1997)。

水稻收获后(11 月)耕层以下 15～100cm 土层脲酶活性同一深度处理间无显著差异(图 3.23 和图 3.24)。随土层深度增加，脲酶活性显著降低，这与大多数研究结果吻合(杨丽娟等，2005)。越近耕层脲酶活性降低越剧烈，越往下变化幅度越小。表层土壤有机质含量高，氧气丰富，植物根和微生物活性强，酶活性相对高(王成秋等，1999；张焱华等，2007)。由于犁底层的阻隔，施肥也没有影响到耕层以下土壤脲酶活性，这与 6 年肥料试验后土壤氮没有下移相吻合。

3.6.4　嘉兴点土壤脲酶活性与土壤氮相关性

不同氮肥用量下，土壤脲酶活性和 STN、SMN、NH_4^+-N 及 NO_3^--N 之间都呈极显著正相关($p<0.01$)。土壤脲酶活性与 STN、SMN、NH_4^+-N 和 NO_3^--N 之间相关系数 r 分别为 0.918、0.720、0.724 和 0.630，呈极显著正相关($r_{0.01,\ 46}$=0.372)。说明脲酶在土壤氮素循环中起着重要作用。STN、SMN、NH_4^+-N 及 NO_3^--N 含量高低决定土壤肥瘠，这些指标含量高说明土壤肥力高，植物和微生物等生长旺盛，分泌酶更多，相应的脲酶活性就强。脲酶是尿素在土壤中转化的专性酶，酶促反应产物(NH_3)会形成铵态氮；无机氮的增加促进了脲酶分泌，提高了脲酶活性，但酶促反应产物(NH_3)过高会抑制脲酶活性(杨朝辉等，2007)。

3.7　施肥对稻田土壤磷酸酶活性的影响

3.7.1　南昌点土壤磷酸酶活性变化

长期施肥刺激耕层土壤磷酸酶活性，而对耕层以下没有影响。土壤磷酸酶活性随深度增加而降低。

4 月休闲后，0～5cm 土层磷酸酶活性从 PK 的 60.6mg phenol/(kg·h)到 3F∶7M 的 90.7mg phenol/(kg·h)；5～20cm 土层磷酸酶活性从 PK 的 17.8mg phenol/(kg·h)到 3F∶7M 的 47.9mg phenol/(kg·h)。7 月早稻收获后，0～5cm 土层磷酸酶活性从 PK 的 64.4mg phenol/(kg·h)到 3F∶7M 的 94.3mg phenol/(kg·h)；5～20cm 土层磷酸酶活性从 PK 的 21.0mg phenol/(kg·h)提高到 3F∶7M 的 50.9mg phenol/(kg·h)。10 月晚稻收获后，0～5cm 土层磷酸酶活性从 PK 的 62.6mg phenol/(kg·h)到 3F∶7M 的 92.6 mg phenol/(kg·h)；5～20cm 土层磷酸酶活性从 PK 的 19.7mg phenol/(kg·h)到 3F∶7M 的 49.8mg phenol/(kg·h)(图 3.25)。

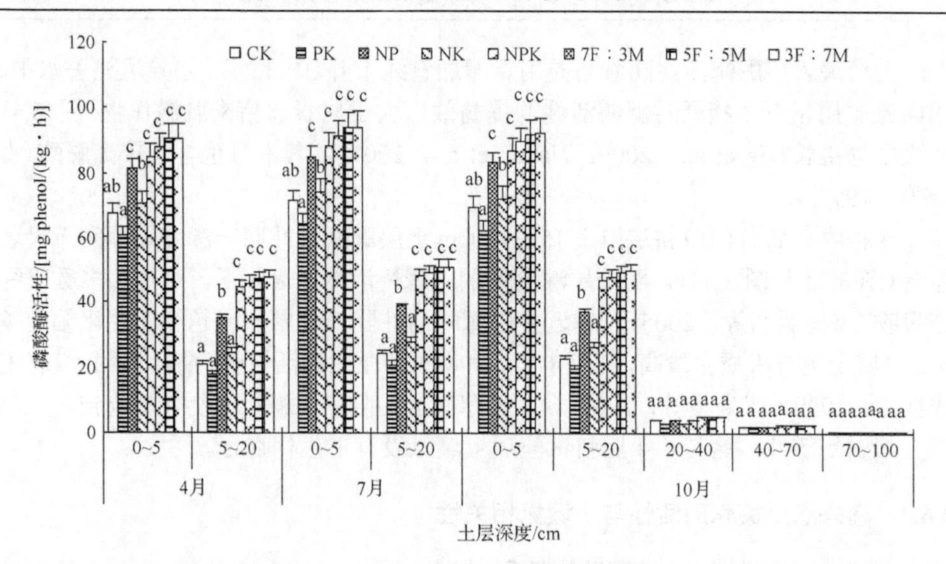

图 3.25　南昌试验点土壤磷酸酶活性变化

耕层土壤磷酸酶活性强弱顺序为：3F：7M＞5F：5M＞7F：3M＞NPK＞NP＞NK＞CK＞PK。与对照相比，施肥提高了土壤磷酸酶活性，但 PK 处理除外。PK 处理磷酸酶活性最低，说明仅施用磷钾肥料，可能减弱磷酸酶活性(赵之重，1998)。有机无机肥配施的刺激效果大于仅施化肥(周卫等，1990；李东坡等，2004；孙瑞莲等，2003；2008)。有机肥刺激植物生长和微生物活性(Nayak et al.，2007；Ge et al.，2009)，有利于磷酸酶合成(关松荫，1989)。有机肥提高了保护和保持土壤酶活能力(Saha et al., 2008；Sahoo et al., 2010)。磷酸酶活性在 0～5cm 显著高于 5～20cm，与 Xavier 等. (2009)研究结果一致。

10 月晚稻收获后耕层以下，20～40cm 土壤磷酸酶活性由 3.1mg phenol/(kg · h)至 4.9mg phenol/(kg · h)，40～70cm 由 1.9mg phenol/(kg · h)至 2.7mg phenol/(kg · h)，70～100cm 由 0.4mg phenol/(kg · h)至 0.6mg phenol/(kg · h)。处理间无显著差异，说明没有检测到磷酸酶下移。磷酸酶活性随深度而降低(图 3.25) (Taylor et al., 2002；Zaman et al., 2002；Chen, 2003)，耕层变化剧烈而耕层以下变化平缓。这是由于土壤有机质和氧气多寡的差异，同大多数研究结果一致(Nayak et al., 2007；张焱华等, 2007)。

3.7.2　南昌点土壤磷酸酶活性与 STP 和 Olsen-P 相关性

对所有有关数据分析表明，长期施肥下土壤磷酸酶活性与 STP、Olsen-P 呈显著正相关。土壤磷酸酶与 STP、Olsen-P 相关系数分别为 0.832、0.781，极显著正相关($r_{0.01,38}$= 0.393) (p＜0.01)。说明磷酸酶在土壤磷转化中起着重要作用(Amador et al., 1997)。

3.7.3　嘉兴点土壤磷酸酶活性变化

磷肥影响耕层土壤磷酸酶活性，而对耕层以下没有影响。过磷酸钙抑制耕层土壤磷酸酶活性，而猪粪提高其活性。

与 CK_P 比较，施用过磷酸钙显著抑制了耕层土壤磷酸酶活性。5 月油菜收获后，0～5cm 土层磷酸酶活性由 P0 的 83.3mg phenol/(kg·h) 到 P3 的 64.5mg phenol/(kg·h)；5～15cm 土层磷酸酶活性由 P0 的 43.5mg phenol/(kg·h) 到 P3 的 34.2mg phenol/(kg·h)。11 月水稻收获后，0～5cm 土层磷酸酶活性由 P0 的 84.3mg phenol/(kg·h) 到 P3 的 65.8mg phenol/(kg·h)；5～15cm 土层磷酸酶活性由 P0 的 44.6mg phenol/(kg·h) 提高到 P3 的 31.2mg phenol/(kg·h)(图 3.26)。

回归分析表明，耕层土壤 Olsen-P 与磷酸酶不显著相关。磷酸酶活性不能直接指示有效磷的状况(McCallister et al., 2002)。磷酸酶为适应性酶(杨朝辉等, 2007)，在土壤 Olsen-P 含量低时磷酸酶活性增强。当土壤供磷能力远不能满足作物生长的需要时，土壤微生物等分泌较多磷酸酶(袁玲等，1997；孙瑞莲等，2008)。PO_4^{3-}可能抑制磷酸酶活性(杨丽娟等，2005)。0～5cm 土壤磷酸酶活性高于 5～15cm。

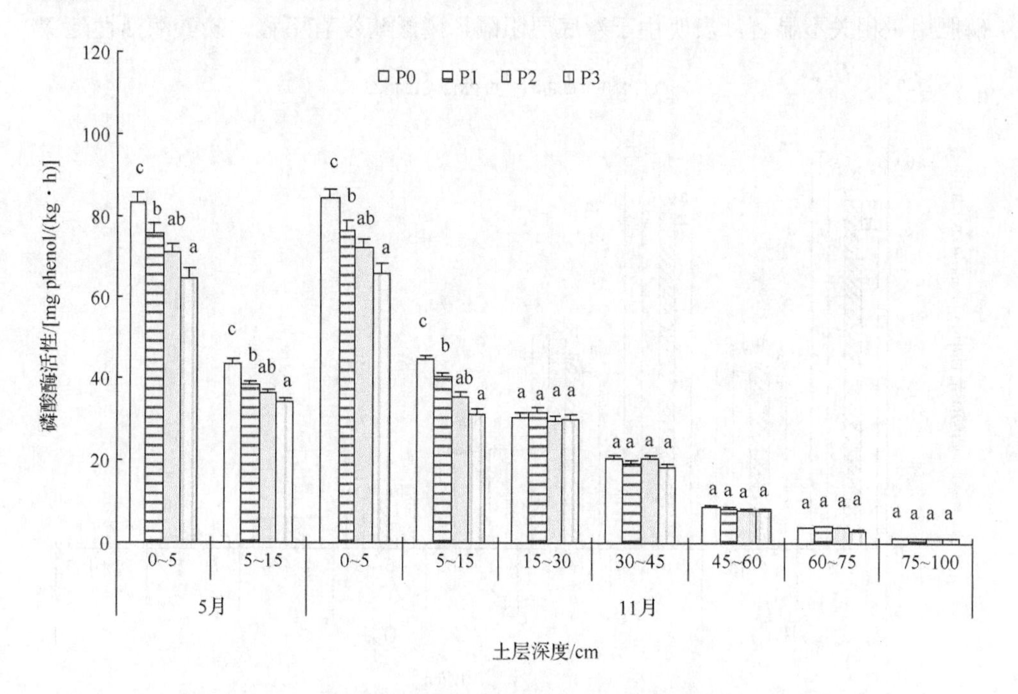

图 3.26　嘉兴试验点过磷酸钙处理下土壤磷酸酶活性变化

与 CK_{PM} 比较，猪粪显著刺激提高了耕层土壤磷酸酶活性(图 3.27)。5 月油菜收获后，0～5cm 土层磷酸酶活性从 PM0 的 82.6mg phenol/(kg·h)提高到 PM3 的 99.5mg phenol/(kg·h)；5～15cm 土层磷酸酶活性从 PM0 的 42.9mg phenol/(kg·h)提高到 PM3 的 52.4mg phenol/(kg·h)。11 月水稻收获后，0～5cm 土层磷酸酶活性从PM0 的 83.7mg phenol/(kg·h)提高到PM3 的 100.8mg phenol/(kg·h)；5～15cm 土层磷酸酶活性从 PM0 的 44.0mg phenol/(kg·h)提高到 PM3 的 54.9mg phenol/(kg·h)(图 3.27)。

稻季猪粪配施氮磷钾进入淹水土壤中，发生一系列物理、化学及生化反应改变了土壤环境状况，如土壤 pH、氧化还原电位等，从而活化了土壤磷素供应，导致土壤酸性磷酸酶活性增强(唐玉姝等，2008；张咏梅等，2004；林天等，2005；Wang and Lu, 2006a)。猪粪刺激植物生长和微生物活性(袁玲等，1997；杨丽娟等，2005；孟娜等, 2006；Ge et al., 2009)，也含有磷酸酶（关松荫，1989；袁玲等，1997；孙瑞莲等，2008)。有机肥提高了保护和保持土壤酶活能力(Sahoo et al., 2010)。Martens 等(1992)报道，施用任何有机肥都能提高土壤磷酸酶活性。PM2 和 PM3 处理间磷酸酶活性无显著差异，看来酶活达到平衡状态(Albrecht et al., 2010)。

耕层以下，处理间磷酸酶活性无显著差异(图 3.26 和图 3.27)。磷酸酶活性与磷肥用量相关不显著。表明由于犁底层阻隔，磷酸酶没有下移。磷酸酶活性随深

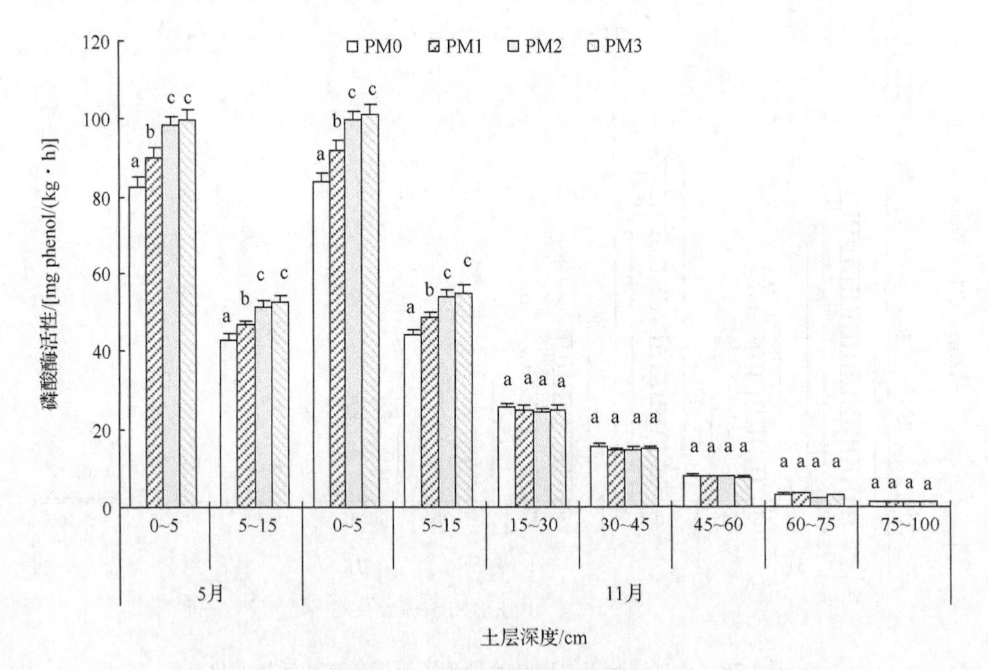

图 3.27 嘉兴试验点猪粪处理下土壤磷酸酶活性变化

度增加而降低，耕层变化剧烈而耕层以下变化平缓。这是由于土壤有机质和氧气多寡的差异，同大多数研究结果一致(于群英，2001)。

3.7.4　嘉兴点土壤磷酸酶活性与 STP 和 Olsen-P 相关性

对所有有关数据分析表明，土壤磷酸酶活性与 STP 和 Olsen-P 相关系数为 0.668 和 0.551，极显著正相关($r_{0.01,\ 142}=0.228$)($p<0.01$)，说明磷酸酶在土壤磷转化中起着重要作用。但对于耕层土壤不同处理组的给定数据来说，相关系数各异，部分原因是样本数目减少。过磷酸钙处理组，耕层土壤磷酸酶活性和 Olsen-P 相关系数为负值，显示 Olsen-P 对磷酸酶活性有抑制作用(杨丽娟等，2005)。但对于猪粪处理组，耕层土壤磷酸酶活性和 Olsen-P 显著正相关。这可能因为猪粪刺激并本身含有磷酸酶活性，进而提高了土壤 Olsen-P。

3.8　施肥对稻田氮磷流失潜能的影响

3.8.1　南昌点稻田水中氮流失潜能

长期施肥影响田面水 WTN，但对 100cm 深度地下水无影响。

10 月排水前取样测定发现，田面水 WTN 含量由 CK 的 1.58mg/L 到 3F∶7M 的 2.51mg/L(表 3.12)，下降顺序为：3F∶7M＞5F∶5M＞7F∶3M＞NPK＞NP＞PK＞NK＞CK。NH_4^+-N 含量由 CK 的 1.34mg/L 到 3F∶7M 的 2.28mg/L，NH_4^+-N 含量随有机肥施用量增加而增加。NO_3^--N 含量由 3F∶7M 的 0.10mg/L 到 NPK 的 0.32mg/L，NO_3^--N 含量随有机肥施用量增加而减少，可能有机肥为反硝化提供了电子。

表 3.12　南昌试验点晚稻后稻田水中氮含量　(单位：mg/L)

处理	地表水			地下水		
	NH_4^+-N	NO_3^--N	WTN	NH_4^+-N	NO_3^--N	WTN
CK	1.34a	0.17bc	1.58a	1.01a	0.11a	1.17a
PK	1.39a	0.29d	1.76ab	1.00a	0.10a	1.15a
NP	1.42a	0.31d	1.81ab	1.04a	0.14a	1.23a
NK	1.36a	0.21c	1.64a	1.03a	0.13a	1.21a
NPK	1.48a	0.32d	1.88b	1.02a	0.12a	1.19a
7F∶3M	1.81b	0.14ab	2.02bc	0.99a	0.09a	1.13a
5F∶5M	1.89b	0.12a	2.12c	1.07a	0.16a	1.29a
3F∶7M	2.28c	0.10a	2.51d	1.05a	0.15a	1.26a

注　WTN 表示水总氮(water total N)；同一列中字母相同表示差异不显著。

10 月晚稻收获后，100cm 深度地下水 WTN 约 1.10mg/L。处理间无显著差异。进一步证实氮没有下移。这与一些研究者结果一致(张静等，2008)。NH_4^+-N 含量约 1.00mg/L，处理间无显著差异。NO_3^--N 含量约 0.11mg/L。这些结果与 70～100cm 土壤 NH_4^+-N 和 NO_3^--N 含量趋势一致。水中氮没有下移。

10 月，田面水 WTN 含量与 0～5cm 和 5～20cm 土层 STN 相关系数分别为 0.703 和 0.669，呈显著正相关($p<0.05$)($r_{0.05,6}=0.707$)。田面水 NH_4^+-N 含量与 0～5cm 和 5～20cm 土层土壤 NH_4^+-N 相关系数分别为 0.681 和 0.500，呈显著正相关($p<0.05$)。由于反硝化作用，田面水 NO_3^--N 与耕层土壤 NO_3^--N 不相关($p>0.05$)。田面水 WTN、NH_4^+-N 含量与 0～5cm 和 5～20cm 土层土壤脲酶活性相关系数分别为 0.762、0.725 和 0.751、0.713，显著正相关($p<0.05$)，说明土壤脲酶活性对稻田氮流失潜能起着重要作用(李华等，2006；解开治等，2010)。田面水 NO_3^--N 与耕层土壤脲酶活性不相关($p>0.05$)。

100cm 深地下水 WTN、NH_4^+-N 和 NO_3^--N 与 70～100cm 土层 STN、NH_4^+-N 和 NO_3^--N 相关系数分别为 0.688、0.685 和 0.641，显著正相关($p<0.05$)。地下水 WTN、NH_4^+-N 和 NO_3^--N 含量与 70～100cm 土层土壤脲酶活性相关系数分别为 0.771、0.709 和 0.707，显著正相关($p<0.05$)。

田面水 WTN、NH_4^+-N 和 NO_3^--N 与 100cm 深地下水 WTN、NH_4^+-N 和 NO_3^--N 不显著相关($p>0.05$)，更表明稻田氮没有下移。由于犁底层阻隔，不存在等淋溶可能。

3.8.2 南昌点稻田水中磷流失潜能

长期施肥影响田面水 WTP，磷肥尤其是配施有机肥显著提高了田面水 WTP。但对 100cm 深度地下水无影响。

10 月排水前取样测定发现，田面水 WTP 含量从 CK 和 NK 的＜0.01 到 3F∶7M 的 0.35mg/L(图 3.28)。大小下降顺序为：3F∶7M＞5F∶5M＞7F∶3M＞NP＞PK＞NPK＞NK＞CK。施用磷肥处理的田面水 WTP 高于 0.02mg/L，而在无磷处理(NK 和 CK)为痕量(＜0.01mg/L)。所以，施磷尤其是配施有机肥增加了磷流失风险，而且田面水 WTP 随有机肥用量增加而增加。

10 月晚稻收获后 100cm 深度地下水 WTP 约 0.01mg/L(图 3.28)，处理间无显著差异，进一步证实磷没有下移，这与前人研究结果一致(张静等，2008)。

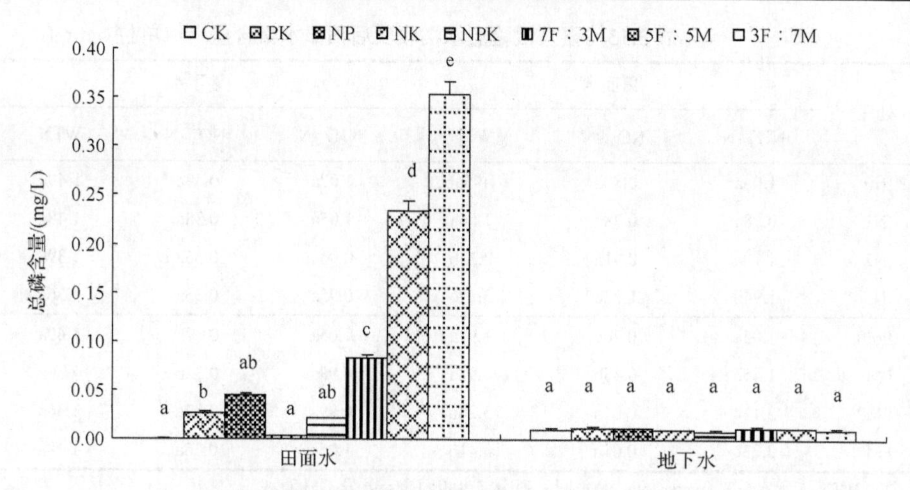

图 3.28 南昌试验点晚稻后稻田水中总磷含量(10 月)

10 月，0～5cm 土层对照土壤 Olsen-P 为 5.36mg/L 及 NK 5.22mg/L。70～100cm 土层土壤 Olsen-P 平均为 5.34mg/L。但是，对照和 NK 处理的田面水 WTP 为痕量，而 100cm 深度地下水 WTP 约 0.01mg/L。这是由于田面水磷被水稻、藻类、微生物及其他生物所吸收，而地下水磷则没有。

对所有有关数据分析表明，田面水 WTP 与 0～5cm 和 5～20cm 土层 WTP 相关系数分别为 0.779 和 0.764，呈显著正相关($p<0.05$)($r_{0.05,6}$=0.707)。田面水 WTP 与 0～5cm 和 5～20cm 土层土壤 Olsen-P 相关系数分别为 0.843 和 0.711，呈显著正相关($p<0.05$)。田面水 WTP 与 0～5cm 和 5～20cm 土层土壤磷酸酶活性相关系数分别为 0.727 和 0.715，呈显著正相关($p<0.05$)，说明土壤磷酸酶活性在稻田磷流失潜能起着一定作用。

100cm 地下水 WTP 与 70～100cm 土层 STP、Olsen-P 和土壤磷酸酶活性相关系数分别为 0.733、0.728 和 0.716，呈显著正相关($p>0.05$)。

田面水 WTP 与地下水 WTP 相关系数为–0.471，呈不显著负相关($p>0.05$)，这同样说明磷肥不产生淋溶可能。

3.8.3 嘉兴点稻田水中氮流失潜能

施用氮肥影响田面水 WTN，但对 100cm 深度地下水无影响。

11 月排水前取样测定发现，尿素处理组田面水 WTN 含量由 N1 的 1.86mg/L 到 N3 的 3.29mg/L(表 3.13)。NH_4^+-N 含量由 N1 的 0.98mg/L 到 N3 的 1.94mg/L。NO_3^--N 含量由 N1 的 0.78mg/L 到 N3 的 1.22mg/L。

表 3.13　嘉兴试验点水稻收获后稻田水氮含量　（单位：mg/L）

处理	田面水			地下水		
	NH_4^+-N	NO_3^--N	WTN	NH_4^+-N	NO_3^--N	WTN
N0	1.06a	0.80a	1.95ab	1.07a	0.39a	1.49a
N1	0.98a	0.78a	1.86a	1.05a	0.38a	1.48a
N2	1.19a	0.91a	2.23b	0.96a	0.36a	1.39a
N3	1.94b	1.22b	3.29c	0.95a	0.35a	1.36a
PM0	1.05a	0.76c	1.91a	1.06a	0.37b	1.49a
PM1	1.45b	0.45b	1.98a	0.98a	0.32b	1.36a
PM2	3.11c	0.01a	3.28b	0.99a	0.32a	1.36a
PM3	3.23c	0.01a	3.41b	1.05a	0.36a	1.48a

注：WTN 表示水总氮（water total N）；同一列中字母相同表示差异不显著。

猪粪处理组田面水 WTN 含量由 PM0 的 1.91mg/L 到 PM3 的 3.41mg/L（表 3.13）。NH_4^+-N 含量由 PM0 的 1.05mg/L 到 PM3 的 3.23mg/L。NH_4^+-N 含量随有机肥施用量增加。NO_3^--N 含量由 PM2 和 PM3 的 0.01mg/L 到 PM0 的 0.76mg/L。NO_3^--N 含量随猪粪施用量增多而减少，可能猪粪为反硝化提供了电子。

11 月晚稻收获后，100cm 深度地下水 WTN 约 1.50mg/L，处理间无显著差异，进一步证实氮没有下移，这与张静等（2008）的结果一致。NH_4^+-N 含量约 1.40mg/L，处理间无显著差异，NO_3^--N 含量约 0.40mg/L。这些结果与 75～100cm 土壤 NH_4^+-N 和 NO_3^--N 含量趋势一致。水中氮没有下移。

11 月，田面水 WTN 含量与 0～5cm 和 5～15cm 土层 STN 相关系数分别为 0.818 和 0.757，呈显著正相关（$p<0.05$）（$r_{0.05,\ 6}$=0.707）。田面水 NH_4^+-N 含量与 0～5cm 和 5～15cm 土层土壤 NH_4^+-N 相关系数分别为 0.775 和 0.716，呈显著正相关（$p<0.05$）。由于反硝化作用，田面水 NO_3^--N 与耕层土壤 NO_3^--N 不相关（$p>0.05$）。田面水 WTN、NH_4^+-N 含量与 0～5cm 和 5～15cm 土层土壤脲酶活性相关系数分别为 0.758、0.713 和 0.745、0.709，呈显著正相关（$p<0.05$），说明土壤脲酶活性对稻田氮流失潜能起着重要作用（李华等，2006；解开治等，2010）。田面水 NO_3^--N 与耕层土壤脲酶活性不相关（$p>0.05$）。

100 cm 深地下水 WTN、NH_4^+-N 和 NO_3^--N 与 75～100cm 土层 STN、NH_4^+-N 和 NO_3^--N 相关系数分别为 0.682、0.678 和 0.639，呈显著正相关（$p<0.05$）。地下水 WTN、NH_4^+-N 和 NO_3^--N 含量与 70～100cm 土层土壤脲酶活性相关系数分别为 0.756、0.710 和 0.708，呈显著正相关（$p<0.05$）。

田面水 WTN、NH_4^+-N 和 NO_3^--N 与 100cm 深地下水 WTN、NH_4^+-N 和 NO_3^--N 不显著相关($p>0.05$)，表明稻田氮没有下移。由于犁底层阻隔，不存在等淋溶可能。

3.8.4　嘉兴点稻田水中磷流失潜能

磷肥显著提高了田面水 WTP，对地下水 WTP 没有影响。说明施用磷肥增加了磷径流流失风险，但没有产生磷淋溶风险。这与土壤 Olsen-P 结果一致。

11 月排水前取样测定发现，过磷酸钙处理组田面水 WTP 含量由 P0 的<0.01 mg/L 至 P3 的 0.05mg/L(图 3.29)。田面水 WTP 含量(mg/L)(y)与施磷量(kg P_2O_5/hm^2)(x)回归方程为 y=0.0006x–0.004(R^2=0.925)。

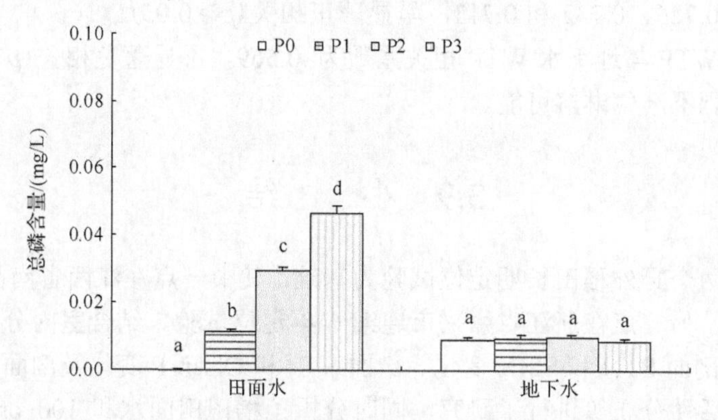

图 3.29　嘉兴试验点过磷酸钙处理下水稻收获后稻田水总磷含量(11 月)

猪粪处理组田面水 WTP 含量由 PM0 的<0.01mg/L 至 PM3 的 0.10mg/L(图 3.30)。田面水 WTP 含量(mg/L)(y)与猪粪用量(Mg/hm^2)(x)回归方程为 y=0.0005x–0.001(R^2=0.934)。施用磷肥显著提高了田面水 WTP，未施磷处理田面水 WTP 则没有。

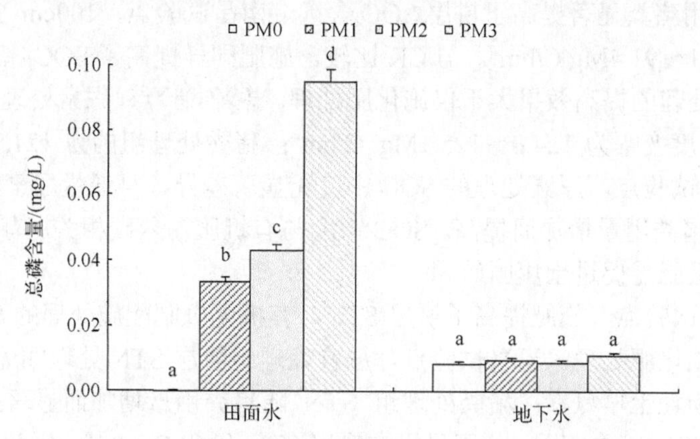

图 3.30　嘉兴试验点猪粪处理下水稻收获后稻田水总磷(11 月)

11 月晚稻收获后，100cm 深度地下水 WTP 约 0.01mg/L(图 3.29 和图 3.30)。处理间无显著差异。进一步证实由于犁底层阻隔，磷没有下移。这与一些研究者的结果一致(张静等，2008)。

对所有有关数据分析表明，田面水 WTP 与 0～5cm 和 5～15cm 土层 WTP 相关系数分别为 0.768 和 0.759，呈显著正相关(p<0.05)($r_{0.05,6}$=0.707)。田面水 WTP 与 0～5cm 和 5～15cm 土层土壤 Olsen-P 相关系数分别为 0.858 和 0.736，呈显著正相关(p<0.05)。田面水 WTP 与 0～5cm 和 5～15cm 土层土壤磷酸酶活性相关系数分别为 0.719 和 0.708，呈显著正相关(p<0.05)，说明土壤磷酸酶活性对稻田磷流失潜能起着一定作用。

100cm 地下水 WTP 与 75～100cm 土层 STP、Olsen-P 和土壤磷酸酶活性相关系数分别为 0.726、0.732 和 0.713，呈显著正相关(p>0.05)。

田面水 WTP 与地下水 WTP 相关系数为–0.569，不显著负相关(p>0.05)，这同样说明磷肥不产生淋溶可能。

3.9 小 结

本书以两个野外稻田长期定位试验为基础，其中一点在江西省南昌市连续 27 年定位试验，另一点在浙江省嘉兴市连续 6 年定位试验。结合室内分析，对稻田 SOC 固定、剖面 STN 和 SMN 变化、剖面 STP 和 Olsen-P 变化及剖面土壤脲酶和中性磷酸酶活性分布等进行了研究，同时分析了稻田田面水和 100 cm 深地下水氮磷含量，探讨了稻田氮磷径流流失和淋溶流失潜能，以期为稻田湿地生态系统合理施肥和保护环境提供科学的理论依据。研究结果如下。

(1)南昌点连续 27 年试验后结果表明，施肥提高了耕层 SOC 含量。嘉兴点连续 6 年试验后结果表明，施用尿素影响耕层 SOC 含量，但不显著，低剂量尿素损耗 SOC；施用猪粪显著提高了耕层 SOC 含量。南昌试验点，100cm 土体 SOC 密度变幅为 73.1～91.4Mg C/hm^2。与 CK 比较，施肥同样提高了 SOC 密度，且有机无机肥配施处理的提高效果大于仅施化肥处理。嘉兴试验点，尿素处理组的 100cm 土体 SOC 密度变幅为 124.0～125.1Mg C/hm^2；猪粪处理组的为 121.7～133.0Mg C/hm^2。嘉兴试验点，尿素处理的 SOC 密度无显著差异，且低量尿素消耗 SOC；SOC 密度随猪粪用量增加而提高。SOC 密度与有机肥输入碳相关。有机无机肥配施和施用有机肥能促进土壤固碳。

(2)南昌试验点，施肥提高了耕层 STN，有机无机肥配施处理的 STN 显著高于对照和仅施化肥处理。嘉兴试验点，尿素处理组耕层 STN 处理间无显著差异，低剂量尿素损耗土壤氮素；猪粪处理组 STN 随猪粪用量增加而显著提高。SMN 变化趋势与 STN 基本相同。施肥只影响耕层 STN 和 SMN 含量，对耕层以下没有影响。STN、SMN、NH_4^+-N 及 NO_3^--N 之间极显著正相关。施用有机肥和有机无机肥配施，能保持耕层土壤氮。

(3)南昌试验点，NK 比 CK 处理的耕层 STP 和 Olsen-P 耗竭更甚，有机无机肥配施比仅施用无机磷肥显著提高了耕层 STP 和 Olsen-P。嘉兴试验点，耕层 STP 和 Olsen-P 随磷肥用量增加而增加。施用磷肥只提高了耕层 STP 和 Olsen-P，对耕层以下没有影响。

(4)施肥只影响耕层土壤脲酶和中性磷酸酶活性，对耕层以下没有影响。土壤脲酶和中性磷酸酶活性随深度增加而降低。土壤脲酶活性与 STN、SMN、NH_4^+-N 及 NO_3^--N 之间显著正相关，土壤中性磷酸酶活性与 STP、Olsen-P 显著正相关。南昌试验点，有机无机肥配施提高土壤脲酶和中性磷酸酶活性效果优于仅施化肥，PK 处理土壤中性磷酸酶活性低于对照。嘉兴试验点，尿素提高了耕层土壤脲酶活性，但尿素过量会抑制其活性；过磷酸钙降低了耕层土壤中性磷酸酶活性；猪粪提高了土壤脲酶和中性磷酸酶活性。施用有机肥和有机无机肥配施提高了耕层土壤脲酶和中性磷酸酶活性。

(5)施肥只影响田面水氮磷含量，对 100cm 地下水氮磷含量没有影响。田面水氮磷含量与地下水氮磷含量不显著正相关，说明稻田氮磷没有淋溶可能。稻田水氮磷含量与相应土层土壤氮磷、土壤脲酶活性、中性磷酸酶活性之间显著正相关。土壤脲酶和中性磷酸酶活性在稻田氮磷流失潜能起着一定作用。南昌试验点，施肥提高了田面水氮磷含量，有机无机肥配施处理的田面水氮磷含量显著高于对照和仅施化肥处理，但田面水 NO_3^--N 含量随有机肥施用量增加而减少。嘉兴试验点，尿素提高了田面水氮含量，低剂量尿素降低了田面水氮含量；猪粪提高了田面水氮含量，并随猪粪用量增加而显著提高，但田面水 NO_3^--N 含量随有机肥施用量增加而减少。嘉兴试验点，过磷酸钙和猪粪都能显著提高田面水磷含量。

(6)稻田中作物、微生物和土壤具有吸收、转化和吸附养分的作用，可处理消纳有机肥。稻田有田埂围栏，产生的只是机会径流，控制得当可做到零径流甚至负径流，将不会产生氮磷流失。长期耕作后稻田形成紧密犁底层，阻止水分、养分等下移，将不会导致氮磷淋失。稻田湿地生态系统在正确管理措施下，如恰当施肥和零排水，可以消纳有机肥以替代化肥。

参 考 文 献

曹志洪. 2003a. 施肥与水体环境质量——论施肥对环境的影响. 土壤, 35: 353-362.

曹志洪. 2003b. 施肥与土壤健康质量——论施肥对环境的影响. 土壤, 35(6): 450-455.

曹志洪. 2008. 中国史前灌溉稻田和古水稻土研究进展.土壤学报, 45(5): 784-791.

曹志洪, 朱永官, 廖海秋, 等. 1995. 苏南稻麦两熟制下土壤养分平衡与培肥的长期试验.土壤, 27(2): 60-63, 93.

曹志洪, 林先贵, 杨林章, 等. 2005a. 论"稻田圈"在保护城乡生态环境中的功能Ⅰ. 稻田土壤磷素径流迁移流失的特征. 土壤学报, 42(5):799-804.

曹志洪, 林先贵, 杨林章, 等. 2005b. 论"稻田圈"在保护城乡生态环境中的功能Ⅱ. 稻田土壤氮素养分的累积、迁移及其生态环境意义. 土壤学报, 43(2):256-260.

陈安磊, 王凯荣, 谢小立, 等. 2007. 不同施肥模式下稻田土壤微生物生物量磷对土壤有机碳和磷素变化的响应.应用生态学报, 19(12):2733-2738.

陈恩凤. 1979. 土壤酶与土壤肥力研究. 北京: 科学出版社: 54-61.

陈庆强, 沈承德, 孙彦敏, 等. 2005. 鼎湖山土壤有机质深度分布的剖面演化机制. 土壤学报, 42(1):1-8.

陈欣, 张庆忠, 鲁彩艳, 等. 2004. 东北一季作农田秋末土壤中无机氮的累积.应用生态学报, 15(10):1887-1890.

陈义, 王胜佳, 吴春艳, 等. 2004. 稻田土壤有机碳平衡及其数学模拟研究. 浙江农业学报, 16(1):1-6.

陈义, 吴春艳, 水建国, 等. 2005. 长期施用有机肥对水稻土 CO_2 释放与固定的影响. 中国农业科学, 38(12):2468-2473.

陈子明, 袁锋明, 姚造华, 等. 1995. 氮肥施用对土体中氮素移动利用及其对产量的影响. 中国土壤与肥料, (4):36-42.

程先富, 史学正, 于东升, 等. 2007. 江西兴国县农田土壤固碳潜力 20a 变化研究. 应用与环境生物学报, 13(1):37-40.

单艳红, 杨林章, 沈明星, 等. 2005. 长期不同施肥处理水稻土磷素在剖面的分布与移动.土壤学报, 42(6):970-976.

范明生, 刘学军, 江荣风, 等. 2004. 覆盖旱作方式和施氮水平对稻-麦轮作体系生产力和氮素利用的影响.生态学报, 24(11):2591-2596.

范业成, 陶其骧, 叶厚专, 等. 1991. 有机无机肥配施改土增产效果定位研究. 江西农业学报, 3(2):l04-11l.

范业成, 陶其骧, 叶厚专. 1996. 稻田肥料效应和肥力监测阶段性研究报告.江西农业学报, 8(2):114-122.

龚子同. 1985. 土壤地球化学进展和应用. 北京: 科学出版社.

关松荫. 1986. 土壤酶及其研究法.北京: 农业出版社.

关松荫. 1989. 土壤酶活性影响因子的研究: I.有机肥料对土壤中酶活性及氮磷转化的影响.土壤学报, 26(1):72-78.

国家环境保护总局. 2002. 水和废水监测分析方法. (第四版). 北京: 中国环境科学出版社.

何念祖, 倪吾钟. 1996. 不同肥料管理对三熟制高产稻田土壤有机碳消长与平衡的影响. 植物营养与肥料学报, 2(4):315-321.

黄卉, 王波, 朱利, 等. 2009. 稻田处理养殖场粪便的氮磷动态效应与污染风险研究. 农业环境科学学报, 28(4): 736-743.

黄明蔚, 刘敏, 陆敏, 等. 2007. 稻麦轮作农田系统中氮素渗漏流失的研究.环境科学学报, 27(4):629-636.

黄庆海, 李茶苟, 赖涛, 等. 2000. 长期施肥对红壤性水稻土磷素积与形态分异的影响.土壤与环境, 9(4):290-293.

姜波, 林咸永, 章永松. 2008. 杭州市郊典型菜园土壤磷素状况及磷素淋失.浙江大学学报(农业与生命科学版), 34(2):207-213.

焦少俊, 胡夏民, 潘根兴, 等. 2007. 施肥对太湖地区青紫泥水稻土稻季农田氮磷流失的影响.生态学杂志, 26(4):495-500.

解开治, 徐培智, 陈建生, 等. 2010. 施用缓控释配方肥对水稻田面水氮浓度动态变化及土壤脲酶活性的影响研究. 广东农业科学, 9:23-26.

李东坡, 武志杰, 陈利军, 等. 2004. 长期不同培肥黑土磷酸酶活性动态变化及其影响因素. 植物营养与肥料学报, 10(5):550-553.

李粉茹, 于群英, 邹长明. 2009. 设施菜地土壤 pH 值、酶活性和氮磷养分含量的变化.农业工程学报, 25(1):217-222.

李贵宝, 周怀东, 尹澄清. 2000. 我国"三湖"的水环境问题和防治对策与管理 [EB / OL]. http: // www. Chinawater. net. Cn / CWSnews / newshtm / y011114-1. htm.

李华, 陈英旭, 梁新强, 等. 2006. 土壤脲酶活性对稻田田面水氮素转化的影响.水土保持学报, 20(1):55-58.

李恋卿, 潘根兴, 龚伟, 等. 2000. 太湖地区几种水稻土的有机碳储存及其分布特性. 科技通报, 16(6):421-426.

李良勇, 余卓越, 邹喜明, 等. 2006. 不同施肥土壤中无机氮的垂直分布及烤烟对氮素的利用. 湖北农业科学, 45(5):584-586.

李庆逵. 1992. 中国水稻土. 北京: 科学出版社, 11-16.

李松, 杨靖民, 刘晓坤, 等. 2009. 桔梗吸肥规律的研究. 吉林农业大学学报, 31(1): 62-64.

李卫正, 王改萍, 张焕朝, 等. 2007. 两种水稻土磷素渗漏流失及其与 Olsen 磷的关系. 南京林业大学学报(自然科学版), 31(3):52-56.

李新爱, 童成立, 蒋平, 等. 2006. 长期不同施肥对稻田土壤有机质和全氮的影响. 土壤, 38(3):298-303.

李志宏, 刘宏斌, 张树兰, 等. 2001. 小麦-玉米轮作下土壤-作物系统对氮肥的缓冲能力. 中国农业科学, 34(6):637-643.

李忠佩, 吴大付. 2006. 红壤水稻土有机碳库的平衡值确定及固碳潜力分析.土壤学报, 43(1):46-52.

李祖章, 刘光荣, 刘益仁, 等. 2006. 长期施肥丘岗地红壤性水稻土肥力演变规律//徐明岗, 梁国庆, 张夫道. 中国土壤肥力演变. 北京: 中国农业科技出版社: 67-78.

梁涛, 张秀梅, 章申, 等. 2002. 西苕溪流域不同土地类型下氮元素输移过程. 地理学报, 57(4):389-396.

梁涛, 王浩, 章申, 等. 2003. 西苕溪流域不同土地类型下磷素随暴雨径流的迁移特征.环境科学, 24(2): 35-40.

梁新强, 田光明, 李华, 等. 2005. 天然降雨条件下水稻田氮磷径流流失特征研究.水土保持学报, 19(1): 59-63.

林天, 何园球, 李成亮, 等. 2005. 红壤旱地中土壤酶对长期施肥的响应. 土壤学报, 42(4):682-686.

凌启鸿. 2004. 论水稻生产在中国南方经济发达地区可持续发展中的不可替代作用.科技导报, 3:42-45.

刘畅, 唐国勇, 童成立, 等. 2008. 不同施肥措施下亚热带稻田土壤碳、氮演变特征及其耦合关系. 应用生态学报, 19(7):1489-1493.

刘经荣, 张德远, 周卫, 等. 1994. 不同肥料结构对稻田水流中养分平衡的影响. 江西农业大学学报, 16(4):328-331.

刘勤, 张斌, 谢育平, 等. 2008. 施用鸡粪稻田土壤氮磷养分淋洗特征研究. 中国生态农业学报, 16(11):91-95.

刘守龙, 童成立, 张文菊, 等. 2006. 湖南省稻田表层土壤固碳潜力模拟研究. 自然资源学报, 21(1):118-125.

鲁如坤. 1999. 土壤农业化学分析方法. 北京: 中国农业科技出版社.

鲁如坤. 2003. 土壤磷素水平和水体环境保护. 磷肥与复肥, 18(1):4-8.

罗良国, 闻大中, 沈善敏. 2000. 北方稻田生态系统养分渗漏规律研究.中国农业科学, 33(2):68-74.

马立珊, 汪祖强. 1997. 苏南太湖水系农业面源污染及其控制对策研究. 环境科学学报, 17(1):39-47.

孟娜, 廖文华, 贾可, 等. 2006. 磷肥、有机肥对土壤有机磷及磷酸酶活性的影响. 河北农业大学学报, 29(4):7-59.

潘根兴, 曹建华, 周运超. 2000. 土壤碳及其在地球表层生态系统碳循环中的意义. 第四纪研究, 20(4):325-334.

潘根兴, 李恋卿, 张旭辉, 等. 2006a. 中国土壤有机碳库量与农业土壤碳固定动态的若干问题.地球科学进展, 18(4):609-618.

潘根兴, 周萍, 张旭辉, 等. 2006b. 不同施肥对水稻土作物碳同化与土壤碳固定的影响——以太湖地区黄泥土肥料长期试验为例. 生态学报, 26(11):3704-3710.

潘根兴. 2008. 全球土壤变化暨生态系统长期试验国际研讨会侧记. 地球科学进展, 23(2):219-220.

潘圣刚, 黄胜奇, 曹凑贵, 等. 2010. 氮肥运筹对稻田田面水氮素动态变化及氮素吸收利用效率影响.农业环境科学学报, 29(5):1000-1005.

彭娜, 王开峰. 2009. 长期有机无机肥配施对稻田土壤养分的影响. 湖北农业科学, 48(2):310-313.
乔艳, 李双来, 胡诚, 等. 2007. 长期施肥对黄棕壤性水稻土有机质及全氮的影响.湖北农业科学, 46(5):730-731.
邱卫国, 唐浩, 王超. 2005. 上海郊区水稻田氮素渗漏流失特性及控制对策. 中国环境科学, 25(5):558-562.
曲均峰, 李菊梅, 戴建军, 等. 2008. 长期单施NK肥条件下几种典型土壤磷的演化. 生态环境, 17(5):2068-2073.
全国土壤普查办公室. 1998. 中国土壤. 北京: 中国农业出版社: 1023-1045.
邵宗臣, 赵美芝. 2002. 土壤中积累态磷活化动力学研究: I 有机质的影响. 土壤学报, 39(3):318-325.
沈善敏. 1998. 中国土壤肥力. 北京: 中国农业出版社: 452-484.
孙瑞莲, 赵秉强, 朱鲁生, 等. 2003. 长期定位施肥对土壤酶活性的影响及其调控土壤肥力的作用. 植物营养与肥料学报, 9(4):406-410.
孙瑞莲, 赵秉强, 朱鲁生, 等. 2008. 长期定位施肥田土壤酶活性的动态变化特征.生态环境, 17(5):2059-2063.
孙文娟, 黄耀, 张稳, 等. 2008. 农田土壤固碳潜力研究的关键科学问题. 地球科学进展, 23(9):996-1004.
唐国勇, 苏以荣, 肖和艾, 等. 2007. 湘北红壤丘岗稻田土壤有机碳、养分及微生物生物量空间变异.植物营养与肥料学报, 13(1):15-21.
唐晓红, 吕家恪, 魏朝富, 等. 2009. 区域稻田土壤碳储量的空间分布特征.中国农学通报, 25(14):173-177.
唐艳, 杨林林, 叶家颖. 1999. 银杏园土壤酶活性与土壤肥力的关系研究. 广西植物, 19(3):277-281.
唐玉姝, 慈恩, 颜延梅, 等. 2008. 长期定位施肥对太湖地区稻麦轮作土壤酶活性的影响.土壤, 40(5):732-737.
唐玉霞, 孟春香, 贾树龙, 等. 2004. 不同碳源物质对土壤无机氮生物固定的影响. 河北农业科学, 8(1):6-9.
通乐嘎, 李成芳, 杨金花, 等. 2010. 免耕稻田田面水磷素动态及其淋溶损失.农业环境科学学报, 29(3):527-533.
王成秋, 王树良, 杨剑虹, 等. 1999. 紫色土柑橘园土壤酶活性及其影响因素研究. 中国南方果树, 28(5):7-10.
王立刚, 邱建军, 马永良, 等. 2004. 应用 DNDC 模型分析施肥与翻耕方式对土壤有机碳含量的长期影响. 中国农业大学学报, 9(6):15-19.
王绍强, 周成虎. 1999. 中国陆地土壤有机碳库的估算. 地理研究, l8(4): 349-356.
王绪奎, 张林钱, 芮雯奕, 等. 2007. 近20年江苏省环太湖稻田土壤碳氮及速效磷钾含量的动态特征.江苏农业科学, 6:287-292.
王永和, 曹翠玉, 史瑞和, 等. 1993.石灰性土壤有机-无机肥配施对土壤供磷的影响. 南京农业大学学报, 16(4): 36-42.
吴建富, 王海辉, 刘经荣, 等. 2001a. 长期施用不同肥料稻田土壤养分的剖面分布特征.江西农业大学学报, 23(1):54-56.
吴建富, 张美良, 刘经荣, 等. 2001b. 不同肥料结构对红壤稻田氮素迁移的影响. 植物营养与肥料学报. 7(4):368-373.
吴乐知, 蔡祖聪. 2007. 基于长期试验资料对中国农田表土有机碳含量变化的估算. 生态环境, l6(6):1768-1774.
吴晓晨, 李忠佩, 张桃林. 2008. 长期不同施肥措施对红壤水稻土有机碳和养分含量的影响. 生态环境, 17(5):2019-2023.
谢坚, 郑圣先, 廖育林, 等. 2009. 缺磷型稻田土壤施磷增产效应及土壤磷素肥力状况的研究.中国农学通报, 25(3):147-154.
谢林花, 吕家珑, 张一平, 等. 2004. 长期施肥对石灰性土壤磷素肥力的影响I. 有机质、全磷和速效磷.应用生态学报, 15(5):787-789.
熊俊芬, 石孝均, 毛知耘. 2000. 长期定位施肥对紫色土磷素的影响.云南农业大学学报, 15(2):99-101.
徐明岗, 梁国庆, 张夫道. 2006. 中国土壤肥力演变. 北京: 中国农业科技出版社.
许信旺, 潘根兴, 侯鹏程. 2005. 不同土地利用对表层土壤有机碳密度的影响. 水土保持学报, 19(6):193-196.

薛冬, 姚槐应, 何振立, 等. 2005. 红壤酶活性与肥力的关系. 应用生态学报, 14(2):179-183.

颜慧, 钟文辉, 李忠佩, 等. 2008. 长期施肥对红壤水稻土磷脂脂肪酸特性和酶活性的影响. 应用生态学报, 19(1):71-75.

颜明娟, 章明清, 陈子聪, 等. 2007. 菜园土壤无机氮解吸特性对硝态氮流失潜能的影响. 应用生态学报, 18(1):94-10.

杨邦俊, 向世群. 1990. 有机肥对紫色水稻土磷酸酶活性及其磷素转化作用的影响.土壤通报, 21(3):108-110.

杨朝辉, 韩晓日, 刘岱松, 等. 2007. 包膜复合肥料对盆栽大豆土壤酶活性的影响. 安徽农业科学, 35(18):5493-5495.

杨丽娟, 李天来, 付时丰, 等. 2005. 施用有机肥和化肥对菜田土壤酶动态特性的影响. 土壤通报, 36(2):223-226.

杨学云, 孙本华, 古巧珍, 等. 2007. 长期施肥磷素盈亏及其对土壤磷素状况的影响. 西北农业学报, 16(5):118-123.

尹云锋, 蔡祖聪. 2006. 不同施肥措施对潮土有机碳平衡及固碳潜力的影响. 土壤, 38(6):745-749.

于群英. 2001. 土壤磷酸酶活性及其影响因素研究. 安徽技术师范学院学报, 15(4):5-8.

袁玲, 杨邦俊, 郑兰君, 等. 1997. 长期施肥对土壤酶活性和氮磷养分的影响. 植物营养与肥料学报, 3(4):300-306.

张大弟, 章家骐, 汪稚谷. 1997. 上海市郊主要的非点源污染及防治对策. 上海环境科学, 16(3):1-3.

张风华, 贾可, 刘建玲, 等. 2008. 土壤磷的动态积累及土壤有效磷的产量效应. 华北农学报, 23(1):168-172.

张夫道. 1994. 有机和无机氮在土壤-水稻系统中平衡的研究 I.有机和无机氮在土壤-水稻系统中的动态和分布.土壤肥料, 4:10-13.

张刚, 王德建, 陈效民. 2008. 稻田化肥减量施用的环境效应.中国生态农业学报, 16(2):327-330.

张红爱, 张焕朝, 钟萍. 2008. 太湖地区典型水稻土稻-麦轮作地表径流中磷的变规律. 生态科学, 27(1):17-23.

张焕朝, 张红爱, 曹志洪. 2004. 太湖地区水稻土磷素径流流失及其 Olsen 磷的“突变点”. 南京林业大学学报, 28(5):6-10.

张慧敏, 章明奎. 2008. 稻田土壤磷淋失潜力与磷积累的关系. 生态与农村环境学报, 24 (1):59-62.

张静, 王德建, 王灿. 2008. 苏南平原稻田灌排水系统中氮磷平衡状况. 土壤学报, 45(4):657-662.

张琪, 李恋卿, 潘根兴, 等. 2004. 近 20 年来宜兴市域水稻土有机碳动态及其驱动因素. 第四纪研究, 24(2): 236-242.

张焱华, 吴敏, 何鹏, 等. 2007. 土壤酶活性与土壤肥力关系的研究进展.安徽农业科学, 35(34):11139-11142.

张永兰, 于群英. 2008. 长期施肥对潮菜地土壤磷素积累和无机磷组分含量的影响. 中国农学通报, 24(3):243-247.

张咏梅, 周国逸, 吴宁. 2004. 土壤酶学的研究进展. 热带亚热带植物学报, 12(1):83-90.

张志剑, 王珂, 朱荫湄, 等. 2000. 水稻田表水磷素的动态特征及其潜在环境效应的研究. 中国水稻科学, 14(1):55-57.

张志剑, 朱荫湄, 王珂, 等. 2001. 水稻田土-水系统中磷素行为及其环境影响研究. 应用生态学报, 12(2):229-232.

章永松, 林咸永, 倪吾钟. 1996. 有机肥对土壤磷吸附-解吸的直接影响.植物营养与肥料学报, 2(3):200-205.

赵俊晔, 于振文, 李延奇, 等. 2006. 施氮量对土壤无机氮分布和微生物量氮含量及小麦产量的影响. 植物营养与肥料学报, 12(4):466-472.

赵之重. 1998. 土壤酶与土壤肥力关系的研究.青海大学学报(自然科学版), 16(3):24-29.

周萍, 张旭辉, 潘根兴. 2006. 长期不同施肥对太湖地区黄泥土总有机碳及颗粒态有机态含量及深度分布的影响.植物营养与肥料学报, 12(6):765-771.

周全来, 赵牧秋, 鲁彩艳, 等. 2006. 施磷对稻田土壤及田面水磷浓度影响的模拟. 应用生态学报, 17(10):1845-1848.

周卫, 刘经荣, 张德远. 1990. 水稻土有机-无机肥料配合施用的效应(之四). 江西农业大学学报, 12(2):24-31.

周卫军, 王凯荣. 1997. 不同农业施肥制度对红壤稻田土壤磷肥力的影响.热带亚热带土壤科学, 6(4):231-234.

周卫军, 王凯荣, 郝金菊, 等. 2006. 红壤稻田生态系统有机物料循环对土壤有机碳转化的影响.生态学杂, 25(2):140-144.

朱兆良. 1998. 肥料与农业和环境.大自然探索, 17(4):25-28.

朱兆良. 2003. 合理使用化肥充分利用有机肥发展环境友好的施肥体系. 中国科学院院刊, 2:89-93.

朱兆良. 2008. 中国土壤氮素研究.土壤学报, 45(5):778-783.

Albrecht R, Le Petit J, Calvert V, et al. 2010. Changes in the level of alkaline and acid phosphatase activities during green wastes and sewage sludge co-composting. Bioresour. Technol, 101:228-233.

Amador J A, Glucksman A M, Lyons J B, et al. 1997. Spatial distribution of soil phosphatase activity within a riparian forest. Soil Sci, 162: 808-825.

American Public Health Association (APHA). 1995. Standard Methods for the Examination of Water and Wastewater. 19th Edition. EPS Group Inc., Washington, D.C.

Aon M A, Cabello M N, Sarena D E, et al. 2001. Spatio-temporal patterns of soil microbial and enzymatic activities in an agricultural soil. Appl Soil Ecol, 18:239-254.

Azeez J O, van Averbeke W. 2010. Fate of manure phosphorus in a weathered sandy clay loam soil amended with three animal manures. Bioresour Technol, 101: 6584-6588.

Batjes N H. 1996. Carbon and nitrogen in the soils of the world. Eur J Soil Sci, 47(2):151-163.

Batlle-Bayer L, Batjes N H, Bindraban P S. 2010. Changes in organic carbon stocks upon land use conversion in the Brazilian Cerrado: A review. Agr Ecosyst Environ, 137(1-2):47-58.

Bhattacharyya P, Chakrabarti K, Chakraborty A. 2005. Microbial biomass and enzyme activities in submerged rice soil amended with municipal solid waste compost and decomposed cow manure. Chemosphere, 60:310-318.

Bhattacharyya R, Prakash V, Kundu S， et al. 2010. Long term effects of fertilization on carbon and nitrogen sequestration and aggregate associated carbon and nitrogen in the Indian sub-Himalayas. Nutr Cycl Agroecosyst, 86:1-16.

Bi L D, Zhang B, Liu G R, et al. 2009. Long-term effects of organic amendments on the rice yields for double rice cropping systems in subtropical China. Agr Ecosyst Environ, 129(4):534-541.

Bolinder M A, Kätterer T, Andrén O, et al. 2010. Long-term soil organic carbon and nitrogen dynamics in forage-based crop rotations in Northern Sweden (63-64°N). Agr Ecosyst Environ, 138(3-4):335-342.

Buresh R J, de Datta S K. 1991. Nitrogen dynamics and management in rice-legume cropping systems. Adv Agron 45:1-59.

Cai Z C, Qin S W. 2006. Dynamics of crop yields and soil organic carbon in a long-term fertilization experiment in the Huang-Huai-Hai Plain of China. Geoderma, 136(3-4):708-715.

Cassman K G, Peng S, Olk D C, et al. 1998. Opportunities for increasing nitrogen-use efficiency from improved resource management in irrigated rice systems. Field Crop Res, 56(1-2):7-39.

Chabot J, Antoun H, Cescas M P. 1996. Growth promotion of maize and lettuce by phosphate-solubilising *Rhizobum leguminosarum* biovar. *phaseoli*. Plant Soil, 184:311-321.

Chen D J, Lu J, Wang HL, et al. 2010. Seasonal variations of nitrogen and phosphorus retention in an agricultural drainage river in East China. Environ Sci Pollut Res, 17(2):312-320.

Chen H J. 2003. Phosphatase activity and P fractions in soils of an 18-year-old Chinese fir (Cunninghamia lanceolata) plantation. Forest Ecol Manage, 178:301-310.

Chen L D, Peng H J, Fu B J, et al. 2005. Seasonal variation of nitrogen concentration in the surface water and its relationship with land use in a catchment of northern China. J Environ Sci, 17(2):224-231.

Chun J A, Cooke R A, Kang M S, et al. 2010. Runoff losses of suspended sediment, nitrogen, and phosphorus from a small watershed in Korea. J Environ Qual, 39:981-990.

Crecchio C, Curei M, Mininni R, et al. 2001. Short-term effects of municipal solid waste compost amendments on soil carbon and nitrogen content, some enzyme activities and generic diversity. Biol Fert Soils, 34:311-318.

Darilek J L, Huang B, Wang Z G, et al. 2009. Changes in soil fertility parameters and the environmental effects in a rapidly developing region of China. Agr Ecosyst Environ, 129:286-292.

de Datta S K. 1995. Nitrogen transformation in wetland rice ecosystems. Fert Res, 42:193-203.

Demira K, Sahinb O, Kadiogluc Y K, et al. 2010. Essential and non-essential element composition of tomato plants fertilized with poultry manure. Sci Hortic, 127:16-22.

Eghball B, Binford G D, Baltensperger D D. 1996. Phosphorus movement and adsorption in a soil receiving long-term manure and fertilizer application. J Environ Qual, 25:1339-1343.

Elrashidi M A, Alva A K, Huang Y F, et al. 2001. Accumulation and downward transport of phosphorus in florida soils and relationship to water quality. Commun Soil Sci Plant Anal, 32 (19/20):3099-3119.

Fang C M, Smith P, Moncrieff J B, et al. 2005. Similar response of labile and resistant soil organic matter pools to changes in temperature. Nature, 433: 57-59.

Feng H L, Kurkalova L A, Kling C L, et al. 2007. Transfers and environmental co-benefits of carbon sequestration in agricultural soils: retiring agricultural land in the Upper Mississippi river basin. Climatic Change, 80(1-2): 91-107.

Franzaring J, Holz I, Zipperle J, et al. 2010. Twenty years of biological monitoring of element concentrations in permanent forest and grassland plots in Baden-Württemberg (SW Germany). Environ Sci Pollut Res, 17(1):4-12.

Franzluebbers A J. 2002. Soil organic matter stratification ratio as an indicator of soil quality. Soil Till Res, 66(2):95-106.

Franzluebbers A J. 2005. Soil organic carbon sequestration and agricultural GHG emissions in the southeastern USA. Soil Till Res, 83:120-147.

Galloway J N, Townsend A R, Erisman J W, et al. 2008. Transformation of the nitrogen cycle: recent trends, questions, and potential solutions. Science, 320(5878):889-892.

Gami S K, Lauren J G, Duxbury J M. 2009. Soil organic carbon and nitrogen stocks in Nepal long-term soil fertility experiments. Soil Till Res, 106:95-103.

Garg S, Bahl G S. 2008. Phosphorus availability to maize as influenced by organic manures and fertilizer P associated phosphatase activity in soils. Bioresour Technol, 99:5773-5777.

Ge G F, Li Z J, Zhang J, et al. 2009. Geographical and climatic differences in long-term effect of organic and inorganic amendments on soil enzymatic activities and respiration in field experimental stations of China. Ecol Complex, 6:421-431.

George T, Ladha J K, Buresh R J, et al. 1992. Managing native and legume-fixed nitrogen in lowland rice-based cropping systems. Plant Soil, 141:69-91.

Gichangi E M, Mnkeni P N S, Brookes P C. 2009. Effects of goat manure and inorganic phosphate addition on soil inorganic and microbial biomass phosphorus fractions under laboratory incubation conditions. Soil Sci Plant Nutr, 55:764-771.

Goldstein A H, Baertlein D A S, McDaniel R G. 1988. Phosphatate starvation inducible metabolism in Lycopersicum esculentum. Part I. Excretion of acid phosphatase by tomato plants and suspension-cultured cells. Plant Physiol, 87:711-715.

Haefele S M, Wopereis M C S, Schloebohm A M, et al. 2004. H. Long-term fertility experiments for irrigated rice in the West African Sahel: effect on soil characteristics. Field Crop Res, 85:61-77.

Hao X H, Liu S L, Wu J S, et al. 2008. Effect of long-term application of inorganic fertilizer and organic amendments on soil organic matter and microbial biomass in three subtropical paddy soils. Nutr Cycl Agroecosyst, 81 (1):17-24.

Hao X Y, Chang C, Travis G R, et al. 2003. Soil carbon and nitrogen response to 25 annual cattle manure applications. J Plant Nutr Soil Sci, 166 (2):239-245.

Harrison A F. 1983. Relationship between intensity of phosphatase activity and physico-chemical properties in woodland soils. Soil Biol Biochem, 15: 93-99.

Hati K M, Swarup A, Mishra B, et al. 2008. Impact of long-term application of fertilizer, manure and lime under intensive cropping on physical properties and organic carbon content of an Alfisol. Geoderma, 148:173-179.

Heckrath G, Brookes P C, Poulton P R, et al. 1995. Phosphorus leaching from soils containing different phosphorus concentrations in the broadbalk experiment. J Environ Qual, 24: 904-910.

Hofma G. 1999. Nutrient management legislation in Eruopean countries. NUMALEC Report, Concerted Action, Fair 6-C98-4215.

Hua L, Wu W X, Liu Y X, et al. 2009. Reduction of nitrogen loss and Cu and Zn mobility during sludge composting with bamboo charcoal amendment. Environ Sci Pollut Res, 16 (1):1-9.

Huang C, Deng L J, Gao X S, et al. 2010. Effects of fungal residues return on soil enzymatic activities and fertility dynamics in a paddy soil under a rice-wheat rotation in Chengdu Plain. Soil Till Res, 108:16-23.

Jobbágy E G, Jackson R B. 2000. The vertical distribution of soil organic carbon and its relation to climate and vegetation. Ecol Appl, 10 (2):423-436.

Ju X T, Xing G X, Chen X P, et al. 2009. Reducing environmental risk by improving N management in intensive Chinese agricultural systems. PNAS, 106:3041-3046.

Kaiser D E, Mallarino A P, Sawyer J E. 2010. Utilization of poultry manure phosphorus for corn production. Soil Sci Soc Am J, 74:2211-2222.

Kavvadias V, Doulaa M K, Komnitsasb K, et al. 2010. Disposal of olive oil mill wastes in evaporation ponds: effects on soil properties. J Hazard Mater, 182:144-155.

Khan S A, Mulvaney R L, Ellsworth T R, et al. 2007. The myth of nitrogen fertilization for soil carbon sequestration. J Environ Qual, 36 (6):1821-1832.

Kiss S, Dragan-Bularda M, Radulescu D. 1975. Biological significance of enzymes accumulated in soil. Advan Agron, 27:25-87.

Knops J M H, Bradley K L. 2009. Soil Carbon and nitrogen accumulation and vertical distribution across a 74-Year chronosequence. Soil Sci Soc Am J, 73:2096-2104.

Ladha J K, Padre A T, Punzalan G C, et al. 1989. Effect of inorganic N and organic fertilizers on nitrogen-fixing (acetylene-reducing) activity associated with wetland rice plants//Skinner F A et al. N_2 fixation with non-legumes. Dordrecht: Kluwer, 23-35.

Lal R. 1999. World soils and greenhouse effect. IGBP Global Change Newsletter, 37:4-5.

Lal R. 2004. Soil carbon sequestration impacts on global climate change and food security. Science, 304:1623-1627.

Li J T, Zhang B. 2007. Paddy soil stability and mechanical properties as affected by long-term application of chemical fertilizer and animal manure in subtropical China. Pedosphere, 17:568-579.

Li S, Li H, Liang X Q, et al. 2009a. Rural wastewater irrigation and nitrogen removal by the paddy wetland system in the Tai Lake region of China. J Soils Sediments, 9:433-442.

Li S, Li H, Liang X Q, et al. 2009b. Phosphorus removal of rural wastewater by the paddy-rice-wetland system in Tai Lake Basin. J Hazard Mater, 171:301-308.

Li Z P, Liu M, Wu X C, et al. 2010. Effects of long-term chemical fertilization and organic amendments on dynamics of soil organic C and total N in paddy soil derived from barren land in subtropical China. Soil Till Res, 106:268-274.

Liang X Q, Chen Y X, Li H, et al. 2007. Nitrogen interception in floodwater of rice field in Taihu region of China. J Environ Sci, 19(12):1474-1481.

Liang X Q, Li H, He M M, et al. 2008. The ecologically optimum application of nitrogen in wheat season of rice-wheat cropping system. Agron J, 100(1): 67-72.

Lu P, Su Y R, Niu Z, et al. 2007. Geostatistical analysis and risk assessment on soil total nitrogen and total soil phosphorus in the Dongting Lake Plain Area, China. J Environ Qual, 36:935-942.

Luo Z K, Wang E L, Sun O J. 2010. Soil carbon change and its responses to agricultural practices in Australian agro-ecosystems: a review and synthesis. Geoderma, 155:211-223.

López-Bellido R J, Fontán J M, López-Bellido F J, et al. 2010. Carbon sequestration by tillage, rotation, and nitrogen fertilization in a Mediterranean Vertisol. Agron J, 102(1):310-318.

Maguire R O, Rubæk G H, Haggard B E, et al. 2009. Critical evaluation of the implementation of mitigation options for phosphorus from field to catchment Scales. J Environ Qual, 38:1989-1997.

Majumder B, Mandal B, Bandyopadhyay P K, et al. 2007. Soil organic carbon pools and productivity relationships for a 34 year old rice-wheat-jute agroecosystem under different fertilizer treatments. Plant Soil, 297(1):53-67.

Mallarino A P, Wittry D J. 2010. Crop yield and soil phosphorus as affected by liquid swine manure phosphorus application using variable-rate technology. Soil Sci Soc Am J, 74:2230-2238.

Manna M C, Swarup A, Wanjari R H, et al. 2006. Soil organic matter in a West Bengal Inceptisol after 30 years of multiple cropping and fertilization. Soil Sci Soc Am J, 70(1):121-129.

Marinari S, Masciandaro G, Ceccanti B, et al. 2000. Influence of organic and mineral fertilisers on soil biological and physical properties. Bioresour Technol, 72:9-17.

Martens D A, Johanson J B, Frankenbenger W T. 1992. Production and persistence of soil enzymes with repeated additions of organic residues. Soil Sci, 153:53-61.

Marx M C, Kandeler E, Wood M, et al. 2005. Exploring the enzymatic landscape: distribution and kinetics of hydrolytic enzymes in soil particle-size fractions. Soil Biol Biochem, 37:35-48.

McCallister D L, Bahadis M A, Blumerthal J M. 2002. Phosphorus partitioning and phosphatase activity in semi-arid region soils under increasing crop growth intensity. Soil Sci, 167:616-623.

McLauchlan K. 2006. The nature and longevity of agricultural impacts on soil carbon and nutrients: a review. Ecosystems, 9:1364-1382.

Mulvaney R L, Khan S A, Ellsworth T R. 2009. Synthetic nitrogen fertilizers deplete soil nitrogen: A global dilemma for sustainable cereal production. J Environ Qual, 38:2295-2314.

Murphy J, Riley J P. 1962. A modified single solution method for the determination of phosphate in natural waters. Anal Chim Acta, 27:31-36.

Nayak D R, Babu Y J, Adhya T K. 2007. Long-term application of compost influences microbial biomass and enzyme activities in a tropical Aeric Endoaquept planted to rice under flooded condition. Soil Biol Biochem, 39(8):1897-1906.

Nayak P, Patel D, Ramakrishnan B, et al. 2009. Long-term application effects of chemical fertilizer and compost on soil carbon under intensive rice-rice cultivation. Nutr Cycl Agroecosyst, 83(3):259-269.

Novak J M, Watts D W, Hunt P G, et al. 2000. Phosphorus movement through a Coastal Plain soil after a decade of intensive swine manure application. J Environ Qual, 29: 1310-1315.

Oberson A, Besson J M, Maire N, et al. 1996. Microbiological processes in soil organic phosphorus transformations in conventional and biological cropping systems. Biol Fertil Soils, 21:138-148.

Pan G X, Li L Q, Zhang X H, et al. 2004. Storage and sequestration potential of topsoil organic carbon in China's paddy soils. Glob Change Biol, 10:79-92.

Pan G X, Wu L S, Li L Q, et al. 2008. Organic carbon stratification and size distribution of three typical paddy soils from Taihu Lake region, China. J Environ Sci, 20:463-465.

Pan G X, Zhou P, Li Z P, et al. 2009. Combined inorganic/organic fertilization enhances N efficiency and increases rice productivity through organic carbon accumulation in a rice paddy from the Tai Lake region, China. Agr Ecosyst Environ, 131: 274-280.

Pan G X, Xu X W, Smith P, et al. 2010. An increase in topsoil SOC stock of China's croplands between 1985 and 2006 revealed by soil monitoring. Agr Ecosyst Environ, 136:133-138.

Panagopoulos I, Mimikou M, Kapetanaki M. 2007. Estimation of nitrogen and phosphorus losses to surface water and groundwaterthrough the implementation of the SWAT model for Norwegian soils. J Soils Sediments, 7:223-231.

Plaza C, Hernández D, García-Gil J C, et al. 2004. Microbial activity in pig slurry-amended soil under semiarid conditions. Soil Biol Biochem, 36:1577-1585.

Poudel D D, Horwath W R, Lanini W T, et al. 2002. Comparison of soil N availability and leaching potential, crop yields and weeds in organic, low-input and conventional farming systems in northern California. Agr Ecosyst Environ, 90:125-137.

Powlson D S, Jenkinson D S, Johnston A E, et al. 2010. Comments on "Synthetic nitrogen fertilizers deplete soil nitrogen: a global dilemma for sustainable cereal production, " by Mulvaney R L, Khan S A, Ellsworth T R in the *Journal of Environmental Quality* (2009) 38:2295-2314. J Environ Qual, 39:749-752.

Qiu S J, Ju X T, Ingwersen J, et al. 2010. Changes in soil carbon and nitrogen pools after shifting from conventional cereal to greenhouse vegetable production. Soil Till Res, 107:80-87.

Ramaekers L, Remansb R, Raoc I M, et al. 2010. Strategies for improving phosphorus acquisition efficiency of crop plants. Field Crop Res, 117:169-176.

Rasool R, Kukal S S, Hira G S. 2007. Soil physical fertility and crop performance as affected by long term application of FYM and inorganic fertilizers in rice-wheat system. Soil Till Res, 96(1-2):64-72.

Raun W R, Johnson G V. 1995. Soil plant buffering of inorganic nitrogen in continuous winter wheat. Agron J, 87(5):827-834.

Reddy S S, Nyakatawa E Z, Reddy K C, et al. 2009. Long-term effects of poultry litter and conservation tillage on crop yields and soil phosphorus in cotton-cotton-corn rotation. Field Crop Res, 114:311-319.

Reid D K. Comment on "The myth of nitrogen fertilization for soil carbon sequestration" by S.A. Khan et al. in the *Journal of Environmental* Quality 36:1821-1832. J Environ Qual, 37(3):739-740.

Saha S, Mina B L, Gopinath K A, et al. 2008. Relative changes in phosphatase activities as influenced by source and application rate of organic composts in field crops. Bioresour Technol, 99:1750-1757.

Sahoo P K, Bhattacharyya P, Tripathy S, et al. 2010. Influence of different forms of acidities on soil microbiological properties and enzyme activities at an acid mine drainage contaminated site. J Hazard Mater, 179:966-975.

Sainju U M, Senwo Z N, Nyakatawa E Z, et al. 2008. Soil carbon and nitrogen sequestration as affected by long-term tillage, cropping systems, and nitrogen fertilizer sources. Agr Ecosyst Environ, 127(3-4):234-240.

Sardans J, Peñuelas J. 2005. Drought decreases soil enzyme activity in a Mediterranean *Quercus ilex* L. forest. Soil Biol Biochem, 37: 455-461.

Schwab A P, Kulvingyong S. 1989. Changes in phosphatase activities and availability indexes with depth after 40 years of fertilization. Soil Sci, 147(3):179-186.

Sharpley A N, McDowell R W, Kleinman P J A. 2004. Amounts, forms, and solubility of phosphorus in soils receiving manure. Soil Sci Soc Am J, 68:2048-2057.

Sharpley A N, Kleinman P J A, Jordan P, et al. 2009. Evaluating the success of phosphorus management from field to watershed. J Environ Qual, 38:1981-1988.

Shen J, Li R, Zhang F, et al. 2004. Crop yields, soil fertility and phosphorus fractions in response to long-term fertilization under the rice monoculture system on a calcareous soil. Field Crop Res, 86:225-238.

Shibu M E, Leffelaar P A, van Keulen H, et al. 2006. Quantitative description of soil organic matter dynamics-a review of approaches with reference to rice-based cropping systems. Geoderma, 137(1-2):1-18.

Sims J T, Edwards A C, Schoumans O F, et al. 2000. Integrating soil phosphorus testing into environmentally based agricultural management practices. J Environ Qual, 29:60-71.

Sparks D, Page A, Helmke P, et al. 1996. Methods of Soil Analysis. Part 3.Chemical methods. Soil Science Society of America, Madison, WI.

Taylor J P, Wilson B, Mills M S, et al. 2002. Comparison of microbial numbers and enzymatic activities in surface soils and subsoils using various techniques. Soil Biol Biochem, 34:387-401.

Timsina J, Connor D J. 2001. Productivity and management of rice-wheat cropping systems: Issues and challenges. Field Crop Res, 69: 93-132.

Tong C L, Xiao H A, Tang G Y, et al. 2009. Long-term fertilizer effects on organic carbon and total nitrogen and coupling relationships of C and N in paddy soils in subtropical China. Soil Till Res, 106(1):8-14.

Tsuji H, Yamamoto H, Matsuo K, et al. 2006. The effects of long-term conservation tillage, crop residues and P fertilizer on soil conditions and responses of summer and winter crops on an Andosol in Japan. Soil Till Res, 89(2):167-176.

Wang S Q, Huang M, Shao X M. 2004. Vertical distribution of soil organic carbon in China. Environ Manage, 33 (Suppl. 1): 200-209.

Wang X C, Lu Q. 2006a. Beta-glucosidase activity in paddy soils of the Taihu Lake region, China. Pedosphere, 16(1):118-124.

Wang X C, Lu Q. 2006b. Effect of waterlogged and aerobic incubation on enzyme activities in paddy soil. Pedosphere, 16(4):532-539.

West T O, Marland G. 2002. A synthesis of carbon sequestration, carbon emissions, and net carbon flux in agriculture: comparing tillage practices in the United States. Agr Ecosyst Environ, 91(1-3):217-232.

West T, Six J. 2007. Considering the influence of sequestration duration and carbon saturation on estimates of soil carbon capacity. Climatic Change, 80(1):25-41.

Whitbread A, Blair G, Konboon Y, et al. 2003. Managing crop residues, fertilizers and leaf litters to improve soil C, nutrient balances, and the grain yield of rice and wheat cropping systems in Thailand and Australia. Agr Ecosyst Environ, 100(2-3):251-263.

Xavier F A S, Oliveira T S, Andrade F V, et al. 2009. Phosphorus fractionation in a sandy soil under organic agriculture in Northeastern Brazil. Geoderma, 151:417-423.

Xiao G L, Li T X, Zhang X Z, et al. 2009. Uptake and accumulation of phosphorus by dominant plant species growing in a phosphorus mining area. J Hazard Mater, 171:542-550.

Xie Z B, Zhu J G, Liu G, et al. 2007. Soil organic carbon stocks in China and changes from 1980s to 2000s. Glob Change Biol, 13:1989-2007.

Yang L J, Li T L Fu S F, et al. 2008. Fertilization regulates soil enzymatic activity and fertility dynamics in a cucumber field. Sci Hort-Amsterdam, 116: 21-26.

Zaman M, Cameron K C, Di H J, et al. 2002. Changes in mineral N, microbial and enzyme activities in different soil depths after applications of dairy shed effluent and chemical fertilizer. Nutr Cycl Agroecosyst, 63:275-290.

Zhang M K, He Z L. 2004. Long-term changes in organic carbon and nutrients of an Ultisol under rice cropping in southeast China. Geoderma, 118(3-4):167-179.

Zhang S L, Yang X Y, Wiss M, et al. 2006. Changes in physical properties of a loess soil in China following two long-term fertilization regimes. Geoderma, 136(3-4):579-587.

Zhang W J, Xu M G, Wang B R, et al. 2009. Soil organic carbon, total nitrogen and grain yields under long-term fertilizations in the upland red soil of southern China. Nutr Cycl Agroecosyst, 84(1):59-69.

Zhu Z L. 1997. Fate and management of fertilizer nitrogen in agro-ecosystems//Zhu Z L, Wen Q X, Freney J R. Nitrogen in soils of China. Dordrecht: Kluwer Academic Publishers: 239-279.

Zhu Z L, Chen D L. 2002. Nitrogen fertilizer use in China-Contributions to food production, impacts on the environment and best management strategies. Nutr Cycl Agroecosyst, 63:117-127.

第 4 章　有机肥归田对稻田土壤硝态氮淋失的影响

4.1　引　　言

为提高农作物产量，加大氮肥施用量成了必要的途径。农业生产中常用的氮肥主要有化学氮肥和有机肥两种。据我国统计年鉴数据报道，1990～2011 年我国的粮食总产量从 44624.3 万 t 增长到 57121.0 万 t，增长了 28.0%，其中氮肥施用量从 1638.4 万 t 增长到 2381.4 万 t，增长了 45.3%(图 4.1)，并且从整体而言，氮肥施用量呈现明显的增长趋势。长期以来大量的氮肥不断地投入农田中，而氮肥的利用率却只有 30%～40%(Ju et al., 2006)，使得大量的氮素累积在土壤中。

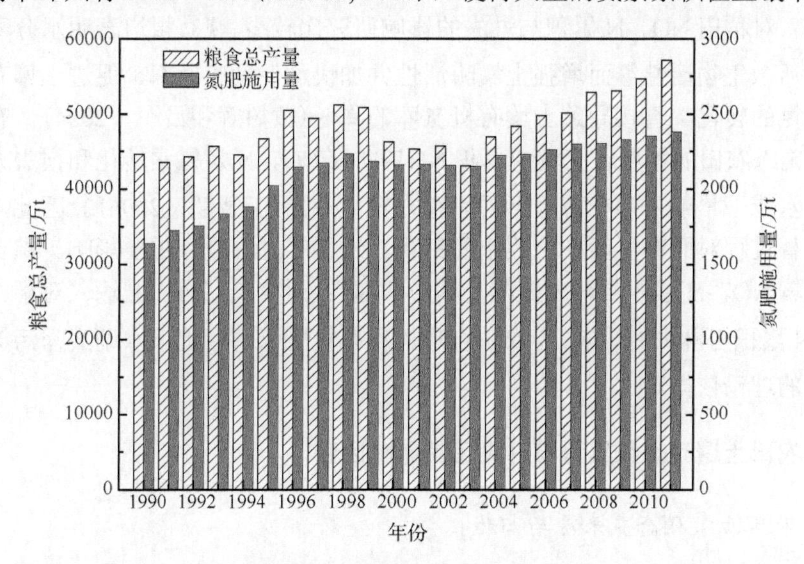

图 4.1　1990～2011 年全国粮食总产量和氮肥施用量(参见《中国统计年鉴》)

有机肥如腐熟的动物粪便、秸秆等因其节约资源、改善土壤理化和生物性状而被大量地施用。已有研究表明，有机肥含有大量的氨态氮、氨基酸态氮、氨基糖态氮、酸碱性未知氮和非酸解氮等多种可生物降解的有机氮(Nayak et al., 2007)，因此，有机肥是土壤有机氮库的直接供应者。但因其肥效长、养分释放缓慢，长期连续过量有机肥的输入势必造成土壤中氮素累积。

长期施用氮肥或有机肥而残留于土壤中的氮素在各种如降雨、灌溉等环境因素的作用下通过氨挥发、淋失、下渗等途径进入大气和水体中，对周围环境造成威胁。化学氮肥和有机肥的过多施用是农田土壤硝酸盐淋失、地下水硝酸盐污染的主要原因(张燕等，2002；刘宏斌等，2006)。氮肥或有机肥施入农田后在土壤矿化和硝化作用下可转化为硝态氮(NO_3^--N)，使得作物收获后残留于土壤中的氮素大部分以NO_3^--N的形式存在。尤其是在旱作条件下，土壤的硝化和矿化能力较强，更容易加快土壤氮素转化为NO_3^--N，从而增加土壤NO_3^--N的含量。在较强的降水或大量的灌溉情况下，残留于土壤中的NO_3^--N会向下迁移造成深层土壤NO_3^--N累积量的增加或者直接进入浅层地下水，污染地下水水质。

农田土壤NO_3^--N的累积与淋失受许多因素的影响，但主要受诸如施肥、降水、种植体系、土壤类型等因素的影响(Zhang et al., 2004；Chen et al., 2005；López-Bellido et al., 2005；Isidoro et al., 2006；Cui et al., 2008；Liang et al., 2011；Zhang et al., 2011)。目前，很多学者研究了旱地土壤硝酸盐累积与淋失(黄晶等，2001；赵云英等，2009；沈灵凤等，2012；黄学芳等，2008)，但关于稻田长期有机肥输入对稻田NO_3^--N累积与淋失的影响研究比较少。现有报道表明水分干湿交替可激活微生物活性继而增强土壤酶活性并加快酶促反应速率，促进土壤有机氮向无机氮的转化，直接导致土壤有机氮库的降低(黄树辉和吕军，2004)。有研究表明，施入农田的氮肥在土壤中累积NH_4^+-N或NO_3^--N及氮素转化和损失方面因农田淹水或干旱或干湿交替等不同而存在较大差异(王智超，2006)。因此，稻田干湿交替过程对肥料氮素在土壤中的累积、迁移等过程具有重要影响。综合分析农田土壤NO_3^--N累积与淋失概况及其影响因素，研究长期有机肥输入对稻田土壤NO_3^--N累积与淋失的影响，为农田合理施用有机肥以防治地下水硝酸盐污染提供了重要的理论依据。

4.1.1　农田土壤硝态氮累积与淋失及其影响因素

1. 农田土壤硝态氮来源与归趋

残留于农田土壤中的NO_3^--N主要来源于化学氮肥、有机肥的投入及土壤有机氮库的矿化，降雨和灌溉也可以带入一部分的NO_3^--N，而且生物固定的氮素也会最终转化为有机氮库进入土壤中。近年来，随着社会需求不断地增加，人们的生活生产活动不断地增加农田生态系统氮素的输入量，致使农田氮素收支失衡。农田土壤剖面中大量的NO_3^--N累积就是农田氮素输入输出失衡的结果。自20世纪80年代以来，我国农田氮素就出现盈余现象，而且盈余量越来越大。1998年我国氮素盈余量高达6.22Tg($1Tg=10^9kg$)N(表4.1)(Zhu and Chen, 2002)，占总输入氮量的17.5%，其中，肥料氮素占总输入氮量的84.9%，高于作物吸收氮素占总输出氮量的比例(52.2%)。这些多余的氮素一部分可以被下茬作物吸收利用，一部分可以通过氨挥发、径流、淋溶、硝化-反硝化等途径损失，对环境造成污染。

表 4.1　中国农田生态系统氮素平衡(1998 年)

输入量/Tg N		输出量/Tg N	
化肥	24.81	作物吸收*	15.34
有机肥	5.41	化肥氮损失	11.17
生物固氮	1.23	有机肥氮损失	0.81
非生物固氮	2.25	土壤氮损失	0.3
降水和灌溉水	1.5	淋溶损失	0.5
种子	0.38	径流损失	1.24
总输入氮量(*A*)	35.58	总输出氮量(*B*)	29.36
平衡(*A*)–(*B*)		6.22	

注：* 数据不包括果树、桑树和茶树中累积的氮量。

累积于土壤中的NO_3^--N：一方面被下茬作物吸收利用(Bundy and Malone, 1988；Ferguson et al., 2002；樊军和郝明德，2003)；另一方面被生物或非生物固持(巨晓棠等，2004)，还可以通过淋溶、径流、反硝化等途径损失(Kirchmann et al., 2002；Maeda et al., 2003)。

对作物生长而言，残留在土壤中的NO_3^--N 是其重要的氮源。土壤中残留的NO_3^--N 对作物的有效性和施入的氮肥是等效的。在旱作条件如冬小麦-夏玉米轮作体系下，深扎根的冬小麦可以通过"根系泵"将土壤深层累积的NO_3^--N"抽吸"上来被作物吸收利用(吴永成，2005；张经廷等，2013)，而且夏玉米收获后NO_3^--N 的累积量与冬小麦的产量都呈极显著正相关(张经廷等，2013)，因此，累积于土壤剖面中的NO_3^--N 会显著影响氮肥肥效(Ferguson, 2002)。一定深度土壤中累积的NO_3^--N 含量也可以作为土壤供氮能力指标，用来确定合理的施用氮肥量，从而降低土壤NO_3^--N 的淋溶损失，提高氮肥肥效。Bundy 等(1988)指出在美国大平原地区人们将作物播种前 0～60cm 土层土壤中NO_3^--N 的含量作为后茬作物的供氮指标。特定区域土壤氮肥管理被认为是一种提高氮肥利用率并减少环境污染的一种肥料管理模式(Ferguson, 2002)。该管理模式认为推荐施氮量与残留于土壤中NO_3^--N 的含量有很大的关系，并可以依据土壤有机质和残留的NO_3^--N 含量来计算施氮量，公式为 $NR = 35 + (1.2 \times EY) - (8 \times NO_3^- - N) - (0.14 \times EY \times SOM)$。其中，NR、EY、$NO_3^-$-N 和 SOM 分别表示推荐施氮量、目标产量、残留于土壤中的NO_3^--N含量和土壤有机质含量。从式中可以看出，残留在土壤中的NO_3^--N含量对施氮量的影响要大于土壤SOM的含量对施氮量的影响。

生物或非生物固持也是土壤中NO_3^--N的一个去向。生物固持和有机质矿化作用是两个方向相反但同时进行的过程，这一过程受微生物活动的影响。非生物固持主要是土壤黏土矿物对氮素的固定。一般来讲，微生物和土壤黏土矿物固定的对象是铵态氮（NH_4^+-N），但有研究表明当土壤黏土矿物对NH_4^+-N的吸附强于微生物时，NH_4^+-N的活动受到影响，导致土壤中的NH_4^+-N和NO_3^--N同时被固定在土壤中（Mary et al., 1998）。

硝酸根离子极易溶于水，并因其带有负电荷而被土壤矿质胶体和腐殖质所排斥，因此累积于土壤中的NO_3^--N如遇到下渗水流就会随水向深层土壤淋失（张庆忠等，2002）。一般情况下，硝酸盐的淋失量与降水量呈显著线性关系（李世清等，2000），并且农田灌溉量的增加也会增加土壤氮素淋失量（Waddell, 2000）。通过径流损失的NO_3^--N是水体富营养化的重要因素（彭琳等，1994；朱兆良，2000；Zhang et al., 2003）。

土壤中的NO_3^--N还可以通过反硝化途径而损失掉。一般来讲，土壤氮素因反硝化而损失的占施氮量的10%～13%（Porter et al., 1996）。氮氧化物如N_2O是硝化-反硝化过程的一个副产物。研究估计，每施用肥料氮100kg就会产生0.17～3.52kgN_2O排放到大气中。然而，通气状况、水分、耕作、有机质含量等环境因子会影响反硝化微生物的活性，进而影响土壤中NO_3^--N的反硝化损失（Weier, 1993；Rolston, 1982；Staley, 1990）。

2. 我国农田土壤硝态氮累积与淋失现状

随着人们对粮食需求的不断增加，增加氮肥投入成为提高粮食产量的必要途径。1990～2011年我国氮肥施用量增加了743万t，仍然是世界上氮肥施用量最多的国家。大量施用氮肥使得我国农田氮素盈余量逐渐增大。朱兆良等，指出，我国施用的氮肥——尿素和碳酸氢铵的作物吸收利用率为28%～41%，平均利用率为30%～35%，即有近65%～70%的氮肥施入土壤后进入环境。其中，作物收获后残留于土壤剖面中的氮肥占15%～30%，并随着施肥和灌溉等的变化而变化；26%的化肥氮进入地表水，10%的化肥氮进入地下水，以及分别有8%和56%的化肥氮以N_2O和NH_3形态进入大气中（Zhu and Chen, 2002）。大量的氮肥施用增加了农田土壤NO_3^--N的累积量。吕殿青等（1998）对陕西关中黄土区不同土地利用条件下不同土层中NO_3^--N的累积进行了研究，结果表明，高产农田0～2m土壤剖面中NO_3^--N的累积量高达323kg N/hm^2，2～4m土壤剖面的NO_3^--N累积量达到

214kg N/hm^2。无独有偶，刘宏斌等(2004)采样研究了北京地区93块小麦-玉米农田发现在0～4m土壤剖面中平均NO_3^--N累积量为459kg/hm^2，最高达1880kg/hm^2。中国农业大学植物营养系在河北辛集对土壤残留的NO_3^--N进行了较大范围的调查，发现20块小麦田收获后0～90cm土壤剖面中残留的N_{min}(其中95%是硝态氮)为75～510kg N/hm^2，其中，超过200kg N/hm^2的田块占到40%(巨晓棠和张福锁，2003)。累积在土壤中NO_3^--N会在降水、灌溉等下渗水流的作用下向深层土壤迁移、淋失。研究表明，每年有近68%残留于非根层土壤的NO_3^--N和近20%残留于根层的NO_3^--N进入地下水中(Yadav，1997)。袁新民等(2000)研究表明，降水对粉砂黏壤土NO_3^--N的累积影响主要在0～2m的深度范围内；但小麦-玉米轮作8年之后，在当地传统灌溉量下，土壤中累积的NO_3^--N会逐渐被淋溶至400cm以下的土壤层中。李晓欣等(2005)也发现，随着降水量的增加，0～400cm土层的NO_3^--N的累积量呈下降趋势，这说明有部分NO_3^--N随水流已发生淋失。在灌区和多雨地区，残留于土壤中NO_3^--N的淋失是地下水硝酸盐污染的主要原因。我国硝酸盐污染大部分发生在农业集中区(马洪斌等，2012)。据调查，我国北方环渤海七省份包括北京、河北、河南、山东、辽宁、天津及山西的地下水NO_3^--N含量较高，平均值达到11.9mg/L，约34.1%的地下水超过世界卫生组织(World Health Organization, WHO)制定的饮用水标准(10mg/L)(赵同科，2007)。在滇池流域典型代表区，NO_3^--N平均含量为28.3mg/L，最大值为38.4mg/L，最小值为16.6mg/L。依据地下水质量标准，滇池流域地下水硝酸盐指标合格率仅为30%(高阳俊，2003)。江苏吴县、成都、长沙、合肥、杭州、内江等多地均发现了地下水NO_3^--N含量超过WHO饮用水标准的现象(张丽娟等，2004；熊江波等，2010；刘英华等，2005；储因，2001；金赞芳等，2004)。因此，研究土壤NO_3^--N累积与淋失及其影响因素具有重要的环境意义。

3. 土壤硝态氮累积与淋失影响因素分析

近年来，国内外关于农田土壤NO_3^--N累积与淋失及其影响因素分析的研究非常多，综合来看，农田土壤NO_3^--N的累积主要受诸如施肥、降水、种植体系、土壤类型等因子的影响。收集国内外相关研究结果并整理数据，统计分析农田土壤NO_3^--N累积与淋失概况及各影响因子对土壤NO_3^--N累积与淋失的影响，这对合理的农田管理和防治农田土壤NO_3^--N累积与淋失提供了重要的数据和资料。

1)施肥对土壤硝态氮累积的影响

土壤中NO_3^--N的累积与淋失量与氮肥施用量紧密相关。一般情况下，土壤中

残留的 NO_3^--N 量随着施氮量的增加而增加，但并不是说在任何施肥水平下土壤 NO_3^--N 的累积量和施肥量有显著性关系。许多研究表明，在氮肥用量低于作物最佳或最高产量施氮量时，是不会导致土壤 NO_3^--N 的大量累积的，但一旦超过此值，土壤 NO_3^--N 的累积量则急剧增加（Andraski et al., 2000；樊军等, 2000）。

正常施氮量水平条件下，旱作系统中如玉米田或是小麦，在施肥当季，氮素淋失可能不是氮肥损失的主要途径。从氮肥表观损失即未扣除淋失的土壤氮量来看，淋失的氮量相当于全年施氮量的 2.5%～6.2%，其中，NO_3^--N 约占 70%（沈善敏，1998；张庆忠等，2002）。Chaney 等（1990）对六种不同水平施氮量对冬小麦收获后土壤中 NO_3^--N 残留量的影响进行了研究，得出土壤中残留的 NO_3^--N 含量随着施肥量的加大而增加，但不呈线性关系；当采用最佳经济施肥量时，土壤中残留的 NO_3^--N 含量与不施肥处理的差异不大。Andraski 等（2000）研究了玉米收获后 0～90cm 土壤 NO_3^--N 的累积量与超过经济最佳施氮量（ΔN）之间的关系，证明它们之间呈反抛物线关系，且当 $\Delta N \leqslant 0$ 时即当施氮量低于经济最佳施氮量时，0～90cm 土壤 NO_3^--N 的累积量小于 100kg N/hm^2。黄绍敏等（2000）在潮土土壤上进行研究得出，当施氮量小于 225kg/hm^2 时，0～1m 土壤中 NO_3^--N 的累积量增幅不大，但当施氮量继续增加时，土壤中 NO_3^--N 的含量急剧增加。当施氮量从 225kg/hm^2 增加到 300kg/hm^2 和 375kg/hm^2 时，在 0～1m 土壤中 NO_3^--N 的含量分别增加了 4.2 倍和 7.4 倍。高亚军等（2005）通过田间试验研究不同施氮水平对春玉米和冬小麦收获后土壤中 NO_3^--N 累积的影响后得出，不管是春玉米还是冬小麦，在生育期施氮量＞225kg/hm^2 时 0～2m 土层中均有明显的 NO_3^--N 累积，且施氮量高的累积量较高。因此，合理的施肥水平下一般不会造成土壤 NO_3^--N 的大量累积，过多或不当的施肥才会造成 NO_3^--N 在土壤中的大量累积进而淋失的现象。土壤 NO_3^--N 累积是 NO_3^--N 淋失的必要条件，农田大量施用氮肥可以导致 NO_3^--N 淋失进而污染地下水。而在水田系统中，在当季水稻收获时，下移出耕层的氮量很少（沈善敏，1998）。因此，一般来说，除在渗漏性强的稻田中氮肥深施时，淋失损失可达到严重程度以外，施于稻田的氮肥通过淋失损失的比例很小，几乎全部是通过氨挥发和硝化-反硝化损失。

许多研究表明，氮磷肥或氮磷钾肥的合理配施可以增加作物对氮素的吸收，减少 NO_3^--N 在土壤中的累积（孙克刚等，1999；樊军等，2000；巨晓棠和张福所，2003）。樊军等（2000）研究了长期施用不同用量和配比的氮磷肥对土壤剖面中 NO_3^--N 分布和累积的影响，表明长期大量单施氮肥，会在土壤剖面 100～180cm 之前形成 NO_3^--N 累积层，而配合施用磷肥 90kg P_2O_5/hm^2 可以降低土壤剖面

NO_3^--N 的质量分数。单施氮肥不但增产效果有限，而且土壤 NO_3^--N 累积量高且大部分集中在根区外土壤中，NO_3^--N 淋失风险大。与之相反，氮磷或氮磷钾肥配施不仅可以提高作物产量，还使得根区外土壤 NO_3^--N 累积量显著降低，淋失风险明显减弱(张云贵等，2005)。

一般认为，土壤易分解的有机碳含量与土壤反硝化潜势之间呈极显著正相关，有机物料如畜禽粪便、植物残体等的施用或添加可显著地加强土壤的反硝化潜能(陈同斌等，1996；沈善敏，1998)，从而减少土壤中 NO_3^--N 的累积。不仅如此，有机肥的施用可增加土壤黏粒和团聚体的含量，增加土壤阳离子交换量(CEC)，增加对 NO_3^--N 的固持作用，从而阻碍了 NO_3^--N 向下迁移(Jensen，1996)。大量研究表明，有机肥与无机肥(氮肥、氮磷钾肥)合理配施可减少土壤 NO_3^--N 累积与淋失风险(古巧珍等，2003；张云贵等，2005；杨治平等，2006；赵云英等，2009)。在旱地塿土，长期单施氮肥，氮的表观利用率仅为 0.51%，而氮肥配施钾肥、磷肥，氮的表观利用率为 25%～35%，氮磷钾平衡配施及配施有机肥，氮的表观利用率达到 50%，氮磷钾与有机肥合理配施能有效地缓解土壤的硝态氮累积(古巧珍等，2003)。在一定程度上有机肥和无机肥配施可以增加作物产量，降低土壤 NO_3^--N 的累积，但当施入的总氮量过大时，作物吸收量将不再增加反而增加土壤硝态氮的累积，且土壤中 NO_3^--N 的累积量随着总施氮量的增加而增加(袁新民等，2000)。因此，高量地施用有机肥同样会增加土壤 NO_3^--N 累积与淋失的风险。当土壤有机物 C/N 较低时，分解有机物质的生物将优先利用有机肥料氮，且伴随着 NH_3 的释放。在通气良好的土壤中，化能自养的硝化微生物很快地将 NH_4^+-N 转化为 NO_3^--N，从而导致 NO_3^--N 在土壤中的累积(王敬国和曹一平，1995；张庆忠等，2002)。在陕西省杨陵区调查的以施用有机肥(主要为鸡粪)为主的五块蔬菜地中，有机肥施用量折氮量高达 1000kg/hm^2 以上，蔬菜收获后，0～4m 土壤中 NO_3^--N 的累积量折氮超过 1000kg/hm^2，且 40%～75%的 NO_3^--N 被淋溶到 2～4m 的土层中(袁新民等，2000)。

2)降水和灌溉对土壤硝态氮累积的影响

NO_3^--N 因其带有负电荷受到土壤矿质胶体和腐殖质所带大量负电荷的排斥而不易被土壤固定，又因其极易溶于水，因此很容易随土壤水分的迁移而移动。土壤中 NO_3^--N 的累积与淋失和土壤水分紧密相关，并直接或间接地受到降水和灌溉水的影响。较大的降水、过量或不合时宜的灌溉是土壤 NO_3^--N 淋失的主要因素。吕殿青等(1999)研究了不同灌溉量对砂质土壤中 NO_3^--N 累积的影响，结果表明，春玉米收获后，0～80cm 土壤 NO_3^--N 含量随灌溉量的增加而降低，且 0～80cm

土壤NO_3^--N含量与灌溉量呈双曲线关系，充分表明了灌水量对土壤NO_3^--N淋失与累积的作用，而320～400cm土壤NO_3^--N含量随灌溉量的增多而增加。李晓欣等(2005)对作物收获后的土壤含水量和土壤剖面NO_3^--N的累积量分布关系进行了研究，结果表明，在相同施肥条件下，NO_3^--N的累积量随着灌溉量的增加而下降。灌溉量的多少决定了NO_3^--N在土壤剖面中的分布。高灌水量使各土层NO_3^--N的含量均低于15mg/kg，且其在土壤剖面中的分布无明显差异；在中等程度灌溉水平下，260cm以下土壤NO_3^--N含量最高；低灌溉量使得土壤NO_3^--N大量累积在0～260cm土壤层中。这表明在一定程度上增加灌水量会加剧土壤NO_3^--N向下迁移和累积。Fang等(2006)对冬小麦-夏玉米轮作下降雨量对土壤NO_3^--N累积与淋失的研究发现，夏天降雨量大使得玉米季土壤NO_3^--N的淋失量显著高于小麦季，liang等(2011)的研究也得到了相似的结论。

我国季风气候特点显著，使得不同地区不同季节降水量差异明显。各地区降水量的不同导致我国农田土壤NO_3^--N累积与淋失在空间上存在明显差异。NO_3^--N在土壤中的累积量因降水量的变化而变化，降雨量增高使土壤NO_3^--N的累积峰深度增加(Halvorson and Reule, 1994)。干旱地区因降水量小，一般不会造成土壤NO_3^--N深层淋失，但一旦遇到较大的降水，土壤上层累积的NO_3^--N就有可能发生强烈的淋溶。

因土壤水分的收支情况不同，可将土壤水分类型分为四种，即淋溶型水分状况、非淋溶型水分状况、上升型水分状况和停滞型水分状况。如果某地区降雨量超过蒸发量或者是有较多的灌溉量，在一年中的某些月份土壤水分出现盈余，那么，这一地区可能存在较强的NO_3^--N淋失。但如果在某地区降雨量小于蒸发量且一般缺少灌溉条件，在一年中土壤基本缺少水分，那么，这一地区出现NO_3^--N淋失的可能性不大(张庆忠等，2002)。通常情况下，NO_3^--N淋失主要发生在降雨集中的季节，NO_3^--N淋失量与同期降雨量呈显著的线性相关(袁锋明等，1995；许学前等，1999)。

3)土壤类型和特性对土壤硝态氮累积的影响

土壤性质主要指的是土壤的物理性质，如质地、孔性、结构性及水分状况等，土壤的这些性质会从不同的方面对NO_3^--N淋洗产生影响。土壤质地指的是土壤通透性、土壤空气组分、水分有效性和微生物活性等，它影响土壤硝化作用和反硝化作用的相对强弱，同时影响土壤有机质的分解速率。一般认为，土壤质地越粗大、孔隙越多，淋溶损失就越大(Wang et al., 1996)。卵石和砂砾石的地表下NO_3^--N的浓度会较高；对于黏质和粉砂质的土壤而言，因其反硝化作用较强，所以土壤中NO_3^--N的下渗速度很慢，因此在黏质和粉砂质土壤中一般不易导致NO_3^--N淋失，但如果土壤中有大孔隙存在则也会发现黏质土壤中NO_3^--N淋失的现象(Booltink, 1995；张庆忠等，2002)。孙克刚等(2001)对潮土、褐土、砂姜黑土3种土壤剖面NO_3^--N累积研究得出，在相同施肥条件下，砂姜黑土中NO_3^--N的累积量最多，褐土中NO_3^--N的累积量最少，NO_3^--N在土壤剖面中的移动受土壤类型的影响非常大。孙志高等(2006)对三江平原典型小叶章湿地土壤——草甸沼泽土和腐殖质沼泽土两种土壤中NO_3^--N的水平移动的研究结果表明，草甸沼泽土比腐殖质沼泽土相应土层更有利于NO_3^--N的水平移动，这主要受土层颗粒组成和孔隙度等物理性质的影响。土壤水分状况影响着土壤中微生物活性，同时影响土壤的突然通气性，进而影响土壤中的硝化及反硝化作用。当土壤孔隙含水量(water-filled pore space, WFPS)处于30%～60%时，硝化作用最为活跃；当WFPS在60%以上时，土壤反硝化作用得到了增强。王改玲等(2010)进一步细化了孙志高等的工作，其研究结果表明，当水分含量从20%WFPS增加到40%WFPS时，土壤中NO_3^--N的浓度升高，硝化反应最大速率增加；随着WFPS的进一步升高，土壤NO_3^--N浓度和最大硝化反应速率则均略有降低。

4)不同种植体系和土地利用方式对土壤硝态氮累积的影响

土壤NO_3^--N累积与淋失受种植体系和土地利用方式的影响也特别大。一方面，施肥等其他管理方式不同造成氮素的输入与输出平衡差异；另一方面，不同作物对土壤中NO_3^--N的吸收利用能力存在差异；还有就是不同土地利用方式下土壤中氮素转化方向和程度存在差异。

吕殿青等(1999)在陕西关中渭河流域三级阶地上NO_3^--N的累积进行了研究，其中二级阶地为灌溉农业区，三级阶地为旱作农业。结果表明，二级阶地氮肥投入高，土壤NO_3^--N累积量高；三级阶地施氮肥量降低，土壤NO_3^--N累积量少；在不同种植体系中，15年以上菜园、8年以上苹果园和高产农田0～2m土壤NO_3^--N的累积量分别高达680kg N/hm^2、1602kg N/hm^{2}和323kg N/hm^2，相应的，农田2～4m的NO_3^--N累积量则分别达到681kg N/hm^{2}和1812kg N/hm^{2}和214kg N/hm^2。樊军等(2005)对渭北旱塬塬面不同土地利用方式下土壤NO_3^--N累积特征的研究得出，0～400cm土壤NO_3^--N的累积含量从大到小依次为：苹果园>高产良田>裸地>刺槐林地>荒草地>人工草地，这主要是受地表有植物生长及氮肥投入量差异的影响。

在旱地土壤中，旱作条件强化了土壤的硝化与矿化潜力，施入土壤中的氮肥可较快地转化为NO_3^--N，在作物收获后，土壤中累积的残留氮素绝大部分是

NO_3^--N 的形态，累积的 NO_3^--N 会随着降水和大量灌溉向下迁移，这造成土壤深层 NO_3^--N 累积量的增加或直接进入浅层地下水。而在淹水土壤中，氨化作用、反硝化作用和生物固氮作用等则成了氮素的主要转化形式，因此土壤中累积的残留无机氮素都是 NH_4^+-N 的形态。典型的水田如稻田，约有 3/4 的时间稻田土壤处于不同程度的淹水或水分过分饱和状态，这在很大程度上影响了土壤的氧化还原性质及氮的转化与损失。胡玉婷等(2011)对我国近 10 年 382 组农田氮素淋失数据进行统计分析结果，表明水田中总氮的表观淋失率平均值为 2.19%，旱地中总氮表观损失率平均值为 4.35%。可见，旱作条件下土壤氮素的淋失量要高于淹水土壤条件下氮素的淋失量。除了旱作条件和淹水土壤之外，干湿交替过程是一个普遍现象，如稻田自身的干湿交替和水旱轮作制度这两种就是典型的干湿交替过程。现有报道表明，水分干湿交替可激活微生物活性继而增强土壤酶活性并加快酶促反应速率，促进土壤有机氮向无机氮的转化，直接导致土壤有机氮库的降低(黄树辉和吕军，2004)。土壤干湿交替过程可以改变氧化还原电位，而氧化还原电位的改变使得矿质氮发生变化。当土壤由干燥变淹水时，土壤环境由好氧转化为厌氧，土壤 NO_3^--N 被还原为 NH_4^+-N；反之，NH_4^+-N 被氧化为 NO_3^--N。值得注意的是，旱季土壤有机质矿化产生的 NH_4^+-N 被氧化为 NO_3^--N 并累积在土壤中，而累积的 NO_3^--N 在土壤淹水时很可能由于淋洗而损失(Buresh et al., 1989)。因此，干湿交替作用的影响主要有两个方面：一是 NH_4^+-N 和 NO_3^--N 累积形态的差异；二是干湿交替过程中氮素的转化损失。王德建等(2001)对太湖流域稻麦轮作农田氮素淋失特点的研究表明，在麦季氮素的渗漏损失主要以 NO_3^--N 为主，渗漏液总氮量中有 43%～72%是以 NO_3^--N 的形式存在的，NO_3^--N 的总淋洗量为 17.8～58.5kg/hm^2；而在稻季，稻田渗漏水中 NO_3^--N 和 NH_4^+-N 含量均很低。

作物对土壤中氮素的吸收能力同样会影响土壤中 NO_3^--N 的累积形态。豆科作物因其具有固氮能力，对土壤氮素的吸收较少，导致土壤中 NO_3^--N 的累积量相对增加。作物对土壤氮素的吸收能力主要与其根系分布特点有关，如小麦和玉米的根深长 2m，且主要集中于 0～1m，比浅层根作物能更好地吸收氮素以减少土壤 NO_3^--N 的残留。但蔬菜类作物的根深一般分布比较浅，这样分布在根层以下的硝态氮就不能被作物所利用(Costa and Bollero, 2000)。不同根系类型作物轮作，特别是浅根系与深根系作物轮作可改变土壤中 NO_3^--N 的累积和移动(Randall et al., 1997)。刘晓宏等(2001)对黄土旱区 13 年长期不同轮作施肥对土壤剖面 NO_3^--N 分布与累积的影响进行了研究，发现在相同施肥种类和施肥量下，连续种植小麦、玉米、苜蓿，以玉米连作施肥土壤中 NO_3^--N 的累积量最小，而小麦连作施肥土壤中

NO_3^--N 的累积量最大；深根系作物小麦和豆科作物套种可有效地利用土壤中的氮素，减少氮素的残留与淋溶。

4.1.2　^{15}N 自然丰度法在氮素转化过程研究中的应用

生态系统中氮循环过程大致可以人为划分为三个过程，即氮素的输入、氮素在生态系统中的转化及氮素的输出(Menyailo et al., 2003)。这三个过程均发生不同程度的氮同位素分馏效应(图 4.2)。农田土壤中氮的来源主要有三个：有机或无机肥料氮素、生物固氮及大气沉降。其中，有机或无机肥料氮素是农田土壤氮素的主要来源，生物固氮次之，大气沉降的氮素所占比例最小。在生物固氮过程中发生的氮素同位素分馏通常比较小，所以此过程的分馏效应可以忽略不计(苏波等，1999)。土壤中的氮素在转化和输出的过程中(矿化、硝化、反硝化、氨挥发及氮素淋溶等)也会发生同位素分馏效应，其中，矿化对土壤 $\delta^{15}N$ 值的变化起了主要作用，矿化和硝化过程后产物的 ^{15}N 丰度相对于矿化和硝化前的反应底物均有不同程度的贫化作用(Mariotti et al., 1981；Nadelhoffer and Fry, 1994)。氨挥发中的同位素分馏通常产生 ^{15}N 贫化的 NH_3 和 ^{15}N 富集的 NH_4^+-N 库。反硝化作用也能产生 ^{15}N 贫化的气体，同时使剩余的 NO_3^--N 库富集 ^{15}N(姚凡云等，2012)。

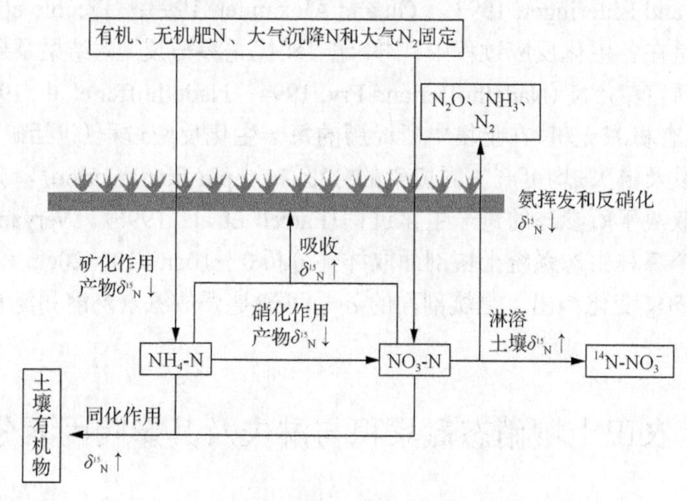

图 4.2　农田生态系统氮循环过程中的同位素分馏

(Nadelhoffer and Fry, 1994；姚凡云等, 2012)

^{15}N 自然丰度值被广泛用于反映土壤-作物系统中氮素转化动态，如作物叶片或整个作物的 $\delta^{15}N$ 值可以用来反映作物吸收氮素的来源。Choi 等(2002)研究了尿素和猪粪施用对玉米和土壤 ^{15}N 自然丰度值的影响，发现不论是施用尿素或猪粪对土壤总氮的 ^{15}N 丰度值均影响不大，然而，土壤 NH_4^+-N 的 ^{15}N 丰度值和 NO_3^--N 的

^{15}N 丰度值随着玉米生长而有所变化。玉米生长 30～50d 内，猪粪处理土壤中 NO_3^--N 的 ^{15}N 丰度值从 11.3‰增加到 13.0‰，尿素处理下 NO_3^--N 的 ^{15}N 丰度值从 5.3‰增加到 10.5‰，同一时期，玉米的 ^{15}N 丰度值也有相似的变化趋势。与尿素处理相比，猪粪处理下土壤中 ^{15}N 丰度值高，这主要是由于猪粪本身的 ^{15}N 丰度值高，因此施用猪粪的土壤和作物其 ^{15}N 丰度值会高于施用无机肥的土壤和作物(Yoneyama et al., 1990)。王会(2012)研究了有机肥无机肥配施对蔬菜 δ_{15N} 的影响结果，表明白花菜和菠菜各部分 $\delta^{15}{}_{N}$ 均与肥料 $\delta^{15}{}_{N}$ 呈极显著正相关($p<0.01$)，且施肥会引起土壤 $\delta^{15}{}_{N}$ 的变化，但土壤与肥料 $\delta^{15}{}_{N}$ 相关性不如植株 $\delta^{15}{}_{N}$ 与肥料 $\delta^{15}{}_{N}$ 相关性明显；白花菜 $\delta^{15}{}_{N}$ 的来源主要是土壤，而菠菜 $\delta^{15}{}_{N}$ 来源主要是肥料。

$\delta^{15}{}_{N}$ 值在污染物溯源中也得到了广泛的运用。利用 $\delta^{15}{}_{N}$ 值来识别地下水和地表水硝态氮来源及氮素的迁移行为已成为一种有效的研究手段，受到国内外相关学者的广泛关注(Katz et al., 2004 ; Pardo et al., 2004 ; Panno et al., 2006)。张翠云等(2004)对石家庄地下水及其潜在补给源的氮同位素和水化学进行了调查，证实了 $\delta^{15}{}_{N}$ 丰度值在污染物溯源中的有效性。

近年来，许多研究表明土壤中 $\delta^{15}{}_{N}$ 丰度值可以反映土壤 N 素来源及其在土壤中的变化，同时可作为土壤管理过程中 N 素转变及 N 素来源变化的指标(邢光熹，1981；Evans and Ehleringer, 1993； Gu and Alexander, 1993； Piccolo et al., 1994)。其理论基础是在各生化反应过程中，^{14}N 比 ^{15}N 优先参与反应，结果是剩余的未参加反应的基质富集 ^{15}N (Nadelhoffer and Fry, 1994；Nadelhoffer et al., 1996)。也就是说，肥料(有机或无机)在土壤中所经历的每一生化反应过程(包括矿化、硝化、反硝化、挥发及淋失)均可产生同位素的分馏(isotopic fractionation)。分馏的程度(分馏强弱)取决于所参与的每一生化过程(Farrell et al., 1996)。Vervaet 等(2002)对比利时五个森林生态系统土壤剖面取样并分析 0～10cm、10～20cm 和 20～30cm 深度土壤的 $\delta^{15}{}_{N}$ 变化得出，土壤剖面的 $\delta^{15}{}_{N}$ 可能是评估氮素淋溶和氮素矿化行为的有用指标。

4.2　农田土壤硝态氮累积与淋失及其影响因素分析

农田氮肥的大量投入增加了土壤剖面硝态氮(NO_3^--N)累积与流失风险，造成地下水硝酸盐污染。自然和人为因素均能不同程度影响农田土壤硝态氮的累积，但农田土壤 NO_3^--N 的累积主要受施肥、降雨、土壤类型等因素的影响。近年来，许多学者在土壤 NO_3^--N 累积与淋失及其影响因素方面进行了很多研究，但收集这些研究数据，建立农田土壤 NO_3^--N 累积与淋失及影响因素的数据库并进行系统的数据分析的工作还比较少，而这项工作对人们了解我国农田土壤 NO_3^--N 累积与淋失概况及其影响因素具有重要的意义，也为提高农田氮素利用率与科学的肥料管理提供了依据。本节将建立农田土壤 NO_3^--N 累积淋失的文献数据库，对农田土壤 NO_3^--N 累积与淋失概况及其影响因素进行统计分析。

4.2.1　材料与方法

1. 数据来源与分类

所用数据均选取国内外前人发表的文献，分别收录在《水土保持学》、《植物营养与肥料学报》、《土壤学报》、《农业环境科学学报》、《干旱地区农业研究》、《土壤与环境》、《应用生态学报》、《华北农学报》、*Environmental Pollution*、*Soil Science Society of America Journal* 等多种期刊。

数据库基本内容包括文献基本信息(作者、时间、期刊来源)、试验地点基本概况(试验地点、年均降水量、土壤质地、种植体系)、肥料管理(无机肥、有机肥和有机无机肥配施)、农田土壤 NO_3^--N 累积量。种植体系分为水、旱两种，作物类型主要是粮食作物(表 4.2)。

依文献所述取土深度，分层记录土壤 NO_3^--N 含量(kg/hm^2)。 NO_3^--N 含量以 mg/kg 的数据通过不同土壤类型的容重来进行换算，土壤容重数据来源于各省土种志。化学氮肥和有机肥单位统一为 kg/hm^2。

以作物一个生育期或一个轮作周期来收集农田土壤 NO_3^--N 累积数据，生长期内的数据不纳入统计范围。

一般来说，大田作物根系主要分布在 0～100cm 土层，因此采用该土层数据分析各影响因子对农田土壤 NO_3^--N 累积的影响。对于取土深度不足 100cm 的，纳入 100cm 土层深度进行统计。在分析各因子对农田土壤 NO_3^--N 淋失的影响时，因各资料中农田土壤 NO_3^--N 的淋失深度不一致，依据前人研究经验，本书将其分为水、旱两种体系，且假设水田地下水位较高，NO_3^--N 较小的下移可能会造成地下水质污染，所以将水田 NO_3^--N 移出 40cm 土体以下定为 NO_3^--N 发生淋失；而旱田相对来说水位较低，在大的降雨或灌溉情况下，土壤 NO_3^--N 会移出根区造成地下水污染，所以将旱田土壤 NO_3^--N 移出 120cm 土体以下定为 NO_3^--N 发生淋洗(王智超，2006)。

表 4.2 农田土壤硝态氮累积与淋失数据库结构

文献基本信息				试验地概况						肥料管理			硝态氮累积	
文献编号	作者	时间	期刊来源	实验地点	降水量/mm	土壤类型	土壤pH	种植体系	实验方式	施氮量/(kg N/hm^2)	有机肥/(kg N/hm^2)	无机肥/(kg N/hm^2)	取土深度/cm	累积量/(kg/hm^2)
1	张云贵	2005	植物营养与肥料学报	河北辛集	—	潮土	—	小麦-玉米	大田	120	0	120	0～100	34.76
1	张云贵	2005	植物营养与肥料学报	河北辛集	—	潮土	—	小麦-玉米	大田	300	0	300	0～100	153.78
1	张云贵	2005	植物营养与肥料学报	河北辛集	—	潮土	—	小麦-玉米	大田	428	128	300	0～100	248.05
1	张云贵	2005	植物营养与肥料学报	河北辛集	—	潮土	—	小麦-玉米	大田	555	255	300	0～100	111.1
1	张云贵	2005	植物营养与肥料学报	北京昌平	—	褐潮土	—	小麦-玉米	大田	0	0	0	0～100	21.8
1	张云贵	2005	植物营养与肥料学报	北京昌平	—	褐潮土	—	小麦-玉米	大田	300	0	300	0～100	163.5
1	张云贵	2005	植物营养与肥料学报	北京昌平	—	褐潮土	—	小麦-玉米	大田	369	69	300	0～100	315.66
1	张云贵	2005	植物营养与肥料学报	北京昌平	—	褐潮土	—	小麦-玉米	大田	404	104	300	0～100	398.61
2	谢文艳	2011	华北农学报	山西寿阳	501.1	褐土	8.3	玉米	大田	0	0	0	0～100	100.91
2	谢文艳	2011	华北农学报	山西寿阳	501.1	褐土	8.3	玉米	大田	0	0	0	100～200	3.39
2	谢文艳	2011	华北农学报	山西寿阳	501.1	褐土	8.3	玉米	大田	60	0	60	0～100	157.97

注：此表只列出部分信息，数据库全部参考文献见附录。

2. 分析方法

运用SPSS20.0软件绘制箱型图，如图4.3所示：矩形框是箱型图的主体，上、中、下三条横线分别表示变量值的75%、50%和25%百分位数，变量的50%观测值落在这一区域。中间的纵向直线是触须线。上截止横线是变量本体(除奇异值和极值外的变量)的最大值(上边缘值)，下截止横线是变量本体的最小值(下边缘值)。当变量值大于或小于$(P_{75}–P_{25})×1.5$时，该值为温和异常值，用“○”表示；当其变量值大于或小于$(P_{75}–P_{25})×3.0$时，该值为极端异常值，用“*”表示。通过箱型图找出异常值之后并剔除，再进行方差分析。方差分析采用Turkey法(α=0.05)。

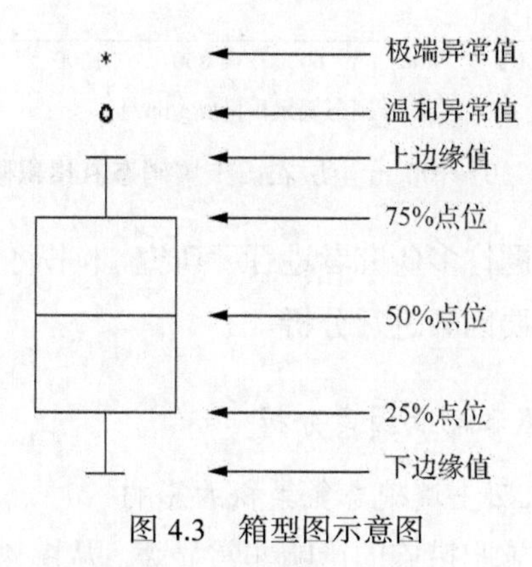

图4.3　箱型图示意图

4.2.2　农田土壤硝态氮累积概况及影响因素分析

1. 农田土壤硝态氮累积概况

大量研究表明，我国农业氮肥施入量不断增加，而施入农田的氮肥被作物吸收利用的量仅占总施入量的28%～41%，作物收获后土壤剖面中残留的氮肥占15%～30%，剩余的部分则通过各种途径损失离开土壤进入环境中。

对统计数据分析得出(图4.4)，农田0～100cm土层中NO_3^--N累积量在0～220kg/hm^{2}的数据占全部数据的90%，有50%的数据处于0～20kg/hm^2。农田0～100cm土层中NO_3^--N具有较高的活性，除了可以被作物吸收利用之外，很有可能随水分下渗或径流流失，从而对地下水和地表水水质构成威胁。近年来，关于农

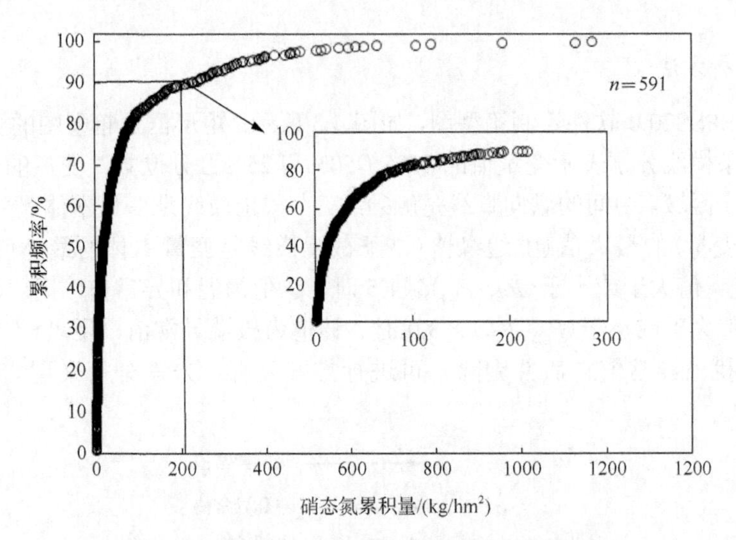

图 4.4　0～100cm 土层农田土壤硝态氮累积概况

田土壤 NO_3^--N 的归趋问题许多研究者进行了研究，本书将依据文献数据对影响农田土壤 NO_3^--N 累积的主要因素进行分析。

2. 农田土壤硝态氮累积影响因素分析

1) 不同施肥措施对农田土壤硝态氮累积的影响

土壤 NO_3^--N 累积受施肥措施的影响非常显著。从图 4.5 可以看出，有机肥与无机肥配合施用土壤 NO_3^--N 累积量最高，而单施有机肥土壤 NO_3^--N 累积量最低。虽然，单施有机肥土壤 NO_3^--N 累积量与单施氮肥的差异不显著，但从数据整体来看要小于单施氮肥的处理。合理的有机肥施用可增加土壤有机碳含量，增强土壤反硝化势能，从而减少土壤 NO_3^--N 的累积(陈同斌等，1996；沈善敏，1998)。而有机肥和无机肥配合施用会增加土壤中有机和无机态氮素，降低土壤 C/N，施用过量或不当可增加土壤中 NO_3^--N 的累积(王敬国和曹一平，1995；张庆忠等，2002)。随着施氮量的增加，0～100cm 土层 NO_3^--N 的累积量不断增加，且在施氮量≥1000kg N/hm^2下，0～100cm 土层 NO_3^--N 累积量高达 150～1165kg/hm^2，与低施氮处理呈显著性差异。当农田种植体系为蔬菜或粮食作物–蔬菜轮作时施氮量通常会高于 1000kg N/hm^2，而种植体系为粮食作物或作物间轮作时其施氮量一般会低于 1000kg N/hm^2。

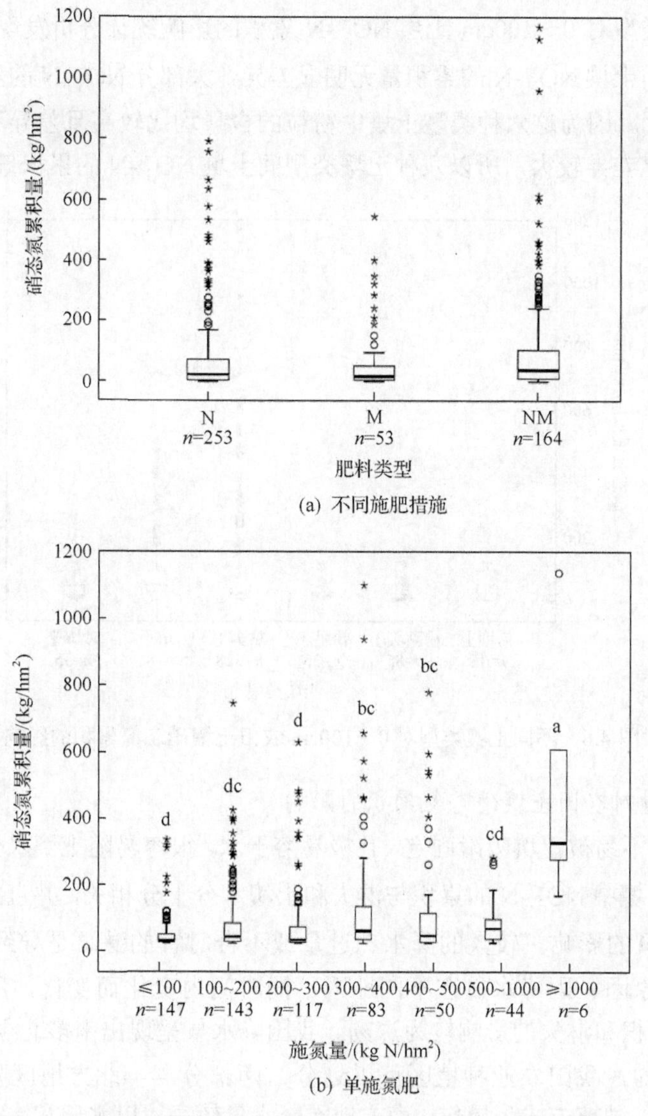

(a) 不同施肥措施

(b) 单施氮肥

图4.5　不同施肥措施对0～100cm农田土壤硝态氮累积的影响

2）不同土壤类型对农田土壤硝态氮累积的影响

NO_3^--N在土壤剖面中的移动受土壤类型的影响也比较大。因其质地不同，土壤硝化和反硝化作用强弱也有所不同。一般认为，土壤质地越粗大、孔隙越多，淋溶损失就越大。而在黏质和粉砂质土壤中NO_3^--N的下渗速度很慢，因此，黏质和粉砂质土壤中一般不易导致NO_3^--N淋失。根据收集的资料，按照国际制土壤颗粒分布将土壤分为粉壤土、粉黏壤土、粉黏土、黏壤土、壤土和砂壤土六种类型。

就不同土壤类型对 0～100cm 土层 NO_3^--N 累积的影响统计分析发现(图 4.6)，六种土壤类型间土壤 NO_3^--N 的累积量无明显差异，大部分 NO_3^--N 的累积含量处于 0～200kg/hm^2。因为这六种类型土壤中粉粒的含量均比较高且差异不大，再加上数据内部变化差异较大，所以六种土壤类型间土壤 NO_3^--N 的累积量差异不大。

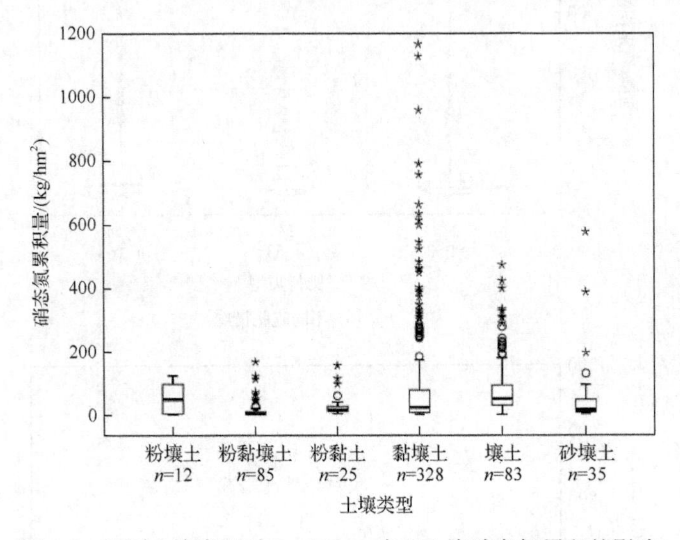

图 4.6　不同土壤类型对 0～100cm 农田土壤硝态氮累积的影响

3) 降水量对农田土壤硝态氮累积的影响

NO_3^--N 不易被土壤吸附固定，且极易溶于水，很容易随土壤水分的迁移而移动。因此，土壤中 NO_3^--N 的累积与淋失和土壤水分十分相关，并直接或间接地受到降水和灌溉的影响。较大的降水、过量或不合时宜的灌溉是导致土壤 NO_3^--N 淋失的主要原因。因降水量在不同地区不同时间内变化而变化，所以其对土壤 NO_3^--N 的累积和淋失的影响较为深刻。我国降水量呈现出南多北少的分布状态。因降水量不均，我国农业种植区可以划分为两部分——北方地区降水量主要在 800mm 以下，种植方式为旱作；南方地区降水量较高，以水田和水旱轮作为主要种植方式。旱作条件下，农田土壤硝化作用较强，土壤 NO_3^--N 含量较高。水田条件下或降水量＞800mm 的地区因农田土壤较长期处于厌氧环境，其阻碍了土壤 NO_3^--N 的累积，所以肥料氮素通过挥发或径流、淋失的途径损失掉。

统计分析降水量对农田土壤 NO_3^--N 累积的影响得出(图 4.7)，随着降水量的增加，0～100cm 农田土壤中 NO_3^--N 的累积量增加，且在降水量为 500～800mm 时最大。随着降水量的增加，土壤 NO_3^--N 在 0～100cm 土层中累积量减少。这主要是较大的降水量造成土壤 NO_3^--N 大量淋失，使得 NO_3^--N 的残留量减少。

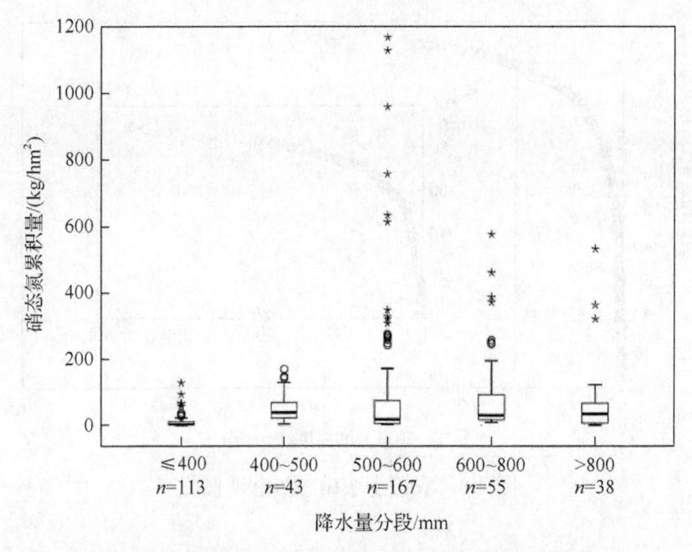

图 4.7　降水量与 0～100cm 农田土壤硝态氮累积的关系

4.2.3　农田土壤硝态氮淋失概况及影响因素分析

1. 农田土壤硝态氮淋失概况

土壤多为带负电荷的胶体，很难吸附 NO_3^--N。土壤中残留的 NO_3^--N 在降水或灌溉等水流作用下向下移动直至进入地下水，该过程称为硝态氮淋失。土壤 NO_3^--N 的淋失受施肥方式、降水量和灌溉量等因素的影响较为明显(李晓欣等，2005；张庆忠等，2002)。因为不同种植体系和试验地点下其土壤 NO_3^--N 的淋失深度不同，依据前人对土壤 NO_3^--N 的淋失研究可将种植体系分为水田和旱地两种：水田作物主要是水稻，旱田作物主要是玉米、小麦等粮食作物，并将水田体系 NO_3^--N 下移 40cm 定为淋失深度，而旱地体系 NO_3^--N 下移 120cm 定为淋失深度。依据该条件对收集数据进行筛选，分析农田土壤 NO_3^--N 淋失概况得出(图 4.8)，90%的农田土壤 NO_3^--N 的淋失量数据分布在 0～400kg N/hm^2，略高于农田 0～100cm 土壤硝态氮累积量状况。50%的农田土壤 NO_3^--N 的淋失量分布在 0～18kg N/hm^2。可见，经过一个作物生长期或轮作周期后 NO_3^--N 的淋失量略高于累积量。这也说明，多年来大量的无机肥和有机肥施用会引起 NO_3^--N 淋失，造成地下水硝酸盐污染。

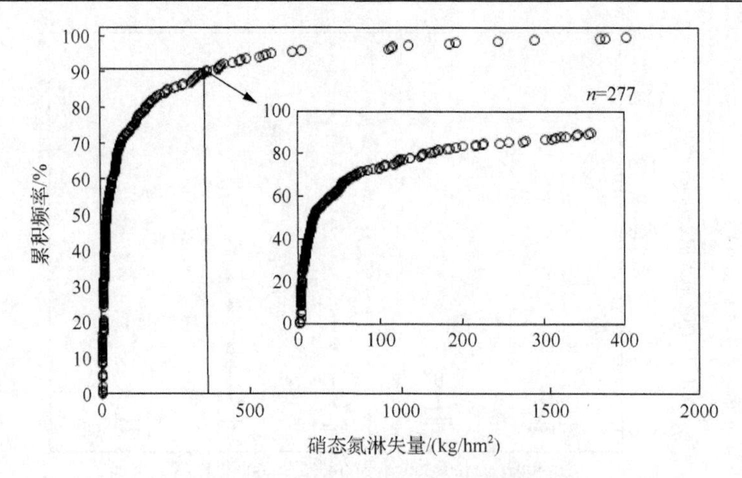

图 4.8 农田土壤硝态氮淋洗概况

2. 农田土壤硝态氮淋失影响因素分析

1) 施氮量对农田土壤硝态氮淋失的影响

高量或不当的氮肥施用是农田土壤 NO_3^--N 淋失的主要原因。图 4.9 显示，农田土壤 NO_3^--N 的淋失量随氮肥施用量的增加呈增加趋势，且在施肥量＞500kg N/hm^2 下土壤 NO_3^--N 淋失量最大，达 10～341kg N/hm^2。数据内部变异较大使得各分段施氮量下土壤 NO_3^--N 淋失量差异不显著，但数据的整体呈现增加趋势。土壤 NO_3^--N 的累积是 NO_3^--N 淋失的必要条件。有研究表明，每年 NO_3^--N 淋失总量中有 68%来源于非根区残留氮，20%来源于根区残留氮，且残留于土壤中的氮素均为农田长期氮肥施用的累积结果（Yadav，1997；王智超，2006）。

2) 降水量对农田土壤硝态氮淋失的影响

降水或灌溉是土壤 NO_3^--N 淋失的驱动力。从图 4.10 可以看出，农田土壤 NO_3^--N 淋失量随降水量的增加呈先增加后降低的趋势，降水量 500～600mm 土壤 NO_3^--N 的淋失量最大，且与≤400mm 降水量下土壤 NO_3^--N 的淋失量呈显著性差异（$p<0.05$）。当降水量≥600mm 时，土壤 NO_3^--N 淋失量虽有所降低，但与降水量在 500～600mm 段土壤 NO_3^--N 的淋失量无显著性差异（$p>0.05$），这表明当降水量大于 500mm 时会发生较明显的 NO_3^--N 淋失现象。

除施肥措施、土壤类型和降水量之外，关于农田土壤 NO_3^--N 累积与淋失的影响因素还有很多，但由于文献数量和数据有限，不能对其他影响因素进行分析，因此数据库的内容仍需补充和完善。

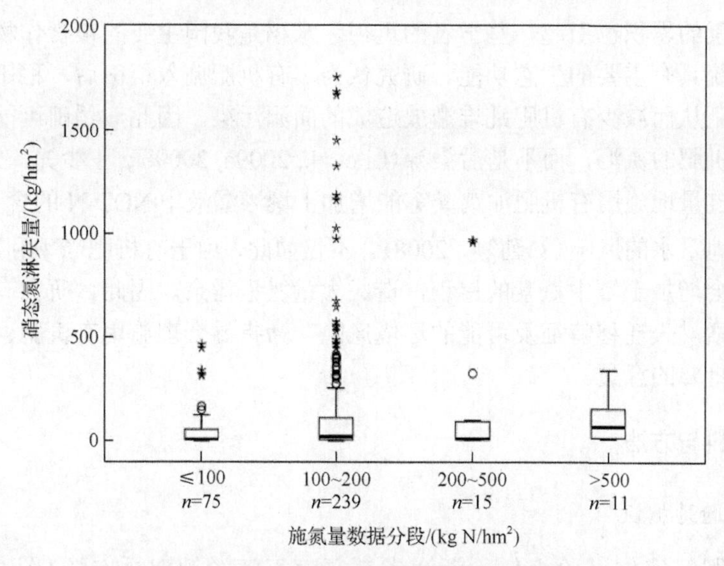

图 4.9　施氮量与农田土壤硝态氮淋洗的关系

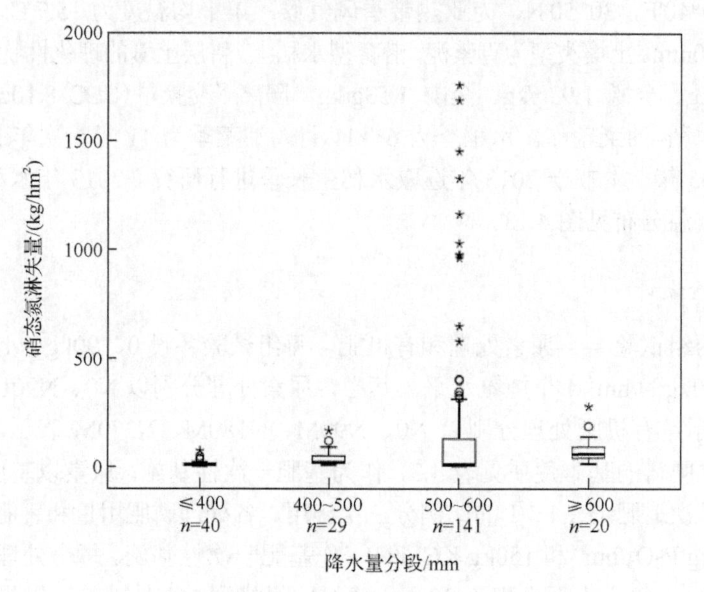

图 4.10　降水量与农田土壤硝态氮淋洗量的关系

4.3　有机肥施用对稻田土壤氮素淋失及无机氮残留的影响

氮素是作物生长所必不可少的营养元素。有机肥如腐熟的动物粪便被作为氮肥的主要来源而大量地施入农田。但其长期大量施用对地表水和地下水的影响及土壤中氮素的累积也引起一些学者的重视。水稻是我国主要的粮食作物，稻田湿地生态系统具有重要的生态功能。研究认为，有机肥施入稻田后，稻田可有效地利用有机肥从而减少有机肥乱堆滥放造成的面源污染。因此，稻田可能成为畜禽粪便等有机肥的氮汇，而不是污染源(Li et al., 2009a, 2009b；王少先，2011)。但稻田长期过量地施用有机肥如鸡粪等能增加土壤渗漏液中 NO_3^--N 的含量，增加硝酸盐污染地下水的风险(刘勤等，2008)。不仅如此，由于有机肥当季利用率较低，肥效缓，会增加土壤中氮素的累积，造成大量氮素盈余。因此，研究有机肥施用对稻田氮素淋失迁移特征及可能的环境风险，为指导合理施用有机肥、减少环境污染具有重要的意义。

4.3.1 材料与方法

1. 试验地概况

稻田肥料定位试验点位于浙江省嘉兴市王江泾镇双桥农场(图 4.11 和图 4.12)，120°40'E，30°50'N，为亚热带季风气候，年平均温度为 15.7℃，年平均降水量为 1200mm。土壤类型为青紫泥，潜育型水稻土。耕层土壤的理化性状为：pH 6.8、SOC19.2g/kg、全氮 1.93g/kg、全磷 1.53g/kg、阳离子交换量(CEC) 8.10cmol/kg。种植模式为水稻–油菜轮作。水稻季为 6～11 月，油菜季为 11 月～次年 5 月。试验开始于 2005 年，本书于 2013 年选取水稻生长季进行研究。2013 年水稻生长期内降雨量和气温分布见图 4.13。

2. 试验设计

设置两组试验——尿素处理和有机肥，每组试验各设 0、90kg N/hm^2、180kg N/hm^2、270kg N/hm^2 4 个施氮水平。其中，尿素处理分别以 N0、N90U、N180U、N270U 表示，有机肥处理分别以 N0、N90M、N180M、N270M 表示。有机肥为腐熟猪粪，肥料的基本性质见表 4.3，作为基肥一次性基施。尿素以基肥：第一次追肥：第二次追肥=3：1：1 的比例分三次施用。各处理磷肥用量和钾肥用量相同，分别为 40kg P_2O_5/hm^2 和 150kg KCl/hm^2，作基肥一次性基施。每个处理重复 3 次，共 24 个小区，每个小区面积为 $20m^2$，随机区组排列。靠外围的一侧设有保护行，小区田埂用塑料薄膜包被以防串流和侧渗，小区田埂筑高 20cm。在每个小区中央安装两个 PVC(直径为 3cm)渗漏水采集器，用来采集渗漏液。埋设深度分别为 40cm 和 100cm，两个 PVC 渗漏水采集器相距 1m。

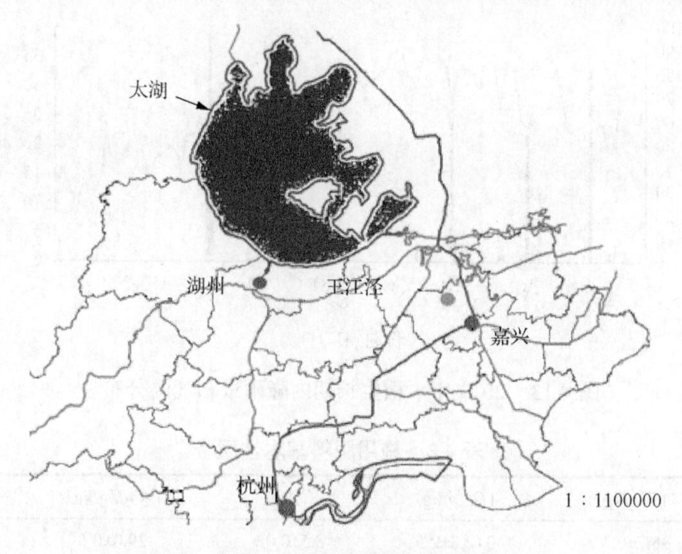

图 4.11　试验点示意图

图 4.12　试验点实景图

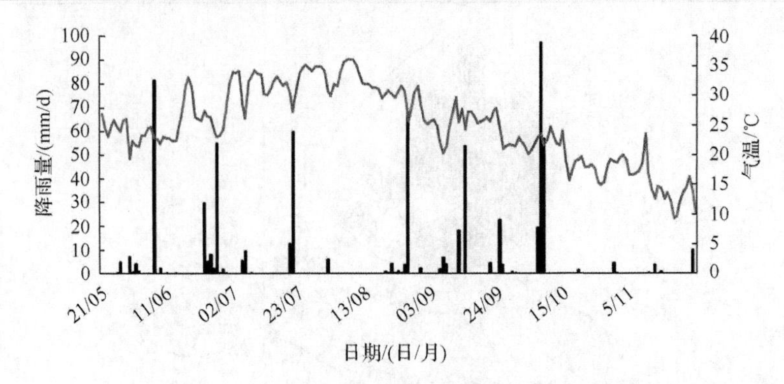

图 4.13 2013 年水稻生长期内降雨量和气温分布

表 4.3 施用肥料基本性质

肥料	TN/(g/kg)	TC/(g/kg)	C : N	P_2O_5/(g/kg)	$\delta^{15}N$/‰
猪粪	36.7±0.4	312.8±2.5	8.5±0.02	29.0±0.6	6.5±0.3

3. 样品采集与分析

1) 水样采集与测定

(1) 田面水样采集：水稻淹水期，基肥施入后两周内每隔一天采集一次，即施肥后第 0、1、3、5、7、11、13d 各采集一次；两周后每隔一周采集一次，即施肥后 19、26、31d 各采集一次；之后每隔一个月左右采集一次直至田面水落干，共采集 11 次田面水样。

(2) 渗漏水样采集：采样时间为基肥施入后的两周内每隔一天采集一次，即施肥后第 0、1、3、5、7、11、13d 各采集一次，两周后每隔一周采集一次即施肥后 19、26、31 d 各采集一次，之后每隔一个月左右采集一次，即施肥后第 53、67、97d 各采集，连续 13 次采样。采样结束后，迅速带回实验室分析，未能当天分析的水样保存在 4℃冰箱中，于次日分析。水样 TN 测定采用双波长紫外分光光度法；NH_4^+-N 测定采用纳氏试剂法，NO_3^--N 测定采用紫外分光光度法(参见《水和废水监测分析方法》)。

2) 土样采集与测定

分别在水稻收获和油菜收获后，用 3cm 内径土钻在每小区随机取 5 点剖面土样，土样分为 0～20cm、20～40cm 和 40～100cm3 个层次。土样按层次混合后放入冰箱，带回实验室冷冻保藏(–20℃)，一周内测定土壤含水量、NH_4^+-N 和 NO_3^--N 含量。土壤剖面采用环刀法分层测定土壤容重，将测定土壤容重的土样在 105℃烘干至恒重，恒重除以其相应体积即得土壤容重；土壤含水量测定采用烘干法；土壤 NH_4^+-N 和 NO_3^--N 测定采用 2mol/L 的 KCL 浸提，浸提液中 NH_4^+-N 采用纳氏试剂法测定；NO_3^--N 采用紫外分光光度法测定(杨绒等，2007)。

4.3.2　不同施肥处理对水稻产量的影响

与尿素处理相比，有机肥施用可显著增加水稻产量(表 4.4)。不同尿素施用水平下，9 年平均产量变幅为 7.18～8.26t/hm^2，与 N0 相比，增产变幅为 7.49%～23.65%，不同年份水稻产量随尿素施用量的增加，表现为先增加后不变甚至降低的趋势。从 9 年平均产量来看，水稻产量随尿素施用量的增加而增加。而不同有机肥施用水平下，9 年平均产量变幅为 8.60～9.15t/hm^2，与 N0 相比，增产幅度为 28.74%～36.98%。不同年份水稻产量随有机肥施用量的增加，也表现为先增加后不变甚至降低的趋势。在同等氮施用水平下，与尿素处理相比，施用有机肥水稻平均产量增加 10.8%～18.8%，且随施肥量的增加，增产幅度减小。有机肥施用增加水稻产量是由于有机肥本身含有多种作物需要的营养物质，尤其是增加了土壤中的有机物质含量并改善了土壤理化和生物特性(Reddy et al.，2000)。然而，并不是有机肥施用量越高，水稻产量越高。从 9 年平均产量来看，水稻产量随有机肥施用量增加而增加，但当有机肥施用量从 180kg N/hm^2 增加到 270kg N/hm^2 时，水稻产量无显著性差异(p>0.05)，说明当有机肥施用量高于 180kg N/hm^2 时对水稻增产无明显效果，而施肥量低于 180kg N/hm^2 时可能有减产风险。

4.3.3　不同施肥处理下稻田田面水氮素浓度变化

水稻淹水期，稻田田面水中 TN、NH_4^+-N 和 NO_3^--N 的浓度均随施肥量的增加而增加，且施用尿素田面水中氮素的浓度要显著高于施用有机肥田面水氮素的浓度(图 4.14)。尿素处理下，田面水 TN、NH_4^+-N 的浓度变化范围分别为 1.32～50.71mg/L、0.28～49.52mg/L。基肥施入后第 1d 田面水 TN 和 NH_4^+-N 浓度均达到最高，且随着施肥量的增加而增加。TN 的最高浓度从低到高分别为 8.96mg/L、14.52mg/L、39.40mg/L 和 50.71mg/L，NH_4^+-N 的最高浓度从低到高分别为 7.67mg/L、13.35mg/L、30.21mg/L 和 49.52mg/L。与 N0 相比，施用尿素 TN 浓度增加了 62.0%～465.7%，NH_4^+-N 浓度增加了 74.05%～545.4%。但随着时间的增加田面水 TN 和 NH_4^+-N 浓度迅速降低，在施肥后第 7d，TN 浓度降为峰值的 1.6%～11.3%，NH_4^+-N 浓度降为峰值的 2.0%～13.2%。后两次追肥引起的田面水动态变化与基肥施后的表现相似，但随着施氮量的减少，田面水的氮素含量也相应地降低。基肥施入后两个月左右田面水 TN、NH_4^+-N 浓度趋于一个相对的稳定值，按尿素施用量从低到高，TN 浓度分别为 1.32mg/L、1.95mg/L、2.95mg/L 和 3.30mg/L，NH_4^+-N 浓度分别为 0.72mg/L、0.81mg/L、1.03mg/L 和 0.84mg/L。当尿素施用量

表 4.4 不同施肥处理对水稻产量的影响（2005～2013 年）

处理	不同年份水稻产量/（10^3kg/hm^2）									平均	增产
	2005	2006	2007	2008	2009	2010	2011	2012	2013		
N0	7.08±0.51b	6.98±0.37d	6.02±0.25d	6.61±0.41d	6.21±0.15d	5.42±0.28d	5.81±0.39d	7.67±0.53b	7.40±0.13a	6.68	—
N90U	7.56±0.29b	7.34±0.12c	7.02±0.31c	7.24±0.22c	6.83±0.38c	6.67±0.23d	6.75±0.16c	7.75±0.34b	7.50±0.25a	7.18	7.49
N180U	7.87±0.14b	7.75±0.43b	7.44±0.24c	7.65±0.37c	7.25±0.17c	7.50±0.19c	7.38±0.29b	8.33±0.46b	7.54±0.31a	7.64	14.37
N270U	8.75±0.31a	8.63±0.37a	8.32±0.15b	8.53±0.54b	8.13±0.35b	8.00±0.25b	8.06±0.44b	8.08±0.59b	7.83±0.14a	8.26	23.65
N90M	8.59±0.24a	8.90±0.43a	8.23±0.31b	8.54±0.19b	8.42±0.35a	8.75±0.33b	8.58±0.15b	9.33±0.27a	8.08±0.38a	8.60	30.59
N180M	8.89±0.33a	9.19±0.15a	8.73±0.39a	8.83±0.24a	8.92±0.41a	9.92±0.27a	9.42±0.33a	9.67±0.11a	8.17±0.14a	9.08	37.82
N270M	9.19±0.25a	9.38±0.43a	8.65±0.13a	9.01±0.27a	8.83±0.34a	10.25±0.19a	9.54±0.49a	9.17±0.51a	8.38±0.57a	9.15	38.95

注：表中同一列数据后面不同字母表示差异达 $p<0.05$ 显著水平，下同。

等于或高于 180kg N/hm^2 时，田面水残留 TN 浓度超过了地表水限值(2mg/L)，仍会产生一定的面源污染。基肥施入后田面水 NO_3^--N 浓度显著低于 NH_4^+-N 浓度，且 NO_3^--N 浓度呈波动性变化趋势，NO_3^--N 浓度的变化范围为 0.19～1.70mg/L。从整体来看，田面水中 NO_3^--N 浓度随尿素施用量增加而增加，但无明显差异。两次追肥后，田面水 NO_3^--N 浓度略有所升高，但浓度都较低。基肥施入后两个月左右田面水 NO_3^--N 浓度趋于一个相对的稳定值，依施肥量从低到高 NO_3^--N 浓度分别为 0.18mg/L、0.41mg/L、0.31mg/L 和 0.67mg/L。

施用有机肥稻田田面水中 TN、NH_4^+-N 和 NO_3^--N 浓度均低于尿素处理(图 4.15)。田面水 TN 和 NH_4^+-N 浓度变化范围分别为 1.32～27.68mg/L 和 0.22～26.09mg/L。基肥施入后第 1d 田面水 TN 和 NH_4^+-N 浓度均达到最高，且随有机肥施用量的增加而增加。田面水 TN 最高浓度从低到高分别为 8.96mg/L、15.02mg/L、18.89mg/L 和 27.68mg/L。NH_4^+-N 最高浓度从低到高分别为 7.67mg/L、15.98mg/L、19.25mg/L 和 27.68mg/L。在同等施氮水平下，与尿素处理相比，有机肥处理 TN 浓度峰值降低了 48.6%～52.1%(N90M 除外)，NH_4^+-N 浓度峰值降低了 36.3%～44.1%(N90M 除外)。随着时间的增加，田面水 TN 和 NH_4^+-N 浓度迅速降低，在施肥后第 7d，TN 浓度降为峰值的 13.7%～17.2%，NH_4^+-N 浓度降为峰值的 5.2%～13.2%。两次追肥后，田面水中 TN 和 NH_4^+-N 浓度变化与基肥施后的趋势相似，也是在追肥施后的第 1d，TN 和 NH_4^+-N 浓度达到峰值，但因追肥量较低，氮素浓度也有所降低。基肥施入后两个月左右田面水 TN 和 NH_4^+-N 浓度趋于一个相对的稳定值，依施肥量从低到高 TN 浓度分别为 1.32mg/L、1.52mg/L、2.47mg/L 和 1.98mg/L，NH_4^+-N 浓度分别为 0.72mg/L、0.51mg/L、1.19mg/L 和 0.92mg/L。而田面水中 NO_3^--N 浓度变化呈波动趋势，变化范围为 0.18～1.07mg/L。与尿素处理相比，有机肥处理田面水中 NO_3^--N 浓度降低了 5.3%～37.1%。两次追肥后，田面水 NO_3^--N 浓度略有所升高，但浓度都较低。基肥施入后两个月左右田面水 NO_3^--N 浓度趋于一个相对的稳定值，依施肥量从低到高 NO_3^--N 浓度分别为 0.18、0.34、0.43 和 0.61mg/L。

在同等施氮水平下，施用有机肥田面水氮素浓度均低于尿素处理，这表明用有机肥(腐熟猪粪)代替尿素能显著降低稻田田面水氮素浓度，从而减少稻田氮素流失的风险。这与李冬初等(2009)的研究结果一致。在水稻淹水期，田间处于还原环境，硝化作用较弱，因此各处理下田面水 NO_3^--N 均较低。从上述结果可以看出，NH_4^+-N 是稻田田面水无机氮存在的主要形态，是肥料氮施入之后稻田氮素周转的关键物质(Yoshida et al.，1997；Keeney and Sahrawat，1986)。田面水中 NH_4^+-N

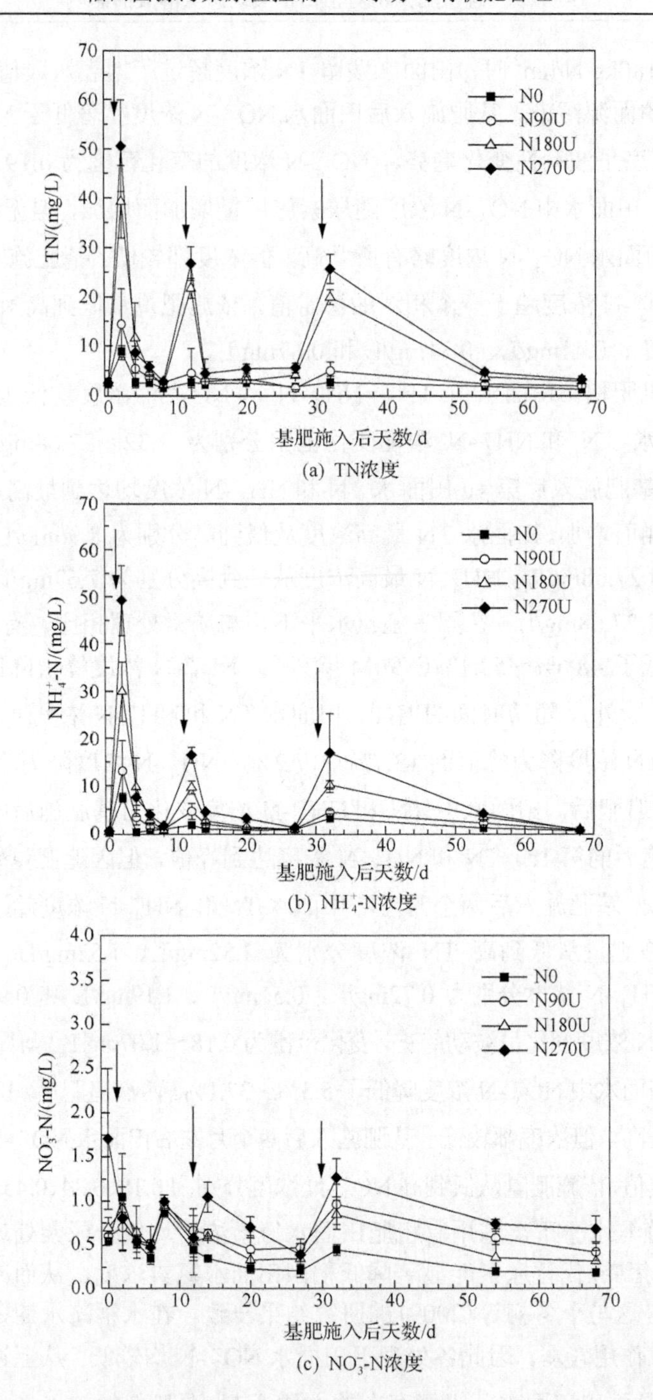

图 4.14　不同尿素施用水平下稻田田面水 TN、NH_4^+-N、NO_3^--N 浓度动态变化

↓依次表示基肥、第一次追肥和第二次追肥

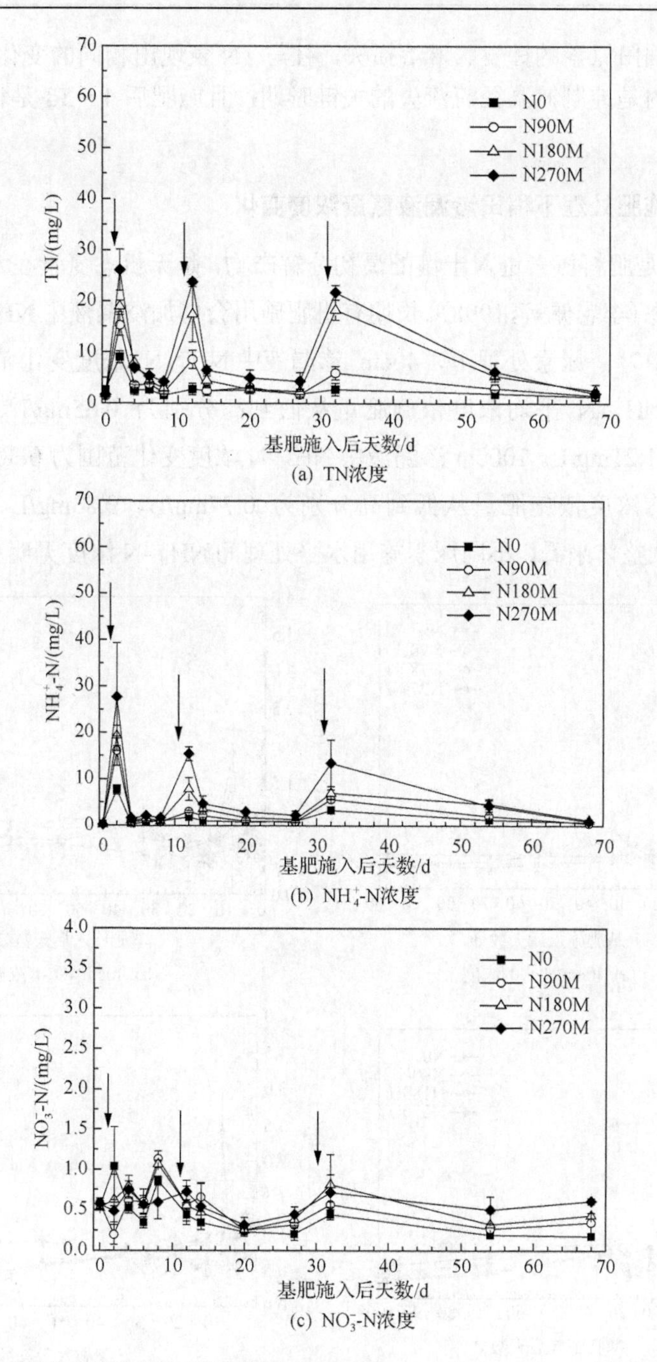

图 4.15　不同有机肥施用水平下稻田田面水 TN、NH_4^+-N、NO_3^--N 浓度动态变化

↓依次表示基肥、第一次追肥和第二次追肥

浓度会影响稻田氮素的挥发、淋溶损失，且与 TN 表现出相同的变化趋势。因此，施肥后一周内是控制氮素径流流失的关键时期，且施肥后 1～3d 是稻田氮素浓度的高峰期。

4.3.4 不同施肥处理下稻田渗漏液氮素浓度变化

NH_4^+-N 是肥料氮素进入土壤的最初分解产物，是无机态氮素在水田表层土壤中的主要形态(李忠佩等，1998)。长期有机肥施用会增加渗漏液中 NH_4^+-N 浓度(图 4.16 和图 4.17)。尿素处理下，40cm 渗漏液中 NH_4^+-N 浓度变化范围为 0.43～2.06mg/L，NH_4^+-N 平均浓度依施肥量从低到高分别为 0.65mg/L、0.77mg/L、0.82mg/L 和 1.21mg/L。100cm 渗漏液中 NH_4^+-N 浓度变化范围为 0.30～2.18mg/L，NH_4^+-N 平均浓度依施肥量从低到高分别为 0.77mg/L、0.83mg/L、0.84mg/L、1.08mg/L。从整体来看，不同尿素施用水平处理间 NH_4^+-N 浓度无明显差异。不同

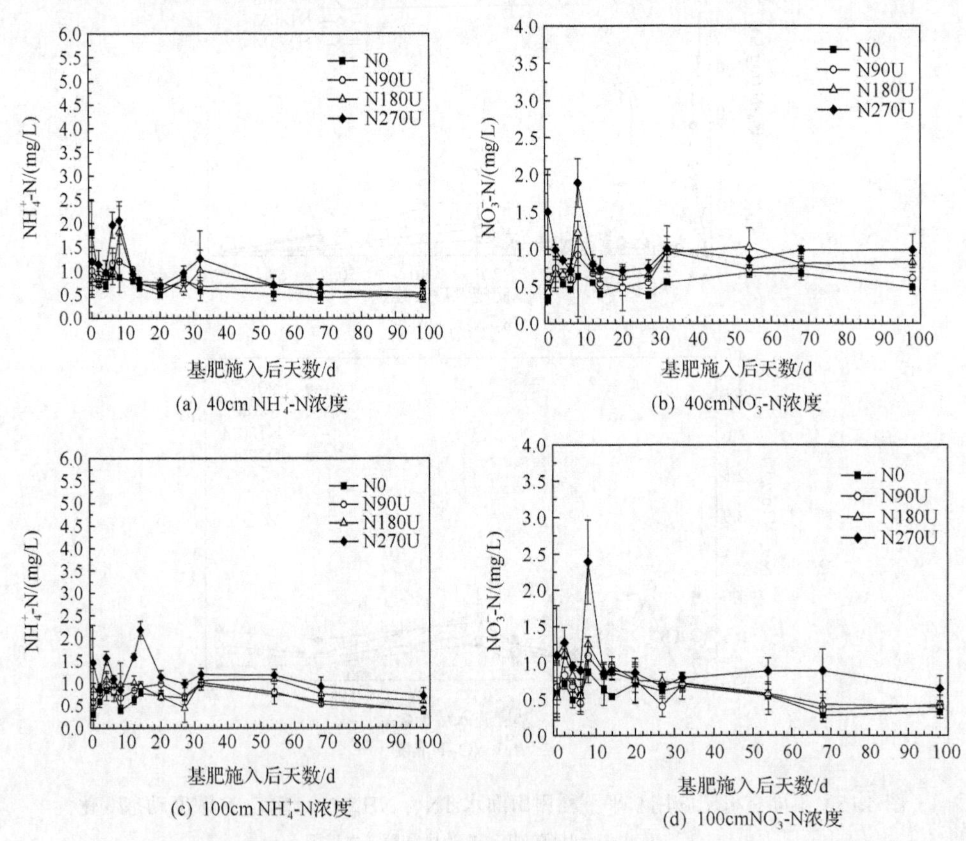

图 4.16 不同尿素施用水平下 40cm 和 100cm 渗漏液中 NH_4^+-N、NO_3^--N 的浓度变化

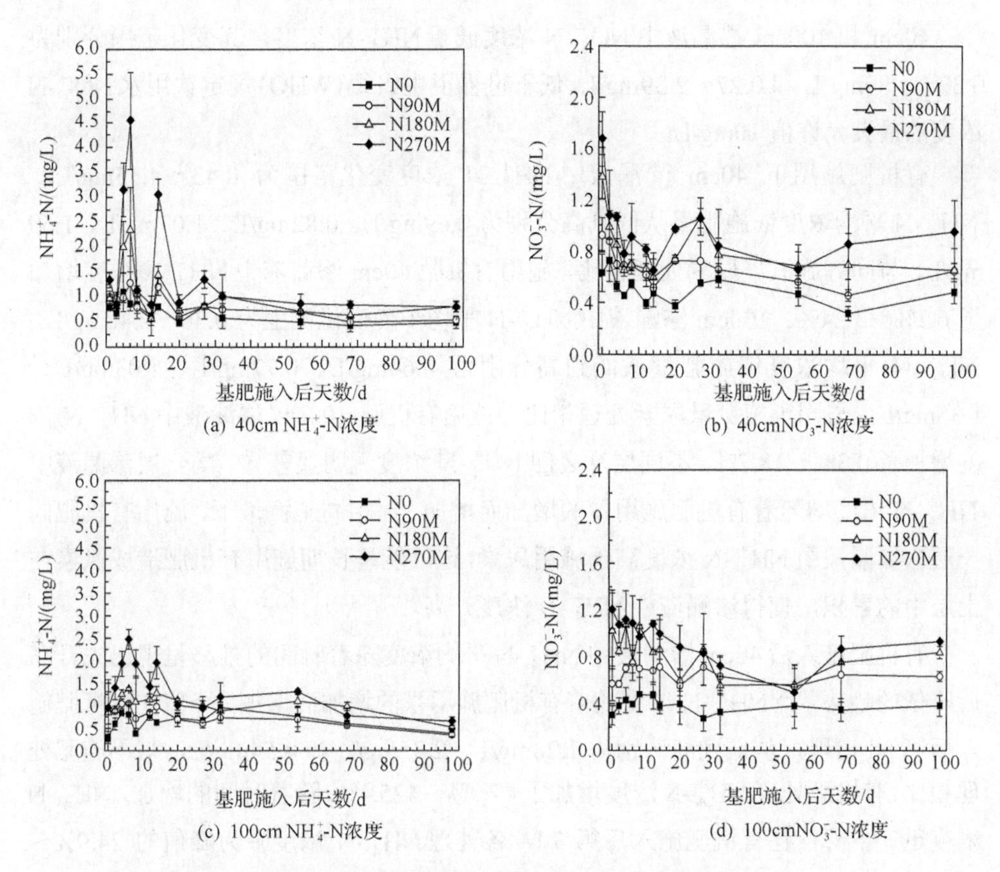

图 4.17　不同有机肥施用水平下 40cm 和 100cm 渗漏液中 NH_4^+-N、NO_3^--N 的浓度变化

层次渗漏液间 NH_4^+-N 浓度无明显差异。同一层渗漏液中 NH_4^+-N 浓度均随着尿素施用量的增加而增加。

尿素施用后 40cm 渗漏液中 NH_4^+-N 浓度随着时间的推移呈现波动变化趋势。与田面水 NH_4^+-N 浓度变化趋势相比，40cm 渗漏液中 NH_4^+-N 浓度峰值出现的较晚，约在基肥施入后的第 7d 各处理 NH_4^+-N 浓度达到最高值。之后随着时间的推移，渗漏液中 NH_4^+-N 浓度逐渐下降。后两次追肥对渗漏液中 NH_4^+-N 浓度影响不大。在基肥施入后三个月，40cm 渗漏液中 NH_4^+-N 浓度趋于稳定，依施肥量从低到高分别为 0.49mg/L、0.53mg/L、0.44mg/L、0.73mg/L。100cm 渗漏液中 NH_4^+-N 浓度变化趋势也呈波动性，且各处理 NH_4^+-N 浓度峰值比 40cm 渗漏液 NH_4^+-N 浓度峰值出现的晚一些。

40cm 和 100cm 渗漏液中 NO_3^--N 浓度低于 NH_4^+-N 浓度，其变化范围分别为 0.32～1.89mg/L 和 0.27～2.39mg/L，低于世界卫生组织（WHO）规定饮用水 NO_3^--N 浓度的最大允许值 10mg/L。

有机肥施用下 40cm 渗漏液中 NH_4^+-N 浓度变化范围为 0.43～4.55mg/L，NH_4^+-N 平均浓度依施肥量从低到高分别为 0.69mg/L、0.82mg/L、1.07mg/L、1.59 mg/L，与同等施氮量尿素处理相比，施用有机肥 40cm 渗漏液中 NH_4^+-N 浓度增加了 6.2%～31.4%。100cm 渗漏液中 NH_4^+-N 平均浓度变化范围为 0.30～2.48mg/L，NH_4^+-N 平均浓度依施肥量从低到高分别为 0.64mg/L、0.77mg/L、1.03mg/L、1.38mg/L，与同等施氮量尿素处理相比，施用有机肥 100cm 渗漏液中 NH_4^+-N 浓度增加了 0.3%～18.7%。不同层次之间 NH_4^+-N 浓度无明显差异。同一层渗漏液中 NH_4^+-N 浓度均随着有机肥施用量的增加而增加。在相同施氮量下，施用有机肥同一层次渗漏液中 NH_4^+-N 浓度高于施用尿素，这可能是长期施用有机肥造成氮素在土层中的累积，使得渗漏液中 NH_4^+-N 浓度升高。

有机肥施入后 40cm 渗漏液中 NH_4^+-N 平均浓度随着时间的推移呈现出先升高后降低的趋势，且 NH_4^+-N 浓度随着有机肥施用量的增加而增加，峰值在有机肥施入后第 5d 出现，从低到高分别为 1.28mg/L、2.35mg/L 和 4.54mg/L，与不施肥处理相比，有机肥处理 NH_4^+-N 浓度增加了 47.9%～425.4%。随着时间的增加，NH_4^+-N 浓度迅速下降，在有机肥施入后第 7d，各处理 NH_4^+-N 浓度降为峰值的 24.9%～62.0%。在有机肥施入后的第 13d 即第一次追肥后的第 3d，各处理 NH_4^+-N 浓度出现了第二个峰值，从低到高分别为 1.20mg/L、1.44mg/L 和 3.05mg/L。在有机肥施入后一个月进行第二次追肥，但第二次追肥对 40cm 渗漏液中 NH_4^+-N 的浓度影响不大。这主要是由于水稻正处于分蘖期，对氮素的吸收能力较强，进入渗漏液中的氮素较少。

100cm 渗漏液中 NH_4^+-N 浓度变化与 40cm 渗漏液 NH_4^+-N 浓度变化基本一致。在有机肥施入后第 5d 各处理 NH_4^+-N 浓度达到峰值，依施用量从低到高 NH_4^+-N 浓度分别为 1.05mg/L、1.37mg/L 和 2.48mg/L，之后，NH_4^+-N 浓度迅速下降，在有机肥施入后的第 7d，NH_4^+-N 浓度分别降为峰值的 67.8%～78.6%。有机肥施入后第 13d，各处理 NH_4^+-N 浓度又出现了一个峰值，从低到高分别为 0.98mg/L、1.27mg/L 和 1.96mg/L，之后基本呈逐渐下降趋势。

40cm 和 100cm 渗漏液中 NO_3^--N 浓度呈现出先降低后增加的趋势，而且 NO_3^--N 浓度比较低，40cm 渗漏液中 NO_3^--N 浓度变化范围为 0.46～1.67mg/L，0～

100cm 渗漏液中 NO_3^--N 浓度变化范围为 0.49～1.21mg/L，略低于尿素处理下相应深度渗漏液中 NO_3^--N 浓度。

从渗漏液中 NO_3^--N 浓度随有机肥施用量的变化来看，渗漏液中 NO_3^--N 浓度随有机肥施用量增加而增加，但稻季有机肥施用对渗漏液中 NO_3^--N 的影响不大，说明渗漏液中 NO_3^--N 主要来源于上茬作物累积的硝酸盐。稻田 7～9 月处于淹水还原性环境，硝化作用较弱，反硝化作用较强，所以渗漏液中 NO_3^--N 浓度逐渐降低。而 10 月稻田落干后，土壤硝化作用较强，残留于土壤中的氨氮经硝化作用转化为 NO_3^--N，在 10 月有较强的降雨，导致土壤中 NO_3^--N 下，渗使得渗漏液中 NO_3^--N 浓度升高。

有机肥施用后渗漏液中 NH_4^+-N 浓度高于 NO_3^--N 浓度，这与李冬初等(2009)的研究结果一致。这可能是由于有机肥施入后在微生物作用下肥料中有机氮矿化产生了大量的 NH_4^+-N，除一部分被水稻吸收固定以外，处于饱和态的土壤颗粒不能吸收更多的 NH_4^+-N，从而导致其进入渗漏液中。水稻在幼苗期根系尚未充分发育完全而处于非活跃时期，对氮素营养物质的吸收能力弱、需求量低，因此有较多的氮素进入渗漏液中(杨绒等，2007)。且在稻田淹水还原环境下，硝化能力较弱，NO_3^--N 产生量较少，使得 NH_4^+-N 浓度高于 NO_3^--N 浓度。这表明水稻生长季内渗漏液中 NH_4^+-N 是无机氮的主要存在形态。

4.3.5　不同施肥处理对 0～100cm 土层无机氮累积与分布的影响

油菜收获后，有机肥施用显著增加了 0～100cm 土层中无机氮的残留量，且随有机肥施用量的增加而增加(图 4.18)。不同有机肥施用水平下 0～20cm 土层中 NH_4^+-N 浓度变化范围为 6.64～24.51mg/kg，20～40cm 土层中 NH_4^+-N 浓度变化范围为 6.27～10.15mg/kg，40～100cm 土层中 NH_4^+-N 浓度变化范围为 2.04～7.01mg/kg。而施用尿素处理，相应土层土壤中 NH_4^+-N 浓度变化范围分别为 6.64～14.26mg/kg、7.05～9.02mg/kg 和 1.08～4.04mg/kg。在相同施氮水平下，施用有机肥相应土层土壤中 NH_4^+-N 浓度比施用尿素处理分别增加了 69.3%～80.4%、17.2%～39.1%和 73.4%～365.4%。随着土壤深度的增加，各处理下土壤中 NH_4^+-N 浓度呈逐渐降低的趋势。土壤中 NH_4^+-N 浓度集中在 0～20cm 土层中。从 0～100cm 土层中 NH_4^+-N 的累积量来看，不同有机肥施用水平下土壤中 NH_4^+-N 累积量均在 40～100cm 土层中 NH_4^+-N 的累积量最高，且有机肥施用量的增加而增加，分别占

1m 土层 NH_4^+-N 累积量的 44.9%、41.4%和 44.3%。有机肥施用量越高，1m 土层残留的 NH_4^+-N 含量越高(表 4.5)。而不同尿素施用水平下土壤中 NH_4^+-N 累积量随土层深度的增加呈先不变后降低或者先降低后增加的趋势。且随着尿素施用量增加，1m 土层中 NH_4^+-N 的累积量也增加。但当施氮量低于 270kg N/hm^2 时，土壤中 NH_4^+-N 的残留量低于 N0 处理。当施氮量为 270kg N/hm^2 时，1m 土层 NH_4^+-N 累积量高达 76.71kg/hm^2，比 N0 处理增加了 74.3%。可见，高量施用尿素会增加土壤 NH_4^+-N 残留。在相同氮施用水平下，与尿素处理相比，施用有机肥 1m 土层 NH_4^+-N 的累积量分别增加了 87.0%、113.9%和 44.8%。

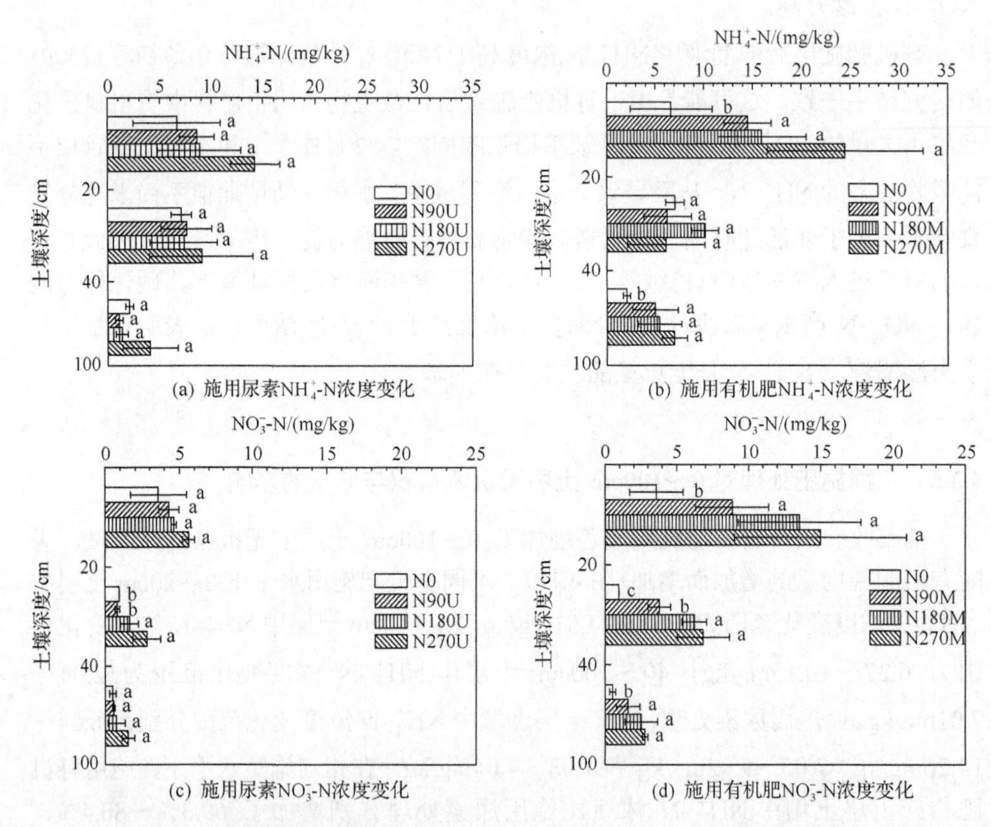

图 4.18 油菜收获后不同施肥处理下各层土壤中 NH_4^+-N、NO_3^--N 浓度变化

柱状图上不同小写字母表示同一土层在不同施肥水平下差异达 p<0.05 显著水平

表 4.5　油菜收获期 0～100cm 土壤剖面无机氮分布

处理		不同土层无机氮累积量/(kg/hm^2)			1m 土层氮素累积量/(kg/hm^2)
		0～20cm	20～40cm	40～100cm	
NH_4^+-N	N0	13.67b	16.07a	14.29c	44.03c
	N90U	17.00b	17.27a	7.55c	41.82c
	N180U	17.36b	16.64a	9.41c	43.41c
	N270U	27.94b	20.39a	28.38b	76.71b
	N90M	28.78b	14.30a	35.12b	78.2b
	N180M	31.31b	23.13a	38.40b	92.84a
	N270M	48.04a	13.82a	49.21a	111.07a
NO_3^--N	N0	7.39b	2.16b	3.58b	13.13b
	N90U	8.51b	1.87b	4.16b	14.54b
	N180U	9.09b	3.70b	5.34b	18.13b
	N270U	11.00b	6.33b	10.82b	28.15b
	N90M	17.56b	8.65b	11.22b	37.43b
	N180M	26.53a	14.22a	17.70a	58.45a
	N270M	29.39a	15.49a	19.59a	64.47a

注：表中同一列数据后面不同字母表示差异达 $p<0.05$ 显著水平，下同。

而 0～100cm 土层中 NO_3^--N 的浓度比较低，且随着土层深度的增加而降低。NO_3^--N 主要集中在 0～20cm 土层中。尿素处理 0～20cm 土层中 NO_3^--N 浓度变化范围为 3.04～5.61mg/kg，有机肥处理 0～20cm 土层中 NO_3^--N 浓度变化范围为 3.04～74.99mg/kg，且均随施氮量的增加而增加。从 1m 土层中 NO_3^--N 的累积量来看，施用有机肥土壤 NO_3^--N 残留量要显著高于尿素处理。在同等施氮水平下，与尿素处理相比，施用有机肥 1m 土层 NO_3^--N 残留量分别增加了 157.4%、222.4% 和 129.0%。油菜收获后，有机肥施用下土壤中较多的无机态氮残留量增加了氮素淋失风险。

水稻收获后，有机肥施用也显著增加了 0～100cm 土层中无机氮的残留量（图 4.19）。有机肥处理下 0～20cm 土层中残留的 NH_4^+-N 浓度变化范围为 2.64～6.21mg/kg；20～40cm 土层中 NH_4^+-N 浓度变化范围为 4.34～11.28mg/kg；40～100cm

土层中NH_4^+-N 浓度变化范围为 5.05～13.17mg/kg。随着土层深度的增加，土壤NH_4^+-N 浓度呈逐渐增加的趋势，土壤NH_4^+-N 主要集中 40～100cm 土层，且土壤中残留的NH_4^+-N 浓度随着有机肥施用量的增加而增加。与 N0 相比，40～100cm 土层中NH_4^+-N 浓度增加了 60.4%～160.8%。而尿素处理下，相应土层中NH_4^+-N 浓度的变化范围分别为 2.64～7.66mg/kg、4.34～9.24mg/kg 和 5.05～9.22mg/kg，略低于有机肥处理但无显著性差异。

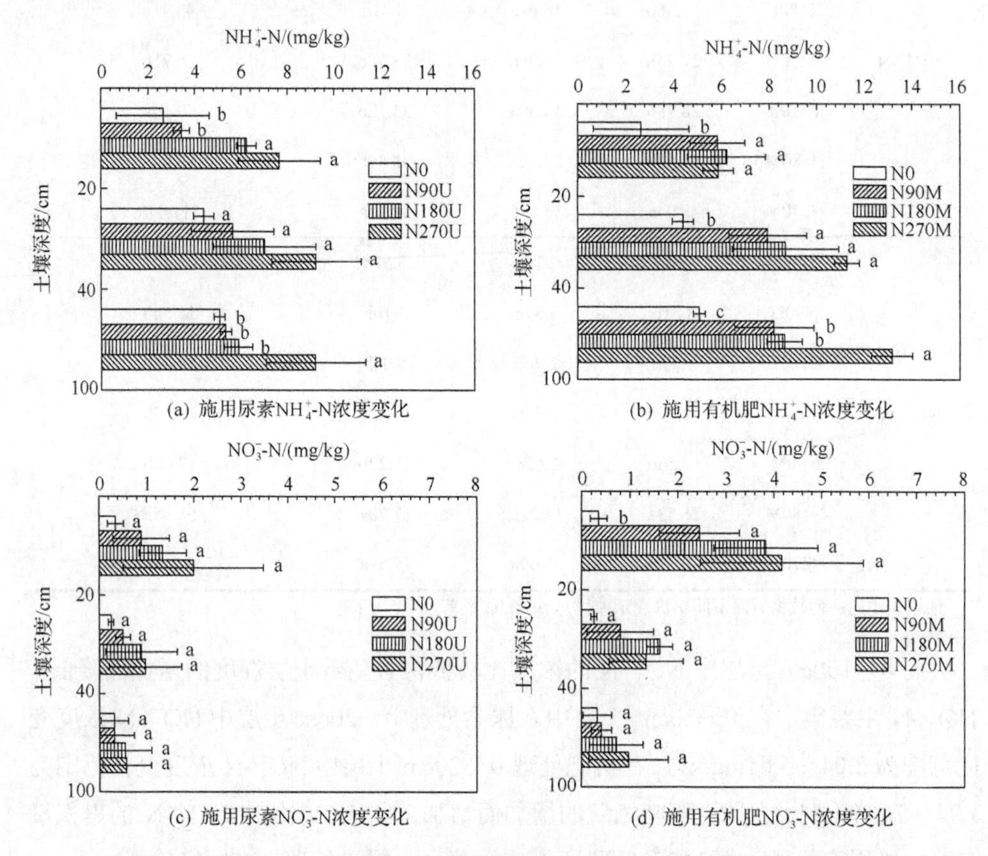

图 4.19 水稻收获后不同施肥处理下各层土壤中NH_4^+-N、NO_3^--N 浓度变化

柱状图上不同小写字母表示同一土层在不同施肥水平下差异达 $p<0.05$ 显著水平

从 0～100cm 土层中NH_4^+-N 的累积量来看，各处理下NH_4^+-N 的累积量随着土壤深度的增加而增加(表 4.6)，且在 40～100cm 土层累积量最高。有机肥处理下 40～100cm 土层NH_4^+-N 累积量占 1m 土层NH_4^+-N 累积量的 66.0%～71.9%。有机肥施用量越高，该土层NH_4^+-N 残留量越高。随着施肥量增加而增加，同一土层中NH_4^+-N 的累积量逐渐增加，1m 土层中的NH_4^+-N 累积总量也逐渐增加。特别

是当有机肥施用量高于 180kg N/hm^2 时，1m 土层内 NH_4^+-N 累积总量显著增加，高达 131.9kg/hm^2。而尿素处理下 40～100cm 土层 NH_4^+-N 累积量占 1m 土层 NH_4^+-N 累积量的 59.4%～69.7%，且随着尿素施用量的增加而增加。在同等施氮水平下，施用有机肥 1m 土层中 NH_4^+-N 累积量比尿素处理增加了 31.1%～52.7%。说明过量的有机肥施用会增加土体 NH_4^+-N 残留量，且与长期施用有机肥增加渗漏液 NH_4^+-N 浓度的结果一致。

表 4.6　水稻收获期 0～100cm 土壤剖面无机氮分布

处理		不同土层无机氮累积量/(kg/hm^2)			1m 土层氮素累积量/(kg/hm^2)
		0～20cm	20～40cm	40～100cm	
NH_4^+-N	N0	5.44 b	9.99c	35.47c	50.90c
	N90U	6.79b	12.83c	37.34c	56.96c
	N180U	12.24a	16.00b	41.28c	69.52c
	N270U	15.01a	20.89a	64.70b	100.6b
	N90M	11.53a	18.07b	57.37b	86.97b
	N180M	12.18a	19.80b	60.66b	92.64b
	N270M	11.47a	25.49a	94.94a	131.9a
NO_3^--N	N0	0.73b	0.59a	2.30a	3.62b
	N90U	1.77b	1.17a	2.30a	5.24b
	N180U	2.64b	2.04a	3.88a	8.56a
	N270U	3.91b	2.21a	4.08a	10.20a
	N90M	4.85b	1.84a	2.89a	9.58a
	N180M	7.51a	3.71a	5.08a	16.30a
	N270M	8.18a	3.04a	6.86a	18.08a

注：表中同一列数据后面不同字母表示差异达 $p<0.05$ 显著水平，下同。

而 0～100cm 土层中 NO_3^--N 浓度较低，随着土层深度的增加，土壤 NO_3^--N 浓度呈现出逐渐降低的趋势，且主要集中在 0～20cm 土层中。有机肥处理下 0～20cm 土层 NO_3^--N 浓度变化范围为 0.26～4.17mg/kg，与 N0 相比，施用有机肥 0～20cm 土层中 NO_3^--N 浓度增加了 5.8～10.7 倍。尿素处理下 0～20cm 土层中 NO_3^--N 浓度变化范围为 0.26～2.00mg/kg。各层土壤中不同处理下对 NO_3^--N 浓度影响无明显差异。不同处理下 1m 土层的 NO_3^--N 累积总量随着施肥量增加而增加，且在 0～20cm 土层中 NO_3^--N 的累积量最高。有机肥处理下 0～20cm 土层中 NO_3^--N 的累积量占 1m 土层 NO_3^--N 累积总量的 20.2%～50.7%。而尿素处理下 0～20cm 土层中 NO_3^--N 的累积量占 1m 土层 NO_3^--N 累积总量的 20.2%～38.3%。在同等施氮水平下，施用有机肥 1m 土层中 NO_3^--N 累积总量比尿素处理增加了 77.3%～90.4%。1m 土层中 NH_4^+-N 残留量显著高于 NO_3^--N 残留量，表明过量有机肥施用会增加土壤无机氮残留量，且以 NH_4^+-N 为主。

对比油菜收获后和水稻收获后各处理下 0～100cm 土层中无机氮的残留量发现，水稻收获后 1m 土层中 NH_4^+-N 的残留量高于油菜收获后，而 NO_3^--N 的残留量低于油菜收获后。这可能是由于稻季即水田条件下田间长期处于淹水还原环境，硝化能力较弱，使得土壤中 NH_4^+-N 的累积量较多，而油菜季即旱作条件下，土壤硝化能力较强，使得土壤中残留的 NH_4^+-N 较多地转化为 NO_3^--N，从而增加了土壤中 NO_3^--N 的残留量。而且与尿素处理相比，两季作物收获后，有机肥的施用均能增加土壤无机态氮素的残留量，且随有机肥施用量的增加而增加，这表明有机肥施用会增加土壤无机态氮的残留。

通过对油菜和稻田有机肥施用 9 年后 0～100cm 土壤中无机氮残留量与有机肥施用量进行回归分析，结果显示(图 4.20)，两季作物收获后 0～100cm 土层中无机氮的残留量均随有机肥施用量的增加呈线性增加。油菜收获后 1m 土层中无机氮残留量 y 与有机肥施用量 x 的关系为 y=0.434x+66.29；水稻收获后 1m 土层中无机氮残留量 y 与有机肥施用量 x 的关系为 y=0.246x+56.18，采用 F 检验法进行显著性分析，结果显示均达到了小于 0.05 的显著水平，可见用上述公式来估计本地区 1m 土层无机氮残留量是较为可行的。1m 土层无机氮残留量随有机肥施用量增加呈线性增长表明有机肥施用量越高，1m 土层中无机氮的累积量越高，且残留量占施肥量的比例也越高，且油菜季即旱作条件下，施用有机肥 1m 土壤中无机氮的残留量较高。

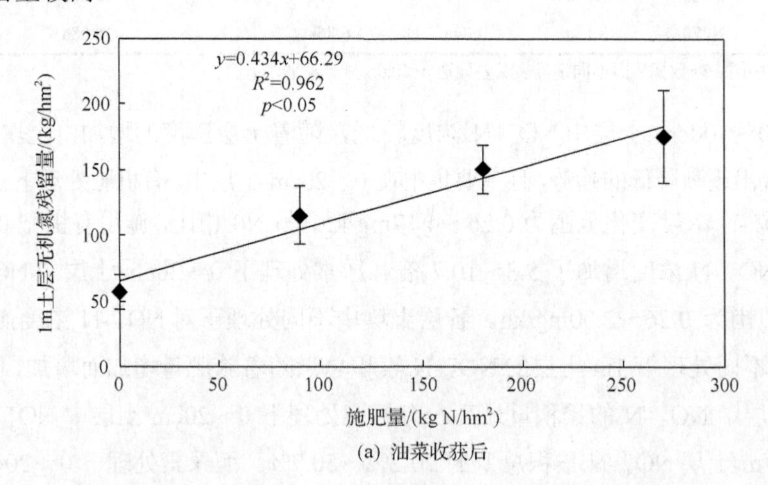

(a) 油菜收获后

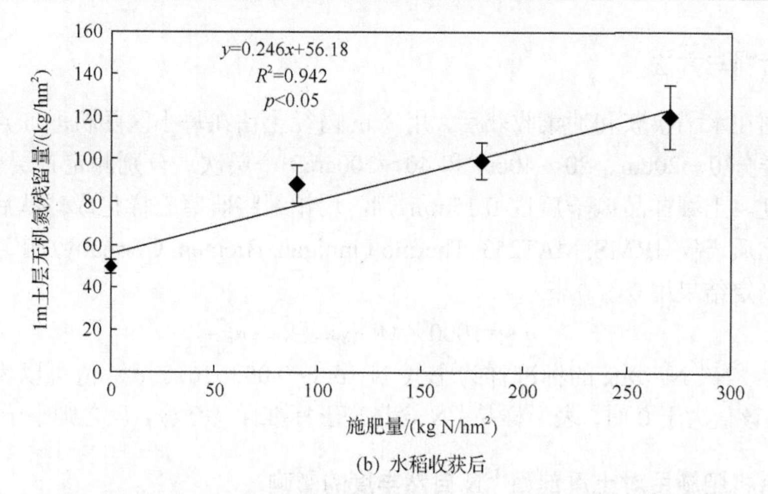

(b) 水稻收获后

图 4.20　油菜收获后(a)和水稻收获后(b)1m 土壤中无机氮残留量与有机肥施用量的关系

4.4　有机肥施用对稻田土壤剖面 ^{15}N 自然丰度的影响

近年来许多研究表明，土壤 ^{15}N 自然丰度可以反映土壤氮素转变及氮素来源变化(邢光熹，1981；Evans and Ehleringer，1993；Gu and Alexander, 1993；Piccolo et al., 1994)，同时可以评价土壤氮素淋溶(Vervaet et al., 2002)。其理论基础是土壤氮素在各生化反应(矿化、硝化、反硝化、氨挥发及氮淋溶等)过程中均可产生同位素的分馏，即 ^{14}N 比 ^{15}N 优先参与反应，剩余的未参加反应的基质相对富集 ^{15}N(赵炳梓和张佳宝，2003)。许多研究者运用 ^{15}N 自然丰度值来评估土壤氮素对环境变化或农田肥料管理的响应。有研究表明，与无机肥相比，施用有机肥可显著提高土壤 ^{15}N 自然丰度值，这主要是因为有机肥本身的 $\delta_{^{15}N}$ 值比较高。但化学氮肥对土壤 ^{15}N 自然丰度值的影响结果不一，或者增加，或者减小，或者无影响。Vervaet 等(2002)分析了比利时 5 个森林系统土壤剖面不同深度土壤 $\delta_{^{15}N}$ 的变化，表明土壤剖面 $\delta_{^{15}N}$ 可能是评价土壤氮素淋溶和氮素矿化行为的有用指标。赵炳梓和张佳宝(2003)研究了火山灰土地区长期施用家畜堆肥剖面土壤及其溶液中 $\delta_{^{15}N}$ 值的影响，得出土壤表层或其溶液中的 $\delta_{^{15}N}$ 值有助于定性地评价 NO_3^--N 污染的来源。而目前对长期有机肥输入下稻田土壤剖面 ^{15}N 值的影响及能否利用 $\delta_{^{15}N}$ 值来评价土壤氮素淋溶的研究较少。本书通过长期施用有机肥水旱轮作田间定位试验，分析了油菜和水稻收获后有机肥输入对土壤剖面 $\delta_{^{15}N}$ 的影响，并对比不同氮源对土壤剖面 $\delta_{^{15}N}$ 的影响，以期评价 $\delta_{^{15}N}$ 值能否作为评价有机肥施用下稻田土壤氮素转变及 NO_3^--N 淋溶情况的指标。

4.4.1 材料与方法

分别在水稻收获和油菜收获后，用 3cm 内径土钻在每小区随机取 5 点剖面土样，土样分 0～20cm、20～40cm 和 40～100cm3 个层次。分别测定各层土壤 ^{15}N 自然丰度。土壤样品风干后过 0.15mm 筛，用铂纸将研磨土样包成球状后用稳定同位素比质谱仪(IRMS, MAT253, Thermo Finnigan, Bremen, Germany)测定。^{15}N 自然丰度测定结果用 δ(‰)表示：

$$\delta^{15}\mathrm{N}=1000\times(R_{待测样品}/R_{标准样品}-1)$$

式中，$R={}^{15}N/{}^{14}N$，$\delta^{15}N$ 的标准样为空气 N_2($\delta^{15}N$=0.003676)。$\delta^{15}N$ 值可以为正值或负值，当该值大于 0 时，表示样品 ^{15}N 含量高于标准样(空气)，反之则小于标准样。

4.4.2 有机肥施用对土壤剖面 ^{15}N 自然丰度的影响

对油菜收获后和水稻收获后不同有机肥施用量下土壤剖面 $\delta^{15}N$ 值的分布研究表明，长期有机肥施用显著改变了 $\delta^{15}N$ 值在土壤剖面中的分布(表 4.7 和图 4.21)。油菜收获后，N0 处理下土壤剖面 $\delta^{15}N$ 值随土壤深度的增加而增加，但当土壤深度大于40cm时，$\delta^{15}N$ 值基本不变，这与前人的报道结果一致(赵炳梓和张佳宝，2003)。有机肥施用显著增加了 0～20cm 土壤 $\delta^{15}N$ 值。与 N0 相比，施用有机肥 0～20cm 土壤 $\delta^{15}N$ 值分别增加了 1.08、2.53、6.02 个 δ 单位。尤其是 N270M 处理下 0～20cm 土壤 $\delta^{15}N$ 值最大，达 10.84。施用有机肥 0～20cm 土壤 $\delta^{15}N$ 值高主要与所施的有机肥本身 $\delta^{15}N$ 值比较高(表 4.4)及其之后的分解有关(赵炳梓和张佳宝，2003)。有机肥中富含有机氮，施入土壤后有机肥中的有机氮(^{14}N)首先被矿化分解成无机态氮(^{14}N)，而分解出来的 ^{14}N 很容易损失(气态或淋溶)(Sutherland et al., 1993)。当 ^{15}N 贫乏的无机态氮释放后，有机氮颗粒逐渐减小并慢慢地富集 ^{15}N(Nadelhoffer and Fry, 1998)。而且所施有机肥比较低的 C/N(C/N=8.5)可能有助于有机质分解过程

表 4.7　油菜收获后土壤剖面 $\delta^{15}N$ 与不同氮源、施氮量、NH_4^+-N、NO_3^--N、无机态氮的相关性分析

影响因素	土壤剖面 $\delta^{15}N$ 值		
	0～20cm	20～40cm	40～100cm
施氮量	0.589	0.614	0.194
氮源	1.000**	−0.837	0.419
NH_4^+-N	0.666	−0.280	−0.255
NO_3^--N	0.881**	0.386	0.911**
无机态氮	0.845**	0.130	0.272

注：**表示差异达 $p<0.01$ 极显著性；* 表示差异达 $p<0.05$ 显著性。

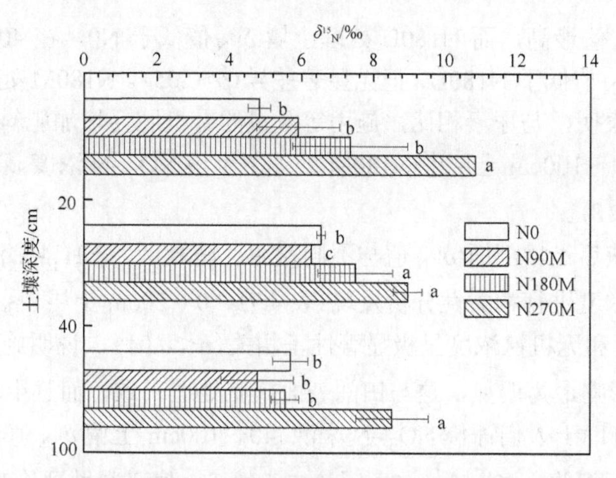

图 4.21　油菜收获后不同有机肥施用水平下对土壤剖面 ^{15}N 自然丰度

柱状图上不同小写字母表示同一土层在不同施肥水平下差异达 p<0.05 显著水平

中反硝化的进行而使土壤中剩余的未参加反应的基质相对富集 ^{15}N(Yoneyama et al., 1990)。随着土壤深度的增加，有机肥处理下土壤剖面 $\delta_{^{15}N}$ 值会有所降低。不同土层 $\delta_{^{15}N}$ 值分布来看，N270M 处理均显著高于其他处理，这表明高量有机肥施用下土壤氮素经反硝化、淋失等途径损失的比较多。

对不同氮源相同氮素施用水平下的 N180U 和 N180M 处理下土壤剖面 ^{15}N 值进行比较发现(图 4.22)，0～20cm 土层 N180M 土壤中 $\delta_{^{15}N}$ 值显著高于 N180U。且 N180U 和 N180M 处理下土壤 $\delta_{^{15}N}$ 值均显著高于 N0，这可能与所施肥料本身 $\delta_{^{15}N}$ 值及之后分解有关。这与油菜收获后 0～20cm 土壤 N180U 处理下土壤 NO_3^--N 浓度高于 N0 及 N180M 土壤 NO_3^--N 浓度高于 N180U 结果相一致。在 20～40cm 土层 N180M

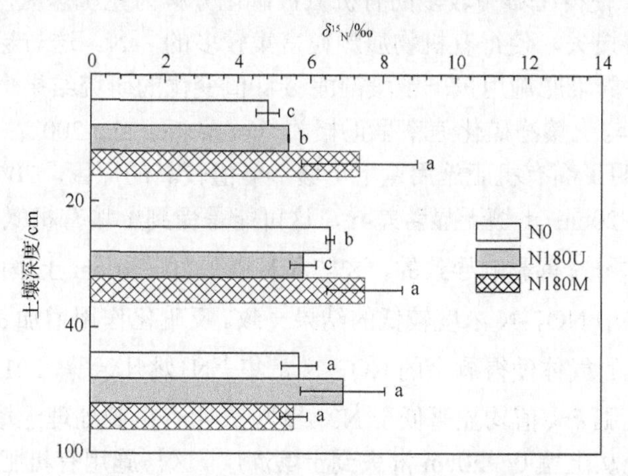

图 4.22　油菜收获后不同氮源相同施肥水平下土壤剖面 ^{15}N 自然丰度

柱状图上不同小写字母表示同一土层在不同施肥水平下差异达 p<0.05 显著水平

处理下土壤 $\delta^{15}N$ 值最高，而 N180U 处理土壤 $\delta^{15}N$ 值低于 N0，在 40～100cm 土层 N180M 土壤 $\delta^{15}N$ 值低于 N180U，但无显著差异($p>0.05$)。N180M 处理下该层土壤较低的 $\delta^{15}N$ 值表明，与尿素相比，施用等氮量的有机肥会增加肥料氮素在土壤中的累积，这与 40～100cm 土层中 N180M 处理下土壤 NO_3^--N 浓度显著高于 N180U 结果一致(图 4.18)。

对油菜收获后土壤剖面 $\delta^{15}N$ 值与不同氮源、施氮量、NH_4^+-N 浓度、NO_3^--N 浓度和无机氮浓度进行相关性分析发现(表 4.7)，0～20cm 土层 $\delta^{15}N$ 值与氮源、土壤 NO_3^--N 浓度和无机氮浓度呈极显著性正相关($p<0.01$)，说明施肥对 0～20cm 土层 $\delta^{15}N$ 值的影响最为明显，这与田间表面施肥处理一致。而且土壤 0～20cm 土壤 $\delta^{15}N$ 值可能有助于人们评价 NO_3^--N 来源。40～100cm 土壤 $\delta^{15}N$ 值与土壤 NO_3^--N 浓度呈极显著正相关($p<0.01$)，这表明该层土壤 $\delta^{15}N$ 值有帮助评价 NO_3^--N 淋溶情况。而土壤剖面 $\delta^{15}N$ 值与施氮量无显著相关性($p>0.05$)，说明土壤 $\delta^{15}N$ 值受施氮量的影响不大。

水稻收获后，0～20cm 土壤 $\delta^{15}N$ 值分布情况与油菜收获后 0～20cm 土壤一致(图 4.23)。N0 处理下 $\delta^{15}N$ 值随着土壤深度先递增后不变。而长期施用有机肥土壤剖面 $\delta^{15}N$ 值在 0～20cm 土层最大，且随施肥量的增加而增加。与 N0 相比，施用有机肥土壤 $\delta^{15}N$ 值分别增加了 0.27、1.15 和 1.35 个 δ 单位以上。在 20～40cm 土层中，施用有机肥处理土壤 $\delta^{15}N$ 值虽有所降低(除 N90M 外)，但与 0～20cm 无显著差异。但 40～100cm 土层中有机肥处理土壤 $\delta^{15}N$ 值均显著降低。在 0～20cm 土壤 $\delta^{15}N$ 值随有机肥施用量增加而增高，可能是因为高有机肥施用量下土壤中残留的有机氮较多且土壤微生物较高，氮素矿化能力较强(孙瑞莲等，2003；张金波和宋长春，2004)，使得土壤中较多的有机氮被矿化分解为无机态氮，而分解出的无机态氮部分淋溶损失，使得有机物质颗粒富集较多的 ^{15}N。这与赵炳梓和张佳宝(2003)对不同牛粪堆肥施用量下土壤剖面 $\delta^{15}N$ 值变化的研究结果一致。有研究表明，土壤 $\delta^{15}N$ 值与土壤净矿化速率呈正相关(Vervaet et al., 2002；Kahmen et al., 2008)，这也说明了高有机肥施用量下土壤 $\delta^{15}N$ 值较高的原因。20～40cm 土层剖面 $\delta^{15}N$ 值与 0～20cm 土壤无显著差异，这可能是受到土壤有机氮矿化、NH_4^+-N 淋失和反硝化作用三重影响导致的。这与本书中在 20～40cm 土壤中 NH_4^+-N 有较多的累积和该层中 NO_3^--N 浓度较低的结果一致。反硝化作用增加 $\delta^{15}N$ 值主要是因为产生 ^{15}N 贫化的气体使得剩余的 NO_3^--N 富集 ^{15}N(姚凡云等，2012)。40～100cm 土壤中施用有机肥 $\delta^{15}N$ 值均显著低于 N0 处理，表明有机肥处理土壤中 ^{15}N 相对贫乏的无机氮已经从土壤 0～20cm 淋失到土壤深层。这与施用有机肥 40～100cm 深度土壤中的 NH_4^+-N 和 NO_3^--N 浓度高于 N0 结果一致(图 4.18)。40～100cm 土层

剖面各处理 δ^{15}_{N} 值均显著降低，较低的 δ^{15}_{N} 值反映了无机态氮淋洗并聚集到该土层而反硝化、淋失等损失比较少，这与 40～100cm 土层中较高的无机态氮浓度（NH_4^+-N 浓度范围为 6.04～13.18mg/kg，NO_3^--N 浓度范围为 0.41～0.98mg/kg）结果一致。

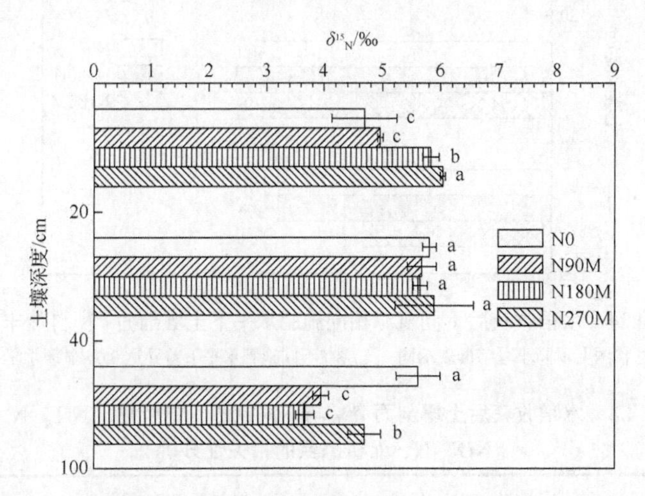

图 4.23　水稻收获后不同有机肥施用水平下土壤剖面 ^{15}N 自然丰度

柱状图上不同小写字母表示同一土层在不同施肥水平下差异达 0.05 显著水平

对比水稻收获后 N180U 和 N180M 处理下土壤剖面 δ^{15}_{N} 发现（图 4.24），与油菜收获后不同，水稻收获后，不同处理下 0～20cm 土壤 δ^{15}_{N} 值无显著性差异，而当土壤深度大于 20cm 时，N180U 处理下土壤 δ^{15}_{N} 显著高于 N180M，且 N180M 处理下土壤 δ^{15}_{N} 值低于 N0 或与 N0 处理无显著差异，N180M 处理下土壤较低的 δ^{15}_{N} 值表明，与尿素处理相比，稻季有机肥施用会增加氮素在土壤中的累积。

对水稻收获后土壤剖面 ^{15}N 值与不同氮源、施氮量、NH_4^+-N 浓度、NO_3^--N 浓度和无机氮浓度进行相关性分析发现（表 4.8），0～20cm 土壤 δ^{15}_{N} 值与施氮量、土壤无机氮含量呈极显著性正相关（$p<0.01$），与土壤 NH_4^+-N 浓度和 NO_3^--N 浓度呈显著性正相关（$p<0.05$），而与氮源无显著性相关。这表明有机肥对土壤 δ^{15}_{N} 值的影响深度为 0～20cm，且随施肥量的增加而增加。

对比油菜收获和水稻收获后土壤剖面 δ^{15}_{N} 值分布情况发现，油菜收获后相应处理相应土层土壤 δ^{15}_{N} 值均略高于水稻收获后，这表明土壤 δ^{15}_{N} 值变化除受施氮量、氮源影响外，可能还受种植方式的影响。

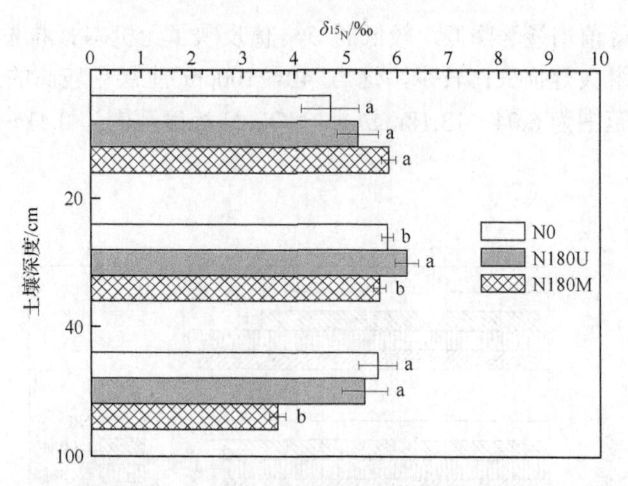

图 4.24　水稻收获后不同氮源相同施肥水平下土壤剖面 ^{15}N 自然丰度

柱状图上不同小写字母表示同一土层在不同施肥水平下差异达 0.05 显著水平

表 4.8　水稻收获后土壤剖面 δ_{15_N} 与不同氮源、施氮量、NH_4^+-N、NO_3^--N、无机态氮的相关性分析

影响因素	土壤剖面 δ_{15_N}		
	0～20cm	20～40cm	40～100cm
施氮量	0.910**	0.064	–0.385
氮源	0.814	–0.481	–0.689
NH_4^+-N	0.797*	0.191	0.604
NO_3^--N	0.799*	0.362	–0.496
无机态氮	0.841**	0.226	0.440

注：** 表示差异达 $p<0.01$ 极显著性；* 表示差异达 $p<0.05$ 显著性。

4.5　小　结

本章收集整理了有关农田土壤 NO_3^--N 累积与淋失的文献资料，并对我国农田土壤 NO_3^--N 累积与淋失概况及各影响因素进行了统计分析，并通过田间试验对长期有机肥施用稻田氮素淋失和无机氮残留的影响进行了研究。对比分析了不同尿素和有机肥施用水平对水稻生长期内氮素在田面水、不同深度渗漏液中的浓度变化、两季作物收获后土壤无机氮残留的影响及长期不同尿素和有机肥施用水平下对水稻产量的影响。运用 ^{15}N 自然丰度法，分析了油菜和水稻收获后有机肥输入对土壤剖面 δ_{15_N} 值的影响，并对比了不同氮源下的土壤剖面 δ_{15_N} 值，以期评价土壤$\delta^{15}N$自然丰度值能否作为评价有机肥氮素迁移转化过程中产生的NO_3^--N的来源和淋溶情况的指标。研究结果如下。

(1)我国农田土壤NO_3^--N的累积量与淋失量较为可观。合理的有机肥施用有助于减少NO_3^--N在土壤中的累积。氮肥施用量的增加，必然会增加NO_3^--N淋失风险。当降水量＞500mm时，会发生较为明显的NO_3^--N淋失现象。

(2)从9年来不同施肥处理下水稻的平均产量来看，稻田长期施用有机肥可增加水稻产量。在同等氮施用水平下，与尿素处理相比，施用有机肥水稻平均产量增加了10.8%～18.8%。当有机肥施用量高于180kg N/hm^2时对水稻增产无明显效果。

(3)施用尿素田面水中氮素的浓度要显著高于施用有机肥田面水氮素的浓度。说明有机肥代替尿素施用可减少稻田田面水氮素浓度，降低氮素流失风险。长期有机肥施用会增加渗漏液中NH_4^+-N浓度，但对渗漏液中NO_3^--N的影响不大，表明渗漏液中NO_3^--N主要来源于上茬作物累积的硝酸盐，受当季有机肥施用的影响不大。与尿素处理相比，有机肥施用会增加土壤无机态氮的残留。特别是油菜季即旱作条件下施用有机肥1m土壤中无机氮的残留量较高。水稻收获后1m土层中NH_4^+-N的残留量高于油菜收获后，而NO_3^--N的残留量低于油菜收获后。这表明与水田相比，旱作条件下有机肥施用会增加土壤NO_3^--N的累积。

(4)对比油菜和水稻收获后有机肥输入对土壤剖面$\delta^{15}N$及不同氮源对土壤剖面$\delta^{15}N$值的影响发现，两季作物收获后，有机肥施用均显著增加了0～20cm土层土壤$\delta^{15}N$值，且随着土层深度的增加呈不变或降低的趋势。油菜收获后相应处理相应土层土壤$\delta^{15}N$值均略高于水稻收获后，这表明土壤$\delta^{15}N$值变化除受施氮量、氮源影响以外，可能还受种植方式的影响。

参考文献

陈同斌. 1996. 农业废弃物对土壤中N_2O,CO_2释放和土壤氮素转化及pH的影响. 中国环境科学, (3):196-199.

储因. 2001. 合肥市地下水硝酸盐氮污染程度及其防治对策的研究. 安徽农业大学学报, 28(1):98-101.

樊军, 郝明德. 2003. 旱地农田土壤剖面硝态氮累积的原因初探. 农业环境科学学报, 22(3): 263-266.

樊军, 郝明德, 党廷辉. 2000.旱地长期定位施肥对土壤剖面硝态氮分布与累积的影响. 土壤与环境, 9(1): 23-26.

樊军, 邵明安, 郝明德, 等. 2005. 黄土旱塬塬面生态系统土壤硝酸盐累积分布特征. 植物营养与肥料学报, 11(1): 8-12.

高亚军, 李生秀, 李世清, 等. 2005. 施肥与灌水对硝态氮在土壤中残留的影响. 水土保持学报, 19(6): 61-64.

高阳俊, 张乃明. 2003. 滇池流域地下水硝酸盐污染现状分析. 云南地理环境研究, 15(4): 39-42.

古巧珍, 杨学云, 孙本华, 等. 2003. 旱地(土娄)土长期定位施肥土壤剖面硝态氮分布与累积研究. 干旱地区农业研究, 21(4): 48-52.

国家环境保护总局,《水和废水监测分析方法》编委会. 2002. 水和废水监测分析方法. 北京: 中国环境科学处出版社: 223-281.

胡玉婷, 廖千家骅, 王书伟, 等. 2011. 中国农田氮淋失相关因素分析及总氮淋失量估算. 土壤, 43(1): 19-25.

黄晶, 王伯仁, 刘宏斌, 等. 2001. 长期施肥对红壤旱地剖面硝态氮累积的影响. 湖南农业大学, 65(1): 60-62.

黄绍敏, 宝德俊, 皇甫湘荣. 2000. 施氮对潮土土壤及地下水硝态氮含量的影响. 农业环境保护, 19(4): 228-229, 241.

黄树辉, 吕军. 2004. 烤田对土壤中氮素和与氮有关的酶活性影响. 水土保持学报, 18(3):102-105.

黄学芳, 池宝亮, 张冬梅, 等. 2008. 长期施肥对晋西北农田硝态氮累积与分布的影响. 华北农学报, 23(4): 204-207.

金赞芳, 王飞儿, 陈英旭, 等. 2004. 城市地下水硝酸盐污染及其成分分析. 土壤学报, 41(2):252-258.

巨晓棠, 张福锁. 2003. 中国北方土壤硝态氮的累积及其对环境的影响. 生态环境, 12(1): 24-28.

巨晓棠, 刘学军, 张福锁. 2004. 不同氮肥施用后土壤各氮库的动态研究. 中国生态农业学报, 12(1): 92-94.

李冬初, 徐明岗, 李菊梅, 等. 2009. 化肥有机肥配合施用下双季稻田氮素形态变化. 植物营养与肥料学报, 15(2): 303-310.

李世清, 李生秀. 2000. 半干旱地区农田生态系统中硝态氮的淋失. 应用生态学报, 11(2):240-242.

李晓欣, 胡春胜, 陈素英. 2005. 控制灌水对华北高产区土壤硝态氮累积的影响. 河北农业科学, 9(3): 6-10.

李忠佩, 唐永良, 石华, 等. 1998. 不同施肥制度下红壤稻田的养分循环与平衡规律.中国农业科学, 31(1):46-54.

刘宏斌, 李志宏, 张云贵,等. 2004. 北京市农田土壤硝态氮的分布与累积特征. 中国农业科学, 37(5):692-698.

刘宏斌, 李志宏, 张云贵, 等. 2006. 北京平原农区地下水硝态氮污染状况及其影响因素研究. 土壤学报, 43(3): 405-413.

刘勤, 张斌, 谢育平,等. 2008. 施用鸡粪稻田土壤氮磷养分淋洗特征研究. 中国生态农业学报, 16(1):91-95.

刘晓宏, 田梅霞, 郝明德. 2001. 黄土旱塬长期轮作施肥土壤剖面硝态氮的分布与积累. 土壤肥料, 1: 9-12.

刘英华, 张世熔, 张素兰, 等. 2005. 成都平原地下水硝酸盐含量空间变异研究. 长江流域资源与环境, 14(1):115-118.

吕殿青, 同延安, 孙本华. 1998. 氮肥施用对环境污染影响研究结果. 植物营养与肥料学报, 4(1):8-15.

吕殿青, 杨进荣, 马林英. 1999. 灌溉对土壤硝态氮淋吸效应影响的研究. 植物营养与肥料学报, 5(4): 307.

马洪斌, 李晓欣, 胡春胜. 2012. 中国地下水硝态氮污染现状研究. 土壤通报, 43(6): 1532-1536.

彭琳, 王继增. 1994. 黄土高原旱作土壤养分剖面运行与坡面流失的研究. 西北农业学报, 3(1):62-66.

沈灵凤, 白玲玉, 曾希柏, 等. 2012. 施肥对设施菜地土壤硝态氮累积及 pH 的影响. 农业环境科学学报, 31(7): 1350-1356.

沈善敏. 1998. 中国土壤肥力. 北京：中国农业出版社出版: 66-76， 160-206， 405-474.

苏波, 韩兴国, 黄建辉. 1999. ^{15}N 自然丰度法在生态系统氮素循环研究中的应用. 生态学报, 19(3):408-416.

孙克刚, 李锦辉, 姚健, 等. 1999. 不同施肥处理对作物产量及土体 NO_3^--N 累积的长期定位试验. 土壤肥料, 9(6): 18-20.

孙克刚, 张学斌, 吴政卿, 等. 2001. 长期施肥对不同类型土壤中作物产量及土壤剖面硝态氮累积的影响. 华北农学报, 16(3): 105-109.

孙瑞莲, 赵秉强, 朱鲁生, 等. 2003. 长期定位施肥对土壤酶活性的影响及其调控土壤肥力的作用. 植物营养与肥料学报, 9(4): 406-410.

孙志高, 刘景双, 王金达, 等. 2006. 三江平原典型小叶章湿地土壤中硝态氮水平运移的模拟研究. 生态与农村环境学报, 2006, 22(3): 51-56, 64.

王德建, 林静慧, 夏立忠. 2001. 太湖地区稻麦轮作农田氮素淋洗特点. 中国生态农业学报, 9(1): 16-18.

王改玲, 陈德立, 李勇. 2010. 土壤温度、水分和 NH_4^+ -N 浓度对土壤硝化反应速度及 N_2O 排放的影响. 中国生态农业学报, 18(1): 1-6.

王会. 2012. 有机无机肥配施对蔬菜 $\delta^{15}N$ 和土壤生物学性质的影响. 泰安: 山东农业大学硕士学位论文.

王敬国, 曹一平. 1996. 土壤氮素转化的环境和生态效应. 中国农业大学学报, (a01):99-103.

王少先. 2011. 施肥对稻田湿地土壤碳氮磷库及其相关酶活变化的影响研究. 杭州: 浙江大学博士学位论文.

王智超. 2006. 农田土壤硝态氮累积及干湿交替过程的影响. 北京: 中国农业大学硕士学位论文.

吴永成. 2005. 华北地区冬小麦-夏玉米节水种植体系氮肥高效利用机理研究. 北京: 中国农业大学博士学位论文.

邢光熹. 1981. 同位素自然丰度变异及其在环境污染研究中的应用. 原子能农业译丛, 2:1-6.

熊江波, 李雁勇, 王翠红, 等. 2010. 长沙市城区周边地下水硝酸盐态氮含量及污染状况评价. 湖南农业科学, (7):88-90.

许学前, 吴敬民. 1999. 小麦氮肥的有效利用和对水体环境污染的影响. 土壤通报, (6):268-270.

杨绒, 严德翼, 周建斌, 等. 2007. 黄土区不同类型土壤可溶性有机氮的含量及特性. 生态学报, 27(4): 1397-1403.

杨治平, 周怀平, 张强, 等. 2006. 不同施肥措施对旱地玉米土壤硝态氮累积的影响. 中国生态农业学报, 14(1): 122-124.

姚凡云, 朱彪, 杜恩在. 2012. ^{15}N 自然丰度法在陆地生态系统氮循环研究中的应用. 植物生态学报, 36(4): 346-352.

袁锋明, 陈子明. 1995. 北京地区潮土表层中 NO_3^- -N 的转化积累及其淋洗损失. 土壤学报, (4):388-399.

袁新民, 同延安. 2000. 灌溉与降水对土壤 NO_3^- -N 累积的影响. 水土保持学报, 14(3): 71-74.

袁新民, 同延安, 杨学云, 等. 2000. 有机肥对土壤 NO_3^- -N 累积的影响. 生态环境, 9(3): 197-200.

张翠云, 张胜, 李政红, 等. 2004. 利用氮同位素技术识别石家庄地下水硝酸盐污染源. 地球科学进展, 19(2):183-191.

张金波, 宋长春. 2004. 土壤氮素转化研究进展. 吉林农业科学, 29(1): 38-43, 46.

张经廷, 王志敏, 周顺利. 2013. 夏玉米不同施氮水平土壤硝态氮累积及对后茬冬小麦的影响. 中国农业科学. 46(6): 1182-1190.

张丽娟, 巨晓棠, 高强, 2004. 玉米对土壤深层标记硝态氮的利用. 植物营养与肥料学报, 10(5):455-461.

张庆忠, 陈欣, 沈善敏. 2002. 农田土壤硝酸盐积累与淋失研究进展. 应用生态学报, 13(2): 233-238.

张燕, 陈英旭, 刘宏远. 2002. 地下水硝酸盐污染的控制对策及去除技术. 农业环境保护, 21(2): 183-184.

张云贵, 刘宏斌, 李志宏, 等. 2005. 长期施肥条件下华北平原农田硝态氮淋失风险的研究. 植物营养与肥料学报, 11(6): 711-716.

赵炳梓, 张佳宝. 2003. 长期施用家畜废弃物堆肥对土壤剖面 ^{15}N 自然丰度的影响. 土壤学报, 40(6): 879-887.

赵同科, 张军成, 杜连凤, 等. 2007. 环渤海七省(市)地下水硝酸盐含量调查. 农业环境科学学报, 26(2): 779-783.

赵云英, 谢永生, 郝明德. 2009. 施肥对黄土旱塬区黑垆土土壤肥力及硝态氮累积的影响. 植物营养与肥料学报, 6(15): 1273-1279.

朱兆良. 2000. 农田中氮肥的损失与对策. 生态环境学报, 9(1):1-6.

Andraski T W, Bundy L G, Brye K R. 2000. Crop management and corn nitrogen rate effects on nitrate leaching. J Environm Qual, 29(4): 1095-1103.

Booltink H W G.1995.Field monitoring of nitrate leaching and water flow in a structured clay soil.Agric Ecosyst Environm, 52: 251-261.

Bundy L G, Malone E S. 1988. Effect of residual profile nitrate on cornresponseto applied nitrogen. Soil Sci Soc Am J, 52: 1377-1383.

Buresh R J Flordelis E, Woodhead T, et al. 1989. Nitrate accumulation and loss in a mungbean/lowland rice cropping systems. Soil Sci Soc Am J, 53: 477-482.

Choi C W, Vanhatalo A, Ahvenjärvi S, et al. 2002. Effects of several protein supplements on flow of soluble non-ammonia nitrogen from the forestomach and milk production in dairy cows. Animal Feed Science and Technology, 121 (1-4) :15-22.

Chaney K. 1990. Effect of nitrogen fertilizer rate on soil nitrate nitrogen content after harvesting winter wheat. Journal of Agricultural Science, 114 (2) :171-176.

Chen J, Tang C, Sakura Y, et al. 2005. Nitrate pollution from agriculture in different hydrogeological zones of the regional groundwater flow system in the North China Plain. Hydrogeology J, 13: 481-492.

Chen T B, Struwe S, Kjoller A. 1996. Effects of application of agricultural wastes on N_2O and CO_2 emissions， Nitrogen transformation in soil and soil pH. China Environm Sci, 16 (3) : 196-199.

Costa J M, Bollero F G A. 2000. Early season nitrate accumulation in winter wheat. J Plan Nutrit, 23 (6) : 773-783.

Cui Z L, Zhang F S, Chen X P, et al. 2008. On-farm evaluation of an inseason nitrogen management strategy based on soil Nmin test. Field Crop Res, 105: 48-55.

Rolston D E, Sharpley A N, Toy D W, et al. Field measurement of denitrification: III. rates during irrigation cycles.Soil Sci Soc Am J, 46:289-296.

Evans R D, Ehleringer J R. 1993. A break in the nitrogen cycle in aridlands? Evidence from $\delta^{15}N$ of soils. Oecologia, 94: 314-317.

Fang Q X, Wang E L, Zhang G L. 2006. Soil nitrate accumulation, leaching and crop nitrogen use as influenced by fertilization and irrigation in an intensive wheat-maize double cropping system in the North China Plain. Plant soil, 284 (1-2) : 335-350.

Ferguson R B. 2002. Site-specific nitrogen management of irrigated maize: Yield and soil residual nitrate effects. Soil Sci Soc Am J, 66 (2) : 544-553.

Gu B, Alexander V. 1993. Estimation of N_2 fixtion based on difference in the natural abundance of ^{15}N among freshwater N_2-fixing and non-N_2-fixing algae. Oecologia, 96: 43-48.

Halvorson A D, Reule C A. 1994. Nitrogen fertilizer requirements in annual dryland cropping system.Agron J, 86: 315-318.

Högberg P. 1997. Tansley Review No.95 ^{15}N natural abundance in soil-plant systems. New Phytol, 137: 179-203.

Isidoro D, Quilez D, Aragues R. 2006. Environmental impact of irrigation in LaViolada district (Spain). II. Nitrogen fertilization and nitrate export patterns in drainage water. J Environ Qual, 35: 776-785.

Jensen E S. 1996. Nirogen immobilization and mineralization during initial decomposition of 15-labelled pea and barley residues. Biol Fertil Soils, 24: 39-44.

Ju X T, Kou C L, Zhang F S, et al. 2006. Nitrogen balance and groundwater nitrate contamination: Comparison among three intensive cropping systems on the North China Plain. Journal of Environmental Pollution, 143: 117-125.

Kahmen A, Wanek W, Buchmann N. 2008. Foliar delta (15) N values characterize soil N cycling and reflect nitrate or ammonium preference of plants along a temperate grassland gradient. Oecologia, 156 (4) : 861-870.

Katz B G, Chelette A R, Pratt T R. 2004. Use of chemical and isotopic tracers to assess nitrate contamination and ground-water age, Woodville Karst Plain, USA. J Hydrol, 289: 36-61.

Keeney D R, Sahrawat K L. 1986. Nitrogen transformations in flooded rice soils. Fertilizer Res, 9: 15-38.

Kirchmann H, Johnston A E J, Bergstrom L F. 2002. Possibilities for reducing nitrate leaching from agricultural land. Ambio, 31: 404-408.

Li S, Li H, Liang X Q, et al. 2009a. Rural wastewater irrigation and nitrogen removal by the paddy wetland system in the Tai Lake region of China. J Soils Sed, 9: 433-442.

Li S, Li H, Liang X Q, et al. 2009b. Phosphorus removal of rural wastewater by the paddy-rice-wetland system in Tai Lake Basin. J Hazard Mater, 171: 301-308.

Liang X Q, Xu L, Li H, et al. 2011. Influence of N fertilization rates, rainfall, and temperature on nitrate leaching from a rainfed winter wheat field in Taihu watershed. Phys Chem Earth, 36: 395-400.

Lin B L, Sakoda A, Shibasaki A, et al. 2000. A modeling approach to global nitrate leaching caused by anthropogenic fertilization. Water Resour, 35(8): 1961-1968.

López-Bellido L, López-Bellido R J, Redondo R. 2005. Nitrogen efficiency in wheat under rainfed Mediterranean conditions as affected by split nitrogen application. Field Crops Res, 94: 86-97.

Porter L K, Follett R F, Halvorson A D. Fertilizer nitrogen recovery in a no-till wheat-sorghum-fallow-wheat sequence.Agron J, 88:750-757.

Maeda M, Zhao B, Ozaki Y, et al. 2003. Nitrate leaching in an Andisol treated with different types of fertilizers. Environm Pollut, 121: 477-487.

Mariotti A, Germon J C, Hubert P, et al. 1981. Experimental determination of nitrogen kinetic isotope fractionation: some principles; illustration for the denitrification and nitrification processes. Plant soil, 62: 413-430.

Mary B, Recous S, Robin D. 1998. A model for calculating nitrogen fluxes in soil using ^{15}N tracing. Soil Biology and Biochemistry, 30(14):1963-1979.

Menyailo O V, Hungate B A, Lehmann J, et al. 2003. Tree Species of the central amazon and soil moisture alter stable isotope composition of nitrogen and oxygen in nitrous oxide evolved from soil. Isotopes Environm Health Studies, 39: 41-52.

Michener, Robert H. 2007. Stable Isotopes in Ecology and Environmental Science. Oxford: Blackwell Scientific Publ: 22-44.

Nadelhoffer K J, Fry B. 1994. Nirogen isotope studies in forest ecosystems// Lajtha K, Michener R. Stable Isotopes in Ecology: Stable Isotopes in Ecology and Environmental Science. Oxford: Blackwell Scientific Publications: 22-44.

Nadelhoffer K J, Fry B. 1998. Controls on natural nitrogen-15 and carbon-13 abundance in forest soil organic matter. Soil Sci Soc Am J, 52: 1633-1640.

Nadelhoffer K J, Shaver G, Fry B. 1996. ^{15}N natural abundance and N use by tundra plants. Oecologia, 107:386-394.

Nayak P C, Sudheer K P, Jain S K. 2007.Rainfall - runoff modeling through hybrid intelligent system. Water Resources Research. 43(W07415):931-936.

Panno S V, Hackley K C, Kelly W, et al. 2006. Isotopic Evidence of Nitrate Sources and Denitrification in the Mississippi River, Illinois. J Environm Qual, 35: 495-504.

Pardo L H, Kendall C, Pett-Ridge J, et al. 2004. Valuating the source of stream water nitrate using δ^{15}N and δ^{18}O in nitrate in two watersheds in New Hampshire, USA.Hydrological Process, 18: 2699-2712.

Piccolo M C, Neill C, Carri C C. 1994. Natural abundance of ^{15}N in soils along forest-to-pasturechronosequence in the western Brazilian Amazon Basin. Oecologia, 99: 112-117.

Randall G W, Russelle M P, Nelson W W. 1997. Nitrate losses through subsurface tile drainage in conservation reserve program, alfalfa, and row crops systems. J Environm Qual, 26: 1240-1247.

Reddy D D, Rao A S, Rupa T R. 2000. Effects of continuous use of cattle manure and fertilizer phosphorus on crop yields and soil organic phosphorus in a Vertisol. Bioresour Technol, 75: 113-118.

Farrell R E, Sandercock P J, Pennock D J, et al. 1996. Landscape-scale variations in leached nitrate: Relationship to denitrification and natural nitrogen-15 abundance.Soil Science Society of America Journal, 60(5):1410-1415.

Staley T E, Caskey W H, Boyer D G. 1990. Soil denitrification and nitrification potentials during the growing season relative to tillage. Soil Science Society of America Journal, 54(6):1602-1608.

Sutherland R A, Kessel C V, Farrell R E. 1993. Landscape-scale variations in plant and soil nitrogen-15 natural abundance. Soil Sci Soc Am J, 57: 169-178.

Vervaet H, Boeckx P, Unamuno V. 2002. Can delta(15)N profiles in forest soils predict NO(3) (-) loss and net N mineralization rates?. Biol Fertil Soils, 36: 143-150.

Waddell J T, Gupta S C, Moncrief J F, et al. 2000. Irrigation- and nitrogen-management impacts on nitrate leaching under potato. Journal of Environmental Quality, 29(1):594-598.

Wang F L; Alva A K. 1996. Leaching of nitrogen from slow-release urea sources in sandy soils. Soil Science Society of America Journal, 60(5):1454-1458.

Weier K L, Macrae I C, Myers R J K. 1993. Denitrification in a clay soil under pasture and annual crop: estimation of potential losses using intact soil cores. Soil Biology and Biochemistry, 25(8):991-997.

Xu X Q, Wu J M. 1999. Effective utilization of N fertilizers by wheat and the effects of N fertilizer application on pollution of water body environment. Chinese J Soil Sci, 30(6): 268-270.

Yadav S N. 1997. Formulation and estimation of nitrate-nitrogen leaching from corn cultivation. J Environm Qual, 26: 808-814.

Yoneyama T, Kouno K, Yazaki J. 1990. Variation of natural ^{15}N abundance of crops and soils in Japan with special reference to the effect of soil conditions and fertilizer application. Soil Sci Plant nutrit,36:667-675.

Yoshida Y. 1997. Relationship between the dominant occurrence of Microcystis aeruginosa and water quality or meteorological factors in the south basin of Lake Biwa. Nippon Suisan Gakkaishi, 63(4): 531-536.

Zhang F S, Cui Z L, Fan M S, et al. 2011. Integrated soil-crop system management: Reducing environmental risk while increasing crop productivity and improving nutrient use efficiency in China. J Environm Qual, 40(4): 1051-1057.

Zhang S L, Tong Y A, Liang D L. 2004. Nirate-N movement in the soil profile as influenced by rate and timing of nitrogen application. Acta Pedol Sin, 41: 270-277.

Zhang X, Shao M. 2003. Effects of vegetation coverage and management practice on soil nitrogen loss by erosion in a hilly region of the loess plateau in China. Acta Botanica Sinica, 45(10):1195-1203.

Zhu Z, Chen D. 2002. Nutrient Cycling in Agroecosystems 63: 117. doi:10.1023/A:1021107026067.

第5章　有机肥归田对稻田土壤遗存磷的影响及活化研究

5.1　引　言

5.1.1　土壤磷素赋存形态研究进展

1. 土壤磷素赋存形态

磷素对植物的生长和代谢起重要作用，在农业生产上磷的重要性仅次于氮。自然界大气中含磷量甚少，磷素主要存在于土壤库和海洋库中。土壤是供给植物生长最为主要的磷素储存库，磷素在土壤中以多种形态赋存，且各磷形态之间同时存在着复杂的循环转化关系(图 5.1)。土壤中的磷素包括无机态磷和有机态磷两大类，其中无机磷一般占土壤总磷的 60%～80%，且主要有水溶态、吸附态和难溶态磷 3 种磷素形态：①水溶态磷，水溶态磷可被植物直接吸收利用，但在土壤中含量相当低，其含量一般介于 0.003～0.3mg/L。水溶态磷一般受土壤 pH 的影响较大，当土壤 pH>7.2 时，主要以 HPO_4^{2-} 形式存在；当土壤 pH=7.2 时，$HPO_4^{2-} \approx H_2PO_4^-$；当土壤 pH<7.2 时，主要以 $H_2PO_4^-$ 形式存在(冯晨，2012)。②吸附态磷，这部分磷主要指以物理能级、化学能级或介于这两者能级间的作用力吸附在黏土矿物或者是有机物表面的磷的形态。土壤中吸附态磷的含量一般也比较低，通常以 HPO_4^{2-} 和 $H_2PO_4^-$ 居多，而 PO_4^{3-} 含量很少。吸附态磷的含量一般受土壤 pH、土壤有机质、土壤黏粒和土壤铁铝氧化物含量的影响比较大(Nwoke et al., 2004)。在石灰性土壤中主要是方解石和黏土矿物对磷的专属吸附，而在酸性土壤中主要是铁和铝的氧化物对磷的吸附。③难溶态磷，土壤中约有 99%的无机磷以矿物态形式存在，一般包括 Ca-P、Fe-P、Al-P 和 O-P 四种。其中，Ca-P 是石灰性土壤中的主要存在形态；而 Fe-P 和 Al-P 在高度分化的酸性土壤中占绝大部分；O-P 是闭蓄态磷，因为其被水化氧化铁膜包被，所以在没有去除外层包膜时很难发挥有效性(孙桂芳等，2011)。

从世界范围来看，土壤有机磷占总磷的 15%～80%(Stevenson and Cole, 1999; 赵少华等，2004)。而我国土壤有机磷也占到土壤总磷的 20%～50%(鲁如坤，1998)。研究发现，土壤有机磷的含量与土壤有机质含量呈正相关(沈仁芳和蒋柏藩，1992）。许多缺磷的土壤往往具有数量比较可观的有机磷。在农业生态系统中，土壤中的有机磷主要来源为有机物料的添加、微生物、残留在土壤中的植物根茎叶及动物。有机磷的组分比较复杂，目前已经鉴定出的有机磷化合物有磷酸肌醇、磷脂、核酸、少量的磷蛋白、磷酸糖、微生物量磷（鲁如坤，1998）。其中，肌醇磷酸盐含量最高，一般占有机磷总量的 20%～50%；由于磷脂和核酸在土壤中分解速率较快，所以含量不高，一般磷脂占有机磷的 1%～5%，核苷酸占 0.2%～2.5%（孙桂芳等，2011）；微生物量磷占有机磷的 3%，主要指土壤所有活体微生物所含的磷，在土壤磷素循环和转化过程中起着举足轻重的作用。大部分土壤有机磷需要磷酸酶的酶解作用才能转化为被植物吸收利用的无机磷形态，但近几年的研究也表明溶解于水的部分有机磷也是可以直接被植物吸收利用的（胡佩等，2003）。

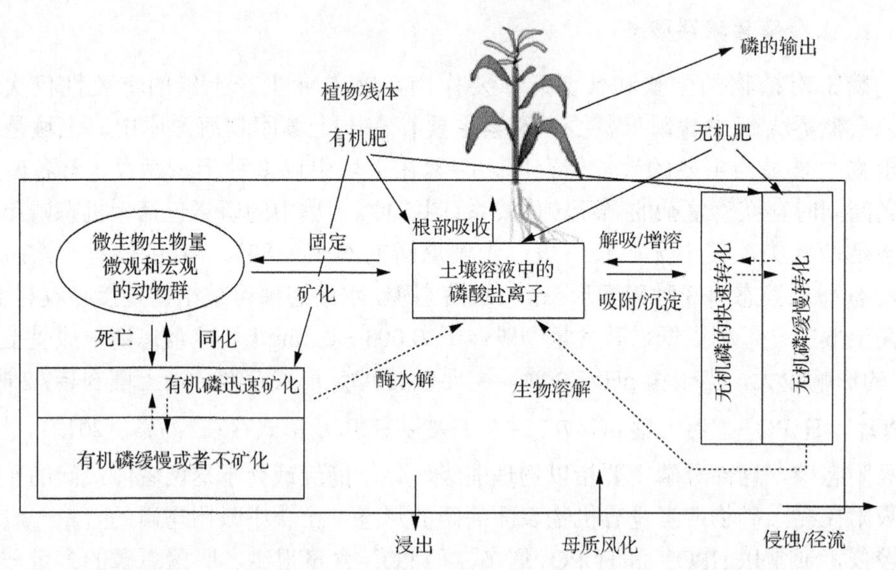

图 5.1 土壤-植物系统磷素循环周转示意图（Frossard et al., 2011）

2. 土壤磷素形态分级方法

土壤磷的赋存形态及化学行为决定土壤有效磷的含量及其生物有效性，也决定着磷素释放到水体环境的风险，采用适宜的磷素形态分级方法研究土壤中磷的赋存形态是明确各形态磷的生物有效性，解决植物营养和资源环境问题的关键。土壤磷素形态的分级研究经历了“无机磷分级—有机磷分级—兼顾有机无机分级”的发展过程（来璐等，2003；胡佩等，2003；杨利玲和杨学云，2006）。

对无机磷形态的分级研究，在 1957 年，Chang 和 Jackson（1957）提出了较为完整的土壤无机磷分级方法，主要是将无机磷分为 4 种不同的形态：Al-P、Fe-P、

Ca-P 和 O-P。虽然此方法得到了一定的应用，但还是存在一些缺陷。例如，这种分级方法忽略了土壤中有机磷的形态，不能很好地区分 Al-P 和 Fe-P 的形态等。此分级方法比较适用于酸性土壤，在石灰性土壤中的应用受到很大的限制。1989 年，由我国学者蒋柏藩和顾益初(1989)根据石灰性土壤中磷酸钙盐所占比重大的特点，提出适用于石灰性土壤的磷素分级方法，此方法将磷酸钙盐按溶解性和有效性区分为 3 种类型：磷酸二钙(Ca_2-P)、磷酸八钙(Ca_8-P)、磷石灰(Ca_{10}-P)。同时，对磷酸铁的测定进行了很好的改进，采用混合型浸提剂提取磷酸铁盐，此方法在我国石灰性土壤中取得了广泛的应用(谢林花等，2004)。

土壤有机磷形态分级方法主要有两种：一种是对土壤中的有机磷化合物进行直接测定；另一种是利用化学浸提剂来提取不同的有机磷组分进行测定。操作方法上直接测定法可以采用核磁共振技术(nuclear magnetic resonance, NMR)来进行有机磷形态的鉴定。在 1980 年，Newman 和 Tate(1980)首次将 P-NMR 技术应用于土壤提取液中磷的形态的表征，该测定技术有效地推动了人们对土壤和环境样品中有机磷组分的认识。例如，Solomon 等(2002)对东非高原的土壤有机磷组分用 P-NMR 技术进行了测定，结果表明该区正磷酸单酯是有机磷的主要组分，此外还有少量的磷酸二酯和磷壁酸组分。Briceno 等(2006)比较了 4 种不同的提取剂对 P-NMR 测定有机磷组分的影响。此外，利用色谱法也可以直接测定有机磷形态。例如，简毅等(2008)利用色谱技术对有机磷农药残留进行了鉴定。核磁共振和色谱这些直接测定技术虽然对有机磷可以精准分级测定，但核磁共振方法能否定量地对有机磷形态进行表征分析，很多学者也提出了质疑。这两种方法受设备的限制很大，所以暂时还不能得到较为广泛的应用。化学提取法中，较为经典的是由 Bowman 和 Cole(1978)提出的将土壤依次用 0.5mol/L $NaHCO_3$、1.0mol/L H_2SO_4 和 0.5mol/L NaOH 顺序浸提的分级方法，将土壤有机磷分为 4 种不同的形态：①活性有机磷，容易矿化被植物吸收。②中度活性有机磷，较易矿化较易被植物吸收。③中稳性有机磷，较难矿化和较难被植物吸收。④高稳性有机磷，很难矿化，基本不被植物吸收利用，此方法被证明具有一定的可行性(贺铁和李世俊，1987)。但该方法也存在一定的缺陷：①不能充分地对土壤有机磷进行提取，所提取的活性有机磷中未包含微生物量磷。②先用酸提取再用碱提取的顺序过高地估计了中等活性有机磷组分的含量，使测定的稳定性有机磷组分的含量偏低。鉴于以上原因，Ivanoff 等(1998)提出的有机磷分级体系把有机磷分为活性有机磷，将中等活性有机磷的提取改为 1.0mol/L HCl-P。

科学合理的土壤磷素分级方法应该做到无机和有机磷兼顾。1982 年由 Hedley 等(1982)通过连续浸提剂提取土壤中无机和有机磷组分。主要将土壤磷素分为七大类不同的组分：①树脂交换态磷(Resin-P)。提取过程中用阳离子交换树脂代换出的磷的形态，主要指与土壤溶液中的磷处于平衡时土壤固相的无机磷组分，这部分磷的组分是最为主要的土壤活性磷。②$NaHCO_3$ 提取的磷（$NaHCO_3$-P）。该部分磷包括吸附在土壤表面的无机态（$NaHCO_3$-P_i）和可溶性的有机态磷（$NaHCO_3$-P_o）两部分。③土壤微生物量磷（Micro-P）。氯仿熏蒸土壤后用 $NaHCO_3$ 提取出来的磷与直接用 $NaHCO_3$ 提取的磷的差值，微生物在死亡后可以把这部分磷释放出来。④NaOH 溶性磷（NaOH-P）。这部分磷也包括无机（NaOH-P_i）和有机（NaOH-P_o）两部分磷的形态，是用 NaOH 提取的吸附在土壤 Fe、Al 氧化物表面和黏粒表面的磷的形态。⑤土壤团聚体内磷（超声波/NaOH-P）。土壤被超声波分散后，再用 NaOH 提取的磷，主要是在土壤团聚体表面的磷。⑥磷灰石型磷（HCl-P）。用 HCl 提取的磷的形态，在高度风化的土壤中能提取到部分闭蓄态磷，在石灰性土壤中提取的主要是磷灰石型磷。⑦残留磷（Residual-P）。用以上化学提取试剂提取后剩余的比较稳定形态的磷，这部分磷一般很难被植物利用。此后，Tiessen 和 Moir（1993）对 Hedley 分级方法进行了修订。Hedley 磷素形态分级方法被认为是目前较为合理的磷素形态分级方法。

3. 长期施肥对土壤磷素形态的影响

施化学磷肥或者有机肥对土壤磷素形态影响的研究越来越受到广泛的关注。林治安等（1997）研究发现，长期磷肥施用后，主要是以 Al-P、Fe-P 和 Ca_8-P 等缓效态磷形态赋存在土壤中。顾益初和钦绳武（1997）的长期定位试验表明，施入潮土中的磷肥主要向 Ca_2-P 形态转化，继而向 Al-P、Fe-P 和 Ca_8-P 转化。Wier（1968）报道，田间添加无机磷肥，对有机磷含量基本没有显著的影响。鲁如坤等（1997）报道磷肥对土壤磷素形态的影响因土壤有较大差异。一般研究认为，有机肥的施用能增加土壤有机磷各组分的含量，增加幅度主要取决于有机肥的种类和各种土壤因素。张亚丽等（1998）研究了猪粪、紫云英和稻草对潮土有机磷的影响，发现有机肥的施用能有效提高各有机磷组分的含量。Azeez 和 van Averbeke（2010）报道，有机肥的施用能减少土壤对磷的固定，具有活化土壤中难溶性磷的作用。主要原因可能是：①有机肥含有的丰富的碳源为微生物生长提供了能量，在微生物的作用下将土壤中的难溶态磷转化为可溶性的磷（Marinari et al., 2000）。②大部分有机肥本身含有丰富的磷酸酶活性物质，增强了磷酸酶的活性，促进了土壤有机磷矿化为能被植物利用的无机磷形态（孙瑞莲等，2008）。③有机肥在土壤的分解过程中会释放出腐殖酸和低分子有机酸物质，一部分 Fe、Al 氧化物表面的吸附点位被这些物质所占据，同时有机阴离子与 Fe、Al 离子发生螯合作用，从而活化了土壤磷素（Xavier et al., 2009）。

5.1.2 土壤磷酸酶动力学、热力学研究进展

1. 土壤磷酸酶的来源、分类及分布

土壤中仅有小部分有机磷可被作物直接吸收利用，种类及数量占主体的不同分子特征的有机磷依赖土壤微生物和土壤磷酸酶的酶促反应才能被转化为有效态磷，然后供给植物吸收利用。土壤磷酸酶是在磷酯键处可酶促各种有机磷化合物水解的酶类，其活性直接影响着土壤有机磷的矿化及其生物有效性。土壤磷酸酶主要来源于土壤微生物和植物根系的分泌(沈菊培，2005)。土壤酸性磷酸酶主要来自真菌，而中性或碱性磷酸酶主要来自细菌(周礼恺，1987)。有些研究者认为蚯蚓也能生成磷酸酶，但土壤动物在土壤磷酸酶来源方面的作用是有限的。总的来说，土壤磷酸酶的来源是多方面的，但由于微生物的生物量较大，代谢活性也较高，且它们在适宜条件下的生活周期较短，因而可以认为，微生物或许是土壤磷酸酶的主要来源。土壤磷酸酶通常分为5大类：磷酸单酯酶、磷酸二酯酶、磷酸三酯酶、催化磷酸酐类物质的酶(如焦磷酸酶)、催化P—N键类酶(如磷酰胺酶)。但狭义的土壤磷酸酶指磷酸酯酶类，主要为磷酸单酯酶(酸性、中性、碱性)、磷酸二酯酶、磷酸三酯酶。磷酸单酯酶一直是土壤酶学研究的重点之一，尤其是酸性和碱性磷酸酶。土壤通常具有较高的磷酸单酯酶活性，因而使较简单的含磷有机化合物能较快地水解不会大量累积在土壤里。

酶作为一种蛋白质在土壤异质体里主要以结合状态存在，它具有特殊的催化能力，比普通无机催化剂要大十几倍、几十倍乃至数百倍(周礼恺和张志明，1980；李酉开，1984)。然而，酶参与土壤的生物化学反应过程要受环境的影响，如温度、pH、底物浓度及重金属等。因此，研究土壤中酶的动力学远比均质体系中的酶催化反应动力学要复杂得多。土壤中磷酸酶既有存在于土壤溶液中的游离态酶，也有以物理或化学作用吸附在有机和无机土壤颗粒上，并与土壤无机成分结合在一起的吸附态酶。吸附态酶主要包括分解的细胞碎片中的酶，未分解的死细胞中的酶及不再增殖的活细胞中存在的酶(邱莉萍等，2003)。磷酸酶一旦被分泌于土壤中，有很少一部分游离于土壤溶液中，绝大部分则被吸附固定于土壤胶体和一些黏土矿物上。早期就有人通过模拟试验，利用固定化技术把酶固定于蒙脱石、高岭石、伊利石上，发现由于酶的吸附而改变了自身的构象，进而影响了酶的活性(沈菊培，2005)。

2. 土壤磷酸酶活性的测定

到目前为止，土壤酶学方法尚不能定量原位测定土壤酶的含量，也不能用从土壤中提取出的粗酶制品的活性作为土壤中该种酶的活性。土壤酶活性通常是以

土壤作为酶的载体，采用物理或化学方法测定其在培养条件下特定土壤样品中微生物的增殖，使之既不合成新的酶，又不会同化底物和酶促反应的产物，同时又不破坏其细胞而使土壤酶量增多。其次，pH、温度、时间、抑制剂等因素均影响酶催化反应，所以要确定土壤酶促反应的各主要参数，包括土壤样品称量多少(酶的数量)、底物浓度、温度、反应混合物的最适 pH 及检测持续时间的最适值等，最后以无底物和无土等对照测定值校正所测结果。国外学者大多采用田间新鲜土壤样品测定，可以反映田间实际状况，但在批量测定时往往遇到困难，国内学者大多采用风干土样测定。

3. *土壤磷酸酶动力学研究*

土壤磷酸酶是一种具有蛋白质性质的、高分子的生物催化剂。它能催化土壤中有机磷转化的生物化学过程，因此具有动力学性质。众多国内外学者研究表明，经典的稳态动力学方法可用来描述土壤中酶催化反应的进程和有助于了解土壤酶的作用机理。而有些学者结论却与之相反，认为动力学研究缺乏精度和准确性，且 K_m 和 V_{max} 值在不同方法下变化很大。

在酶催化的反应中，首先是酶和基质起作用，形成不稳定的络合物——酶-基质络合物，酶-基质络合物又进一步络合分解出反应产物并释放出酶，Michaelis-Menten 于 1913 年，利用中间产物学说：E(酶)＋S(基质) ⟶ ES(酶-基质) ⟶ E(酶)＋P(反应产物)，推导出了一个表示单一底物浓度 S 与酶促反应速率 V 之间定量关系的数学方程式，即米氏方程：

$$\frac{1}{V_0}=\frac{K_m}{V_{max}}\frac{1}{S_0}+\frac{1}{V_{max}} \tag{5.1}$$

式中，S_0 为底物浓度(mmol/L)；V_0 为反应初速率[μg/(g·h)]。用 $\frac{1}{S_0}$ 和 $\frac{1}{V_0}$ 作图得出米氏常数 K_m(mmol/L)与最大反应速率 V_{max}[μg/(g·h)]。

此方程式的特点在于假设有酶-基质中间络合物形成，并进而假设反应中基质转变成产物的速率，取决于酶-基质络合物转变成反应产物的速率。实践表明，Michaelis-Menten 方程适用于很多酶催化反应，土壤酶动力学研究的基本参数有 K_m 和 V_{max}。动力学参数 K_m 和 V_{max} 的值对每一类酶均为特定值。米氏常数 K_m 是指当酶促反应速率达到最大反应速率一半时所对应的底物浓度，K_m 是土壤酶与底物结合牢固程度的指标，它表征酶对底物的亲和力，K_m 值越大，酶对底物的亲和力越小，从而形成酶-底物复合体的可能性便越小。对于每一种酶-基质体系而言它是特征值，和酶浓度无关，与 pH、温度及其他外部条件(如活化剂、抑制剂等)

有关。V_{max} 值指的是酶促反应的最大反应速率，它表征酶-底物复合体分解为反应产物的速率，在数值上，等于酶被底物完全饱和时的酶催化反应速率。V_{max} 越大，K_m 越小，酶与底物结合成活化络合物及其分解速率也越快。

在土壤酶的催化反应中，底物浓度也起着很重要的作用。一般来说，在存在的底物浓度大大地超过酶的存在数量时，酶催化反应的速率与存在的酶的数量成正比。当底物的浓度较低时，反应速率与底物浓度成正比；而当底物浓度较高时，反应速率则为一常数。为此，底物过量存在时测得的反应速率，是存在的酶的数量的直接量度。增加底物浓度酶促反应速率加快，但底物浓度达到一定限度，酶活性不再增加。

4. 土壤磷酸酶热力学研究

热力学方法由于只考虑反应的始态和终态，不涉及反应的具体过程，因而对研究土壤这一复杂体系中的酶促反应是极为有利的，被许多学者认为是研究土壤酶作用机理的重要方法之一(关松荫，1986)。热力学参数中的活化能、活化焓、活化熵、活化自由能均包含有明确不同的物理意义。根据过渡态的理论，只有两分子碰撞的能量超过一定量的能量时才能发生反应，即分子要发生反应所需取得的最低能量便是活化能。酶促反应速度常数和活化能根据化学动力学一级反应方程式计算：

$$k = \ln \frac{a}{(a-x)} \frac{1}{t} \tag{5.2}$$

式中，k 为反应速率常数；a 为底物初始浓度(mmol/L)；x 为时间 t 时的产物浓度(mmol/L)。

根据 Arrhenius 方程：

$$\ln K = \frac{E_a}{RT} \frac{1}{T} + \ln A \tag{5.3}$$

式中，E_a 为活化能(J/mo1)；R 为摩尔气体常数[8.134 J/(mol·K)]；T 为热力学温度(K)；A 为频率因子。

土壤酶热力学参数的计算：

$$活化焓\ \Delta H = E_a - RT \tag{5.4}$$

$$活化自由能\ \Delta G = RT\ln \frac{RT}{Nhk} \tag{5.5}$$

$$活化熵\ \Delta S = (\Delta H - \Delta G)/T \tag{5.6}$$

式中，T 为热力学温度(273+°C)；k 为反应速率常数；R 为摩尔气体常数[J/(mol·K)]；N 为阿伏伽德罗常数(6.023×10^{23} 个分子数/mol)；h 为普朗克常数(6.626×10^{-34} J·s)。

在土壤酶学中，活化能 E_a 指酶和底物结合形成活化络合物时所必需跨过的最低能障(图 5.2)。由此可见，土壤酶酶促反应的活化能可用来表征酶促反应速率的快慢，活化能越低，反应速度越快；活化焓 ΔH 通常用以表征酶的活性部位与反应物发生互补时从外界所需获取的能量，高的活化焓值显示形成活化络合物必须具有强的应变、扭曲、甚至键的断裂，因而需要较多的能量；活化熵 ΔS 则是用来表征实现过渡态可能性的量度，ΔS 越小，反应物在酶活性中心定向有序性越大，酶促反应增强；活化自由能 ΔG 是酶促反应自发进行可能性的量度，ΔG 值越小，酶促反应进行的可能性越大，ΔG 值小于零时反应可自发进行。

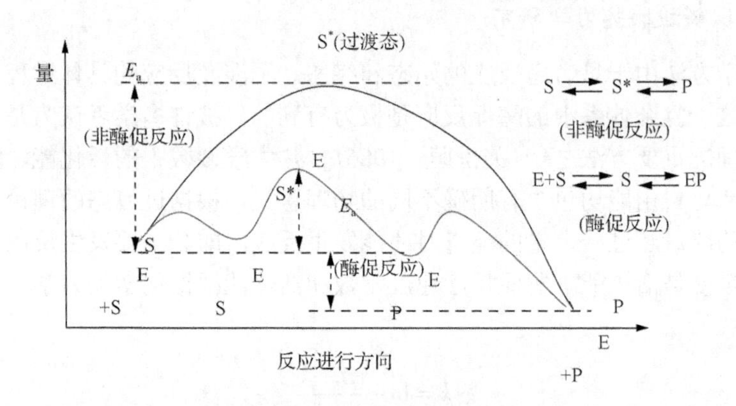

图 5.2　酶促反应活化能示意图

5. 不同施肥条件下土壤磷酸酶反应动力学特征

樊军和郝明德(2002)对黄土高原中南部无灌溉条件的黄盖黑垆土进行了不同施肥处理下碱性磷酸酶动力学特征的研究，发现施肥对 V_{max}/K_m 影响顺序为 NPM>M>NP>CK>N>P，对 V_{max} 影响为 NPM>M>NP>N>CK>P。表明种植作物或施肥，尤其施有机肥可以显著增加土壤酶的数量，但施用有机肥也使增加的酶更多与腐殖物质结合，增加底物与酶接触的障碍，使 K_m 显著增加，这将不利于具有活性的酶与底物复合体的形成而使表观酶活性降低。但施肥提高 V_{max} 使酶与底物复合体分解为产物的速率提高，这将有利于表观酶活性的提高。不同施肥处理，对供试土壤碱性磷酸酶酶促反应的 K_m 和 V_{max} 参数具有较明显的影响，碱性磷酸酶酶促反应的 K_m、V_{max} 值可作为土壤肥力的评价指标(徐冬梅，2004)。

邱莉萍等(2007)对塿土长期不同施肥处理：不施肥、仅施氮磷化肥(化肥)、在化肥处理基础上用中量玉米秸秆(中秸)，在化肥施用处理上施用厩肥进行土壤磷酸酶动力学特征的研究，30°C、45°C 温度下，V_{max} 值均为厩肥>中秸>化肥>不施肥处理；15°C 时各施肥处理的 V_{max} 值也比不施肥的要大，表明施肥特别施用有机肥可提高碱性磷酸酶酶促反应速率；不同温度下 K_m 也为厩肥>中秸>化肥>不施肥处理，与樊军和郝明德(2002)得到不同施肥处理碱性磷酸酶 K_m、V_{max} 值有同步增减趋势的结论相同。

6. 不同施肥条件下土壤磷酸酶反应热力学特征

邱莉萍等(2007)对塿土长期不同施肥处理定位试验土壤磷酸酶热力学特征进行了研究，发现随温度升高，各处理碱性磷酸酶的反应速度常数 k 值增大，表明温度升高，激发了酶活性，促进了酶的反应速度，在同一温度下不同处理碱性磷酸酶 k 值施肥处理高于不施肥处理，表明施肥和增温可提高酶促反应速度。碱性磷酸酶活化能 E_a 值大小依次为：不施肥>厩肥>化肥>中秸，表明长期施用肥料土壤中，活化能降低，酶与底物形成活化络合物反应速度加快，从而加速了生化反应进程，促进了磷素的转化。各处理碱性磷酸酶的 $\Delta G>0$，且随温度升高而增大，说明土壤碱性磷酸酶形成活化络合物的过程不可能自发进行。各培肥处理酶的 ΔH 值均随温度升高而减小；同一温度水平中不同处理土壤碱性磷酸酶 ΔH 值大致表现为不施肥>厩肥>化肥>中秸，说明温度升高或施用肥料能减少酶的活性部位与反应物发生互补时从外界所需获取的能量，从而能以更少的能量完成形成活化络合物必须具有强的应变、扭曲、甚至键的断裂，以至达到过渡状态。在不同施肥处理中，各土样碱性磷酸酶的 $\Delta S<0$，说明酶与反应物形成活化络和物的过程使体系有序性增强。同一温度水平中，不同处理土壤碱性磷酸酶 ΔS 值为不施肥>厩肥>化肥>中秸，说明施肥减小 ΔS 值从而促使反应物在酶活性中心定向有序性较大，酶促反应增强。总之，不同施肥条件下，土壤碱性磷酸酶的 ΔG、ΔH、ΔS 值均为未施肥处理大于施肥处理，说明长期施肥能降低反应的活化自由能，减少酶的活性部位与反应物发生互补时从外界所需获取的能量，并能促使反应物在酶活性中心定向有序性增大，加速酶促反应的进行。

5.1.3　稻田磷素流失潜能研究进展

稻田磷素的外源添加主要有施肥、磷矿风化、灌溉等，其中，外源磷肥的添加是稻田磷素的主要外部来源(丁孟，2010)。大量研究也发现，施磷量越高，土壤磷素的流失潜能就越大(Daniel et al., 1994; Sharpley et al., 1996)。而稻田磷素的流失受降雨、灌排方式、施磷量、土壤性质等因素的影响(刘展鹏和陈慧梅，2013)。稻田磷素主要通过地表径流、土壤侵蚀及淋溶作用而损失(吕家珑，2003)，而磷素又是水体富营养化的主要诱导因子，农田磷素流失已发展为水体磷素的主要来源，过量的磷肥施用又不断加剧了磷素的流失风险(张维理等，2004；卢少勇等，2006；金苗等，2010)。稻田在淹水条件下，嫌气环境致使土壤铁、铝氧化物溶解，同时土壤中可溶性有机质含量也增大促使与铁和铝的络合，从而降低稻田土壤对磷的固定，增加了田面水中磷素的浓度(Guppy et al., 2005; van Laer et al., 2010; Rabeharisoa et al., 2012; 薛巧云，2013)。

一些长期施肥量过高或地下水位较高的沙土除外，一般研究认为稻田土壤淋溶水中磷的浓度比较低(Ryden et al., 1973; Heckrath et al., 1995; 曹志洪等，2005)，一方面是由于土壤长期耕作形成的坚硬的犁底层的阻隔(王少先，2011)，另一方面是稻田土壤对磷素较强的吸附固持能力所致(Xie et al., 2004)，但当施磷量超过一定的量，土壤中的磷素吸附点位基本全部被占据，土壤对磷的吸附达到饱和，此时，磷素的淋溶量会随着土壤 Olsen-P 的含量而急剧增加(Jordan et al., 2000；李卫正等，2007)。据报道，连续多年的磷肥投入土壤磷素的淋溶可深达 50～100cm 以上(Humphrey and Pritchett, 1971; Eghball et al., 1996)。

稻田进入水体的磷素主要以溶解态(DP)和颗粒态(PP)两种形态赋存，研究者用土柱模拟试验发现，溶解态磷是渗漏液中磷的主要形态，占总磷含量的 61%～97%(Chardon et al., 2007; Liu et al., 2012)。梁新强等(2005)研究发现稻田径流中磷素则以颗粒态形式为主，占总磷的 76%～79%。杨丽霞和杨桂山(2010)研究了施磷对太湖流域水稻田磷素径流流失形态的影响，发现在水稻生长初期不同施磷量对径流中不同形态磷浓度有较大的影响，且不同形态磷浓度均随施磷量的增加而增加，颗粒态磷占总磷的 56.3%～72.1%，表明各施肥处理径流中的磷均以颗粒态磷为主。陆欣欣等(2014)对不同施肥处理稻田系统磷素输移特征研究发现，磷的径流流失是水稻流失的主要途径，其占磷素总流失量的 56.9%～90.4%，磷素径流流失负荷随施磷量的增加而增加，并发现可溶性磷是径流和渗漏水中磷的主要形态。

晏维金和尹澄清(1999)报道，在稻田湿地系统中磷素浓度随时间而变化，稻田淹水时，水中颗粒或土壤对磷的吸附量加大，从而 TP 的浓度明显呈下降趋势。田玉华等(2006)用 $Y = C_0 \times e^{-kt}$ 的指数模型来模拟水中磷素的这种下降趋势。李学平等(2010)对紫色土稻田磷素流失潜能进行研究，发现田面水 TP 和 DP 浓度随时间(x)的变化呈极显著的对数($y=a \cdot \ln(x)+b$)下降规律。

5.1.4　磷素活化剂研究进展

在农业生产上，肥料的大量投入造成土壤磷素的累积，人们一直在寻找一种有效的方法来促进土壤中难溶态磷的活化。目前，对土壤磷素活化剂的研究主要涉及以下几种类型。

(1)低分子量有机酸，如柠檬酸、酒石酸、苹果酸等。在低磷胁迫下，植物根系会分泌大量有机酸促进土壤磷素的活化，从而提高土壤磷素的生物有效性(党廷辉等，2005；Bais et al., 2006; Wei et al., 2010)。目前，有关有机酸对土壤无机磷的影响研究颇多。梁玉英和黄益宗(2005)研究发现，土壤外源添加0.1mol的草酸和柠檬酸处理后土壤Olsen-P分别增加78.0%和30.5%。陆文龙等(1998)研究发现，草酸和柠檬酸对石灰性土壤的活化较强。张崇玉和关勤农(2004)研究发现在施磷条件下，随着柠檬酸添加量的增加，土壤有效磷含量逐渐增加。曲东等(1996)经过室内培养实验，发现向娄土种添加草酸、柠檬酸和酒石酸后均能增加有效磷的含量。许多学者认为，低分子有机酸之所以能活化磷素，主要是有机酸可以降低土壤pH，同时有机酸与磷酸根之间竞争吸附点位，与土壤Al、Fe和Ca等发生络合、螯合反应，从而土壤中的含磷化合物释放出来，提高了有效性磷的含量。

(2)高分子有机酸类物质，如腐殖酸、木质素等。有研究发现在除去有机质的土壤中添加腐殖酸会增加有效磷的含量。关于腐殖酸活化磷的机理存在各种不同的猜测，有的研究者认为腐殖酸、黏土和钙形成团聚体时，腐殖酸吸附钙，代换出了氢(Lyamuremye et al., 1996)。有的研究者认为很可能腐殖酸的活性官能团，如羧基、酚羟基会与金属或者磷酸盐形成络合物。

(3)解磷微生物类，主要的如解磷菌株、VAM菌株等。解磷微生物在土壤磷循环相关的生物学系统中担任着重要的角色，它可以将难溶磷素转化为可溶性磷，提高土壤磷的利用率，因此利用微生物作用来提高土壤磷素利用率，调节土壤磷素的有效性吸收已经越来越受到人们的重视。土壤中解磷微生物的数量生态分布受土壤物理结构、有机质含量、土壤类型、土壤肥力、耕作方式等因素的影响。解磷微生物有强烈的根际效应，即种类、数量、分布和菌种与根际环境间相互关系等均受根际微域环境的影响。解磷菌表现出的强根际效应可能与根圈磷素营养亏缺诱导有关，但由于根圈微生物的群落结构受根系分泌物及根脱落物的影响，不同植物根圈微生物的组成差别很大，这种作用也影响解磷菌的群落组成。微生物的解磷存在多种机理，一般认为微生物之所以能溶解土壤中难溶态磷酸盐，是因为这些微生物能分泌有机酸从而具有溶磷作用。微生物释放的有机酸一方面可以使土壤pH局部降低，使磷酸钙、磷酸铝、磷酸铁等难溶态磷酸盐在酸性条件下溶解；另一方面，这些有机酸能与铝、铁、钙、镁等金属离子发生络合或螯合作用，从而将与之结合的磷酸根释放出来(宋建利和石伟勇，2005)。边武英等(2000)发现细菌能够分泌苹果酸、丙酸、乳酸、乙酸、柠檬酸，且不同菌株之间差异较大。真菌分泌的有机酸种类比较复杂，菌株之间差别也比较大。

(4)一些复杂的有机物质，如农业生产上有机肥的添加也可以作为磷素活化剂。大量研究发现，有机肥具有活化和减弱磷素固定的作用(周卫军和王凯荣，

1997；Gichangi et al., 2009），主要由于有机肥本身含有的磷酸酶及在分解过程中形成的有机酸等物质对磷的活化作用。

(5) 激素类物质，如 ABT 生根粉，刘世亮和骆永明(2002)报道 ABT 生根粉可促进小麦根系的生长，提高作物对磷肥的利用。ABT 生根粉主要作用是促进作物根系的生长，从而增加作物对磷的有效利用。

(6) 水溶性有机的高分子材料，如聚丙烯酰胺。Sojka 等(1998)报道了聚丙烯酰胺可以减少土壤磷素，尤其是颗粒态磷的损失。主要是高分子化合物与磷肥复合后能够竞争土壤中的吸附点位，减少土壤对磷的固定(李杰等，2012)。

(7) 高表面积与高表面活性物质，如常见的有粉煤灰和沸石粉等，可使 Olsen-P 增加 182.9%。朱江和周俊(1999)报道了粉煤灰对有效磷可以提高 13.6%～22.6%。魏静和周恩湘(2001)报道了沸石对磷矿粉有着很好的活化作用，被认为沸石活化磷的机理是沸石上的吸附阳离子和 Al^{3+}、Fe^{3+}、Ca^{2+}交换的结果。

(8) 对磷酸酶起激活作用的物质，如还原型谷胱甘肽、抗坏血酸等。磷酸酶在土壤有机磷转化中发挥了重要作用，影响土壤磷酸酶酶促反应的主要因素有底物和酶的浓度、反应温度、pH、抑制剂和激活剂的作用。以往对土壤磷酸酶促反应影响因素的研究主要集中在底物和酶的浓度、反应温度、pH 等方面，对其激活剂的研究比较少。在医学上已有对磷酸酶的调控研究，但土壤中的应用方面还鲜有报道。国内沈菊培(2005)以还原型谷胱甘肽、ATP、辅酶 I 作为土壤磷酸酶的激活剂进行研究，发现这些化合物对土壤磷酸酶活性有一定的激活作用，尤其是还原型谷胱甘肽对土壤磷酸酶的激活效果最佳，且发现还原型谷胱甘肽主要通过作用于微生物而影响胞内磷酸单酯酶的分泌进而影响磷酸单酯酶的活性。

5.2 有机肥施用对稻田土壤遗存磷的影响

5.2.1 材料与方法

1. 试验点概况

田间定位试验点位于浙江省嘉兴市王江泾镇双桥农场(30°50′N, 120°40′E)(图 5.3 和图 5.4)，试验点属于亚热带季风气候区，年平均气温为 15.7℃，年均降水量为 1200mm，试验区土壤为青紫泥，是太湖流域典型的潜育型水稻土，由河湖海相沉积物发育而成。耕层基础土样(0～20cm，于 2005 年水稻种植前采集)基本理化性质：pH，6.8(1∶5 土水比)；总碳，22.6g/kg；总氮，2.6g/kg；总磷，1.7g/kg；有机磷，3000mg/kg；速效磷，1000mg/kg；C/N，8.4；土壤容重，1.3g/cm^3；阳离子交换量，8.1cmol/kg；草酸-草酸盐提取磷，895.9mg/kg；草酸-草酸盐提取铁，7.3g/kg；草酸-草酸盐提取铝，1.2g/kg；土壤磷素饱和度，10.5%。

2. 试验设计

试验点定位试验从 2005 年开始，试验设置不施肥对照处理(M_0，0kg P/hm^2)、过磷酸钙对照处理(P_{26}，26kg P/hm^2)和不同水平猪粪处理组(M_{26}，26kg P/hm^2；M_{39}，39kg P/hm^2；M_{52}，52kg P/hm^2)5 个处理，过磷酸钙和猪粪(猪粪经过腐熟堆置处理)作为一次性基肥施用，每年猪粪有机肥的成分会有少许不同，但猪粪有机肥(基于干重)平均所含有机质 15%，总氮 0.56%，总磷 0.43%和全钾 0.40%。

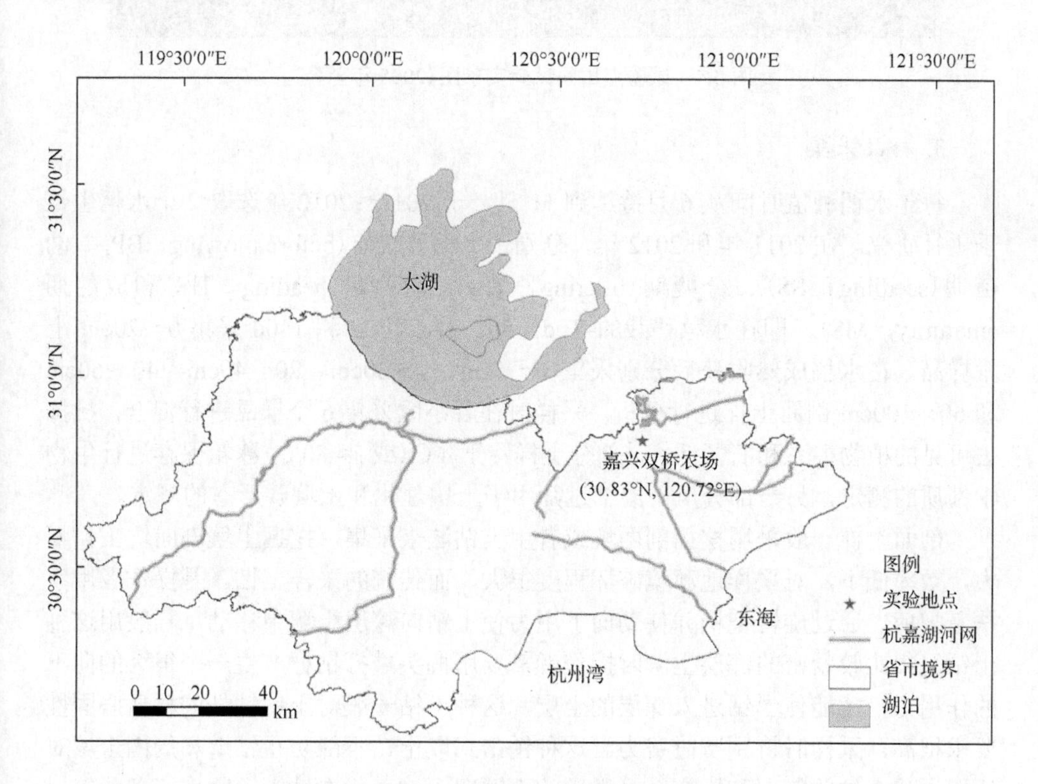

图 5.3　试验点田间试验示意图(2005 年至今)

田间试验以尿素在 7、8 月分别追肥 2 次。各处理 3 个重复，共计 15 个小区，试验小区随机区组排列，每区面积 20m^2。试验小区外围一侧设有试验保护行，小区的田埂筑高 20cm，且每个小区的田埂用尼龙薄膜包被，以减少相邻小区之间的串流和侧渗。作为该地区典型的水稻种植模式水稻田保持为淹水状态，淹水期田面水保持 50mm 的水深。

图 5.4　试验点田间试验实景图(2005 年至今)

3. 样品采集

每年水稻种植时间从 6 月持续到 11 月，于 2011～2012 年选取 2 个水稻生长季进行研究。在 2011 年和 2012 年，分别于水稻移栽前(before plowing，BP)、幼苗期(seedling，SS)、分蘖期(tillering，TS)、抽穗期(heading，HS)和成熟期(maturity，MS)，即在水稻移栽的–10d、5d、35d、70d 和 140d 采集 0～20cm 土壤样品。在水稻成熟收获后分别采集 0～5cm、5～20cm、20～40cm、40～60cm 和 60～100cm 剖面土样进行分析。采样时在各小区采集 6 个样品进行混合，挑拣去可见的植物根系和石子后，一部分土样置于 4℃(或者–80℃)冰箱保存进行生物学性质的测定，另一部分风干磨细过筛用于土壤理化和土壤磷形态的测定。

剖面土样一般采用挖掘剖面坑或者用土钻法来采集，挖掘土壤剖面坑工作量大，效率低下，对采样地环境破坏程度很大，而传统的采样土钻，是操作者用手扶着把柄，通过旋转把柄并使劲向下用力使土钻向深层土壤中移动，一般用这种土钻采集比较紧密的深层土壤时操作者需要用榔头敲打钻杆产生一个很大的向下的作用力，才能使土钻进入深层的土层，这种土钻一般对土钻钻杆的材质坚固性要求很高，采样时特别费时费力。这种锤击式取土钻不能防止钻壁和周围土壤对所取原状土柱的挤压和压实，且现用的土壤取土钻一般在钻管上割出一条狭缝以便取出采集的土壤样品的设计，对于土质疏松的土壤，将样品取出时容易松散，这就没法确保取得完整的土柱。因此，为了克服传统土钻的缺陷，作者团队发明了一种可以减轻采样工作量，使实验结果更精确的一种内燃圆周振动便拆装式土壤采样器(图 5.5)。采样时先将上卡环套到套筒的凸台以上的位置，依次对接安装三瓣钻头，先装一号瓣，安装时一号瓣的凹槽卡到套筒凸台上，依次安装二号瓣和三号瓣，再分别把上卡环和下卡环向下和向上套住三瓣，并套紧，三瓣对接安装在一起时有自锁作用，不会松脱。然后，把采样器的可拆装钻头根据采样器外侧所标刻度插入土层进行取样，把持手柄，开启发动机，使采样器垂直地面；当采样器达到所取土层深度时，发动机熄火停机，拔出采样器；用錾子在上卡环和下卡环的錾子槽中分别向上向下退出卡环，依次按照三号瓣、二号瓣和一号瓣的顺序拆卸可拆装钻头，取出土壤样品。

内燃圆周振动便拆装式土壤采样器主要利用发动机内能提供振动，发动机输出轴通过联轴器带动主轴部分的中心轴连同安装在中心轴上的偏心块一起旋转，因偏心块与中心轴轴线有一定的偏心距，偏心块随着中心轴旋转时，在水平面上

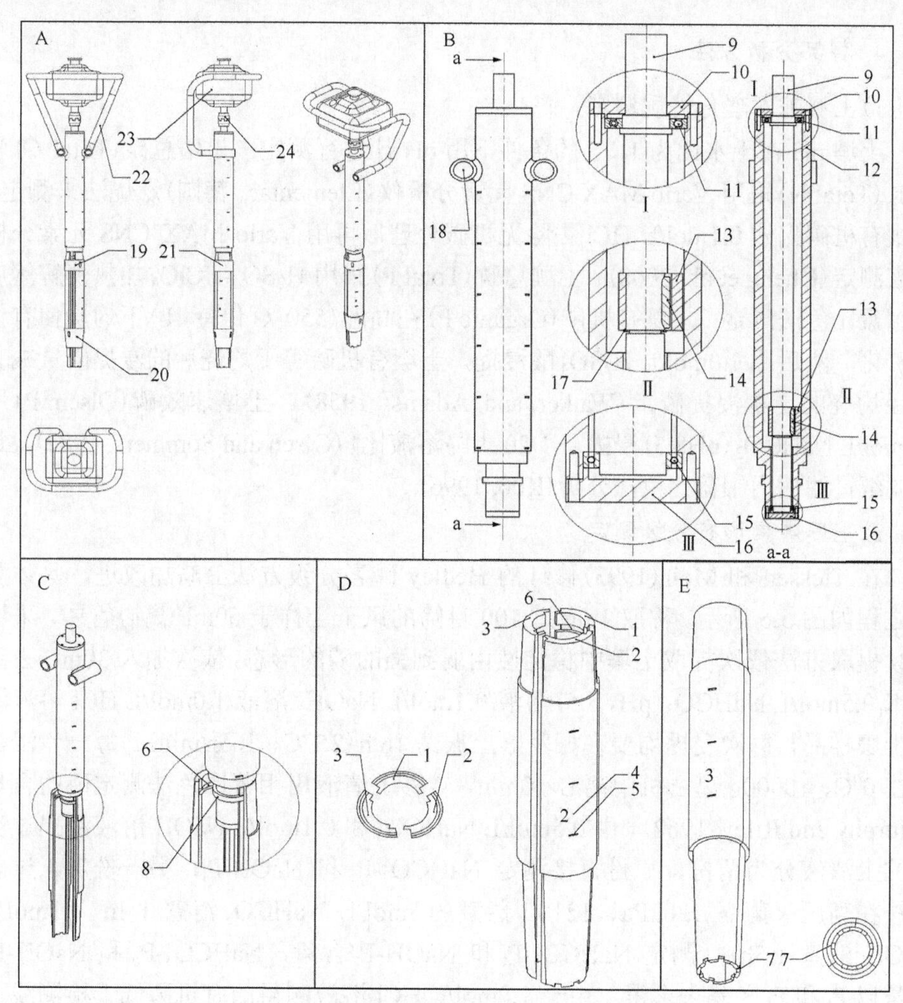

图 5.5　内燃圆周振动便拆装式土壤采样器的结构示意图

1-一号瓣；2-二号瓣；3-三号瓣；4-编号；5-刻度；6-凹槽；7-豁口；8-凸台；9-中心轴；10-上端轴承盖；11-上轴承；12-套筒；13-偏心块；14-平键；15-下轴承；16-下轴承盖；17-弹性挡圈；18-手柄安装座；19-上卡环；20-下卡环；21-錾子槽；22-手柄；23-发动机；24-联轴器

A-整体结构示意图；B-套筒及内部结构剖面示意图；C-套筒与钻头连接示意图；D-钻头结构示意图；E-钻头豁口示意图

产生一个离心力致使采样器产生振动，导致采样器夯实周围土壤产生空隙，同时采样器在自重力和操作者对手柄传递的压力作用下容易向下移动，取样时省时省力，且上下方向没有显著振动，这样钻头内部取到的土壤在垂直方向上不会发生挤压现象；采样器钻头部分由便拆装式三瓣组成，与主轴部分的连接靠套筒的凸台和三瓣内部的凹槽嵌套配合，三瓣由自锁式卡套上下分别固定锁紧三瓣，且下端设计豁口，保证取土时土样保持原样不破损，封闭的三瓣土钻形成内部是柱形的钻管能最大程度保证取到原状完整的土柱，提高采样精度。

4. 样品分析方法

1) 土壤基本理化性质测定

土壤 pH 在土水比为 1∶5 的条件下用 pH 计进行测定；土壤总碳(Total C)和总氮(Total N)采用 Vario MAX CNS 元素分析仪(Elementar, 德国)燃烧法来测定；土壤有机碳先做 0.1mol/L HCl 去除无机碳处理后再用 Vario MAX CNS 元素分析仪来测定(Cheng et al., 2008)；土壤总磷(Total P)采用 H_2SO_4-$HClO_4$ 加热消解然后用钼蓝比色法测定；土壤有机磷(Organic P)在高温(550 °C 保持 1h)下灼烧使有机磷矿化，然后用 1.0mol/L H_2SO_4 酸浸提，土壤有机磷等于灼烧后的浸提磷量减去未经灼烧的土壤浸提磷量(Walker and Adams, 1958)。土壤速效磷(Olsen P)用 0.5mol/L $NaHCO_3$(pH8.5)浸提(1∶20 土与溶液比)(Olsen and Sommers, 1982)，定量滤纸过滤后用钼蓝比色法分析(Kuo, 1996)。

2) 土壤磷素形态分级测定

在 Tiessen 和 Moir(1993)修订的 Hedley 磷素分级方法上略加改进，具体测定过程如图 5.6 所示。称取 1.0g 过 100 目筛的风干土样于 50mL 离心管中，采用连续提取方法依次提取土壤中稳定性由弱到强的磷的形态，依次加入 30mL 去离子水/0.5mol/L $NaHCO_3$(pH，8.5)溶液/0.1mol/L NaOH 溶液/1.0mol/L HCl 溶液浸提土壤样品，每次浸提均要在振荡器上振荡 16 h(25 °C、165r/min)，每一步浸提后在 0°C、10000g 离心机中离心 10min，转移上清液用钼蓝比色法测定磷的含量(Murphy and Riley, 1962)，由 0.5mol/L $NaHCO_3$ 和 0.1mol/L NaOH 溶液浸提过滤后的上清液分为两份，一份直接测定 $NaHCO_3$-P_i 和 NaOH-P_i，另一份加入过硫酸铵在高压灭菌锅 120kPa、121°C 蒸煮(0.5mol/L $NaHCO_3$ 消煮 1 h；0.1mol/L NaOH 消煮 1.5h)后测定 $NaHCO_3$-P_t 和 NaOH-P_t 含量，$NaHCO_3$-P_o 和 NaOH-P_o 含量以 P_t 和 P_i 之差来求得。由于 1.0mol/L HCl 溶液测得的有机磷低于检测线，所以忽略不计。

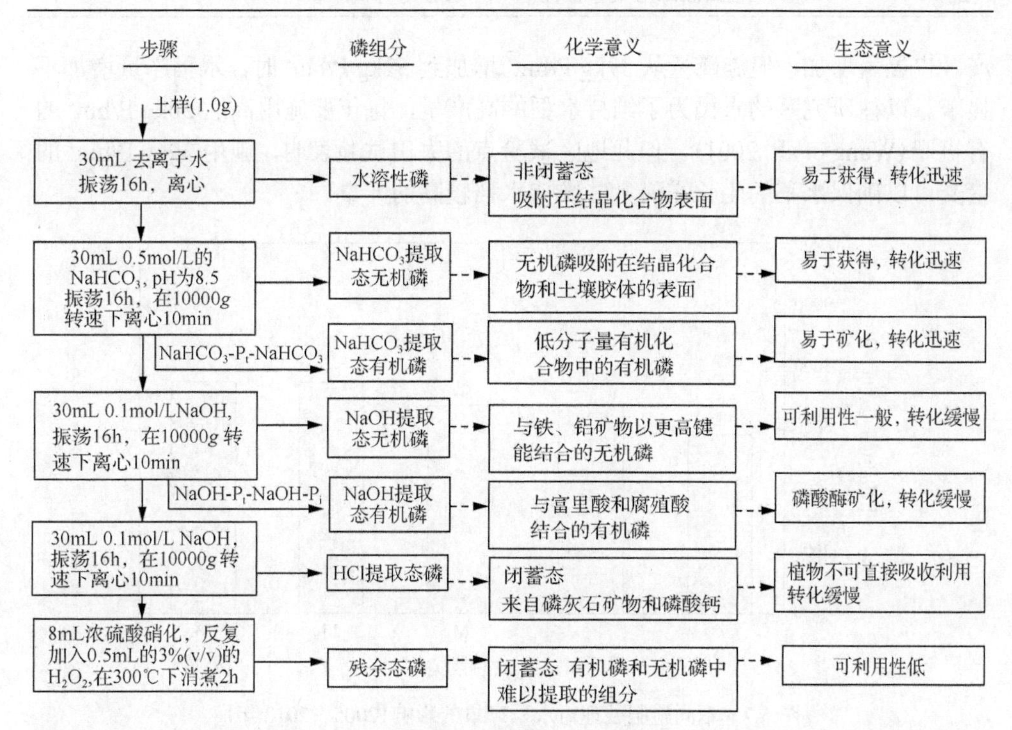

图 5.6 修正的 Hedley 磷素形态分级方法流程示意图(Cassagne et al., 2000; Motavalli and Miles, 2002;Crews and Brookes, 2004)

浸提结束后将离心管中的残渣全部转移至消煮管中，加入 8 mL 浓 H_2SO_4，在 300°C 电热板上消解，消解过程中反复加入 H_2O_2，直至消煮管中的液体变为澄清为止，冷却后转移全部消煮液至比色管定容后摇匀，再以定量滤纸过滤后测定的溶液中的磷为残渣态磷(Residual-P)。

5.2.2　不同施肥处理对水稻产量的影响

图 5.7 显示了不同施肥处理下水稻的年均产量(2005～2012 年)。与未施肥处理 M_0 和施过磷酸钙处理 P_{26} 相比，中、高水平有机肥处理 M_{39} 和 M_{52} 显著提高了水稻的产量。在 P_{26}、M_{26}、M_{39} 和 M_{52} 处理下，水稻 8 年平均产量分别为 6772 kg/(hm^2·a)、6730kg/(hm^2·a)、7483kg/(hm^2·a)和 7517kg/(hm^2·a)，且分别比未施肥对照 M_0 年均产量增加了 17%、16%、29%和 30%。但 P_{26} 和 M_{26} 处理水稻产量差异未达到显著性水平。长期有机肥的施用可以显著提高水稻的产量，本书与 Reddy 等(1999)的研究结果相一致。一方面，有机肥是稻田生态系统的主要碳源，有机肥的施入刺激了土壤微生物的生长和繁殖，从而改善了土壤理化和生物学性质；另一方面，有机肥的输入也伴随着土壤所需其他营养成分的输入，从而使得水稻产量提高(Guo et al., 2004)。随着有机肥施用量从 0 增加到 39kg P/hm^2，水稻

产量也显著增加，但施磷量从 39kg P/hm^2 增加到 52kg P/hm^2 时，水稻产量增加不显著。以往研究区的农民为了维持水稻的高产量，每年要施用高达 50kg P/hm^2 的有机肥(Wang et al., 2001)。但此地区试验点的大田试验表明，施用 39kg P/hm^2 的猪粪可以确保水稻的生长需磷量并维持水稻较高的产量。

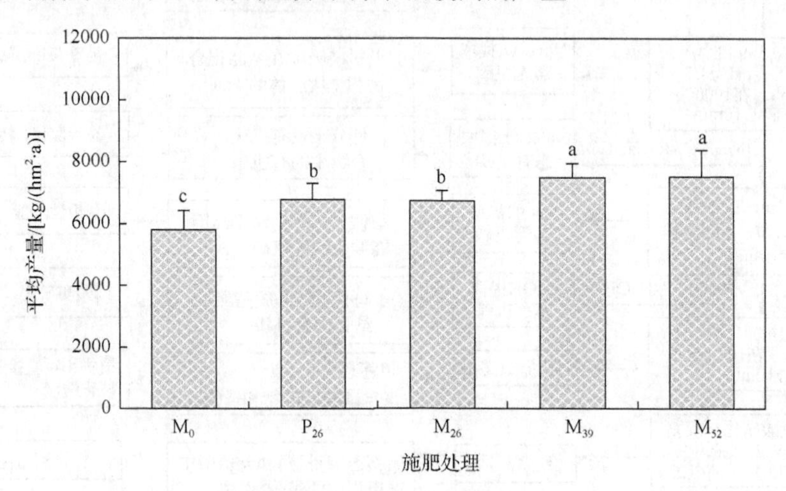

图 5.7 不同施肥处理对水稻产量的影响(2005～2012 年)

5.2.3 不同施肥处理对土壤理化性质的影响

1. 不同水稻生育期耕层土壤理化性质的变化

表 5.1 显示，水稻生育期内，土壤 pH 在 2011 年介于 6.18～7.08，2012 年介于 6.32～7.42。长期施用有机肥可以提高土壤 pH，施用无机磷肥则反之，由于有机肥和过磷酸钙作为基肥，所以水稻幼苗期施入有机肥的土壤 pH 升高，施入过磷酸钙的土壤则反之。而在分蘖期和抽穗期所有处理土壤 pH 均呈小幅下降趋势，一方面是由于后期以尿素追肥降低了土壤 pH; 另一方面此水稻生长期内受该区的酸性降雨的影响土壤 pH 下降，至水稻成熟期土壤 pH 有小幅回升。但各处理之间在数理统计意义上 pH 差异并不显著，这也与土壤本身具有强大的酸碱缓冲能力有关(汪吉东等，2011)。

水稻生育期内，土壤 Total C 和 Total N 含量 2011 年分别介于 16.71～33.09 g/kg 和 1.97～3.58 g/kg，2012 年分别介于 13.91～36.32 g/kg 和 2.01～4.29 g/kg。而 C/N 2011 年介于 8.10～9.99 g/kg，平均值为 8.94；2012 年介于 5.90～8.78 g/kg，平均值为 7.51。土壤 C/N 受地区水热条件影响较大，从全国平均水平来看，我国水稻田耕层土壤 C/N 平均值为 10.8，供试土壤 C/N 值低于我国耕层土壤的平均值，C/N 的降低为微生物提供了更多的能量，可以加快微生物的分解和氮的矿化速率，不利于有机物质的积累，从而对生态环境是十分不利的。从表 5.1 可以看出增施有机肥有提高土壤 C/N 值的趋势(Gunther and Holger, 2003)。

从表 5.1 可以看出，施用有机肥也可以提高土壤 Total P、Organic P 和 Olsen P 的含量。我国土壤 Total P 含量一般为 0.20～1.10g/kg(黄昌勇，2000)，本书水稻生育期土壤 Total P 含量 2011 年介于 0.38～2.42g/kg，平均为 1.19g/kg；2012 年介于 0.40～2.54g/kg，平均为 1.39g/kg，表明长期大量含磷肥料的施用致使土壤遗存磷的含量相当可观，富磷土壤的磷素流失会成为水体富营养化的重要潜在污染源。水稻各生育期，土壤 Total P 含量均呈现 M_{52}>M_{39}>M_{26}>P_{26}>M_0 的规律，且 M_{52} 和 M_{39} 与其他施肥处理均达到显著性差异(除 2011 年水稻移栽前期)。未施肥 M_0 处理土壤 Total P 含量随水稻生育期呈递减趋势，表明了土壤磷素的耗竭。在整个水稻生育期 M_0、P_{26}、M_{26}、M_{39} 和 M_{52} 处理 Organic P 占 Total P 比例 2011 年分别介于 9.6%～23.1%、16.1%～32.1%、23.1%～40.2%、46.7%～60.0%和 39.6%～66.5%，2012 年分别介于 7.7%～15.1%、20.3%～37.3%、22.1%～41.3%、23.7%～53.5%和 38.6%～61.5%，由此可见 Organic P 的含量还是比较可观的，也是研究区磷素的主要形态之一。有机肥的施入对土壤磷素具有活化、减弱吸附和固定的作用(Gichangi et al., 2009; Azeez and van Averbeke, 2010)，从而可提高土壤 Olsen P 的含量，这归因于：第一，有机肥补充了有机碳源，又改善了土壤性状，这大大刺激了微生物活性，使微生物活动和繁殖都很旺盛，从而加速了微生物将难溶态磷转化为植物可利用态的磷(Marinari et al., 2000; Nayak et al., 2007; Ge et al., 2009)；第二，有机肥，如猪粪有机肥，其本身含有大量的磷酸酶，磷酸酶的数量增大其活性提高，有利于有机磷向无机磷的转化，增加了 Olsen P 的含量(关松荫，1989)；第三，有机肥在降解过程中会分解产生一些腐殖质和各种低分子有机酸，这些物质占据一部分铁、铝氧化物表面的吸附位点从而抑制了土壤磷的表面吸附(Xavier et al., 2009; Wang et al., 2012)。

2. 不同剖面土壤理化性质的变化

从表 5.2 可以看出，2011 年，0～5cm 土层 Total C 从 M_0 的 20.03g/kg 提高到 M_{52} 的 32.53g/kg；5～20cm 土层 Total C 从 M_0 的 17.47g/kg 提高到 M_{52} 的 24.01g/kg。磷肥的输入能显著提高 0～20 cm 土壤 Total C，但对 20 cm 以下土壤 Total C 的影响不大。两年数据均表明在 0～5 cm 土层，与未施肥对照相比，中、高水平有机肥处理显著(p<0.05)提高了 Total C 含量，这与 Pan 等(2008)的研究结果相符，主要是有机肥本身含碳所致(Zhang et al., 2009; Bhattacharyya et al., 2010)。

表 5.1 2011 年和 2012 年不同水稻生育期土壤理化性质

生育期		处理	pH (H_2O)	Total C /(g/kg)	Total N /(g/kg)	Total P /(g/kg)	Organic P /(g/kg)	Olsen P /(g/kg)	C/N
2011 年	BP	M_0	6.53±0.27a	18.21±2.14b	2.15±0.13b	0.75±0.38a	0.09±0.06a	0.07±0.04a	8.42±0.12b
		P_{26}	6.48±0.31a	19.02±2.59b	2.24±0.20b	0.99±0.24a	0.16±0.13a	0.09±0.01a	8.48±0.23b
		M_{26}	6.77±0.18a	20.39±3.11b	2.35±0.10b	1.04±0.35a	0.24±0.17a	0.12±0.03a	8.66±0.15b
		M_{39}	7.01±0.54a	27.14±2.17a	3.00±0.45a	1.20±0.17a	0.56±0.28a	0.15±0.04a	9.04±0.07a
		M_{52}	7.05±0.17a	27.30±3.02a	3.03±0.31a	1.31±0.37a	0.68±0.26a	0.16±0.06a	9.00±0.10a
	SS	M_0	6.58±0.21a	17.98±1.32d	2.09±0.58b	0.73±0.09c	0.07±0.07b	0.10±0.03a	8.59±0.33b
		P_{26}	6.43±0.19a	22.48±2.01c	2.29±0.24b	1.24±0.31b	0.20±0.10b	0.18±0.06a	9.81±0.11a
		M_{26}	6.90±0.46a	26.25±1.19b	2.65±0.18b	1.32±0.42b	0.53±0.24b	0.10±0.03a	9.89±0.13a
		M_{39}	7.06±0.25a	32.05±3.54a	3.24±0.37a	2.15±0.19a	1.29±0.11a	0.19±0.07a	9.97±0.09a
		M_{52}	7.08±0.33a	33.01±2.49a	3.30±0.52a	2.42±0.23a	1.44±0.05a	0.20±0.09a	9.99±0.37a
	TS	M_0	6.39±0.42a	17.23±1.53d	2.03±0.13c	0.67±0.52b	0.08±0.04b	0.12±0.05a	8.48±0.09b
		P_{26}	6.45±0.13a	22.76±1.64c	2.52±0.34b	1.04±0.27b	0.21±0.17b	0.13±0.02a	9.01±0.23a
		M_{26}	6.43±0.28a	25.91±1.11b	2.86±0.15b	1.32±0.36b	0.50±0.15b	0.15±0.05a	9.05±0.18a
		M_{39}	6.56±0.36a	31.34±1.17ab	3.33±0.21a	1.90±0.17a	1.01±0.16a	0.19±0.03a	9.40±0.14a
		M_{52}	6.61±0.29a	33.09±1.47a	3.58±0.41a	2.06±0.20a	1.37±0.20a	0.22±0.05a	9.24±0.24a
	HS	M_0	6.20±0.12a	16.71±0.37d	1.97±0.51b	0.39±0.18b	0.09±0.05b	0.10±0.03a	8.48±0.10b
		P_{26}	6.18±0.23a	21.32±1.79c	2.39±0.28b	0.53±0.26b	0.17±0.06b	0.11±0.02a	8.90±0.21a
		M_{26}	6.25±0.14a	24.89±2.01b	2.77±0.22b	0.83±0.13b	0.27±0.09b	0.13±0.04a	8.97±0.11a
		M_{39}	6.41±0.38a	29.72±2.09a	3.29±0.26a	1.45±0.39a	0.75±0.13a	0.17±0.03a	9.02±0.16a
		M_{52}	6.44±0.15a	30.87±3.18a	3.33±0.18a	1.49±0.12a	0.82±0.08a	0.19±0.03a	9.26±0.26a
	MS	M_0	6.66±0.24a	18.16±0.12b	2.24±0.52a	0.38±0.28b	0.05±0.02a	0.09±0.04a	8.10±0.31a
		P_{26}	6.50±0.39a	19.22±0.24b	2.33±0.27a	0.71±0.10b	0.19±0.09a	0.12±0.02a	8.23±0.32a
		M_{26}	6.69±0.22a	22.29±1.64ab	2.67±0.13a	0.79±0.32b	0.22±0.16a	0.12±0.03a	8.32±0.51a
		M_{39}	7.02±0.10a	24.31±2.71a	2.83±0.54a	1.45±0.27a	0.56±0.20a	0.17±0.06a	8.57±0.31a
		M_{52}	7.07±0.26a	25.62±2.15a	2.93±0.68a	1.54±0.14a	0.61±0.29a	0.18±0.05a	8.73±0.19a
2012 年	BP	M_0	6.67±0.40a	17.53±2.51b	2.36±0.11b	0.56±0.19c	0.07±0.02b	0.08±0.03a	7.40±0.38b
		P_{26}	6.50±0.35a	19.89±3.35b	2.91±0.31a	1.15±0.15b	0.24±0.10ab	0.13±0.05a	6.82±0.61b
		M_{26}	7.05±0.29a	23.10±2.22b	3.01±0.25a	1.17±0.21b	0.32±0.13ab	0.14±0.02a	7.65±0.54b
		M_{39}	7.15±0.21a	28.24±1.01a	3.21±0.34a	1.74±0.09a	0.49±0.16a	0.17±0.04a	8.78±0.24a
		M_{52}	7.19±0.27a	29.37±1.29a	3.44±0.26a	1.91±0.17a	0.75±0.19a	0.19±0.07a	8.50±0.37a
	SS	M_0	6.62±0.29a	17.20±1.32c	2.54±0.30b	0.53±0.27c	0.08±0.03c	0.09±0.04a	6.74±0.49b
		P_{26}	6.46±0.48a	23.56±2.24b	2.83±0.16b	1.43±0.13b	0.52±0.18b	0.20±0.10a	8.25±0.34a
		M_{26}	7.14±0.34a	25.67±0.64b	3.57±0.37a	1.50±0.25b	0.62±0.11b	0.17±0.09a	7.16±0.40b

续表

生育期	处理	pH (H_2O)	Total C /(g/kg)	Total N /(g/kg)	Total P /(g/kg)	Organic P /(g/kg)	Olsen P /(g/kg)	C/N
2012年 SS	M_{39}	7.20±0.25a	33.88±2.45a	4.04±0.61a	2.26±0.18a	1.21±0.16a	0.21±0.05a	8.36±0.31a
	M_{52}	7.42±0.24a	36.32±0.94a	4.29±0.44a	2.54±0.26a	1.56±0.19a	0.33±0.10a	8.40±0.35a
TS	M_0	6.63±0.33a	17.70±1.33c	2.38±0.14b	0.54±0.07c	0.06±0.02c	0.07±0.03a	7.41±0.41a
	P_{26}	6.49±0.46a	23.21±3.07b	3.00±0.23a	1.26±0.20b	0.47±0.04b	0.12±0.09a	7.71±0.37a
	M_{26}	6.97±0.54a	24.77±1.87b	3.26±0.33a	1.32±0.19b	0.51±0.12b	0.19±0.07a	7.58±0.46a
	M_{39}	7.10±0.33a	30.86±2.34a	3.85±0.54a	1.96±0.06a	0.94±0.15a	0.18±0.04a	7.99±0.41a
	M_{52}	7.05±0.35a	32.93±1.36a	4.01±0.47a	2.14±0.14a	1.18±0.27a	0.32±0.12a	8.12±0.50a
HS	M_0	6.44±0.51a	16.95±2.18c	2.01±0.30b	0.52±0.15c	0.04±0.03c	0.06±0.03a	7.91±0.51a
	P_{26}	6.32±0.27a	21.93±2.61b	2.75±0.12ab	1.16±0.29b	0.24±0.07bc	0.10±0.06a	7.90±0.62a
	M_{26}	6.79±0.44a	23.58±1.46b	3.08±0.37a	1.17±0.32b	0.37±0.15b	0.13±0.04a	7.63±0.57a
	M_{39}	6.95±0.36a	28.44±2.31a	3.41±0.29a	1.77±0.13a	0.61±0.14b	0.16±0.05a	8.31±0.62a
	M_{52}	6.98±0.37a	29.60±1.27a	3.64±0.52a	2.00±0.11a	0.98±0.13a	0.21±0.11a	8.10±0.30a
MS	M_0	6.80±0.10a	13.91±0.71b	2.31±0.31b	0.40±0.10c	0.05±0.03c	0.05±0.04a	5.90±0.39a
	P_{26}	6.74±0.16a	18.76±1.56a	3.10±0.28a	1.04±0.27b	0.21±0.10bc	0.09±0.03a	6.02±0.35a
	M_{26}	6.93±0.11a	21.01±2.81a	3.48±0.38a	1.08±0.13b	0.24±0.11bc	0.15±0.05a	6.00±0.30a
	M_{39}	6.98±0.45a	23.58±1.65a	3.84±0.20a	1.73±0.28a	0.41±0.08b	0.14±0.06a	6.11±0.52a
	M_{52}	7.13±0.16a	27.46±2.98a	3.93±0.49a	1.81±0.15a	0.70±0.13 a	0.16±0.10a	6.96±0.78a

表5.2 2011年和2012年水稻收获后剖面（0~100cm）土壤主要理化性质

时间	土层深度	处理	pH (H_2O)	Total C /(g/kg)	Total N /(g/kg)	Total P /(g/kg)	Organic P /(g/kg)	Olsen P /(g/kg)	C/N
2011年	0~5 cm	M_0	6.50±0.24a	20.03±1.45c	2.56±0.23b	1.06±0.19c	0.21±0.09c	0.10±0.05a	7.80±0.48a
		P_{26}	6.42±0.52a	25.08±2.58b	3.16±0.38a	1.68±0.28b	0.44±0.05b	0.17±0.07a	7.91±0.23a
		M_{26}	6.51±0.31a	26.32±1.32b	3.21±0.25a	1.64±0.30b	0.49±0.09b	0.16±0.10a	8.14±0.25a
		M_{39}	7.14±0.42a	30.28±0.89a	3.42±0.61a	2.91±0.58a	0.72±0.10a	0.25±0.09a	8.83±0.67a
		M_{52}	7.08±0.67a	32.53±1.55a	3.78±0.48a	3.35±0.46a	0.78±0.14a	0.30±0.10a	8.58±0.32a
	5~20 cm	M_0	6.54±0.40a	17.47±3.18a	2.18±0.22b	0.35±0.26b	0.12±0.05b	0.04±0.03a	8.91±0.52a
		P_{26}	6.51±0.51a	19.01±3.47a	2.29±0.27b	0.70±0.43b	0.18±0.07b	0.11±0.04a	8.20±0.34a
		M_{26}	6.99±0.25a	20.16±1.53a	2.32±0.31b	0.74±0.24b	0.20±0.12b	0.10±0.05a	8.62±0.61a
		M_{39}	7.07±0.63a	22.88±2.56a	2.86±0.18a	1.33±0.25a	0.36±0.04a	0.16±0.06a	7.95±0.75a
		M_{52}	7.05±0.47a	24.01±3.43a	2.92±0.14a	1.49±0.16a	0.48±0.06a	0.19±0.04a	8.20±0.69a
	20~40 cm	M_0	6.92±0.76a	10.14±2.22a	1.27±0.52a	0.60±0.19a	0.08±0.08a	0.05±0.03a	7.94±0.83a
		P_{26}	6.83±0.33a	12.11±1.44a	1.69±0.49a	0.52±0.37a	0.14±0.05a	0.07±0.03a	7.13±0.59a
		M_{26}	6.94±0.67a	13.08±1.76a	1.52±0.11a	0.72±0.14a	0.18±0.08a	0.07±0.04a	8.53±0.43a
		M_{39}	7.01±0.28a	12.87±2.98a	1.51±0.62a	0.87±0.25a	0.32±0.15a	0.10±0.02a	8.51±0.28a
		M_{52}	6.94±0.72a	13.75±3.13a	1.68±0.15a	1.01±0.27a	0.34±0.04a	0.09±0.04a	8.15±0.39a

续表

时间	土层深度	处理	pH (H_2O)	Total C /(g/kg)	Total N /(g/kg)	Total P /(g/kg)	Organic P /(g/kg)	Olsen P /(g/kg)	C/N
2011年	40～60cm	M_0	6.57±0.53a	6.15±3.75a	1.14±0.33a	0.33±0.39a	0.07±0.03a	0.03±0.02a	5.31±0.26b
		P_{26}	6.48±0.76a	8.16±3.64a	1.17±0.51a	0.42±0.34a	0.08±0.06a	0.04±0.03a	6.94±0.44ab
		M_{26}	6.64±0.14a	10.68±1.25a	1.26±0.16a	0.43±0.15a	0.09±0.04a	0.03±0.02a	8.45±0.51a
		M_{39}	6.59±0.45a	10.07±2.67a	1.32±0.17a	0.42±0.13a	0.08±0.03a	0.04±0.03a	7.53±0.71a
		M_{52}	6.67±0.11a	10.87±3.05a	1.38±0.09a	0.45±0.26a	0.09±0.03a	0.05±0.03a	7.81±0.56a
	60～100cm	M_0	6.32±0.46a	5.13±3.00a	1.08±0.15a	0.23±0.09a	0.05±0.02a	0.02±0.02a	4.70±0.71a
		P_{26}	6.35±0.13a	6.27±1.66a	1.25±0.20a	0.22±0.08a	0.04±0.03a	0.02±0.02a	5.00±0.84a
		M_{26}	6.48±0.60a	7.02±0.89a	1.30±0.18a	0.30±0.10a	0.06±0.03a	0.03±0.03a	5.36±0.42a
		M_{39}	6.38±0.43a	8.06±2.24a	1.27±0.24a	0.35±0.12a	0.07±0.04a	0.04±0.03a	6.30±0.64a
		M_{52}	6.46±0.81a	8.21±0.94a	1.29±0.37a	0.37±0.25a	0.06±0.03a	0.03±0.02a	6.31±0.61a
2012年	0～5、cm	M_0	6.78±0.45a	18.65±1.31c	2.63±0.26b	1.25±0.56c	0.25±0.13b	0.13±0.07a	7.03±0.23 a
		P_{26}	6.73±0.30a	23.96±1.60b	3.71±0.43a	2.44±0.15b	0.61±0.12a	0.24±0.10a	6.40±0.25 b
		M_{26}	6.84±0.52a	24.66±2.12b	3.70±0.28a	2.56±0.38b	0.63±0.20a	0.26±0.11a	6.61±0.26 b
		M_{39}	7.11±0.63a	31.41±1.09a	4.05±0.19a	3.28±0.29a	0.82±0.13a	0.31±0.06a	7.71±0.35 a
		M_{52}	7.18±0.68a	34.28±2.42a	4.12±0.25a	3.41±0.24a	0.85±0.15a	0.34±0.07a	8.30±0.64 a
	5～20cm	M_0	6.66±0.61a	13.27±2.25c	2.47±0.19b	0.48±0.16b	0.12±0.05b	0.05±0.03a	5.35±1.22ab
		P_{26}	6.71±0.84a	15.43±1.60bc	3.41±0.21a	1.01±0.23ab	0.22±0.07b	0.10±0.04a	4.50±0.36b
		M_{26}	6.92±0.48a	19.12±2.12b	3.55±0.32a	1.11±0.44a	0.26±0.12b	0.11±0.04a	5.31±0.41ab
		M_{39}	6.98±0.72a	23.86±1.09a	3.74±0.17a	1.67±0.38a	0.40±0.03a	0.17±0.05a	6.33±0.59a
		M_{52}	7.07±0.46a	26.04±2.42a	3.88±0.38a	1.82±0.41a	0.46±0.04a	0.18±0.07a	6.69±0.62a
	20～40cm	M_0	6.58±0.97a	11.31±1.44a	1.55±0.23b	0.46±0.26a	0.11±0.06b	0.05±0.03a	7.25±0.75a
		P_{26}	6.64±0.49a	13.00±0.23a	2.26±0.34a	0.79±0.39a	0.20±0.05a	0.08±0.02a	5.71±0.42b
		M_{26}	6.63±0.39a	15.02±2.88a	2.12±0.55a	0.82±0.28a	0.21±0.07a	0.08±0.03a	7.03±0.33a
		M_{39}	6.72±0.54a	14.06±1.40a	2.34±0.18a	0.94±0.15a	0.31±0.10a	0.09±0.03a	6.00±1.21ab
		M_{52}	6.67±0.38a	15.21±3.25a	2.42±0.20a	1.03±0.18a	0.37±0.11a	0.10±0.04a	6.25±0.82ab
	40～60cm	M_0	6.54±0.74a	10.07±2.07a	2.11±0.23a	0.39±0.22a	0.10±0.06a	0.04±0.03a	4.73±0.49b
		P_{26}	6.58±0.66a	11.87±2.46a	2.01±0.25a	0.52±0.16a	0.11±0.03a	0.05±0.02a	5.90±0.61a
		M_{26}	6.60±0.32a	12.12±1.13a	2.08±0.16a	0.51±0.12a	0.12±0.05a	0.06±0.03a	5.77±0.81a
		M_{39}	6.67±0.29a	12.18±1.27a	2.03±0.29a	0.58±0.20a	0.14±0.04a	0.06±0.03a	5.93±0.87a
		M_{52}	6.69±0.35a	12.54±2.65a	2.09±0.11a	0.57±0.27a	0.14±0.03a	0.05±0.03a	5.96±0.53a
	60～100cm	M_0	6.45±0.63a	7.13±1.03a	1.48±0.35a	0.38±0.14a	0.10±0.06a	0.03±0.02a	4.80±0.85b
		P_{26}	6.51±0.43a	9.86±2.14a	1.57±0.29a	0.37±0.10a	0.05±0.03a	0.04±0.03a	6.23±0.44a
		M_{26}	6.57±0.81a	9.53±1.22a	1.64±0.14a	0.34±0.17a	0.09±0.04a	0.03±0.02a	5.98±0.60a
		M_{39}	6.64±0.49a	8.30±1.36a	1.72±0.35a	0.41±0.13a	0.10±0.03a	0.04±0.02a	4.80±0.41b
		M_{52}	6.55±0.56a	9.26±1.98a	1.63±0.16a	0.46±0.11a	0.11±0.05a	0.04±0.02a	5.66±0.25a

注：表中同一列数据后面不同字母表示差异显著(p<0.05)，下同。

猪粪提高了耕层的Total N含量，2011年，0～5cm土层Total N从M_0的2.56g/kg提高到M_{52}的3.78g/kg；5～20cm土层Total N从M_0的2.18g/kg到M_{52}的2.92g/kg。曾有报道指出，猪粪所含的有机碳促进了生物固持作用，因此有机肥的输入具有保氮的作用(吴建富等，2001)。耕层以下由于犁底层的阻碍(长期耕作经常受到犁的挤压和降水时黏粒随水沉积所致)，Total N 随土壤深度显著下降，但耕层以下各处理间差异不显著。

施用有机肥也可提高耕层土壤 Total P、Organic P 和 Olsen P 的含量，但对耕层以下影响不大。施入土壤中的磷，部分被水稻吸收，还有部分随地表径流和地下渗漏流失，但大部分仍会残留在土壤中，使得土壤 Total P 含量增加。此外，猪粪本身富含有机磷，所以施入猪粪后显著提高了土壤 Organic P 的含量。2011 年和 2012 年，0～5cm 土层 Olsen-P 含量分别介于 0.10～0.30g/kg 和 0.13～0.34g/kg，表明高水平猪粪的施用会增加土壤表层磷素的流失风险。

5.2.4　不同施肥处理对土壤遗存磷素组分的影响

1. 不同水稻生育期耕层土壤磷素组分的变化

供试耕层土样不同水稻生育期各磷素组分的含量如图 5.8 所示。各磷素组分所占总磷的百分比如图 5.9 所示。按修订的 Hedley 磷素形态分级方法将土壤无机磷分为 H_2O-P、$NaHCO_3$-P_i、NaOH-P_i 和 HCl-P，其生物有效性也是依次降低。土壤有机磷主要分为 $NaHCO_3$-P_o 和 NaOH-P_o。其中，H_2O-P 表示与土壤溶液磷处于平衡状态的土壤固相无机磷，如果土壤溶液被移走其可迅速进行补充，这部分磷素形态的有效性是最高的(秦胜金等，2007；刘丽等，2009；张林等，2009)。水稻生育期，供试土壤中 H_2O-P 的含量 2011 年仅为 2.60～30.54mg/kg(不足总磷的 1.2%)，2012 年仅为 1.42～43.20mg/kg(不足到总磷的 1.2%)。$NaHCO_3$-P_i 的含量 2011 年为 24.63～285.93mg/kg(3.8%～12.0%)，2012 年为 13.71～279.95mg/kg(2.7%～14.7%)。H_2O-P 和 $NaHCO_3$-P_i 是对作物最有效的活性无机磷，但供试土壤这两种磷的形态含量均较低，表明中期施肥后植物和微生物可直接利用态磷的含量还是较少。$NaHCO_3$-P_o 含量 2011 年为 16.13～71.75mg/kg(2.5%～5.0%)，2012 年 12.07～77.17 mg/kg(2.4%～5.6%)。$NaHCO_3$ 提取的无机磷主要是吸附在土壤表面的磷，提取的有机磷是可溶性的易于矿化被作物吸收利用的磷(Reddy et al., 1999)。NaOH-P_o 含量在 2011 年和 2012 年分别为 80.82～627.54mg/kg(12.0%～26.6%)和 57.01～555.91 mg/kg(11.7%～23.8%)，可能是这部分磷在所施用的猪粪有机肥中所占的比例较高。用 NaOH 提取的无机磷含量 2011 年和 2012 年分别是 81.50～532.97 mg/kg(11.8%～21.1%)和 20.30～389.91 mg/kg(4.2%～16.8%)。NaOH 提取的无机、有机磷属于中等活性的磷，主要指与土壤铁铝氧化物及腐殖质等通过化学吸附作用结合在一起的磷的组分(Tchienkoua and Zech, 2003; Zhu et al., 2013)。在整个水稻生育期，供试土壤中稳定态磷(HCl-P 和 Residual-P)的含量最高。例如，HCl-P 所占总磷的比例 2011 年和 2012 年分别为 26.9%～38.4%和 28.3%～38.8%，其相对含量分别为 2011 年和 2012 年分别为 232.85～742.03mg/kg 和 126.81～893.45mg/kg，表明供试土壤中与 Ca 相结合的较为稳定的磷约占 30%，这部分磷属于难溶态磷且在短期内不能被作物直接吸收利用，当土壤环境改变时可转化为被作物利用的形态。本书发现 HCl-P 含量随有机肥施用量的增加而增加，可见，这与 MacKenzie 等(2004)报道的施肥量、施肥年限及它们之间的共同交互作用不影响 HCl-P 的结论相反。但与 Hao 等(2008)报道的长期施肥土壤中 Ca-P 占总磷的 30%～34%结论相一致。Residual-P 是土壤中化学性质最为稳定的磷，一般很难被作物利用。其占总磷的比在 2011 年和 2012 年分别高达 9.6%～31.7%和 10.0%～47.7%。

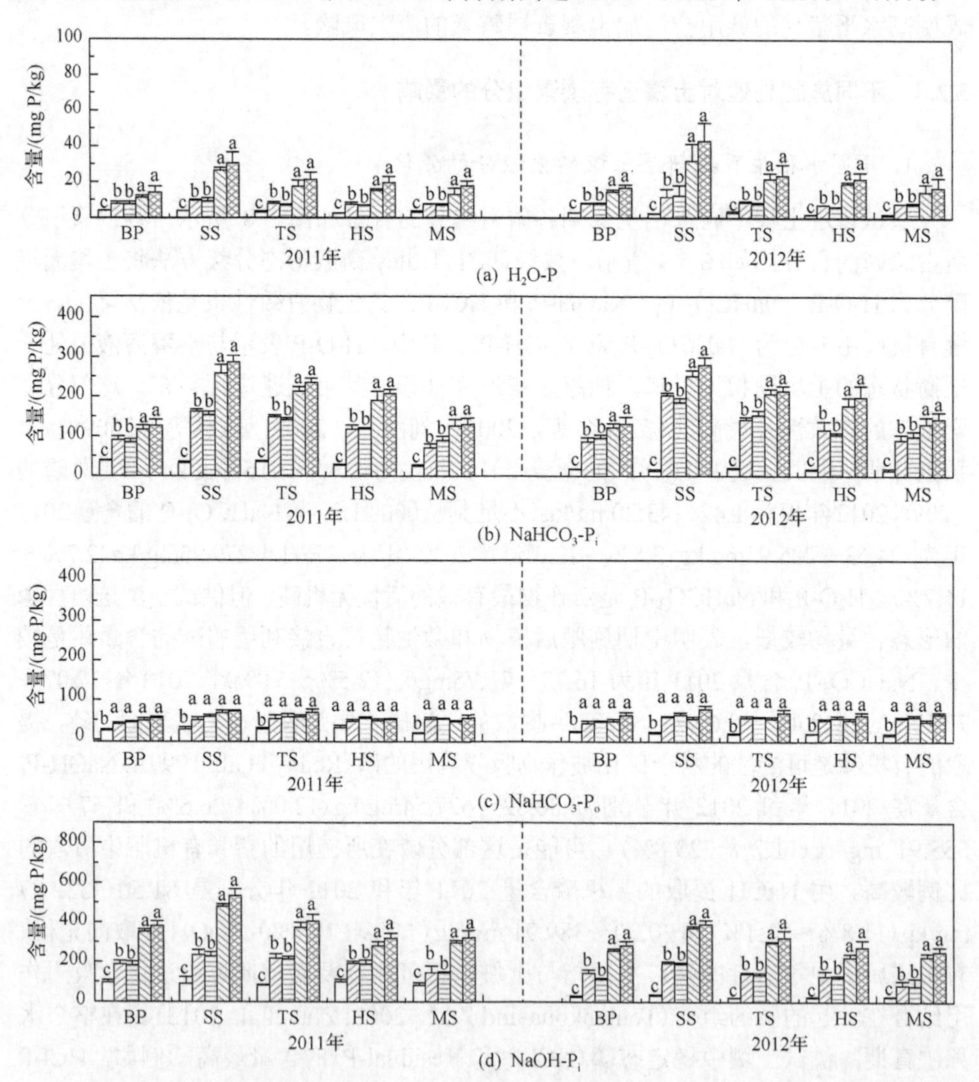

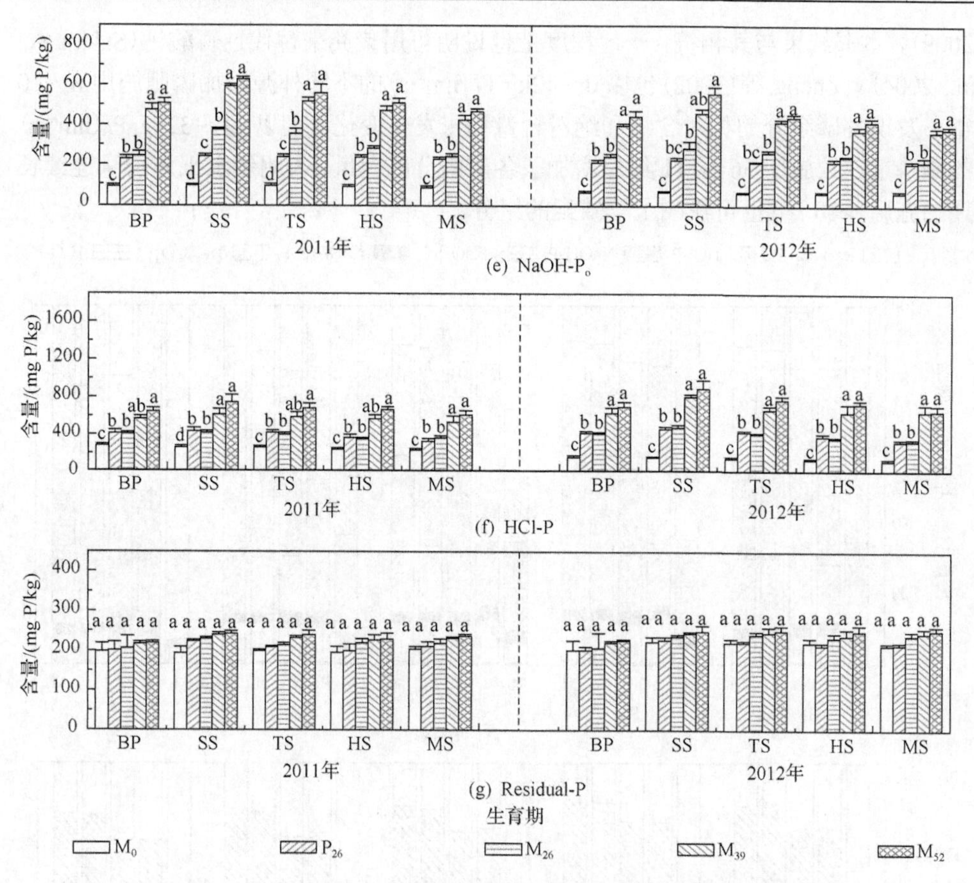

图 5.8　2011 年和 2012 年水稻不同生育期土壤磷素各组分的含量

从图 5.8 可以看出，无论长期施用过磷酸钙还是猪粪均可显著增加土壤活性(H_2O-P、$NaHCO_3$-P_i 和 $NaHCO_3$-P_o)、中等活性磷(NaOH-P_i 和 NaOH-P_o)和稳定态磷(HCl-P)的含量，但 Residual-P 的含量未受施肥影响，可能外源补充的磷肥中这部分磷的含量甚少。在整个水稻生育期，土壤活性磷(H_2O-P、$NaHCO_3$-P_i 和 $NaHCO_3$-P_o)、中等活性磷(NaOH-P_i 和 NaOH-P_o)和稳定态磷(HCl-P 和 Residual-P)组分含量之比 2011 年和 2012 年分别为 1∶3.1∶3.6 和 1∶2.3∶3.7。除 Residual-P 外，其余各磷组分含量均在水稻幼苗期达到峰值，可能是猪粪的施入减弱了磷的吸附作用，增加了活性无机磷的含量(Sharpley et al., 1984; Reddy et al., 1999)。中等活性磷和稳定态磷的增加主要是通过吸附和沉淀作用，还来源于猪粪本身所富含的这部分磷(Malik et al., 2012)。此外，P_{26} 和 M_{26} 处理间各磷组分均没有达到显著性差异。

据报道，磷素组分含量的变化受施磷量的影响，而磷肥的外源添加形式(无论以过磷酸钙还是猪粪作为外源磷肥输入)对其影响不大(Negassa and Leinweber,

2009)，本书结果与其相符，一定程度上也说明可用猪粪来替代过磷酸钙(Saleque et al., 2004)。Zheng 等(2002)也以 0～42kg P/(hm^2·a)的不同外源添加磷肥施用 8～10 年，发现各磷组分的相对含量和绝对含量均未发生变化，但以 11～32kg P/(hm^2·a)的施磷量连续施用 36～111 年却增加了各磷组分的含量，表明低水平施磷量连续长期的施用(>10 年)也可影响土壤磷素的组分。

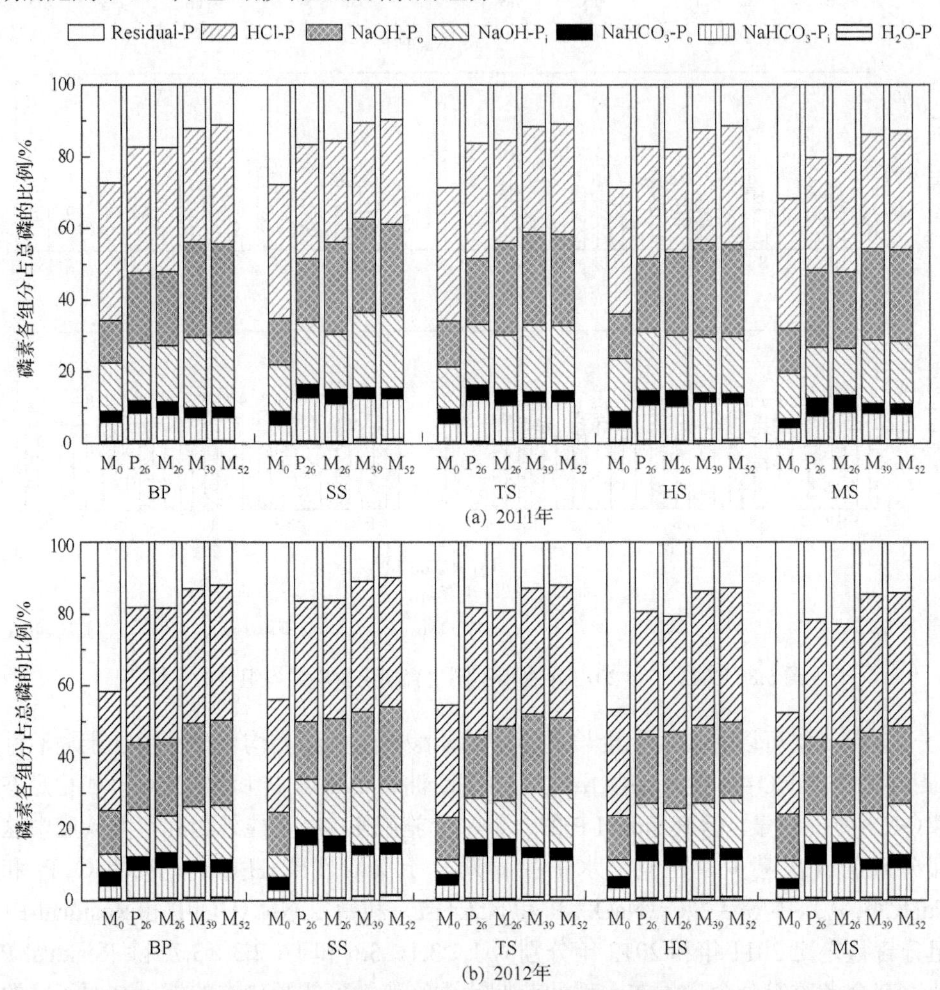

图 5.9　2011 年和 2012 年水稻不同生育期土壤磷素各组分占总磷的比例

以往研究发现，长期外源磷肥输入(>10 年)主要贡献于土壤无机磷组分，而有机磷组分含量基本保持不变(Motavalli and Miles, 2002; Sharpley et al., 2004)；Hao 等(2008)也报道了长期外源磷肥输入后有机磷组分未发生变化。现普遍认为，有机磷在磷素循环过程中起着至关重要的作用。本书发现外源磷肥的补充，尤其是中、高水平猪粪输入后，NaOH-P$_o$ 的含量显著增加(p<0.05)，这表明与长期施

肥相比，高水平磷肥的短、中期输入更有利于有机磷的赋存(Lehmann et al., 2005)。猪粪对有机磷赋存的贡献主要是猪粪本身富含大量的有机磷组分。此外，猪粪有机肥的施用刺激了微生物的生长，无机磷组分可被大量繁殖的微生物吸收转化为有机磷的组分(Reddy et al., 1999)。本书发现不同施肥处理下 Residual-P 无显著的耗竭，一方面可能供试土壤 Residual-P 没被植物吸收利用；另一方面可能部分 Residual-P 作为潜在磷源被植物利用，但其他磷形态的转化及时补充了该组分磷的耗竭。在未施肥处理土壤中，除了 Residual-P，其余磷的组分均随水稻生长而耗竭，这主要归结于土壤中磷的流失和作物对磷的吸收(Reddy et al., 1999; Ramaekers et al., 2010)。

2. 不同剖面土壤磷素组分的变化

较深层土壤，外源磷肥输入更显著影响表层(0～5cm 和 5～20cm)土壤各磷组分含量(图 5.10)。剖面土壤各磷组分占总磷比例如图 5.11 所示。例如，0～5cm 和 5～20cm 表层土壤以难溶态无机磷 HCl-P 为主，其含量在 2011 年和 2012 年分别占总磷的 28.5%～36.0%和 25.4%～41.3%，其次是 NaOH-P_o。20cm 以下土层 HCl-P 的含量急剧下降，表明 HCl-P 几乎没有向 20cm 以下土层迁移。同样，磷肥的施用显著提高 20cm 以上土层 H_2O-P、$NaHCO_3$-P_i、NaOH-P_o 和 NaOH-P_i 含量，且各磷素组分含量(除 Residual-P)均随土层深度增加而递减。Xue 等(2013)对添加有机肥(8～15 年)土壤的磷素组分进行了研究，也发现外源有机肥输入对表层土壤各磷组分含量的影响最大。供试土壤 20cm 以下土层以 Residual-P 为主，且 2011 年和 2012 年有相同的剖面变化趋势。例如，2011 年 20cm 以下土层各磷组分占总磷比例的大小依次为：Residual-P(36%～62.5%)>NaOH-P_o(5.6%～37.7%)>HCl-P(6.2%～26.4%)>NaOH-P_i(2.9%～10.2%)>$NaHCO_3$-P_i(1.5%～7.0%)>$NaHCO_3$-P_o(0.1%～4.8%)>H_2O-P(0.3%～0.7%)。

有报道指出，高水平猪粪的输入可增大土壤的孔隙度，土壤磷素在灌溉和强降雨驱动的作用下更易沿着土壤剖面向下迁移(Hao et al., 2008)。但本书发现，除 NaOH-P_o 外，下层土壤(20～100cm)各磷素组分含量在不同处理间均没有达到显著性差异，这表明 7 年田间试验以后，由于犁底层的阻隔(Wang et al., 2001)，无机磷几乎不会向耕作层以下移动，而部分有机磷形态，如 NaOH-P_o 则出现向 20cm 以下土层迁移的趋势。此外，Residual-P 随土层深度递减的变化不大。Sharpley 等(1984)对施用长达 8 年牛粪有机肥的土壤进行了研究，发现土壤无机和有机磷几乎不沿土壤剖面向下移动，所以不会导致地下水体有污染风险。但供试土壤在 20～40cm 土层 NaOH-P_o 的含量较高，且外源添加磷肥与不施肥处理间达到显著性差异，Negassa 和 Leinweber(2009)也报道过同样的结果，在作物种植 5 年后，15cm 以下土层有机磷是土壤磷素的主要赋存形态，这表明 NaOH-P_o 比无机磷形态更易向土壤深层迁移。

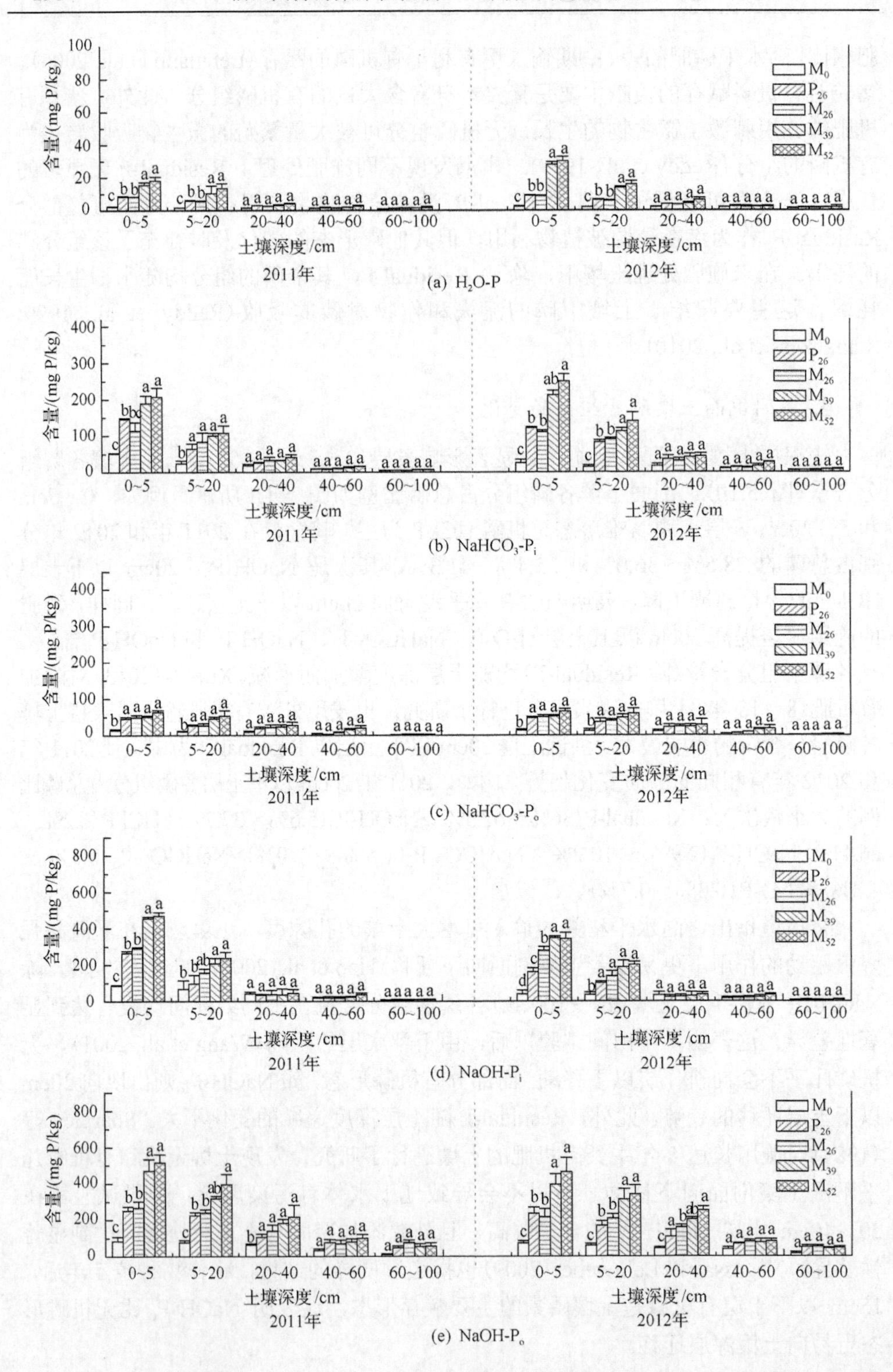

(a) H_2O-P

(b) $NaHCO_3$-P_i

(c) $NaHCO_3$-P_o

(d) NaOH-P_i

(e) NaOH-P_o

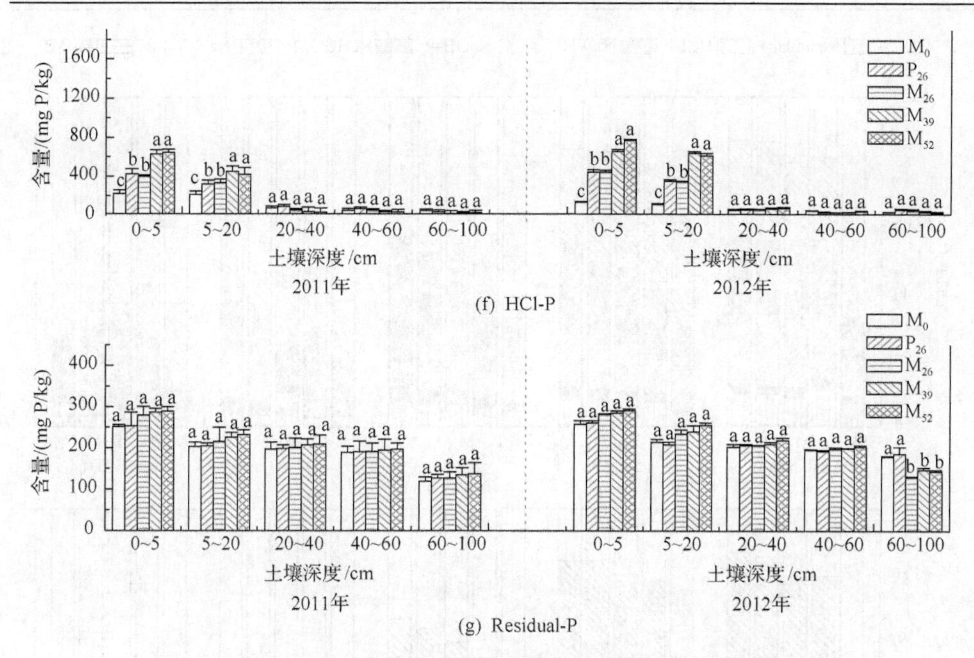

图 5.10　2011 年和 2012 年水稻不同剖面土壤磷素各组分的含量

与未施肥处理相比，外源磷肥输入，特别是高水平猪粪的添加，显著增加了各磷素组分的含量(除 Residual-P)。但 M_{39} 和 M_{52} 处理之间均差异不显著，McDowell 和 Sharpley(2001)指出有机肥的施用造成土壤磷素的大量累积，从而增加了磷素的流失风险。本书发现猪粪施用量 39kg P/hm^2 和 52kg P/hm^2 对各磷素组分的影响没显著性差异，可能主要是被渗漏和径流所影响。Negassa 和 Leinweber(2009) 指出溶解性磷和胶体磷均可在侧渗和径流驱动力下流失掉。Liang 等(2013)对本书试验田的侧渗和径流中溶解性活性磷(DRP)和总溶解性磷(TDP)的研究发现，DRP 占总 TDP 的比例高达 64%～74%，侧渗水中 DRP 和 TDP 的浓度随有机肥输入量的增加而明显增加，其中，M_{52} 处理下总磷的流失通量最大，基于以上研究，过量猪粪的施用，特别是当施用量超过 39kg P/hm^2 时将会导致大量无机磷的流失。Yu 等(2006)也报道了径流不仅直接会导致无机磷的流失，当有机磷通过微生物和酶的作用矿化为无机磷后，也会导致有机磷含量的减少。本书发现供试土壤 C/N 较低，从而刺激了土壤微生物的生长，致使有机磷矿化为无机磷后可能通过田面径流和渗漏流失掉，所以本实验也没有发现 M_{39} 和 M_{52} 处理的有机磷组分有显著性的差异。

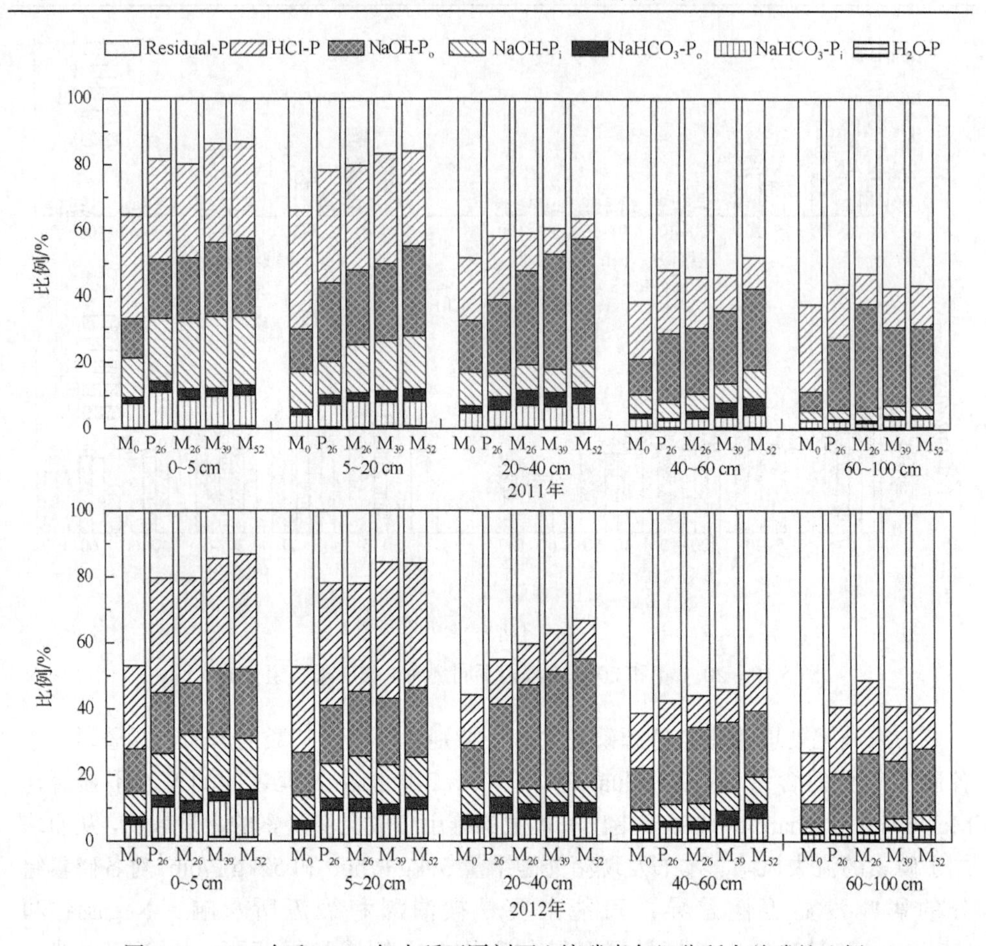

图 5.11　2011 年和 2012 年水稻不同剖面土壤磷素各组分所占总磷的比例

5.2.5　相关性分析

由表 5.3 可以看出，土壤 Total C、Total N、Total P、Organic P 和 Olsen P 与土壤各磷素形态呈显著正相关。Tran 等(1988)用 ^{32}P 示踪发现各磷素形态之间存在着互相转换的复杂关系。供试土壤各磷素形态之间的相关性分析如表 5.3 所示。在供试土壤中，Residual-P 与其他磷组分含量无显著相关性，这与 Zheng 等(2002)的研究结果相符。这表明不同磷形态之间的转化也可能受土壤性质、气候条件、耕作方式等其他外界因素的影响(Zheng et al., 2002)。

此外，土壤微生物活性、植物对磷的吸收、根系分泌物也是影响磷素相互转换的重要因子(Hinsinger, 2001; Kovar and Classen, 2005)。Schmidt 等(1997)研究认为活性磷与中等活性磷之间存在着一个转换平衡，这种平衡随着施肥和土壤养分的变化而变化。稳定形态的 HCl-P 和活性磷之间的转换关系也对作物吸收磷有重

表 5.3 土壤各磷形态与土壤理化指标之间的相关性分析（2011 年与 2012 两年 0~20 cm 耕层土壤数据）

	H_2O-P	$NaHCO_3$-P_i	$NaHCO_3$-P_o	NaOH-P_i	NaOH-P_o	HCl-P	Residual-P	pH	Total C	Total N	Total P	Organic P	Olsen P	C/N
H_2O-P	1													
$NaHCO_3$-P_i	0.896**	1												
$NaHCO_3$-P_o	0.740*	0.856*	1											
NaOH-P_i	0.824*	0.867*	0.750*	1										
NaOH-P_o	0.856*	0.877*	0.815*	0.935**	1									
HCl-P	0.920**	0.885*	0.814*	0.861*	0.910**	1								
Residual-P	0.533	0.550	0.434	0.554	0.470	0.524	1							
pH	0.624	0.425	0.424	0.464	0.535	0.619	0.656	1						
Total C	0.909**	0.925**	0.801*	0.892*	0.934**	0.931**	0.748*	0.548	1					
Total N	0.809*	0.772*	0.731*	0.621	0.739*	0.844*	0.851*	0.687	0.832*	1				
Total P	0.926**	0.909**	0.796*	0.845*	0.880*	0.941**	0.801*	0.658	0.927**	0.869*	1			
Organic P	0.943**	0.912**	0.756*	0.887*	0.898**	0.889*	0.759*	0.574	0.948**	0.806*	0.933**	1		
Olsen P	0.859*	0.838*	0.769*	0.750*	0.769*	0.862*	0.707*	0.528	0.863*	0.782*	0.853*	0.857*	1	
C/N	0.329	0.440	0.322	0.620	0.506	0.344	0.032	–0.114	0.467	–0.095	0.285	0.390	0.308	1

注：*、**分别表示显著性达到 0.05、0.01 水平。

要的影响。本书发现稻田耕层土壤(0～20cm)以稳定形态 HCl-P 组分为主，表明在连续 7 年 26～52kg/hm^2 磷肥施用后，大部分磷转化为稳定的 HCl-P 从而减少了磷的流失风险，但连续大量磷肥的输入时稳定态磷向活性高的磷的转化势必也会造成磷的流失(Negassa and Leinweber, 2009)。

5.3 有机肥施用对稻田土壤微生物及酶学特性的影响

5.3.1 材料与方法

1. 样品采集

采用 5.2 节中 2011 年和 2012 年所采集的水稻移栽前(BP)、幼苗期(SS)、分蘖期(TS)、抽穗期(HS)和成熟期(MS)0～20cm 土壤样品，以及水稻成熟收获后的 0～5cm、5～20cm、20～40cm、40～60cm 和 60～100cm 剖面土样为研究对象。部分鲜样 4℃ 冰箱保存测定酶活，部分鲜样用冷冻干燥仪冷冻干燥后存于 4℃(或者–80℃)冰箱进行微生物多样性分析。

2. 土壤微生物 PCR-DGGE 方法

1)土壤微生物总 DNA 的提取

使用 Mo Bio 公司的 PowerSoil®DNA Isolation Kit 土壤 DNA 提取试剂盒提取土壤中总 DNA，具体步骤如下。

(1)称取 0.25g 土样分别加入对应编号的 Power Bead Tubes 中。

(2)轻轻漩涡 5min 左右使之充分混匀。

(3)检查 C1，若出现沉淀，则需要放入 60℃ 水浴至全部溶解。

(4)加入 60μL 没有沉淀的 C1，上下颠倒数次混合均匀。

(5)在核酸提取仪中振荡，振速为 4.0m/s，时间为 40s。然后用漩涡振荡器振荡 10min。

(6)12000r/min，离心 30s。

(7)转移 500 μL 上清液到干净的 2 mL collection Tube。

(8)加入 250 μL 的 C2 到上清液中，漩涡振荡 5s，在 4℃条件下孵化 5min。

(9)12000r/min，离心 5min。

(10)避开沉淀小珠，转移 600 μL 上清液于新的 collection Tube 中。

(11)加入 200 μL 的 C3，漩涡混匀，在 4℃条件下孵化 5min。

(12)12000r/min，离心 1min。

(13)转移 700 μL 上清液于新的对应编号的 collection Tube 中。

(14)C4 溶液使用前先摇均匀，加入 1200μL 的 C4，漩涡振荡 5s。

(15)吸取大约675μL上清液于带滤膜的Spin Filter中，12000 r/min离心1min，弃去下清液，继续加载上清液675μL，12000r/min离心1min，重复使上清液全部通过滤膜。

(16)加500 μL C5到Spin Filter中，12000r/min离心2min，去下清液。

(17)再次室温12000r/min离心3min。

(18)小心转移Spin Filter到干净的对应编号的collection Tube中，并且避免C5混入。

(19)加入50μL C6于白滤膜中央，避免将滤膜弄破，静置2min，离心30s，再将离心后的溶液吸上来重新做一次，静置2min，12000r/min离心5min。

(20)除去过滤器。提取完毕，将DNA冷冻储存于–20℃冰箱。

2)聚合酶链式反应(PCR)

将提取到的基因组DNA作为PCR模板，用Eppendorf的PCR system 2700 型基因扩增仪，采用F357-GC和R518引物对细菌16S rDNA基因片段进行扩增。引物序列对序列分别为

F357-GC　5’-CGCCCGCCGCGCGCGGCGGGCGGGGCGGGGGCACGGGGGGCCTACGGGAGG CAGCAG-3’

R518　5’-ATTACCGCGGCTGCTGG-3’

PCR扩增反应采用25 μL反应体系：

模板DNA，2μL；引物F357-GC，0.5μL；引物R518，0.5μL；dNTPs，2μL；10×PCR buffer，2.5μL；Taq酶，0.25μL；ddH_2O，17.25μL；总体积，25μL。

PCR扩增条件设定：

94℃预变性，3min；94℃变性，30s；58℃退火，30s；72℃延伸，30s；25个循环；72℃延伸，5min。

PCR反应产物在1%(*m/v*)的琼脂糖凝胶上验证，保持电泳条件为：120V，30min。通过验证的PCR产物经割胶回收后于冰箱中保存备用。

3)变性梯度凝胶电泳

对PCR扩增产物进行变性梯度凝胶电泳(denaturing gradient gel electrophoresis, DGGE)分离。变性梯度凝胶电泳用8%聚丙烯酰胺凝胶，制备变性剂浓度为30%～60%。待变性胶完全凝固后，将胶板放入装有电泳缓冲液(1×TAE)的装置中，在每个加样孔加入含有6μL6×溴酚蓝二甲苯氰溶液的PCR样品20μL。电泳采用Dcode DGGE系统(Bio-Rad Laboratories，Hercules，CA，USA)，在60℃、160V电压下，电泳6h。电泳结束后，采用生物色素(SYBR)避光染色30min(SYBR 5uL：1×TAE 15mL)，借助于凝胶成像系统(Gel Doc TMEQ，Bio-Rad)观察样品的电泳条带并拍照。

3. 土壤酶学指标的测定及分析

1) 土壤磷酸单酯酶活性的测定

酸性磷酸酶(ACP)和碱性磷酸酶(ALP)的测定采用 Tabatabai(1994)的方法，利用对硝基苯磷酸二钠(Sigma, AR)作为反应底物，称取 100g 新鲜土样置于 50mL 三角瓶中，然后加入 0.2mL 甲苯、4mL 缓冲溶液(pH=6.5 的缓冲液测定酸性磷酸酶；pH=11 的缓冲液测定碱性磷酸酶)和 1mL 对硝基苯磷酸二钠。轻轻摇匀后盖上瓶盖，置于 37°C 培养 1h。培养结束后加入 1mL 的 0.5mol/L $CaCl_2$ 和 4mL 的 0.5mol/L NaOH 溶液，轻摇后用定量滤纸过滤，用分光光度计在 405nm 进行比色，测定黄色溶液的吸光值。为消除土壤浸出液颜色的影响，应作对照：100g 新鲜土样中加入 0.2mL 甲苯、4mL 缓冲溶液(pH=6.5 的缓冲液测定酸性磷酸酶；pH=11 的缓冲液测定碱性磷酸酶)、1mL 的 0.5mol/L $CaCl_2$ 和 0.5mol/L NaOH 溶液 4mL，再加入 1mL 对硝基苯磷酸二钠。轻摇几秒后立即过滤测定。磷酸单酯酶活性用单位时间内对硝基苯酚的产生量 mg *p*-nitrophenol/(kg·h)表示。

2) 土壤酸性磷酸酶酶促反应

在不同的温度(17℃、27℃、37℃、47℃、57℃)、不同底物对硝基苯磷酸二钠浓度(10mmol/L、20mmol/L、30mmol/L、40mmol/L、50mmol/L)和不同的反应时间(1h、3h、6h、9h、24h)下，用 Tabatabai(1994)方法测定酸性磷酸酶活性。

4. 数据计算及分析

1) DGGE 图谱分析

DGGE 所得图像用 Quantity One 4.6(Bio Rad Laboratories，Hercules，CA，USA)软件进行处理，DGGE 条带图案相似性的系统树图，由系统依据戴斯系数(Cs，又称相似性系数)自动计算绘出。戴斯系数的范围为 0(没有相同条带)～1(所有的条带都相同)。Cs 的计算公式：

$$\mathrm{Cs} = 2j/(a+b) \tag{5.7}$$

式中，j 为样品 A 和 B 的共有条带；a 和 b 分别为样品 A、B 中各自的条带数。

物种多样性是指群落中物种数目的多少，它是衡量群落规模和重要性的基础。种类越多，各种个体数量分布越均匀，物种多样性指数越大。根据 Shannon 的方法，微生物种群结构多样性指数可以 Shannon-Wiener 指数 H 来表示，H 的计算基于 DGGE 条带出现的位置和强度，而强度通过计算条带的峰面积获得。本书中利用 Quantity One 4.6.2(Bio-Rad Laboratories，Hercules，CA，USA)软件将 DGGE 图谱转化为相应的数字信号，对各阶段的多样性指数进行了分析。Shannon-Wiener

指数的公式为

$$H = -\sum \left(n_i / N\right) \ln(n_i / N) \tag{5.8}$$

式中，n_i 为各条带的峰面积；N 为各泳道所有条带峰面积的总和(Yeateset al., 2003)。

2)酶促反应动力学参数计算

酶促反应参数(V_0、V_{max}、K_m)可用 Michaelis-Menten 方程来描述(朱铭莪，2011)：

$$V_0 = V_{max} S_0 / (K_m + S_0) \tag{5.9}$$

式中，V_0为酶促反应初速率[mg/(kg·h)]；S_0 为底物浓度(mmol/L)。用 Lineweaver-Burk 法作图得出米氏常数 K_m(mmol/L)与最大反应速率 V_{max}[mg/(kg·h)]。米氏常数 K_m 是指酶促反应速率达到最大反应速率一半时所对应的底物浓度，K_m表征酶对底物的亲和力。酶促反应最大反应速率 V_{max} 表征酶–底物复合体分解为反应产物的速率，数值上等于酶被底物完全饱和时的酶催化反应速率(Stone et al., 2012)。

3)酶促反应热力学参数计算

酶促反应动力学各参数(Q_{10}、E_a、ΔH 和 $\lg N_a$)计算式如下(朱铭莪，2011)：

$$Q_{10} = V_{T+10} / V_T \tag{5.10}$$

式中，V_T和 V_{T+10} 为给定温度和增温 10°C 时的反应速率。

活化能(E_a)采用 10°C 温度间区的 Arrhenius 方程计算为

$$E_a = RT_1T_2 \ln(k_2 / k_1) / (T_2 - T_1) \tag{5.11}$$

式中，R 为摩尔气体常数[8.314 J/(mol·K)]；T_1、T_2 为酶促反应的温度，$T_2=T_1+10$°C；k_1和 k_2 分别为温度 T_1 和 T_2 时的反应速率常数。

活化焓ΔH(J/mol)的计算公式为

$$\Delta H = E_a - RT \tag{5.12}$$

式中，T 采用平均温度，即 $T=(T_1+T_2)/2$。

活化度用来表征参与酶催化反应的每克分子物质转变为活化状态的水平，用反应体系中转变为活化分子数的对数($\lg N_a$)表示，其计算式为

$$N_a = N_A e^{-\frac{E_a}{RT}} \tag{5.13}$$

式中，N_A 为 Avogadro 常量；式(5.13)可转化为线性式：

$$\lg N_a = 23.78 - E_a / 2.303RT \tag{5.14}$$

一定温度下，求得活化能 E_a，由式(5.14)可求得活化度 $\lg N_a$ 值。

5.3.2　不同施肥处理对土壤微生物群落结构的影响

稻田中长期施用有机肥可以提高水稻产量和土壤养分，增加土壤微生物多样性。本书运用 PCR-DGGE 技术来观测不同施肥处理的土壤样品(2011 年和 2012 年水稻移栽后采集的样品)的微生物群落结构差异。从图 5.12 细菌的 DGGE 图谱可以看出，在低浓度胶端和高浓度胶端均出现不同的特异性条带，不同的特异性条带代表着不同的微生物种群。条带的多少可反映出微生物群落的多样性，信号的强弱表示相对的微生物丰度。本书所采集的 10 个土壤样品条带分布与数目相似度较高。为了更科学地解析 DGGE 图谱，揭示其反映的生物学信息，对 DGGE 图谱进行数字化后进行了相似度多样性分析。DGGE 图谱数字化过程中对图谱中的条带进行定位，然后利用 Quantity One 4.6 (Bio Rad Laboratories，Hercules，CA，USA)进行分析。

通过相似性系数，即戴斯系数 Cs 来分析 DGGE 图谱间的相似性，并计算各样品间的相似性矩阵。如表 5.4 所示，Cs 值最高为 74.7%，出现在条带#4 和#10 之间；其次为 73.0%，出现在条带#5 和#10 之间；再次为 72.1%，出现在条带#9 和#10 之间，表明 M_{39} 和 M_{52} 猪粪处理的样品 DGGE 指纹图谱相似性较高，且说明 M_{39} 和 M_{52} 猪粪处理土壤 2011 年和 2012 年的微生物群落趋于稳定。Cs 值最低为 39.5%，出现在条带#1 和#8 之间，表明 2011 年未施肥对照和 2012 年 M_{26} 处理菌群结构差异最大；其次为 40.0%，出现在条带#7 和#8 之间，表明 2012 年过磷酸钙 P_{26} 处理与猪粪 M_{26} 处理土壤体系中的菌群结构差距也比较大。利用相似性矩阵数据，通过 UPGMA (the unweighted pair group method with arithmetic averages) 算法可实现聚类分析，生成系统发育树，如图 5.13 所示，表示的是不同处理样品各细菌之间的遗传关系。由分析结果可知，树图分成两簇，2012 年 M_{26} 猪粪处理为一组，其余样品为一簇。两族之间的群落结构亲缘较远(0.46)。在第二簇中，2011 年 M_0 和 P_{26} 处理、2012 年 P_{26} 处理可以归为一个小簇，且 2011 年 M_0 和 P_{26} 处理的群落结构亲缘性较近(0.71)，2012 年 P_{26} 处理的与 2011 年 M_0 和 P_{26} 处理的样品群落结构亲缘稍远(0.65)。值得注意的是 2011 年 M_{39} 和 M_{52} 及 2012 年 M_{39} 和 M_{52} 处理的样品可以归为一个小簇，且 2011 年 M_{39} 和 2012 年 M_{52} 处理的样品的群落结构亲缘性较近(0.75)。虽然，不同处理的样品的群落结构亲缘性存在一定差异，但总体来看，M_{39} 和 M_{52} 处理的样品群落差异不大，说明这两种处理间并未对微生物结构产生显著性影响。

图 5.12　2011 年和 2012 年稻田土壤总细菌 DGGE 谱图

#1 ~ #5 分别代表 2011 年 M_0、P_{26}、M_{26}、M_{39}、M_{52} 处理的土壤样品；#6 ~ #10 分别代表 2012 年 M_0、P_{26}、M_{26}、M_{39}、M_{52} 处理的土壤样品

表 5.4　土壤样品总细菌间的相似性矩阵图

	#1	#2	#3	#4	#5	#6	#7	#8	#9	#10
#1	100.0									
#2	70.7	100.0								
#3	51.6	62.9	100.0							
#4	64.5	63.4	61.9	100.0						
#5	53.7	58.0	59.7	66.6	100.0					
#6	56.9	64.2	71.0	57.7	61.6	100.0				
#7	62.0	67.6	51.2	68.1	61.1	59.9	100.0			
#8	39.5	42.5	52.2	44.4	46.1	52.6	40.4	100.0		
#9	59.4	60.9	59.7	64.2	63.1	63.4	63.7	42.4	100.0	
#10	62.3	67.0	68.2	74.7	73.0	67.4	63.2	51.3	72.1	100.0

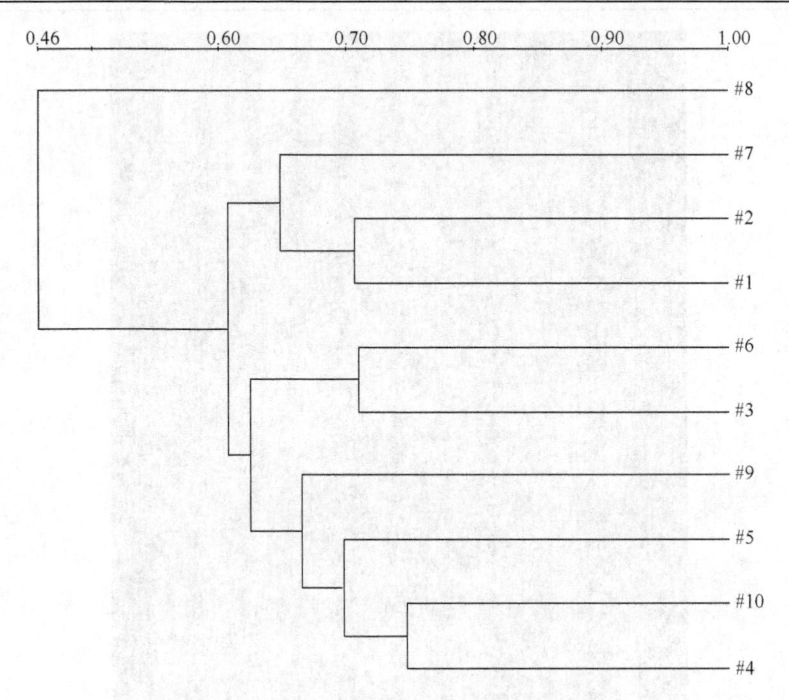

图 5.13 土壤样品 DGGE 图谱的聚类分析

多样性 Shannon-Wiener 指数综合表示环境中的生物多样性情况。多样性指数的高低反映优势菌群种类的多少、种群数量的多寡和种群个体分配均匀度的高低情况(栾静，2012；黄孝肖，2013)。由表 5.5 可见，2011 年和 2012 年微生物种群结构多样性 Shannon-Wiener 指数除 M_{39} 和 M_{52} 略有增加之外其余基本相同，说明中、高水平有机肥的施用促进了微生物种群的多样性。

表 5.5 土壤样品的 Shannon-Wiener 指数分析

年份	处理	Shannon-Wiener 指数
2011	M_0	3.631
	P_{26}	3.636
	M_{26}	3.632
	M_{39}	3.655
	M_{52}	3.696
2012	M_0	3.622
	P_{26}	3.626
	M_{26}	3.640
	M_{39}	3.754
	M_{52}	3.750

5.3.3　不同施肥处理对土壤磷酸单酯酶活性的影响

1. 土壤磷酸单酯酶活性

磷酸单酯酶活性的高低直接影响着土壤有机磷的分解转化及其生物有效性(Tejada et al., 2008)。研究报道，长期有机物料的施用可以显著提高土壤磷酸单酯酶的活性(Xie et al., 2011)。2011 年和 2012 年耕层土壤不同水稻生育期的酸性和碱性磷酸酶活性如表 5.6 所示，有机肥处理对土壤酸性和碱性磷酸酶活性的贡献均高于未施肥和无机磷肥处理。土壤酸性磷酸酶活性 2011 年和 2012 年分别介于 116.0～453.65mg *p*-nitrophenol/(kg·h)和 113.92～480.10mg *p*-nitrophenol/(kg·h)。研究报道，有机肥比化学磷肥更能刺激提高土壤磷酸单酯酶的活性(Elfstrand et al., 2007; Tao et al., 2009; Nannipieri et al., 2011)，本书的研究结果与此一致。一方面，有机肥会刺激微生物和作物根系的生长，增加磷酸单酯酶的分泌(Nayak et al., 2007; Ge et al., 2009)。另一方面，有机肥本身也含有磷酸单酯酶(关松荫，1989)。大部分有机磷通过磷酸单酯酶的酶解作用转化为可以被植物吸收利用的磷的形态，供试土壤当施磷量从 0 增加到 39kg P/hm^2 时，磷酸单酯酶活性显著增强($p<0.05$)，但当施磷量从 39kg P/hm^2 增加到 52kg P/hm^2 时，磷酸单酯酶活性最高，但这两种处理间没有显著性差异，看来 M_{39} 处理时酶活已达到比较平衡的状态，也表明有机磷的矿化速率在 M_{39} 和 M_{52} 处理时最大，且中、高水平猪粪处理有利于有机磷的矿化(Chen, 2003)。土壤碱性磷酸酶在 2011 年和 2012 年分别介于 24.41～172.92mg *p*-nitrophenol/(kg·h)和 14.24～203.43mg *p*-nitrophenol/(kg·h)。从整个水稻生育期来看，供试土壤的酸性磷酸酶活性显著高于碱性磷酸酶活性，可见本书中对有机磷转化起主要作用的是土壤酸性磷酸酶。早期 Juma 和 Tabatabai(1978)的研究指出，酸性土壤中酸性磷酸酶占绝大多数，碱性土壤中则是碱性磷酸酶占大部分。据报道，植物根系主要分泌酸性磷酸酶但不分泌碱性磷酸酶。碱性磷酸酶主要来自土壤动物、土壤细菌和真菌(Kramer and Green, 2000)，表明供试土壤水稻根系分泌酸性磷酸酶来矿化有机磷，其在整个磷素有效利用中起重要作用。各施肥处理酸性和碱性磷酸酶活性峰值均出现在分蘖期，因为此时土壤中各种有机物质被分解为小分子化合物及腐殖质和生长素类物质等，刺激和促进了水稻根系和土壤微生物的活动和代谢，增加了分泌到土壤中的磷酸酶量(Guertal and Howe, 2013; Roberts et al., 2013)。

表 5.6 2011 年和 2012 年不同水稻生育期土壤磷酸单酯酶的活性[单位：mg *p*-nitrophenol/(kg·h)]

	磷酸单酯酶活性	生育期	M_0	P_{26}	M_{26}	M_{39}	M_{52}
2011 年	ACP	BP	136.30±14.00c	193.26±16.00bc	229.88±15.13b	317.35±9.60a	309.21±11.00a
		SS	160.71±10.03d	233.94±16.35c	331.59±10.66b	396.69±16.00a	398.72±17.00a
		TS	207.50±14.55d	278.70±16.22c	358.04±13.15b	453.65±11.03a	441.44±17.02a
		HS	185.12±10.07b	215.64±13.21b	246.15±12.12b	366.17±18.03a	372.28±8.90a
		MS	115.96±12.00c	191.23±16.30b	233.94±13.00b	309.21±12.07a	329.56±14.11a
	ALP	BP	34.58±6.01b	42.72±4.13b	52.89±2.50b	89.51±10.11a	99.68±11.46a
		SS	40.69±6.15d	69.17±3.00c	117.99±3.57b	156.64±20.79a	168.85±15.34a
		TS	56.96±6.22c	67.13±5.51c	99.68±13.14b	160.71±25.06a	172.92±17.19a
		HS	36.62±6.29b	61.03±3.54ab	83.41±15.24a	87.48±9.73a	103.75±8.90a
		MS	24.41±3.89c	50.86±2.52b	67.13±13.47b	99.68±4.44a	101.72±14.28a
2012 年	ACP	BP	128.16±13.33c	183.09±12.69bc	213.60±24.11b	286.84±9.23a	292.94±11.01a
		SS	144.44±17.82d	240.05±15.54c	325.49±10.06b	406.86±13.52ab	453.65±27.96a
		TS	185.12±11.44d	288.87±17.68c	364.14±15.65b	463.80±12.54a	480.10±19.85a
		HS	179.02±14.83c	227.84±12.36bc	256.32±17.01b	360.07±18.28a	384.49±20.15a
		MS	113.92±15.32c	203.43±16.33b	217.67±9.79b	337.70±10.26a	347.87±14.53a
	ALP	BP	32.55±9.01b	44.76±10.58b	56.96±9.86b	93.58±7.07a	103.75±15.95a
		SS	44.76±12.21d	89.51±13.80c	136.30±11.24b	172.92±16.90a	185.12±18.81a
		TS	54.93±9.69d	81.37±7.54c	120.02±14.24b	185.12±16.56a	203.43±19.09a
		HS	38.65±6.80d	69.17±7.59c	89.51±5.56b	122.06±12.24a	134.26±18.33a
		MS	14.24±5.33c	46.79±6.22b	54.93±14.37b	105.78±12.85a	109.85±17.33a

2011 年和 2012 年不同剖面土壤的酸性磷酸酶和碱性磷酸酶活性如表 5.7 所示，2011 年水稻收获后，0～5cm 土壤酸性磷酸酶活性从 M_0 的 117.97mg *p*-nitrophenol/(kg·h)提高到 M_{52} 的 333.62 mg *p*-nitrophenol/(kg·h)；5～20cm 土壤酸性磷酸酶活性从 M_0 的 79.33mg *p*-nitrophenol/(kg·h)提高到 M_{52} 的 160.71mg *p*-nitrophenol/(kg·h)；而 0～5cm 土壤碱性磷酸酶活性从 M_0 的 30.51mg *p*-nitrophenol/(kg·h)提高到 M_{52} 的 111.88 mg *p*-nitrophenol/(kg·h)；5～20cm 土壤碱性磷酸酶含量从 M_0 的 22.37mg *p*-nitrophenol/(kg·h)提高到 M_{52} 的 75.27mg *p*-nitrophenol/(kg·h)。2012 年水稻收获后，0～5cm 土壤酸性磷酸酶活性从 M_0 的 124.09mg *p*-nitrophenol/(kg·h)提高到 M_{52} 的 364.14mg *p*-nitrophenol/(kg·h)；5～20cm 土壤酸性磷酸酶活性从 M_0 的 89.51mg *p*-nitrophenol/(kg·h)提高到 M_{52} 的 183.09mg *p*-nitrophenol/(kg·h)；而 0～5cm 土壤碱性磷酸酶活性从 M_0 的 24.41mg *p*-nitrophenol/(kg·h)提高到 M_{52} 的 152.57mg *p*-nitrophenol/(kg·h)；5～20cm 土壤碱性磷酸酶含量从 M_0 的 16.27mg *p*-nitrophenol/(kg·h)提高到 M_{52} 的 83.40mg *p*-nitrophenol/(kg·h)。供试土壤酸性和碱性磷酸酶活性均随土壤深度增加而递减，且其在耕层变化较大而耕层以下变化较小，这主要与土壤有机质和氧气多寡有关(王少先，2011)，这与于群英(2001)的研究结果一致。方差分析显示，20cm 以上土壤在不同处理间酸性磷酸酶和碱性磷酸酶活性有显著性差异($p<0.05$)，但 20cm 以下土壤不同处理间，磷酸单酯酶的活性均没有显著性差异，且与施用磷肥的量相关不显著。Wang 等(2012)通过研究发现，磷肥施用只影响耕层土壤磷酸酶活性，而对耕层以下没有影响。因为耕层土壤有着较高的磷酸酶活性，所以对有机磷的矿化水解作用也较深层土壤强。有机磷素通过磷酸酶的转化释放出无机磷素对维持水稻的生长发育至关重要，所以建议有机肥的施用最好添加在耕层土壤中，这样做的效果要优于有机肥的深施，此观点与前人研究的观点相符(Chen, 2003)。

表 5.7　2011 年和 2012 年水稻收获后剖面(0~100cm)土壤磷酸单酯酶的活性　[单位：mg *p*-nitrophenol/(kg·h)]

	磷酸单酯酶活性	土层深度	M_0	P_{26}	M_{26}	M_{39}	M_{52}
2011年	ACP	0~5 cm	117.97±15.35d	197.32±17.81c	238.01±21.03b	313.28±14.00a	333.62±16.01a
		5~20 cm	79.33±17.76b	101.71±10.03b	111.88±11.69b	150.53±14.48a	160.71±16.43a
		20~40 cm	30.51±4.59a	38.65±6.66a	42.72±10.23a	44.75±9.84a	50.85±13.39a
		40~60 cm	14.24±5.64a	18.31±4.58a	20.34±3.75a	22.37±7.97a	23.39±12.56a
		60~100 cm	6.10±1.50a	12.20±3.54a	10.17±2.62a	14.24±4.03a	18.31±3.91a
	ALP	0~5 cm	30.51±4.72c	54.92±5.11b	63.06±7.47b	105.78±9.78a	111.88±17.12a
		5~20 cm	22.37±3.66d	38.65±9.12c	54.92±4.57b	71.20±8.08a	75.27±8.47a
		20~40 cm	14.03±2.13a	14.24±5.24a	16.47±4.26a	16.27±3.07a	18.31±2.58a
		40~60 cm	9.76±1.24a	11.39±4.52a	8.13±1.63a	14.24±3.00a	12.20±3.14a
		60~100 cm	8.13±2.12a	6.10±1.54a	7.32±2.41a	7.12±2.85a	10.17±2.67a
2012年	ACP	0~5 cm	124.09±21.33d	215.64±13.01c	246.15±11.65b	349.90±19.09a	364.14±17.51a
		5~20 cm	89.51±14.07c	115.96±10.22b	122.06±16.58b	172.92±25.14a	183.09±22.48a
		20~40 cm	40.69±7.42a	48.83±10.87a	52.89±15.34a	61.03±14.45a	63.07±11.69a
		40~60 cm	10.17±6.26a	24.41±10.75a	28.48±9.71a	36.62±13.02a	38.65±7.08a
		60~100 cm	4.07±4.01a	16.28±7.85a	12.21±4.51a	18.31±8.22a	24.41±6.26a

续表

	磷酸单酯酶活性	土层深度	M_0	P_{26}	M_{26}	M_{39}	M_{52}
2012年	ALP	0~5 cm	24.41±5.15d	58.99±14.44c	83.40±8.58b	134.26±15.02a	152.57±19.90a
		5~20 cm	16.27±6.26c	42.72±7.29b	56.96±16.61b	79.33±5.78a	83.40±10.14a
		20~40 cm	13.20±7.20a	18.31±4.59a	20.54±6.15a	22.37±3.26a	26.44±8.16a
		40~60 cm	8.34±3.30a	14.44±4.35a	16.07±5.32a	14.24±2.69a	13.83±3.00a
		60~100 cm	4.74±1.30a	6.97±2.10a	7.04±5.01a	7.42±2.41a	9.35±3.70a

2. 土壤磷酸单酯酶活性与不同磷素组分的相关关系

土壤磷酸单酯酶活性与土壤不同磷素组分的相关性分析(利用2011年和2012年0～20cm土壤数据分析)如图5.14所示。酸性和碱性磷酸酶活性与土壤有机和无机磷组分呈显著正相关。例如，酸性和碱性磷酸酶活性与H_2O-P(r分别为0.807和0.884，且均$p<0.05$)、$NaHCO_3$-P_i(r=0.867，$p<0.05$和r=0.902，$p<0.01$)、$NaHCO_3$-P_o(r分别为0.784和0.787，且均$p<0.05$)、NaOH-P_i(r分别为0.783和0.798，且均$p<0.05$)、NaOH-P_o(r分别为0.831和0.844，且均$p<0.05$)和HCl-P(r分别为0.824和0.865，且均$p<0.05$)呈显著或极显著正相关，但Residual-P与土壤酸性和碱性磷酸酶之间无显著相关性，其r值分别为0.438和0.506。同样的，Chen(2003)也研究发现NaOH-P_o与土壤酸性和碱性磷酸酶均呈显著相关性，表明NaOH-P_o被磷酸单酯酶矿化后可作为稻田土壤缓慢释放的磷源，该磷素组分也在整个土壤磷素转化和磷的流失中扮演着重要角色。Chen(2003)指出磷酸单酯酶可作为反映土壤有机磷矿化潜力的重要指标。以往关于土壤无机磷和磷酸单酯酶之间关系的研究结果并不一致，一般认为，无机磷含量增加会抑制土壤磷酸单酯酶的分泌，致使磷酸单酯酶的活性减弱(Tabatabai, 1994; Dilly and Nannipieri, 2001; Moscatelli et al., 2005; Nannipieri, 2012; Tian et al., 2013)。但Amador等(1997)研究发现，当土壤中无机磷含量相当低时，土壤无机磷含量与土壤磷酸单酯酶呈显著正相关。此外，Schneider等(2001)和Nannipieri等(1978)在研究中发现外源磷肥的添加没有影响磷酸单酯酶的活性，其原因可能是土壤中大量胞外酶被土壤黏土矿物和微生物固定(Nannipieri et al., 2011)。有试验发现，黏土矿物对酶蛋白的吸附不会完全致使酶活性消失，但在一定程度上减弱了磷酸单酯酶的活性(Dick and Tabatabai, 1987)。本书发现磷酸单酯酶活性和土壤无机磷组分之间达到显著正相关，据Dick等(2000)研究报道，当土壤溶液中H_2O-P的含量高于100mg/kg时PO_4^{3-}对磷酸单酯酶的抑制作用才会发生。本书中，H_2O-P的含量介于1.42～43.20mg/kg远远小于100mg/kg，没有达到抑制磷酸单酯酶活性的阈值，所以本书H_2O-P和磷酸单酯酶呈显著正相关。磷酸单酯酶活性与土壤各磷素组分含量之间的相关关系

表明磷酸单酯酶活性可以作为评估土壤中遗存磷含量的有效生物学指标（Nannipieri et al., 1990; Chen, 2003）。

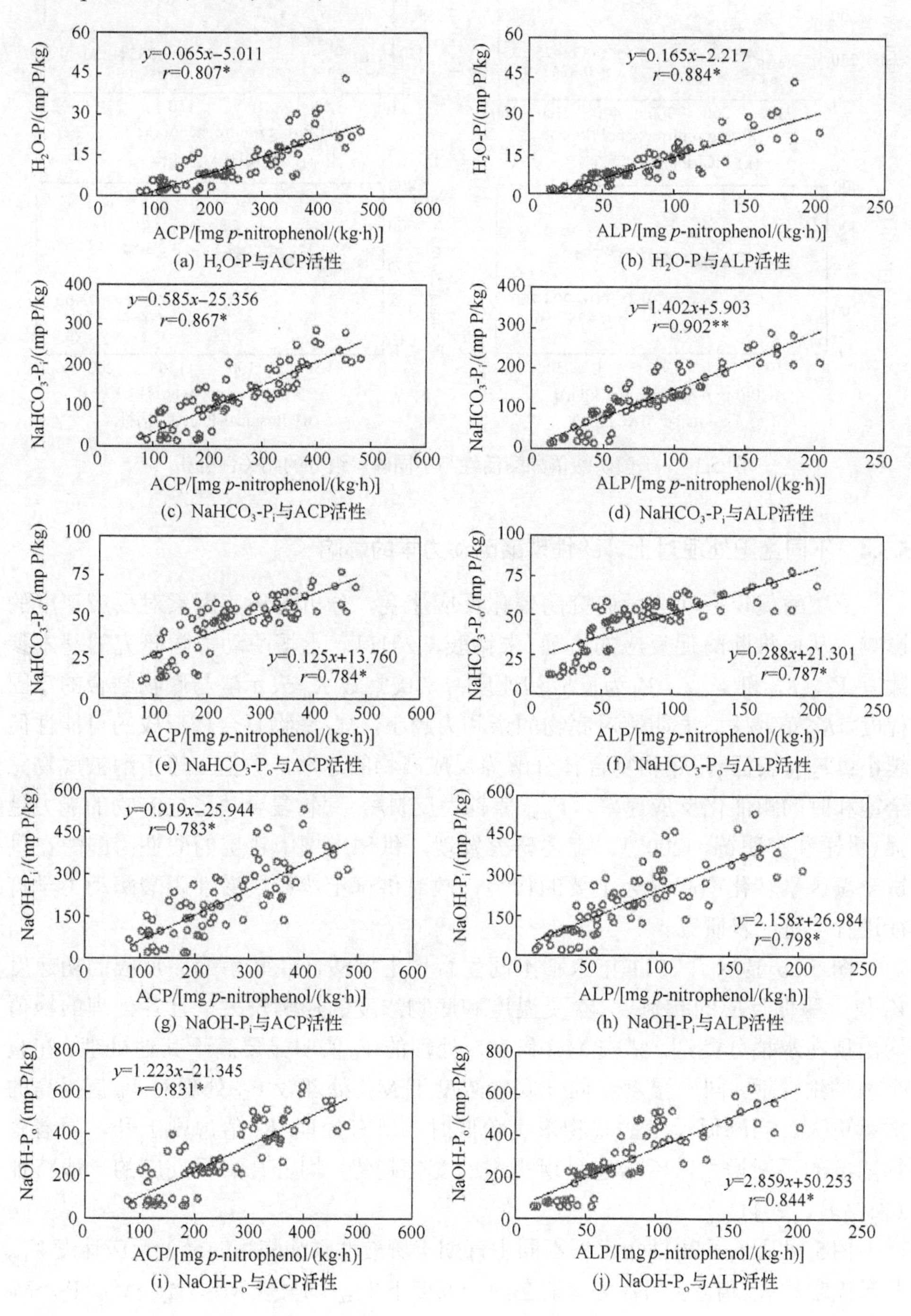

(a) H_2O-P与ACP活性　(b) H_2O-P与ALP活性

(c) $NaHCO_3$-P_i与ACP活性　(d) $NaHCO_3$-P_i与ALP活性

(e) $NaHCO_3$-P_o与ACP活性　(f) $NaHCO_3$-P_o与ALP活性

(g) NaOH-P_i与ACP活性　(h) NaOH-P_i与ALP活性

(i) NaOH-P_o与ACP活性　(j) NaOH-P_o与ALP活性

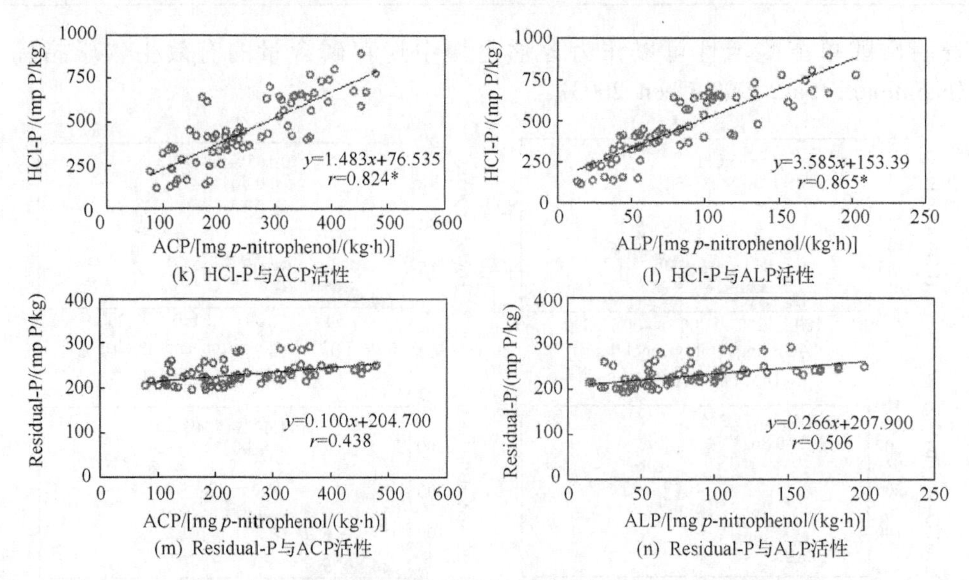

图 5.14　土壤磷酸单酯酶活性与不同磷素组分的相关性分析

5.3.4　不同施肥处理对土壤酸性磷酸酶动力学的影响

土壤酶促反应动力学研究酶催化反应速度，分析各环境因素对反应速度的影响，从而推断酶促反应的机理(朱铭莪，2011)。土壤酶动力学研究的基本参数有 V_0、K_m 和 V_{max}。V_0 为反应初速度；米氏常数 K_m 表示酶与底物结合的牢固程度，K_m 值越大，表明酶对底物的亲和力越小，酶–底物复合体形成的可能性便越小；V_{max} 表征酶–底物复合体分解为反应产物的速率，数值上等于酶被底物完全饱和时的酶催化反应速率，V_{max} 值越大反映酶–底物复合体形成产物的能力越强(樊军和郝明德，2002)。上述研究发现，供试土壤中耕层的酸性磷酸酶在供试土壤磷素转化中起最为主要的作用，故对供试土壤耕层酸性磷酸酶动力学特征进行了进一步研究。

图 5.15 显示了 2011 年水稻不同生育期土壤酸性磷酸酶酶促反应的初速度 V_0 值。酶促反应的初速度 V_0 受温度和底物浓度的影响较大，且各处理的峰值均出现在水稻分蘖期。猪粪 M_{39} 和 M_{52} 处理的 V_0 值明显要高于其他处理。在整个水稻生育期，同一温度和同一底物浓度下 M_{26} 处理较 P_{26} 处理对 V_0 值提高的贡献更大。当酶促反应的底物浓度较低时，所有处理 V_0 值急剧上升，随着底物浓度的不断增大，V_0 增速呈现平缓的变化趋势，均符合酶促反应的一般特征(朱铭莪，2011)。

图5.16显示了2011年水稻不同生育期土壤酸性磷酸酶酶的最大反应速度 V_{max} 和米氏常数 K_m 值。水稻各生育期在同一温度下 V_{max} 均呈现 $M_{52}>M_{39}>M_{26}>P_{26}>M_0$

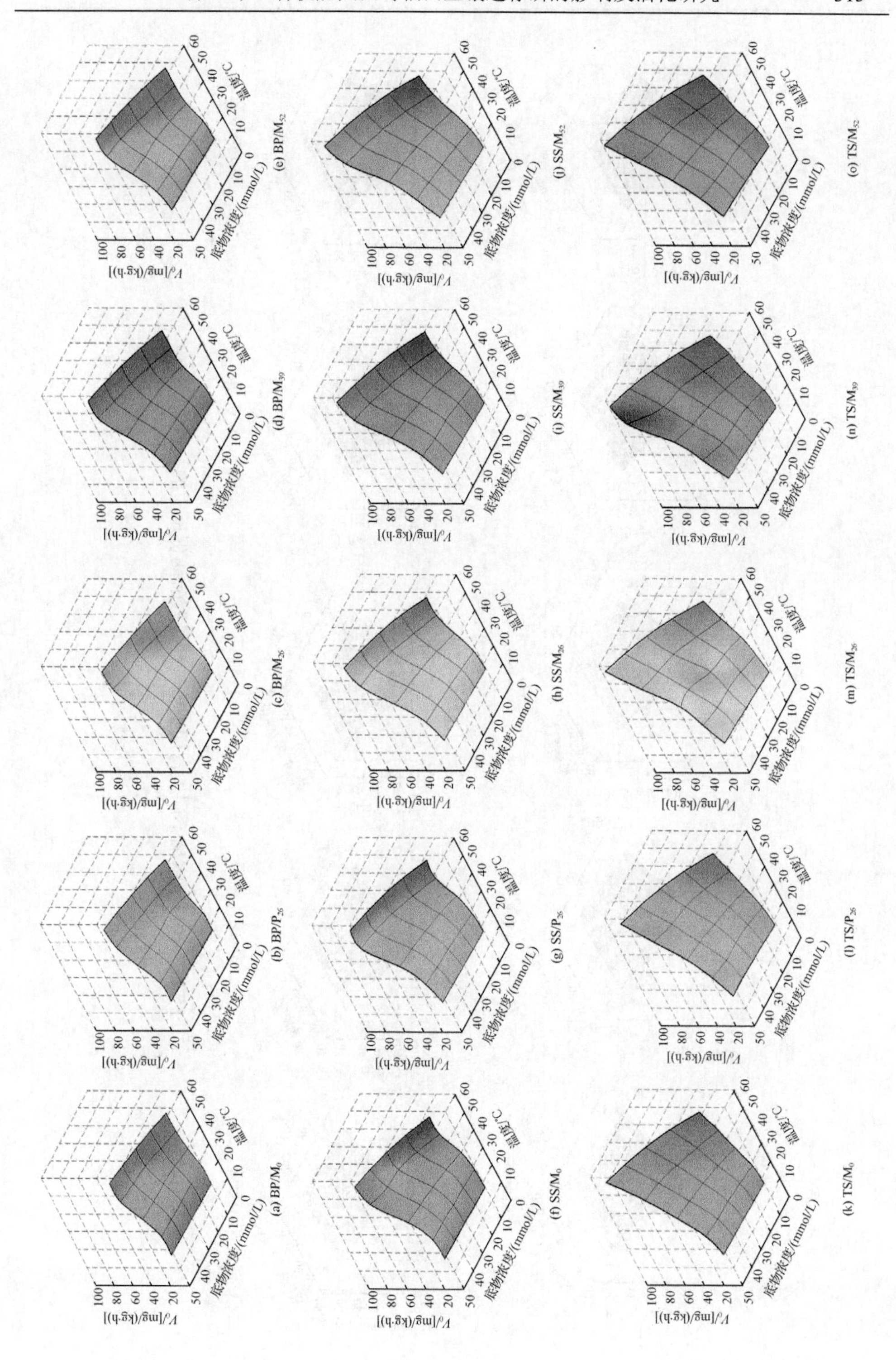
V_0/[mg/(kg·h)]
底物浓度/(mmol/L)
温度/°C
(a) BP/M_0
(b) BP/P_{26}
(c) BP/M_{26}
(d) BP/M_{39}
(e) BP/M_{52}
(f) SS/M_0
(g) SS/P_{26}
(h) SS/M_{26}
(i) SS/M_{39}
(j) SS/M_{52}
(k) TS/M_0
(l) TS/P_{26}
(m) TS/M_{26}
(n) TS/M_{39}
(o) TS/M_{52}

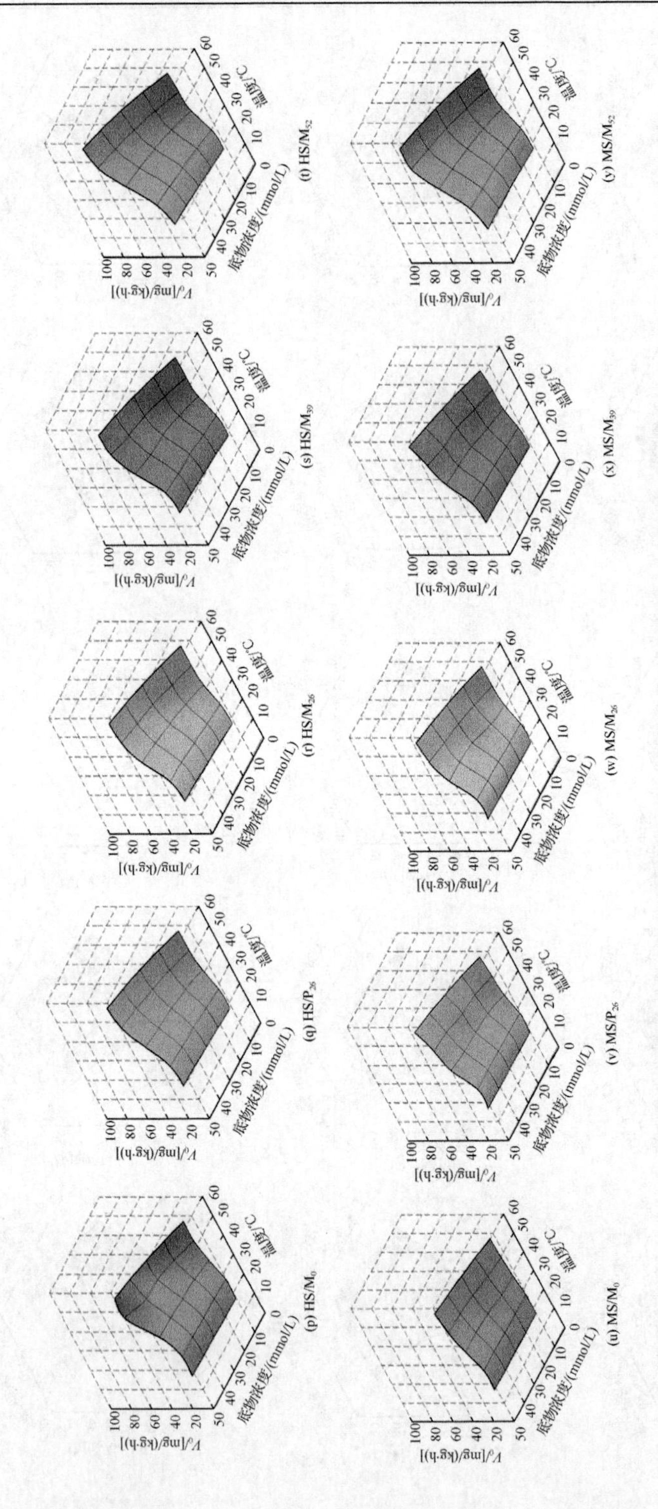

图5.15　2011年水稻不同生育期土壤酸性磷酸酶促反应的初速度V_0

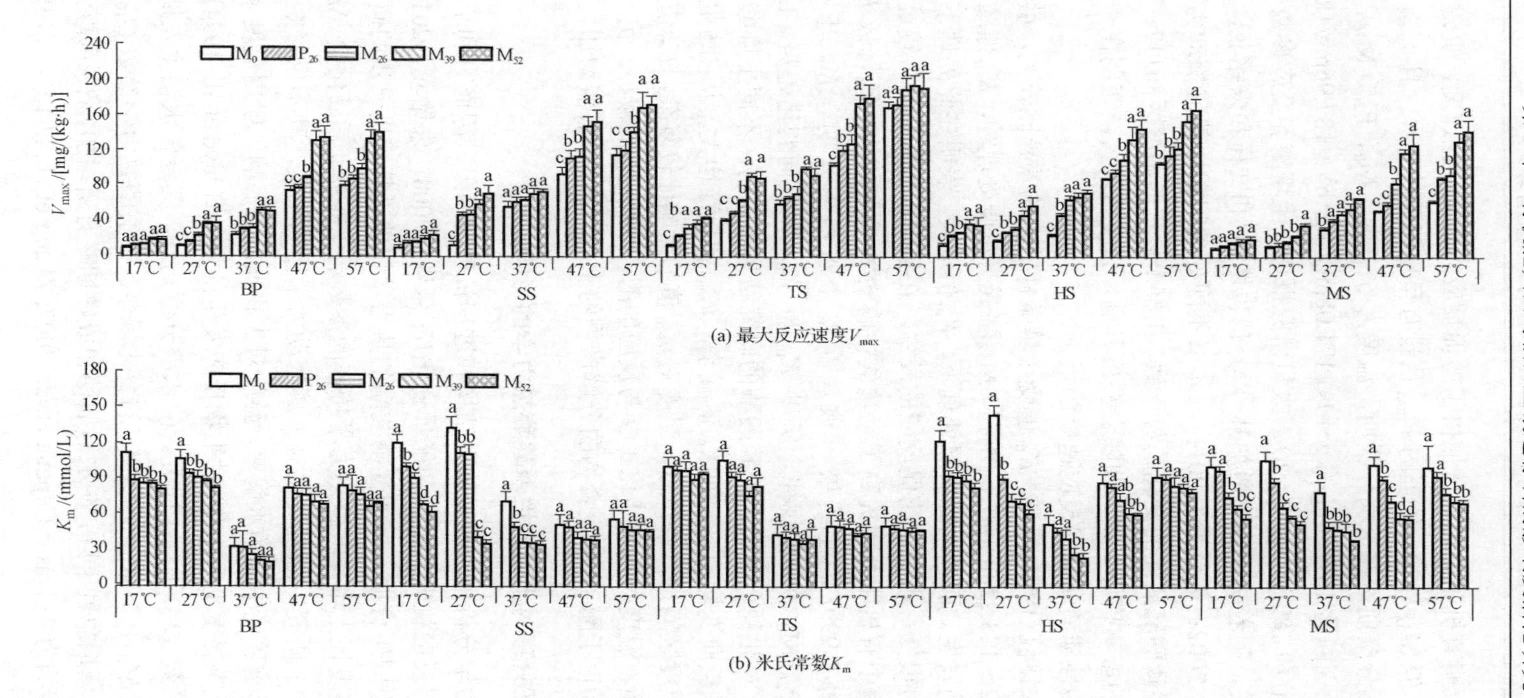

图5.16　2011年水稻不同生育期土壤酸性磷酸酶酶的最大反应速度V_{max}和米氏常数K_m值

的变化规律，表明有机肥处理显著加快了酶促反应的最大反应速度，促进了土壤中的磷素循环，但 M_{52} 与 M_{39} 处理的 V_{max} 值没有呈现显著性差异，且 V_{max} 的峰值同样出现在水稻分蘖期，在水稻分蘖期，温度为 57℃时，M_0、P_{26}、M_{26}、M_{39} 和 M_{52} 的 V_{max} 值分别高达 167.59mg/(kg·h)、171.08mg/(kg·h)、187.96mg/(kg·h)、192.34mg/(kg·h)和 189.36mg/(kg·h)。大量研究报道，土壤酶促反应参数 V_{max} 与酶活性紧密相关，随着酶活性的增加其 V_{max} 值也增加(和文祥和朱铭莪，1997；樊军和郝明德，2002；朱铭莪，2011)。本书不同处理间酸性磷酸酶动力学参数 V_{max} 与土壤酸性磷酸酶活性的变化趋势一致。在整个设定的温度区间(17～57℃)，温度对 V_{max} 值的影响趋势一致，即随着温度升高，V_{max} 值增大，表明在一定温区内增温有利于酸性磷酸酶酶促反应速度的增强。

和文祥和朱铭莪(1997)报道，K_m 值受土壤条件的影响差异比较大。供试土壤 K_m 值介于 18.82～143.22mmol/L。M_{39} 和 M_{52} 猪粪有机肥处理时，K_m 值最小，有利于酶促反应的发生。而在未施对照处理下，K_m 值最大，表明在此处理下土壤酶和底物的亲和力很低，不利于酶促反应的发生。在整个水稻生育期，较过磷酸钙处理，供试土壤中有机肥处理提高了土壤酸性磷酸酶 V_0 和 V_{max}，而降低 K_m 值，这与 Zaman 等(1999)研究结果一致。在整个水稻生育期，K_m 基本呈现 $M_{52}<M_{39}<M_{26}<P_{26}<M_0$ 的变化规律，所以 K_m 与 V_{max} 呈反向变化趋势。Dick 和 Tabatabai(1984)对几种土壤的不同磷酸酶的研究结果也表明，不同土壤酸性磷酸酶 K_m–V_{max} 间呈反向变化趋势，即 K_m 值减小，V_{max} 值反而增大。从图 5.17 看出，在整个设定的温度区间(17～57℃)，温度对 K_m 值的影响比较复杂，K_m 值无规律性变化，一方面，温度的升高活化了参与反应的酶，使得 K_m 值减小；另一方面，温度的升高也加速了酶–底物复合物的分解产物的生成，致使 K_m 值增加。

5.3.5 不同施肥处理对土壤酸性磷酸酶热力学的影响

土壤酶热力学分析由于不受体系结构和过程机理的局限，因而有利于从整体上分析土壤酶促反应机理、过程和能量变化(王乐乐，2008；朱铭莪，2011)，所以本书对水稻不同生育期土壤酸性磷酸酶的热力学特性进行了进一步的研究。表 5.8 对供试土壤表征土壤磷酸酶热力学特征的参数活化能(E_a)、活化焓(ΔH)、活化度($\lg N_a$)进行了研究。温度变化对土壤酶动力学影响很大，其不仅影响微生物的产酶率，还影响环境中酶的水解率。温度对生物反应的影响一般用温度系数 Q_{10} 来表征，表示反应温度上升 10°C 时生物反应发生的变化(Lloyd et al., 1994)，所以本书也对温度系数(Q_{10})进行了研究。除水稻分蘖期外，其余各水稻生长期 Q_{10}、E_a 和 ΔH 均呈现 $M_0>P_{26}>M_{26}>M_{39}>M_{52}$ 的变化规律。磷酸酶热力学参数 Q_{10}、E_a 和 ΔH 值在水稻分蘖期急剧下降，在水稻抽穗和成熟期略有所增加。许多研究发现酶促反应的 Q_{10} 值约为 2(Trasar-Cepeda et al., 2007; Zhang et al., 2010)，本书 Q_{10} 值介于 1.39～3.36，表明温度对供试土壤酶促反应的影响很大。酶是通过降低活化能而发生酶促反应的，有酶参与的酶促反应中 E_a 值通常都低于非酶促反应的 E_a 值。活化焓 ΔH 越高表示酶和底物生成酶–底物复合物时需要克服越强的拉伸、挤压甚至化学键断裂的能垒(Lai and Tabatabai, 1992)。在水稻分蘖期，E_a 和 ΔH 有最小值，M_0、P_{26}、M_{26}、M_{39} 和 M_{52} 处理的 E_a 值分别为 3.29kJ/mol、3.12kJ/mol、3.00kJ/mol、2.83kJ/mol 和 2.89kJ/mol，而 ΔH 值在 M_0、P_{26}、M_{26}、M_{39} 和 M_{52} 处理下分别为 666J/mol、499J/mol、385J/mol、212J/mol 和 270J/mol。在本书 17～27°C 温度区间，活化度 $\lg N_a$ 与 Q_{10}、E_a、ΔH 值呈反向变化趋势。通过研究发现，施用猪粪后土壤对温度的变化有一定的缓冲作用，猪粪处理降低 E_a 和 ΔH 值从而使磷酸酶的催化反应更易进行。

表 5.8　2011 年水稻不同生育期土壤酸性磷酸酶热力学参数 Q_{10}、E_a、ΔH、$\lg N_a$(17～27°C)

生育期	处理	Q_{10}	E_a/(kJ/mol)	ΔH/(J/mol)	$\lg N_a$
BP	M_0	3.36±0.61 a	9.98±1.71 a	7365±785 a	22.12±2.95 a
	P_{26}	2.28±0.21 b	6.79±0.42 b	4171±433 b	22.65±3.66 a
	M_{26}	2.16±0.32 b	6.34±0.32 b	3725±301 bc	22.73±1.58 a
	M_{39}	2.04±0.31 b	5.87±0.11 c	3255±108 c	22.81±4.67 a
	M_{52}	1.99±0.44 b	5.67±0.21 c	3050±140 c	22.84±5.25 a
SS	M_0	1.77±0.30 a	4.70±0.22 a	2085±588 a	23.00±1.69 a
	P_{26}	1.60±0.34 a	3.87±0.42 b	1253±210 b	23.14±5.85 a
	M_{26}	1.58±0.45 a	3.77±0.40 b	1149±356 b	23.16±4.12 a
	M_{39}	1.48±0.49 a	3.23±0.81 b	611±311 b	23.24±2.85 a
	M_{52}	1.47±0.43 a	3.17±0.50 b	555±206 b	23.25±5.21 a
TS	M_0	1.49±0.25 a	3.29±0.11 a	666±115 a	23.24±2.65 a
	P_{26}	1.46±0.41 a	3.12±0.17 a	499±142 a	23.26±4.23 a
	M_{26}	1.43±0.32 a	3.00±0.22 a	385±201 a	23.28±1.21 a
	M_{39}	1.39±0.31 a	2.83±0.10 b	212±98 a	23.31±1.39 a
	M_{52}	1.42±0.12 a	2.89±0.09 b	270±164 a	23.30±4.04 a
HS	M_0	2.94±0.49 a	8.88±1.58 a	6265±899 a	22.31±3.56 a
	P_{26}	2.17±0.62 a	6.38±0.81 b	3763±356 b	22.72±2.41 a
	M_{26}	2.07±0.31 a	5.99±0.56 b	3375±225 b	22.79±2.22 a
	M_{39}	1.95±0.47 ab	5.50±0.23 bc	2883±201 c	22.87±1.85 a
	M_{52}	1.87±0.11 b	5.16±0.07 c	2538±322 c	22.93±1.96 a
MS	M_0	3.06±0.15 a	9.21±0.06 a	6595±645 a	22.25±5.65 a
	P_{26}	2.92±0.24 a	8.83±0.14 b	6209±566 a	22.32±2.31 a
	M_{26}	2.84±0.16 ab	8.60±0.25 b	5980±374 a	22.35±4.28 a
	M_{39}	2.75±0.21 ab	8.33±0.38 b	5715±102 ab	22.40±1.72 a
	M_{52}	2.68±0.10 b	8.12±0.37 b	5502±76 b	22.43±1.94 a

5.3.6 土壤酶学特性与土壤理化性质的相关性分析

土壤酶学性质与土壤理化指标之间的相关性分析表明(表 5.9)，土壤酸性和碱性磷酸酶活性与土壤 Total C(0.984 和 0.944)、Total N(0.989 和 0.945)、Total P(0.968 和 0.977)、Organic P(0.936 和 0.999)、Olsen P(0.929 和 0.998)均呈显著正相关，这也表明土壤酸性和碱性磷酸酶作为土壤肥力指标的可行性(Kramer and Green, 2000; Sardans et al., 2008)。除了土壤 pH，其余理化指标与 V_0 显著正相关，相关系数 r 的范围为 0.820～0.983；除了 pH，V_{max} 和所有化学变量之间存在显著的正相关，且相关系数 r 的范围为 0.912～0.994；但 K_m 值没有表现出与任何理化指标的显著相关关系，相关系数 r 的范围是–0.335～–0.706。Q_{10}、E_a、ΔH 与所有理化指标呈负相关。尤其是 Q_{10}、E_a、ΔH 与 Total C、Total N、C/N 显著相关。$\lg N_a$ 与所测理化指标正相关(与 pH 相关系数 r=0.804；与 Total C 相关系数 r=0.951 且 p<0.05；与 Total N 相关系数 r=0.950 且 p<0.05；与 Total P 相关系数 r=0.908；与 Organic P 相关系数 r=0.826；与土壤 Olsen P 相关系数 r=0.822；与 C/N 相关系数 r=0.981)。土壤酶学参数与土壤理化性质间的相关性表明，在土壤酶促反应中各种理化指标并不是孤立地发挥作用，而是存在着相互制约、相互促进的复杂关系。

Xie等(2011a)报道，当土壤中有机磷含量比较低其占总磷的比例较高时有利于磷酸单酯酶活性的增强。本书中，酸性和碱性磷酸酶均与有机磷呈显著正相关。但Albrecht等(2010)报道，磷酸单酯酶活性与有机磷之间呈负相关。有研究认为，土壤黏粒–有机质复合体的疏水表面与酶的疏水集团疏水性键合(Marzadori et al., 1996)，所以土壤中的酶可以被有机物吸附，从而阻碍了酶与底物的结合，导致 K_m 值的增加(Tietjen and Wetzel, 2003; Zhang et al., 2010)，但本书数据分析表明供试土壤酸性磷酸酶动力学参数 K_m 与土壤理化指标之间没有显著相关性。K_m、Q_{10}、E_a 和 ΔH 与土壤理化指标均呈负相关，表明土壤养分条件越好，K_m、Q_{10}、E_a 和 ΔH 值越低，较低的 K_m、Q_{10}、E_a 和 ΔH 值表明土壤中酶促反应更容易发生。

表 5.9 土壤酶学特性与土壤理化性质的相关性分析

	ACP 活性	ALP 活性	V_0	V_{max}	K_m	Q_{10}	E_a	ΔH	$\lg N_a$
pH	0.818	0.920	0.820	0.912	–0.706	–0.782	–0.803	–0.804	0.804
Total C	0.984**	0.944*	0.976**	0.981**	–0.385	–0.938*	–0.952*	–0.952*	0.951*
Total N	0.989**	0.945*	0.983**	0.977**	–0.366	–0.936*	–0.950*	–0.950*	0.950*
Total P	0.968*	0.977**	0.972*	0.994**	–0.483	–0.889	–0.908	–0.908	0.908
Organic P	0.936*	0.999**	0.959*	0.979**	–0.567	–0.802	–0.826	–0.826	0.826
Olsen P	0.929*	0.998**	0.952*	0.981**	–0.587	–0.797	–0.822	–0.822	0.822
C/N ratio	0.943*	0.868	0.923*	0.954*	–0.335	–0.974*	–0.981**	–0.981**	0.981**

注：**表示 p<0.01，*表示 p<0.05。

5.4　有机肥施用对稻田磷素流失潜能的影响

5.4.1　材料与方法

1. 试验点概况

见4.3.1节。

2. 试验设计

试验点定位设计详见 5.2 节，即 5 个不同的施肥处理，共 15 个面积 $20m^2$ 的试验小区，在每个小区埋置 2 个直径 3cm 且上端管口加盖的 PVC 管，PVC 管分别按照采集 50cm 和 100cm 的采样深度截取相应的长度，在距底端 2cm 的管壁上均匀打若干个 0.5cm 的渗水孔，并用 100 目的尼龙网将渗水孔段管壁外侧包扎以防泥沙进入管内，封死管子底端。制备好的 PVC 管埋入设定的土层以收集渗漏水（图 5.17）。

该区作为典型的水稻种植模式，采用传统的淹水种植模式。在淹水期，通过灌溉让田面水保持在 50mm，但该种植模式在具体实施时，需要专人值守灌溉，费时费力，针对这个问题，作者发明了一种造价便宜、操作方便、维护方便的淹水稻田自动控制泵站灌溉简易装置。本发明是利用连通器原理测量水位，用空心浮球的浮力原理提供摇臂动力，利用杠杆原理来压迫或松开限位开关，利用电气系统的交流接触器来控制泵站部分电机的启动以此来自动控制泵站灌溉。本发明的三个功能区实现不同的功能，三个功能区的作用如下。

(a)

(b)

图 5.17　稻田渗漏水收集 PVC 管埋设示意图

1) 连通器水位测量部分

如图 5.18 所示，通过比注水管要细且硬材质的测量水管连接淹水稻田与无盖测量水箱，在淹水稻田田埂外侧挖出与测量水管粗细相符的空隙嵌入测量水管，由于此时淹水稻田水面和测量水箱的水面都与大气接通，水面压强相等，根据连通器原理，当淹水稻田水位在高位 h_1 时，无盖测量水箱水位到 h_1'，则有 $h_1=h_1'$；当稻田水位在低位 h_2 时，无盖测量水箱水位的到 h_2'，则有 $h_2=h_2'$。这样无盖测量水箱水位的高低能真实反映淹水稻田水位的高低。

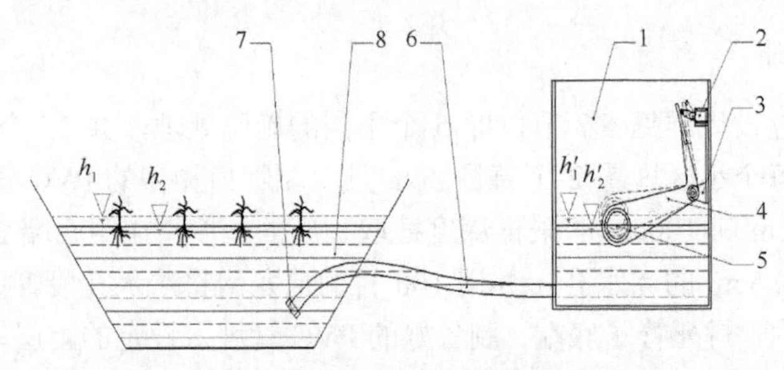

图 5.18　淹水稻田自动控制泵站灌溉简易装置示意图

1-测量水箱；2-限位开关；3-摇臂座；4-摇臂；5-空心浮球；6-测量水管；7-过滤网；8-稻田

2) 无盖测量水箱内部动作传递部分

如图 5.18 和图 5.19 所示，空心浮球是中空的封闭塑料制成的，当无盖测量水箱水位到高位 h_1'(>50mm) 时，空心浮球由于浮力作用向上运动，整个摇臂相当于两个力臂有角度的杠杆，摇臂座相当于杠杆的支点，这样使得限位开关被压回，这时限位开关处于断开的状态；当水箱水位到低位 h_2'(<50mm) 时，浮标由于自身重力及限位开关的回弹力作用，使空心浮球、摇臂和限位开关都处于实线显示的位置，这时限位开关连接的电路是接通的。淹水稻田水位的高低决定了无盖测量水箱水位的高低，由此决定了限位开关的开闭状态，水位高于设定值 50mm 时限位开关处于断开状态；水位低于设定值 50mm 时，限位开关处于闭合状态。

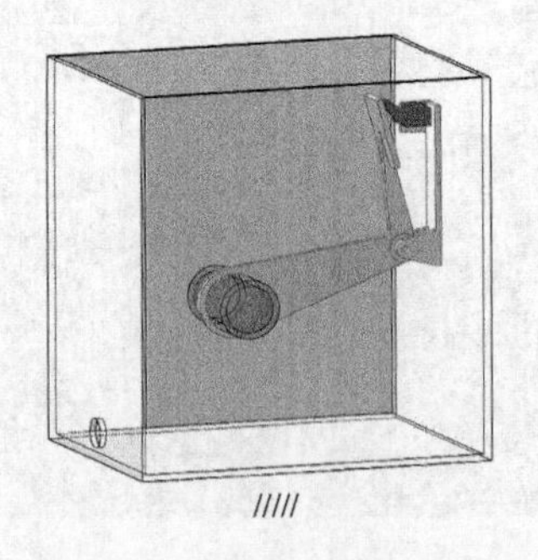

图 5.19　无盖测量水箱内部结构图

3) 电器控制部分

一般淹水稻田的灌溉都是农用泵站采用启动电机给泵提供动力来抽水浇灌稻田的，如图 5.20 所示，当闭合三相熔断式刀开关 QSF 时，L_2 与 L_3 两相导线在三相熔断式刀开关 QSF 下端通电，当水位高于设定值 50mm 时，空心浮球向上运动，迫使限位开关断开，使得交流接触器 KM 线圈失电，断开 KM 在 L_1、L_2、L_3 三相动力导线的触点，电机断电后停止运转，即泵站停止抽水浇灌。当水位较低时，空心浮球下降，压迫限位开关闭合，交流接触器 KM 线圈得电，闭合 KM 在 L_1、L_2、L_3 三相动力导线的触点，电机通电后启动，泵站开始抽水浇灌。这样当三相熔断式刀开关 QSF 在闭合的状态下，限位开关的开闭决定了泵站电机的启动与停机。

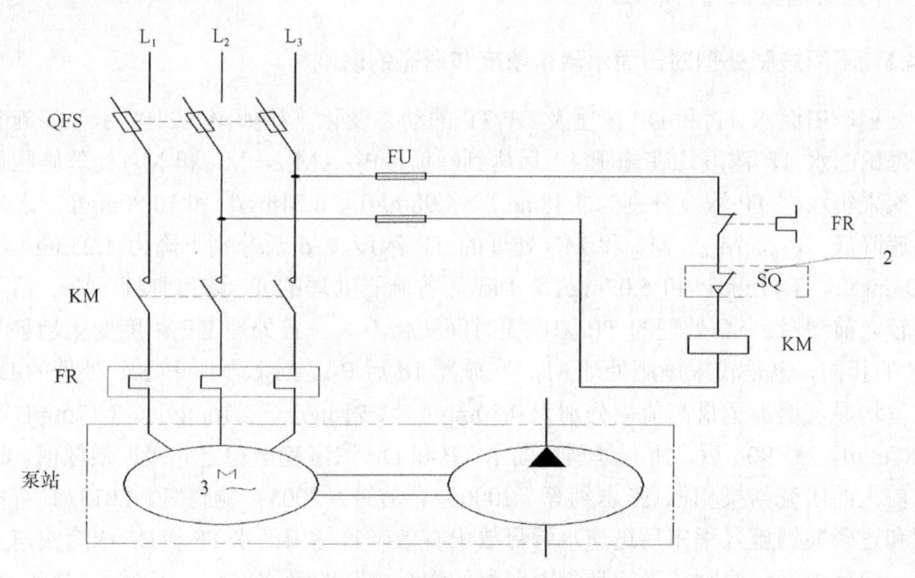

图 5.20 简易装置电气控制原理图

2-限位开关；L_1 、L_2 、L_3-三相交流电；QFS-三相熔断式刀开关；FU-熔断器；FR-热继电器；KM-交流接触器

3. 样品采集

水样的采集于2013年水稻生长季完成，在水稻种植施肥前1d采集一次田面水和50cm与100cm渗漏水，施肥后一周内每隔1d采集一次田面水和渗漏水水样。之后，间隔7d采集一次田面水和渗漏水水样。采集渗漏水时，将孔径0.3cm、长1.5m的橡皮软管插入PVC管底部，用医用注射器抽出渗漏水，每次采集水样将PVC管中的水全部排空。田间水样采集时用移动冰箱进行水样保存，所采样品运回实验室用定量滤纸过滤处理后，用钼酸铵分光光度法分析样品中总磷(TP)和溶解态磷(DP)含量(国家技术监督局，1989)。

4. 数据分析

数据处理采用 Microsoft Excel，方差分析利用 SPSS16.0 统计分析软件，其中不同处理间差异采用 LSD 法进行多重比较。本书田面水、渗漏水 TP 和 DP 浓度随时间变化的规律采用指数函数、幂函数和对数函数在 SPSS 中进行回归分析。指数函数、幂函数与对数函数的表述分别如下：

$$y=a\cdot\exp(b\cdot t);\ y=a\cdot t^{b};\ y=a+b\cdot\ln t \tag{5.15}$$

式中，y 为稻田田面水(或渗漏水)TP(或 DP)浓度(mg/L)；t 为采样时间(d)；a 和 b 为采用各函数拟合的常数。

5.4.2 不同施肥处理对田面水磷素浓度和形态的影响

稻季田面水 TP 和 DP 浓度及 DP/TP 的动态变化规律如图 5.21 所示，各施肥处理田面水 TP 浓度均在施肥 1d 后达到峰值，P_{26}、M_{26}、M_{39} 和 M_{52} 处理施肥后首次采集水样 TP 浓度分别为 3.48mg/L、4.98mg/L、6.51mg/L 和 10.90mg/L，之后迅速降低，P_{26}、M_{26}、M_{39} 和 M_{52} 处理的 TP 浓度 7 d 后分别下降为 1.23mg/L、2.03mg/L、3.47mg/L 和 5.07mg/L，14d 后各施肥处理的 TP 浓度继续下降，但降幅较之前缓慢。M_0 处理的 TP 浓度随时间变化不大。各处理 DP 浓度变化趋势与 TP 的相同，也是较未施肥处理 M_0，在施肥 1d 后 P_{26}、M_{26}、M_{39} 和 M_{52} 处理的 DP 浓度均显著增加至最高值，分别为 0.80mg/L、1.71mg/L、2.16mg/L、3.17mg/L 和 4.87mg/L。经 90d 后，所有处理田面水 TP 和 DP 浓度趋于稳定并接近最低值。这与前人的研究结果相似(张志剑等，2000；金洁等，2005；颜晓等，2013)。有机肥和过磷酸钙施入稻田后迅速水解释放出有效磷致使田面水 TP 和 DP 浓度快速上升，随后由于土壤对磷素的吸附固定和作物对磷素的吸收作用，田面水 TP 和 DP 浓度又急剧下降(叶玉适，2014)。M_0 和 P_{26} 处理分别在施磷后 7d 和 21d 左右，各小区田面水 TP 浓度即能降至 1.00mg/L 水平，而 M_{26}、M_{39} 和 M_{52} 处理分别在施磷后 63 d、77 d、77d 左右，田面水 TP 浓度才能降至这一水平。

综观整个水稻生长季，各处理小区田面水 TP 浓度均高于可以诱发水体富营养化的 TP 含量临界值 0.02mg/L(Zhang et al., 2005)，这与张刚等(2008)对稻田田面水的研究结论一致。本书研究表明长期施磷量越高，土壤中遗存磷的含量越高，稻田田面水中磷素浓度越高，磷的径流损失风险就越大，且风险期也越长，这与前人研究结果也一致(张焕朝等，2004；张红爱等，2008；颜晓等，2013)。在水稻生长期，各处理田面水 TP 和 DP 浓度出现小幅波动，这可能主要是受追肥、降雨及灌溉等因素的影响。纪雄辉等(2006)研究了施用等量磷的猪粪有机肥和化肥对磷素径流损失的影响，结果表明，在整个水稻生长期施用猪粪有机肥总磷浓度均高于施用化肥的处理。本书发现在相同的施磷量下，田面水磷素浓度 M_{26} 处理大于 P_{26} 处理，与上述研究结果相一致。

不同施肥处理 DP/TP 随时间的变化规律如图 5.21 所示，M_0、P_{26}、M_{26}、M_{39} 和 M_{52} 处理 DP/TP 平均值分别为 0.32、0.29、0.32、0.33 和 0.37，表明吸附在土壤矿物或土壤胶体表面的悬浮颗粒态磷是该区田面水磷素的主要形态，这与梁新强等(2005)的报道一致。这主要是由于降雨或灌溉可能会冲击稻田表层土壤，引起颗粒态磷的流失。各处理 DP/TP 呈现施肥后稍微上升而后下降的趋势，主要是因为施肥后磷酸盐的释放，增加了田面水中溶解态磷的含量，随着无机磷酸盐被植物吸收和被土壤吸附固定，颗粒态磷的含量会逐渐增加，致使 DP/TP 值逐渐降低(叶玉适，2014)。

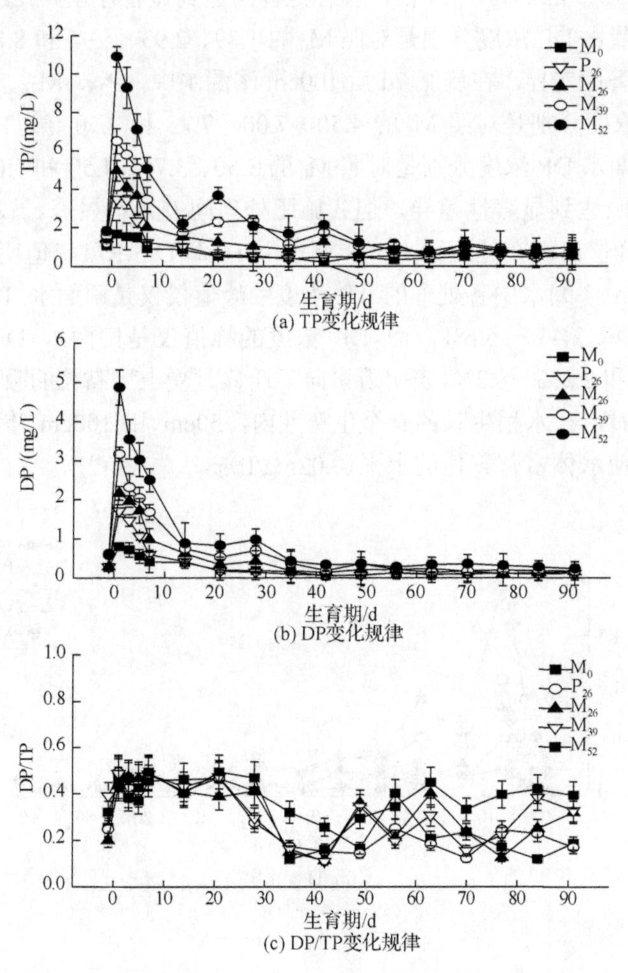

图 5.21　2013 年水稻种植季田面水 TP、DP 浓度和 DP/TP 随时间的变化规律

5.4.3 不同施肥处理对渗漏水磷素浓度和形态的影响

图 5.22 和图 5.23 分别显示了不同施肥处理下土壤 50 cm 与 100 cm 渗漏水中 TP 和 DP 浓度及 DP/TP 的动态变化规律。50 cm 各处理渗漏水 TP 浓度介于 0.03～1.97mg/L，平均为 0.28mg/L，DP 浓度介于 0.02～1.54mg/L，平均为 0.19mg/L；100cm 各处理渗漏水 TP 浓度介于 0.02～0.38mg/L，平均为 0.08mg/L，DP 浓度介于 0.01～0.18mg/L，平均为 0.05mg/L。施磷量不同，土壤渗漏液中 TP 和 DP 浓度不同，总体表现出施磷量越高，渗漏液中 TP 和 DP 浓度也越高。同一深度渗漏水 TP 和 DP 浓度变化趋势相同，均在施肥后 7d 达到最大值，之后逐渐降低。在施肥 7d 后 50cm 渗漏水中，P_{26}、M_{26}、M_{39} 和 M_{52} 处理渗漏水 TP 浓度分别是对照 M_0 的 2.14、3.32、4.35 和 7.88 倍，且各处理间达到显著性差异；P_{26}、M_{26}、M_{39} 和 M_{52} 处理渗漏水 DP 浓度分别是对照 M_0 的 1.89、2.93、5.94 和 8.80 倍，且各处理间也达到显著性差异。在施肥 7d 后 100cm 渗漏水中，P_{26}、M_{26}、M_{39} 和 M_{52} 处理渗漏水 TP 浓度分别是对照 M_0 的 4.50、7.00、7.75 和 9.50 倍；P_{26}、M_{26}、M_{39} 和 M_{52} 处理渗漏水 DP 浓度分别是对照 M_0 的 3.50、3.75、4.50 和 5.00 倍，且各施肥处理间与对照达到显著性差异，但各施肥处理间差异不显著。较田面水中 TP 和 DP 浓度的峰值出现在施肥后 1d，渗漏水中 TP 和 DP 浓度峰值明显推迟，且在 50cm 和 100cm 渗漏水中各处理的 TP 浓度的峰值仅仅是田面水 TP 峰值浓度的 14.9%～18.0%和 2.4%～5.6%，而 DP 浓度的峰值仅是田面水 DP 峰值浓度的 19.3%～32.8%和 2.5%～8.2%，表明磷素向下迁移时受土壤黏粒的吸附和犁底层的阻隔。总体来看，在水稻生长的整个生育期内，50cm 和 100cm 渗漏水中磷素浓度均达到了致使水体富营养化的水平(0.02mg/L)。

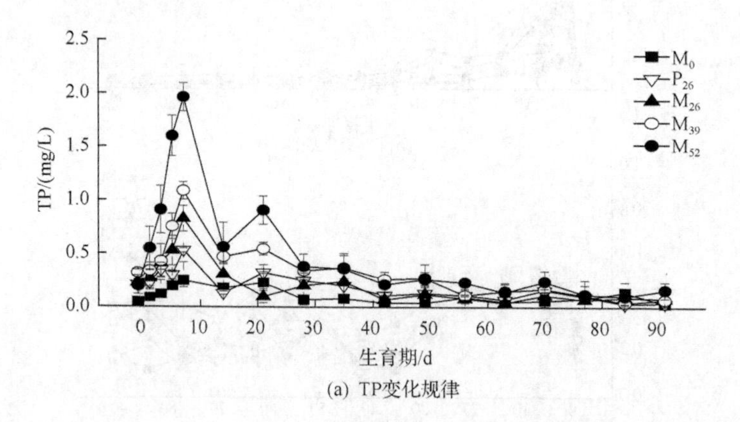

(a) TP变化规律

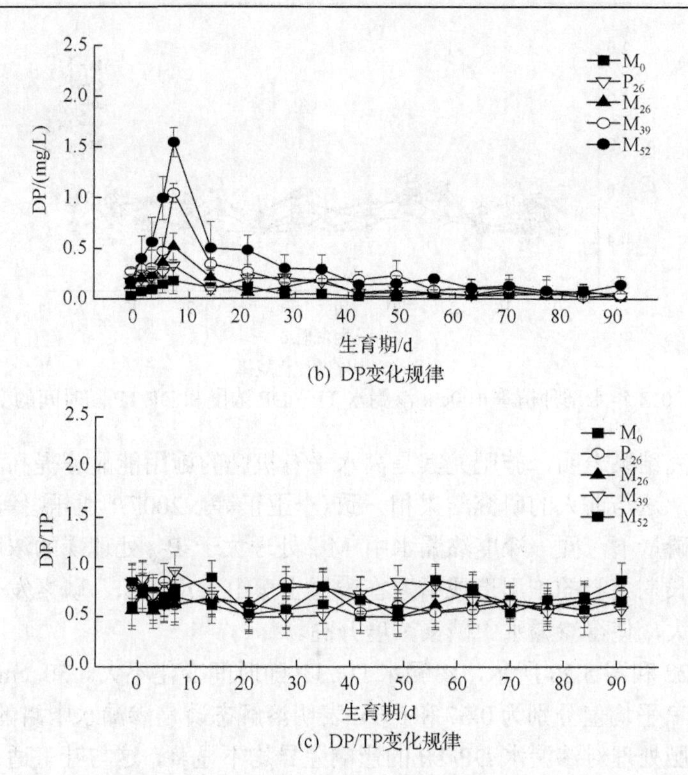

(b) DP变化规律

(c) DP/TP变化规律

图 5.22　2013 年水稻种植季 50cm 渗漏水 TP、DP 浓度和 DP/TP 随时间的变化规律

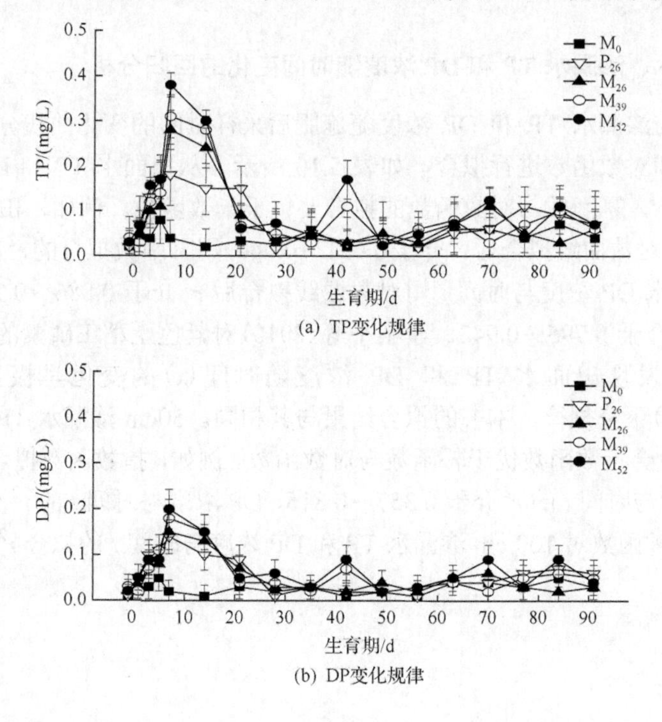

(a) TP变化规律

(b) DP变化规律

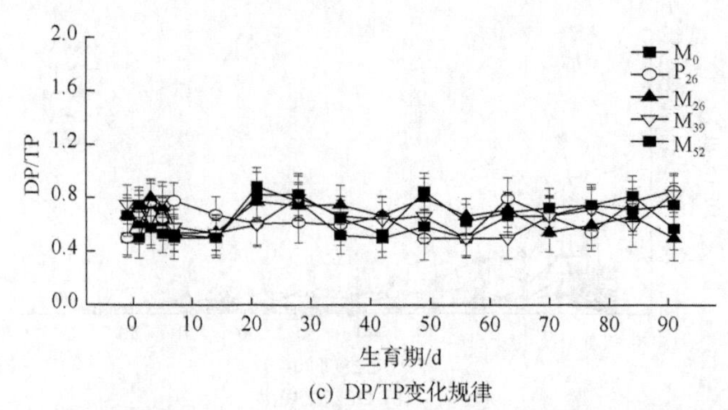

(c) DP/TP变化规律

图 5.23　2013 年水稻种植季 100cm 渗漏水 TP、DP 浓度和 DP/TP 随时间的变化规律

本书研究结果表明，施肥尤其是高水平有机肥的施用能显著提高稻田渗漏水中磷的浓度，这与前人的研究结果相一致(李卫正等，2007；通乐嘎等，2010)，在相同的施磷量下，同一深度渗漏水中 M_{26} 处理大于 P_{26} 处理磷的浓度，这可能主要是因为长期猪粪的施用造成磷素在表层土壤中大量累积，磷素发生向下迁移的可能性增大，使得渗漏水中磷素浓度升高。

如图 5.22 和图 5.23 所示，渗漏水 DP/TP 随时间变化不大。50 cm 和 100 cm 渗漏水 DP/TP 平均值分别为 0.67 和 0.66，表明溶解态磷是渗漏水中磷的主要形态，且不同的施肥处理对渗漏水 DP/TP 的影响差异均不显著，这与叶玉适(2014)的研究结论相一致。

5.4.4　田面水、渗漏水 TP 和 DP 浓度随时间变化的回归分析

田面水与渗漏水 TP 和 DP 浓度随施肥后采样时间的变化曲线分别用指数函数、幂函数和对数函数进行拟合，如表 5.10 所示。从田面水 TP 和 DP 浓度与时间的拟合来看，幂函数与对数函数的拟合要优于指数函数。例如，田面水 TP 浓度与时间 t 用对数曲线拟合后 r^2 介于 0.621～0.940，用幂函数拟合的 r^2 介于 0.458～0.913；田面水 DP 浓度与时间 t 用对数曲线拟合后 r^2 介于 0.886～0.951，用幂函数拟合的 r^2 介于 0.795～0.943。李学平等(2010)对紫色土稻田磷素的流失潜能进行了研究，发现田面水 TP 和 DP 浓度随时间(x)的变化呈极显著的对数($y=a\cdot\ln(x)+b$)下降规律，本书的拟合结果与其相同。50cm 渗漏水 TP 和 DP 浓度与时间 t 的拟合指数函数优于幂函数与对数函数。例如，指数函数拟合的 50cm 渗漏水 TP 浓度与时间 t 的 r^2 介于 0.357～0.816，DP 浓度与时间 t 的 r^2 介于 0.391～0.811。而三种函数对 100 cm 渗漏水 TP 和 DP 浓度与时间 t 的拟合 r^2 均很小，拟合效果不佳。

表 5.10　田面水与渗漏水 TP 和 DP 浓度随时间（t/d）变化的回归分析

处理		指数函数 $y=a\cdot\exp(b\cdot t)$			幂函数 $y=a\cdot t^b$			对数函数 $y=a+b\cdot\ln t$		
		a	b	r^2	a	b	r^2	a	b	r^2
田面水 TP	M_0	0.888	–0.008	0.154	1.677	–0.298	0.458	1.611	–0.267	0.621
	P_{26}	1.535	–0.016	0.440	3.711	–0.481	0.791	3.293	–0.695	0.808
	M_{26}	2.811	–0.021	0.761	6.268	–0.522	0.910	4.739	–0.993	0.913
	M_{39}	4.472	–0.025	0.830	10.019	–0.580	0.836	6.667	–1.399	0.933
	M_{52}	6.511	–0.029	0.872	17.244	–0.683	0.913	10.575	–2.351	0.940
田面水 DP	M_0	0.438	–0.020	0.547	1.082	–0.547	0.795	0.800	–0.169	0.916
	P_{26}	0.648	–0.028	0.601	2.377	–0.765	0.885	1.584	–0.373	0.886
	M_{26}	1.156	–0.029	0.765	3.530	–0.726	0.917	2.187	–0.499	0.914
	M_{39}	1.679	–0.031	0.821	5.168	–0.756	0.923	2.982	–0.682	0.951
	M_{52}	2.359	–0.030	0.793	7.383	–0.744	0.943	4.493	–1.035	0.936
渗漏水 TP（50cm）	M_0	0.151	–0.013	0.357	0.197	–0.249	0.262	0.186	–0.024	0.218
	P_{26}	0.360	–0.022	0.731	0.540	–0.408	0.488	0.406	–0.068	0.461
	M_{26}	0.378	–0.021	0.633	0.718	–0.487	0.586	0.559	–0.107	0.454
	M_{39}	0.718	–0.026	0.816	1.053	–0.455	0.478	0.752	–0.129	0.395
	M_{52}	1.054	–0.026	0.796	1.907	–0.525	0.607	1.390	–0.268	0.429
渗漏水 DP（50cm）	M_0	0.099	–0.014	0.391	0.149	–0.314	0.361	0.133	–0.020	0.341
	P_{26}	0.260	–0.024	0.761	0.428	–0.461	0.555	0.299	–0.053	0.570
	M_{26}	0.246	–0.023	0.649	0.476	–0.498	0.609	0.362	–0.069	0.475
	M_{39}	0.526	–0.029	0.811	0.870	–0.528	0.525	0.589	–0.109	0.357
	M_{52}	0.729	–0.026	0.788	1.302	–0.515	0.600	0.959	–0.183	0395
渗漏水 TP（100cm）	M_0	0.036	0.002	0.026	0.040	–0.007	0.001	0.043	–0.001	0.001
	P_{26}	0.095	–0.008	0.104	0.143	–0.231	0.172	0.148	–0.019	0.228
	M_{26}	0.104	–0.011	0.227	0.130	–0.210	0.167	0.149	–0.020	0.132
	M_{39}	0.102	–0.008	0.107	0.111	–0.127	0.054	0.159	–0.019	0.097
	M_{52}	0.139	–0.010	0.182	0.180	–0.217	0.151	0.206	–0.027	0.140
渗漏水 DP（100cm）	M_0	0.021	0.004	0.060	0.022	0.031	0.006	0.024	0.001	0.015
	P_{26}	0.063	–0.008	0.085	0.102	–0.256	0.175	0.105	–0.015	0.248
	M_{26}	0.072	–0.012	0.325	0.089	–0.220	0.209	0.095	–0.013	0.195
	M_{39}	0.064	–0.007	0.102	0.071	–0.126	0.058	0.098	–0.012	0.111
	M_{52}	0.085	–0.008	0.168	0.105	–0.178	0.143	0.112	–0.013	0.125

5.5　活化剂对水稻土磷酸单酯酶活性及磷素形态的影响

5.5.1　材料与方法

1. 供试土壤基本性质

浙江省太湖流域杭嘉湖地区稻田面积分布广阔，水稻土种类相当丰富，选取了该区 4 种典型水稻土(图 5.24)，分别为湖松田(A)、小粉田(B)、黄斑田(C)和青紫泥田(D)作为供试土壤，对其添加活化剂进行磷素的活化效果研究，其中湖松田位于太湖西南岸的长兴县芦头港(119°58′46.97″E, 31°02′53.60″N)，起源于滨湖相沉积物，水稻田的耕作制度为稻麦轮作制；小粉田位于桐乡市泉溪村(120°19′17.57″E, 30°35′34.91″N)，起源于河海相沉积物，稻田耕作制度为单季晚稻种植；黄斑田位于桐乡市田坂村(120°31′16.73″E, 30°44′54.97″N)，起源于河相或河海相沉积物，耕作制度为双季稻种植；青紫泥田位于嘉善县东陆家河村(120°54′38.43″E, 30°56′21.28″N)，起源于湖相或湖海相沉积物，稻田耕作制度为单季晚稻种植(傅朝栋等，2014)。各供试土壤耕层土样(0～20 cm)基本理化性质如表 5.11 所示。

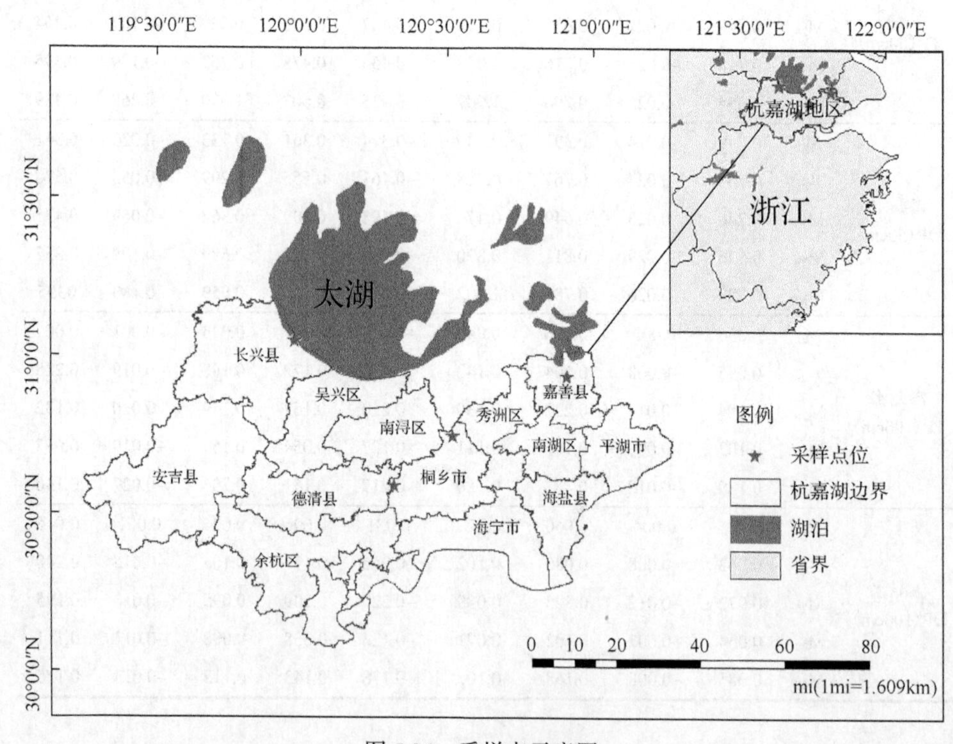

图 5.24　采样点示意图

表 5.11　供试土壤基本理化性质

土壤类型	pH	砂粒/%	粉粒/%	粘黏粒/%	总碳/(g/kg)	总氮/(g/kg)	总磷/(g/kg)	容重/(g/cm^3)
A	7.0	10.6	72.6	16.8	21.04	2.55	1.12	1.06
B	7.5	2.4	77.1	20.5	9.89	1.19	0.51	1.71
C	7.4	7.0	62.0	31.0	25.56	2.78	0.64	1.30
D	7.9	7.6	52.6	39.8	26.21	2.73	0.78	1.34

2. 试验设计

采集来的土样风干、磨细，称取过 2mm 筛的土样 500g 于 1000mL 塑料杯中，补充水分调节土壤含水量至 50%，待水分完全渗透土壤后置于恒温培养箱(25℃)内预培养 7d，期间每天按称质量法补充损失水分，使土壤含水量保持恒定。供试外源添加的磷素活化剂有 5 种，分别为柠檬酸(三元有机酸)、草酸(二元有机酸)、乙酸(一元有机酸)、还原型谷胱甘肽、抗坏血酸，每种均为分析纯试剂。每种活化剂按对照(0%)、低剂量(L，0.5%)、中等剂量(M，1.0%)、高剂量(H，2.0%)3 个不同梯度进行添加，每个处理 3 次重复。将活化剂按所设的施用量以溶液的形式添加到预培养处理 7d 的土壤中，调整土壤含水量至 60%，塑料瓶瓶口用锡纸包住，并在锡纸上开些小孔，然后放置于 25℃的恒温培养箱中开始培养，期间用质量法定期加水保持土壤含水量(图 5.25)。于培养的第 0、1d、3d、5d、7d、14d、21d、28d 和 35d 后测定土壤有效磷、磷酸单酯酶活性和磷素形态的变化。

图 5.25　室内培养试验示意图

5.5.2　磷素活化剂对水稻土有效磷的影响

土壤中的有效磷即 Olsen-P 含量是评价土壤磷素供应能力的重要指标，Olsen-P 是土壤中可被作物直接吸收的磷的组分，包括全部水溶性磷、部分吸附态磷和有机态磷。不同的活化剂添加后各水稻土 Olsen-P 含量的动态变化如图 5.26

所示。各剂量的活化剂添加后，4 种水稻土 Olsen-P 含量的变化趋势不尽相同，湖松田和小粉田总体呈现出培养前 7d 急剧升高，培养 7d 时，各剂量活化剂处理下这两种类型的土壤均达到各自的磷素释放高峰，表明活化剂添加以后抑制了磷的固定，土壤中缓效态磷迅速向有效态磷转化。以湖松田土样在培养 7d 时为例，1.0%的柠檬酸(citric acid)、草酸(oxalic acid)、乙酸(acetic acid)、还原型谷胱甘肽(glutathione)和抗坏血酸(ascorbic acid)处理，Olsen-P 含量从未添加活化剂的 73.41mg/kg 分别升高到 176.50mg/kg、91.91mg/kg、91.78mg/kg、80.94mg/kg、157.62mg/kg；小粉田土样在培养 7d 时，1.0%的柠檬酸、草酸、乙酸、还原型谷胱甘肽和抗坏血酸处理，Olsen-P 含量从对照的 15.02mg/kg 分别升高到 39.74mg/kg、39.64mg/kg、18.13mg/kg、28.75mg/kg 和 45.46mg/kg。其中与对照相比，湖松田 1.0%的柠檬酸和抗坏血酸的添加促使 Olsen-P 分别提高了 140.4%和 114.7%；小粉田 1.0%的柠檬酸和抗坏血酸的添加 Olsen-P 分别提高了 62.6%和 86.5%。柠檬酸和抗坏血酸处理 Olsen-P 含量显著高于对照和其他处理，且不同剂量柠檬酸和抗坏血酸处理随浓度的增加，Olsen-P 含量有明显提高，表明柠檬酸和抗坏血酸对湖松田和小粉田 Olsen-P 的活化效果最佳。以往大量研究报道了柠檬酸的添加可提高土壤 Olsen-P 含量(陆文龙等，1999；介晓磊等；2005)。王磊等(2013)研究了外源添加柠檬酸对红壤吸磷特性的影响，发现柠檬酸的添加能显著降低土壤中磷素的吸附能力，从而减少了土壤对磷素的固定，增加了磷的有效性。龚松贵等(2010)也报道了低分子量有机酸是氢质子和有机酸阴离子组成的。其施入土壤后，质子与 PO_4^{3-} 生成 HPO_4^{2-} 或 $H_2PO_4^{-}$，而有机阴离子与金属离子发生络合反应，促使磷酸盐的溶解。随着外源添加的低分子量有机酸浓度的增加，土壤中的氢质子和有机酸阴离子的浓度也随之增大，质子的酸效应和有机酸阴离子的络合效应也越强，致使有机酸对磷素的活化效果也更好。湖松田和小粉田经过 7d 培养以后缓慢下降，下降到 28d 时 Olsen-P 含量基本维持在一个平稳的状态，主要是柠檬酸是小分子的有机酸，很容易被土壤微生物分解，因而随着培养时间的延长，其作用效果会逐渐减弱(杨莹等，2005；张玉兰等，2009)。抗坏血酸对土壤 Olsen-P 含量的影响鲜见报道，作者认为抗坏血酸因为具有还原性和作为辅酶能活化土壤磷酸单酯酶活性，可能促使了供试土壤有机磷的矿化作用，从而增加了土壤中的 Olsen-P 含量。

黄斑田和青紫泥田的 Olsen-P 变化趋势一致，均是培养前 7d 缓慢下降，培养 14d 以后开始升高，21d 时达到峰值，在 28d 后 Olsen-P 含量趋于平稳状态，表明活化剂的活化效应具有一定的时效性。黄斑田在培养 21d 时，1.0%的柠檬酸、草酸、乙酸、还原型谷胱甘肽和抗坏血酸处理，Olsen-P 含量从未添加活化剂的 27.17mg/kg 分别变化到 62.41mg/kg、12.43mg/kg、14.38mg/kg、39.47mg/kg、78.62mg/kg。与对照相比，1.0%的柠檬酸和抗坏血酸的添加促使黄斑田 Olsen-P 分别提高了 129.7%和 189.4%。

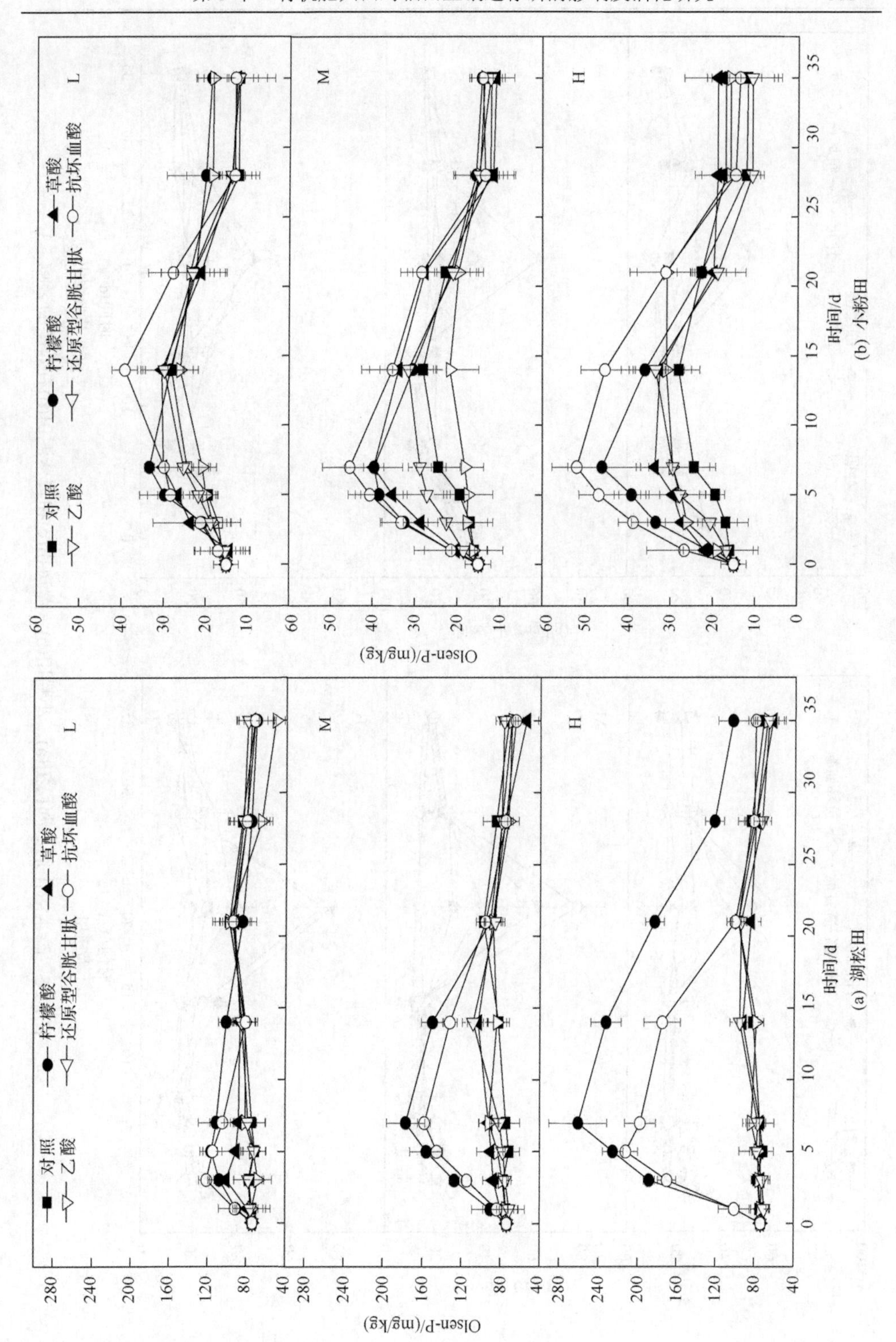
对照
柠檬酸
草酸
乙酸
还原型谷胱甘肽
抗坏血酸
L
M
H
Olsen-P/(mg/kg)
时间/d
(a) 湖松田
(b) 小粉田

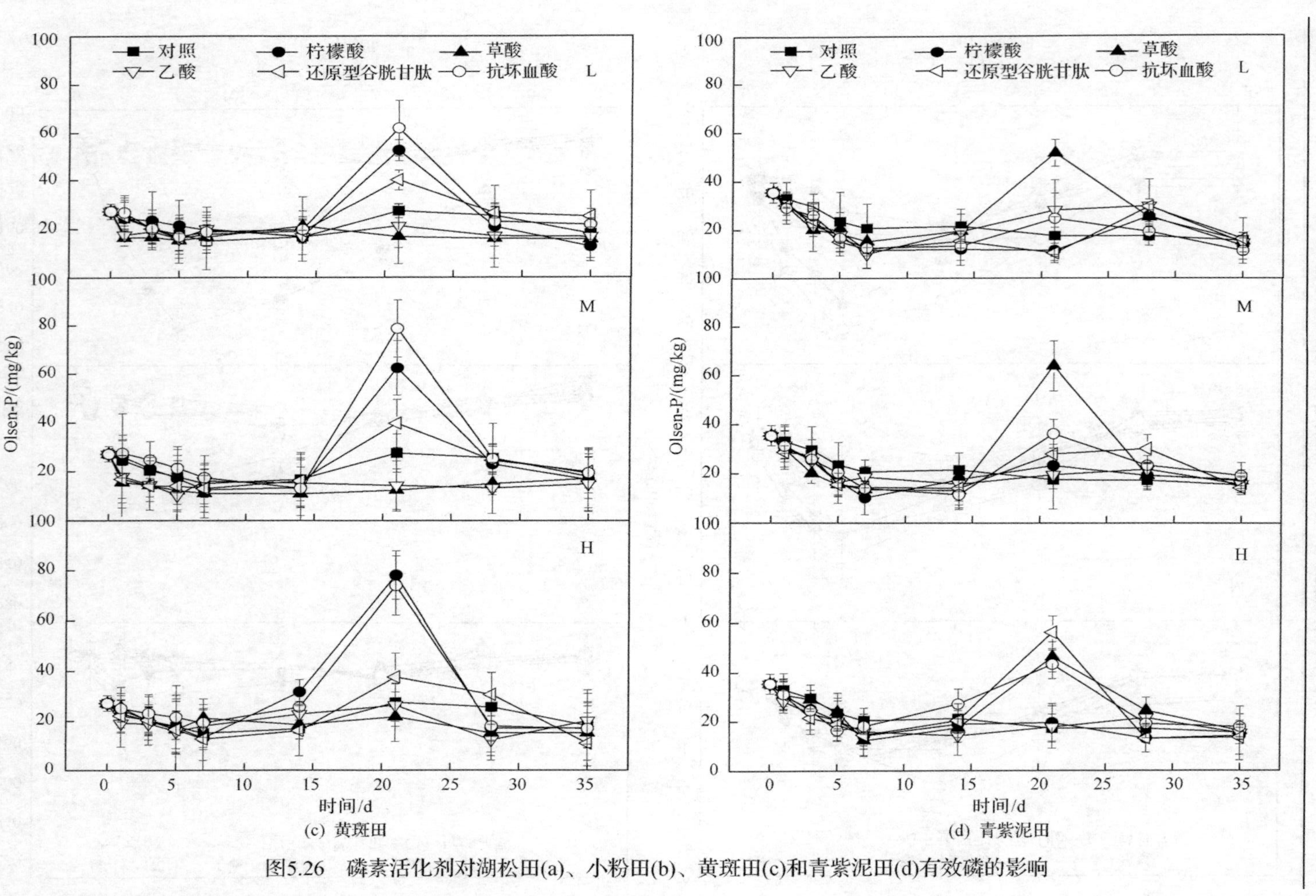

图5.26　磷素活化剂对湖松田(a)、小粉田(b)、黄斑田(c)和青紫泥田(d)有效磷的影响

青紫泥田土样在培养 21d 时，1.0%的柠檬酸、草酸、乙酸、还原型谷胱甘肽和抗坏血酸处理，Olsen-P 含量从未添加活化剂对照的 35.49mg/kg 分别变化到 23.16mg/kg、63.75mg/kg、19.38mg/kg、27.91mg/kg 和 36.16mg/kg。与对照相比，1.0%的草酸和抗坏血酸的添加促使青紫泥田 Olsen-P 分别提高了 79.6%和 1.9%。可见，青紫泥田草酸的活化效果最好。陆海明和盛海君(2003)在黑麦草生长期添加磷素活化剂，研究发现草酸根阴离子活化黄棕壤土无机磷能力很强。梁玉英和黄益宗(2005)也研究发现用 0.1mol 草酸处理的土壤其 Olsen-P 含量增加了 78%。沈菊培(2005)以东北典型的黑土、褐土、棕壤和白浆土为供试土壤，添加还原型谷胱甘肽后培养 90d 研究发现其对土壤 Olsen-P 含量与对照相比没有显著差异，本书发现还原型谷胱甘肽对供试水稻土 Olsen-P 含量还是有一定的活化效果的。

总体来看，抗坏血酸对 4 种类型的供试水稻土的 Olsen-P 均有很好的活化效果，柠檬酸对湖松田、小粉田和黄斑田的 Olsen-P 活化效果也较强，草酸对青紫泥田的活化效果最佳。还原型谷胱甘肽也对 4 种类型的供试水稻土的 Olsen-P 有一定的活化效果，而乙酸对 4 种类型的供试水稻土 Olsen-P 几乎没活化效果。可见，活化剂添加到土壤后对磷的影响受到土壤理化性质的影响较多，由于土壤复杂的异质性，一种激活剂在特定的土壤种类和环境下具有激活作用，换到另一种土壤就有可能不是活化剂反而是抑制剂，对特定土壤活化剂的筛选需要大量室内和田间试验加以佐证。

5.5.3 磷素活化剂对水稻土磷酸单酯酶活性的影响

磷酸单酯酶对有机磷的矿化是不可或缺的，土壤磷素活化剂对土壤磷酸单酯酶活性的调节无疑也是影响土壤磷素有效性的重要途径之一。不同活化剂对供试土壤磷酸单酯酶活性的影响如图 5.27 所示。对湖松田土壤而言，各处理酸性磷酸酶活性均呈现培养前 7d 逐渐增长，随后开始下降至 28d 后逐渐维持在一个平稳的状态，以 1.0%活化剂添加培养 7d 为例，各活化剂的添加有效增加了湖松田酸性磷酸酶的活性，磷酸酶活性的大小依次是柠檬酸>抗坏血酸>草酸>还原型谷胱甘肽>乙酸处理，且分别比对照增加了 163%、161.6%、132.0%、69.6%和 54.5%。主要原因可能是低分子有机酸活化剂的添加降低了土壤 pH，pH 对土壤磷酸单酯酶活性及其稳定性有着重要的影响，在土壤 pH 比较低的时候，会刺激土壤中的真菌释放出大量酸性磷酸酶。Kang 和 Freeman(1999)对英国沼泽湿地磷酸酶的研究发现，影响磷酸酶活性的主要因子是 H^+浓度。范业鹏等(1999)曾研究了添加抗坏血酸于酶反应体系中，发现抗坏血酸能增强酶活性，并表现出明显的量效关系。沈菊培(2005)研究发现，还原型谷胱甘肽的添加显著提高了黑土、褐土、棕壤和白浆土磷酸单酯酶的活性，并提出还原型谷胱甘肽对磷酸单酯酶的作用主要以土壤微生物分泌的增殖酶增多为主。湖松田添加抗坏血酸和还原型谷胱甘肽对酸性磷酸酶活性的影响与上述研究一致。各处理碱性磷酸酶的活性却是培养前 7d 迅速降低，7d 后逐渐上升，至培养 21d 后开始处于酶活的平稳状态，同样以 1.0%活化剂添加培养 7d 时为例，柠檬酸、乙酸、抗坏血酸处理分别比对照降低了 51.4%、9.6%、23.0%，主要是这些活化剂的添加降低了土壤 pH，抑制了细菌和放线菌对碱性磷酸酶的释放效果，从而抑制了碱性磷酸酶的活性。

小粉田各处理培养前 7d 酸性磷酸酶的活性迅速增高，培养 14d 后逐渐下降，28 d 后酶活呈现稳定状态，也以 1.0%活化剂添加培养 7d 为例，对酸性磷酸酶活性活化效果最强的是抗坏血酸，其次是还原型谷胱甘肽，再次是草酸，其活性分别比对照增强了 17.0%、15.0%和 7.7%。1.0%的柠檬酸和乙酸的添加未见显著的活化效果。对于碱性磷酸酶活性而言，与酸性磷酸酶变化趋势相反，除还原型谷胱甘肽处理外，各处理均是培养前 7d 逐渐降低。培养 7d 时，1.0%柠檬酸、草酸、乙酸和抗坏血酸处理分别比对照处理降低了 53.8%、45.9%、20.1%和 8.0%，而 1.0%还原型谷胱甘肽处理却比对照增加了 51.0%。

黄斑田各处理随培养时间的变化趋势也是培养前 7d 酸性磷酸酶活性逐渐增强，14d 以后又下降到一个稳定的状态。以 1.0%活化剂添加培养 7d 为例，也是抗坏血酸和柠檬酸对酸性磷酸酶的活化效果最佳，分别比对照增加了 60.4%和 28.0%。而碱性磷酸酶活性培养前 7d 逐渐降低。培养 14d 后开始增强，28d 后又有下降的趋势。1.0%的柠檬酸、草酸、乙酸和抗坏血酸处理培养 7d 时，碱性磷酸酶活性分别比对照降低了 29.5%、53.2%、10.8%和 7.9%。而还原型谷胱甘肽处理却比对照增加了 20.0%。

青紫泥田各处理也是培养前 7d 酸性磷酸酶活性逐渐增强，14d 后出现逐渐下降的变化趋势。1.0%的柠檬酸、草酸、乙酸、还原型谷胱甘肽和抗坏血酸处理培养 7d 时，酸性磷酸酶活性依次是还原型谷胱甘肽>草酸>抗坏血酸>柠檬酸>乙酸处理，且分别比对照增加了 47.6%、32.2%、27.5%、19.8%、5.0%。而碱性磷酸酶活性同样在培养前 7d 逐渐降低，之后又开始升高。与对照相比，1.0%的柠檬酸、草酸、乙酸和抗坏血酸添加培养 7d 时，碱性磷酸酶活性分别降低了 52.2%、42.7%、31.5%和 33.6%，而 1.0%还原型谷胱甘肽处理却比对照增加了 39.1%。

总体来看，各剂量活化剂添加后对湖松田酸性磷酸酶酶活有显著增强效果的是柠檬酸和抗坏血酸，而各剂量活化剂的添加对其碱性磷酸酶的活性均出现抑制作用；供试活化剂中还原型谷胱甘肽对小粉田的酸性磷酸酶和碱性磷酸酶均有很显著的增强效果；各剂量抗坏血酸和柠檬酸对黄斑田酸性磷酸酶的活化效果显著，但对黄斑田碱性磷酸酶的活化效果显著的是还原型谷胱甘肽；对青紫泥田而言，还原型谷胱甘肽和草酸对其酸性磷酸酶活性有显著的增强效果，但对青紫泥田碱性磷酸酶的活化效果显著的也是还原型谷胱甘肽。

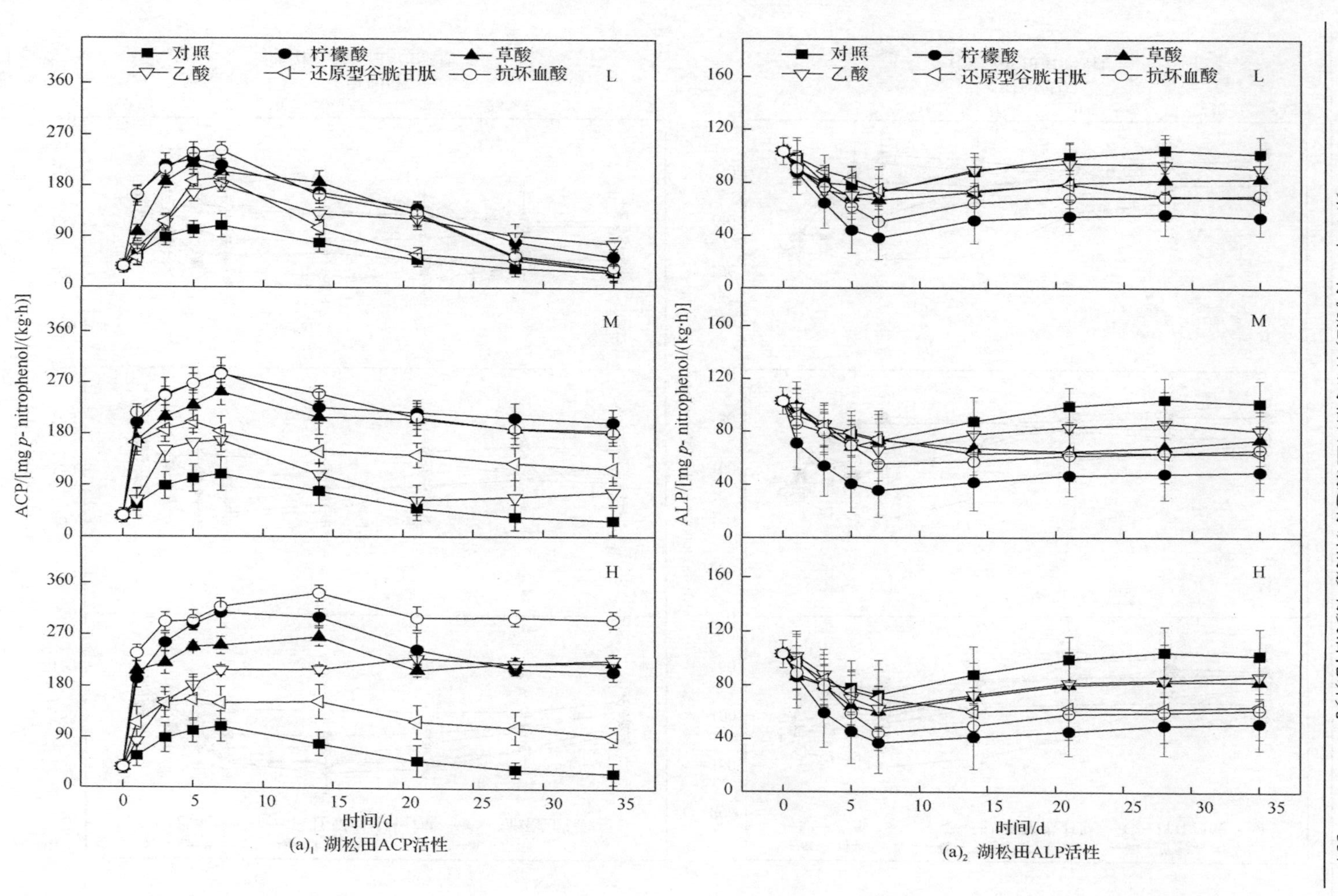

(a)$_1$ 湖松田ACP活性

(a)$_2$ 湖松田ALP活性

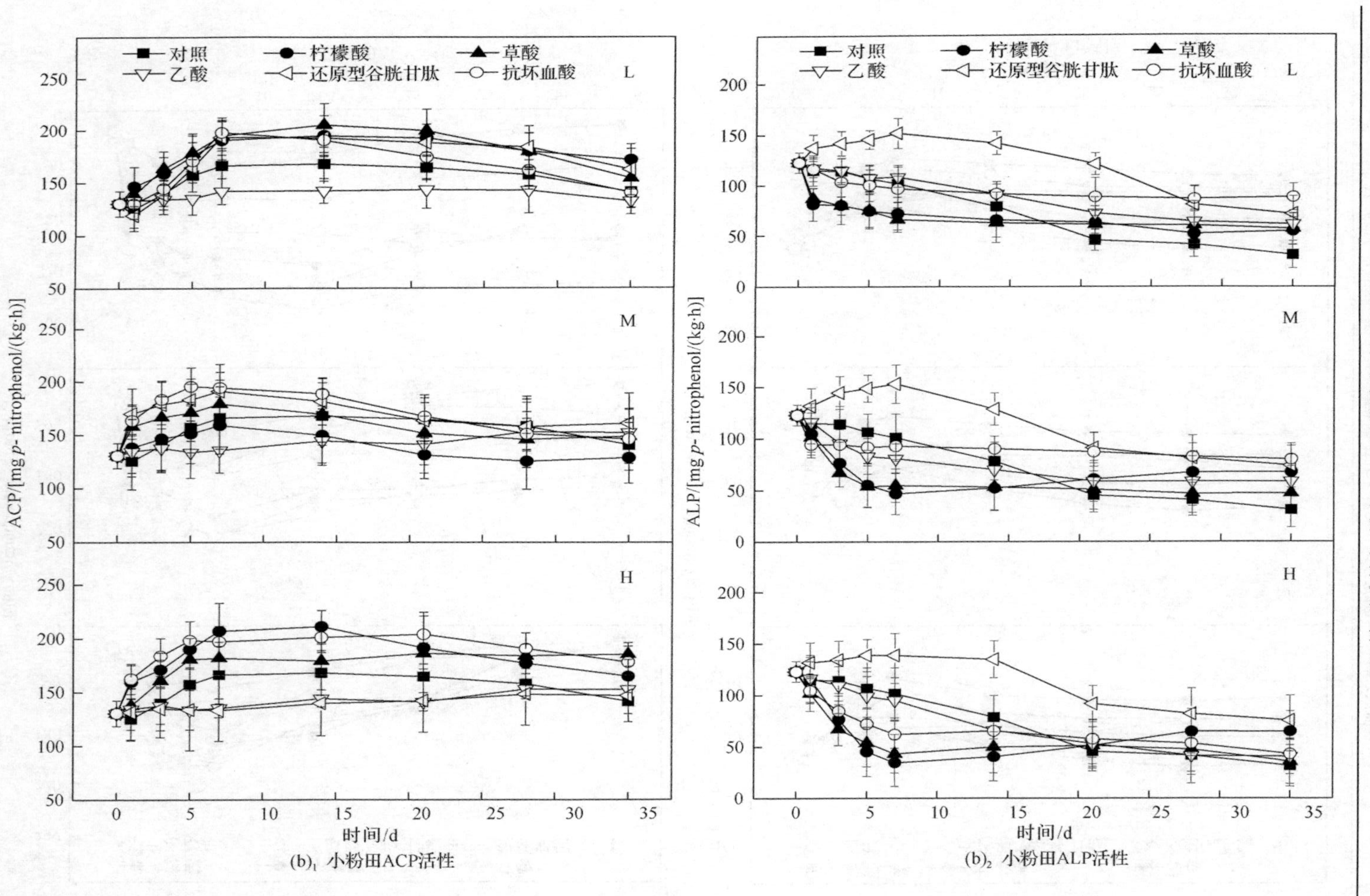

(b)$_1$ 小粉田ACP活性

(b)$_2$ 小粉田ALP活性

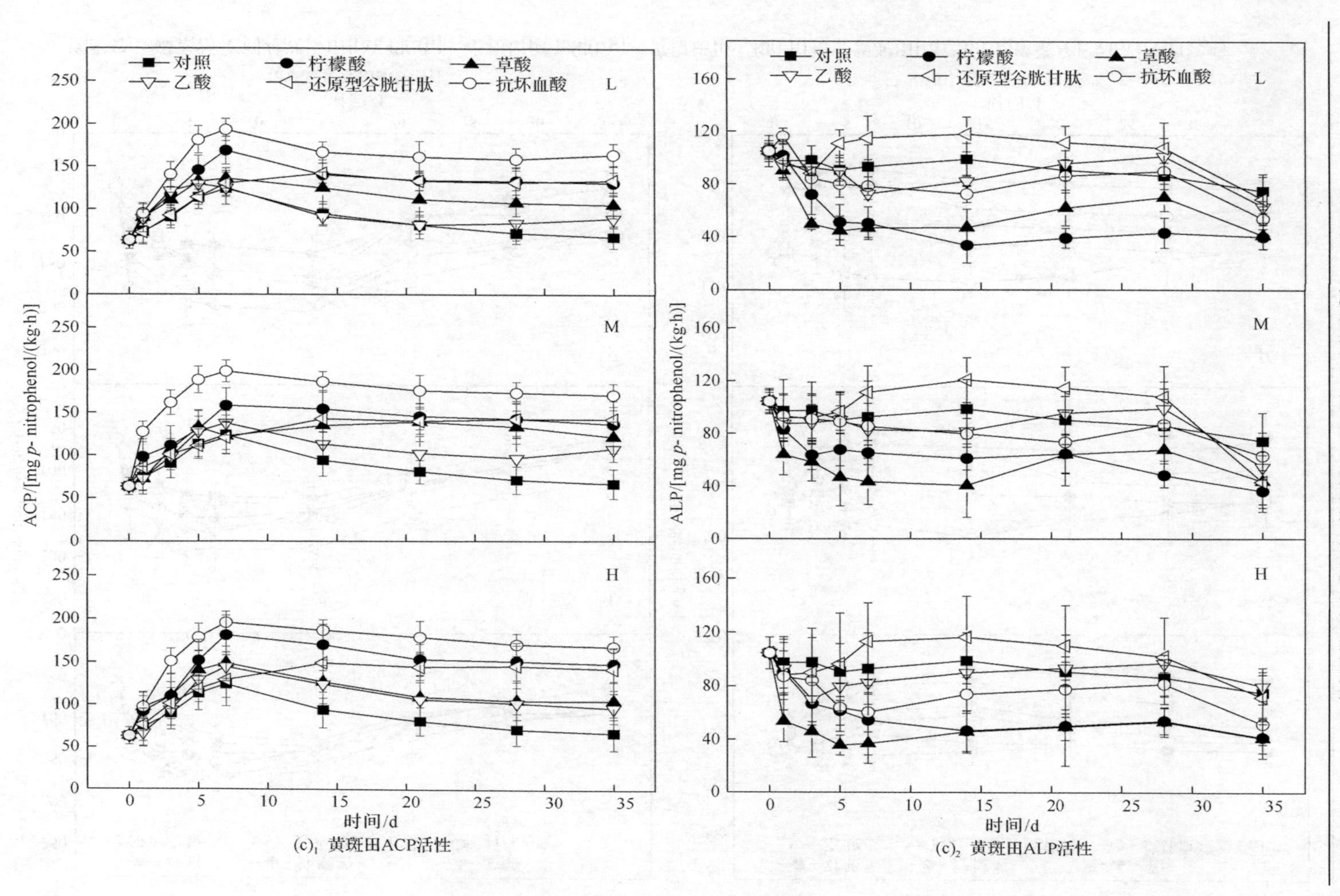

(c)$_1$ 黄斑田ACP活性

(c)$_2$ 黄斑田ALP活性

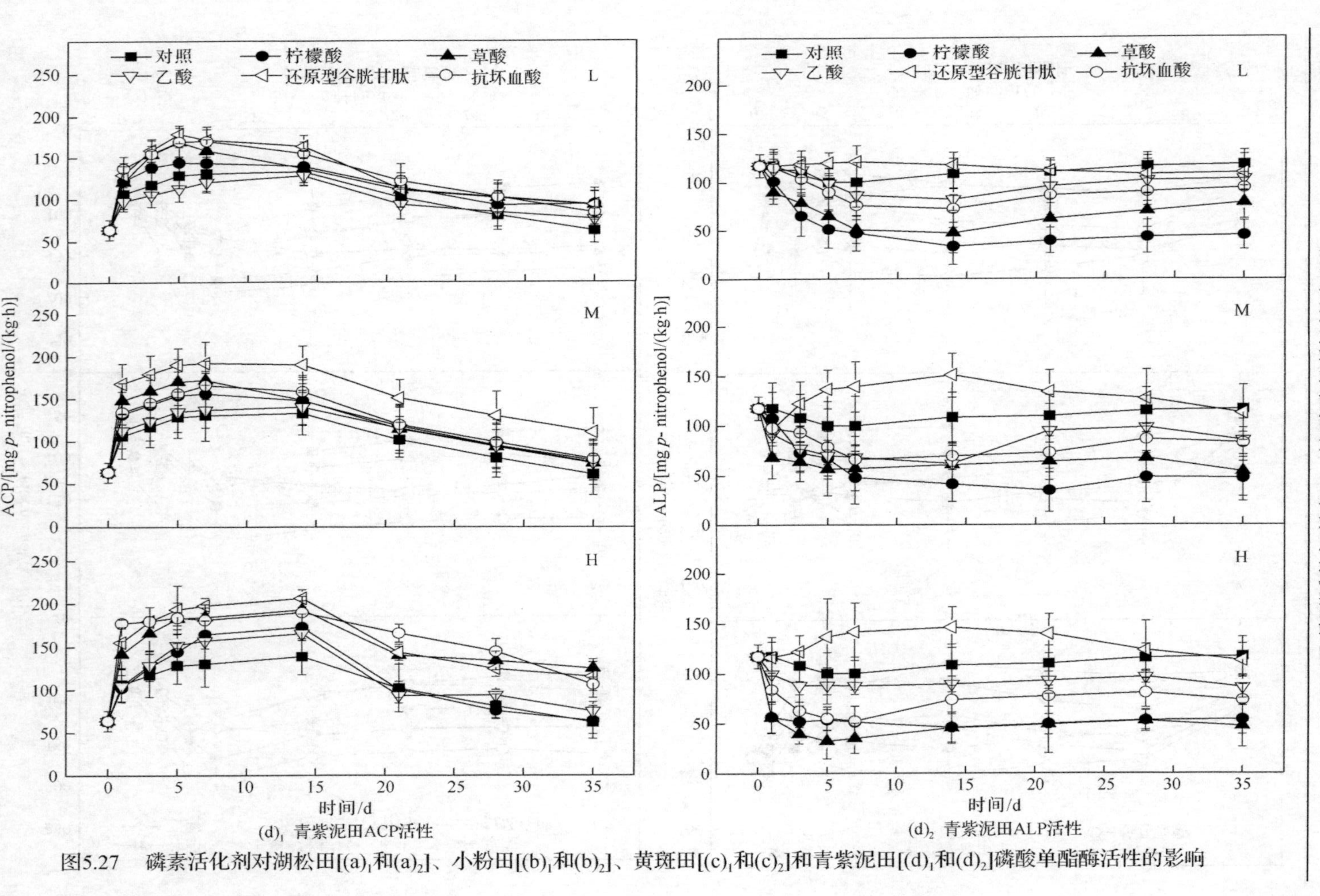

(d)$_1$ 青紫泥田ACP活性

(d)$_2$ 青紫泥田ALP活性

图5.27　磷素活化剂对湖松田[(a)$_1$和(a)$_2$]、小粉田[(b)$_1$和(b)$_2$]、黄斑田[(c)$_1$和(c)$_2$]和青紫泥田[(d)$_1$和(d)$_2$]磷酸单酯酶活性的影响

5.5.4 磷素活化剂对水稻土磷素形态的影响

本书以 1.0%磷素活化剂添加为例，水稻土各磷素无机磷和有机磷的形态变化如图 5.28 所示。对于湖松田土壤，在整个培养阶段各处理 H_2O-P 和 $NaHCO_3$-P_i 组分含量呈现“升高—下降—稳定”的动态变化过程，与 Olsen-P 的变化趋势一致；NaOH-P_i 在培养后期有稍微减少的趋势；而有机磷 $NaHCO_3$-P_o 和 NaOH-P_o 组分均随培养时间延长而下降，表明土壤有机磷组分在土壤磷酸单酯酶的酶促作用下被矿化为无机磷组分，以往研究表明有机磷较无机磷在土壤中的移动性大、被土壤矿物固定程度低的优点(Dalal, 1977; Tate, 1984; 向万胜等，2004)，在供试水稻土中有机磷组分也是土壤有效磷的磷源，所以有机磷的变化不容忽视。各处理 HCl-P 随着培养时间延长呈上升状态；与对照相比，活化剂的添加对 Residual-P 组分影响不显著，Residual-P 一般很难被活化剂活化，所以不能作为供试水稻土中有效磷的来源。以培养 7d 时为例，对照、柠檬酸、草酸、乙酸、还原型谷胱甘肽和抗坏血酸处理 H_2O-P 含量分别为 4.74mg/kg、49.07mg/kg、11.38mg/kg、7.07mg/kg、12.76mg/kg、30.19mg/kg；柠檬酸、草酸、乙酸、还原型谷胱甘肽和抗坏血酸处理的 $NaHCO_3$-P_i 含量分别比对照增加了 62.1%、93.0%、21.4%、41.9%、192.0%；柠檬酸和抗坏血酸 NaOH-P_i 含量分别比对照增加了 21.3%和 15.22%，而草酸、乙酸和还原型谷胱甘肽分别比对照减少了 4.0%、6.3%和 11.9%；较对照处理，柠檬酸、草酸、乙酸、还原型谷胱甘肽和抗坏血酸处理 $NaHCO_3$-P_o 组分分别降低了 67.4%、10.8%、41.3%、52.19%和 64.8%；NaOH-P_o 组分分别降低了 53.7%、6.5%、12.8%、5.4%和 48.3%；较对照处理，草酸和抗坏血酸处理 HCl-P 组分分别降低了 44.0%和 57.1%，而柠檬酸、乙酸和还原型谷胱甘肽处理 HCl-P 组分分别提高了 32.0%、73.1%和 68.3%。

小粉田在培养中各处理 H_2O-P、$NaHCO_3$-P_i 和 $NaHCO_3$-P_o 组分含量呈现“升高—下降—稳定”的动态变化规律；各活化剂添加后 NaOH-P_i 组分含量有增加的趋势；而各活化剂添加后 NaOH-P_o 组分有下降趋势；各处理 HCl-P 随着培养时间延长均呈上升趋势；同湖松田一样，各处理间 Residual-P 组分间没有显著性差异。同样以培养 7d 时为例，对照、柠檬酸、草酸、乙酸、还原型谷胱甘肽和抗坏血酸处理 H_2O-P 含量分别为 1.04mg/kg、5.02mg/kg、2.85mg/kg、3.35mg/kg、2.07mg/kg、7.16mg/kg；柠檬酸、草酸、还原型谷胱甘肽和抗坏血酸处理 $NaHCO_3$-P_i 组分含量分别比对照增加了 42.7%、43.1%、3.5%、63.6%，而添加乙酸的减少了 34.7%；较对照处理，柠檬酸、草酸、乙酸、还原型谷胱甘肽和抗坏血酸处理 $NaHCO_3$-P_o 组分分别增加了 71.7%、44.1%、2.1%、42.8%、99.7%；柠檬酸、草酸、还原型谷胱甘肽和抗坏血酸处理 NaOH-P_i 含量分别比对照增加了 45.9%、21.9%、13.0%和 60.9%，而乙酸降低了 13.9%；较对照处理，柠檬酸、草酸、还原型谷胱甘肽和抗坏血酸处理 NaOH-P_o 组分分别降低了 14.8%、17.0%、5.0%、和 18.0%，而乙酸增加了 8.9%；柠檬酸、乙酸、还原型谷胱甘肽和抗坏血酸处理 HCl-P 组分比对照分别增加了 48.1%、12.9%、41.4%、33.4%，而草酸处理却降低了 10.0%。

黄斑田在整个培养阶段，H_2O-P 和 $NaHCO_3$-P_i 组分含量均有先升高后下降的变化趋势，有机磷组分 $NaHCO_3$-P_o 和 NaOH-P_o 均呈降低趋势，而 NaOH-P_i 和 HCl-P 组分在整个培养期却是升高的，Residual-P 在培养阶段基本处于平稳的状态。各处理 H_2O-P 和 $NaHCO_3$-P_i 组分含量在培养 21d 时均出现峰值，与 Olsen-P 的变化趋势一致。21d 时，活化剂的添加并没有显著增加 H_2O-P 含量；与对照相比，柠檬酸、还原型谷胱甘肽和抗坏血酸处理显著增加了土壤 $NaHCO_3$-P_i 含量，分别增加了 204.9%、135.1%和 271.6%；但这 3 种活化剂处理却降低了 $NaHCO_3$-P_o 含量，分别比对照降低了 44.1%、43.2%和 38.2%；柠檬酸、草酸、乙酸、还原型谷胱甘肽和抗坏血酸的添加均增加了 NaOH-P_i 和 HCl-P 组分含量，且 NaOH-P_i 分别比对照增加了 50.3%、12.8%、17.7%、37.5%、42.0%；HCl-P 分别比对照增加了 33.2%、44.2%、31.8%、35.1%、43.2%；柠檬酸、草酸、乙酸、还原型谷胱甘肽和抗坏血酸处理降低了 NaOH-P_o 和 Residual-P 组分含量，且 NaOH-P_o 分别比对照降低了 61.9%、30.2%、36.3%、49.4%和 63.4%，Residual-P 分别比对照降低了 17.9%、12.9%、9.6%、19.9%和 24.5%。

青紫泥田在整个培养期各磷素组分的变化趋势和黄斑田基本一致，各处理 H_2O-P 和 $NaHCO_3$-P_i 组分含量也在培养 21d 时均出现峰值，与 Olsen-P 的变化趋势相一致。在 21d 时，只有还原型谷胱甘肽的添加显著增加 H_2O-P 含量；对 $NaHCO_3$-P_i 和 HCl-P 活化能力均为草酸>抗坏血酸>还原型谷胱甘肽>柠檬酸>乙酸处理；活化剂的添加对 $NaHCO_3$-P_o、NaOH-P_o 和 Residual-P 的活化有抑制作用。

总体分析，对湖松田 Olsen-P 有显著提高作用的柠檬酸和抗坏血酸，其在培养过程中能显著提高湖松田的 $NaHCO_3$-P_i 和 NaOH-P_i 组分的含量，却显著降低了 $NaHCO_3$-P_o、NaOH-P_o 组分含量，其添加不影响 Residual-P 组分的含量。对小粉田 Olsen-P 也有显著提高作用的柠檬酸和抗坏血酸的添加，与对照相比，均能显著提高小粉田的 H_2O-P、$NaHCO_3$-P_i、$NaHCO_3$-P_o、NaOH-P_i 和 HCl-P 组分含量，而对 NaOH-P_o 组分含量有降低作用，同样也不影响 Residual-P 组分含量的变化。对黄斑田的 Olsen-P 活化效果较显著的柠檬酸、抗坏血酸，对黄斑田的 $NaHCO_3$-P_i、NaOH-P_i 和 HCl-P 组分含量均有增加效果，但对 H_2O-P、$NaHCO_3$-P_o、NaOH-P_o 组分含量有降低效果，同样其添加不影响 Residual-P 组分含量的变化。较其他处理，草酸对青紫泥田的 Olsen-P 活化效果较好，草酸的添加有助于 $NaHCO_3$-P_i、NaOH-P_i 和 HCl-P 组分含量的升高，但可降低 H_2O-P、$NaHCO_3$-P_o、NaOH-P_o 组分含量，对 Residual-P 组分同样无影响。

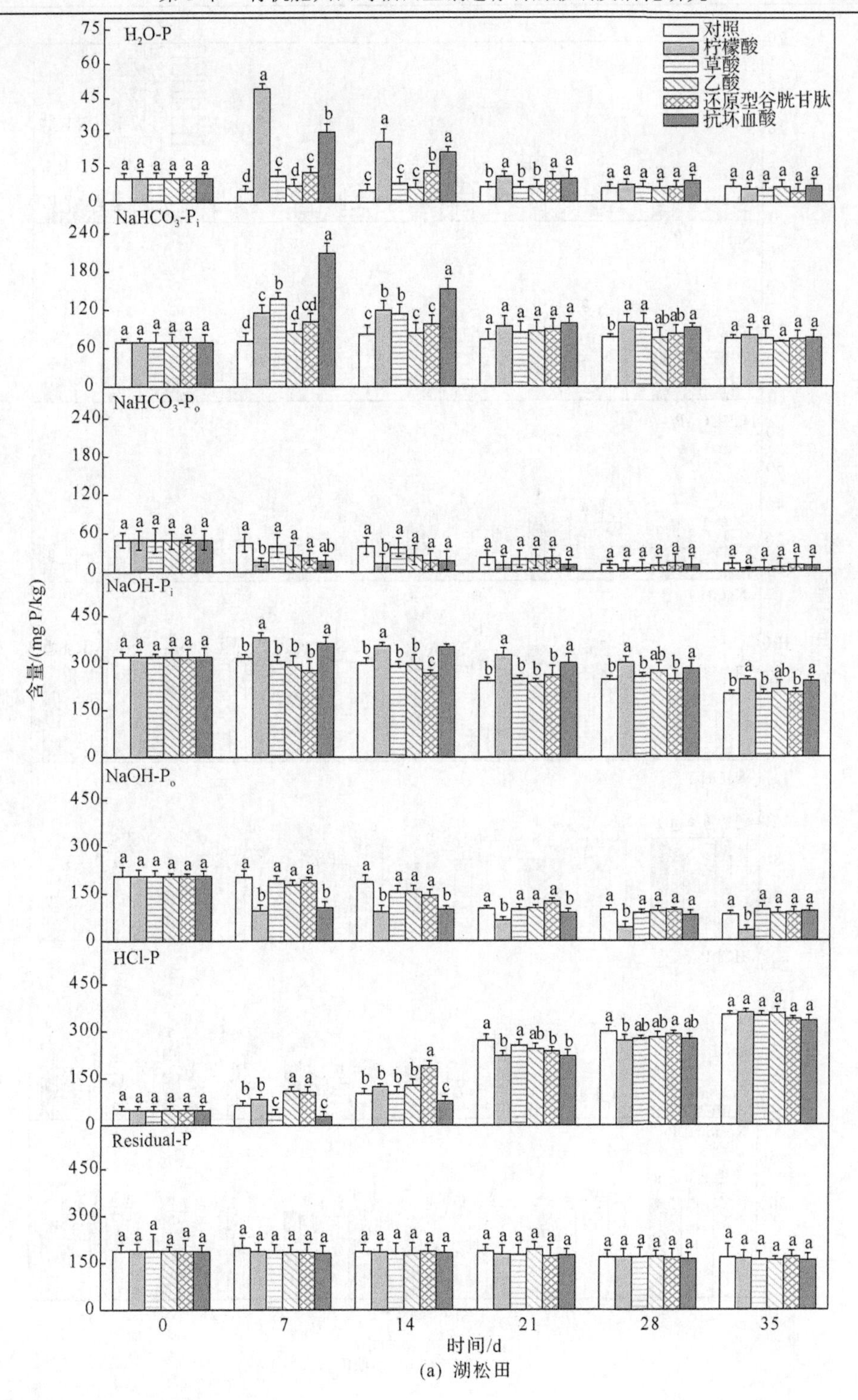
H2O-P
NaHCO3-Pi
NaHCO3-Po
NaOH-Pi
NaOH-Po
HCl-P
Residual-P
对照
柠檬酸
草酸
乙酸
还原型谷胱甘肽
抗坏血酸
含量/(mg P/kg)
时间/d

(a) 湖松田

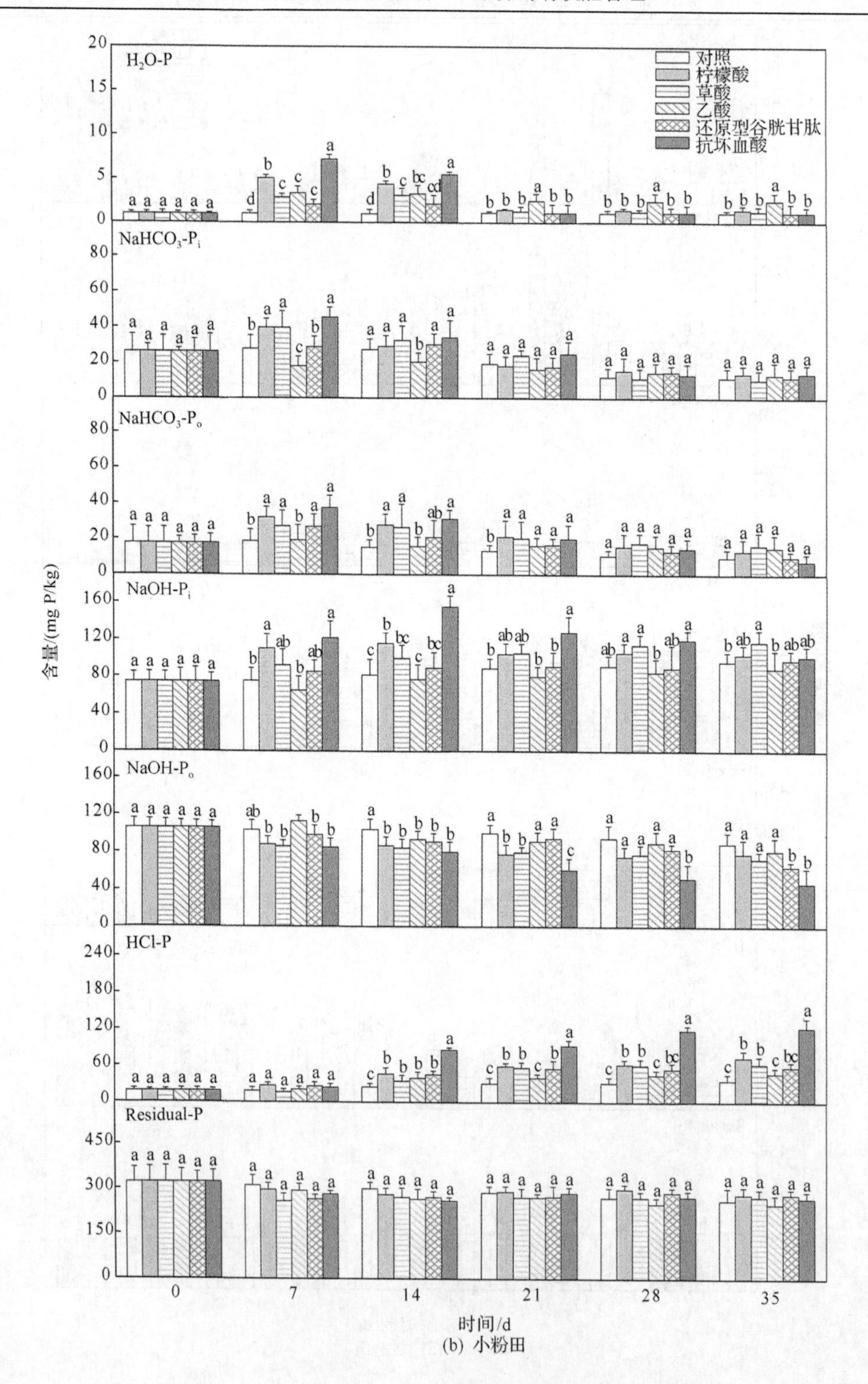
H2O-P
NaHCO3-Pi
NaHCO3-Po
NaOH-Pi
NaOH-Po
HCl-P
Residual-P
对照
柠檬酸
草酸
乙酸
还原型谷胱甘肽
抗坏血酸
含量/(mg P/kg)
时间/d

(b) 小粉田

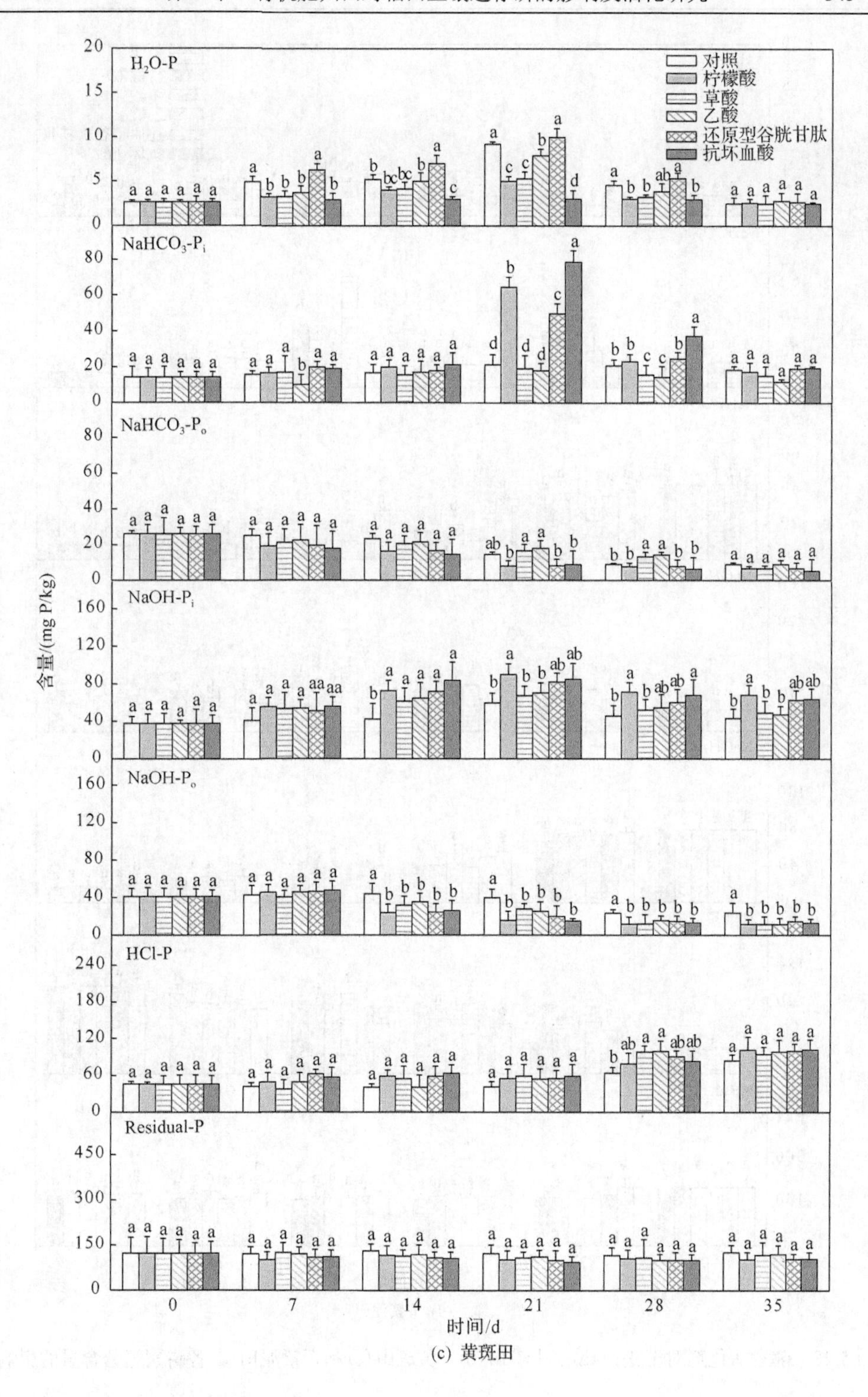
H2O-P
NaHCO3-Pi
NaHCO3-Po
NaOH-Pi
NaOH-Po
HCl-P
Residual-P
对照
柠檬酸
草酸
乙酸
还原型谷胱甘肽
抗坏血酸
含量/(mg P/kg)
时间/d

(c) 黄斑田

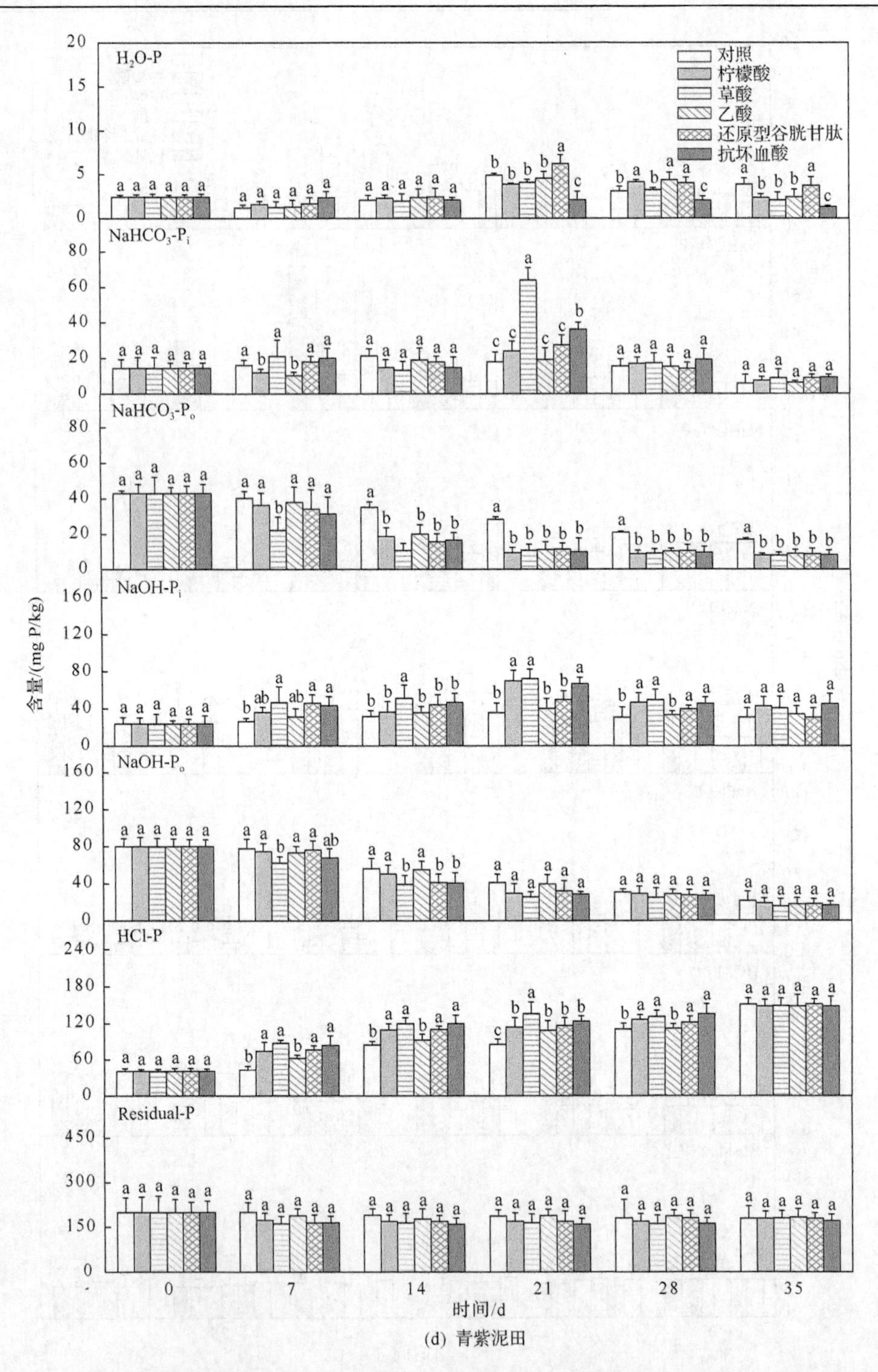

(d) 青紫泥田

图 5.28 磷素活化剂对湖松田(a)、小粉田(b)、黄斑田(c)和青紫泥田(d)各磷素组分含量的影响

5.5.5 磷酸单酯酶酶活性及磷素组分与 Olsen-P 相关性分析

4 种不同类型的土壤中磷酸单酯酶酶活性、各磷素组分与 Olsen-P 的相关性分析如表 5.12 所示。对于湖松田土壤，Olsen-P 与土壤酸性磷酸酶酶活性呈极显著正相关(r=0.584)，而与碱性磷酸酶酶活呈极显著负相关(r=－0.536)，一方面，可能是 Olsen-P 含量的增大，抑制了碱性磷酸酶的活性；另一方面，可能是土壤 pH 的变化影响了碱性磷酸酶的活性。Olsen-P 与土壤 H_2O-P、$NaHCO_3$-P_i、NaOH-P_i、Residual-P 存在着极显著或者显著正相关关系，相关系数分别为 0.889、0.754、0.617、0.354，这充分表明，H_2O-P、$NaHCO_3$-P_i 是湖松田有效磷的主要组分，NaOH-P_i 和 Residual-P 也是土壤有效磷的潜在来源。而 Olsen-P 与 HCl-P 的显著负相关表明培养时间延长，增加了土壤中磷与 Ca 发生络合和螯合反应的机会，从而大部分磷被固定，导致 HCl-P 含量的增加，Olsen-P 含量逐渐减小。Olsen-P 与有机磷组分 $NaHCO_3$-P_o 和 NaOH-P_o 组分也呈负相关，可能是土壤中的 Olsen-P 更多会被微生物固持，转化为有机磷的形态。小粉田 Olsen-P 只与酸性磷酸酶存在着极显著的正相关(r=0.715)，与 H_2O-P、$NaHCO_3$-P_i、$NaHCO_3$-P_o、NaOH-P_i 均达到显著性相关水平，相关系数分别为 0.723、0.866、0.859、0.352，表明 H_2O-P、$NaHCO_3$-P_i、$NaHCO_3$-P_o、NaOH-P_i 是小粉田土壤 Olsen-P 的主要来源。黄斑田的 Olsen-P 与 $NaHCO_3$-P_i 和 NaOH-P_i 组分达到显著性正相关，相关系数分别为 0.879 和 0.345，表明这两种形态的磷是黄斑田土壤 Olsen-P 的主要来源；而 Olsen-P 与 Residual-P 呈显著负相关(r=－0.328)，表明这部分磷不能作为黄斑田有效磷的主要来源。青紫泥田中 Olsen-P 与土壤酸性磷酸酶呈显著负相关(r=－0.410)，表明 Olsen-P 的增加会抑制青紫泥田的土壤酸性磷酸酶活性。与 $NaHCO_3$-P_i 的相关系数为 0.649，达到极显著水平，表明 $NaHCO_3$-P_i 是青紫泥田有效磷的主要组分，同样与 HCl-P 呈显著负相关(r=－0.312)，表明 HCl-P 不能作为青紫泥田有效磷的来源。

表 5.12 磷酸单酯酶酶活性及各磷素组分与 Olsen-P 的相关性分析

(a) 湖松田

	Olsen-P	ACP	ALP	H_2O-P	$NaHCO_3$-P_i	$NaHCO_3$-P_o	NaOH-P_i	NaOH-P_o	HCl-P	Residual-P
Olsen-P	1									
ACP	0.584**	1								
ALP	−0.536**	−0.894**	1							
H_2O-P	0.889**	0.513**	−0.444*	1						
$NaHCO_3$-P_i	0.754**	0.739**	−0.539**	0.619**	1					
$NaHCO_3$-P_o	−0.138	−0.466*	0.604**	−0.046	−0.205	1				
NaOH-P_i	0.617**	0.290	−0.189	0.679**	0.473*	0.445*	1			
NaOH-P_o	−0.164	−0.434*	0.582**	−0.060	−0.192	0.928**	0.368*	1		
HCl-P	−0.374*	−0.010	−0.182	−0.430*	−0.320*	−0.799**	−0.832**	−0.787**	1	
Residual-P	0.354*	−0.159	0.227	0.283	0.129	0.715**	0.606**	0.677**	−0.811**	1

(b) 小粉田

	Olsen-P	ACP	ALP	H_2O-P	$NaHCO_3$-P_i	$NaHCO_3$-P_o	NaOH-P_i	NaOH-P_o	HCl-P	Residual-P
Olsen-P	1									
ACP	0.715**	1								
ALP	0.010	0.014	1							
H_2O-P	0.723**	0.482*	−0.149	1						
$NaHCO_3$-P_i	0.866**	0.485*	0.346*	0.605**	1					
$NaHCO_3$-P_o	0.859**	0.522**	0.133	0.798**	0.850**	1				
NaOH-P_i	0.352*	0.405*	−0.367*	0.424*	0.094	0.383*	1			
NaOH-P_o	0.044	−0.149	0.384*	−0.014	0.302*	0.132	−0.706**	1		
HCl-P	−0.174	0.046	−0.243	−0.088	−0.433*	−0.249	0.662**	−0.897**	1	
Residual-P	−0.171	−0.500*	0.545**	−0.314*	0.230	−0.037	−0.445*	−0.509**	−0.439*	1

(c) 黄斑田

	Olsen-P	ACP	ALP	H_2O-P	$NaHCO_3$-P_i	$NaHCO_3$-P_o	NaOH-P_i	NaOH-P_o	HCl-P	Residual-P
Olsen-P	1									
ACP	0.046	1								
ALP	0.137	−0.388*	1							
H_2O-P	0.055	0.010	0.399*	1						
$NaHCO_3$-P_i	0.879**	0.399*	−0.014	0.218	1					
$NaHCO_3$-P_o	−0.219	−0.502*	0.460*	−0.052	−0.443*	1				
NaOH-P_i	0.345*	0.735**	−0.281	0.361*	0.665**	−0.588**	1			
NaOH-P_o	−0.210	−0.362*	0.438*	0.066	−0.372*	0.874**	−0.537**	1		
HCl-P	−0.144	−0.297	−0.424*	−0.298	−0.032	−0.766**	0.171	−0.811**	1	
Residual-P	−0.328*	−0.699**	0.175	−0.122	−0.582**	0.667**	0.750**	0.641**	−0.505**	1

(d) 青紫泥田

	Olsen-P	ACP	ALP	H_2O-P	$NaHCO_3$-P_i	$NaHCO_3$-P_o	NaOH-P_i	NaOH-P_o	HCl-P	Residual-P
Olsen-P	1									
ACP	−0.410*	1								
ALP	0.204	−0.119	1							
H_2O-P	0.211	−0.138	0.232	1						
$NaHCO_3$-P_i	0.649**	0.240	−0.110	0.272	1					
$NaHCO_3$-P_o	0.223	−0.115	0.365*	−0.377*	−0.143	1				
NaOH-P_i	0.099	0.417*	−0.472*	0.192	0.653**	−0.657**	1			
NaOH-P_o	0.174	0.085	0.250	−0.424*	−0.081	0.993**	−0.533**	1		
HCl-P	−0.312*	0.053	−0.332*	0.286	0.052	−0.944**	0.564**	−0.962**	1	
Residual-P	0.292	−0.582**	0.452*	−0.010	−0.343*	0.661**	−0.815**	0.518**	−0.643**	1

注：*、**分别表示显著水平达到 0.05、0.01。

5.6　小　结

1）有机肥施用对稻田土壤遗存磷的影响

(1) 猪粪 M_{39} 和 M_{52} 处理显著提高了水稻的产量，与未施肥 M_0 处理相比，年均水稻产量分别提高了29%和30%，且水稻产量随着猪粪施用量的增加而增加，但施磷量高于39kg P/hm^2 时，水稻产量增加不显著。

(2) 较其他处理，在水稻整个生育期，猪粪 M_{39} 和 M_{52} 处理显著提高了土壤Total C、Total N、Total P、Organic P和Olsen P的含量，且一般在水稻幼苗期均出现峰值，但供试土壤C/N值低于我国耕层土壤的平均值。外源磷肥的添加只影响耕层土壤理化指标，由于犁底层的阻隔，耕层以下土壤理化指标之间均没有显著性差异。

(3) 土壤活性磷（H_2O-P、$NaHCO_3$-P_i 和 $NaHCO_3$-P_o）、中等活性磷（NaOH-P_i 和 NaOH-P_o）和稳定态磷（HCl-P 和 Residual-P）组分含量之比2011年和2012年分别为1∶3.1∶3.6和1∶2.3∶3.7。在整个水稻生育期，除Residual-P，土壤各磷组分含量均呈现 M_{52}>M_{39}>M_{26}>P_{26}>M_0 的规律。P_{26} 和 M_{26} 处理间各磷组分含量也均没有达到显著性差异，表明磷素组分含量的变化受施磷量的影响，而磷肥的外源添加形式对其影响不大。各磷素组分含量（除Residual-P）在水稻幼苗期最大。

(4) 猪粪的施用显著提高了20cm以上土层各磷素组分含量（除Residual-P），由于犁底层的阻隔，除了NaOH-P_o，磷肥的施用对耕层以下土壤没有显著影响，表明供试土壤中NaOH-P_o 比无机磷形态更易向土壤深层迁移。

(5) 试验点的大田试验表明，施用39kgP/hm^2 的猪粪可以维持水稻较高的产量、改善土壤理化性质和保持水稻土中较高的遗存磷的含量。

2）有机肥施用对稻田土壤微生物及酶学特性的影响

(1) 较其他处理，39kg P/hm^2 和52kg P/hm^2 猪粪的施用促进了供试土壤微生物种群的多样性，但 M_{39} 和 M_{52} 处理间微生物群落差异性不大。

(2) 对供试土壤有机磷转化起主要作用的是土壤酸性磷酸酶，5种施肥处理酸性和碱性磷酸酶活性最大峰值均出现在分蘖期。有机肥施用只影响耕层土壤磷酸酶活性，而对耕层以下没有影响。有机肥的施用添加在耕层土壤中的效果要优于有机肥的深施。

(3) 从酶学特性的研究发现，在39kg P/hm^2 和52kg P/hm^2 猪粪处理时，磷酸单酯酶活性、酸性磷酸酶酶促反应初速度 V_0、最大反应速度 V_{max} 和活化度 $\lg N_a$ 值均最高，但米氏常数 K_m、温度系数 Q_{10}、活化能 E_a 和活化焓 ΔH 值均最小，表明39kg P/hm^2 和52kg P/hm^2 有机肥处理更有利于供试土壤酸性磷酸酶酶促反应的发生。

(4) 磷酸单酯酶活性与土壤 Total C、Total N、Total P、Organic P、Olsen P 均呈显著正相关，与土壤有机和无机磷组分呈显著正相关关系。供试土壤 PO_4^{3-}没有达到抑制磷酸单酯酶活性的阈值。磷酸单酯酶活性与土壤各磷素组分含量之间的相关关系表明磷酸单酯酶活性可以作为评估土壤中遗存磷含量的有效生物学指标。

(5) 供试土壤 V_0、V_{max} 与土壤理化指标之间存在显著的正相关关系(除了 pH)，K_m、Q_{10}、E_a 和ΔH 与土壤理化指标均呈负相关，表明土壤养分条件越好，V_0、V_{max} 值越高，而 K_m、Q_{10}、E_a 和ΔH 值越低，越有利于土壤中的酶促反应的发生。

3) 有机肥施用对稻田磷素流失潜能的影响

(1) 各施肥处理田面水 TP 和 DP 浓度均在施肥 1d 后达到峰值，之后迅速降低，至 90d 后，所有处理田面水 TP 和 DP 浓度趋于稳定并接近最低值。整个水稻生长季，各处理小区田面水 TP 浓度均高于可以诱发水体富营养化的 TP 含量临界值 0.02mg/L。各处理 DP/TP 平均值小于 0.40，颗粒态磷是该区田面水磷素的主要形态。

(2) 深度 50cm 和 100cm 渗漏水中 TP 和 DP 浓度均在施肥后 7d 达到最大值，且各处理 TP 浓度的峰值仅占田面水 TP 峰值的 14.9%～18.0%和 2.4%～5.6%，而 DP 浓度的峰值仅占田面水 DP 峰值的 19.3%～32.8%和 2.5%～8.2%。在整个水稻生长季，50cm 和 100cm 渗漏水中磷素浓度均达到了致使水体富营养化的水平(0.02mg/L)。50cm 和 100cm 渗漏水 DP/TP 平均值分别为 0.67 和 0.66，溶解态磷是渗漏水中磷的主要形态。

(3) 在相同的施磷量下，无论是田面水还是渗漏水中 TP 和 DP 浓度均是 M_{26} 处理大于 P_{26} 处理，且无论田面水还是渗漏水中 TP 和 DP 浓度均随施磷量的增加而增加。

(4) 采用幂函数和对数函数对田面水 TP 和 DP 浓度与时间的拟合要优于指数函数的拟合。采用指数函数对 50cm 渗漏水 TP 和 DP 浓度与时间 t 的拟合效果最佳。三种函数对 100cm 渗漏水 TP 和 DP 浓度与时间 t 的拟合效果均不佳。

4) 活化剂对水稻土磷酸单酯酶活性及磷素形态的影响

(1) 各剂量抗坏血酸对 4 种类型的供试水稻土的 Olsen-P 均有很好的活化效果；各剂量柠檬酸对湖松田、小粉田和黄斑田的 Olsen-P 活化效果也较强，各剂量草酸对青紫泥田的活化效果最佳；各剂量还原型谷胱甘肽对 4 种类型的供试水稻土的 Olsen-P 也有一定的活化效果；而各剂量乙酸对 4 种类型的供试水稻土 Olsen-P 几乎没活化效果。

(2) 对湖松田酸性磷酸酶酶活有显著增强效果的是柠檬酸和抗坏血酸，而各剂量活化剂的添加对其碱性磷酸酶的活性均出现抑制作用；对小粉田的酸性磷酸酶和碱性磷酸酶均有很显著增强效果的是还原型谷胱甘肽；对黄斑田酸性磷酸酶的活化效果显著的是抗坏血酸和柠檬酸，对其碱性磷酸酶的活化效果显著的是还原型谷胱甘肽；对青紫泥田而言，其酸性磷酸酶活性有显著的增强效果的是还原型谷胱甘肽和草酸，还原型谷胱甘肽对其碱性磷酸酶的活化效果也最为显著。

(3) 1.0%柠檬酸和抗坏血酸的添加在培养过程中能显著提高湖松田的 $NaHCO_3$-P_i 和 NaOH-P_i 组分的含量，却显著降低了 $NaHCO_3$-P_o、NaOH-P_o 组分含量，其添加不影响 Residual-P 组分的含量。对小粉田，1.0%柠檬酸和抗坏血酸的添加，均能显著提高小粉田的 H_2O-P、$NaHCO_3$-P_i、$NaHCO_3$-P_o、NaOH-P_i 和 HCl-P 组分含量，而对 NaOH-P_o 组分含量有降低作用，同样也不影响 Residual-P 组分含量的变化。对黄斑田而言，1.0%柠檬酸、抗坏血酸可以显著增加 $NaHCO_3$-P_i、NaOH-P_i 和 HCl-P 组分含量，但对 H_2O-P、$NaHCO_3$-P_o、NaOH-P_o 组分含量有降低效果，同样其添加不影响 Residual-P 组分含量的变化。对青紫泥田，1.0%草酸的添加可以使 $NaHCO_3$-P_i、NaOH-P_i 和 HCl-P 组分含量的升高，但降低了 H_2O-P、$NaHCO_3$-P_o、NaOH-P_o 组分含量，对 Residual-P 组分同样无显著影响。

(4) 对于湖松田土壤，Olsen-P 与土壤酸性磷酸酶酶活呈极显著正相关，而与碱性磷酸酶酶活呈极显著负相关，Olsen-P 与土壤 H_2O-P、$NaHCO_3$-P_i、NaOH-P_i、Residual-P 存在着极显著或者显著正相关关系，表明 H_2O-P、$NaHCO_3$-P_i 是湖松田有效磷的主要组分，NaOH-P_i 和 Residual-P 也是土壤有效磷的潜在来源。小粉田 Olsen-P 只与酸性磷酸酶存在着极显著的正相关，与 H_2O-P、$NaHCO_3$-P_i、$NaHCO_3$-P_o、NaOH-P_i 均达到显著性相关水平，表明 H_2O-P、$NaHCO_3$-P_i、$NaHCO_3$-P_o、NaOH-P_i 是小粉田土壤 Olsen-P 的主要来源。黄斑田的 Olsen-P 与 $NaHCO_3$-P_i 和 NaOH-P_i 组分达到显著性正相关，表明这两种形态的磷是黄斑田土壤 Olsen-P 的主要来源；而 Olsen-P 与 Residual-P 呈显著负相关，表明这部分磷不能作为黄斑田有效磷的主要来源。青紫泥田中 Olsen-P 与土壤酸性磷酸酶呈显著负相关，表明 Olsen-P 的增加会抑制青紫泥田的土壤酸性磷酸酶活性。与 $NaHCO_3$-P_i 的相关性达到极显著水平，表明 $NaHCO_3$-P_i 是青紫泥田有效磷的主要组分，同样与 HCl-P 的显著负相关关系表明 HCl-P 不能作为青紫泥田的有效磷的来源。

参 考 文 献

安藤淳平. 1985. 世界磷矿资源和日本磷肥工业展望. 土壤学进展, 13(3): 52-54.

边武英, 何振立, 黄昌勇. 2000. 高效解磷菌对矿物专性吸附磷的转化及生物有效性的影响. 浙江大学学报(农业与生命科学版), 26: 461-464.

曹志洪, 林先贵, 杨林章, 等. 2005. 论“稻田圈”在保护城乡生态环境中的功能 Ⅰ. 稻田土壤磷素径流迁移流失的特征. 土壤学报, 42: 799-803.

陈军平, 汪金舫. 2008. 长期施肥条件下潮土耕层有机磷含量与组分的变化研究. 中国生态农业学报, 16: 331-334.

陈欣. 2012. 长期施用有机肥对黑土磷素形态及有效性的影响. 沈阳: 东北农业大学硕士学位论文.

崔正中, 尹云锋, 韩芳. 2001. 利用 ^{32}P 示踪技术研究土壤磷素活性剂对大豆吸收土壤和肥料磷素量的影响. 东北农业大学学报, 2: 129-133.

党廷辉, 郝明德, 郭胜利. 2005. 石灰性土壤磷素的化学活化途径探讨. 水土保持学报, 19: 100-106.

丁孟. 2010. 稻田施肥条件下田面水氮磷动态特征及其减排控污效能研究. 长沙: 湖南农业大学硕士学位论文.

樊军, 郝明德. 2002. 旱地农田土壤脲酶与碱性磷酸酶动力学特征. 干旱地区农业研究, 20: 35-37.

范业鹏, 杜鹏, 吴衍昌, 等. 1999. 抗坏血酸对酵母蔗糖酶的激活动力学研究. 中国生物化学与分子生物学报, 15: 98-101.

冯晨. 2012. 持续淋溶条件下有机酸对土壤磷素释放的影响及机理研究. 沈阳: 沈阳农业大学博士学位论文.

傅朝栋, 梁新强, 赵越, 等. 2014. 不同土壤类型及施磷水平的水稻田面水磷素浓度变化规律. 水土保持学报, 28: 7-12.

干婷婷, 王俊, 赵牧秋, 等. 2009. 有机肥对设施菜地土壤磷素累积及有效性的影响. 农业环境科学学报, 28: 95-100.

龚松贵, 王兴祥, 张桃林, 等. 2010. 低分子量有机酸对红壤无机磷活化的作用, 47: 692-697.

顾益初, 蒋柏藩. 1990. 石灰性土壤无机磷分级的测定方法. 土壤, 22: 101-102.

顾益初, 钦绳武. 1997. 长期施用磷肥条件下潮土中磷素的积累、形态转化和有效性. 土壤, (01): 13-17.

关松荫. 1986. 土壤酶及其研究方法. 北京: 农业出版社.

关松荫. 1989. 土壤酶活性影响因子的研究: I. 有机肥料对土壤中酶活性及氮磷转化的影响. 土壤学报, 26: 72-78.

国家技术监督局. 1989. 中华人民共和国国家标准(GB11893-89)水质——总磷的测定——钼酸铵分光光度法. 北京: 中国环境科学出版社.

和文祥, 朱铭莪. 1997. 陕西土壤脲酶活性与土壤肥力关系分析. 土壤学报, 34: 392-398.

贺铁, 李世俊. 1987. Bowman-Cole 土壤有机磷分组法的探讨. 土壤学报, 24: 152-159.

胡佩, 周顺桂, 刘德辉. 2003. 土壤磷素分级方法研究评述. 土壤通报, 34: 229-232.

黄昌勇. 2000. 土壤学. 北京: 中国农业出版社.

黄孝肖. 2013. 竹炭对厌氧氨氧化反应的影响及其作用机制研究. 杭州: 浙江大学硕士学位论文.

纪雄辉, 郑圣先, 刘强. 2006. 施用有机肥对长江中游地区双季稻田磷素径流损失及水稻产量的影响. 湖南农业大学学报(自然科学版), 32: 283-287.

简毅, 杨万勤, 张健, 等. 2008. 丘陵平原过渡区土壤农药残留特征及评价——以四川省五通桥区为例. 中国农业科学, 41: 2048-2054.

蒋柏藩, 顾益初. 1989. 石灰性土壤无机磷分级体系的研究. 中国农业科学, 22: 58-66.

介晓磊, 李有田, 庞荣丽, 等. 2005. 低分子量有机酸对石灰性土壤磷素形态转化及有效性的影响. 土壤通报, 36: 856-860.

金洁, 杨京平, 施洪鑫, 等. 2005. 水稻田面水中氮磷素的动态特征研究. 农业环境科学学报, 24: 357-361.

金苗, 任泽, 史建鹏. 2010. 太湖水体富营养化中农业面污染源的影响研究. 环境科学与技术, 33: 106-109.

来璐, 郝明德, 彭令发. 2003. 土壤磷素研究进展. 水土保持研究, 10: 65-67.

李国良, 张政勤, 姚丽贤, 等. 2010. 养殖场鸡粪在蔬菜上的合理安全施用技术研究. 植物营养与肥料学报, 16: 470-478.

李杰, 石元亮, 陈智文. 2012. 土壤磷素活化剂应用效果研究. 土壤通报, 43: 751-755.

李静, 闵庆文, 李文华, 等. 2014. 太湖流域平原河网区农业污染研究院——以常州市和宜兴市为例. 生态与农村环境学报, 30: 167-173.

李卫正, 王改萍, 张焕朝, 等. 2007. 两种水稻土磷素渗漏流失及其与 Olsen 磷的关系. 南京林业大学学报(自然科学版), 31: 52-56.
李学平, 石孝均, 邹美玲. 2010. 紫色土稻田磷素流失潜能及其水分管理研究. 水土保持学报, 24: 160-164.
李酉开. 1984. 土壤农化常规分析方法. 北京：科学出版社.
梁新强, 田光明, 李华, 等. 2005. 天然降雨条件下水稻田氮磷径流流失特征研究. 水土保持学报, 19: 59-63.
梁玉英, 黄益宗. 2005. 有机酸对菜地土壤磷素活化的影响. 生态学报, 25: 1171-1177.
林治安, 谢承陶, 张振山, 等. 1997. 石灰性土壤无机磷形态、转化及有效性研究. 土壤通报, 28: 2742-2776.
琳葆, 林继雄, 李家康. 1992. 关于合理施用磷肥的几个问题. 土壤, 24: 57-60.
刘建玲, 张福锁, 杨奋翮. 2000. 北方耕地和蔬菜保护地土壤磷素状况研究. 植物营养与肥料学报, 6: 179-186.
刘瑾. 2013. 农田土壤水分散性胶体磷的赋存形态、活化机制及阻控技术研究. 杭州：浙江大学博士学位论文.
刘丽. 2014. 长期定位施肥对设施蔬菜栽培土壤磷素形态及释放特征的影响研究. 沈阳：沈阳农业大学博士学位论文.
刘丽, 梁成华, 王琦, 等. 2009. 长期不同施肥处理蔬菜保护地土壤磷素释放特征的研究. 土壤通报, 40: 594-599.
刘世亮, 骆永明. 2002. 生根粉提高作物磷素利用率的效果探讨. 土壤, 3: 152-155.
刘展鹏, 陈慧梅. 2013. 稻田磷素流失及其环境效应分析. 黑龙江水利科技, 41: 1-4.
卢少勇, 金相灿, 余刚. 2009. 人工湿地的磷去除机理. 生态环境, 15: 391-396.
鲁如坤. 1998. 土壤-植物营养学原理和施肥. 北京：化学工业出版社: 179-190.
鲁如坤. 1999. 土壤农业化学分析方法. 北京：中国农业科技出版社 : 248-255.
鲁如坤. 2003. 土壤磷素水平和水体环境保护. 磷肥与复肥，18: 4-8.
鲁如坤, 时正元, 顾益初. 1995. 土壤积累态磷研究——Ⅱ. 磷肥的表观积累利用率. 土壤, 27: 286-289.
鲁如坤, 时正元, 钱承梁. 1997. 土壤积累态磷研究——Ⅲ. 几种典型土壤中积累态磷的形态特征及其有效性. 土壤, 29: 57-60.
陆海明, 盛海君. 2003. 有机酸根阴离子对土壤无机磷生物有效性的影响. 扬州大学学报, 24: 49-53.
陆文龙, 王敬国, 曹一平, 等. 1998. 低分子量有机酸对土壤磷释放动力学的影响. 土壤学报, 35: 493-500.
陆文龙, 张福锁, 曹一平, 等. 1999. 低分子量有机酸对土壤磷吸附动力学的影响.土壤学报, 36: 189-197.
陆欣欣, 岳玉波, 赵峥, 等. 2014. 不同施肥处理稻田系统磷素输移特征研究. 中国生态农业学报, 22: 394-400.
吕家珑. 2003. 农田土壤磷素淋溶及其预测. 生态学报, 23: 2689-2701.
栾静. 2012. 重金属胁迫下海州香薷根际微域细菌群落结构和特异基因表达研究. 杭州：浙江大学硕士学位论文.
孟赐福, 傅庆林. 1995. 施石灰石粉后红壤化学性质的变化. 土壤学报, 32: 300-307.
彭世彰, 黄万勇, 杨士红, 等. 2013. 田间渗漏强度对稻田磷素淋溶损失的影响. 节水灌溉, 36: 36-39.
秦胜金, 刘景双, 王国平, 等. 2007. 三江平原不同土地利用方式下土壤磷形态的变化. 环境科学, 28: 2777-2782.
邱兰兰, 石元亮. 2007. 磷素活化剂研究进展. 土壤通报, 38: 389-393.
邱莉萍, 刘军, 和文祥. 2003. 长期培肥对土壤酶活性的影响. 干旱地区农业研究, 4: 44-47.
邱莉萍, 王益权, 刘军, 等. 2007. 旱地长期培肥土壤脲酶和碱性磷酸酶动力学及热力学特征研究. 植物营养与肥料学报，13: 1028-1034.
曲东, 尉庆丰, 周建军. 1996. 有机酸对石灰性土壤磷素的活化效应. 西北农业大学学报, 24: 101-103.
曲均峰, 李菊梅, 徐明岗, 等. 2008. 长期不同施肥条件下几种典型土壤全磷和 Olsen-P 的变化. 植物营养与肥料学报, 14: 90-98.
沈菊培. 2005. 激活剂对土壤磷酸酶活性及动力学特性的调节. 沈阳：中国科学院研究生院硕士学位论文.
沈其荣, 何园球, 孔宏敏. 2003. 水稻旱作条件下土壤水分对红壤磷素的影响. 水土保持学报, 17: 5-8.
沈仁芳, 蒋柏藩. 1992. 石灰性土壤无机磷的形态分布及其有效性. 土壤学报, 29: 80-86.

宋春, 韩晓增. 2009. 长期施肥条件下土壤磷素的研究进展. 土壤, 41: 21-26.
宋丹, 关连珠, 王吉磊, 等. 2008. 外源植酸酶对土壤有机磷组分含量的影响. 中国土壤与肥料, 2: 24-26.
宋建利, 石伟勇. 2005. 磷细菌肥料的研究和应用现状概述. 化肥工业, 32: 18-20.
孙桂芳, 金继运, 王玲莉, 等. 2010. 低分子量有机酸类物质对红壤和黑土磷有效性的影响. 植物营养与肥料学报, 16: 1426-1432.
孙桂芳, 金继运, 石元亮. 2011. 土壤磷素形态及其生物有效性研究进展. 中国土壤与肥料, 2: 1-9.
孙瑞莲, 赵秉强, 朱鲁生, 等. 2008. 长期定位施肥田土壤酶活性的动态变化特征. 生态环境, 17: 2059-2063.
田玉华, 贺发云, 斌尹. 2006. 不同氮磷配合下稻田田面水的氮磷动态变化研究. 土壤, 38: 727-733.
通乐嘎, 李成芳, 杨金花, 等. 2010. 免耕稻田田面水磷素动态及其淋溶损失. 农业环境科学学报, 29: 527-533.
汪吉东, 陈丹艳, 张永春, 等. 2011. 降雨及施氮对水耕铁渗人为土土壤酸碱缓冲体系的影响. 水土保持学报, 25: 104-107.
汪涛, 杨元合, 马文红. 2008. 中国土壤磷库的大小、分布及其影响因素. 北京大学学报(自然科学版), 6: 945-952.
王伯仁, 徐明岗, 文石林, 等. 2002. 长期旌肥对红壤旱地磷组分及磷有效性的影响. 湖南农业大学学报(自然科学版), 28: 293-297.
王伯仁, 李东初, 黄晶. 2008. 红壤长期肥料定位试验中土壤磷素肥力的演变. 水土保持学报, 22: 96-103.
王光火, 朱祖祥. 1987. 红壤及红壤性水稻头对磷的吸附-解析特性比较. 浙江农业大学学报, 13: 129-136.
王乐乐. 2008. 北京山地森林土壤脲酶特征研究. 北京：北京林业大学硕士学位论文.
王磊, 陈永忠, 王承南, 等. 2013. 磷活化剂对红壤吸磷特性的影响.西南林业大学学报, 33: 20-24.
王庆仁, 李继云, 李振声. 1999. 高效利用土壤磷素的植物营养学研究. 生态学报, 19: 417-421.
王少先. 2011. 施肥对稻田湿地土壤碳氮磷库及其相关酶活变化的影响研究. 杭州：浙江大学博士学位论文.
王树起, 韩晓增, 李晓慧, 等. 2009. 低分子量有机酸对黑土无机磷动态变化的影响. 江苏农业学报, 25: 763-768.
魏静, 周恩湘. 2001. 不同活化剂对磷矿粉的活化作用. 河北农业大学学报, 24: 13-15.
文方芳, 李菊梅. 2009. 不同农田管理措施对土壤有机磷影响的研究进展. 中国土壤与肥料, 3: 10-16.
吴建富, 张美良, 刘经荣, 等. 2001. 不同肥料结构对红壤稻田氮素迁移的影响. 植物营养与肥料学报, 7: 368-373.
向万胜, 黄敏, 李学垣. 2004. 土壤磷素的化学组分及其植物有效性.植物营养肥料学报, 10: 663-670.
谢林花, 吕家珑, 张一平, 等. 2004. 长期施肥对石灰性土壤磷素肥力的影响Ⅰ.有机质、全磷和速效磷. 应用生态学报, 15: 787-789.
徐冬梅. 2004. 端丙烯酸酯酯基及端氨基树枝状大分子的合成表征及功能化. 苏州大学.
薛巧云. 2013. 农艺措施和环境条件对土壤磷素转化和淋失的影响及其机理研究. 杭州：浙江大学博士学位论文.
颜晓, 王德建, 张刚, 等. 2013. 长期施磷稻田土壤磷素累积及其潜在环境风险. 中国生态农业学报, 21: 393-400.
晏维金, 尹澄清. 1999. 磷氮在水田湿地中的迁移转化及径流流失过程. 应用生态学报, 10: 312-316.
杨丽霞, 杨桂山. 2010. 施磷对太湖流域水稻田磷素径流流失形态的影响. 水土保持学报, 24: 31-34.
杨利玲, 杨学云. 2006. 土壤磷素形态研究现状评述. 安徽农业科学, 34: 4996-4997.
杨莹, 杨雪芹, 关文玲, 等. 2005. 不同添加材料对化肥中磷素释放和扩散的影响. 西北农林科技大学学报(自然科学版), 33: 84-92.
杨钰, 阮晓红. 2001. 土壤磷素循环及对土壤流失的影响. 土壤与环境, 10: 256-258.
叶玉适. 2014. 水肥耦合管理对稻田生源要素碳氮磷迁移转化的影响. 杭州：浙江大学博士学位论文.
于群英. 2001. 土壤磷酸酶活性及其影响因素研究. 安徽技术师范学院学报, 15: 5-8.
张崇玉, 关勤农. 2004. 柠檬酸对石灰性土壤磷的释放效应. 干旱地区农业研究, 22: 17-19.
张刚, 王德建, 陈效民. 2008. 稻田化肥减量施用的环境效应. 中国生态农业学报, 16: 327-330.

张红爱，张焕朝，钟萍. 2008. 太湖地区典型水稻土稻-麦轮作地表径流中磷的变规律. 生态科学, 27: 17-23.

张焕朝, 张红爱, 曹志洪. 2004. 太湖地区水稻土磷素径流流失及其Olsen磷的"突变点". 南京林业大学学报, 28: 6-10.

张林, 吴宁, 吴彦, 等. 2009. 土壤磷素形态及其分级方法研究进展. 应用生态学报, 20: 1775-1782.

张维理, 武淑霞, 冀宏杰, 等. 2004. 中国农业面源污染形势估计及控制对策 I. 21世纪初期中国农业面源污染的形势估计. 中国农业科学, 37: 1008-1017.

张亚丽, 沈其荣, 曹翠玉. 1998. 有机肥对土壤有机磷组分及生物有效性的影响. 南京农业大学学报, 21: 59-63.

张玉兰. 2004. 东北主要土类水解酶催化动力学特征. 沈阳: 中国科学院研究生院硕士学位论文.

张玉兰, 王俊宇, 马星竹, 等. 2009. 提高磷肥有效性的活化技术研究进展. 土壤通报, 40: 194-202.

张志剑. 2001. 水田土壤磷素流失的数量潜能及控制途径的研究. 杭州：浙江大学博士学位论文.

张志剑, 王珂, 朱荫湄, 等. 2000. 水稻田表水磷素的动态特征及其潜在环境效应的研究. 中国水稻科学, 14: 55-57.

张志剑, 朱荫湄, 王珂, 等. 2001. 水稻田土-水系统中磷素行为及其环境影响研究. 应用生态学报, 12: 229-232.

赵少华, 宇万太, 张璐, 等. 2004. 土壤有机磷研究进展. 应用生态学报, 15: 2189-2194.

中华人民共和国国家统计局. 2011. 中国统计年鉴. 北京：中国统计出版社.

周礼恺. 1987. 土壤酶学. 北京：科学出版社.

周礼恺, 张志明. 1980. 土壤酶的测定方法. 土壤通报, 5: 37-38.

周卫军, 王凯荣. 1997. 不同农业施肥制度对红壤稻田土壤磷肥力的影响. 热带亚热带土壤科学, 6: 231-234.

朱江, 周俊. 1999. 粉煤灰对土壤中有效磷的影响. 农业环境保护, 18: 189-191.

朱铭莪. 2011. 土壤酶动力学及热力学. 北京：科学出版社.

朱铭莪, 乔安生. 1994. 不同施肥条件下土壤脲酶动力学研究. 西北农业大学学报, 22: 89-92.

朱铭莪, 白红英, 代伟. 1989. 陕西几种土壤过氧化氢酶的动力学和热力学特征. 西北农业大学学报, 17: 20-26.

朱兆良. 1998. 肥料与农业和环境. 大自然探索, 17: 25-28.

Albrecht R, Le Petit J, Calvert V, et al. 2010. Changes in the level of alkaline and acid phosphatase activities during green wastes and sewage sludge co-composting. Bioresour Technol, 101: 228-233.

Amador J A, Glucksman A M, Lyons J B, et al.1997. Spatial distribution of soil phosphatase activity within a riparian forest. Soil Sci, 162: 808-825.

Ayaga G, Todd A, Brookes P C. 2006. Enhanced biological cycling of phosphorus increases its availability to crops in low-input sub-Saharan farming systems. Soil Biol Biochem, 38: 81-90.

Azeez J O, van Averbeke W. 2010. Fate of manure phosphorus in a weathered sandy clay loam soil amended with three animal manures. Bioresour Technol, 101: 6584-6588.

Bais H P, Weir T L, Perry L G. 2006. The role of root exudates in rhizosphere interactions with plants and other organisms. Annu Rev Plant Biol, 57: 233-266.

Bhattacharyya R, Prakash V, Kundu S, et al. 2010. Long term effects of fertilization on carbon and nitrogen sequestration and aggregate associated carbon and nitrogen in the Indian sub-Himalayas. Nutr Cycl Agroecosyst, 86: 1-16.

Borggaard O K, Jorgensen S S, Moberg J P, et al. 1990. Influence of organic matter on phosphate adsorption by aluminium and iron oxides in sandy soils. Soil Sci, 1990, 41: 443-449.

Bowman R A, Cole C V. 1978. Transformations of organic phosphorus substrates in soils as evaluated by $NaHCO_3$-extraction. Soil Sci, 125: 49-54.

Briceno M, Escudey M, Galindo G, et al. 2006. Comparison of extraction procedures used in determination of phosphorus species by P-31-NMR in Chilean volcanic soils. Commun Soil Sci Plan, 37: 1553-1569.

Bronson K F, Zobeck T M, Chua T T, et al. 2004. Carbon and nitrogen pools of southern high plains cropland and grassland soils. Soil Sci Soc Am J, 68: 1695-1704.

Cassagne N, Remaury M, Gauquelin T, et al. 2000. Forms and profile distribution of soil phosphorus in alpine Inceptisols and Spodosols (Pyrenees, France). Geoderma, 95: 161-172.

Chang S C, Jackson M L. 1957. Fractionationof soil phosphorousinsoil. Soil Sci, 84: 1334-1347.

Chardon W, Aalderink G, van der Salm C. 2007. Phosphorus leaching from cow manure patches on soil columns. J Environ Qual, 36: 17-22.

Chen H J. 2013. Phosphatase activity and P fractions in soils of an 18-year-old Chinese fir (Cunninghamia lanceolata) plantation. For Ecol Manag, 178: 301-310.

Cheng C H, Lehmann J, Thies J E, et al. 2008. Stability of black carbon in soils across a climatic gradient. J Geophys Res, 113: G02027.

Codling E E. 2006. Laboratory characterization of extractable phosphorus in poultry litter and poultry litter ash. Soil Sci, 171: 858-864.

Condron L M, Spears B M, Haygarth P M, et al. 2013. Role of legacy phosphorus in improving global phosphorus-use efficiency. Environ Develop, 8: 147-148.

Cooke G W. 1976. Long-term fertilizer experiments in England: the significance of their results for agricultural science and for practical farming. Ann Agron, 27: 503-536.

Crews T E, Brookes P C. 2014. Changes in soil phosphorus forms through time in perennial versus annual agroecosystems. Agric Ecosyst Environ, 184: 168-181.

Criquet S, Ferre E, Farnet A M, et al. 2004. Annual dynamics of phosphatase activities in an evergreen oak litter: influence of biotic and abiotic factors. Soil Biol Biochem, 36: 1111-1118.

Criquet S, Braud A, Nèble S. 2007. Short-term effects of sewage sludge application on phosphatase activities and available P fractions in Mediterranean soils. Soil Biol Biochem, 39: 921-929.

Dail H W, He Z, Erich M S, et al. 2007. Effect of drying on phosphorus distribution in poultry manure. Commun Soil Sci Plant Anal, 38: 1879-1895.

Dalal R C. 1977. Soil organic phosphorus. Advan in Agron, 29: 83-119.

Daniel T C, Sharpley D R, Edwards R. 1994. Minimizing surface water eutriophication from agriculture by phosphorus management. J Soil Water Conserv, 49: 30-38.

Dick W A, Tabatabai M A. 1984. Kinetic-parameters of phosphatases in soils and organic waste materials. Soil Sci, 137: 7-15.

Dick W A, Tabatabai M A. 1987. Kinetics and activities of phosphatase-clay complexes. Soil Sci, 143: 5-15.

Dick W A, Cheng L, Wang P. 2000. Soil acid and alkaline phosphatase activity as pH adjustment indicators. Soil Biol Biochem, 32: 1915-1919.

Dilly O, Nannipieri P. 2001. Response of ATP content, respiration rate and enzyme activities in an arable and a forest soil to nutrient additions. Biol Fert Soils, 34: 64-72.

Dordas C. 2009. Dry matter, nitrogen and phosphorus accumulation, partitioning and remobilization as affected by N and P fertilization and source-sink relations. European J ournal Agronomy, 30: 129-139.

Eghball B, Binford G D, Baltensperger D D. 1996, Phosphorus movement and adsorption in a soil receiving long-term manure and fertilizer application. J Environ Qual, 25: 1339-1343.

Elfstrand S, Båth B, Mårtersson A. 2007. Influence of various forms of green manureamendment on soil microbial community composition, enzyme activity and nutrient levels in leek. Appl Soil Ecol, 36: 70-82.

Elrashidi M A, Alva A K, Huang Y F, et al. 2001. Accumulation and downward transport of phosphorus in Florida soils and relationship to water quality. Commun Soil Sci Plant Anal, 32: 3099-3119.

Foy R H, Withers P J A. 1995. The contribution of agricultural phosphorus to eutrophication. Fertilizer Soc Proc, 365: 1-32.

Frossard E, Achat D L, Bernasconi S M, et al. 2011. The use of tracers to investigate phosphate cycling in soil-plant systems. //Bunemann E K, Obreson A, Frossard E (Eds). Phosphorus in action. Berlin : Springer: 59-90.

Ge G F, Li Z J, Zhang J, et al. 2009. Geographical and climatic differences in long-term effect of organic and inorganic amendments on soil enzymatic activities and respiration in field experimental stations of China. Ecol Complex, 6: 421-431.

German D P, Marcelo K R B, Stone M M, et al. 2011. The Michaelis–Menten kinetics of soil extracellular enzymes in response to temperature: a cross-latitudinal study. Global Change Biol, 18: 1468-1479.

Gichangi E M, Mnkeni P N S, Brookes P C. 2009. Effects of goat manure and inorganic phosphate addition on soil inorganic and microbial biomass phosphorus fractions under laboratory incubation conditions. Soil Sci Plant Nutr, 55: 764-771.

Guertal E A, Howe J A. 2013. Influence of phosphorus-solubilizing compounds on soil P and P uptake by perennial ryegrass. Biol Fertil Soils, 49: 587-596.

Gunther S, Holger K. 2003. Bulk soil C to N ratio as a simple measureof net N mineralization from stabilized soil organic matter in sandyarable soils. Soil Biol Biochem, 35: 629-632.

Guo H Y, Zhu J G, Wang X R, et al. 2004. Case study on nitrogen and phosphorus emissions from paddy field in Taihu region. Environ Geochem Hlth, 26: 209-219.

Guppy C, Menzies N, Moody P, et al. 2005. Competitive sorption reactions between phosphorus and organic matter in soil: a review. Soil Research, 43: 189-202.

Hao X Y, Godlinski F, Chang C. 2008. Distribution of phosphorus forms in soil following long-term continuous and discontinuous cattle manure applications. Soil Sci Soc Am J, 72: 90-97.

Hart M R, Quin B F, Nguyen M L. 2004, Phosphorus runoff from agricultural land and direct fertilizer effects: a review. J Environ Qual, 33: 1954-1972.

He Z, Senwo Z N, Mankolo R N, et al. 2006. Phosphorus fractions in poultry litter characterized by sequential fractionation coupled with phosphatase hydrolysis. J Food Agric Environ, 4: 304-312.

Heckrath G, Brookes P C, Poolton P R. 1995. Phosphorus leaching from soils containing different phosphorus concentrations in the broedbalk experiment. J Environ Qual, 24: 904-910.

Hedley M J, Stewart J W B, Chauhan B S. 1982. Changes in inorganic and organic soil phosphorus fractions induced by cultivation practices and by laboratory incubations. Soil Sci Soc Am J, 46: 970-976.

Hinsinger P. 2001. Bioavailability of soil inorganic P in the rhizosphere as affected by root-induced chemical changes: a review. Plant Soil, 237: 173-195.

Hountin J A, Karam A, Couillard D, et al. 2000. Use of a fractionation procedure to assess the potential for P movement in a soil profile after 14 years of liquid pig manure fertilization. Agric Ecosyst Environ, 78: 77-84.

Huang M, Jiang L G, Zou Y B, et al. 2013. Changes in soil microbial properties with no-tillage in Chinese cropping systems. Biol Fertil Soils, 49: 373-377.

Huang W J, Zhang D Q, Li Y L, et al. 2012. Responses of soil acid phosphomonoesterase activity to simulated nitrogen deposition in three forests of subtropical china. Pedosphere, 22: 689-706.

Hui D F, Mayes M A, Wang G S. 2013. Kinetic parameters of phosphatase: a quantitative synthesis. Soil Biol Biochem, 65: 105-113.

Humphrey F R, Pritchett W L. 1971. Phosphorus desorption and movement in some sandy forest soils. Soil Sci Soc Am Proc, 35: 495-500.

Ivanoff D B, Reddy K R, Robinson S. 1998. Chemical Fractionation of organic phosphorus in selected Gistosols. Soil Sci, 163: 36-45.

Jakobsen I, Leggett M E, Richardson A E. 2005. Rhizosphere microorganisms and plantphosphorus uptake//Sims J T, Sharpley A S. Phosphorus: Agriculture and the Envir-onment. Agronomy Monograph 46, ASA, CSSA, SSSA, Madison,WI : 437-494.

Jarvie H P, Sharpley A N, Spears B, et al. 2013. Water quality remediation faces unprecedented challenges from"legacy phosphorus". Environ Sci Technol, 47: 8997-8998.

Jordan C, McGuckin S O, Smith R V. 2000. Increased predicted losses of phosphorus to surface water from soils with high Olsen-P concentration. Soil Use Manage, 16: 27-35.

Juma N G, Tabatabai M A. 1978. Distribution of phosphomonoesterases in soils. Soil Sci, 126: 101-108.

Kang H, Freeman C. 1999. Phosphatase and arylsulphatase activities in wetland soils: annual variation and controlling factors . Soil Biol Biochem, 31: 449-454.

Khan K S, Joergensen R G. 2009. Changes in microbial biomass and P fractions in biogenic household waste compost amended with inorganic P fertilizers. Bioresour Technol, 100: 303-309.

Kholodov V A, Kulikova N A, Perminova I V, et al. 2005. Adsorption of the herbicide acetochlor by different soils types. Soil Sci, 38: 533-540.

Koch O, Tscherko D, Kandeler E. 2007. Temperature sensitivity of microbial respiration,nitrogen mineralization, and potential soil enzyme activities in organic alpine soils. Global Biogeo chem Cy, 21: GB4017.

Koopmans G F, Chardon W J, McDowell R W. 2007. Phosphorus movement and speciation in a sandy soil profile after long-term animal manure applications. J Environ Qual, 36: 305-315.

Kovar J L, Claassen N. 2005. Soil-root interactions and phos-phorus nutrition of plants//Sims J T, Sharpley A S. Phosphorus: agriculture and the Environment. Agronomy Monograph 46, ASA, CSSA, SSSA, Madison, WI : 379-414.

Kramer S, Greeen D M. 2000. Acid and alkaline phosphatase dynamics and their relationship to soil microclimate in a semiarid woodland. Soil Biol Biochem, 32: 179-188.

Kunito T, Tobitani T, Moro H, et al. 2012. Phosphorus limitation in microorganisms leads to high phosphomonoesterase activity in acid forest soils. Pedobiologia, 55: 263-270.

Kuo S. 1996. Phosphorus//Sparks D L. Methods of soil analysis. Part 3. Chemical Methods. SSSA Book series No 5.Soil Science of America, Madison, WI : 869-919.

Lai C M, Tabatabai M A. 1992. Kinetic-parameters of immobilized urease. Soil Biol Biochem, 24: 225-228.

Lee C H, Kang U G, Do Park K, et al. 2008. Long-term fertilization effects on rice productivity and nutrient efficiency in korean paddy. Journal of Plant Nutrition, 31: 1496-1506.

Lehmann J, Lan Z, Hyland C, et al. 2005. Long-term dynamics of phosphorus forms and retention in manure-amended soils. Environ Sci Technol, 39: 6672-6680.

Liang X Q, Li L, Chen Y X, et al. 2013. Dissolved phosphorus losses by lateral seepage from swine manure amendments for organic rice production. Soil Sci Soc Am J, J77: 765-773.

Liu J, Aronsson H, Ulén B, et al. 2012. Potential phosphorus leaching from sandy topsoils with different fertilizer histories before and after application of pig slurry. Soil Use Manag, 28: 457-467.

Liu Y R, Li X, Shen Q R, et al. 2013. Enzyme activity in water-stable soil aggregates as affected by long-term application of organic manure and chemical fertiliser. Pedosphere, 23: 111-119.

Lloyd H M, O' Brien T J, Bode M F, et al. 1994. The hydrodynamics of bipolar explosions. Astrophysics and Space Science, 216(1): 161-166.

Lyamuremye F, Dick R P, Baham J. 1996. Organic amendments and phosphorus dymanic: II Distribution of soil phosphorus fraction. Soil Sci, 161: 444-451.

MacDonald G K, Bennett E M, Potter P A, et al. 2011. Agronomic phosphorus imbalances across the world's croplands. P Natl Acad Sci USA, 108: 3086-3091.

MacKenzie A, Liang B, Zhang T, et al. 2004. Soil test phosphorus and phosphorus fractions with long-term phosphorus addition and depletion. Soil Sci Soc Am J, 68: 519-528.

Malik M A, Marschner P, Khan K S. 2012. Addition of organic and inorganic P sources to soil-Effects on P pools and microorganisms. Soil Biol Biochem, 49: 106-113.

Marinari S, Masciandaro G, Ceccanti B, et al. 2000. Influence of organic and mineral fertilisers on soil biological and physical properties. Bioresour Technol, 72: 9-17.

Marzadori C, Ciavatta C, Montecchio D, et al. 1996. Effects of lead pollution on different soil enzyme activities. Biol Fertil Soils, 22: 53-58.

McDowell R, Sharpley A. 2001. Phosphorus losses in subsurface flow before and after manure application to intensively farmed land. Sci Total Environ, 278: 113-125.

Miller B W, Fox T R. 2010. Long-term fertilizer effects on oxalate-desorbable phosphorus pools in a typic paleaquult. Soil Sci Soc Am J, 75: 1110-1116.

Moscatelli M C, Lagomarsino A, de Angelis P, et al. 2005. Seasonality of soil biological properties in a poplar plantation growing under elevated atmospheric CO_2. Appl Soil Ecol, 30: 162-173.

Motavalli P P, Miles R J. 2002. Soil phosphorus fractions after 111 years of animal manureand fertilizer applications. Biol Fertil Soils, 36: 35-42.

Murphy J, Riley J P. 1962. A modified single solution method for the determination of phosphate in natural waters. Anal Chim Acta, 27: 31-36.

Nannipieri P, Johanson R L, Paul E A. 1978. Criteria for measurement of microbial growth and activity in soil. Soil Biol Biochem, 10: 223-229.

Nannipieri P, Grego S, Ceccanti B. 1990. Ecological significance of the biological activity in soil//Bollag J M, Stotzky G. Soil Biochemistry, vol. 6. New York : Marcel Dekker : 293-355.

Nannipieri P, Giagnoni L, Landi L, et al. 2011. Role of phos-phatase enzymes in soil//Bunemann E K, Obreson A, Frossard E. Phosphorus in action. Berlin : Springer.

Nannipieri P, Giagnoni L, Renella G, et al. 2012. Soil enzymology: classical and molecular approaches. Biol Fertil Soils, 48: 743-762.

Nash D M, Halliwell D J. 1999. Fertilizers and phosphorus loss from agricultural grazing system. Aust J Soil Res, 37: 4029-4034.

Nayak D R, Babu Y J, Adhya T K. 2007. Long-term application of compost influences microbial biomass and enzyme activities in a tropical AericEndoaquept planted to rice under flooded condition. Soil Biol Biochem, 39: 1897-1906.

Nèble S, Calvert V, Le Petit J, et al. 2007. Dynamics of phosphatase activities in a cork oak litter (Quercussuber L) following sewage sludge application. Soil Biol Biochem, 39: 2735-2742.

Negassa W, Leinweber P. 2009. How does the Hedley sequential phosphorus fractionation reflect impacts of land use and management on soil phosphorus: a review. J Plant Nutr Soil Sci, 172: 305-325.

Newman R, Tate K. 1980. Soil phosphorus characterisation by 31P nuclear magnetic resonance. Commun Soil Sci Plan, 11: 835-842.

Nwoke O C, Vanlauwe B, Diels J, et al. 2004. The distribution of phosphorus fractions and desorption characteristics of some soils in the moist savanna zone of West Africa. Nutr Cycl in Agroecosys, 69: 127-141.

Obour A K, Silveira M L, Adjei M B, et al. 2009. Cattle manure application strategies effects on bahiagrass yield, nutritive value, and phosphorus recovery. Agron J, 101: 1099-1107.

Olander L P, Vitousek P M. 2000. Regulation of soil phosphatase and chitinase activity by N and P availability. Biogeochemistry, 49: 175-190.

Olsen S R, Sommers L E. 1982. Phosphorus//Page A L, Miller R H, Deeney D R. Methods of Soil Analysis. Part 2. ASA, Madison : 403-430.

Pan G X, Wu L S, Li L Q, et al. 2008. Organic carbon stratification and size distribution of three typical paddy soils from Taihu Lake region, China. J Environ Sci, 20: 463-465.

Pavinato P S, Merlin A, Rosolem C A. 2009. Phosphorus fractions in Brazilian Cerrado soils as affected by tillage. Soil Till Res, 105: 149-155.

Pierzynski G M, McDowell R W, Sims J T. 2005. Chemistry, cycling, and potential movement of inorganic phosphorus in soils//Sims J T, Sharpley A S. Phosphorus: agriculture and the Environment. Monograph No. 46, ASA, CSSA, SSSA, Madison, WI : 53-86.

Rabeharisoa L, Razanakoto O, Razafimanantsoa M P, et al. 2012. Larger bioavailability of soil phosphorus for irrigated rice compared with rainfed rice in Madagascar: results from a soil and plant survey. Soil Use Manage, 28: 448-456.

Ramaekers L, Remans R, Rao I M, et al. 2010. Strategies for improving phosphorus acquisition efficiency of crop plants. Field Crop Res, 117: 169-176.

Rao M A, Gianfreda L, Palmiero F, et al. 1996. Interactions of acid phosphatase with clays, organic molecules and organo-mineral complexes. Soil Sci, 161: 751-760.

Reddy D D, Rao A S, Rupa T R. 2000. Effects of continuous use of cattle manure and fertilizer phosphorus on crop yields and soil organic phosphorus in a Vertisol. Bioresour Technol, 75: 113-118.

Reddy K R, Kadlec R H, Flaig E, et al. 1999. Phosphorus retention in streams and wetlands: a review. Critical Reviews Environ Sci Technol, 29: 83-146.

Redel Y, Rubio R, Godoy R, et al. 2008. Phosphorus fractions and phosphatase activity in an Andisol under different forest ecosystems. Geoderma, 145: 216-221.

Roberts W M, Matthews R A, Blackwell M S A, et al. 2013. Microbial biomass phosphorus contributions to phosphorus solubility in riparian vegetated buffer strip soils. Biol Fertil Soils, 49: 1237-1241.

Ryden J C, Syers J K, Harris R F. 1973. Phosphorus in runoff and streams. Adv Agroc, 25: 1-45.

Saavedra C, Delgado A, 2005. Phosphorus fractions and release patterns in typical Mediterranean soils. Soil Sci Soc Am J, 69: 607-615.

Saha S, Mina B L, Gopinath K A, et al. 2008. Relative changes in phosphatase activities as influenced by source and application rate of organic composts in field crops. Bioresour Technol, 99: 1750-1757.

Saleque M, Naher U, Islam A, et al. 2004. Inorganic and organic phosphorus fertilizer effects on the phosphorus fractionation in wetland rice soils. Soil Sci Soc Am J, 68: 1635-1644.

Sardans J, Peñuelas J, Ogaya R. 2008. Experimental drought reduced acid and alkaline phosphatase activity and increased organic extractable P in soil in a Quercus ilex Mediterranean forest. Eur J Soil Biol, 44: 509-520.

Schmidt J P, Buol S W, Kamprath E J. 1997. Soil phosphorus dynamics during 17 years of continuous cultivation: a method to estimate long-term P availability. Geoderma, 78: 59-70.

Schneider K, Turrion M B, Grierson P F, et al. 2001. Phosphatase activity, microbialphosphorus, and fine root growth in forest soils in the Sierra de Gata, western Spain. Biol Fertil Soils, 34: 151-155.

Sharpley A N, Smith S J, Steward B A, et al. 1984. Forms of phosphorus in soil receiving cattle feedlot manure waste. J Environ Qual, 13: 211-215.

Sharpley A N, Daniel J C, Sims J T. 1996. Determining environmentally sound soil phosphorus levels. J Soil and Water Conservation, 51: 160-166.

Sharpley A N, McDowell R W, Kleinman P J A. 2004. Amounts, forms, and solubility of phosphorus in soils receiving manure. Soil Sci Soc Am J, 68: 2048-2057.

Sharpley A N, Jarvie H P, Buda A, et al. 2013. Phosphorus legacy: overcoming the effects of past management practices to mitigate future water quality impairment. J Environ Qual, 42: 1308-1326.

Shen J, Yuan L, Zhang J, et al. 2011. Phosphorus dynamics: from soil to plant. Plant Physiol, 156: 997.

Sims J T, Simard R R, Joern B C. 1998. Phosphorus loss in agricultural drainage: historical perspective and current research. J Environ Qual, 27: 277-293.

Sojka R E, Lentz R D, Westermann D T. 1998. Water and erosion management with multiple application of polyacrylamide of polyacrylamide in furrow irrigation. Soil Sci Soc Am J, 62: 1672-1680.

Solomon D, Lehmann J, Mamo T, et al. 2002. Phosphorus forms and dynamics as influenced by land use changes in the sub-humid Ethiopian highlands. Geoderma, 105: 21-48.

Soumare M, Tack F M G, Verloo M G. 2003. Effects of a municipal solid waste compost and mineral fertilization on plant growth in two tropical agricultural soils of Mali. Bioresour Technol, 86: 15-20.

Spears J D H, Lajtha K, Caldwell B A, et al. 2001. Species effect ofCeanothus velutinus versus Pseuddotsuga menziesii, Douglas-fir, on soil phosphorus and nitrogen properties in the Oregon cascades. For Ecol Manage, 149: 205-216.

Stevenson F J, Cole M A. 1999. Cycles of soil carbon, nitrogen, phosphorus, sulfur, micronutrients. New York : John Wiley and Sons Press.

Stone M M, Weiss M S, Goodale C L, et al. 2012. Temperature sensitivity of soil enzyme kinetics under N-fertilization in two temperate forests. Global Change Biol, 18: 1173-1184.

Tabatabai M A. 1994. Soil enzymes//Weaver R W, Angle J S, Bottomley P S. Methods of soil analysis, Part 2, Microbiological and biochemical properties. Madison: 775-833.

Taddesse A M, Claassens A S, DeJager P C. 2008. Long-term phosphorus desorption using dialysis membrane tubes filled with iron hydroxide and its effect on phosphorus pools. J Plant Nutr, 31: 1507-1522.

Tao J, Griffiths B, Zhang S J, et al. 2009. Effects of earthworms on soil enzyme activity in an organic residue amended rice-wheat rotation agro-ecosystem. Appl Soil Ecol, 42: 221-226.

Tate K B. 1984. The biological transformation of phosphorus in soil. Plant Soil, 76: 245-256.

Tchienkoua M, Zech W. 2003. Chemical and spectral characterization of soil phosphorus under three land uses from an Andic Palehumult in West Cameroom. Agr Ecosyst Environ, 100: 193-200.

Tejada M, Gonzalez J L, Hernandez M T, et al. 2008. Application of different organic amendments in a gasoline contaminated soil: effect on soil microbial properties. Bioresour Technol, 99: 2872-2880.

Tian H, Barret M, Mooij M J, et al. 2013. Long-term phosphorus fertilisation increased the diversity of the total bacterial community and the phoD phosphorus mineraliser group in pasture soils. Biol Fertil Soils, 49: 661-672.

Tiessen H, Moir J O. 1993. Characterization of available P by sequential fraction-ation//Carter MR. Soil sampling and methods of analysis. Boca Raton, FL : Lewis Publishers : 75-86.

Tietjen T, Wetzel R G. 2003. Extracellular enzyme-clay mineral complexes: enzyme adsorption, alteration of enzyme activity, and protection from photodegradation. Aquat Ecol, 37: 331-339.

Toth J D, Dou Z X, Ferguson J D, et al.2006. Nitrogen-vs Phosphorus accumulation. J Environ Qual, 35: 2302-2312.

Tran T S, Fardeau J C, Giroux M. 1988. Effects of soil properties on plant-available phosphorus determined by the isotopic dilution P32 method. Soil Sci Soc Am J, 52: 1383-1390.

Trasar-Cepeda C, Gil-Sotres F, Leirós M C. 2007. Thermodynamic parameters of enzymes in grassland soils from Galicia, N W Spain. Soil Biol Biochem, 39: 311-319.

Turner B, Baxter R, Whitton B. 2003. Nitrogen and phosphorus in soil solutions and drainage streams in Upper Teesdale, northern England: implications of organic compounds for biological nutrient limitation. Sci Total Environ, 314: 153-170.

van Laer L, Degryse F, Leynen K, et al. 2010. Mobilization of Zn upon waterlogging riparian spodosols is related to reductive dissolution of Fe minerals. Eur J Soil Sci, 61: 1014-1024.

van Vuuren D, Bouwman A, Beusen A. 2010. Phosphorus demand for the 1970-2100 period: A scenario analysis of resource depletion. Global Environ Change, 20: 428-439.

Waldrip H M, He Z Q, Erich M S. 2011. Effects of poultry manure amendment on phosphorus Uptake by ryegrass, soil phosphorus fractions and phosphatase activity. Biol Fertil Soils, 47: 407- 418.

Walker T W, Adams A F R. 1958. Studies on soil organic matter: I. Influence of phosphorus content of parent materials on accumulations of carbon, nitrogen, sulfur, and organic phosphorus in grassland soils. Soil Sci, 85: 307-318.

Wallenstein M D, Mcmahon S K, Schimel J P. 2009. Seasonal variation in enzyme activities and temperature sensitivities in Arctic tundra soils. Global Change Biol, 15: 1631-1639.

Wang K, Zhang Z J, Zhu Y M, et al. 2001. Surface water phosphorus dynamics in rice fields receiving fertiliser and manure phosphorus. Chemosphere, 42: 209-214.

Wang S X, Liang X Q, Chen Y X, et al. 2012. Phosphorus loss potential and phosphatase activity under Phosphorus fertilization in long-term paddy wetland agroecosystems. Soil Sci Soc Am J, 76: 161-167.

Wei L L, Chen C R, Xu Z H. 2010. Citric acid enhances the mobilization of organic phosphorus in subtropical and tropical forest soils. Biol Fertil Soils, 46: 765-769.

Wier D R, Black C A. 1968. Mineralization of organic phosphorus in soils as affected by addition of inorganic phosphorus. Soil Sci Soc Am Pro, 32: 51-55.

Xavier F A S, Oliveira T S, Andrade F V, et al. 2009. Phosphorus fractionation in a sandy soil under organic agriculture in Northeastern Brazil. Geoderma, 151: 417-423.

Xie C S, Tang J, Zhao J, et al. 2011a. Comparison of phosphorus fractions and alkaline phosphatase activity in sludge, soils, and sediments. J Soil Sediment, 11: 1432-1439.

Xie C S, Zhao J, Tang J, et al. 2011b. The phosphorus fractions and alkaline phosphatase activities in sludge. Bioresour Technol, 102: 2455-2461.

Xie X J, Ran W, Shen Q R. 2004. Field studies on 32P movement and P leaching from flooded paddy soils in the region of Taihu Lake, China. Environ Geochem Hlth, 26: 237-243.

Xue Q Y, Shamsi I H, Sun D S, et al. 2013. Impact of manure application on forms and quantities of phosphorus in a Chinese Cambisol under different land use. J Soil Sediment, 13: 837-845.

Yeates G W, Percival H J, Parshotam A. 2003. Soil nematode responses to year-to-year variation of low levels of heavy metals. Aust J Soil Res, 41: 613-625.

Ylivainio K, Uusitalo R, Turtola E. 2008. Meat bone meal and fox manure as P sources for ryegrass (Lolium multiflorum) grown on a limed soil. Nutr Cycl Agroecosyst, 81: 267-278.

Yu S, He Z L, Stoffella P J, et al. 2006. Surface runoffphosphorus (P) loss in relation to phosphatase activity and soil P fractions in Florida sandy soils under citrus production. Soil Biol Biochem, 38: 619-628.

Zaman M, Di H J, Cameron K C. 1999. A field study of gross of N mineralization and nitrification and their relationships to microbial biomass and enzyme activities in soils treated with dairy effluent an ammonium fertilizer. Soil Use Manage, 5: 188-194.

Zhang H C, Cao F L, Fang S Z. 2005. Effects of agricultural production on phosphorus losses from paddy soils: a case study in the Taihu Lake region of China. Wetl Ecol and Manag, 13: 25-33.

Zhang W J, Xu M G, Wang B R, et al. 2009. Soil organic carbon, total nitrogen and grain yields under long-term fertilizations in the upland red soil of southern China. Nutr Cycl Agroecosyst, 84: 59-69.

Zhang Y L, Chen L J, Sun C X, et al. 2010. Kinetic and thermodynamic properties of hydrolases in northeastern China soils affected by temperature. Agrochimica, 54: 32-244.

Zhang Z M, Simard R R, Lafond J, et al. 2001. Changes in phosphorus fractions of a humic gleysol as influenced by cropping systems and nutrient sources. Can J Soil Sci, 81: 175-183.

Zheng Z, Simard R R, Lafond J, et al. 2002. Pathways of soil phosphorus transformations after 8 years of cultivation under contrasting cropping practices. Soil Sci Soc Am J, 66: 999-1007.

Zhu Y R, Wu F C, He Z Q, et al. 2013. Characterization of organic phosphorus in lake sediments by sequential fractionation and enzymatic hydrolysis. Environ Sci Technol, 47: 7679-7687.

Zornoza R, Faz A, Carmona D M, et al. 2012. Plant cover and soil biochemical properties in a mine tailing pond five years after application of marble wastes and organic amendments. Pedosphere, 22: 22-32.

Zuo Q, Lu C A, Zhang W L. 2003. Preliminary study of phosphorus runoff and drainage from a paddy field in the Taihu basin. Chemosphere, 50: 689-694.

第6章　有机肥归田对稻田土壤胶体磷释放及运移规律的影响

6.1　引　言

6.1.1　研究背景

农田中磷肥的施用不仅直接影响着土壤肥力和作物产量，也可进一步促进磷素流失，引起水体富营养化问题。众多湖泊、河流的水质指标明显下降，有研究表明农业面源污染已成为主要的贡献源(张维理等，2004)。Schindler 等(2008)在 PNAS 上发表了针对安大略某湖泊 37 年施肥的生态实验，结果证实控制水体富营养化的关键在于削减磷的输入。对长江流域 40 多个湖泊的取样调查及回归分析，也得出磷素是水体富营养化的首要控制因子(Wang et al., 2008)。磷的流失已成为水体富营养化的一个重要原因。

一般认为，磷素的迁移转化存在于稳定的固相和可移动的水相。然而，胶体作为第三相，其可移动性能够显著提高吸附污染物的迁移(de Jonge et al., 2004)。胶体是粒径介于 1nm～1μm 的细颗粒，呈现出比表面积大、吸附性能强、表面官能团多样等特点，因而在磷素的赋存、迁移、变化等过程中起到十分重要的作用(van der Salm et al., 2012；Heathwaite et al., 2005；Tipping et al., 1984)。农田土壤中含有铁/铝氧化物、黏土矿物等无机矿物胶体，有机大分子、微生物等组成的有机胶体及有机-无机复合胶体，这些土壤胶质能与磷素结合形成胶体磷，是土壤磷库的一个重要部分(刘瑾，2013)。

土壤作为天然的磷库，胶体磷是磷素从土壤向河流、湖泊、地下水等水体运移的重要形式，广泛存在于土壤、水体等多种环境介质中，对周围水环境安全构成了威胁(Buesseler et al., 2009；Wigginton et al., 2007)。颗粒态磷是磷素迁移和积累的一种活跃形式，其携带的磷在适当的水体环境条件中释放是水体富营养化重要的潜在污染源(MacDonald et al., 2011)。胶体磷的环境行为因胶体的特殊性，与大颗粒态磷和溶解态磷有显著的不同，因而将胶体磷从常规粒径分级中划分出来并加以研究对深入了解磷素流失的形式很有必要(Chen et al., 2010；Monbet et al., 2010)。稻田长期处于淹水状态，在降雨冲刷等外界环境干扰下，胶体磷易随径流排水流失，对周围水环境产生威胁。土壤中存在优势流和基质流，胶体磷也能够随之往土壤下层迁移，成为磷素渗漏流失的重要形式。

土壤自身理化性质、施肥、种植类型、耕作方式及灌溉降雨等因素都会对胶体磷在土壤环境中的赋存运移产生影响。系统了解农田土壤胶体磷的赋存形式，解析土壤胶体磷的动态变化，探索土壤胶体在磷素活化中的作用，对农田胶体磷赋存及迁移流失进行研究，分析胶体磷与金属矿物及有机质的关系，磷在土壤胶体上的分布特点及影响因素等，有助于人们认识胶体磷在农业面源污染中的特点及流失机制，为土壤磷素赋存形式及迁移变化的研究提供科学依据，研究成果对合理评估胶体磷的环境风险具有积极作用。

6.1.2　长期施肥下土壤磷素的赋存及流失

1. 磷素在土壤中的积累与变化

天然来源的磷主要是岩石的风化，产生大量溶解态磷酸盐，这种有效磷的形式可以被植物吸收利用(梁涛，2010)。而人为来源主要是施肥，包括化肥、有机肥及农作物秸秆等。土壤中磷素的形态、含量及其转化等也受到施肥、土地利用、耕作方式等农艺措施的影响(Erickson et al., 2010；Jonsson et al., 2004；薛巧云，2013)。长期施肥特别是有机肥，可增加磷的积累，使磷流失的环境风险明显增加(王艳玲等，2010；颜晓等，2013)。有机肥施用不仅补充了土壤养分，还可以通过提高土壤 pH、土壤磷酸酶活性等途径改变土壤的性质(Duan et al., 2011；Garg and Bahl, 2008)，同时土壤磷的吸附能力下降，土壤磷素可通过生物作用转化，进而提高磷的有效性(Criquet and Braud, 2008；Xavier et al., 2009)。相关统计文献显示，2000 年全球土壤磷素累积量已达 11.5×10^6t/a，在东亚、西欧、美国沿海及巴西南部地区土壤磷素盈余问题特别突出(MacDonald et al., 2011；薛巧云，2013)。

我国磷肥产量和消费量极其庞大，使得土壤磷素积累量迅速增加。过量施肥往往引起土壤磷素的积累，增加对周围水环境的安全风险。因磷素在土壤中的固定性强和移动性弱，加之磷肥利用率低等特点，大量施用磷肥不仅造成严重的资源浪费，还容易造成环境的污染(Zhang et al., 2014；戚瑞生，2012；宋春和韩晓增，2009)。长期施用磷肥使磷素在土壤中积累，这一结论在我国不同类型土壤中均得到证实(陈磊等，2007；林治安等，2009；周宝库等，2005)。长期施用磷肥或者有机肥可以显著增加土壤中的有效磷含量(Song et al., 2007；刘杏兰等，1996)。王艳玲等(2010)通过长期施肥下旱地红壤磷素积累的研究证实，长期施磷能显著提高红壤磷素的累积量，从而降低土壤对外源磷的固持能力，增加土壤有效磷含量。裴瑞娜等(2010)对黑垆土长期定位试验结果表明，长期施用磷肥和有机肥的土壤有效磷含量均呈极显著增加趋势，而长期单施磷肥增加土壤有效磷的速率显著高于单施有机肥。王月立等(2013)通过长期定位试验，对比了无机肥与有机肥施用下 60～80cm 土壤速效磷含量，得出施用有机肥更易于磷素的下移。邱亚群等(2012)研究了湖南三种典型土壤磷素剖面分布的特征，结果指出磷素在土壤中的迁移缓慢，含量主要集中在 0～20cm 的土壤，土壤类型及利用方式对磷素含量与形态特征产生了明显的影响。Kleinman 等(2005)研究发现，施用有机肥能够显著提高溶解态活性磷在全磷中的比例，这说明施用有机肥会引起土壤磷素流失形态的变化。长期大量施用磷肥，能够显著提高我国土壤磷素含量，造成土壤磷素处于盈余的状态。磷素在农田土壤中积累，一方面增加了土壤的供磷能力，为作物吸收达到高产提供保证；另一方面，对周围水环境安全产生威胁。大量研究表明，农业面源污染已成为水体富营养化的重要成因。

2. 土壤磷素的流失

美国的评估报告指出，农业面源污染是非点源污染的主要贡献源，其贡献量可高达 68%～83%，能够影响 50%～70%的地表水体(蒋茂贵等，2009)，而我国的五大湖基本上是富营养化状态(Jin et al., 2005)。Jin 等(2003)对众多湖泊进行的水质调查发现，富营养化或超营养化湖泊占到所调查总湖泊数的 66%。水体富营养化问题在我国已然十分严峻。据报道，农业面源在欧洲大陆地表水中所占污染负荷比例为 24%～71%(高超等，1999)，而我国太湖、滇池、巢湖地区来自农业面源污染的总磷分别占总磷污染的 33%、53%、50%(姜翠玲等，2002)。近年来由于磷肥的过量施用，农田迁移的磷素已成为水体磷素的主要来源(Liang et al., 2012；金苗等，2010；陆欣欣等，2014)。可见，农业生产体系中磷素的流失是水体富营养化发生的重要诱因。

土壤磷素流失途径主要包括降雨或人工排水而产生的地表径流、渗漏淋溶等(薛巧云，2013)。磷素在土壤中迁移缓慢，施肥主要集中于农田耕层，所以普遍认为地表径流和土壤侵蚀是磷素流失的主要途径(Cox and Hendricks, 2000；Shaipley, 1995)。溶解态磷主要来自岩石风化和外源肥料的释放，并且主要以磷酸盐和少量有机磷的形式存在(Halliwell et al., 2000)，这部分磷可以直接被生物吸收利用(Sharpley et al., 1981)。颗粒态磷包括含磷有机质或矿物，以及吸附在土壤颗粒上的磷。这种形态的磷可以通过溶解、解吸等过程或者酶促反应转化成溶解态磷，从而满足植物的生长需要(McDowell et al., 2004)。因此，溶解态磷能够直接影响水体环境质量，而颗粒态磷作为其潜在补给源，其对水体的影响不可忽视。

陆欣欣等(2014)通过稻田磷素的迁移流失特征分析得出磷的径流流失占到流失总量的 56.86%～90.38%，是水稻田磷素流失的主要途径，且磷的径流流失主要受施肥和降雨的影响，施肥后的第一次径流磷流失占到磷总流失量的 50%左右。水稻整个生长时期田面水总磷浓度一直保持在较高的水平，进一步增加了磷素流失风险。杨丽霞等(2010)针对太湖流域水稻田磷素径流流失形态的分析，指出稻田径流流失以颗粒态磷为主，其能够占到总磷的56.3%～72.1%，且磷素径流流失主要发生在施肥后第一次径流过程。

3. 磷素流失风险评价

Sharpley 等(1994)研究认为，农田径流和渗漏水中总磷浓度长期超过 0.05 mg/L 都可能造成地表水的富营养化。《地表水环境质量标准》也规定，直接进入湖、库的河流中总磷含量应当低于0.05mg/L。作为一个全面反映土壤磷水平和吸持磷能力的指标，土壤磷饱和度(degree of phosphorus saturation，DPS)相应被提出，用以评价土壤磷素流失的潜能(Maguire and Sims, 2002；Wang et al., 2012)。土壤磷饱和度，是指草酸提取态下的磷浓度与铁、铝元素浓度在一定系数下的比值。一般定义式为

$$\mathrm{DPS}=\frac{\mathrm{P_{ox}}}{0.5\left(\left[\mathrm{Fe_{ox}}\right]+\left[\mathrm{Al_{ox}}\right]\right)} \tag{6.1}$$

式中，$\mathrm{P_{ox}}$、$\mathrm{Fe_{ox}}$、$\mathrm{Al_{ox}}$ 为草酸提取态含量，是酸性草酸铵溶液在避光条件下提取土壤中各离子浓度(Mcdowell and Sharpley, 2001)。

DPS 作为一个反映土壤磷素水平和固磷能力的综合性指标，对预测土壤潜在释磷能力起到指示性作用，可用以评估磷素通过径流或者侧渗运移到周围水体的风险(Nair et al., 2004)。如果 DPS 超过了一定值，溶解态磷浓度会出现急剧增长的趋势(Mcdowell et al., 2002)。在农业径流排水中，DPS 作为一个重要因素，对控制溶解态磷流失具有一定指导意义(Behrendt et al., 1993)。Zee 等(1988)通过长期解吸实验表明，DPS 值在 0.25 及以下时，土壤对磷具有快速的吸附解吸能力，如果 DPS 值大于 0.25，溶解态的磷浓度很可能将高于 100 μg/L。研究发现，DPS 与土壤径流和渗漏液中的溶解态活性磷浓度均呈显著的正相关(Vadas et al., 2005；Wang et al., 2012)。Siemens 等(2008)的吸附控制实验也说明了以 DPS 为 0.25 的阈值，是农田排水中磷浓度突变的指示点。由于土壤质地和多种环境因素差异的影响，不同地点农田排水中磷素变化与 DPS 出现拐点值会不同。Ilg 等(2005)的研究地点农田排水中溶解态磷浓度急剧增长时，DPS 值为 0.1。而 Zang 等(2013)通过土柱培养结合不同施肥梯度实验，得出渗漏液中溶解态磷出现突变时 DPS 为 0.12。

施用有机肥能够增加土壤有机质，因为有机质在分解过程中可以产生有机酸、腐殖酸等物质，通过竞争性吸附减少了土壤对磷的固持作用，因而对土壤磷起到一定的活化作用，并且有机质分解过程相对漫长、可逆，因此有机肥能提高农田土壤磷素有效性，进而也增加了磷流失的风险(Norgaard et al., 2013；王永壮等,

2013)。Hao 等(2008)的研究也证实，长期施用有机肥下土壤活性磷含量远高于不施肥土壤，磷素流失具有极高的风险。DPS 反映了土壤中铁、铝的变化，铁铝氧化物是磷素的重要载体，同时能够与有机质等物质进一步结合，形成有机质-金属-磷酸盐结合物。开展畜禽有机肥施用下磷素积累及流失风险评估，对有效预测磷流失具有重要意义。

6.1.3 土壤胶体磷的释放及影响因素

1. 土壤胶体及活化能力

土壤胶体是指粒径介于 1nm～1μm 的细微粒，一般可分为土壤矿质胶体、有机胶体、有机-无机复合胶体。土壤胶体是土壤中的活跃物质，土壤环境中微粒的分散与凝聚、吸附与解吸、酸碱度与缓冲性，甚至黏结性和可塑性都与土壤胶体密切相关(彭世良，2002)，图 6.1 显示了土壤环境中胶体之间的相互变化。土壤胶体具比表面大、带电荷特点，对氮磷元素与污染物的迁移转化有重要作用，广泛存在于土壤与水体环境中(Yu et al., 2011)。

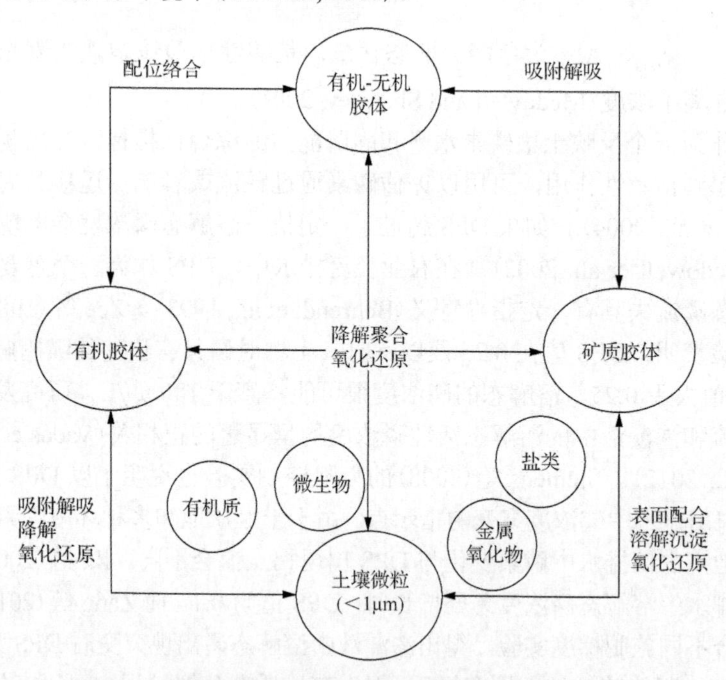

图 6.1 土壤环境中胶体微界面的变化(贺纪正等，2008)

胶体微粒在其外围固液界面区域形成的微观带电体系，称为双电层结构，在其内部的不同位置电位有所不同，但在整体上则是电中性的(于天仁等，1996)。

双电层理论表明，土壤胶体可因环境扰动而发生活化释放，其过程主要取决于伦敦-范德华引力及双电层静电斥力的相对大小(胡俊栋等，2009)。胶体携带污染物迁移的必要条件是土壤胶体从基质中活化释放出来(Elimelech et al., 2001)。环境条件扰动下，胶体微粒间发生化学键的断裂、微粒间的胶膜溶解，胶体表面电荷的变化使颗粒间静电斥力改变等，导致土壤胶体的活化(图 6.2)。

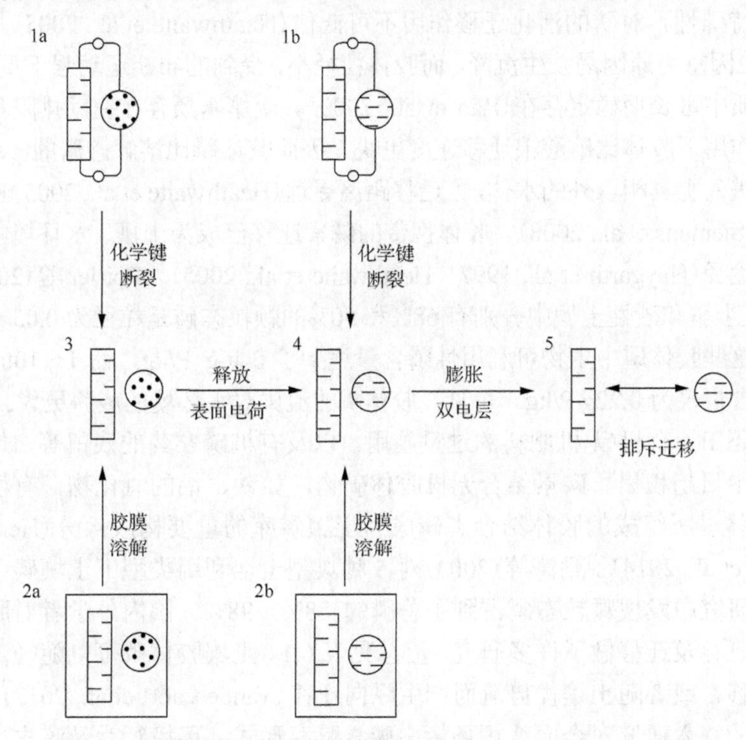

图 6.2　土壤胶体活化机制示意图(Swartz and Gschwend, 1998)

环境扰动分为是物理扰动和化学扰动。物理扰动最常见的形式就是土壤孔隙水流速的变化影响土壤基质表面胶体颗粒的受力情况导致胶体活化。例如，采集地下水样品时，抽取速度一般需控制在 100mL/min 以下，以避免孔隙水流速过高引起土壤胶体的剥离(Backhus and Gschwend, 1990)。土壤胶体来源主要是因化学扰动引起的胶体原位活化(Ryan and Elimelech, 1996)。土壤溶液 pH、离子强度及氧化还原电位变化是化学扰动的常见形式(胡俊栋等，2009)。通常土壤基质表面是带电荷的，pH 可以影响胶体颗粒与土壤基质间的静电斥力，从而导致土壤胶体的活化。土壤溶液离子强度对胶体双电层的压缩作用对土壤胶体的释放也产生影响。因此，强降雨和离子强度较低的液体灌溉将促进土壤胶体的释放(Grolimund and Borkovec, 2006)。此外，也有研究表明土壤氧化还原电位变化产生土壤胶膜溶解，进而促发土壤胶体释放(Henderson et al., 2012)。

2. 胶体磷的研究现状

土壤中的金属氧化物等无机矿物胶体，有机大分子、微生物等形成的有机胶体及有机-无机复合胶体，与土壤中磷素结合形成的一种细颗粒态磷即为胶体磷(Kretzschmar et al., 1999；Ulén et al., 2007)。相比于溶解态磷与大颗粒态磷，胶体态磷因其特殊性，对磷的活化迁移作用不可低估(Heathwaite et al., 2005)。研究表明，大颗粒因重力原因易发生沉降，而胶体粒径小，受到的布朗运动强于重力作用，在环境介质中可长期稳定存在(Ran et al., 2000)。土壤基质存在空间排阻和静电斥力，在此作用下胶体比磷酸根迁移速度更快，因而胶体磷比溶解态磷的移动性强，更易迁移进入土壤相以外的水体，且迁移距离更远(Heathwaite et al., 2005；Klitzke et al., 2008；Siemens et al., 2008)。胶体携带的磷素迁移已成为土壤、水环境中磷素运移的重要途径(Haygarth et al., 1997；Heathwaite et al., 2005)。Poirier 等(2011)研究发现，黏性土壤和砂性土壤中分别有68%和50%的颗粒态磷是粒径为0.05～1μm 的胶体磷，这些胶体磷中生物可利用性磷含量达到了 0.46g P/kg，而 1～100μm 的大颗粒中磷含量仅为 0.22g P/kg。可见，胶体磷的流失对水环境的威胁更大。

秸秆还田、有机/无机肥料的过量施用，以及有机磷农药的残留等，使磷素在农田土壤中日趋积累。磷素结合无机胶体矿物，如铁、铝的氧化物，有机或有机无机复合体，所组成的胶体结合态磷成为土壤磷库的重要构成部分(Hens et al., 2002；Liu et al., 2014)。梁涛等(2003)对 5 种典型土地利用类型下土壤磷在暴雨径流的迁移研究中发现颗粒态磷占到了总磷的 88%～98%。国内外学者对胶体磷在土壤中的赋存及迁移做了许多研究，汇总见表 6.1。土壤胶体磷可以随径流排水发生横向迁移，或者随土壤优势流而产生纵向迁移(Vande voort et al., 2013)。因而，对胶体磷的深入研究对全面认识环境中磷素赋存形式、环境行为及流失风险具有重要意义。胶体磷作为磷素在土壤中赋存和迁移流失的重要形式，因其粒径方面的特殊性，在控制水体富营养化过程中不可忽视。

表 6.1 农田土壤胶体磷部分研究文献汇总

土壤类型及应用	施肥情况	磷含量	研究对象	微粒粒径	所占比例	参考文献	备注
美国西北部半干旱石灰性土壤	有机肥和无机肥	34～145mg/kg (Olsen P)	径流排水	1nm～1μm	13%～22% (<1μm 悬浊液)	Turner 等, 2004	MRP
美国西北部半干旱石灰性土壤	无机肥	11～101mg/kg (Olsen P)	径流排水	1nm～1μm	11%～39% (<1μm 悬浊液)	Turner 等, 2004	MRP

续表

土壤类型及应用	施肥情况	磷含量	研究对象	微粒粒径	所占比例	参考文献	备注
美国西北部半干旱石灰性土壤	无机肥	4 ~ 8mg/kg（Olsen P）	径流排水	1nm ~ 1μm	37% ~ 56%（<1μm 悬浊液）	Turner 等, 2004	MRP
苏格兰北部泥炭灰壤	连续 5 年施肥 22kg P/（hm^2 · a）	3356μg P/dm^3	土壤溶液	0.22 ~ 1.2μm	23%	Shand 等, 2000	MRP
苏格兰北部泥炭灰壤	连续 5 年施肥 22kg P/（hm^2 · a）	3356μg P/dm^3	土壤溶液	0.22 ~ 1.2μm	46%	Shand 等, 2000	OP
比利时砂质灰壤/草地	有机肥和无机肥	16.8mmol/kg（草酸提取态 P）	土壤溶液	有机质-金属-磷酸盐结合物	42% ~ 57%（<0.45μm 土壤悬浊液）	Hens 等, 2001	HMMRP
比利时砂质灰壤/耕地	有机肥和无机肥	18.5mmol/kg（草酸提取态 P）	土壤溶液	有机质-金属-磷酸盐结合物	20% ~ 29%（<0.45μm 土壤悬浊液）	Hens 等, 2001	HMMRP
比利时砂质灰壤/林地	不施肥	0.39mmol/kg（草酸提取态 P）	土壤溶液	有机质-金属-磷酸盐结合物	0	Hens 等, 2001	HMMRP
中国太湖流域水稻土	培养中施用有机肥	933.32mg/kg	土柱渗漏液	0.01 ~ 1μm	25% ~ 64%（渗漏液总磷）	Zang 等, 2011	TP
中国太湖流域水稻土	连续 5 年施有机肥 210kg P/hm^2	1726.45mg P /kg（0 ~ 10cm） 1150.4mg P/kg（10 ~ 20cm） 553.43mg P/kg（20 ~ 30cm） 430.44mgP/kg（30 ~ 40cm） 290.04mg P/kg（40 ~ 50cm） 228.78mg P/kg（50 ~ 60cm）	土壤水提取液	0.01 ~ 1μm	78%（1 ~ 10cm, <1μm 悬浊液）88%（20 ~ 30cm, <1μm 悬浊液）91%（50 ~ 60cm, <1μm 悬浊液）	Zang 等, 2011	TP
丹麦砂质土壤	—	734mg P/kg	土柱渗漏液	0.24 ~ 2μm	75%（土柱渗漏液）	de Jonge 等, 2004	TP
德国北部砂质土	不同梯度施肥	47 ~ 140mg P/kg	土壤水提取液	0.01 ~ 1.2μm	28%（0 ~ 30cm, 水提取总磷）>94%（>30cm, 水提取总磷）	Ilg 等, 2005	TP
比利时砂质灰壤/耕地	无机肥 50kg P/hm^2 有机肥 50×10^3～100×10^3 kg P/（hm^2 · a）	33.9μmol P（<0.45μm 土壤溶液）	土壤溶液	0.025 ~ 0.45μm	40% ~ 58%（<0.45μm 土壤溶液）	Hens 等, 2002	MRP

续表

土壤类型及应用	施肥情况	磷含量	研究对象	微粒粒径	所占比例	参考文献	备注
比利时砂质灰壤/草地	有机肥 50×10^3 kg P/(hm^2·a)	92.7μmol P (<0.45μm 土壤溶液)	土壤溶液	0.025 ~ 0.45μm	40% ~ 58%(<0.45μm 土壤溶液)	Hens 等, 2002	MRP
比利时砂质灰壤/林地	—	23.8μmol P (<0.45μm 土壤溶液)	土壤溶液	0.025 ~ 0.45μm	<8%(< 0.45μm 土壤溶液)	Hens 等, 2002	TP
德国北部砂质土	施有机肥	104 ~ 176 μmol P/kg (0 ~ 30cm)	土柱渗漏液	0.01 ~ 1.2μm	6% ~ 37%	Siemens 等, 2008	TP
德国北部砂质土	长期施肥实验	696 ~ 1320 μmol P/kg (0 ~ 30cm)	土柱渗漏液	0.01 ~ 1.2μm	1.4% ~ 19%	Siemens 等, 2008	TP
中国太湖流域老成土/水稻	无机磷肥和有机肥	493 mg P/kg (0 ~ 20cm)	土壤提取液	0.01 ~ 1μm	80.9% (< 1 μm 提取液)	Liu 等, 2013	TP
中国太湖流域老成土/蔬菜	无机磷肥和有机肥	901 mg P/kg (0 ~ 20-cm)	土壤提取液	0.01 ~ 1μm	55.2% (< 1 μm 提取液)	Liu 等, 2013	TP

注：MRP 表示钼蓝直接反应磷，OP 表示有机磷，HMMRP 表示高分子量钼蓝直接反应磷，TP 表示总磷。

3. 影响胶体磷活化迁移的因素

土壤胶体磷是土壤磷库的重要组成部分，与土壤中的铁铝氧化物、黏土矿物、有机大分子及微生物等息息相关。因此，胶体磷在植物养分利用和面源流失方面应该予以重视。土壤理化性质、施肥及灌溉降雨等因素都会对胶体磷在土壤环境中的赋存运移产生影响。深入研究土壤胶体在磷素活化中的作用及胶体磷运移的影响因素，对于准确评估农业面源磷的迁移归趋和环境风险具有重要意义。

1) 土壤理化性质

环境条件的扰动使土体原位产生水分散性胶体，这是胶体易化磷素运移的首要条件。形成的胶体磷在土壤中其稳定性和移动性受到土壤理化因素(如土壤孔隙、pH、离子强度、电导率等)的影响。Stamm 等(1998)研究发现，草地土壤中的优势流能够促进溶解态磷和颗粒态磷的迁移流失。McGechan 等(2002)进一步指出土壤大孔隙结构影响磷的迁移，胶体磷可能会通过土壤大孔隙优先发生纵向迁移。章明奎等(2007)在旱耕地土壤磷垂直迁移的研究中，发现土壤优势流促进了磷素的纵向迁移。土壤通气层中可移动的胶体是由土壤中水扩散性胶体原位释放产生的(Jonge et al., 2004)。Jonge 等(2004)研究发现土壤的空间异质性显著影响胶体和胶促性物质的迁移，在很大程度上控制了胶体和胶体磷的流失。

土壤 pH 是影响土壤胶体磷赋存及运移的重要因素。研究表明，在低 pH 下，胶体之间，胶体与基质之间的表面斥力作用减弱，进而出现聚沉现象(Grolimund et al., 1998)；在高 pH 下，静电斥力和双电层厚度的增加，将促进土壤胶体的释放(Ryan et al., 1996)。土壤溶液中存在以有机质-金属-磷酸根三元复合物形式的胶体磷，而 pH 的变化会通过 H^+竞争金属阳离子(Fe/Al)与有机质的吸附位点影响胶体磷(Hens and Merckx, 2001)。Zang 等(2013)对稻田剖面土壤进行了磷素分析测定，发现底层土壤高 pH 下，促进了胶体微粒的释放。而 Liang 等(2010)研究了 pH 对土壤胶体磷释放的效应，高 pH 和低 pH 都会促进胶体和胶体磷的释放，高 pH 下有机胶膜破坏，带来水分散性胶体的释放，促进了胶体磷的形成。电镜能谱技术应用的结果说明了土壤酸化会引起无机矿物，特别是铝氧化物结合体的分解，增加胶体磷流失风险。

磷对土壤胶体具有分散作用，并且磷如果被氧化物胶体吸附，会增强胶体的电负性，特别在表面电位低于–20mV 时，可引发带土壤基质中含磷铁氧化物的释放(Ilg et al., 2008)。Zhang 等(2008)在土壤理化因素对土壤磷流失的影响方面进行了研究，发现土壤电导率与土壤胶体磷流失有负相关性，电导率高会抑制土壤中胶体磷的流失。在约束胶体释放和促进胶体悬浮液聚合方面，二价离子(如 Ca^{2+})要比单价离子(如 Na^+)影响更加显著(Ilg et al., 2008)。Henderson 等(2012)发现农田土壤淹水下土壤胶体磷易于活化流失，这是因为淹水显著降低了土壤氧化还原电位，引起土壤胶体与土壤基质间形成的铁膜发生还原溶解。

2)施肥

农田磷素的流失程度主要取决于磷肥施用量，并与施肥前后当地气候条件密切相关(Stamm et al., 1998)。大量施肥会造成农田土壤中磷素的积累，也进一步增加了胶体磷流失的风险。土壤胶体对磷的吸附使胶体表面电负性增强，进而使胶体微粒间斥力增强，更有利于胶体的运移(Ilg et al., 2008；Sañudo-Wilhelmya et al., 1996)。研究表明，磷肥的过量施用，特别在吸附作用强、水溶剂多和电解质浓度低的条件下，会引起固相中部分磷素以胶体磷形式迁移(Liu et al., 2013; Siemens et al., 2008)。Siemens 等(2008)通过不同磷饱和量的土柱实验，探讨过量施肥是否促进了胶体磷的流失。结果显示，磷施用量高的土柱渗漏液中胶体磷的含量会相应变大，但是磷素在土壤中的积累并不一定会导致胶体及胶体磷流失的增加，胶体磷的迁移受到多种独立性因素的影响。Ilg 等(2005)对不同施肥处理的土壤进行分层测定，结果显示在 0～30cm 和 30～60cm 土壤中，水散性胶体磷浓度随施肥量的增加而增加，而 60cm 以下的土壤之间并没有显著差异，这说明施肥对胶体磷的影响主要集中在上层土壤。Makris 等(2006)的实验也说明，向土壤中增加水散性胶体和增施有机肥可以不同程度增加胶体无机磷的量。

不同肥料类型，对土壤胶体磷的影响也会有差异。对比施用无机磷肥，粪肥施用下有机胶体的影响不可忽视。有机肥的施用，因为富含较多的有机磷，比起无机磷肥，将会引起更显著的胶体运移情况(Ilg et al., 2008)。Zang 等(2011)通过土柱培养实验，对比了施用有机肥和无机肥情况下土壤胶体磷运移量，土壤胶体磷在有机肥施用下迁移量增加了 25%。

3)其他因素

El-Farhan 等(2000)发现在农田大量灌溉或强降雨的初期，胶体和胶体磷的运移要高于平时水平，这一现象称为初期冲刷效应。他进一步指出，土壤中发生渗透、聚集、运移胶体微粒现象，是空气和水相互作用的结果，显著的干湿交替可能引起土壤胶体的释放。

农田中的植被与径流中胶体物质也存在密切关系(Poirie et al., 2011)。Yu 等(2012)设计实验研究径流中植被密度对胶体迁移和去除的效应，结果表明，植被(包括根部)对胶体微粒具有吸附作用，在去除地表和地下流的胶体中起到一定的积极作用。

土壤团聚体在环境扰动下发生分散或活化，与溶解态磷结合形成胶体磷，不同磷组分的化学活性不同，结合体的稳定性会有差异(Sauve et al., 2000)。Celi 等(2001)在研究 pH 和电解质对肌醇磷在针铁矿上的交互作用中发现，肌醇磷饱和的针铁矿在 pH 为 2～10 时分散性都很好，而无机磷酸盐饱和的针铁矿在 pH 大于 5 时才有良好的分散性，表明有机磷对胶体迁移和稳定性的强化作用要更加显著。

6.2　不同施肥下稻田田面水胶体磷的分布特征

磷素是作物生长所必需的营养元素，农业生产中磷肥得到广泛施用。我国水稻种植历史悠久，且面积广阔。太湖流域，稻田是主要的土地利用类型，约占总耕地的 90%，主要集中在地势平缓的平原水网区(杨丽霞等，2010)。在粒径分布上，水中磷素可分为颗粒态磷、胶体磷和溶解态磷。在不同相的磷组分中又可分为钼蓝反应磷(molybdate-reactive phosphorus, MRP)和钼蓝非反应磷(molybdate-unreactive phosphorus, MUP)。钼蓝反应磷是指能够与钼酸盐直接反应的磷，一般认为以磷酸根的形式存在，可称之为无机磷。钼蓝非反应磷是那些不能与钼酸盐直接反应，在消解后可以与钼酸盐成显色反应的磷，通常以有机磷形式存在，可称之为有机磷(Zhang et al., 2007)。水中无机形式的磷，是水生藻类等植物可直接吸收利用的磷素形式。

研究表明，胶体磷素的运移已成为土壤溶液、河流、湖泊等地表水体磷素迁移的重要途径，是农业面源污染的重要形式(Haygarth et al., 1997； Heathwaite et al., 2005)。胶体磷已成为磷素流失的重要形式，在水体富营养化控制中不可忽视(Lin and Zhou, 2011；Rick and Arai, 2011)。本书对磷肥输入下稻田田面水磷素粒径分布特征及形态进行分析，评估稻田磷流失潜能及流失形式，探究磷肥施用下稻田田面水胶体磷的迁移特征及可能的环境风险，为农业面源污染的研究提供理论指导，对指导合理施肥、减少环境污染具有重要的意义。

6.2.1 材料与方法

1. 试验地概况

稻田肥料定位试验点位于浙江省嘉兴市王江泾镇双桥农场(图 6.3)，120°43'E，30°50'N，为亚热带季风气候，年平均温度为 15.7℃，年平均降水量为 1200 mm。土壤类型为青紫泥，潜育型水稻土。耕层土壤的理化性状为：pH，6.8；SOC，19.2g/kg；全氮，1.93g/kg；全磷，1.53g/kg；阳离子交换量(CEC)，8.10cmol/kg。种植模式为水稻-油菜轮作。水稻季为 6～11 月，油菜季为 11 月～次年 5 月。试验开始于 2005 年，选取 2013 年水稻生长季进行研究，试验点实景见图 6.4。

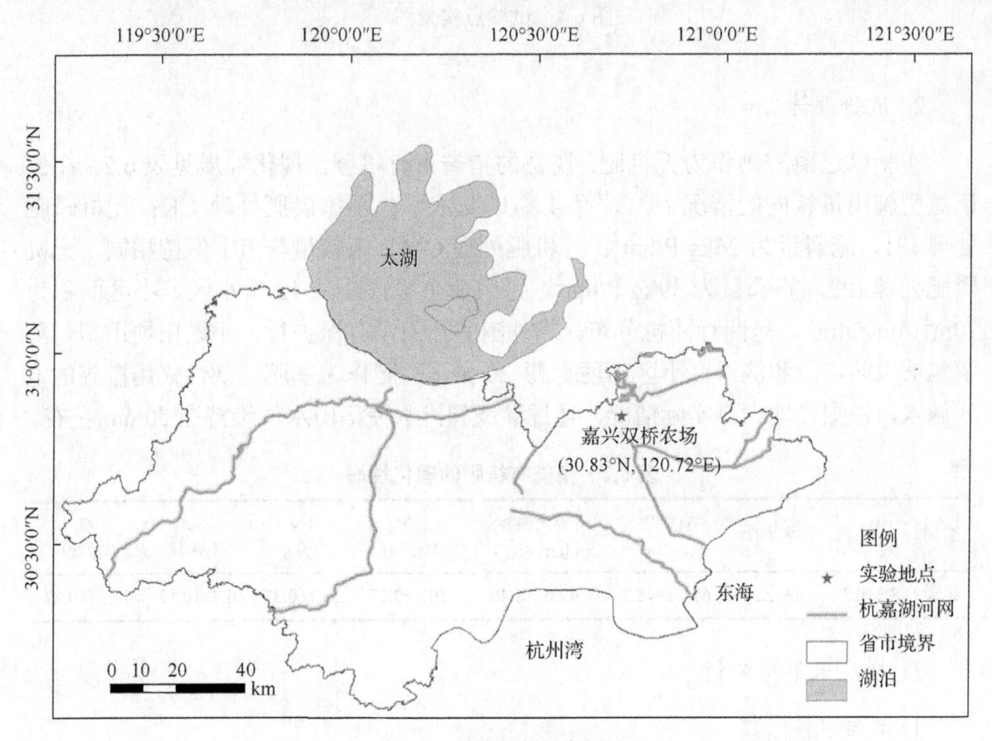

图 6.3　试验点示意图

图 6.4 试验点实景图

2. 试验设计

实验以过磷酸钙作为无机肥，腐熟的猪粪为有机肥，理化性质见表 6.2，在保证氮肥施用量相同的情况下，设置 4 组磷肥水平：不施磷肥处理 CK；无机磷肥处理 IP1，施磷量为 26kg P/hm^2；有机肥处理 OM，施磷量与 IP1 保持相同；无机磷肥处理 IP2，施磷量为 39kg P/hm^2。每组 3 个平行，共 12 个小区，小区面积为 20m^2(5m×4m)，呈两行随机分布。靠外围的一侧设有保护行，小区田埂用塑料薄膜包被以防串流和侧渗，小区田埂筑高 20cm。磷肥作为基肥一次性采用撒施的方式施入。根据当地农事实际情况，通过灌溉和排水使稻田水位维持在 50mm 左右。

表 6.2 猪粪有机肥的理化性质

类别	pH	含水率/%	有机质/(g/kg)	离子交换容量/(cmol/kg)	TP/(g/kg)	TN/(g/kg)	Fe/(g/kg)	Al/(g/kg)
猪粪	8.3±0.2	63±2.5	695.3±45.7	42.01±6.40	10.7±0.17	36.7±0.37	6.78±0.12	11.57±0.27

3. 样品采集与分析

1) 田面水样采集

水稻移栽后的第18d(2013年7月11日)施肥，施肥前1d及施肥后一周内隔天采集田面水，即施肥后第1d、3d、5d、7d各采集一次，然后第12d、19d、26d、40d、

54d、68d各采集一次，共计采集了11次田面水样。将样品放于高密度聚四氟乙烯瓶中，并迅速带回实验室分析，未能当天分析的水样保存在4℃冰箱中，于次日分析。

2) 胶体分离与磷的测定

水样总磷由酸性过硫酸钾消解后钼蓝比色法测定。水样胶体磷的测定方法如下：一定体积水样过 1μm 滤膜(样品Ⅰ)，在 300000*g* 下离心 2h(Optima TL, Beckman, Unterschleissheim, Germany)去除胶体物质，上清液即溶解态水样(样品Ⅱ)。根据斯托克斯公式(Gimbert et al., 2005)计算可知，本书中胶体的粒径是0.01～1μm。

样品Ⅰ和样品Ⅱ分别加入酸性过硫酸钾在 121℃水浴锅中消解 1h，加入抗坏血酸在 95℃水浴锅中静置 1h，由钼蓝比色法测定磷浓度，两水样样品磷浓度之差即为胶体磷浓度。样品Ⅱ求得的浓度即为溶解态磷的浓度。无机磷(MRP)由样品直接与钼酸盐反应比色测得，而有机磷(MUP)由总磷与无机磷浓度做差求得，由此可以分别求得总的、胶体、溶解态无机磷和有机磷浓度(Liu et al., 2011)。所有试剂瓶均以稀硝酸浸泡后去离子水洗涤 3 次。

3) 结果分析方法

田面水总磷及各粒级磷的负荷值 Load 由单位面积小区的量值来表达(mg/m^2)，计算公式如下：

$$\text{Load}=\frac{C_i \times V_i}{A}=C_i \times h_i \tag{6.2}$$

式中，C 为总磷或者各粒级磷浓度(mg/L)；V 为土壤表面以上田面水的体积(m^3)；A 为水稻田小区的面积($20m^2$)；h 为水位尺量得的田面水水深(m)；i 为施肥后的天数。

总磷及各粒级磷浓度随时间变化的规律采用指数函数、幂函数与对数函数 3 种函数进行回归分析。指数函数、幂函数与对数函数描述分别如下：

$$y=a\cdot \exp(b\cdot t)；\ y=a\cdot t^b；\ y=a+b\cdot \ln t \tag{6.3}$$

式中，y 为稻田田面水磷浓度值；t 为施肥后的天数；a 与 b 为需要计算的参数。

6.2.2　气象水文因素

水稻于2013年6月24日移栽，至11月8日收割，历时138d。水稻种植期间，累积降雨量531.4mm，有几场较大强度的降雨，其中最大强度日降雨是10月7日，降雨量为96.8mm。7月受副热带高气压影响，天气较为炎热，水稻种植期日平均气温为26.4℃。水稻田保持淹水状态，是该地区典型的种植模式，通过灌溉将田面水保持在50mm。发生较大强度降雨时将产生农田径流。2013年水稻生长期内降雨量和气温分布见图6.5。

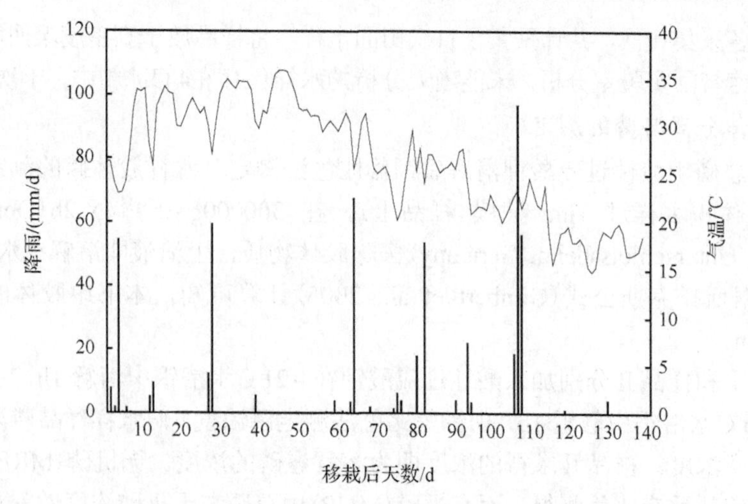

图 6.5　2013 年水稻生长期内降雨量和气温分布

6.2.3　稻田田面水总磷浓度变化

水稻基肥施入后，稻田田面水中总磷的浓度随施肥量的增加而增加，并呈现一种随时间延长逐渐降低的趋势，且施用无机磷肥与有机肥下田面水中磷素浓度也呈现了一定差异性(图 6.6)。水稻淹水期，基肥施入前 CK、IP1、OM 和 IP2 4 种处理下田面水总磷浓度分别为 0.15mg/L、0.44mg/L、0.54mg/L、0.56mg/L。有机肥处理下稻田田面水总磷浓度较 IP1 处理高，这可能因为长期施用有机肥与轮作降低了土壤对磷的吸持量(戚瑞生，2012)。水稻生长季 CK、IP1、OM 和 IP2 处理下总磷的变化范围分别是 0.12～0.19mg/L、0.12～1.84mg/L、0.11～1.66 和 0.12～2.26mg/L。施肥处理下总磷的最高浓度出现在施肥后第 1d，IP1、OM 和 IP2 处理下总磷浓度分别是 CK 处理下的 9.7、8.7 和 11.9 倍。但随着时间的推移，田面水总磷浓度迅速降低，在施肥后第 7d，IP1、OM 和 IP2 处理下总磷浓度降为峰值的 31.6%、37.3%和 25.7%。基肥施入后一个月左右(第 40d)田面水浓度趋于一个相对的稳定值，CK、IP1、OM 和 IP2 4 种处理下田面水总磷浓度无差异，稳定在 0.12mg/L 左右，已经低于国家地表水水质标准Ⅴ类水 0.4mg/L 的值。施肥初期，农田排水对周围水体环境的污染风险不可忽视。稻田田面水磷浓度变化规律与前人研究相似(叶玉适，2014；张志剑，2001)。

施用有机肥与无机磷肥相比，田面水总磷浓度降低趋势呈现显著不同。有机肥施用下，总磷浓度降低缓慢。从施肥后第3d开始，OM处理下的田面水总磷浓度高于IP1处理，IP1处理下田面水总磷浓度在施肥后第12d已低于Sharpley (1995) 提出的农田排水总磷浓度的限制标准0.25mg/L，而OM处理下的田面水在第19d才低于此值。可见，有机肥相比无机磷肥使田面水磷浓度保持在较高水平，提高了磷流失风险。

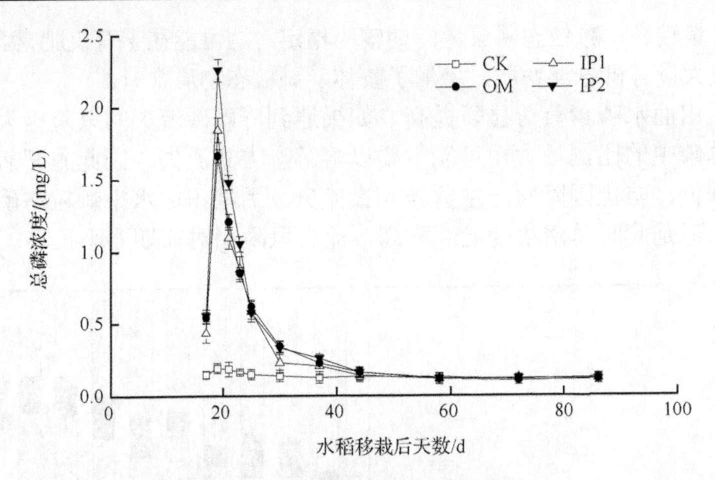

图 6.6　施肥后田面水总磷的变化

6.2.4　稻田田面水胶体磷分布特征

利用公式(6.2)，分别计算水稻生长季稻田田面水中总磷、颗粒态磷、胶体磷和溶解态磷的负荷值。由图 6.7 可以看出施肥释放大量的磷素，溶解态磷负荷在施肥后第 1d 就达到最高值，CK、IP1、OM、IP2 处理下分别为 5.73mg/m^2、74.64mg/m^2、46.81mg/m^2、90.24mg/m^2，然后逐渐降低，无机磷肥对溶解态磷的影响较有机肥明显。随着施肥时间的延长，颗粒态磷和溶解态都呈现下降趋势，且施肥后的一周内下降最快，而胶体磷的变化相对稳定，主要在 OM 处理下胶体磷的降低明显。CK 处理下，颗粒态磷负荷范围在 2.24～3.65mg/m^2，胶体磷为 0.52～1.34mg/m^2，溶解态磷为 1.79～5.73mg/m^2；IP1 处理下，颗粒态磷负荷范围在 2.84～12.90mg/m^2，胶体磷为 0.55～6.16mg/m^2，溶解态磷为 1.74～74.64mg/m^2；OM 处理下，颗粒态磷负荷范围在 2.91～23.22mg/m^2，胶体磷为 0.70～13.16mg/m^2，溶解态磷为 1.65～46.81mg/m^2；IP2 处理下，颗粒态磷负荷范围在 3.03～14.80mg/m^2，胶体磷为 0.86～7.90mg/m^2，溶解态磷为 1.55～90.24mg/m^2。从各粒级磷负荷变化趋势看，稻田田面水前期磷素主要以溶解态磷形式存在，后期以颗粒态为主，这与 Zhang 等(2007)对稻田田面水的研究结果一致。

颗粒态磷、胶体磷和溶解态磷在总磷中所占比例分别为 13%～59 %、7%～18%和 27%～81%。颗粒态磷和溶解态磷是磷的主要形式，胶体磷相对稳定，含量较低。CK 处理下，各级粒级磷变化不大，前期可能受边际效应的影响，溶解态磷含量略有增加。颗粒态磷比例逐渐升高，最后接近稳定。后期颗粒态磷、胶体磷和溶解态磷稳定含量分布在 50%～60%、10%～20%和 20%～30%。Zhang 等(2007)的研究得出颗粒态磷在稻田田面水中最后稳定在 50%左右，与本书的结果类似。有机肥施用后第 1d 溶解态磷含量占总磷的比例为 60%，明显低于无机磷肥处理的 80%，而且胶体磷含量较高，颗粒态磷含量前期较为稳定，这可能在于有机肥富含有机质，入水后释放大量有机悬浮物质，增加了胶体、颗粒态物质含量。

施肥后田面水磷素负荷显著提高，如果遇到降雨磷流失的风险极大，而且溶解态磷在总磷中的比例最大，可能主要以溶解态方式流失，因此施肥后可以通过调节田面水位，防止因降雨产生营养元素流失。后期田面水中颗粒态磷是磷素的主要部分，但是此时总磷浓度已经不高，流失风险相对前期要小很多。

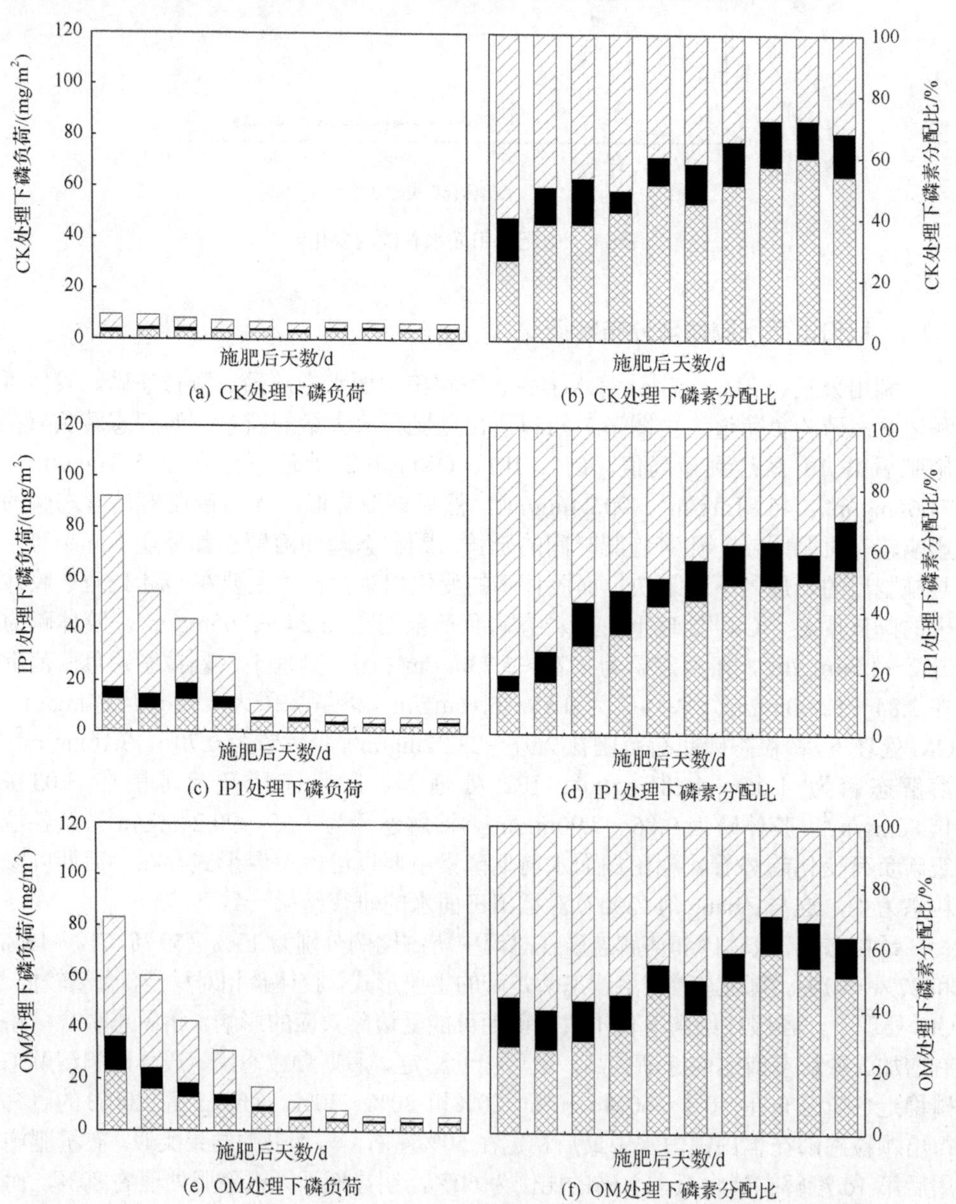

(a) CK处理下磷负荷　(b) CK处理下磷素分配比
(c) IP1处理下磷负荷　(d) IP1处理下磷素分配比
(e) OM处理下磷负荷　(f) OM处理下磷素分配比

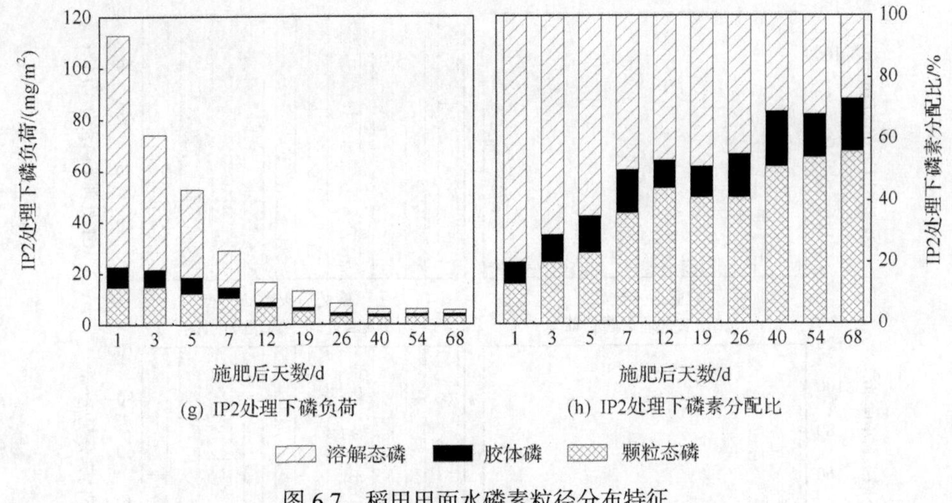

图 6.7　稻田田面水磷素粒径分布特征

6.2.5　稻田田面水无机磷与有机磷的分布变化

水稻田面水中无机磷是水中总磷的主要部分，占到总磷的 45%～82%，有机磷含量相对较小(图 6.8)。无机磷在总磷中的比例高，提供植物可直接利用性磷的能力强，对植物的生长有一定作用。施肥使田面水中无机磷和有机磷的含量迅速增加，无机肥对无机磷含量的增加较有机肥明显，但是有机肥对有机磷含量的增加效应较无机肥更为显著。各施肥处理下，无机磷在施肥后第 1d 都达到峰值，CK、IP1、OM、IP2 的负荷最高值分别为 6.31mg/m^2、75.18mg/m^2、58.93mg/m^2、92.98mg/m^2，且无机磷在施肥后的一周下降迅速，施肥后第 7d 各处理降为 4.61mg/m^2、19.58mg/m^2、17.43mg/m^2、19.31mg/m^2，OM 处理下无机磷的下降较无机肥缓慢。CK、IP1、OM、IP2 处理下有机磷在施肥后第 1d 也达到峰值，负荷分别为 3.24mg/m^2、16.97mg/m^2、24.27mg/m^2 和 19.82mg/m^2，随着时间的推移也呈现一个降低的过程。但是，OM 处理下有机磷含量在一周内呈现相对稳定的态势，负荷分布在 13.62～24.27mg/m^2，之后才逐渐降低。

土壤受风化因素影响，CK处理下无机磷在总磷中所占比例相对稳定，约为60%。IP1和IP2处理下前期无机磷含量增加，能够达到总磷的80%以上，这是因为施用磷肥释放大量磷素，而且这些磷素主要是钼蓝可反应性的。相比无机磷肥处理，OM处理下水中无机磷在总磷中的比例前期未有明显增加，保持相对稳定，约占总磷的60%。这可能是因为有机肥富含较高含量的有机磷，在水中溶解后释放无机磷的同时也释放了有机磷。随着时间的推移，水稻后期，无机磷和有机磷在总磷中的比例维持相对稳定，各处理间没有差异，无机磷占总磷的50%～60%，有机磷占40%～50%。

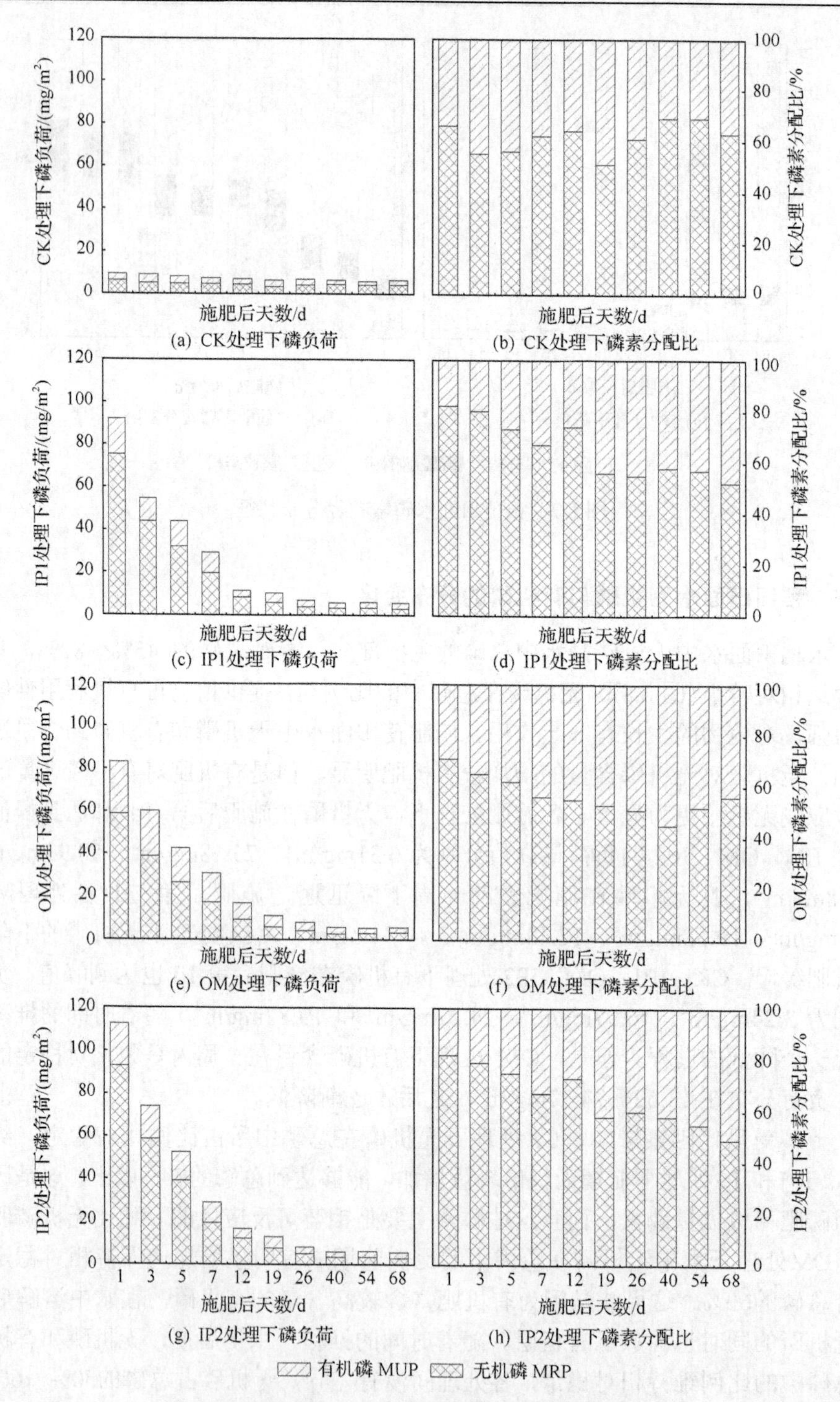

图 6.8　稻田田面水中无机磷及有机磷含量分布特征

6.2.6　无机磷在不同粒级上的变化

各粒级上无机磷与总磷的变化相符，随着施肥时间的延长，田面水无机磷负荷逐渐降低(表 6.3)。施肥影响最大的是溶解态无机磷，且有机肥对溶解态无机磷的影响在施肥前期显著小于无机肥作用，而施肥后第 7dOM 处理下溶解态无机磷高于其他施肥处理，第 26d 后施肥处理间无差异。对于颗粒态磷来说，无机磷是其主要组成，可占颗粒态磷的 59%～96%。磷肥施用提高了颗粒态无机磷的含量，特别是有机肥因释放含磷量高的微粒，其颗粒态无机磷与其他处理间产生显著差异(p<0.05)，施肥后第 19d 各施肥处理已无差异。胶体无机磷规律与颗粒态类似，其含量相对较低，有机肥施用下田面水中胶体无机磷负荷显著提高，高达 5.91 mg/m^2。

表 6.3　稻田田面水无机磷在不同粒级上的变化　(单位：mg/m^2)

处理		施肥后天数/d									
		1	3	5	7	12	19	26	40	54	68
DP	CK	3.67d	2.28d	1.19d	1.47b	1.25c	0.60c	0.83c	0.95a	0.83a	0.73a
	IP1	62.46b	32.45b	17.36c	13.00b	8.66b	2.21b	1.65ab	1.13a	0.87a	0.72a
	OM	37.18c	25.50c	22.39b	18.79a	11.01a	6.30a	2.56a	1.04a	0.86a	0.74a
	IP2	77.88a	44.23a	30.28a	15.79b	8.86b	2.61b	2.28a	1.10a	0.81a	0.86a
CP	CK	0.56d	0.26c	0.58c	0.23c	0.26c	0.37c	0.45b	0.58a	0.46a	0.44a
	IP1	2.78c	2.77b	2.28b	1.73b	1.11b	0.90a	0.59ab	0.56a	0.55a	0.47a
	OM	5.91a	3.99a	3.89a	2.47a	1.66a	1.07a	0.84a	0.60a	0.48a	0.42a
	IP2	4.46b	2.82b	2.32b	1.94ab	1.25b	1.10a	0.79a	0.68a	0.45a	0.39a
PP	CK	2.08c	2.51c	2.87c	3.20c	2.88b	3.37b	3.27b	4.12a	3.50a	3.59a
	IP1	9.94b	7.55b	8.43b	7.55b	7.57a	5.70a	5.43a	3.84a	3.68a	3.72a
	OM	15.84a	11.99a	10.58a	8.26a	7.55a	5.85a	5.65a	4.19a	4.05a	3.77a
	IP2	10.66b	9.44b	9.34b	7.59b	6.92a	6.16a	5.24a	4.54a	3.50a	3.92a

注：DP、CP、PP 分别代表溶解态磷、胶体磷、颗粒态磷。表中同一列数据后面不同字母表示差异达 $p < 0.05$ 显著水平，下同。

6.2.7　各粒级磷浓度随施肥时间的回归分析

田面水总磷、颗粒态磷、胶体磷、溶解态磷从施肥第 1d 至最后一次采样的时间变化曲线分别用指数函数、幂函数与对数函数拟合，如表 6.4 所示。其中，幂函数的拟合效果要好于指数函数和对数函数。对溶解态磷的拟合效果较好，而胶体磷的拟合效果较差。总体来讲，利用拟合曲线的变化，可以有效预测各粒级磷的变化趋势，对于评估磷素流失风险具有积极作用。

表 6.4　2013 年稻田田面水各粒级磷负荷浓度随施肥时间（t/d）的回归分析

处理		指数函数 $y=a\cdot\exp(b\cdot t)$			幂函数 $y=a\cdot t^b$			对数函数 $y=a+b\cdot\ln t$		
		a	b	r^2	a	b	r^2	a	b	r^2
TP	CK	0.164	–0.006	0.606	0.194	–0.120	0.904	0.191	–0.018	0.899
	IP1	0.765	–0.037	0.674	2.138	–0.752	0.949	1.542	–0.400	0.881
	OM	0.842	–0.039	0.762	2.239	–0.750	0.966	1.506	–0.382	0.922
	IP2	0.965	–0.041	0.729	2.821	–0.805	0.968	1.915	–0.502	0.881
PP	CK	3.054	0.002	0.221	2.812	0.055	0.392	2.835	0.166	0.379
	IP1	9.391	–0.022	0.696	16.164	–0.420	0.865	13.572	–2.745	0.833
	OM	13.296	–0.029	0.769	27.259	–0.551	0.972	21.149	–4.886	0.949
	IP2	11.442	–0.025	0.753	20.558	–0.463	0.898	16.372	–3.416	0.919
CP	CK	0.931	–0.003	0.041	1.115	–0.096	0.187	1.174	–0.104	0.292
	IP1	3.734	–0.031	0.627	8.061	–0.597	0.776	6.063	–1.375	0.711
	OM	4.896	–0.038	0.629	14.720	–0.787	0.937	10.784	–2.851	0.855
	IP2	4.583	–0.031`	0.655	10.633	–0.624	0.893	8.028	–1.923	0.878
DP	CK	4.085	–0.014	0.686	5.922	–0.274	0.947	5.491	–0.918	0.949
	IP1	23.976	–0.048	0.698	89.614	–0.973	0.963	57.491	–15.870	0.828
	OM	23.743	–0.049	0.785	76.304	–0.917	0.946	43.360	–11.370	0.917
	IP2	31.831	–0.055	0.776	126.14	–1.061	0.973	71.363	–19.77	0.835

注：TP、DP、CP、PP 分别代表总磷溶解态磷、胶体磷、颗粒态磷。

6.3　稻田径流排水中胶体磷的流失规律

磷素在水稻田以径流损失的形式流失已成为水体富营养化的重要贡献源，也是环境学家关注的热点问题。Uusitalo等(2001)对芬兰南部农田径流和浅层地表排水中磷素组成的研究得出颗粒态磷占总磷流失量的63%～99%。梁涛(2003)在西苕溪流域对典型的土地利用类型开展调查研究，发现颗粒态磷在暴雨径流中能够占到流失总磷的88%～98%。而黄满湘(2002)通过室内模拟降雨实验得出，颗粒态磷占到了径流流失总磷的91%以上，说明降雨侵蚀土壤形成的颗粒态磷是磷素随地表径流迁移的主要方式。Sekula-Wood等(2012)对水体磷素的研究发现，侵蚀泥沙所储存、携带的磷在适当环境条件下释放是水体富营养化潜在的污染源。大量的研究证实，颗粒态磷在农田磷素流失中占了十分大的比重。传统观点将0.45 μm作为溶解态磷和颗粒态磷的分界依据，却忽视了胶体在污染物迁移过程中的作用。胶体磷的运移是土水界面磷素迁移的重要途径。

本书基于离心法分离水体微粒，利用差减值求得胶体磷浓度，系统研究水稻田淹水状态下，降雨产生的径流流失水体中各粒级磷的组成特点，无机磷和有机磷的所占比重。胶体微粒中铁铝氧化物等对磷具有显著的吸附作用，分析此作用下微量元素与磷的相关关系，进而总结稻田径流排水中胶体磷的流失规律，评估胶体磷的流失风险。

6.3.1　材料与方法

1. 试验地概况

试验地同 5.2.1 节。

2. 试验设计

试验设计同 5.2.1 节。

3. 样品采集与分析

1) 径流水样采集

较大强度降雨会产生径流排水，分别于稻田施肥后的第 10d、46d、64d 的降雨过程中，在试验田排水口采集径流样品。试剂瓶为高密度聚四氟乙烯瓶，采样结束后，使用移动冰箱带回实验室分析，未能当天分析的水样保存在 4℃冰箱中，于次日分析。

2) 样品测定

水样各粒级磷参照前章内容测定，分别取定量(5mL)过 1μm 滤膜的水样(样品Ⅰ)和超离心后水样(样品Ⅱ)，加入 2mL 硝酸后进行微波消解，以ICP-OES(Model IRAS-AP, TJA)测定 P、Fe、Al 元素总量，样品Ⅰ和样品Ⅱ差值即为胶体态物质的浓度。TOC 含量以 TOC 分析仪测定(Multi N/C 3100, AnalytikjenaAG, Jena, Germany)。

3) 样品分析

颗粒态磷、胶体磷和溶解态磷是磷素在水体中存在的相态分类，无机磷和有机磷是磷素在水体中的活性分类，然而颗粒态、胶体态和溶解态中也存在着无机磷和有机磷，现将 K_r 作为磷在某一相态下的活性系数，公式表达为

$$K_r = MRP_i / MUP_i \tag{6.4}$$

式中，MRP、MUP 分别为同一相态下的无机磷和有机磷浓度(mg/L)；i 为磷的相态，为颗粒态或胶体态或溶解态；K_r 为此相态下的磷活性能力，值越大，此相态下无机磷比例越高，此相态的磷可被生物直接利用的能力越强。

6.3.2　稻田径流中磷素粒径组成

随着施肥时间的延长，降雨产生的径流中磷浓度相应降低(图 6.9)。在离施肥时间最近的一次径流排水中，磷浓度受到施肥的影响较大，进而施肥处理下磷的流失量大，图 6.9(a)显示磷流失浓度 IP2>OM>IP1>CK。CK、IP1、OM 和 IP2 处理下径流排水中总磷浓度分别为 0.09mg/L、0.15mg/L、0.16mg/L 和 0.19mg/L。距离施肥 46d，产生的径流排水磷浓度显著降低，CK、IP1、OM、IP2 处理下总磷浓度分别为 0.05mg/L、0.08mg/L、0.09mg/L、0.09mg/L，施肥各处理之间无显著差异($p<0.05$)。而距离施肥 64d 的径流排水中，施肥处理总磷浓度进一步降低，分别是 0.04mg/L、0.06mg/L、0.06mg/L、0.07mg/L。由此可见，施肥与径流发生的时间间隔是决定径流磷素损失的重要因素(陆欣欣等，2014)。

从径流样品各粒级磷浓度分布看，颗粒态磷是稻田磷流失的主要形式(Fuchs et al., 2009)。施肥可以显著提高溶解态磷的浓度，因而前期径流溶解态磷浓度比重也较高。施肥后第 10d 的流失中 CK、IP1、OM、IP2 处理下颗粒态磷分别占到总磷的 60.9%、45.3%、44.7%、48.5%；溶解态磷分别占到总磷的 31.0%、42.9%、41.1%、43.3%；胶体磷比重最低，但是不同施肥之间差异明显，各处理中 OM 处理下胶体磷浓度最高，达 0.02mg/L，这可能是因为有机肥能够释放微粒态的有机质，结合磷素提高了胶体磷浓度。颗粒态磷和胶体磷的输出在 OM 处理下相比 IP1 分别增加了 6.0%和 29.4%。施肥后第 46d 径流排水中，颗粒态磷浓度占到总磷的 50%以上。胶体磷浓度相对稳定，各处理无显著差异($p<0.05$)，浓度约为 0.01mg/L。CK、IP1、OM、IP2 处理下溶解态磷浓度分别是 0.01mg/L、0.02mg/L、0.03mg/L、0.03mg/L。施肥后第 64d 的径流样品浓度中，仍以颗粒态磷的流失为主。由此可以看出，稻田径流排水中以颗粒态磷为主，但施肥前期受磷肥溶解产生溶解态磷的影响，径流排水中增加了磷的输出(Withers et al., 2001; Zhang et al., 2003)。而胶体磷相对稳定，在有机肥施用下有所增加。

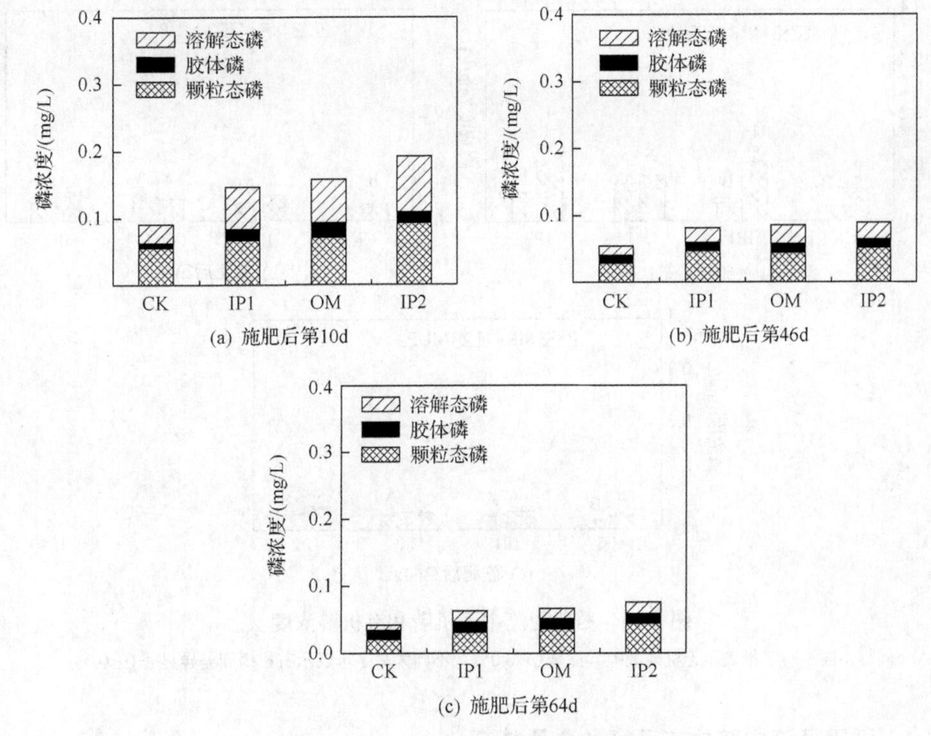

图 6.9　稻田径流中各粒级磷浓度

6.3.3　稻田径流中无机磷与有机磷的组成

不同施肥处理下稻田径流排水中无机磷和有机磷呈现不同的变化趋势，无机磷是径流流失的主要磷素组成，占到总磷的 47.3%～75.9%(图 6.10)。施肥后第 10d 的径流排水中，无机磷在 CK、IP1、OM、IP2 处理之间存在显著性差异($p<0.05$)，且随着施肥量的增加而增加，但 OM 处理组可能因为有机肥释放的无机磷含量较无机磷肥少，径流中无机磷含量仅为 0.09mg/L，低于 IP1 处理的 0.11mg/L。而有机磷的含量在 OM 处理下却达到了 0.07mg/L，显著高于 IP1 的 0.04mg/L 和 IP2 的 0.05mg/L。距离施肥时间越长，磷浓度会越低。在施肥后第 46d 的径流中，无机磷含量已经显著降低，CK、IP1、OM、IP2 处理分别为 0.03mg/L、0.05mg/L、0.04mg/L、0.06mg/L，施肥处理无显著差异($p<0.05$)，而有机磷为 0.03mg/L、0.03mg/L、0.05mg/L、0.04mg/L，OM 处理下仍比其他处理高。在施肥后第 64d，径流排水中磷浓度进一步降低，无机磷在含量在 0.02～0.04mg/L，施肥处理之间无显著差异($p<0.05$)，而有机磷在含量在 0.02mg/L，施肥处理之间也无显著差异($p<0.05$)。

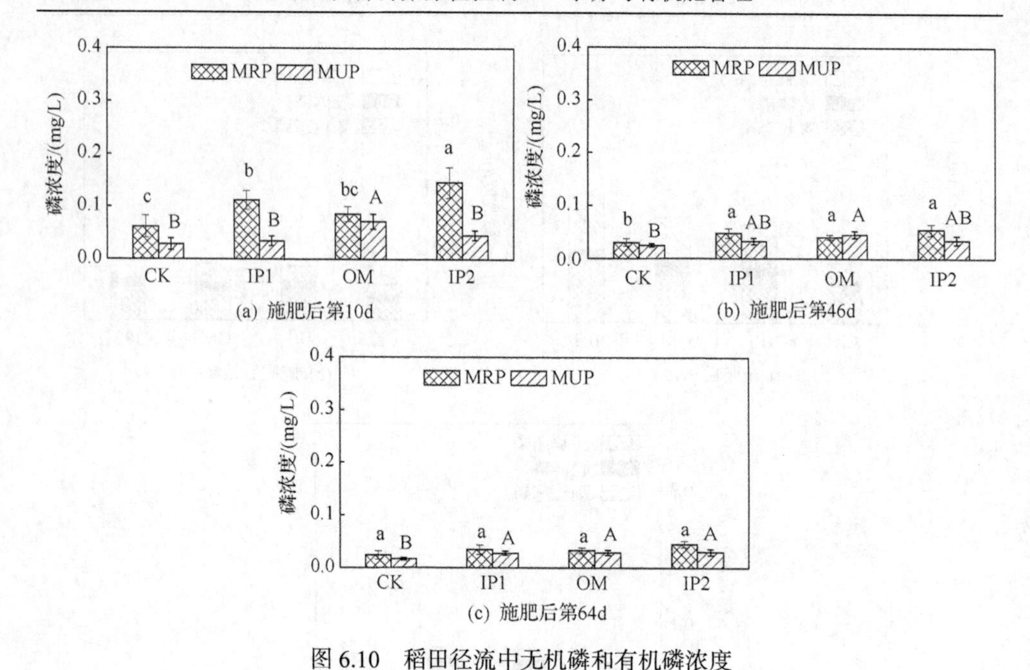

图 6.10 稻田径流中无机磷和有机磷浓度

同行不同小写字母表示无机磷间差异显著(p<0.05)，不同大写字母表示有机磷间差异显著(p<0.05)

6.3.4 稻田径流中胶体态元素的含量特征

磷素流失会受到土壤基质的吸附作用，悬浮在水体中的颗粒物质因铁铝氧化物的存在对磷的吸附也很明显(Regelink et al., 2013)。胶体作为水体中的悬浮物质，因吸附作用存在，胶体中的铁铝氧化物及有机质等与胶体磷存在密切关系。稻田径流中胶体磷、胶体铁、胶体铝、胶体总有机碳的浓度即显示了它们的关系(表 6.5)。施肥后的第 10d，因有机肥富含有机质及其他矿质元素，OM 处理下径流中的胶体磷、胶体铁、胶体铝、胶体总有机碳与其他处理之间有显著性差异(p<0.05)。无基肥之间胶体上的元素没有差异，但与 CK 相比，胶体磷和胶体总有机碳存在显著差异(p<0.05)，这可能是磷的施用及竞争吸附的作用，使土壤中的有机碳存在解吸现象(Beck et al., 1999；Gao et al., 2014)。施肥后第 46d 和第 64d 径流中胶体磷、胶体铁、胶体铝、胶体总有机碳的浓度在 OM 处理下相对较高，但各处理间的差异已不显著(p<0.05)。

稻田田面水中的胶体来源于土壤基质的释放，外源施肥作用下稻田排水中胶体磷的存在与胶体中矿质元素和总有机碳有明显的正相关性(表 6.6)。胶体无机磷浓度与胶体总磷相关性达到了 0.935，说明在稻田径流排水中胶体无机磷是胶体磷流失的重要形式。胶体无机磷与胶体上的有机碳、铁和铝元素的相关性分别为 0.769、0.814、0.746，高于胶体磷的 0.707、0.639、0.610，充分说明了胶体对磷素吸附作用的存在，胶体磷是磷素流失的一种重要形式。

表 6.5　稻田径流中胶体磷、胶体总有机碳、胶体铁、胶体铝的浓度（单位：μg/L）

时间	类别	处理			
		CK	IP1	OM	IP2
7 月 21 日	P_{coll}	7.40 c	17.40 b	22.29 a	15.81 b
	$TOC_{coll}(\times 10^3)$	57.70 c	63.63 bc	107.36 a	66.53 b
	Fe_{coll}	236.46 b	247.93 b	262.15 a	253.23 b
	Al_{coll}	125.04 b	128.16 b	142.21 a	132.13 b
8 月 26 日	P_{coll}	11.92 a	12.16 a	13.42 a	13.30 a
	$TOC_{coll}(\times 10^3)$	59.11 a	60.18 a	61.41 a	58.64 a
	Fe_{coll}	221.92 a	226.36 a	234.58 a	222.35 a
	Al_{coll}	112.99 a	117.02 a	122.11 a	121.05 a
9 月 13 日	P_{coll}	13.84 a	15.03 a	15.67 a	14.84 a
	$TOC_{coll}(\times 10^3)$	46.44 a	48.61 a	47.35 a	46.62 a
	Fe_{coll}	210.32 a	217.43 a	220.21 a	218.68 a
	Al_{coll}	110.08 a	112.12 a	118.15 a	115.04 a

注：表中同一行数据后面不同字母表示差异达 $p<0.05$ 显著水平，下同。

表 6.6　稻田径流中胶体磷、胶体无机磷、胶体总有机碳、胶体铁、胶体铝的相关性分析（$n=36$）

变量	P_{coll}	MRP_{coll}	TOC_{coll}	Fe_{coll}	Al_{coll}
P_{coll}	1				
MRP_{coll}	0.935**	1			
TOC_{coll}	0.707**	0.769**	1		
Fe_{coll}	0.639**	0.814**	0.692*	1	
Al_{coll}	0.610*	0.746*	0.753*	0.729*	1

注：*表示 $p<0.05$；**表示 $p<0.01$。

6.3.5　稻田径流中各粒级磷的活性强度

无机磷是生物可直接吸收利用的重要形式。无机磷的比例越高，生物生长直接利用的磷素越丰富，而流失水体中无机磷的高浓度可极大地促进水体富营养化的发生。稻田径流排水中磷素存在颗粒态、胶体态、溶解态三相，这三相中无机磷和有机磷比重不同。从三次径流样品各粒级磷中活性系数 K_r 的大小看，颗粒态磷的活性系数远高于胶体态和溶解态，分布在 2～8(图 6.11)，溶解态磷的系数较低，一般在 3 以下，集中在 1 左右。而胶体磷的活性系数介于颗粒态磷和溶解态磷之间。磷活性系数越高，流失水体的风险越大，颗粒态磷作为稻田径流的主要流失形式，其对周围水环境的风险不可忽视。而颗粒态微粒容易沉降，因而其迁移性不大，对远距离河流、湖泊等水源的影响主要在于胶体磷和溶解态磷。但胶体磷迁移性很强，胶体相在水体的稳定存在，使胶体磷能够远距离迁移，对水体环境的影响更深远。

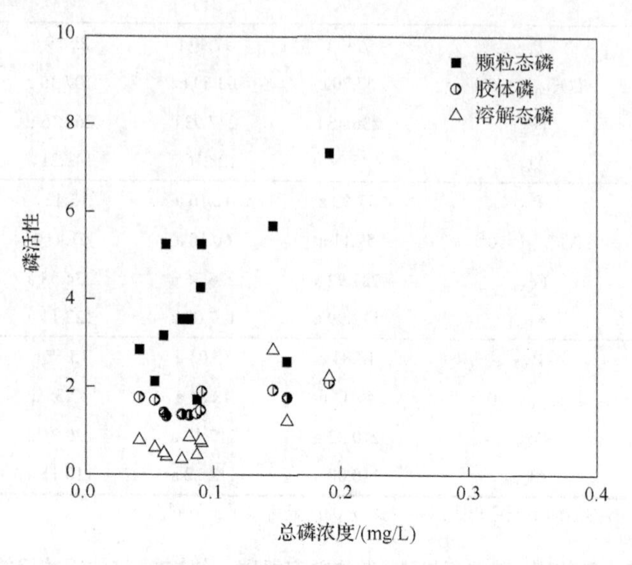

图 6.11 稻田径流中各粒级磷活性

6.4 磷肥输入对稻田土壤胶体磷的影响

我国不同类型土壤含磷量一般在 0.31～1.72g/kg，并受到气候条件、地理位置、土壤母质及理化性质、施肥方式等的影响（王永壮等，2013）。磷肥和有机肥的过量施用增加了土壤磷素积累及其环境风险（Chen et al., 2012；刘建玲等，2007）。土壤胶体是粒径介于 1nm～1μm 的细小颗粒，在土壤环境中广泛存在，对污染物的运移变化具有重要作用（Yu et al., 2011；熊毅，1979）。土壤胶体磷是土壤磷素与土壤胶体结合形成的一种细颗粒态磷（Kretzschmar et al., 1997），有研究表明在土壤基质空间排阻和静电斥力的作用下，胶体磷比磷酸根迁移速度更快，移动性更强（Henderson et al., 2012；Klitzke et al., 2008），对环境的影响不可忽视。Hens 等（2002）的研究证实，耕地土壤溶液中 40%～58%的 MRP（无机磷）及至少 85%的 MUP（有机磷）以胶体态存在。水分散胶体磷是底层土壤潜在可运移性磷的主要组成，是表征农田土壤胶体磷流失潜能的重要指标（Ilg et al., 2005）。

农田土壤胶体磷的存在、运移与施肥密切相关，施肥能够显著影响耕层土壤磷素的组成，因水文条件变化和土壤胶体运移特征的影响，深层土壤也会受到施肥的影响。研究发现，粪便胶体结合态磷可通过土壤大孔隙优先发生纵向迁移，进而影响土壤磷素组成(McGechan, 2002)。胶体磷是水提取态下土壤胶体溶液磷素的主要组成，占到其 78%～91%，在磷肥特别是有机肥施用下，有机胶体的产生，促进了胶体磷的积累和迁移(Zang et al., 2013)。胶体磷作为土壤磷素赋存的重要形式，其迁移不仅影响农作物对磷素的吸收利用，更因其随农田径流的流失造成了水体富营养化风险，在土壤剖面的运移改变着土壤磷库组成。胶体磷在土壤中的分布、迁移、变化对深入认识磷素的环境行为有重要意义。本节通过研究稻田剖面土壤水提取态胶体磷的分布变化情况，了解胶体磷在土壤中的赋存量及其与磷肥输入的关系，同时结合水稻种植前后的变化，为土壤磷素赋存形式及迁移变化的研究提供科学依据，研究成果对合理评估胶体磷的环境风险具有积极作用。

6.4.1　材料与方法

1. 试验地概况

试验地同 5.2.1 节。

2. 试验设计

试验设计同 5.2.2 节。

3. 土壤样品采集与分析

油菜、水稻收割后各采集土壤剖面，将剖面土壤分为 4 层，分别是 0～5cm、5～30cm、30～60cm 和 60～100cm，土壤风干后研磨过 2mm 筛。土壤全磷测定采用硫酸-高氯酸消解法，具体操作参考鲁如坤《土壤农业化学分析方法》。土壤中水分散胶体磷参考 Ilg 等(2005)采用的离心方法测定，具体操作如下：①10g 土壤与 80mL 去离子水振荡混合 24h；②提取液在 3000*g* 下离心 10min，去除粗颗粒；③将上清液过 1μm 生物膜，过膜液体被认为是土壤胶体溶液；④将此溶液在 300000*g* 下超速离心 2h，去除土壤胶体颗粒；⑤未超速离心和超速离心的溶液，用酸性过硫酸钾消解后钼蓝比色测定磷浓度，两者之差即为胶体磷浓度。超离心溶液经酸性过硫酸钾消解后钼蓝比色得到水提取下溶解态磷浓度。无机磷是样品直接与钼酸盐反应比色测得，而有机磷由总磷与无机磷浓度做差求得，可由此求得土壤胶体相及溶解相中无机磷和有机磷的含量。离心管在离心前后的质量差，可求得土壤胶体释放量(Siemens et al., 2008)。

6.4.2 施肥对水稻产量与磷素利用的影响

IP2 处理下的水稻产量高于其他处理，达到 8083kg/hm^2，而 OM 处理下也比 IP1 高 42kg/hm^2，施肥处理下的水稻产量虽然较不施肥有所提高，但是差异不显著($p < 0.05$)(图 6.12)。不同施肥下水稻谷粒和秸秆中的含量磷具有一定差别。水稻谷粒中磷含量在 3.5～3.9g/kg，并且磷肥施用量大，谷粒中磷含量相对较高，OM 处理下的谷粒含量相比 IP1 处理低 0.1g/kg 左右，但是各施肥处理间并无显著差异($p>0.05$)。水稻秸秆中磷含量在 1.2～1.5g/kg，也显示出磷肥施用量大，秸秆吸收利用的磷素多，水稻在 OM 处理下对磷的吸收利用相比 IP1 处理要低，OM 处理与其他处理间呈现出显著差异($p<0.05$)。

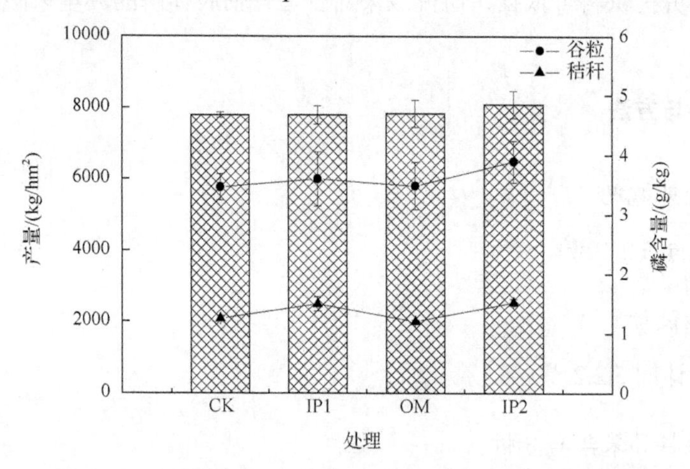

图 6.12 不同施肥处理下水稻产量及谷粒、秸秆中磷含量

6.4.3 施肥对土壤全磷剖面分布的影响

水稻种植前后土壤全磷的变化情况(图 6.13)显示，磷的输入促进了磷素在表层土壤的集聚。油菜收割后在 CK 处理下，0～5cm 土壤全磷含量为 0.58g/kg，而 IP1、OM、IP2 处理较 CK 处理分别高出 48.2%、56.1%、73.7%。表层以下土壤，除 OM 和 IP2 处理下 5～30cm 土壤全磷明显增加外，磷肥施用对全磷含量没有影响。从水稻收割后土壤磷素的累积变化情况看，只有 0～5cm 和 5～30cm 土壤全磷与油菜收割后相比发生了变化。除 CK 处理下全磷减少外，IP1、OM、IP2 处理下 0～5cm 土壤全磷分别较油菜收割后提高了 2.9%、7.4%、6.1%，5～30cm 土壤全磷分别较油菜收割后提高了 4.7%、8.0%、3.9%。

施肥对土壤磷含量的影响主要体现在0～5cm和5～30cm的土壤。随着施肥量的增加，土壤累积磷量也逐渐加大(张国荣等，2009)。由于植物的吸收利用，CK 处理的磷素处于"负亏"状态。长期过量施肥容易造成土壤磷素积累，增加了磷素流失风险（单艳红等，2005）。油菜收割后相比无机肥IP1处理，IP2处理下表层土壤全磷增量明显。因为是撒施磷肥，水稻收割后施肥处理下的0～5cm土壤全磷较油菜收割后显著提高，而5～30cm土壤全磷含量的增加表明在水稻淹水过程中磷素存在一定程度的下移。各施肥处理间30cm以下的土壤，全磷含量并无显著性差异（$p>0.05$），这说明土壤磷素下移程度有限，施肥对深层土壤的磷含量影响小。有研究表明，长期施用有机肥容易造成磷素在土壤中累积（Garg et al., 2010; Naveed et al., 2014）。有机肥对磷素在土壤中的累积效应要高于无机磷肥处理，一方面可能是作物吸收主要是无机磷，有机肥富含有机磷，有机磷能够在土壤中集聚下来（王建国等，2006）；另一方面是有机肥富含有机质，有机质可以通过竞争土壤矿物固磷点位而提高土壤磷素的活性，更易于发生迁移（Guppy et al., 2005）。

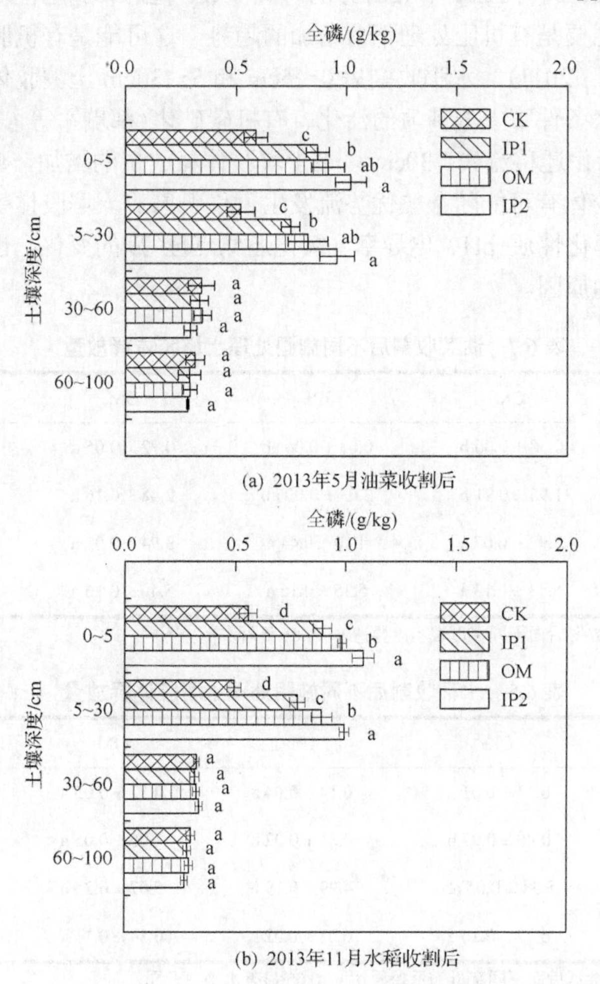

图 6.13　不同施肥处理土壤剖面全磷含量

柱状图上不同小写字母表示同一土层在不同施肥水平下差异达 $p<0.05$ 显著水平

6.4.4 施肥对土壤剖面胶体释放量的影响

土壤胶体释放量随土壤深度的增加呈现增大趋势(表 6.7 和表 6.8)，且水稻种植前后发生了显著变化。油菜收割后，施用有机肥增加了 0～5cm 和 5～30cm 的土壤胶体释放量，与其他处理相比达到了显著性差异($p < 0.05$)，而 30cm 以下土壤未出现差异。水稻淹水处理使 0～5cm 和 5～30cm 的土壤胶体释放量减小，而 30cm 以下的土壤胶体释放量有所增加。水稻收割后，有机肥处理下 5～30cm 和 30～60cm 的土壤胶体释放量增加，无机肥和不施肥处理间并没有差异。

从表 6.7 和表 6.8 可以看出，土壤胶体释放量受到土壤深度影响，并随土壤深度的增加而增加，这与 Zang 等(2013)的研究一致。同时，施肥也对土壤胶体的释放产生影响，主要是有机肥处理下有增加的趋势，这可能是有机肥释放有机胶体所致(Zang et al., 2011)。水稻收割后 0～5cm 和 5～30cm 土壤胶体释放量明显减少，说明受淹水条件下土壤基质的活化、有机碳矿化(郝瑞军等，2008)等过程影响，土壤胶体活化迁移流失。30cm 以下土壤胶体释放量的增加，则说明在水稻淹水过程中土壤胶体有可能随土壤优势流发生下移现象。土壤胶体受多种因素的影响，深层土壤理化性质(pH、电导率、氧化还原点位等)的变化，也可能是土壤胶体释放量变化的原因。

表 6.7 油菜收割后不同施肥处理土壤胶体释放量 (单位：g/kg)

土壤剖面	CK	IP1	OM	IP2
0 ~ 5cm	0.58 ± 0.06 b	0.63 ± 0.06 ab	0.72 ± 0.05 a	0.62 ± 0.03 ab
5 ~ 30cm	1.96 ± 0.21 b	2.03 ± 0.09 ab	2.48 ± 0.16 a	2.19 ± 0.31 ab
30 ~ 60cm	3.92 ± 0.07 a	4.10 ± 0.44 a	3.94 ± 0.02 a	4.15 ± 0.48 a
60 ~ 100cm	5.43 ± 0.13 a	5.35 ± 0.16 a	5.40 ± 0.16 a	5.36 ± 0.28 a

注：表中同一列数据后面不同字母表示差异达 $p < 0.05$ 显著水平，下同。

表 6.8 水稻收割后不同施肥处理土壤胶体释放量 (单位：g/kg)

土壤剖面	CK	IP1	OM	IP2
0 ~ 5cm	0.15 ± 0.01 a	0.14 ± 0.04 a	0.12 ± 0.03 a	0.11 ± 0.07 a
5 ~ 30cm	0.80 ± 0.07 b	0.81 ± 0.02 b	1.05 ± 0.05 a	0.87 ± 0.02 b
30 ~ 60cm	5.34 ± 0.05 ab	4.99 ± 0.19 b	5.67 ± 0.25 a	5.09 ± 0.06 b
60 ~ 100cm	6.17 ± 0.16 a	6.03 ± 0.02 a	6.34 ± 0.11 a	6.21 ± 0.21 a

注：表中同一列数据后面不同字母表示差异达 p <0.05 显著水平，下同。

6.4.5　土壤胶体形貌特征

水稻收割后，采集 OM 处理下 0～5cm 土壤，其水分散性胶体的形貌如图 6.14 所示。在 5μm 的空间分辨率下，土壤胶体中可观察到一定的网状分布结构，可增强对土壤溶液中营养元素吸附作用。1μm 的空间分辨率下，可看到各种形态的胶体微粒存在。

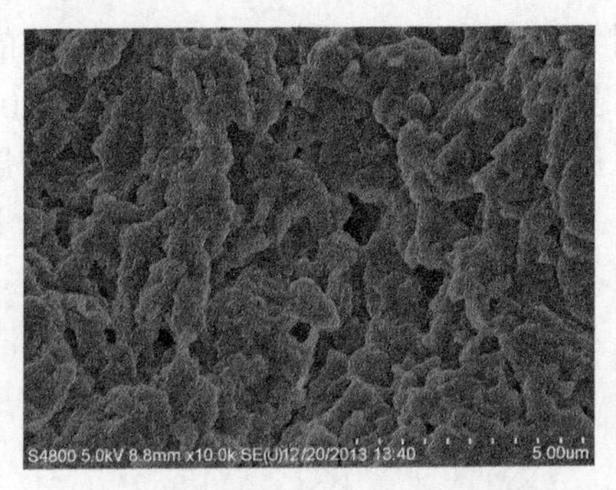

图 6.14　OM 处理下稻田土壤水分散性胶体的 SEM 图

6.4.6　施肥对土壤胶体磷剖面分布的影响

油菜收割后不同施肥处理土壤剖面胶体磷含量显示(图 6.15)，土壤胶体溶液(<1μm) 中磷素主要以胶体磷形式存在，胶体磷占到了土壤胶体溶液(<1μm) 磷素的 86.5%～92.7%，占到了土壤全磷的 0.6%～1.8%，且随土壤深度的增加胶体磷含量逐渐减少。相比 CK 处理，施肥处理增加了 0～5cm 和 5～30cm 土壤胶体磷含量。0～5cm 的土壤，CK、IP1、OM、IP2 各处理胶体磷含量分别为 5.3mg/kg、6.7mg/kg、8.0mg/kg、6.9mg/kg，占土壤胶体溶液(<1μm) 总磷的 86.5%、88.0%、90.1%、88.8%，占土壤全磷的 0.9%、0.8%、0.7%、0.6%。5～30cm 土壤，P1、OM、P2 处理胶体磷含量较 CK 处理分别提高了 26.1%、39.0%、26.1%。有机肥处理下，胶体磷含量与无机肥处理相比达到了显著性差异($p<0.05$)。施肥对 30cm 以下土壤胶体磷含量没有产生影响。

水稻收割后不同施肥处理土壤剖面胶体磷含量则显示(图6.16)，0～5cm和5～30cm土壤胶体溶液(<1μm) 中磷素组成发生了显著变化，胶体磷含量减少。0～5cm 的土壤，CK、IP1、OM、IP2各处理胶体磷含量分别为0.63mg/kg、0.6mg/kg、1.0mg/kg、0.72mg/kg，仅为水稻种植前0～5cm土壤胶体磷的9.0%～12.5%，占到了土壤胶体溶液(<1μm) 总磷的26.9%～36.2%，溶解态磷成为了土壤胶体溶液磷素主要组成部分。5～30cm土壤胶体磷含量相比0～5cm增多，不同施肥处理之间并无显著性差异。30cm以下的土壤胶体磷仍是土壤胶体溶液磷素的主要组成，均占

到土壤胶体溶液(<1μm)总磷的90%以上。施肥对胶体磷含量的影响表现在30～60cm土壤中，有机肥处理下增量较大，与其他处理相比达到显著性差异($p<0.05$)，无机肥处理下胶体磷含量与不施肥处理相比也具有显著性差异($p<0.05$)。但不同处理间60～100cm土壤胶体磷含量没有差异。

油菜收割后土壤胶体磷是土壤胶体溶液(<1μm)总磷的主要形态(图 6.15)，占到了 85%以上。植物吸收利用主要是溶解态的磷，在溶解态磷和土壤固定的磷之间，胶体磷可能起到连接架桥的作用。磷素在土壤中易被固定，同时提取态的土壤胶体具有一定的吸附性能，所以水提取态下的溶解态磷含量较少。Ilg 等(2005)对水溶剂提取下农田土壤磷有效性进行了研究，发现土壤水提液中胶体磷含量明显高于溶解态磷，与本书研究结果一致，这表明胶体磷是土壤水提取态磷的主要组成部分。因胶体特殊的迁移性，胶体磷在磷素迁移转化中起到重要作用。

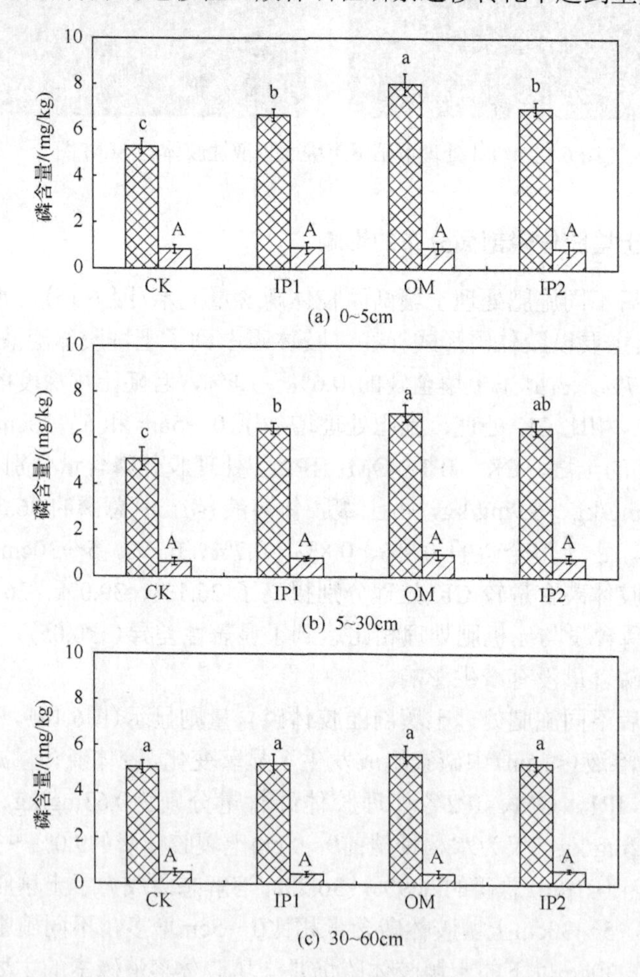

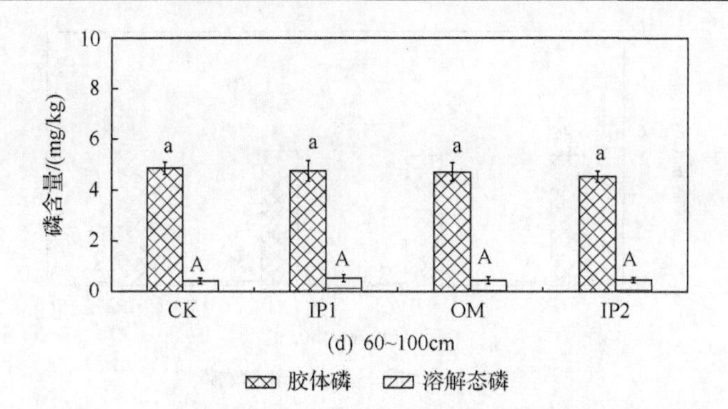

图 6.15 油菜收割后不同施肥处理土壤剖面胶体磷含量

柱状图上小写字母和大写字母分别表示同一土层在不同施肥水平下胶体磷和溶解态磷的显著性差异水平($p < 0.05$)

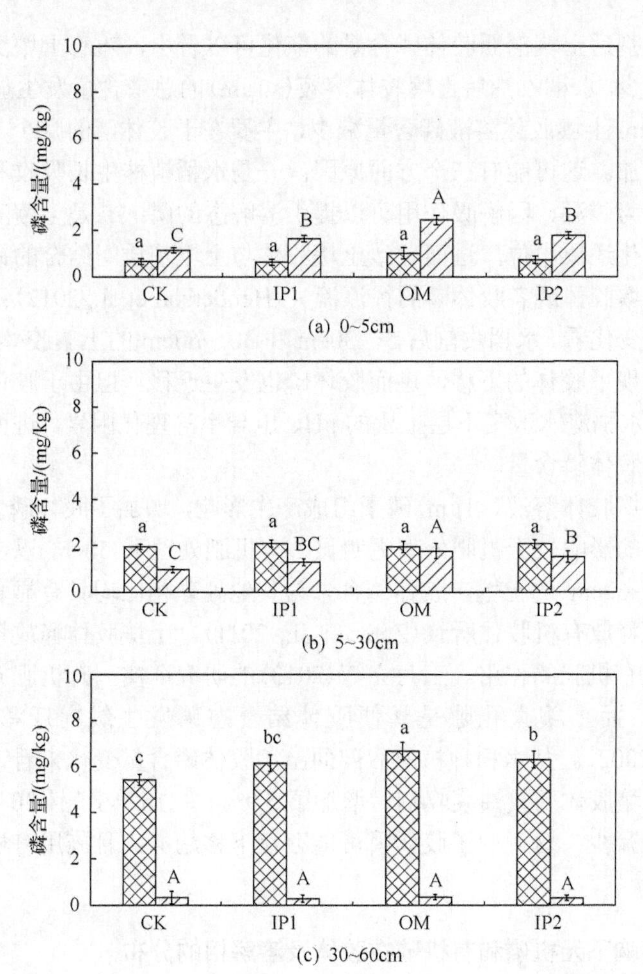

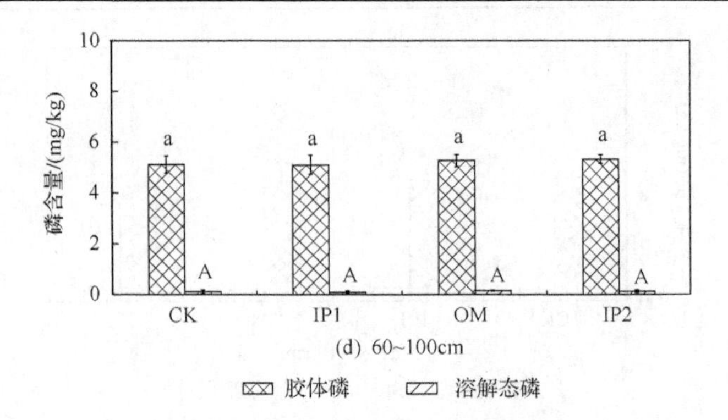

图 6.16 水稻收割后不同施肥处理土壤剖面胶体磷含量

柱状图上小写字母和大写字母分别表示同一土层在不同施肥水平下胶体磷和溶解态磷的显著性差异水平($p < 0.05$)

从油菜收割后土壤剖面胶体磷含量的变化可以看出，随着土壤深度的增加，胶体磷含量减少。水稻收割后土壤胶体溶液(<1μm)的总磷含量发生显著变化，0～5cm 和 5～30cm 土壤胶体溶液磷含量减少，主要在于胶体磷的减少，水提取态溶解态磷反而增加。这可能有三个方面原因：一是水稻植株生长吸收利用了大量磷素，胶体磷作为磷源，因解吸作用可以提供溶解态的磷；二是土壤淹水处理显著降低了土壤氧化还原电位，进而导致土壤胶体与土壤基质间结合的铁膜被还原溶解，促发了土壤胶体或者胶体磷的径流流失(Henderson et al., 2012)；三是从土壤胶体释放量的变化看，水稻收割后 5～30cm 和 30～60cm 的土壤胶体释放量增加，这说明可能出现了胶体的下移，进而胶体磷也发生迁移。但由于胶体磷受多种环境因素影响，水稻淹水改变下层土壤的 pH、电导率等理化因素，进而改变土壤胶体的释放影响胶体磷含量。

施肥对土壤胶体溶液(<1μm)磷素组成产生影响，增加了胶体磷含量。有机肥对土壤胶体磷的影响较无机肥处理更明显，有机肥处理下 30cm 以上的土壤及水稻收割后 30～60cm 的土壤，胶体磷含量与其他处理相比均具有显著性差异，这可能是有机肥释放有机胶体所致(Zang et al., 2011)。土壤胶体释放量的变化，则进一步说明了有机肥的作用。王月立等(2013)的研究证实，有机肥施用更易于磷素向下迁移。而土壤大孔隙是粪便胶体结合态磷发生纵向迁移的重要通道(McGechan, 2002)。从水稻种植前后剖面土壤胶体磷含量变化来看，水稻收割后 30 cm 以下土壤胶体磷较油菜收割后增加了 5.9% ～ 18.3%，且 30 cm 以上的土壤胶体磷含量减少，这说明了胶体磷可能存在下移趋势，且施用有机肥能够促进这一趋势。

6.4.7 施肥影响下无机磷和有机磷在胶体及溶解相的分布

油菜收割后不同施肥处理下胶体磷和溶解态磷中无机磷和有机磷的含量随土

壤深度的增加呈现降低的趋势(表 6.9)。胶体磷中无机磷是主要组成，无机磷在浅层土壤胶体上含量高，随着土壤深度增加，在胶体磷上所占比例也下降，但始终高于有机磷含量。施肥对胶体无机磷、有机磷均产生影响，0～5cm 土层 OM 处理下无机磷和有机磷与其他处理差异达到显著水平($p<0.05$)；5～30cm 土层施肥处理与不施肥处理之间有差异，无机肥和有机肥之间无差异。30cm 以下的不同施肥处理土壤胶体无机磷和有机磷均无显著差异。溶解态磷的含量与胶体磷相比十分微小，且主要组成为无机磷，有机磷含量在土层中变化很小，稳定在 0.2mg/kg，30cm 以下无机磷的比例有所下降。各处理之间溶解态无机磷和有机磷含量虽然有波动，但是差异不显著。

水稻收割后 30 cm 以上土壤磷素组成发生显著变化(表 6.10)，0～5cm 土壤胶体无机磷无显著差异，有机磷含量随施肥的增加而增加。5～30cm 土壤 OM 处理下胶体无机磷与其他处理形成了显著差异($p<0.05$)，有机磷之间无差异。30cm 以下，胶体无机磷和有机磷只表现在施肥处理与不施肥处理之间存在差异。0～5cm 和 5～30cm 土壤对于溶解态无机磷和有机磷均呈现出随施肥量的增加而增加，施肥与不施肥之间存在显著差异，而不同施肥之间无差异。30cm 以下土壤之间没有显著差异，各组分含量很小。

表 6.9　油菜收割后不同施肥处理下土壤磷粒级分布　(单位：mg/kg)

土壤剖面	磷粒级	磷组分	处理			
			CK	IP1	OM	IP2
0～5cm	CP	MRP	2.87 c	4.24 b	4.92 a	4.71 ab
		MUP	2.42 b	2.42 b	3.09 a	2.25 b
	DP	MRP	0.62 a	0.63 a	0.64 a	0.61 a
		MUP	0.20 b	0.27 a	0.24 ab	0.27 a
5～30cm	CP	MRP	2.92 b	4.10 a	4.02 a	4.16 a
		MUP	2.18 b	2.33 b	3.07 a	2.32 b
	DP	MRP	0.46 a	0.51 a	0.51 a	0.60 a
		MUP	0.19 a	0.28 a	0.26 a	0.21 a
30～60cm	CP	MRP	2.96 a	3.39 a	2.98 a	3.16 a
		MUP	2.10 b	1.83 b	2.66 a	2.09 b
	DP	MRP	0.20 b	0.24 ab	0.24 ab	0.34 a
		MUP	0.29 a	0.20 a	0.23 a	0.28 a
60～100cm	CP	MRP	2.57 a	2.50 a	2.16 a	2.59 a
		MUP	2.28 a	2.24 a	2.36 a	2.11 a
	DP	MRP	0.23 a	0.27 a	0.23 a	0.26 a
		MUP	0.18 a	0.25 a	0.22 a	0.17 a

注：CP、DP 分别代表水提取态下土壤胶体磷、溶解态磷。MRP、MUP 分别代表无机磷和有机磷。表中同一列数据后面不同字母表示差异达 $p<0.05$ 显著水平，下同。

表 6.10　水稻收割后不同施肥处理下土壤磷粒级分布　（单位：mg/kg）

土壤剖面	磷粒级	磷组分	处理			
			CK	IP1	OM	IP2
0～5cm	CP	MRP	0.31 a	0.28 a	0.26 a	0.35 a
		MUP	0.33 c	0.33 c	0.46 b	0.66 a
	DP	MRP	0.95 c	1.37 b	1.48 b	2.07 a
		MUP	0.16 c	0.26 b	0.29 b	0.37 a
5～30cm	CP	MRP	0.57 b	0.57 b	0.65 a	0.56 b
		MUP	1.36 a	1.49 a	1.41 a	1.38 a
	DP	MRP	0.83 c	1.08 b	1.28 ab	1.49 a
		MUP	0.11 c	0.18 b	0.21 b	0.25 a
30～60cm	CP	MRP	2.61 b	3.33 a	3.55 a	3.64 a
		MUP	2.76 b	2.82 ab	2.67 b	3.03 a
	DP	MRP	0.22 a	0.16 b	0.20 a	0.23 a
		MUP	0.12 a	0.11 a	0.11 a	0.13 a
60～100cm	CP	MRP	2.51 b	2.74 ab	3.10 a	3.04 a
		MUP	2.63 a	2.37 b	2.62 a	2.23 b
	DP	MRP	0.06 a	0.06 a	0.06 a	0.06 a
		MUP	0.05 bc	0.03 c	0.07 b	0.09 a

注：CP、DP 分别代表水提取态下土壤胶体磷、溶解态磷。MRP、MUP 分别代表无机磷和有机磷。表中同一列数据后面不同字母表示差异达 $p<0.05$ 显著水平，下同。

6.5　小　结

本章查阅了有关土壤胶体磷赋存及迁移情况的文献资料，在此基础上，总结归纳了土壤胶体磷的释放及影响因素，并基于嘉兴双桥农场田间试验，开展了胶体磷在整个稻田系统内的赋存、释放、迁移、变化规律研究。对比分析了不同施肥处理下稻田田面水中各粒级磷的分布，无机磷与有机磷的组成变化，并做了相应的回归分析。在稻田排水中探究胶体态元素的含量特征、相互关系和各粒级磷的活性强度。研究施肥对土壤全磷剖面分布、水提取态胶体释放及剖面胶体磷与溶解态磷的影响。通过此研究全面认识稻田系统环境中土壤胶体磷的释放及运移情况，准确评估稻田胶体磷库赋存量及变化规律，为农业面源磷素的迁移归趋和环境风险提供科学依据。研究结果如下。

(1)土壤胶质与磷素结合形成胶体磷，是土壤磷库一个重要构成部分。胶体磷作为磷素赋存形式，受土壤理化性质(土壤孔隙、pH、离子强度、电导率)、施肥、降雨、植被密度、磷素自身成分等因素的影响。

(2)施肥显著提高了稻田田面水磷浓度，施肥后第 1d 总磷即达峰值，然后逐渐降低，施肥后的第一周下降最快，一个月左右(第 40d)田面水浓度趋于一个相对的稳定值 0.12mg/L；受到施肥的影响，稻田田面水前期磷素主要以溶解态磷形式存在，后期以颗粒态磷为主，胶体磷在田面水中占总磷的 7%～18%，相对稳定存在；有机肥施用可增加颗粒态磷和胶体态磷比重；施肥提高了田面水无机磷含量，但胶体磷含量小，且受施肥、吸附作用等因素影响，胶体无机磷和胶体有机磷比例变化不稳定；利用拟合曲线可有效预测田面水各粒级磷负荷的变化。

(3)距离施肥的时间越短，径流排水中磷浓度越高，颗粒态磷可占到总磷50%以上，胶体磷浓度最低，一般在0.01～0.02mg/L；磷肥施用量越大，前期流失量越高，有机肥的施用增加了颗粒态磷和胶体磷的输出；稻田径流排水因有机肥的施用，胶体磷浓度高于其他处理，第一次径流中胶体磷浓度为22.29μg/L，且胶体磷、胶体铁、胶体铝、胶体有机碳之间存在一定的正相关性，说明胶体吸附磷流失已成为磷流失的重要形式；颗粒态磷的活性系数较高，在2～8，溶解态磷活性系数最低，胶体磷活性系数介于颗粒态磷和溶解态磷之间，但因胶体具有相对较强的迁移能力，其对水体的影响不可忽视。

(4)施肥对土壤磷含量的影响主要集中在 0～5cm 和 5～30cm 的土壤，长期过量施肥容易造成土壤磷素积累，增加磷素流失风险；土壤胶体释放量受到土壤深度影响，并随土壤深度的增加而增加，OM 处理下胶体释放量增加，而水稻淹水处理使土壤上层胶体释放量显著减少；稻田剖面土壤胶体磷含量占土壤全磷的 0.1%～2.0%，是磷素在土壤中赋存的重要形式，在土壤胶体溶液(<1μm)总磷中占 85%以上，有机肥对胶体磷的影响较无机肥显著；水稻种植前后剖面土壤胶体释放量和胶体磷含量的变化，特别是在 OM 处理下 30～60cm 的土壤，表明了淹水处理下胶体磷可能存在的纵向迁移；油菜收割后的土壤剖面无机磷是胶体磷的主要组成部分，而对于 0～5cm 土层有机肥施用下胶体无机磷和有机磷均有显著提高，与其他处理达到显著差异；水稻收割后不同施肥处理下表层土壤的胶体无机磷和有机磷之间均无差异，溶解态磷随施肥量的增加而增加。

参 考 文 献

陈磊，郝明德，戚龙海. 2007. 长期施肥对黄土旱塬区土壤-植物系统中氮、磷养分的影响. 植物营养与肥料学报, 13(6): 1006-1012.

单艳红，杨林章，沈明星，等. 2005. 长期不同施肥处理水稻土磷素在剖面的分布与移动. 土壤学报，42(6): 970-976.

高超，张桃林. 1999. 欧洲国家控制农业养分污染水环境的管理措施. 农村生态环境, 15(2): 50-53.

国家环保总局，国家质量监督检验检疫总局. 2002. 地表水环境质量标准(GB 3838—2002)..

郝瑞军，李忠佩，车玉萍，等. 2008. 好气与淹水条件下水稻土各粒级团聚体有机碳矿化量. 应用生态学报，19(9): 1944-1950.

贺纪正, 郑袁明, 曲久辉. 2008. 土壤环境微界面过程与污染控制. 环境科学学报, 29(1): 21-27.
胡俊栋, 沈亚婷, 王学军. 2009. 离子强度, pH 对土壤胶体释放, 分配沉积行为的影响. 生态环境学报. 18: 629-637.
黄满湘, 周成虎, 章申, 等. 2002. 农田暴雨径流侵蚀泥沙流失及其对氮磷的富集. 水土保持学报, 16(4): 13-16.
姜翠玲, 崔广柏. 2002. 湿地对农业非点源污染的去除效应. 农业环境保护, 21: 471-473.
蒋茂贵, 方芳, 望志方. 2009. MCR 技术在农业面源污染防治中的应用. 环境科学与技术, 24(SI),: 4-5.
金苗, 任泽, 史建鹏, 等. 2010. 太湖水体富营养化中农业面污染源的影响研究. 环境科学与技术, 33(10): 106-109.
李婕, 杨学云, 孙本华, 等. 2014. 不同土壤管理措施下塿土团聚体的大小分布及其稳定性. 植物营养与肥料学报, 20(2): 346-354.
梁涛. 2010. 长期施肥对潮土团聚体中磷及其组分的影响. 重庆: 西南大学硕士学位论文.
梁涛, 王浩, 章申, 等. 2003. 西苕溪流域不同土地类型下磷素随暴雨径流的迁移特征. 环境科学, 24(2): 35-40.
林治安, 赵秉强, 袁亮, 等. 2009. 长期定位施肥对土壤养分与作物产量的影响. 中国农业科学, 42(8): 2809-2819.
刘建玲, 廖文华, 张作新, 等. 2007. 磷肥和有机肥的产量效应与土壤积累磷的环境风险评价. 中国农业科学, 40(5): 959-965.
刘杏兰, 高宗, 刘存寿, 等. 1996. 有机-无机肥配施的增产效应及对土壤肥力影响的定位研究. 土壤学报, 33(2): 138-142.
鲁如坤. 2000.土壤农业化学分析方法. 北京:中国农业科技出版社.
陆欣欣, 岳玉波, 赵峥, 等. 2014. 不同施肥处理稻田系统磷素输移特征研究. 中国生态农业学报, 22(4): 394-400.
裴瑞娜, 杨生茂, 徐明岗, 等. 2010. 长期施肥条件下黑垆土有效磷对磷盈亏的响应. 中国农业科学, 43(19): 4008-4015.
彭世良. 2002. 湖南土壤酸化与土壤生态系统酸相对敏感性研究. 长沙: 湖南师范硕士学位论文.
戚瑞生. 2012. 长期施肥与轮作对农田土壤磷素吸持特性和磷素形态的影响. 杨凌: 西北农林科技大学硕士学位论文.
邱亚群, 甘国娟, 刘伟, 等. 2012. 湖南典型土壤磷素剖面分布特征及其流失风险. 中国农学通报, 28(8): 223-227.
宋春, 韩晓增. 2009. 长期施肥条件下土壤磷素的研究进展. 土壤, 41(1): 21-26.
王建国, 杨林章, 单艳红, 等. 2006. 长期施肥条件下水稻土磷素分布特征及对水环境的污染风险. 生态与农村环境学报, 22(3): 88-92.
王艳玲, 何园球, 吴洪生, 等. 2010. 长期施肥下红壤磷素积累的环境风险分析. 土壤学报, 47(5): 880-887.
王永壮, 陈欣, 史奕. 2013. 农田土壤中磷素有效性及影响因素. 应用生态学报, 24(1): 260-268.
王月立, 张翠翠, 马强, 等. 2013. 不同施肥处理对潮棕壤磷素累积与剖面分布的影响. 土壤学报, 50(4): 761-768.
熊毅. 1979. 土壤胶体的组成及复合 土壤通报, (5): 3-10, 30.
薛巧云. 2013. 农艺措施和环境条件对土壤磷素转化和淋失的影响及其机理研究. 杭州: 浙江大学博士学位论文.
颜晓, 王德建, 张刚, 等. 2013. 长期施磷稻田土壤磷素累积及其潜在环境风险. 中国生态农业学报, 21(04): 393-400.
杨丽霞, 杨桂山. 2010. 施磷对太湖流域水稻田磷素径流流失形态的影响. 水土保持学报, 24(5): 31-34.
叶玉适. 2014. 水肥耦合管理对稻田生源要素碳氮磷迁移转化的影响. 杭州: 浙江大学博士学位论文.
于天仁, 季国亮, 丁昌璞, 等. 1996. 可变电荷土壤的电化学. 北京: 科学出版社。
张国荣, 李菊梅, 徐明岗, 等. 2009. 长期不同施肥对水稻产量及土壤肥力的影响. 中国农业科学, 42(2): 543-551。
张维理, 武淑霞, 冀宏杰, 等. 2004. 中国农业面源污染形势估计及控制对策 I.21 世纪初期中国农业面源污染的形势估计. 中国农业科学, 37(07): 1008-1017.
张志剑. 2011. 水田土壤磷素流失的数量潜能及控制途径的研究. 杭州: 浙江大学博士学位论文.
章明奎, 王丽平. 2007. 旱耕地土壤磷垂直迁移机理的研究. 农业环境科学学报, 26(1): 282-285.

赵红, 袁培民, 吕贻忠, 等. 2011. 施用有机肥对土壤团聚体稳定性的影响. 土壤, 43(2): 306-311.

周宝库, 张喜林. 2005. 长期施肥对黑土磷素积累、形态转化及其有效性影响的研究. 植物营养与肥料学报, 11(2): 143-147.

Backhus, D A, Gschwend P M. 1990. Fluorescent polycyclic aromatic hydrocarbons as probes for studying the impact of colloids on pollutant transport in groundwater. Environmental Science & Technology, 24: 1214-1223.

Beck M A, Robarge W P, Buol S W. 1999. Phosphorus retention and release of anions and organic carbon by two Andisols. European Journal of Soil Science, 50(1): 157-164.

Behrendt H, Boekhold A. 1993. Phosphorus saturation in soils and groudwaters. Land Degradation & Rehabilitation, 4: 233-243.

Buesseler K O, Kaplan D I, Dai M, et al. 2009. Source-dependent and source-independent controls on plutonium oxidation state and colloid associations in groundwater. Environmental Science & Technology, 43: 1322-1328.

Celi L, Presta M, Marsan F A, et al. 2001. Effects of pH and electrolytes on inositol hexaphosphate interaction with goethite. Soil Science Society of America Journal, 65: 753-760.

Chen D, Zheng A, Chen M. 2010. Study of colloidal phosphorus variation in estuary with salinity. Acta Oceanologica Sinica, 29(1): 17-25.

Chen X M, Fang K, Chen C. 2012. Seasonal variation and impact factors of available phosphorus in typical paddy soils of Taihu Lake region, China. Water and Environment Journal, 26: 392-398.

Cox F R, Hendricks S E. 2000. Soil test phosphorus and clay content effects on runoff water quality. Journal of Environment Quality, 29: 1582-1586.

Criquet S, Braud A. 2008. Effects of organic and mineral amendments on available P and phosphatase activities in a degraded Mediterranean soil under short-term incubation experiment. Soil and Tillage Research, 98: 164-174.

de Jonge L W, Kjaergaard C, Moldrup P. 2004a. Colloids and colloid-facilitated transport of contaminants in soils: an introduction. Vadose Zone Journal, 3: 321-325.

de Jonge L W, Moldrup P, Rubaek G H, et al. 2004b. Particle leaching and particle-facilitated transport of phosphorus at field scale. Vadose Zone Journal, 3: 462-470.

Duan Y, Xu M, He X, et al. 2011. Long-term pig manure application reduces the requirement of chemical phosphorus and potassium in two rice-wheat sites in subtropical China. Soil Use and Management, 27: 427-436.

El-farhan Y H, Denovio N M, Herman J S, et al. 2000. Mobilization and transport of soil particles during infiltration experiments in an agricultural field, Shenandoah Valley, Virginia. Environmental Science & Technology, 34: 3555-3559.

Elimelech M, Ryan J N, Huang P, et al. 2001. The role of mineral colloids in the facilitated transport of contaminants in saturated porous media. Interactions between soil particles and microorganisms: impact on the terrestrial ecosystem, 495 -548.

Erickson J E, Park D M, Cisar J L, et al. 2010. Effects of sod type, irrigation, and fertilization on nitrate-nitrogen and orthophosphate-phosphorus leaching from newly established st. augustinegrass sod. Crop Science, 50: 1030-1036.

Fuchs J W, Fox G A, Storm D E, et al. 2009. Subsurface transport of phosphorus in riparian floodplains: influence of preferential flow paths. Journal of Environmental Quality, 38: 473-484.

Gao Y, Zhu B, He N P, et al. 2014. Phosphorus and carbon competitive sorption–desorption and associated non-point loss respond to natural rainfall events. Journal of Hydrology, 517: 447-457.

Garg A K, Aulakh M S. 2010. Effect of long-term fertilizer management and crop rotations on accumulation and downward movement of phosphorus in semi-arid subtropical irrigated soils. Communications in Soil Science and Plant Analysis, 41: 848-864.

Garg S, Bahl G S. 2008. Phosphorus availability to maize as influenced by organic manures and fertilizer P associated phosphatase activity in soils. Bioresource Technology, 99: 5773-5777.

Gimbert L J, Haygarth P M, Beckett R, et al. 2005. Comparison of centrifugation and filtration techniques for the size fractionation of colloidal material in soil suspensions using sedimentation field-flow fractionation. Environmental Science & Technology, 39: 1731-1735.

Grolimund D, Borkovec M. 2006. Release of colloidal particles in natural porous media by monovalent and divalent cations. Journal of contaminant hydrology, 87: 155-175.

Grolimund D, Elimelech M, Borkovec M, et al. 1998. Transport of in situ mobilized colloidal particles in packed soil columns. Environmental Science & Technology, 32: 3562-3569.

Gueguen C, Dominik J. 2003. Partitioning of trace metals between particulate, colloidal and truly dissolved fractions in a polluted river: the Upper Vistula River (Poland). Appl Geochem, 18: 457-470.

Guppy C N, Menzies N W, Blamey F P C, et al. 2005. Do Decomposing Organic Matter Residues Reduce Phosphorus Sorption in Highly Weathered Soils. Soil Science Society of America Journal, 69: 1405-1411.

Halliwell D, Coventry J, Nash D. 2000. Inorganic monophosphate determination in overland flow from irrigated grazing systems. International Journal of Environmental Analytical Chemistry, 76 (2): 77-87.

Hao X, Godlinski F, Chang C. 2008. Distribution of phosphorus forms in soil following long-term continuous and discontinuous cattle manure applications. Soil Science Society of America Journal, 72: 90-97.

Haygarth P M, Warwick M S, House W A. 1997. Size distribution of colloidal molybdate reactive phosphorus in river waters and soil solution. Water Research, 31 (3): 439-448.

Heathwaite L, Haygarth P, Matthews R, et al. 2005. Evaluating colloidal phosphorus delivery to surface waters from diffuse agricultural sources. Journal Environmental Quality, 34: 287-298.

Helena S, Jarkko H, Priit T, et al. 2014. Effect of biochar on phosphorus sorption and clay soil aggregate stability. Geoderma, 219: 162-167.

Henderson R, Kabengi N, Mantripragada N, et al. 2012. Anoxia-induced release of colloid- and nanoparticle-bound phosphorus in grassland soils. Environmental Science & Technology, 46: 11727-11734.

Hens M, Merckx R. 2001. Functional characterization of colloidal phosphorus species in the soil solution of sandy soils . Environmental Science & Technology, 35: 493-500.

Hens M, Merckx R. 2002. The role of colloidal particles in the speciation and analysis of "dissolved" phosphorus. Water Research, 36: 1483-1492.

Ilg K, Siemens J, Kaupenjohann M. 2005. Colloidal and dissolved phosphorus in sandy soils as affected by phosphorus saturation. Journal of Environment Quality, 34: 926.

Ilg K, Dominik P, Kaupenjohann M, et al. 2008. Phosphorus-induced mobilization of colloids: modelsystems and soils. European Journal of Soil Science, 59: 233-246.

Jin X C. 2003. Analysis of eutrophication state and trend for lakes in China. Journal of Limnology, 62:60-66..

Jin X C, Xu Q J, Huang C Z. 2005. Current status and future tendency of lake eutrophication in China. Science in China Series C: Life Sciences, 48 (2): 948-954.

Jonsson M, Dimitriou I, Aronsson P, et al. 2004. Effects of soil type, irrigation volume and plant species on treatment of log yard run-off in lysimeters. Water Research, 38: 3634-3642.

Kleinman P J A, Srinivasan M, Sharpley A N et al., 2005. Phosphorus leaching through intact soil columns before and after poultry manure application. Soil Science, 170 (3) :153-166..

Klitzke S, Lang F, Kaupenjohann M. 2008. Increasing pH releases colloidal lead in a highly contaminated forest soil. European Journal of Soil Science, 59 (2) : 265-273.

Kretzschmar R, Sticher H. 1997. Transport of humic-coated iron oxide colloids in a sandy soil: Influence of Ca^{2+} and trace metals. Environmental Science & Technology, 31: 3497-3504.

Kretzschmar R, Borkovec M, Grolimund D, et al. 1999. Mobile subsurface colloids and their role in contaminant transport. Advances in Agronomy, 66: 121-193.

Liang X Q, Liu J, Chen Y X, et al. 2010. Effect of pH on the release of soil colloidal phosphorus. Journal of Soils and Sediments, 10: 1548-1556.

Liang X Q, Li L, Chen X Y, et al. 2013. Dissolved phosphorus losses by lateral seepage from swine manure amendments for organic rice production. Soil Science Society of America Journal, 77 (3) : 765-773.

Lin X S, Zhou W B. 2011. Phosphorus forms and distribution in the sediments of Poyang Lake, China. International Journal of Sediment Research, 26 (2) : 230-238.

Liu J, Liang X Q, Yang J J, et al. 2011. Size distribution and composition of phosphorus in the East Tiao River, China: The significant role of colloids. Journal of Environmental Monitoring, 13: 2844-2850.

Liu J, Yang J J, Cade-Menun B J, et al. 2013. Complementary phosphorus speciation in agricultural soils by sequential fractionation, solution ^{31}P nuclear magnetic resonance, and phosphorus K-edge X-ray absorption near-edge structure spectroscopy. Journal of Environmental Quality, 42 (6) : 1763-1770.

Liu Jin, Yang J J, Liang X Q, et al. 2014. Molecular speciation of phosphorus present in readily dispersible colloids from agricultural soils. Soil Science Society of America Journal, 78 (1) : 47-53.

Macdonald G K, Bennett E M, Potter P A, et al. 2011. Agronomic phosphorus imbalances across the world's croplands. Proceedings of the National Academy of the Sciences of the United States of America, 108 (7) : 3086-3091.

Maguire R O, Sims J T. 2002. Soil testing to predict phosphorus leaching. Journal of Environmental Quality, 31: 1601-1609.

Majed N, Li Y Y, Gu A Z. 2012. Advances in techniques for phosphorus analysis in biological sources. Current Opinion in Biotechnology, 23: 852-859.

Makris K C, Grove J H, Matocha C J. 2006. Colloid-mediated vertical phosphorus transport in a waste-amended soil. Geoderma, 136: 174-183.

Mcdowell R, Sharpley A. 2001. Approximating phosphorus release from soils to surface runoff and subsurface drainage. Journal Environmental Quality, 30: 508-520.

Mcdowell R, Sharpley A, Withers P. 2002. Indicator to predict the movement of phosphorus from soil to subsurface flow. Environmental Science & Technology, 36: 1505-1509.

Mcdowell R, Biggs B, Sharpley A, et al. 2004. Connecting phosphorus loss from agricultural landscapes to surface water quality. Chemistry and Ecology, 20 (1) : 1-40.

Mcgechan M B. 2002. Effects of timing of slurry spreading on leaching of soluble and particulate inorganic phosphorus explored using the MACRO model. Biosystems Engineering, 83 (2) : 237-252.

Monbet P, Mckelvie I D, Worsfold P J. 2010. Sedimentary pools of phosphorus in the eutrophic Tamar estuary SW England). Journal of Environmental Monitoring, 12: 296-304.

Nair V D, Portier K M, Graetz D A, et al. 2004. An environmental threshold for degree of phosphorus saturation in sandy soils. Journal of Environmental Quality, 33: 107-113.

Naveed M, Moldrup P, Vogel H J, et al. 2014, Impact of long-term fertilization practice on soil structure evolution. Geoderma, 217-218: 181-189.

Nina G, Roland B, Volker N, et al. 2014. Distribution of phosphorus containing fine colloids and nanoparticles in stream water of a forest catchment. Vadose Zone Journal, 13 (7), 10.2136/vzj2014.01.0005.

Norgaard T, Moldrup P, Olsen P, et al. 2013. Comparative mapping of soil physical-chemical and structural parameters at field scale to identify zones of enhanced leaching risk. Journal of Environmental Quality, 42: 271-283.

Poirier S C, Whalen J K, Michaud A R. 2011. Bioavailable phosphorus in fine-sized sediments transported from agricultural fields. Soil Science Society of America Journal, 76: 258-267.

Ran Y, Fu J M, Sheng G Y, et al. 2000. Fractionation and composition of colloidal and suspended particulate materials in rivers. Chemosphere, 41: 33-43.

Regelink I C, Koopmans G F, van der Salm C, et al. 2013. Characterization of colloidal phosphorus species in drainage waters from a clay soil using asymmetric flow field-flow fractionation. Journal of Environmental Quality, 42: 464-473.

Rick A R, Arai Y. 2011. Role of natural nanoparticles in phosphorus transport processes in ultisols. Soil Science Society of America Journal, 75: 335-347.

Ryan J N, Elimelech M. 1996. Colloid mobilization and transport in groundwater. Colloids and Surfaces a -Physicochemical and Engineering Aspects, 107: 1-56.

Sañudo-Wilhelmya S A, Rivera-Duarteb I, Flegalb A R. 1996. Distribution of colloidal trace metals in the San Francisco Bay estuary. Geochimica et Cosmochimica Acta, 60: 4933-4944.

Sauve S, Hendershot W, Allen H E. 2000. Solid-solution partitioning of metals in contaminated soils: dependence on pH, total metal burden, and organic. Environmental Science & Technology, 34: 1125-1131.

Schindler D W, Hecky R E, Findlay D L, et al. 2008. Eutrophication of lakes cannot be controlled by reducing nitrogen input: results of a 37-year whole-ecosystem experiment. Proceedings of the National Academy of the Sciences of the United States of America, 105 (32): 11254-11258.

Sekula-Wood E, Benitez-Nelson C R, Bennett M A, et al. 2012. Magnitude and composition of sinking particulate phosphorus fluxes in Santa Barbara Basin, California. Global Biogeochemical Cycles, 26. GB2023, doi:10.1029/2011GB004180.

Seta A K, Karathanasis A D. 1996. Water dispersible colloids and factors influencing their dispersibility from soil aggregates. Geoderma, 74: 255-266.

Shand C A, Smith S, Edwards A C, et al. 2000. Distribution of phosphorus in particulate, colloidal and molecular-sized fractions of soil solution. Water Research, 34 (4): 1278-1284.

Sharpley A N. 1995. Identifying sites vulnerable to phosphorus loss in agricultural runoff. Journal of Environmental Quality, 24: 947-951.

Sharpley A N, Withers P J N. 1994. The environmentally-sound management of agricultural phosphorus. Fertilizer Research, 39: 133-146.

Sharpley A N, Menzel R G, Smith S J, et al. 1981. The sorption of soluble phosphorus by soil material during transport in runoff from cropped and grassed watersheds. Journal of Environmental Quality, 10 (2): 211-215.

Siemens J, Ilg K, Lang F, et al. 2004. Adsorption controls mobilization of colloids and leaching of dissolved phosphorus. European Journal of Soil Science, 55: 253-263.

Siemens J, Ilg K, Pagel H, et al. 2008. Is colloid-facilitated phosphorus leaching triggered by phosphorus accumulation in sandy soils?. Journal of Environment Quality, 37: 2100-2107.

Song C, Han X Z, Tang C. 2007. Changes in phosphorus fractions, sorption and release in Udic Mollisols under different ecosystems. Biology and Fertility of Soils, 44: 37-47.

Stamm C, Flühler H, Gāichter R, et al. 1998. Preferential transport of phosphorus in drained grassland soils. Journal of Environmental Quality, 27: 515-522.

Swartz C H, Gschwend P M. 1998. Mechanisms controlling release of colloids to groundwater in a southeastern coastal plain aquifer sand. Environmental Science & Technology, 32: 1779-1785.

Tipping E, Ohnstad M. 1984. Colloid stability of iron oxide particles from a freshwater lake. Nature, 308 (15) : 266-268.

Turner B L, Kay M A, Westermann D T. 2004. Colloidal phosphorus in surface runoff and water extracts from semiarid soils of the western United States. Journal Environmental Quality, 33: 1464-1472.

Ulén B, Snäll S. 2007. Forms and retention of phosphorus in an illite-clay soil profile with a history of fertilisation with pig manure and mineral fertilisers. Geoderma, 137: 455-465.

Uusitalo R, Turtola E, Kauppila T, et al. 2001. Particulate phosphorus and sediment in surface runoff and drainflow from clayey soils. Journal Environmental Quality, 30: 589-595.

Vadas P A, Kleinman P J, Sharpley A N, et al. 2005. Relating soil phosphorus to dissolved phosphorus in runoff: a single extraction coefficient for water quality modeling. Journal of Environment Quality, 34: 572-580.

van der Salm C, van den Toorn A, Chardon W J, et al. 2012. Water and nutrient transport on a heavy clay soil in a fluvial plain in the Netherlands. Journal of Environment Quality, 41: 229-241.

van der Zee S, Vanriemsdijk W H. 1988. Model for long-term phosphate reaction-kinetics in soil. Journal of Environmental Quality, 17: 35-41.

Vandevoort A R, Livi K J, Arai Y. 2013. Reaction conditions control soil colloid facilitated phosphorus release in agricultural Ultisols. Geoderma, 206: 101-111.

Wang H, Liang X, Jiang P, et al. 2008. TN: TP ratio and planktivorous fish do not affect nutrient-chlorophyll relationships in shallow lakes. Freshwater Biology, 53 (5) : 935-944.

Wang Y T, Zhang T Q, Halloran I P, et al. 2012. Soil tests as risk indicators for leaching of dissolved phosphorus from agricultural soils in Ontario. Soil Science Society of America Journal, 76: 220-222.

Wigginton N S, Haus K L, Hochella J M F. 2007. Aquatic environmental nanoparticles. Journal of Environmental Monitoring, 9 (12) : 1306-1316.

Withers P J A, Clay S D, Breeze V G , 2001. Phosphorus transfer in runoff following application of fertilizer manure and sewage sludge. Journal of Environmental Quality, 30: 180-188.

Xavier F A D S, de Oliveira T S, Andrade F V, et al. 2009. Phosphorus fractionation in a sandy soil under organic agriculture in Northeastern Brazil. Geoderma, 151: 417-423.

Yu C R, Gao B, Muñoz-Carpena R, et al. 2011. A laboratory study of colloid and solute transport in surface runoff on saturated soil. Journal of Hydrology, 402: 159-164.

Yu C R, Gao B, Muñoz-Carpena R. 2012. Effect of dense vegetation on colloid transport and removal in surface runoff. Journal of Hydrology, 434-435: 1-6.

Zang L, Tian G M, Liang X Q, et al. 2011. Effect of water-dispersible colloids in manure on the transport of dissolved and colloidal phosphorus through soil column. African Journal of Agricultural Research, 6(30): 6369-6376.

Zang L, Tian G, Liang X, et al. 2013. Profile distributions of dissolved and colloidal phosphorus as affected by degree of phosphorus saturation in paddy soil. Pedosphere, 23(1): 128-136.

Zhang H C, Cao Z H, Shen Q R, et al. 2003. Phosphate fertilizer application on phosphorus (P) losses from paddy soils in Taihu Lake Region I. Effect of phosphate fertilizer rate on P losses from paddy soil. Chemosphere, 50(6): 695-701.

Zhang M K. 2008. Effects of soil properties on phosphorus subsurface migration in sandy soils. Pedosphere, 18(5): 599-610.

Zhang Y Q, Wen M X, Li X P, et al. 2014. Long-term fertilisation causes excess supply and loss of phosphorus in purple paddy soil. Journal of Food Agriculture and Environment, 94: 1175–1183.

Zhang Z J, Zhang J Y, He R, et al. 2007. Phosphorus interception in floodwater of paddy field during the rice-growing season in TaiHu Lake Basin. Environmental Pollution, 145: 425-433.